Landschafts- und Sportplatzbau
Band 2 · Kommentar zu den Landschaftsbau-Fachnormen

LANDSCHAFTS- UND SPORTPLATZBAU

BAND 1
Kommentar zur VOB
Teile A und B DIN 1960/1961
Teil C DIN 18 320 Landschaftsbauarbeiten

BAND 2
Kommentar zu den
Landschaftsbau-Fachnormen
DIN 18 915 bis DIN 18 920

BAND 3
Kommentar zu den
Sportplatzbau-Fachnormen
DIN 18 035 Teil 1 bis 6 und 8

BAUVERLAG GMBH · WIESBADEN UND BERLIN

LANDSCHAFTS- UND SPORTPLATZBAU

BAND 2

Kommentar zu den
Landschaftsbau-Fachnormen
DIN 18 915 bis DIN 18 920

von
Günter Hänsler
Landschaftsarchitekt BDLA
und
Alfred Niesel
Professor Dipl.-Ing.
Landschaftsarchitekt BDLA
unter Mitarbeit von
Harm Beier
Professor Dr.-Ing.

BAUVERLAG GMBH · WIESBADEN UND BERLIN

CIP-Kurztitelaufnahme der Deutschen Bibliothek

Hänsler, Günter:
Landschafts- und Sportplatzbau / von Günter Hänsler u. Alfred Niesel. Unter Mitarb. von Harm Beier. — Wiesbaden; Berlin: Bauverlag.
NE: Niesel, Alfred:

Bd. 2. → Hänsler, Günter: Kommentar zu den Landschaftsbau-Fachnormen DIN 18915 bis DIN 18920

Hänsler, Günter:
Kommentar zu den Landschaftsbau-Fachnormen DIN 18915 bis DIN 18920 / von Günter Hänsler u. Alfred Niesel. Unter Mitarb. von Harm Beier. — Wiesbaden; Berlin: Bauverlag, 1983.
(Landschafts- und Sportplatzbau / von Günter Hänsler u. Alfred Niesel; Bd. 2)
ISBN 3-7625-1270-1
NE: Niesel, Alfred

Die Tabellen und Bilder aus DIN-Normen wurden wiedergegeben mit Erlaubnis des DIN Deutsches Institut für Normung e. V. Maßgebend für das Anwenden der Norm ist deren Fassung mit dem neuesten Ausgabedatum, die bei der Beuth Verlag GmbH, Burggrafenstraße 4–10, 1000 Berlin 30, erhältlich ist.

Das Werk ist urheberrechtlich geschützt.
Die dadurch begründeten Rechte, insbesondere die der Übersetzung, des Nachdruckes, der Entnahme von Abbildungen, der Funksendung, der Wiedergabe auf photomechanischem (Fotokopie, Mikrokopie) oder ähnlichem Wege und der Speicherung in Datenverarbeitungsanlagen,
bleiben, auch bei nur auszugsweiser Verwertung, vorbehalten.

© 1983 Bauverlag GmbH, Wiesbaden und Berlin
Druck: Pfälzische Verlagsanstalt, Landau
Buchbinderei: C. Fikentscher, Darmstadt
ISBN 3-7625-1270-1

Vorwort

Der jetzt vorliegende zweite Band des Kommentarwerkes behandelt die Fachnormen des Landschaftsbaues mit den DINNummern 18 915 bis 18 920.

Diese Fachnormen bilden zusammen mit den Fachnormen aus dem Bereich DIN 18 035 „Sportplätze" die wichtigste Basis der ATV-DIN 18 320 „Landschaftsbauarbeiten", die Bestandteil des Teiles C der VOB ist. In den Abschnitten 2 (Stoffe, Bauteile, Pflanzen, Pflanzenteile) und 3 (Ausführung) dieser ATV wird jeweils nur auf diese Fachnormen verwiesen.

Als Regeln der Technik bzw. als Regeln der Technik des Landschaftsbaues sind sie allerdings durch die seit ihrem Erscheinen (Oktober/November 1973) eingetretene Entwicklung in diesem Fachgebiet nur noch mit Einschränkungen anzusehen. Da die an sich fällige Novellierung dieser Normen leider noch immer nicht abzusehen ist, kommt dem Kommentar eine besondere Bedeutung zu. Er spiegelt nicht nur den Inhalt der Normen wider, er versucht auch die inzwischen eingetretenen Wandlungen zu erfassen, greift dabei auch die Schwachstellen auf und zeichnet die mögliche Entwicklung vor.

Die dabei mit den Berufskreisen geführten Diskussionen haben die Kommentierungen abgerundet und bei einigen Interpretationen zu tragbaren Kompromissen zwischen den berechtigten Ansprüchen der Auftraggeber- und Auftragnehmerseite geführt.

Die Autoren sind sich der Verantwortung, die sie mit der Aufzeichnung des z. Zt. geltenden Standes der Technik des Landschaftsbaues und der erforderlichen Weiterentwicklung der DIN-Normen übernommen haben, durchaus bewußt. Sie stellen sich auch weiterhin der Kritik aus der Fachwelt und bitten um konstruktive Vorschläge und Anregungen zur Verbesserung der Normen und dieses Kommentares.

An dieser Stelle danken wir den Herren, die bereits zum Inhalt dieses Bandes beigetragen haben, insbesondere Herrn Professor Dr.-Ing. Harm Beier.

Altdorf   G. Hänsler
                                                     A. Niesel

Inhaltsübersicht

			Seite
Gliederung und Verfasser des Gesamtwerkes			IX
Vorbemerkungen und Hinweise zur Benutzung des Kommentares			XI
Verzeichnis der verwendeten Abkürzungen			XIII
DIN 18 915 T 1	11.73	Landschaftsbau; Bodenarbeiten für vegetationstechnische Zwecke; Bewertung von Böden und Einordnung der Böden in Bodengruppen .	1
DIN 18 915 T 2	11.73	Landschaftsbau; Bodenarbeiten für vegetationstechnische Zwecke; Bodenverbesserungsstoffe, Dünger, Anforderungen	163
DIN 18 915 T 3	10.73	Landschaftsbau; Bodenarbeiten für vegetationstechnische Zwecke, Bodenbearbeitungsverfahren	176
DIN 18 916	10.73	Landschaftsbau; Pflanzen und Pflanzarbeiten; Beschaffenheit von Pflanzen, Pflanzverfahren .	211
DIN 18 917	10.73	Landschaftsbau; Rasen; Saatgut, Fertigrasen, Herstellen von Rasenflächen	270
DIN 18 918	11.73	Landschaftsbau; Sicherungsbauweisen; Sicherungen durch Ansaaten, Bauweisen mit lebenden und nichtlebenden Stoffen und Bauteilen, kombinierte Bauweisen	321
DIN 18 919	10.73	Landschaftsbau; Unterhaltungsarbeiten bei Vegetationsflächen; Stoffe, Verfahren	372
DIN 18 920	10.73	Landschaftsbau; Schutz von Bäumen, Pflanzenbeständen und Vegetationsflächen bei Baumaßnahmen	398
Prüfungen			416

Gliederung und Verfasser des Gesamtwerkes

Das Kommentarwerk gliedert sich in drei gesondert erscheinende Bände:

**Band 1: Kommentar zur VOB Teile A und B DIN 1960/1961
VOB Teil C DIN 18 320 „Landschaftsbauarbeiten"
Bearbeiter: Hänsler, Prof. Dipl.-Ing. Niesel**

1. Kurzkommentar zu VOB/A
2. Kurzkommentar zu VOB/B
3. Kommentar zu VOB/C DIN 18 320 „Landschaftsbauarbeiten"
4. Weitere für den Landschafts- und Sportplatzbau wichtige ATV des Teiles C der VOB

Band 2: Kommentar zu den Landschaftsbau-Fachnormen

1. DIN 18 915 Blatt 1, 2, 3 „Landschaftsbau, Bodenarbeiten";
   Bearbeiter: Prof. Dipl.-Ing. Niesel, Prof. Dr.-Ing. Beier.
2. DIN 18 916, „Landschaftsbau, Pflanzen- und Pflanzarbeiten";
   Bearbeiter: Prof. Dipl.-Ing. Niesel; Mitarbeiter: Hänsler.
3. DIN 18 917 „Landschaftsbau, Rasen";
   Bearbeiter: Hänsler; Mitarbeiter: Prof. Dipl.-Ing. Niesel.
4. DIN 18 918 „Landschaftsbau, Sicherungsbauweisen";
   Bearbeiter: Hänsler.
5. DIN 18 919 „Landschaftsbau, Unterhaltungsarbeiten";
   Bearbeiter: Prof. Dipl.-Ing. Niesel.
6. DIN 18 920 „Landschaftsbau, Schutz von Pflanzen bei Bauarbeiten";
   Bearbeiter: Prof. Dipl.-Ing. Niesel.
7. Prüfungen und Messungen nach den Landschaftsbaunormen;
   Bearbeiter: Prof. Dipl.-Ing. Niesel.

Band 3: Kommentar zu den Sportplatzbau-Fachnormen

1. DIN 18 035 Bl. 1 „Sportplätze, Planung und Abmessungen"
2. DIN 18 035 Bl. 2 „Sportplätze, Bewässerung von Rasen und Tennenflächen"
3. DIN 18 035 Bl. 3 „Sportplätze, Entwässerung"
4. DIN 18 035 Bl. 4 „Sportplätze, Rasenflächen"
5. DIN 18 035 Bl. 5 „Sportplätze, Tennenflächen"
6. DIN 18 035 Bl. 6 „Sportplätze, Kunststoff-Flächen"
7. DIN 18 035 Bl. 8 „Sport-, Leichtathletische Einzelanlagen"
8. Prüfungen und Messungen nach den Sportplatzbaunormen

Vorbemerkungen und Hinweise zur Benutzung des Kommentars

Der vorliegende Band II des Kommentarwerkes hat die Fachnormen des Landschaftsbaues (DIN 18 915 bis DIN 18 920) zum Gegenstand der Kommentierung.

Der bereits im Jahre 1979 erschienene Band I befaßte sich mit den für den Landschaftsbau wichtigen Regelungen aus den Teilen A und B der VOB sowie mit der ATV DIN 18 320 „Landschaftsbauarbeiten" des Teiles C der VOB.

Der in Vorbereitung befindliche Band III wird die Normen des Sportplatzbaues kommentieren. Die Kommentierung umfaßt also nicht den gesamten Tätigkeitsbereich des Landschafts- und Sportplatzbaues, denn die einschlägigen Firmen führen sowohl geschlossene Anlagen als Gesamtwerk als auch Teilbereiche als spezielle Facharbeiten aus. Als besonders wichtige Objektbereiche des Landschafts- und Sportplatzbaues können genannt werden:

1. Innerstädtische Freianlagen in Form von Bürgerparks, Freizeitparks, Fußgängerzonen, Kinderspielbereiche, Kleingärten und Friedhöfe, Grünzüge, Straßengrün und Außenanlagen an Schulen, Kindergärten und Krankenhäusern.

2. Freiflächen in Wohnsiedlungen in Form von Hausgärten, Grünflächen und Freizeitanlagen an Reihenhäusern, Wohnblocks und Hochhäusern sowie Dachgärten in diesen Bereichen.

3. Sport- und Freizeitanlagen in verschiedensten Formen.

4. Aufgaben in der freien Landschaft zu ihrer Gestaltung und Erhaltung, Begrünungen von Entnahmen und Lagerstätten und Sicherungen gegen Erosionen und Rutschungen.

5. Begleitende Aufgaben zur Eingliederung in die Landschaft in weitestem Sinne beim Straßenbau, Wasserbau, Bergbau, Industriebau und im Gewerbe.

6. Unterhaltung und Erhaltung der vorstehend genannten Anlagen durch Pflegearbeiten.

   Zu seinen Leistungen gehören dann u. a. bautechnische Arbeiten wie Erdarbeiten, Entwässerung, Wege und Plätze, Mauern und Treppen, Holzarbeiten und Sportplatzbau sowie die vegetationstechnischen Arbeiten in Form von Oberboden-, Pflanz-, Rasen-, Sicherungs- sowie Unterhaltungsarbeiten. Für diese Leistungen gelten dann die jeweils hierfür zutreffenden ATV.

Vorbemerkungen und Hinweise

Die Texte der zu kommentierenden Normen sind den Kommentartexten vorangestellt und sind in einer kleineren Schriftgröße sowie fetter gedruckt.

Beispiel:

„4.4.1 Kenngröße
Grundwasserspiegel, Zeichen: GW-Spiegel"

Alle Kommentar-Texte sind abschnittsweise mit einer Randnummer am Außenrand versehen (abgekürzt mit „Rdn" im ersten Band, dagegen mit „K" im zweiten und dritten Band). Längere Kommentare zu einem Abschnitt sind z. T. in Einzelthemen gegliedert. Diese haben dann eine eigene Randnummer erhalten.

Die Randnummern beginnen in jedem der drei Bände mit Rdn bzw. K 1 und sind fortlaufend geführt. Mit ihnen soll ein Verweisen auf bestimmte Textseiten im Kommentar erleichtert werden.

Verzeichnis der verwendeten Abkürzungen

Abs.	Absatz
Anm.	Anmerkung
ATV	Allgemeine Technische Vorschrift (Norm des Teiles C der VOB)
BGB	Bürgerliches Gesetzbuch
BGH	Bundesgerichtshof
bzw.	beziehungsweise
d. h.	das heißt
DIN	Deutsches Institut für Normung, bzw. Norm des Deutschen Institutes für Normung
D-P-S-S	Daub/Piel/Soergel/Steffani, Kommentar zu VOB Teil B
DVA	Deutscher Verdingungsausschuß für Bauleistungen
EG	Europäische Gemeinschaft
evtl.	eventuell
ff.	und folgende
FLL	Forschungsgesellschaft für Landschaftsentwicklung-Landschaftsbau e. V.
FNBau	Fachnormen-Ausschuß Bauwesen (jetzt NABau = Normenausschuß Bauwesen)
HAH	Hauptausschuß Hochbau des DVA
HAT	Hauptausschuß Tiefbau des DVA
HGB	Handelsgesetzbuch
H-R-S	Heiermann/Riedl/Schwaab, Handkommentar zur VOB, Teile A und B, Fassung 1973
I—K	Ingenstau/Korbion, Kommentar zur VOB, Teil A und B, 7. Auflage 1974
K	Randnummer (im Band II und III)
LB	Leistungsbeschreibung
LV	Leistungsverzeichnis
MDR	Monatsschrift für Deutsches Recht
NABau	Normenausschuß Bauwesen des Deutschen Institutes für Normung (DIN)
NJW	Neue Juristische Wochenschrift
Nr.	Nummer
o. ä.	oder ähnlich(es)
o. z.	oben zitiert
Rdn	Randnummer (im Band I)
RGZ	Entscheidungssammlung des Reichsgerichtes in Zivilsachen
S	Seite

Abkürzungsverzeichnis

u. a.	unter anderem
u. ä.	und ähnlich(es)
usw.	und so weiter
u. U.	unter Umständen
VOB	Verdingungsordnung für Bauleistungen
VOL	Verdingungsordnung für Leistungen
z. B.	zum Beispiel
ZTV	Zusätzliche Technische Vorschriften
z. T.	zum Teil

DIN 18 915, Blatt 1, Geltungsbereich K 1

Landschaftsbau **Bodenarbeiten** **für vegetationstechnische Zwecke** Bewertung von Böden und Einordnung der Böden in Bodengruppen	$\overline{\text{DIN}}$ 18 915 Blatt 1

1 Geltungsbereich

Diese Norm gilt in Verbindung mit DIN 18 915 Blatt 2 — Landschaftsbau; Bodenarbeiten für vegetationstechnische Zwecke; Boden, Bodenverbesserungsstoffe, Dünger; Anforderungen — und DIN 18 915 Blatt 3 — Landschaftsbau; Bodenarbeiten für vegetationstechnische Zwecke; Bodenbearbeitungs-Verfahren — für alle Bodenarbeiten für vegetationstechnische Zwecke bei Baumaßnahmen nach

DIN 18 916, Landschaftsbau; Pflanzen und Pflanzarbeiten; Beschaffenheit von Pflanzen, Pflanzverfahren.

DIN 18 917, Landschaftsbau; Rasen; Saatgut, Fertigrasen, Herstellen von Rasenflächen.

DIN 18 918, Landschaftsbau; Sicherungsbauweisen — Sicherungen durch Ansaaten, Bauweisen mit lebenden und nichtlebenden Stoffen und Bauteilen, kombinierte Bauweisen.

DIN 18 919, Landschaftsbau; Unterhaltungsarbeiten bei Vegetationsflächen; Stoffe, Verfahren.

DIN 18 920, Landschaftsbau; Schutz von Bäumen, Pflanzenbeständen und Vegetationsflächen bei Baumaßnahmen.

Diese Norm gilt generell für alle Bodenarbeiten für vegetationstechnische Zwecke. Sie sollte jedoch auch in Situationen angewendet werden, wo künftige Vegetationsflächen durch sonstige Arbeiten des Hoch-, Tief- und Wasserbaus sowie land- und forstwirtschaftliche Maßnahmen beeinflußt werden.

K 1

Schon die Überschrift „Bewertung von Böden und Einordnung der Böden in Bodengruppen" weist darauf hin, daß es sich hier um eine Fachnorm handelt, die sich zunächst an den Planer wendet. Er ist verpflichtet, sich im Rahmen seiner Planung intensiv mit dem Standort zu beschäftigen und ihn zu erkunden. Diese Leistung fällt unter den Bereich der Voruntersuchungen, die zum Teil zu den Grundleistungen nach HOAI gehören. Sofern sie aber mit Hilfe von Laboruntersuchungen erbracht werden muß, sind die Kosten vom Auftraggeber zu erstatten. Die Ergebnisse der Untersuchungen sind dem Auftragnehmer im Leistungsverzeichnis bekanntzugeben. Es wird in Zusammenhang eindringlich auf DIN 18 320 Nr. 0.1.4 verwiesen. Dort heißt es: „In der Leistungsbeschreibung sind nach Lage des Einzelfalles insbesondere anzugeben:

Ergebnisse der Bodenuntersuchungen nach DIN 18 915 Teil 1 ‚Landschaftsbau; Bodenarbeiten für vegetationstechnische Zwecke, Bewertung

1

von Böden und Einordnung der Böden in Bodengruppen' sowie gegebenenfalls die Ergebnisse der Untersuchungen nach DIN 18 035 ‚Sportplätze'."

Unbeschadet dieser Festlegungen muß sich aber auch der Auftragnehmer mit dieser Materie beschäftigen und sich fachkundig machen, damit er die Angaben der Auftraggeber richtig interpretieren kann und bei dem Verdacht, daß gegen Grundregeln des Landschaftsbaues verstoßen wird, Bedenken geltend machen kann.

Bei der Frage, ob in jedem Falle alle in der Norm aufgeführen Untersuchungen ausgeführt werden müssen, kann geantwortet werden, daß in jedem Fall die Bedeutung und der Umfang der Leistung entscheidend sind. Bei kleineren Objekten, wie es zum Beispiel kleinere Hausgärten darstellen, wird man mit den beschriebenen Baustellenuntersuchungen auskommen. Entscheidend ist immer, ob man mit den dadurch gewonnenen Erkenntnissen mit hinreichender Sicherheit die notwendigen Maßnahmen ableiten kann. In die Überlegungen sind auch Abwägungen hinsichtlich der Verhältnismäßigkeit der Mittel einzubringen.

K 2 Der Landschaftsbau umfaßt in der Regel sowohl Arbeiten der Vegetationstechnik und als auch der Bautechnik. Daher werden in der **Tabelle T. K 2** eine Reihe dieser Normen zusammengestellt.

K 3 Die ATV-Norm 18 300 — Erdarbeiten — gilt in ihren Aussagen nur für die bautechnische Bearbeitung, d. h. das Lösen, Laden, Fördern, Einbauen und Verdichten von Boden und Fels. Diese Norm gilt damit auch für alle Arbeiten im Rahmen einer Landschaftsbaumaßnahme, die zur Herstellung der Kubatur des Baugrunds (Dämme, Einschnitte, Geländesprünge) notwendig sind. Sollen für vegetationstechnische Zwecke ungeeignete Oberböden z. B. für Aufschüttungen verwendet werden, gilt für sie ebenfalls die DIN 18 300.

K 4 Die ATV-Norm 18 320 — Landschaftsbauarbeiten — umfaßt sämtliche Arbeiten zur Herstellung vegetationstechnisch genutzter Flächen. Darunter sind sowohl die hierfür erforderlichen Erdarbeiten als auch Pflanz- und Saatarbeiten zu verstehen. Weitere Angaben siehe Kommentar zur DIN 18 320 (Band I Rdn 200, Rdn 304 ff.).

K 5 Die DIN 18 320 sollte auch bereits bei Arbeiten nach DIN 18 300 beachtet werden, sofern diese Arbeiten vegetationstechnische Maßnahmen beeinflussen können.

Dies gilt vor allem bei der Vorbereitung bzw. dem Einbringen des Baugrunds bzw. des Unterbodens für vegetationstechnische Maßnahmen, der Änderung des natürlichen Schichtenaufbaus, der Verwendung vegetationshemmender bzw. vegetationsschädlicher Stoffe wie z. B. Kalkstabilisierungen, Einbau toxischer Stoffe (u. U. Schlacken) etc., Beeinflussung des Grundwasserstandes.

Geltungsbereich K 6, 7

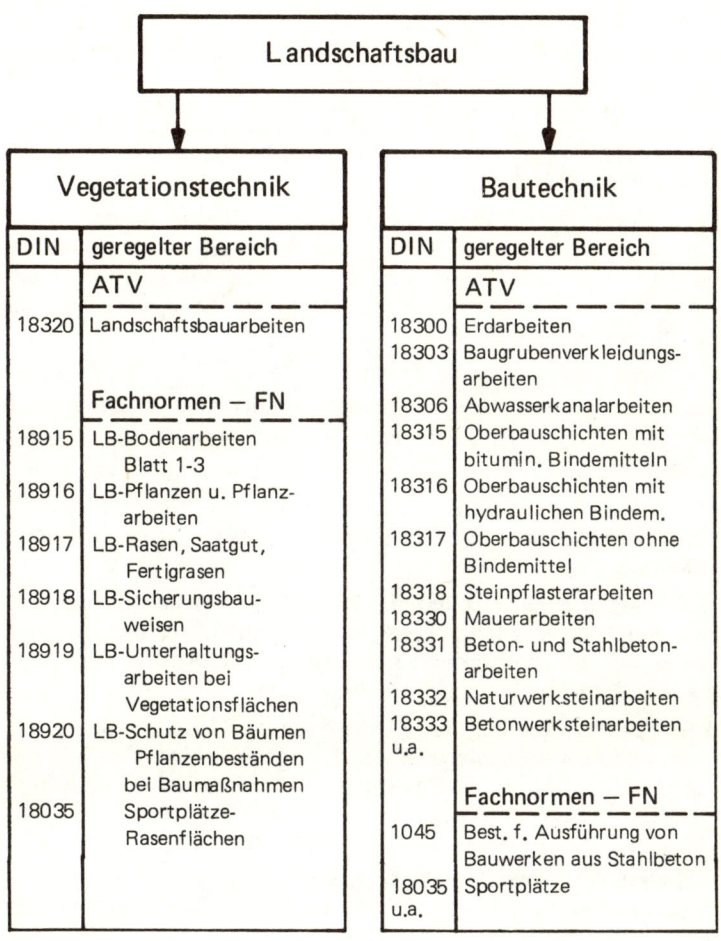

Tabelle T. K 2

Die nach DIN 18 300 hergestellten Flächen sind vom Auftraggeber im Bereich von Böschungen oder Geländesprüngen auf ihre Begrünbarkeit zu überprüfen. Dabei ist außer der vegetationstechnischen Eignung, z. B. wegen der Wasserversorgung, vor allem die Standfestigkeit und Standsicherheit zu werten. **K 6**

Bei vegetationstechnischen Maßnahmen — vor allem bei der Anwendung der DIN 18 918 — Sicherungsbauweisen — ist die Auswirkung auf den Gesamterdkörper zu beachten (z. B. Einfluß von Pflanzlöchern, Bodenlockerung etc.). **K 7**

2 Zweck

Zweck dieser Norm ist es, Böden in ihrer Eignung für vegetationstechnische Zwecke zu werten, Verfahren zu ihrer Verbesserung aufzuzeigen und sie in Gruppen mit annähernd gleichen bodenphysikalischen Eigenschaften und gleicher Bearbeitbarkeit zusammenzufassen. Die Norm enthält deshalb die Kenngrößen, die vegetationstechnischen Anforderungen, die Prüfverfahren, die Verbesserungsmöglichkeiten bei Nichteignung und die Gruppeneinteilung der Böden.

K 8 Die ATV-Norm DIN 18 320 — Landschaftsbauarbeiten — enthält sinnvollerweise keine detaillierten Hinweise zu Baustoffen. Die Einteilung der Böden für vegetationstechnische Zwecke erfolgt daher in der Fachnorm DIN 18 915 Teil 1. Dabei wird eine Klassifizierung in Anlehnung an die Boden- und Felsklassen nach DIN 18 300 vorgenommen.

Sinn der Klassifizierung ist die Gruppierung nach

a) annähernd gleichen Randbedingungen bei der Ausschreibung und

b) die Gewinnung erster grober Hinweise auf Eignung bzw. Bearbeitung der Böden.

K 9 Innerhalb einer Bodengruppe können aber in den Eigenschaften u. U. größere Unterschiede bestehen als zwischen zwei benachbarten Bodengruppen (siehe K 260).

K 10 Die Norm nennt eine Vielzahl von Kenngrößen für die Bodeneigenschaften. Nur eine komplexe Betrachtung dieser Kenngrößen läßt einen sinnvollen Schluß auf die zu erwartenden Bodeneigenschaften, die Bearbeitungstechnik und die Verbesserungsmöglichkeiten zu.

K 11 Die komplexe Betrachtung der Kenngrößen muß auch in Bezug auf den Schichtenaufbau des Bodens erfolgen. Eine vom Schichtenaufbau losgelöste Interpretation der Bodeneigenschaften ist nicht statthaft. Dies gilt auch für die „Nahtstelle" zwischen den Arbeiten nach DIN 18 300 und DIN 18 320, also zwischen Oberboden und Baugrund.

K 12 Art und Umfang der Prüfverfahren werden von dem jeweiligen Planungs- bzw. Bauvorhaben beeinflußt. Generell ist der Gesamtprozeß der Aktivitäten wie folgt gegliedert:

a) Bodenuntersuchungen

b) Ermittlung der Kenngrößen

c) Ermittlung der Bodeneigenschaften

d) Festlegung der Anforderungen (aus dem Objekt abgeleitet)

e) Festlegung von Bodenverbesserungen

f) Prüfung der Bauleistung

Begriffe

3 Begriffe

Vegetationstechnik:
Unter Vegetationstechnik werden alle Bauweisen zur Herstellung von Vegetationsflächen im Landschaftsbau verstanden. Dabei steht der lebende Baustoff Pflanze im Vordergrund. Im Bereich der Bodenarbeiten umfaßt die Vegetationstechnik die Herstellung des Baugrundes und der Vegetationsschicht sowie gegebenenfalls der Dränschicht und der Filterschicht.

Die Vegetationstechnik umfaßt nicht nur die Herstellung der verschiedenen Bodenschichten für eine künftige Begrünung, sondern auch die Herstellung der Bepflanzung und Ansaat. — K 13

In der Regel ist eine zusätzliche Bearbeitung des bereits nach DIN 18 300 hergestellten Baugrunds erforderlich. Dies gilt vor allem für die Vermeidung von Staunässe und Rutschungen sowie die Rückbildung erdbautechnisch bedingter Bodenverdichtungen. Diese Arbeiten sind keine Nebenleistungen. — K 14

Die Vegetationstechnik umfaßt außer der komplexen Herstellung von Grünflächen aller Art auch ihre Unterhaltung. — K 15

Vegetationsschicht:
Die Vegetationsschicht ist die über dem Baugrund bzw. auf einer Drän- oder Filterschicht liegende, aufgrund ihrer Zusammensetzung und ihrer Eigenschaften durchwurzelbare Boden- bzw. Substratschicht.

Die Vegetationsschicht kann innerhalb begrenzter Flächen unterschiedliche Schichtdicke und Zusammensetzung aufweisen. In besonderen Fällen, z. B. Pflanzungen, kann sie sogar nur im direkten Pflanzbereich vorhanden sein. — K 16

Die Vegetationsschicht kann auch aus verbessertem Unterboden oder Baugrund bestehen.

Belastbare Vegetationsschicht:
Die belastbare Vegetationsschicht ist eine Schicht, die durch die Art der Nutzung, wie z. B. Begehen, Bespielen und Befahren besonders in den Sommermonaten, mechanisch stark beansprucht wird.[1]

Zu belasteten Vegetationsschichten gehören Spielrasen bei Spielplätzen, Schulen, Kindergärten, Bolzplätze, Gymnastikwiesen, Sonnen- und Liegewiesen bei Freibädern, Campingflächen, Rasen-Bedarfsparkplätze in Naherholungsgebieten, bei Sportanlagen und Wanderparkplätzen, üblicherweise Rasenflächen in öffentlichen Grünbereichen (Liegen für diese Flächen keine geeigneten Oberböden bzw. Bodenaufbauten vor, ist bei Betreten dieser Flächen mit Schäden zurechnen, wenn ungünstige i. d. Regel zu feuchte Witterungsverhältnisse herrschen. Das Betreten sollte dann untersagt werden.). — K 17

Bei Parkplätzen sind besonders hohe Qualitätsforderungen an die Fahrgassenbereiche zu stellen. Außer einem entsprechenden Bodenaufbau ist hier — K 18 der Entwässerung sowohl der Oberfläche wie auch vertikal über Drän- und Sickereinrichtungen besonderes Augenmerk zu schenken.

K 19 Werden in Gehölzflächen die Wurzelbereiche häufig betreten oder sogar befahren, sind ebenfalls die Bedingungen für eine belastete Vegetationsschicht gegeben.

Unbelastete Vegetationsschicht:
Die unbelastete Vegetationsschicht ist eine Schicht, für die in der Regel keine mechanische Beanspruchung zu erwarten ist, wie z. B. bei Zierrasenflächen, Staudenflächen, Gehölzflächen.

K 20 In der Regel können im Privatgartenbereich alle Vegetationsflächen als unbelastete Vegetationsflächen ausgebildet werden. U. U. kann es ratsam sein, bei besonders hohen privaten Belastungsansprüchen an Rasenflächen höhere Maßstäbe zu fordern. Zur Verbesserung der Belastbarkeit genügt jedoch in diesen Fällen häufig eine sinnvolle Oberflächenprofilierung zur Ableitung von Überschußwasser in aufnahmefähige Nebenbereiche.

K 21 Zu Gehölzflächen siehe auch K 19.

Dränschicht:
Die Dränschicht ist die zwischen der Vegetationsschicht und einem nicht ausreichend durchlässigem Baugrund liegende Schicht. [2])

K 22 Die Schicht hat häufig die Funktion einer Sickerschicht. In diesem Fall hat sie im Boden vertikal frei versickerndes Oberflächenwasser oder horizontal herangeführtes Wasser (Hangwasser) aufzunehmen. Durch eine entsprechende Planumsneigung des Baugrunds und/oder den Einbau von Sickerleitungen muß sie das Überschußwasser einer Vorflut zuführen.

Für den störungsfreien Wassertransport ist nicht nur ein möglichst großes Porenvolumen erforderlich, sondern auch eine ausreichende Porengröße (Makroporen). Geeignete Bodenarten sind Gemische oder einzelne Korngruppen aus dem Körnungsbereich Mittelsand bis Grobkies, sofern sie einen kapilaren Anschluß an die angrenzenden Schichten aufweisen.

K 23 Wird die Schicht im vollen Sinngehalt als Dränschicht verwendet, soll sie entweder durch ihre Kapillarkräfte unter Beachtung des kapillaren Anschlusses Wasser aus darüberliegenden Schichten herausziehen (also feinporiger sein) oder einen zu hohen Grund- oder Schichtenwasserhorizont absenken. Dazu ist ein Anschluß der Dränschicht an eine unter dem Grund- oder Schichtenwasserhorizont liegende Vorflut oder an eine Pumpe erforderlich.

K 24 Drän- und Sickerschichten sind in der Regel wesentlich großporiger als darüber- oder darunterliegende Bodenschichten. Sie müssen dennoch einen kapillaren Anschluß aufweisen und unter Beachtung der Filterregeln gegen

Begriffe K 25, 26

diese Schichten abgeschirmt sein, wenn die angrenzenden Böden hohen Schlämmkorngehalt aufweisen (siehe K 25).

Dies ist besonders wichtig bei der Verwendung von Dränschichten (Sickerschichten) bei Dachgärten und großformatigen Pflanzgefäßen ohne natürlichen Bodenanschluß.

Filtermatten oder Filtervliese dürfen nur die Kontakterosion verhindern, sie dürfen nicht die Durchlässigkeit beeinflussen (siehe auch K 417 ff.).

Filterschicht:
Die Filterschicht ist eine Schicht, die verhindert, daß nach Frostperioden oder anhaltenden Regenfällen aufgeweichter Boden des Baugrundes oder der Vegetationsschicht in die Dränschicht eindringt.

Der Einbau von Filterschichten ist auch notwendig, wenn durch Anstieg von Grund- oder Schichtenwasser eine Bodenaufweichung möglich ist.   K 25

Ebenfalls muß u. U. ein Eindringen der Vegetationsschicht in den Baugrund verhindert werden (z. B. bei Erdbauten aus grobem Kies, Schlacken, Geröll etc.).

Die Filterschicht übernimmt in der Regel zwei Aufgaben: K 26

1. sie verhindert den Feinteilchentransport durch Wasserbewegung zwischen zwei Bodenschichten (Kontakterosion oder Kontaktsuffusion),
2. sie gewährleistet eine über die Trennlinie zwischen den Bodenschichten reichende Durchlässigkeit.

Diese Aufgaben sind zu leisten, wenn die Filterschicht nach sogenannten „Filterregeln" aufgebaut wird. Diese Filterregeln bestimmen die Kornzusammensetzung zweier benachbarter Bodenschichten. Bei natürlich entstandenen Bodenprofilen ist ein derartiger Aufbau stets vorhanden. Die Beachtung der Filterregeln ist um so wichtiger, je gleichförmiger die Böden sind (siehe auch K 75 bis K 82). In der Regel kann die Filterregel nach Terzaghi angewendet werden.

Die Anwendung wird an zwei Beispielen erläutert, die in Form von Körnungskurven dargestellt sind (s. Abbildung **A1 und A2 zu K 26**).

Die Filterregeln nach Terzaghi lauten
In dieser Gleichung bedeuten
$$\frac{F_{15}}{B_{15}} \geq 4 \leq \frac{F_{15}}{B_{85}}$$

F_{15} : Korndurchmesser des gröberen Materials bei 15 % Massenanteilen
B_{15} : Korndurchmesser des feineren Materials bei 15 % Massenanteilen
B_{85} : Korndurchmesser des feineren Materials bei 85 % Massenanteilen

Die Gleichung der Filterregel ist streng gültig, wenn die Körnungskurven der beiden Böden parallel verlaufen und die Bodenarten als gleichförmig anzusprechen sind (Ungleichförmigkeitsziffer U <5; s. auch K 75 bis K 82).

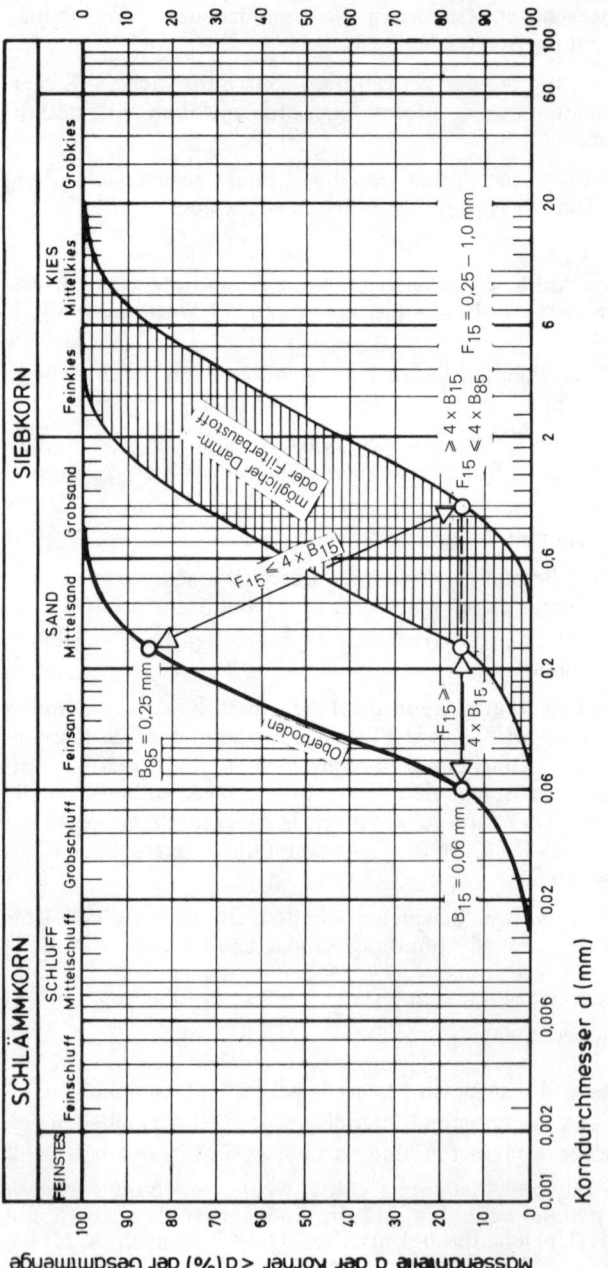

Abbildung A 1 zu K 26: Beispiel 1 — Oberboden bekannt, Kornverteilung des Baugrunds- oder Filterbaustoffs gesucht

Filtereignung K 26

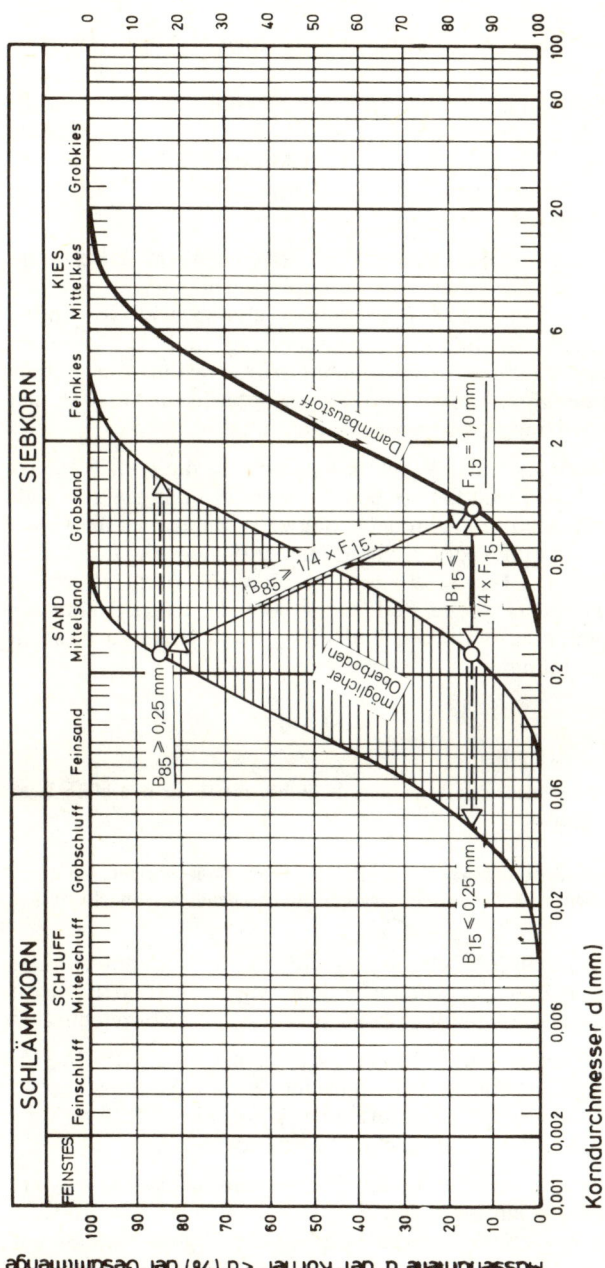

Abbildung A 2 zu K 26: Beispiel 2 — Baugrund/Dammbaustoff bekannt, Kornverteilung des Oberbodens gesucht

Baugrund:
Der Baugrund ist der anstehende oder aufgetragene Boden unter der Vegetationsschicht bzw. unter der Drän- oder Filterschicht.

K 27 Der Baugrund muß abhängig von der Art der Nutzung der Vegetationsschicht eine ausreichende Tragfähigkeit (Belastbarkeit), eine ausreichende Standfestigkeit (Sicherheit gegen Abgleiten und Abrutschen im Böschungsbereich) und möglichst geringe Setzungsneigung (verursacht durch zu geringe Verdichtung und/oder Belastung) aufweisen.

Weiterhin muß der Baugrund bei entsprechend tiefreichendem Wurzelraum vegetationstechnisch geeignet sein und damit bezogen auf die Wasserdurchlässigkeit und den Porenraum Bedingungen analog dem Oberboden erfüllen. Untersuchungen in diesem Zusammenhang sind Aufgaben im Rahmen der Voruntersuchungen, deren Ergebnisse im Leistungsverzeichnis dem Auftragnehmer bekanntzugeben sind. Die erforderlichen Maßnahmen sind im Leistungsverzeichnis positionsweise aufzuführen.

K 28 Bei Untergrund unter belastbaren Vegetationsschichten, die vom Kfz-Verkehr auch während des Frostaufgangs benutzt werden oder die zur Aufnahme flach und nicht frostfrei gegründeter Bauwerke dienen, ist die Frostempfindlichkeit des Baugrunds zu beachten. Hierzu dienen sog. Frostkriterien. Aus der Abbildung **A 1 zu K 28** kann der Grad der Empfindlichkeit abgelesen werden. Frostgefährliche Böden der Bereiche 2 und 3 sind bei den gesamten Beispielen zu entfernen und durch frostsichere zu ersetzen oder durch geeignete Maßnahmen zu verbessern.

Oberboden:
Oberboden ist die oberste Schicht des durch physikalische, chemische und biologische Vorgänge entstandenen Bodens.

Unterboden:
Unterboden ist die unter dem Oberboden liegende verwitterte Bodenschicht, die durch entsprechende Maßnahmen auch für Vegetationsschichten verwendbar gemacht werden kann.

K 29 „Oberboden" und „Unterboden" stellen Begriffe dar, die Böden nach ihrer vegetationstechnischen Eignung unterscheiden. Mit „Oberboden" wird stets die auf natürliche Art entstandene oberste Bodenschicht bezeichnet.

Die Bearbeitungshinweise und Eignungskriterien der DIN 18 915, Blatt 1–3 gelten jedoch in vollem Umfang auch für alle Bodengemische aus Unterboden und/oder Oberboden und/oder künstlichen Stoffen (Substrate), die als Oberboden/Vegetationsschicht verwendet werden.

K 30 Bei speziellen Pflanzungen spielt u. U. die Frostempfindlichkeit des Oberbodens eine Rolle (Wurzelabrisse). Zur Beurteilung können die in K 28 genannten Frostkriterien verwendet werden. Besonders negativ sind Böden der Bereiche 1 und 2 in der Abbildung A 1 zu K 28 zu bewerten.

Filtereignung K 28

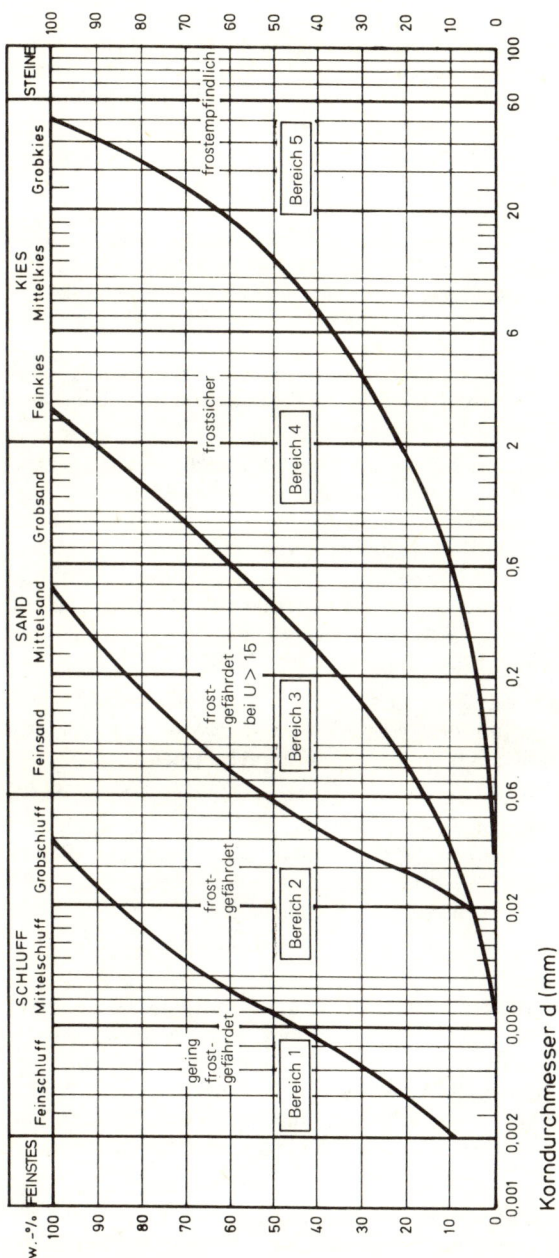

Abbildung A 1 zu K 28: Frostkriterium der Bundesanstalt für das Straßenwesen

1) Ist eine derartige Beanspruchung dieser Fläche auch während der Wintermonate zu erwarten und auch in der übrigen Zeit besonders hoch, ist die Vegetationsschicht und der übrige Aufbau nach den Festlegungen von DIN 18 035 Blatt 4 — Sportplätze, Rasenflächen; Anforderungen, Prüfung, Pflege — (z. Z. noch Entwurf) herzustellen.

2) Sie nimmt durch ihr Porenvolumen das Sickerwasser aus der Vegetationsschicht auf und führt das Überschußwasser der Vorflut zu.

4 Bewertung der Böden

Zu Beginn der Planung einer vegetationstechnischen Baumaßnahme ist zu klären, ob die Beschaffenheit des zur Verwendung vorgesehenen Bodens und die sonstigen Verhältnisse, wie z. B. Grundwasserstand, für die vorgesehene Vegetation und die beabsichtigte Form der Nutzung geeignet sind oder ob gegebenenfalls Verbesserungen erforderlich sind.

In der Regel werden dabei von den genannten Prüfungen die Felduntersuchungen ausreichend sein. Ist jedoch eine eindeutige Wertung und Einordnung in Einzelfällen nicht möglich, sind Laboruntersuchungen durchzuführen.

K 31 Die Beschaffenheit des Bodens sowohl als Vegetationsschicht wie als Baugrund ist bereits vor der Planung einer jeden vegetationstechnischen Baumaßnahme zu klären. Dabei spielen weder Art noch Umfang der Baumaßnahme eine Rolle. Diese beeinflußt lediglich Art und Umfang der Untersuchungen. Werden die Bodenverhältnisse nicht bereits zu diesem Zeitpunkt geklärt, liegt ein klarer Verstoß gegen die geltenden Regeln der Technik vor, denn ohne Kenntnis der Bodenverhältnisse ist eine sinnvolle und kostengerechte Planung nicht möglich (siehe auch DIN 4020, Ziffer 3).

Ziel der Untersuchungen ist, die Eignung des Bodens als Baustoff bzw. Baugrund sowie den Einfluß des Wassers und der Witterung auf den Boden bzw. den Arbeitsablauf zu ermitteln (siehe auch DIN 4020, Ziffer 1).

K 32 Die Untersuchungen dürfen nicht nur auf die Vegetationsschicht oder den Oberboden beschränkt werden. Es muß der gesamte Bodenaufbau, der für das Bauvorhaben entscheidend ist, erfaßt werden. Dabei sind auch Reliefveränderungen durch Auf- und/oder Abtragsarbeiten, Gründungen von Mauern, Pergolen, Wasserbecken etc. zu berücksichtigen.

K 33 Vor Planungsbeginn genügen in der Regel bei kleinen Bauvorhaben wie z. B. Hausgärten die in den Bezugsziffern genannten Felduntersuchungen. Vorgeklärt werden sollen der Schichtenaufbau, die Ermittlung der ungefähren Schichtdicke, eine grobe Festlegung der Bodenart, die Abschätzung der Bearbeitungsmöglichkeit nach Zeitpunkt und Dauer (Witterungsanfälligkeit des Bodens), der Grund- oder Schichtenwasserstand und ggf. Schwankungen des Wasserhorizonts. In diesem Zusammenhang ist die Feststellung wichtig, ob durch geplante Abtragsarbeiten Schichtwasser aus Böschungen austreten kann.

K 34 Vor Baubeginn ist zu klären, ob Bodenschichten oder Bodenbereiche als ungeeignete Bodenarten angesehen werden müssen, die entweder abzufahren oder zu verbessern sind.

Bewertung der Böden K 35 – 37

Für die Beurteilung der Bodenverhältnisse können aus wirtschaftlichen Gründen frühere Untersuchungsergebnisse bzw. Erfahrungswerte aus ähnlich gelagerten Fällen herangezogen werden.   K 35

Die Untersuchungen sind so durchzuführen, daß zweifelsfreie Bodenbewertungen und Bodeneinteilungen für die Aufstellung eines Leistungsverzeichnisses bzw. die Kalkulation der Leistungen vorliegen. Dazu sind ggf. über die Feldversuche hinausgehende Bodenuntersuchungen erforderlich.   K 36

Derartige notwendige Untersuchungen sind Voruntersuchungen vor Baubeginn, die der Auftraggeber durchzuführen hat. Eine Deligierung dieser Untersuchungen an den Auftragnehmer kann nur im Einzelfall erfolgen. Dann sind solche Unersuchungen keine Nebenleistungen. Sie sind vielmehr klar dem Umfang nach zu definieren und als Leistungen auszuschreiben. Es reicht in solchen Fällen nicht aus, derartige Forderungen in den Vorbemerkungen unterzubringen, zumal in vielen Fällen der Umfang vorher nicht klar festzulegen ist.

Zur Frage der Bearbeitbarkeit siehe K 113 ff.

Bei der Entnahme von Bodenproben sind die Festlegungen nach DIN 19 680 — Bodenuntersuchungen im landwirtschaftlichen Wasserbau; Bodenaufschlüsse und Grundwasserbeobachtungen — und DIN 19 681 — Bodenuntersuchungen im landwirtschaftlichen Wasserbau; Entnahme von Bodenproben — zu beachten, wenn nicht für die vorgeschriebenen Prüfverfahren eine andere Art der Probenahme erforderlich ist. Bei der Probenahme ist darauf zu achten, daß durch die Anzahl der Einzelproben oder die Zusammensetzung der Mischproben eine sichere Beurteilung des Bodens ermöglicht wird.

Eine Probenahme ist für folgende Aufgaben notwendig: K 37
1. Voruntersuchung durch den Architekten/Auftraggeber
2. Eignungsprüfung und Eigenüberwachung durch den Auftragnehmer
3. Kontrollprüfung durch den Architekten/Auftraggeber

Die Probenahme kann erfolgen als:

a) Entnahme aus dem natürlich anstehenden oder künstlich aufgetragenen Bodenbereich bzw. Halden

b) Entnahme aus Transportgeräten und Transportgefäßen sowie Fördereinrichtungen.

Für unterschiedliche Untersuchungen wie Voruntersuchungen, Eignungs-, Eigenüberwachungs-, Kontroll- oder Schiedsprüfungen muß eine dem Untersuchungsziel entsprechend große Probenmenge (repräsentative Probe) entnommen werden. Bei der Bemessung der Probengröße ist möglichst großzügig zu verfahren. Schon oft haben zu kleine Proben die Ausführung notwendiger Laboruntersuchungen unmöglich gemacht. Ärgerliche, aber vermeidbar gewesene Verzögerungen waren die Folge.

Für das Einmessen der Lage und Geländehöhe der Aufschlußstelle sowie

K 38, 39   **DIN 18 915, Blatt 1**

ihre Bezeichnung ist der Auftraggeber oder sein Beauftragter verantwortlich (DIN 4021, Blatt 1, Ziffer 4.8).

K 38   Die DIN 19 680 und 19 681 haben ihre Bedeutung vorwiegend im landwirtschaftlichen, meliorationstechnischen und bodenkundlichen Bereich. Sie besitzen nur einen geringen Anwendungsbezug zu landschaftsbautechnischen Arbeiten (siehe K 39 bis K 48).

Die DIN 19 680 enthält im wesentlichen Hinweise zu den Untersuchungsarten Flachbohrung, Grabung und Schürfgrube, das Einmessen des Grundwasserspiegels, Profilbeschreibung und bildliche Dokumentation.

Bautechnische Anwendungsrückschlüsse läßt die Norm kaum zu. Die genannten Bezugsnormen sind im Bauwesen weitgehend ungebräuchlich.

Die in DIN 19 681 genannten Entnahmeverfahren beziehen sich auf die Entnahme gestörter Proben, ungestörter Proben und Proben unter besonderen Bedingungen. Die Verfahren entsprechen zum Teil den in den bautechnischen Normen genannten Verfahren. Dies gilt auch für Beschriftung, Verpackung und Versand.

Da die DIN 19 680 und 19 681 keine verwertbaren Hinweise auf den Zeitpunkt der Probenahme, den Einsatz der Entnahmeverfahren bezüglich der weiteren Untersuchungen, die Probengröße und Probengüte, die Lage und Zahl der Entnahmestellen und die Probenahme aus Halden, Transportfahrzeugen sowie Förderanlagen enthält, alle diese Punkte jedoch — in unterschiedlicher Bedeutung — bei vegetationstechnischen Arbeiten bedeutend sind, sind diese Punkte im Einzelfall jeweils vorzuschreiben oder besser andere im folgenden Kommentar zu K 39 aufgeführte und dies berücksichtigende Normen etc. anzuwenden.

K 39   Landschaftsbautechnische Arbeiten entsprechen in ihrer Art, dem Arbeitsablauf und dem Maschineneinsatz im wesentlichen bautechnischen Arbeiten.

Die vorgenannten Normen des landwirtschaftlichen Wasserbaus bieten nur bedingt brauchbare Anleitungen für die Probenahme. Es wird deshalb empfohlen, Bodenerkundungen und Bodenaufschlüsse bzw. Probenahmen entsprechend nachstehenden Normen, Richtlinien, Merkblättern etc. sinngemäß durchzuführen.

DIN 4020, Bautechnische Bodenuntersuchungen — Richtlinien
Juli 1953

DIN 4021, Blatt 1: Baugrund
Erkundung durch Schürfe und Bohrungen sowie Entnahme von Proben —
Aufschlüsse im Boden
Juli 1971

DIN 4021, Teil 2: . . . .
Aufschlüsse im Fels
Februar 1976

Bautechnische Bodennormen K 39

DIN 4021, Blatt 3: Entwurf
Baugrund — Erkundungen durch Schürfe und Bohrungen sowie Entnahme von Proben — Aufschluß der Wasserverhältnisse
März 1975

DIN 4022, Blatt 1: Baugrund und Grundwasser — Benennen und Beschreiben von Bodenarten und Fels — Schichtenverzeichnis für Untersuchungen und Bohrungen ohne durchgehende Gewinnung von gekernten Proben
November 1969

DIN 4023, Baugrund- und Wasserbohrungen — Zeichnerische Darstellung der Ergebnisse
September 1975

DIN 18 196, Erdbau
Bodenklassifikation für bautechnische Zwecke und Methoden zum Erkennen von Bodengruppen
Juni 1970

DIN 18 125, Blatt 2: Baugrund — Untersuchung von Bodenproben — Bestimmung der Dichte des Bodens (Feldmethoden)
Februar 1975

Bei der Ausführung von Betonarbeiten in Oberbodenaufschüttungen etc. ist u. U. folgende Norm von Bedeutung:

DIN 4030, Beurteilung betonangreifender Wässer, Böden und Gase
November 1969

SNV 670 800 a: Mineralische Baustoffe
Probenahme
Schweizerische Normenvereinigung
Oktober 1970

Bodenerkundung im Straßenbau Teil 1: Richtlinien für die Beschreibung und Beurteilung der Bodenverhältnisse
FG f. d. Straßenwesen, 1968

Bodenerkundung im Straßenbau Teil 2: Richtlinien für die Vergabe von Aufträgen zur Begutachtung der Bodenverhältnisse
FG f. d. Straßenwesen, 1977

Merkblatt über die Probenahme für bodenphysikalische Versuche im Straßenbau
FG f. d. Straßenwesen, 1972

Des weiteren wird verwiesen auf
Neue Landschaft, Arbeitsblätter / Bauingenieurwesen des Landschaftsbaus Nr. 3.7.1.10.1 bis 3.7.1.10.3

Bei der Anlage von Untersuchungsstellen sind die entsprechenden Unfallverhütungsvorschriften etc. zu beachten. Eine Novellierung der DIN 18 915 Teil 1 wird diesen Gegebenheiten Rechnung tragen müssen.

K 40 Die Bezeichnung der Bodenproben erfolgt nach folgenden Kriterien:

1. Benennung nach dem Verwendungszweck: (nach Merkblatt über die Probenahme ...)

a) Laborprobe
Diese Probe stellt das gesamte Material dar, das für die vorgesehenen Laboruntersuchungen benötigt wird. Sie kann aus Einzel-, Sammel- oder Mischproben (s. 2.) bestehen, die alle jedoch auch in mehrere Laborproben aufgeteilt werden können.

b) Rückstellprobe
Sie stellt eine Laborprobe dar, die unbearbeitet für eine Schiedsanalyse oder sonstige Zwecke aufbewahrt werden muß.

c) Untersuchungsprobe
Sie stellt die Probenmenge dar, die für die jeweilige bodenphysikalische Untersuchung benötigt wird. Eine Untersuchungsprobe ist damit nur ein Teil einer Laborprobe.

2. Benennung nach dem erfaßten Bodenbereich: (nach Merkblatt über die Probenahme ...)

a) Einzelprobe
Eine Einzelprobe wird aus einem gleichmäßig aufgebauten Bereich des zu prüfenden Materials entnommen. Die Güteklassen 1 und 2 (s. K 41) können nur bei Einzelproben erreicht werden.

b) Sammelprobe
Sie entsteht aus mehreren Einzelproben, die aus einem umfangreichen gleichmäßig aufgebauten Bereich des zu prüfenden Materials stammen, und nachträglich miteinander gemischt werden. Die Sammelprobe kann die Güteklassen 3 bis 5 aufweisen.

c) Mischprobe
Eine Mischprobe wird über mehrere angrenzende Bodenbereiche hinweg gemischt entnommen. Mit ihr können die Güteklassen 4 und 5 erzielt werden.

3. Benennung nach DIN 4021, Blatt 1:

a) Bohrprobe
Sie wird mit Hilfe eines Bohrwerkzeugs entnommen und stellt fast immer eine gestörte Probe dar. Je nach Art des Bohrwerkzeugs und Bohrverfahrens lassen die Güteklassen 2 bis 5, unter besonders günstigen Bodenverhältnissen auch die Güteklasse 1 erreichen. Bohrungen unter dem Wasserspiegel ergeben meist nur die Güteklassen 4 und 5.

b) Sonderprobe
Sie wird mit speziellen Geräten als weitgehend ungestörte Probe (Güteklassen 1 bis 3) sowohl aus oberflächennahen Bereichen des Bodens, einer Schürfgrube, einer Bohrung oder einem frischen Geländeanschnitt entnommen.

Proben, Probenahme K 41, 42

c) Schürfprobe
Sie ist eine gestörte Probe, die von Hand oder maschinell mit einem Schürfgerät entnommen wird. Es lassen sich die Güteklassen 3 bis 5 erreichen.

Güteklassen   K 41

Nach DIN 4021, Blatt 1, werden fünf Güteklassen für Bodenproben festgelegt. Sie unterscheiden sich durch die feststellbaren Kennwerte. Die erreichbare Güteklasse ist nicht nur von der Entnahmeart, sondern auch von der Lage der Entnahmestelle zum Grundwasserspiegel und von der Bodenart abhängig.

Die Güteklasse 1 stellt eine fast ungestörte Bodenprobe dar. Die Probenqualität verringert sich bis zur Güteklasse 5, die nur noch eine völlig gestörte Probe beinhaltet, bei der sogar die Kornzusammensetzung nicht mehr voll der des Ausgangsmaterials entspricht. Es wird üblicherweise die geringste Güteklasse gewählt bzw. vorgeschrieben, die noch die für das Objekt erforderlichen bodenphysikalischen Kennwerte liefert.

Die wesentlichen Merkmale der Güteklassen sind in der Tabelle **T 1 zu K 41** zusammengestellt.

Nach DIN 4020, Ziffer 8, sind zwei Untersuchungsarten zu unterscheiden,   K 42
die hier in Frage kommen:

„8.1 Schürfe
Die einfachste Art, Aufschluß über die Untergrundverhältnisse zu erhalten, ist die Anlage einer Schürfgrube. Sie ermöglicht jedoch mit wirtschaftlichen Mitteln nur einen Aufschluß bis zu geringer Tiefe (2 bis 3 m) und ist nur anwendbar bei tiefliegendem Grundwasserstand. Nur in Ausnahmefällen wird man tiefere Schürfe (nötigenfalls unter Wasserhaltung und Auszimmerung des Erdschachtes) durchführen. In den Schürfen ist der Bodenaufbau im Anschnitt am besten zu erkennen, und sie ermöglichen am besten die Entnahme von Bodenproben."

„8.3 Sondenuntersuchung
Bei der Untersuchung mit Sonden wird eine Stahlstange (mit stumpfen oder spitzem Ende oder mit Spiralbohrer) durch Rammen oder Bohren niedergebracht. Die beim Einrammen oder Eindrehen geleistete Arbeit gibt einen Anhalt über die Festigkeit der durchteuften Schichten. Das Verfahren gibt keine Zahlenwerte für die Festigkeit des Baugrundes gegenüber Bauwerkslasten, es gestattet aber, vor allem bei großflächigen Bauausführungen, eine Verdichtung der Erkundungen und in Verbindung mit Bohrungen und Schürfen die Feststellung des Schichtenverlaufes und etwa vorhandener Ungleichmäßigkeiten."

Bei Sondenuntersuchungen sind folgende Normen zu beachten:
DIN 4094, Blatt 1: Baugrund — Ramm- und Drucksondiergeräte — Maße

Güte-klasse	unveränderter Kennwert	weiterhin feststellbarer Kennwert
1	Kornverteilung Wassergehalt Raumgewicht Steifemodul Scherfestigkeit	Feinschichtgrenzen Konsistenzgrenzen Konsistenzzahl Verdichtbarkeit Lagerungsdichte, Verdichtungsgrad Kornrohwichte Porenanteil Wasserdurchlässigkeit organische Bestandteile pH-Wert Nährstoffgehalt
2	Kornverteilung Wassergehalt Raumgewicht	Feinschichtgrenzen Konsistenzgrenzen Konsistenzzahl Verdichtbarkeit Lagerungsdichte, Verdichtungsgrad Kornrohwichte Porenanteil Wasserdurchlässigkeit organische Bestandteile pH-Wert Nährstoffgehalt
3	Kornverteilung Wassergehalt	Schichtgrenzen Konsistenzgrenzen Konsistenzzahl Verdichtbarkeit Kornrohwichte organische Bestandteile pH-Wert Nährstoffgehalt
4	Kornverteilung	Schichtgrenzen Konsistenzgrenzen Verdichtbarkeit Kornrohwichte organische Bestandteile pH-Wert Nährstoffgehalt
5	(unvollständige Bodenprobe)	Schichtenfolge

T 1 zu K 41: Güteklassen für Bodenproben entsprechend DIN 4021, Blatt 1

Proben, Probenahme

und Arbeitsweise der Geräte
November 1974
DIN 4094, Blatt 2: Vornorm
Baugrund — Ramm- und Drucksondiergeräte — Hinweise für die Anwendung
Juni 1965
DIN 4096, Vornorm
Baugrund — Flügelsondierung — Abmessungen des Gerätes, Arbeitsweise
November 1972

Verfahrensfragen, Protokoll K 43

Für Güte- und Kontrollprüfungen, ggf. auch für Eignungsprüfungen, hat die Probenahme so zu erfolgen, daß sie für alle Vertragspartner verbindlich ist. Daher sollte die Probenahme entweder in Gegenwart aller Parteien oder durch eine von allen Parteien als neutral anerkannte Institution erfolgen. In diesem Fall genügt meist die Entnahme einer Laborprobe. Ist diese Übereinstimmung nicht zu erzielen, muß die Gesamtprobe gedrittelt werden. Eine Probe wird im Beisein der Vertragspartner als Rückstellprobe für Schiedsuntersuchungen versiegelt, eine weitere dem Auftraggeber der Probenahme zur Verfügung gestellt und die dritte für die Laboruntersuchungen verwendet. Der Aufbewahrungsort der Rückstellproben muß vereinbart werden.

Die Entnahme von Bodenproben ist in Protokollen (siehe Abbildung **A 1 zu K 43**, Muster) sowie lage- und höhenmäßig (u. U. in einem Lageplan) festzuhalten. Ggf. sind Schichtenverzeichnisse entsprechend DIN 4022, Blatt 1, Ziffer 11, Tabelle 1 und Anlage 1 und 2, anzulegen (siehe Abbildung **A 2 und A 3 zu K 43**).

Die zeichnerische Darstellung erfolgt nach DIN 4023 (siehe Abbildung **A 4 bis A 8 zu K 43**).

Kennzeichnung von Proben K 44

Nach DIN 4021, Blatt 1, sind alle Bodenproben direkt nach der Entnahme auf dem Behälter (nicht auf Deckeln) zu kennzeichnen. Die Kennzeichnung soll dauerhaft und möglichst doppelt vorgenommen werden und folgende Angaben aufweisen:
1. Ort der Entnahme, Bauwerk
2. Nummer der Bohrung oder des Schurfs
3. Nummer der Probe, Bezeichnung
4. Tiefe der Unterkante bei Bohr- oder Sonderproben
5. Kennzeichnung von Ober- und Unterseite bei Bohr- und Sonderproben sowie Zylinderentnahme
6. Bodenart (beschreibend)
7. Datum der Entnahme

K 43 DIN 18 915, Blatt 1

PRÜFLABOR ALTDORF
LANDSCHAFTSBAU SPORTPLATZBAU
GÜNTER HÄNSLER BDLA · BVS
8503 ALTDORF · BADENER STR.4 · TELEFON 09187/1332

Probenahme – Niederschrift

Blatt 2

Betr.: Bauvorhaben:

3. Art der durchzuführenden Prüfungen
   ☐ nach den Anforderungen der entsprechenden Normen sowie den Erfordernissen
   ☐ nach folgender Aufstellung:

   zu Probe Nr.: | durchzuführende Prüfung:

4. Bestellung von Laboruntersuchungen
4.1. Vorheriges Angebot über die Prüfungskosten erwünscht: ja ☐ nein ☐
4.2. Auftrag wird hiermit bereits erteilt: ja ☐ nein ☐
5. Kostenträger der Laboruntersuchungen
6. Bemerkungen:
7. Auftraggeber der Laboruntersuchungen
   Anschrift:

Probenahme-Niederschrift-Bestellung 79/2

PRÜFLABOR ALTDORF
LANDSCHAFTSBAU SPORTPLATZBAU
GÜNTER HÄNSLER BDLA · BVS
8503 ALTDORF · BADENER STR.4 · TELEFON 09187/1332

Probenahme – Niederschrift

Betr.: Bauvorhaben:

1. Allgemeine Angaben für die Prüfung
1.1. Auftraggeber der Probenahme:
1.2. Kostenträger der Probenahme:
1.3. Zweck der Probenahme: Voruntersuchung ☐ Eignungsprüfung ☐
   Kontrollprüfung ☐ Schiedsfallprüfung ☐

2. Angaben über die Probenahme
2.1. Ort der Probenahme (ggf. Skizze beifügen)[x]
2.2. Bodenart: Oberboden ☐ Sand ☐ Sonst.:
2.3. Bezeichnung der Entnahmestelle: (Lage, Schicht, Höhe)
2.4. Art der Probenahme:[x] Schürf ☐ Austech ☐ Sonst.:
2.5. Art der Probe: Einzelprobe ☐ Sammelprobe ☐
   Mischprobe (aus gleichen Anteilen) ☐
   Sonst.:
2.6. Bezeichnung der Probe Nr.:
2.7. Witterung vor/bei der Probenahme:
2.8. Datum der Probenahme:
2.9. Verpackung der Probe:
2.10. Teilproben an:

x bei mehreren Proben auf gesonderter Liste angeben.

3. Bestätigung
3.1. ☐ der ordnungsgemäßen Probenahme
3.2. ☐ der Richtigkeit der Angaben
3.3. ☐ der Bestellung von Laborprüfungen an das Prüflabor (nach Blatt 2)

Für die Probenahme   Für die Vertragspartner

Verteiler:

\+ Prüflabor   Ort, Datum: ....

Probenahme-Niederschrift 79/1

Abbildung A 1 zu K 43/Muster

Schichtenverzeichnis K 43

Anlage 1 zu DIN 4022 Blatt 1

Aktenzeichen: _____
Archiv-Nr: _____

Kopfblatt zum Schichtenverzeichnis für Bohrungen ohne durchgehende Gewinnung von gekernten Proben

Bohrung/Schurf-Nr*): _____ Karte i. M. 1: _____ Nr: _____
Name des Kartenblattes _____
Gitterwerte des Bohrpunktes: rechts _____ hoch: _____
Ort, in oder bei dem die Bohrung liegt: _____ Kreis: _____
Zweck der Bohrung: _____ Baugrund/Grundwasser*): _____
Höhe des Ansatzpunktes zu NN: _____ oder zu einem anderen Bezugspunkt: _____
_____ (Ansatzpunkt _____ m über bzw. unter*) Gelände)
Auftraggeber: _____
Objekt: _____
Bohrunternehmer: _____ Geräteführer: _____
Gebohrt vom _____ bis _____ 19 _____ Endteufe: _____ m unter Ansatzpunkt**)
Bohrlochdurchmesser: bis _____ m _____ mm, bis _____ m _____ mm***)
bis _____ m _____ mm, bis _____ m _____ mm, bis _____ m _____ mm
Bohrverfahren: bis _____ m _____
bis _____ m _____

Zusätzliche Angaben bei Wasserbohrungen:
Filter: von _____ m bis _____ m unter Ansatzpunkt ⌀ _____ mm Art: _____
von _____ m bis _____ m unter Ansatzpunkt ⌀ _____ mm Art: _____
Kiesschüttung: von _____ m bis _____ m unter Ansatzpunkt, Körnung: _____
von _____ m bis _____ m unter Ansatzpunkt, Körnung: _____
Abdichtung (Wassersperre): von _____ m bis _____ m unter Ansatzpunkt
von _____ m bis _____ m unter Ansatzpunkt
Wasserstand in Ruhe: _____ m unter Ansatzpunkt
bei Förderung _____ m unter Ansatzpunkt bei _____ m³/h bzw. l/s*)
Beharrungszustand erreicht? ja/nein*)
Pumpversuch vom _____ , _____ Uhr bis _____ , _____ Uhr

Unterschrift des Geräteführers
_____

Fachtechnisch bearbeitet von _____ am _____
Proben nach Bearbeitung aufbewahrt bzw. vernichtet*) bei _____
Anzahl: _____ unter Nr: _____

*) Nichtzutreffendes bitte streichen
**) Bei Schrägbohrung = Bohrlänge
***) Verrohrte Strecken unterstreichen

Rückseite:
Lageskizze der Bohrung/des Schurfs*)

Abbildung A 2 zu K 43

21

K 43 DIN 18 915, Blatt 1

Anlage 2 zu DIN 4022, Blatt 1
Schichtenverzeichnis für Bohrungen ohne durchgehende Gewinnung von gekernten Proben

Ort: Bohrung/Schurf Nr: Zeit:

a) Bis ... m unter Ansatzpunkt / b) Mächtigkeit in m	a_1) / a_2) / b) / f)	Benennung und Beschreibung der Schicht				Feststellungen beim Bohren: Wasserführung; Bohrwerkzeuge; Werkzeugwechsel; Sonstiges³)	Entnommene Proben		Tiefe in m (Unterkante)
		Ergänzende Bemerkung¹)			Kalkgehalt		Art	Nr	
		b) Beschaffenheit gemäß Bohrgut	c) Beschaffenheit gemäß Bohrvorgang	d) Farbe	e)				
		f) Ortsübliche Bezeichnung	g) Geologische Bezeichnung¹)	h) Gruppe²)					
1		2				3	4	5	6
a)	a_1)								
	a_2)								
b)	b)	c)	d)	e)					
	f)	g)	h)						
a)	a_1)								
	a_2)								
b)	b)	c)	d)	e)					
	f)	g)	h)						
a)	a_1)								
	a_2)								
b)	b)	c)	d)	e)					
	f)	g)	h)						
a)	a_1)								
	a_2)								
b)	b)	c)	d)	e)					
	f)	g)	h)						
a)	a_1)								
	a_2)								
b)	b)	c)	d)	e)					
	f)	g)	h)						
a)	a_1)								
	a_2)								
b)	b)	c)	d)	e)					
	f)	g)	h)						

¹) Eintragung nimmt der wissenschaftliche Bearbeiter vor
²) Eintragung nimmt der wissenschaftliche Bearbeiter nach DIN 18 196 vor   ³) Dimensionen siehe Tabelle 1

Abbildung A 3 zu K 43

Schichtenverzeichnis K 43

1	2	3	4	5	6	7
Benennung		Kurzzeichen		Zeichen		Flächen-farbe
Bodenart	Beimengung	Bodenart	Beimengung	Bodenart	Beimengung	
Kies	kiesig	G	g			hellgelb
Grobkies	grobkiesig	gG	gg			hellgelb
Mittelkies	mittelkiesig	mG	mg			hellgelb
Feinkies	feinkiesig	fG	fg			hellgelb
Sand	sandig	S	s			orangegelb
Grobsand	grobsandig	gS	gs			orangegelb
Mittelsand	mittelsandig	mS	ms			orangegelb
Feinsand	feinsandig	fS	fs			orangegelb
Schluff	schluffig	U	u			oliv
Ton	tonig	T	t			violett
Torf, Humus	torfig, humos	H	h			dunkelbraun
Mudde (Faulschlamm)		F	–			hellila
	organische Beimengung	–	o			–
Auffüllung		A		A		–
Steine	steinig	X	x			hellgelb
Blöcke	mit Blöcken	Y	y			hellgelb
Fels, allgemein		Z				dunkelgrün
Fels, verwittert		Zv				dunkelgrün

Abbildung A 4 zu K 43

DIN 4023, Tabelle 1. Kurzzeichen, Zeichen und Farben für die Bodenarten und Fels nach DIN 4022 Blatt 1

K 43   DIN 18 915, Blatt 1

1	2	3	4
Benennung	Kurzzeichen	Zeichen	Flächenfarbe
Mutterboden	Mu	Mu	hellbraun
Verwitterungslehm, Gehängelehm	L		grau
Geschiebelehm	Lg		grau
Geschiebemergel	Mg		blau
Löß	Lö		helloliv
Lößlehm	Löl		oliv
Klei, Schlick	Kl		lila
Wiesenkalk, Seekalk, Seekreide, Kalkmudde	Wk		hellblau
Bänderton	Bt		violett
Vulkanische Aschen	V		dunkelgrau
Braunkohle	Bk		schwarzbraun

Abbildung A 5a zu K 43

DIN 4023 — Tabelle 2. Kurzzeichen, Zeichen und Farben für einige geologische typische Bodenarten

Abbildung A 5b zu K 43

DIN 4023 — Tabelle 3. Kurzzeichen, Zeichen und Farben für Felsarten

Schichtenverzeichnis K 43

1 Benennung	2 Kurzzeichen	3 Zeichen	4 Flächenfarbe
Fels, allgemein	Z	*)	dunkelgrün
Konglomerat, Brekzie	Gst	*)	hellgelb
Sandstein	Sst	*)	orangegelb
Schluffstein	Ust	*)	kreß (orange)
Tonstein	Tst	*)	violett
Mergelstein	Mst	*)	blau
Kalkstein	Kst	*)	dunkelblau
Dolomitstein	Dst	*)	dunkelblau
Kreidestein	Krst	*)	hellblau
Kalktuff	Kpst	*)	hellblau
Anhydrit	Ahst	*)	hellgrün
Gips	Gyst	*)	hellgrün
Salzgestein	Lst	*)	hellgrün
Verfestigte vulkanische Aschen (Tuffstein)	Vst	*)	grau
Steinkohle	Stk	*)	schwarzbraun
Quarzit	Q	*)	rosa
Massige Erstarrungsgesteine und Metamorphite (Granit, Gabbro, Gneis)	Ma	*)	karmin
Blättrige, feinschichtige Metamorphite (Glimmerschiefer, Phyllit)	B	*)	violett

*) Zusatzzeichen zum allgemeinen Felszeichen (Anwendung siehe Bild 2).

K 43

DIN 18 915, Blatt 1

1	2	3	4
Bodenart, Gesteinsart	Kurzzeichen	Zeichen	Flächenfarbe
Grobkies, steinig	gG, x		hellgelb
Feinkies und Sand	fG-S		orangegelb
Grobsand, mittelkiesig	gS, mg		orangegelb
Mittelsand, schluffig, schwach humos	mS, u, h'		orangegelb
Schluff, stark feinsandig	U, f̄s		kreß (orange)
Torf, feinsandig, schwach schluffig	H, fs, u'		dunkelbraun
Seekreide mit organischen Beimengungen	Wk, o		hellblau
Klei, feinsandig	Kl, fs		lila
Sandstein, schluffig	Sst, u		orangegelb
Salzgestein, tonig	Lst, t		hellgrün
Kalkstein, schwach sandig	Kst, s'		dunkelblau

Abbildung A 6 zu K 43

DIN 4023 — Tabelle 4. Beispiele von Kurzzeichen, Zeichen und Farben für gemischtkörnige Boden- und Felsarten

Abbildung A 7 zu K 43

DIN 4023 — Tabelle 5. Weitere Zeichen.

Schichtenverzeichnis K 43

Über der Säule	Links der Säule	Rechts der Säule
Sch – Schurf	P2 ■ +352,1 = Sonderprobe aus 19,0 m Tiefe = +352,1 m NN	∪ = naß Vernässungszone oberhalb des Grundwassers
B – Bohrung		
BK – Bohrung mit durchgehender Gewinnung gekernter Proben	K1 ⊠ +114,8 = Bohrkern aus 5,2 m Tiefe = +114,8 m NN für Untersuchungen ausgewählt	≋ = breiig
		∫ = weich
	▽ 8,9 / (1.4.68) = Grundwasser am 1. 4. 1968 in 8,9 m unter Gelände angebohrt	
		┊ = steil
BP – Bohrung mit durchgehender Gewinnung nichtgekernter Proben	▽ 8,9 / (1.4.68) 3^h = Grundwasserstand nach Beendigung der Bohrung oder bei Änderung des Wasserspiegels nach seinem Antreffen jeweils mit Angaben der Zeitdifferenz in Stunden (3^h) nach Einstellen oder Ruhen der Bohrarbeiten	│ = halbfest
BuP – Bohrung mit Gewinnung unvollständiger Proben	▼ +118,0 / 10.5.68 = Ruhewasserstand in einem ausgebauten Bohrloch	‖ = fest
BS – Sondierbohrung	▽ +365,7 / (12.6.68) 10^h △ +355,7 = Grundwasser in 15,8 m unter Gelände = +355,7 m NN angebohrt, Anstieg des Wassers bis 5,8 m unter Gelände = +365,7 m nach 10 Stunden	⌇ = klüftig
3 – Nr der Bohrung, des Schurfs usw.		
	▽ +11,7 / (12.6.68) ↓ = Wasser versickert in +11,7 m NN	
	⤢ 45°/25° = Streichen (hier SW-NE) und Fallen (hier 25° nach SE) von Trennflächen	
	‖ │ = gekernte Strecke	

K 43, K 45 **DIN 18 915, Blatt 1**

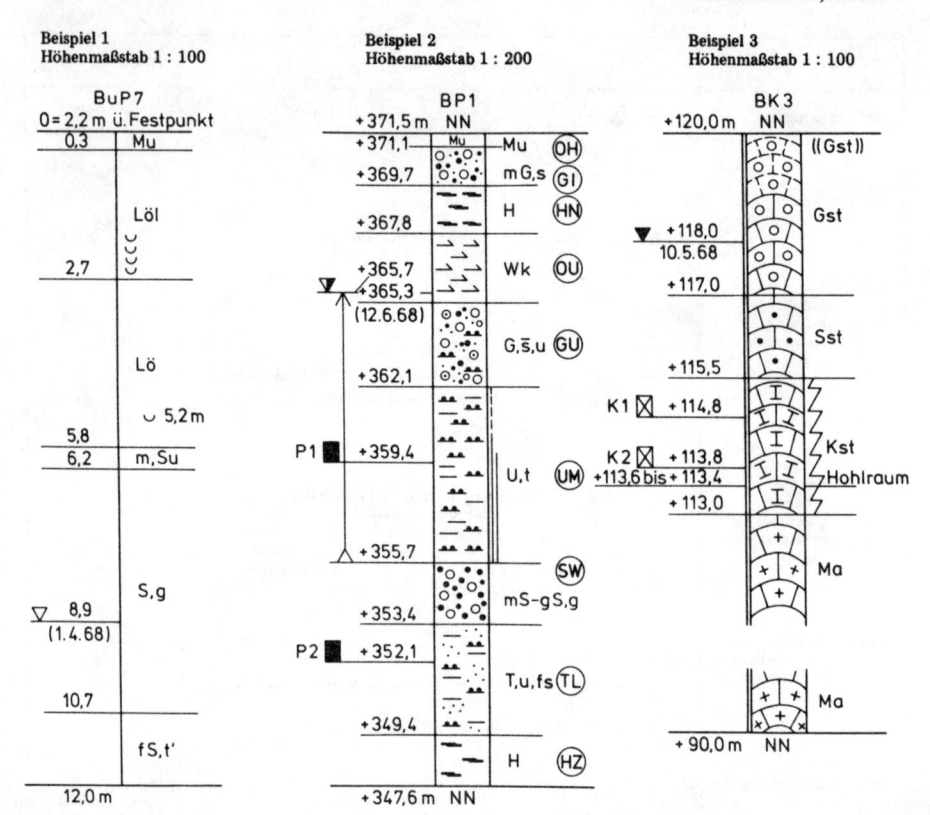

Abbildung A 8 zu K 43

DIN 4023 — Bild 2. Beispiele für die Darstellung von Bohrprofilen.

K 45 Versenden und Lagern von Bodenproben

Für das Lagern und den Versand von Bodenproben sind die Forderungen in den DIN 19 681, Ziffer 5, und 4021, Blatt 1, Ziffer 8, zu beachten.

Besonders wichtig sind folgende Punkte:

Alle Laborproben sind möglichst schnell dem Prüfinstitut zu übergeben. Der Versand muß so erfolgen, daß der Lagerungszustand vor allem von Proben der Güteklassen 1 und 2 durch Transporterschütterungen nicht verändert wird. Die Proben sollten deshalb in festen Kisten oder Kartons in Holzwolle oder ähnlichem verpackt werden. Alle Probengefäße müssen so beschaffen sein, daß sie durch den Transport nicht beschädigt werden.

Bodenproben, Versenden und Lagern K 46

Bodenproben sind in bruchfesten und dichtschließenden Behältern aufzubewahren. Sie dürfen weder starker Wärme (z. B. Sonne oder überhitzte Baubuden) noch Frost ausgesetzt werden. Die Lagerung erfolgt am günstigsten in unbeheizten, frostfreien Kellerräumen.

Probenmenge K 46

Die Größe einer Einzel-, Misch- oder Sammelprobe hängt vom Größtkorn des Bodens, der nachfolgenden bodenphysikalischen Untersuchung und der Art der Probenahme ab.

Die Tabelle T 1 zu K 46 gibt einen Anhalt für die Mindestgröße einer Untersuchungsprobe. Die bei der Probenahme zu entnehmende Probengröße sollte die 3- bis 4fache Größenordnung aufweisen. Die Angaben der Tabelle gelten für an der Entnahmestelle homogen anstehende Böden.

Untersuchung bzw. gesuchter Kennwert			Probenmenge (g)		
		Ton und Schluff	Sand	Kies	steiniger Boden
Kornverteilung		10 – 50	50 – 200	200 – 15 000	15 000
Wassergehalt		10 – 50	50 – 200	1 000 – 10 000	10 000
Konsistenzgrenzen und Konsistenzzahl		200 – 300	—	—	—
Raumgewicht		1 000	1 000	2 000	2 000
Verdichtbarkeit	lockerste und dichteste Lagerung, Porenanteil	—	200	3 000	—
	Proctordichte ⌀ 10 cm	2 000	2 500	2 500	—
	Proctordichte ⌀ 15 cm	5 000	5 500	5 500	—
	Proctordichte ⌀ 25 cm	—	—	—	25 000
Kornrohwichte		100	100	500 – 2 000	500 – 2 000
Durchlässigkeit		500 – 2 000	1 000 – 5 000	5 000	7 000
Scherversuch		500	500 – 1 200	25 000	25 000
KD-Versuch		200 – 500	200 – 500	—	—

Tabelle T 1 zu K 46: Mindestgröße einer Untersuchungsprobe (Anhaltswerte) (entspricht höchstens 1/3 bis 1/4 einer Laborprobe)

K 47 Zahl der Proben und Anordnung der Entnahmestellen: Die Zahl der erforderlichen Proben richtet sich nach dem Objekt (Anforderungen nach im Leistungsverzeichnis zu benennenden Bezugsgrößen) und dem vorliegenden Schichtenprofil. Entsprechend dem „Merkblatt über die Probenahme für bodenphysikalische Versuche im Straßenbau" Ziffer 5 und Ziffer 6 ist je Schicht bzw. Homogenbereich eine Probe zu entnehmen. Die Entnahmen von Proben aus Halden, Fahrzeugen und Fördereinrichtungen sind nach den gleichen Ziffern auszuführen.

K 48 Die Art der Entnahme von Bodenproben sollte nach DIN 4021, Blatt 1, Ziffer 6, erfolgen, da diese Verfahren für die bautechnischen Flächen im Landschaftsbau ebenfalls Verwendung finden. Bei der Festlegung des Verfahrens ist die erforderliche Güteklasse der Bodenprobe zu beachten (siehe K 41).

4.1 Korngrößenverteilung

Die Korngrößenverteilung (Körnungsaufbau) gibt Auskunft über die Gewichtsanteile der verschiedenen Korngrößen eines Bodens. Die Korngrößen sind in Korngrößenbereiche eingeteilt.

Die Korngrößenverteilung läßt Rückschlüsse auf den Hohlraumgehalt, die plastischen Eigenschaften, die Wasserspeicherfähigkeit und die Wasserdurchlässigkeit des Bodens zu und ermöglicht die Einordnung der Böden in Bodengruppen (siehe Abschnitt 5).

Läßt sich ein Boden aufgrund der Bestimmung seiner Korngrößenverteilung zweifelsfrei in eine dieser Bodengruppen einordnen, kann eine besondere Bestimmung seiner plastischen Eigenschaften, Wasserspeicherfähigkeit und Wasserdurchlässigkeit entfallen.

K 49 Die Korngrößenverteilung eines Bodens gilt nur für die anorganischen Bodenbestandteile.

K 50 Bei der Ermittlung der Gewichtsanteile (Massenanteile) der Korngruppen (Korngrößenbereiche) wird fein verteilte organische Substanz meist mineralisiert. Sie wirkt sich in diesen Fällen massenmäßig aus. Um ihren Anteil festlegen zu können, ist eine besondere Bestimmung der Menge der organischen Substanz notwendig (durch nasse Oxydation bzw. Glühverlustbestimmung — siehe K 209).

K 51 Die Art der organischen Substanz (staubfein, faserig, frisch, zersetzt) sowie ihre Menge kann einen stark verändernden Einfluß auf die aus der Korngrößenverteilung abgeleiteten Bodeneigenschaften haben. Bereits bei mäßig humosen Böden (siehe K 205 ff.) ist daher die Ermittlung der Art und Menge der organischen Substanz notwendig. Bei wenig umfangreichen Baumaßnahmen kann die Bestimmung mit Feldversuchen (siehe K 208) ausreichend sein.

K 52 Für definierbare Aussagen bezüglich der Bodenzusammensetzung, der Bodengruppe gemäß DIN 18 915, Blatt 1, Ziffer 5, den plastischen Eigenschaften, der Wasserdurchlässigkeit und Wasserspeicherfähigkeit, der Bearbeitbarkeit, der Verdichtbarkeit, des Maschineneinsatzes, der Preis- und Termingestaltung ist außer der Ermittlung der Kornverteilung die

Korngrößenverteilung K 53—55

Ungleichförmigkeitszahl nötig (siehe K 75 und K 76). Bei bindigen Böden und Mischböden ist außerdem Abschn. 4.2 mit Kommentaren zu beachten (siehe K 88 ff.).

Die Beschreibung eines Bodens mit nur der Bodengruppenziffer gemäß Abschn. 5 dieser Norm läßt höchstens tendenzmäßige Rückschlüsse auf die vorgenannten Punkte zu (siehe K 250 ff.). Auch bei kleineren Baumaßnahmen liegt hier ein u. U. großes Risiko für den Auftragnehmer vor. Der Auftraggeber sollte deshalb bei schwierigen Bodensituationen auf weitere Erkenntnisse der Untersuchung hinweisen. K 53

Der Wortlaut des 3. Absatzes ist irreführend, da aus der Einordnung eines Bodens in eine Bodengruppe keinerlei Rückschluß auf die genannten Bodeneigenschaften gezogen werden kann (siehe dazu auch K 250 ff.). K 54

Er ist daher in seinem Sinn richtigzustellen und wie folgt zu lesen:

„Läßt sich ein Boden aufgrund der Bestimmung der Kornverteilung zweifelsfrei **bewerten,** kann eine ... entfallen."

4.1.1 Kenngröße
Korngrößenbereich, Zeichen: d

Jeder Boden ist ein Gemisch von Einzelbestandteilen unterschiedlicher Korngrößen, die nach DIN 4022 Blatt 1 in nachstehende Korngrößenbereiche eingeteilt sind:

Bezeichnung			Bereich
Feinstkorn (oder Ton)		Schlämmkornbereich	$\leq$ 0,002 mm
Feinschluff	Schluff	Schlämmkornbereich	> 0,002 bis 0,006 mm
Mittelschluff	Schluff	Schlämmkornbereich	> 0,006 bis 0,02 mm
Grobschluff	Schluff	Schlämmkornbereich	> 0,02 bis 0,06[3] mm
Feinsand	Sand	Siebkornbereich	> 0,06 bis 0,2 mm
Mittelsand	Sand	Siebkornbereich	> 0,2 bis 0,6[3] mm
Grobsand	Sand	Siebkornbereich	> 0,6 bis 2 mm
Feinkies	Kies	Siebkornbereich	> 2 bis 6 mm
Mittelkies	Kies	Siebkornbereich	> 6 bis 20 mm
Grobkies	Kies	Siebkornbereich	> 20 bis 63 mm
Steine und Blöcke			> 63 mm

[3] Nach DIN 66 100 ist der genaue Zahlenwert 0,063 bzw. 0,63 mm. Da Rundungen zulässig sind, werden unterhalb der Korngrößen von 1 mm gerundete Größen verwendet.

Die DIN 4022, Blatt 1, ist für das Aufstellen von Schichtenverzeichnissen bei der Untersuchung des Baugrunds und der Wasserverhältnisse im Boden mit Bohrungen, Schürfen etc. aufgestellt worden. Sie soll gewährleisten, daß die festgestellten Bodenarten nach Art und Beschaffenheit sowie die Wasserverhältnisse einheitlich bezeichnet und einheitlich in Schichtenverzeichnissen dargestellt werden (siehe auch K 43). K 55

Die DIN 4022 benennt Böden in rein beschreibender, wertneutraler Form durch die Festlegung bestimmter Korngrößen bzw. nach geologisch typi-

K 56   DIN 18 915, Blatt 1

schen Boden- und Felsarten unter Hinweis auf ggf. vorhandene organische Substanz.

K 56 Die Bezeichnungen der Bodenarten nach DIN 4022, Blatt 1, werden bei Bodenuntersuchungen und in Schichtenverzeichnissen meist in Form von Abkürzungen angewendet. Die Abkürzungen sind in der DIN 4023, Tabellen 1 bis 3, aufgeführt. Sie sind in der Tabelle **T 1 zu K 56** zusammengestellt. Dabei wird die Benennung für Lockerböden in „Bodenart" und „Beimengung" unterteilt (siehe auch K 58).

Benennung		Kurzzeichen	
Bodenart	Beimengung	Bodenart	Beimengung
Kies	kiesig	G	g
Grobkies	grobkiesig	gG	gg
Mittelkies	mittelkiesig	mG	mg
Feinkies	feinkiesig	fG	fg
Sand	sandig	S	s
Grobsand	grobsandig	gS	gs
Mittelsand	mittelsandig	mS	ms
Feinsand	feinsandig	fS	fs
Schluff	schluffig	U	u
Ton	tonig	T	t
Torf, Humus	torfig, humos	H	h
Mudde (Faulschlamm)		F	—
	organische Beimengung	—	o
Auffüllung		A	
Steine	steinig	X	x
Blöcke	mit Blöcken	Y	y
Fels, allgemein		Z	
Fels, verwittert		Zv	

Tabelle T 1 zu K 56: Kurzzeichen für Bodenarten und Fels,

Bodenarten K 56

Benennung	Kurzzeichen
Mutterboden	Mu
Verwitterungslehm, Gehängelehm	L
Geschiebelehm	Lg
Geschiebemergel	Mg
Löß	Lö
Lößlehm	Löl
Klei, Schlick	Kl
Wiesenkalk, Seekalk, Seekreide, Kalkmudde	Wk
Bänderton	Bt
Vulkanische Aschen	V
Braunkohle	Bk

Benennung	Kurzzeichen
Fels, allgemein	Z
Konglomerat, Brekzie	Gst
Sandstein	Sst
Schluffstein	Ust
Tonstein	Tst
Mergelstein	Mst
Kalkstein	Kst
Dolomitstein	Dst
Kreidestein	Krst
Kalktuff	Kpst
Anhydrit	Ahst
Gips	Gyst
Salzgestein	Lst
Verfestigte vulkanische Aschen (Tuffstein)	Vst
Steinkohle	Stk
Quarzit	Q
Massige Erstarrungsgesteine und Metamorphite (Granit, Gabbro, Gneis)	Ma
Blättrige, feinschichtige Metamorphite (Glimmerschiefer, Phyllit)	B

Beimengung	Zusatzsymbol
schwach (<15 %)	...'
(15–30 %)	kein Symbol
stark (>30 %)	⁼
Beispiel: schwach sandig sandig stark sandig	s' s s̄

geologische Bodenarten und Felsarten nach DIN 4023

K 57–59 DIN 18 915, Blatt 1

Die organischen Bestandteile eines Bodens haben keine spezifische Korngröße.

K 57 siehe auch K 51

Die Kornverteilung wird in einem Diagramm nach DIN 18 123 (Vornorm) dargestellt.

K 58 Anhand der Kornverteilungsdiagramme (Körnungskurven) ist eine genaue Benennung der Böden nach DIN 4022, Blatt 1, möglich. Ebenso kann aus der Körnungskurve exakt die Bodengruppe ermittelt werden (siehe dazu K 250 ff.).

Die anorganischen Bodenarten werden nach DIN 4022, Blatt 1, unterteilt in reine und zusammengesetzte Bodenarten. Reine Bodenarten gibt es in natürlichen Vorkommen kaum. Sie bestehen nur aus einem der in der Tabelle des Abschn. 4.1.1 aufgeführten Korngrößenbereiche (Korngruppe).

Zusammengesetzte Bodenarten umfassen mindestens zwei Korngrößenbereiche. Dabei wird die Bodenart, die nach Gewichtsanteilen (Massenanteilen) am häufigsten vorkommt, als **Bodenhauptart** bezeichnet und mit einem **Substantiv** gekennzeichnet (z. B. „Kies"). Die mit geringeren Gewichtsanteilen (Massenanteilen) vorkommenden Bodenarten sind **Beimengungen**, die mit einem **Adjektiv** gekennzeichnet werden (z. B. „sandig"). Das Adjektiv wird in der Schreibweise dem Substantiv nachgestellt („Kies, sandig"). Je nach dem Anteil der Beimengungen ist zusätzlich dem Adjektiv der Begriff „schwach" oder „stark" voranzusetzen.

Die Beimengung ist zusätzlich mit „schwach" zu bezeichnen, wenn ihr Massenanteil unter 15 % liegt, und mit „stark", wenn er über 30 % beträgt.

Sind bei Böden zwei Korngruppen mit etwa gleichen Anteilen vertreten (40 bis 60 %), werden beide Korngruppen „Bodenhauptarten", deren Substantive durch „und" zu verbinden („Kies und Sand") und als gleichwertiges Gemisch („Kies-Sand-Gemisch") zu bezeichnen sind.

Zur Benennung der Böden anhand von Körnungskurven siehe Abbildungen **A 1 und A 2 zu K 58**.

K 59 Bei zahlreichen Bodenuntersuchungen und Bodenerkundungen für den Erdbau werden Bezeichnungen der DIN 18 196 — Erdbau — Bodenklassifikation für bautechnische Zwecke und Methoden zum Erkennen von Bodengruppen — verwendet. Um eine Vergleichbarkeit mit den Angaben der DIN 4022 zu ermöglichen und weil diese Norm auch für die Feldversuche nach Abschn. 4.1.3.1, 4.2.2.1 und 4.5.3.1 Verwendung findet, ist der folgende Überblick notwendig.

Die DIN 18 196 klassifiziert Böden nach den Merkmalen:
Korngrößenbereich
Korngrößenverteilung — Stufung
plastische Eigenschaften
organische Bestandteile

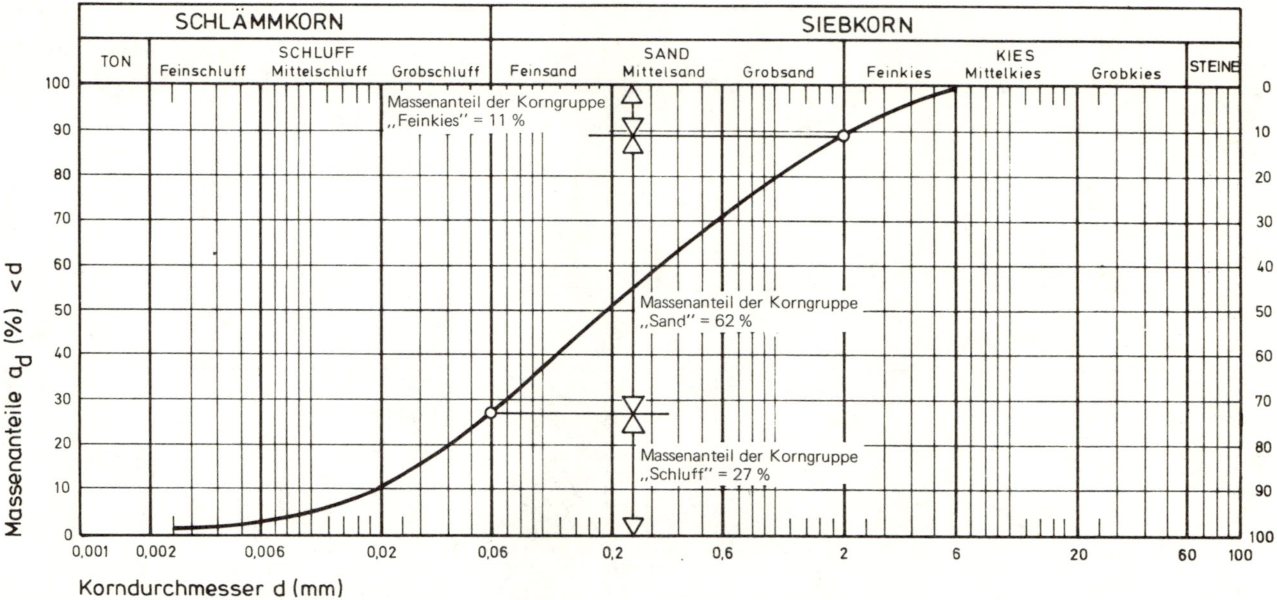

Bodenarten K 58

Abbildung A 1 zu K 58: Beispiel für die Bestimmung der Bodenart nach DIN 4022, Blatt 1

Bodenhauptart: Sand
Beimengung: Schluff (15–30 %), Feinkies (<15 %)
Benennung: Sand, schluffig, schwach feinkiesig
Abkürzung nach DIN 4023: S, u, fg'

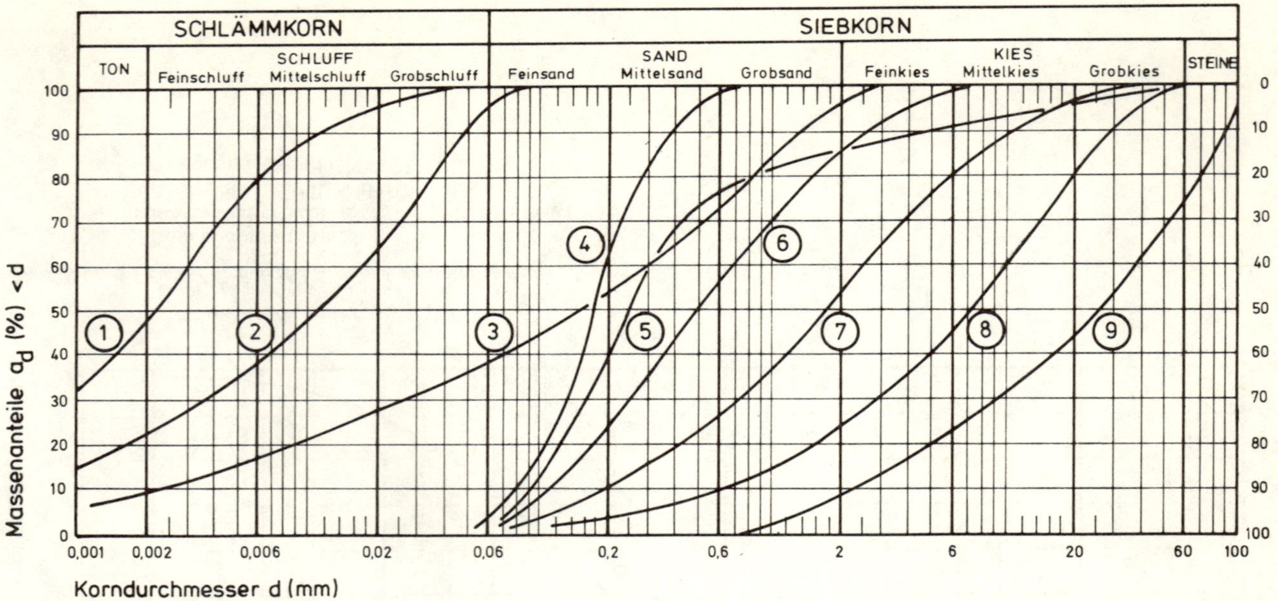

K 58 DIN 18 915, Blatt 1

Kurve	1	2	3	4	5	6	7	8	9
Bodenhauptart nach DIN 4022/4023	T/U	U	S	fS/mS	S	S	S/G	G	G
Beimengung	—	t (fs)[1]	U t' (fg')[1]	—	g	fg	—	S	x gs'
Benennung	T/U	U, t	S, u, t'	fS/mS	S, g	S, fg	S/G	G, s[2]	G, x, gs'[2]

[1] Anteil muß wegen der geringen Menge nicht genannt werden
[2] Größtkorn angeben (im Beispiel ca. 150 mm)

Abbildung A 2 zu K 58: Beispiele für die Benennung der Bodenart nach DIN 4022

Bodenarten, Merkmale K 59

Sie geht damit über die Unterscheidungskriterien der DIN 4022, Blatt 1, hinaus. Für die nach den vorgenannten Merkmalen untersuchten Böden wird eine Bodenklassifikation aufgestellt, die Böden annähernd gleicher Eigenschaften zusammenfaßt.

Die Korngrößenbereiche entsprechen den Angaben der DIN 4022, Blatt 1. Als Kurzzeichen für die Hauptbestandteile und Nebenbestandteile werden die Kennbuchstaben nach **Tabelle T 1 zu K 59** verwendet.

Korngrößenbereich/ Bodenart	Korngröße	Kennbuchstabe
Kies	>2 – 63 mm	G
Sand	0,063 – 2 mm	S
Schluff	0,002 – 0,063 mm	U
Ton	<0,002 mm	T
organische Beimengungen		O
Torf (Humus)		H
Mudde (Faulschlamm)		F
Kalk		K

Tabelle T 1 zu K 59

Zusatzmerkmale ergeben sich aus der Korngrößenverteilung durch die Feststellung der Stufung (siehe dazu K 76). Die entsprechenden Kennbuchstaben sind in Tabelle **T 2 zu K 59** zusammengestellt.

Korngrößenverteilung	Kennbuchstabe
weit gestuft	W
eng gestuft	E
intermittierend (sprunghaft) gestuft	I

Tabelle T 2 zu K 59

Die plastischen Eigenschaften werden aus der Größe der Fließgrenze (siehe auch K 98 und K 102) ermittelt und mit Kennbuchstaben nach Tabelle **T 3 zu K 59** bezeichnet.

plastisches Verhalten	w_l	Kennbuchstabe
leicht plastisch	<0,35	L
mittel plastisch	0,35 – 0,50	M
ausgeprägt plastisch	>0,50	A

Tabelle T 3 zu K 59

K 59, K 60, 61   **DIN 18 915, Blatt 1**

Organische Beimengungen werden nach dem Zersetzungsgrad unterschieden (siehe Tabelle **T 4 zu K 59**).

Zersetzungsgrad (Torf/Humus)	Kennbuchstabe
nicht bis kaum zersetzt	N
zersetzt	Z

Tabelle T 4 zu K 59

Die Bezeichnung der Bodengruppe wird gebildet, indem der Kennbuchstabe der Bodenhauptart vorgestellt und der Kennbuchstabe der entscheidenden Beimengung oder des entsprechenden Zusatzmerkmals nachgestellt wird. Sind Beimengungen stark vertreten, werden die Kennbuchstaben durch einen horizontalen Querstrich gekennzeichnet.

Die gesamte Gruppeneinteilug der DIN 18 196 ist als Tabelle **T 5 zu K 59** beigefügt.

4.1.2 Anforderungen
Für belastbare Flächen soll in der Vegetationsschicht der Gehalt an Teilen $d \leq 0,02$ mm weniger als 20 % und der Gehalt an Teilen $d \leq 0,002$ mm weniger als 10 % betragen.

K 60 Diese Forderungen sind als Mindestforderungen anzusehen. Sie sind in der Abbildung **A 1 zu K 60** dargestellt. Die genannten Grenzwerte sind abzumindern, wenn die Belastung des Bodens durch Nutzung oder Pflege sehr hoch ist und/oder in der nassen Jahreszeit, speziell im Frühjahr, erfolgt.

K 61 Bezüglich der Grenzwerte ist weiterhin die Bodenzusammensetzung (Stufung), siehe hierzu Abbildung **A 1 zu K 60**, zu beachten.

Eine weite Stufung auch grobkörniger Bodenarten bei Lage der Körnungskurve im Grenzbereich (Kurve 1) ergibt extrem kleine, gut verdichtbare Poren, damit eine geringe Durchlässigkeit bei hohem Wasserhaltevermögen.

Das verbleibende Luftvolumen im Boden wird auch bei geringer Beanspruchung der Fläche häufig so gering, daß die Pflanzen nicht mehr ausreichend mit Sauerstoff versorgt werden können.

Liegt dagegen eine Kornverteilung vor, die im Grenzbereich des Feinkorns liegt und im Grobkornbereich eine enge Stufung aufweist, ergeben sich zwei Grenzaussagen. Die Kurve 2 zeigt einen stark bindigen Feinsand. Dieses Bodengemisch läßt in der nassen Jahreszeit trotz der guten Durchlässigkeit eine starke Abnahme der Tragfähigkeit und Standfestigkeit auf geneigten Flächen sowie hohe Oberflächenerosionsanfälligkeit erwarten. Die

Korngrößenverteilung, Anforderungen K 59

1	2	3	4	5	6	7
Hauptgruppen	Korngrößenanteile in Gew.-%		Definition und Bezeichnung	Kurzzeichen Gruppensymbol	Erkennungsmerkmale	Beispiele
	≤0,06 mm	>2 mm	Gruppen			
Grobkörnige Böden	≤5	>40	Kies – enggestufte Kiese	GE	steile Körnungslinie infolge Vorherrschens eines Korngrößenbereichs	Fluß- und Strandkies Terrassenschotter Moränenkies vulkanische Schlacke und Asche
			Kies – weitgestufte Kies-Sand-Gemische	GW	über mehrere Korngrößenbereiche kontinuierlich verlaufende Körnungslinie	
			Kies – intermittierend gestufte Kies-Sand-Gemische	GI	treppenartig verlaufende Körnungslinie infolge Fehlens eines oder mehrerer Korngrößenbereiche	
		≤40	Sand – enggestufte Sande	SE	steile Körnungslinie infolge Vorherrschens eines Korngrößenbereiches	Dünen- und Flugsand Talsand (Berliner Sand) Beckensand Tertiärsand
			Sand – weitgestufte Sand-Kies-Gemische	SW	über mehrere Korngrößenbereiche kontinuierlich verlaufende Körnungslinie	Moränensand Terrassensand Strandsand
			Sand – intermittierend gestufte Sand-Kies-Gemische	SI	treppenartig verlaufende Körnungslinie infolge Fehlens eines oder mehrerer Korngrößenbereiche	
Gemischtkörnige Böden	5 bis 40	>40	Kies-Schluff-Gemische – 5 bis 15 Gew.-% ≤0,06 mm	GU	weit oder intermittierend gestufte Körnungslinie Feinkornanteil ist schluffig	Verwitterungskies Hangschutt lehmiger Kies Geschiebelehm
			Kies-Schluff-Gemische – 15 bis 40 Gew.-% ≤0,06 mm	GŪ		
			Kies-Ton-Gemische – 5 bis 15 Gew.-% ≤0,06 mm	GT	weit oder intermittierend gestufte Körnungslinie Feinkornanteil ist tonig	
			Kies-Ton-Gemische – 15 bis 40 Gew.-% ≤0,06 mm	GT̄		
		≤40	Sand-Schluff-Gemische – 5 bis 15 Gew.-% ≤0,06 mm	SU	weit oder intermittierend gestufte Körnungslinie Feinkornanteil ist schluffig	Flottsand
			Sand-Schluff-Gemische – 15 bis 40 Gew.-% ≤0,06 mm	SŪ		Auelehm Sandlöss
			Sand-Ton-Gemische – 5 bis 15 Gew.-% ≤0,06 mm	ST	weit oder intermittierend gestufte Körnungslinie Feinkornanteil ist tonig	lehmiger Sand Schleichsand
			Sand-Ton-Gemische – 15 bis 40 Gew.-% ≤0,06 mm	ST̄		Geschiebelehm Geschiebemergel

Tabelle T 5 zu K 59: DIN 18196, Tabelle 1: Bodenklassifizierung; Gruppeneinteilung der Böden für bautechnische Zwecke (Klassifikation der Lockergesteine)

DIN 18 915, Blatt 1

1	2	3	4		5	6			7
			Definition und Bezeichnung			Erkennungsmerkmale			
Hauptgruppen	Feinkornanteile in Gew.-% $\leq 0,06$ mm	Lage zur A-Linie (siehe Bild 4)	Gruppen		w_f in Gew.-%	Kurzzeichen Gruppensymbol	Trockenfestigkeit	Reaktion beim Schüttelversuch	Plastizität beim Knetversuch	Beispiele
Feinkörnige Böden	> 40	$w_{fa} \leq 4$ Gew.-% oder unterhalb der A-Linie	Schluff	leicht plastische Schluffe	≤ 35	UL	niedrige	schnelle	keine bis leichte	Löß Hochflutlehm
				mittelplastische Schluffe	35 bis 50	UM	niedrige bis mittlere	langsame	leichte bis mittlere	Seeton Beckenschluff
		$w_{fa} \geq 7$ Gew.-% und oberhalb der A-Linie	Ton	leicht plastische Tone	≤ 35	TL	mittlere bis hohe	keine bis langsame	leichte	Geschiebemergel Bänderton
				mittelplastische Tone	35 bis 50	TM	hohe	keine	mittlere	Lößlehm Beckenton Keupermergel
				ausgeprägt plastische Tone	> 50	TA	sehr hohe	keine	ausgeprägte	Tarras Septarienton Juraton
organogene¹) und Böden mit organischen Beimengungen	> 40	$w_{fa} \geq 7$ Gew.-% und unterhalb der A-Linie	nicht brenn- oder nicht schwelbar	Schluffe mit organischen Beimengungen und organogene¹) Schluffe	35 bis 50	OU	mittlere	langsame bis sehr schnelle	mittlere	Seekreide Kieselgur Mutterboden
				Tone mit organischen Beimengungen und organogene¹) Tone	> 50	OT	hohe	keine	ausgeprägte	Schlick Klei
	≤ 40			grob- bis gemischtkörnige Böden mit Beimengungen humoser Art		OH	Beimengungen pflanzlicher Art, meist dunkle Färbung, Modergeruch, Glühverlust bis etwa 20 Gew.-%			Mutterboden
				grob- bis gemischtkörnige Böden mit kalkigen, kieseligen Bildungen		OK	Beimengungen nicht pflanzlicher Art, meist helle Färbung, leichtes Gewicht, große Porosität			Kalksand Tuffsand
organische Böden			brenn- oder schwelbar	nicht bis mäßig zersetzte Torfe		HN	an Ort und Stelle aufgewachsene (sedentäre) Humusbildungen	Zersetzungsgrad 1 bis 5, faserig, holzreich, hellbraun bis braun		Niedermoortorf Hochmoortorf
				zersetzte Torfe		HZ		Zersetzungsgrad 6 bis 10 schwarzbraun bis schwarz		Bruchwaldtorf
				Mudden (Sammelbegriff für Faulschlamm, Gyttja, Dy, Sapropel)		F	unter Wasser abgesetzte (sedimentäre) Schlamme aus Pflanzenresten, Kot und Mikroorganismen, oft von Sand, Ton und Kalk durchsetzt, blauschwarz oder grünlich bis gelbbraun, gelegentlich dunkelgraubraun bis blauschwarz, federnd, weichschwammig			Mudde Faulschlamm
Auffüllung				Auffüllung aus natürlichen Böden; jeweiliges Gruppensymbol in eckigen Klammern		[ ]				
				Auffüllung aus Fremdstoffen		A				Müll Schlacke Bauschutt Industrieabfall

¹) unter Mitwirkung von Organismen gebildete Böden

Korngrößenverteilung, Anforderungen K 60

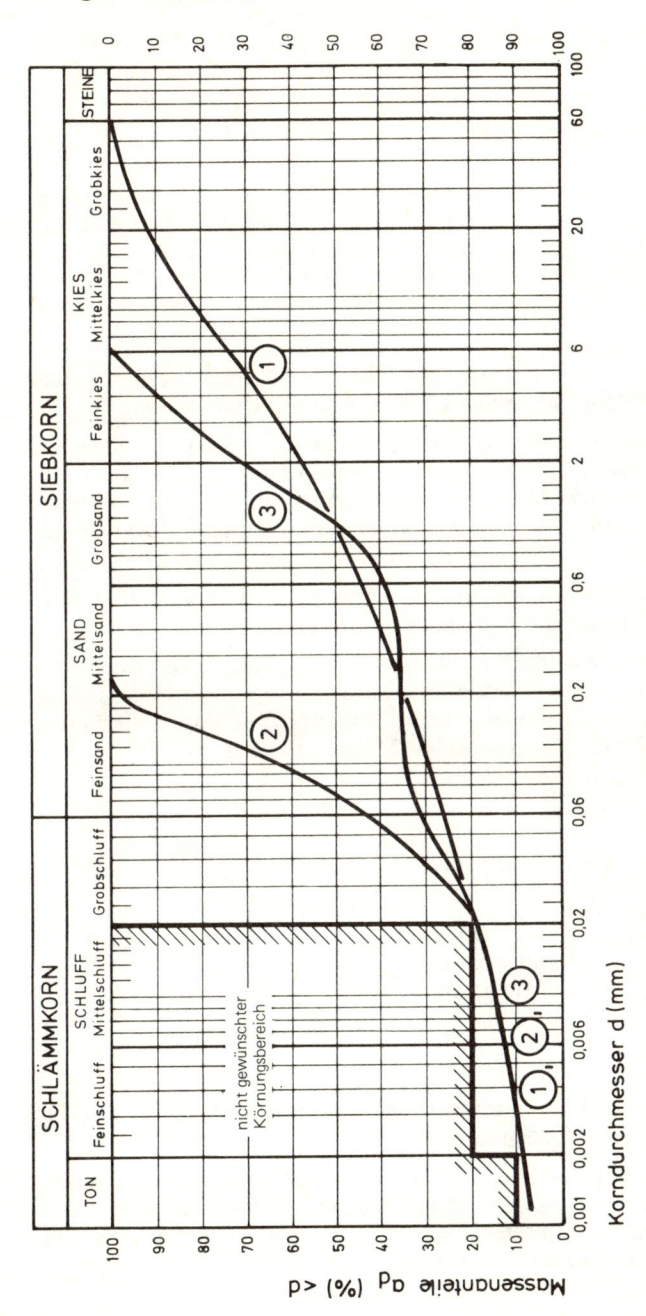

Abbildung A 1 zu K 60: Korngrößenbereich für belastbare Vegetationsschichten. Hinweise zu Kurve 1–3: s. K 61

Kurve 3 zeigt einen stark bindigen Grobsand/Feinkies. Der Gerüstbaustoff dieses Bodengemischs ist so grobporig, daß eine Festlegung der Feinanteile nicht möglich ist. Sie werden durch Wasserbewegung (innere Suffusion) in tiefere Schichten gespült. Dies führt dort zu einer Abnahme der Durchlässigkeit und Staunässebildung.

K 62 Werden an eine belastete Vegetationsschicht höhere Forderungen gestellt (z. B. bei Spielrasen im Schulbereich, bei Kindergärten etc.), sind trotz der Einhaltung der Grenzbereiche des Feinkornanteils in Fällen ähnlich Kurve 1 und 2 vom **Auftragnehmer Bedenken geltend zu machen**. Gleiches gilt für Situationen nach Kurve 3 auch schon für gering belastete Vegetationsschichten.

K 63 Die Bodeneigenschaften werden außer durch die Feinanteile u. U. auch durch die Art und Menge der organischen Substanz negativ beeinflußt.

Belastete Vegetationsschichten sollten deshalb nur nicht bis kaum zersetzte, grobfaserige organische Stoffe enthalten. Feinverteilte organische Stoffe können bereits in geringer Menge zu einer starken Abnahme der Durchlässigkeit führen. In entsprechenden Fällen sind vom **Auftragnehmer Bedenken geltend zu machen**. Siehe hierzu K 200 ff.

K 64 Zum Einfluß des Bodenfrostes und der Durchlässigkeit zum Baugrund oder anderen Schichten siehe K 26, K 28 und K 30.

K 65 Je höher die Ansprüche an die Tragfähigkeit und Standfestigkeit einer belasteten Vegetationsschicht werden und je stärker diese Schicht in der nassen Jahreszeit beansprucht wird, um so mehr sollten für den Boden die Forderungen der DIN 18 035, Blatt 4, Abschn. 2.3, beachtet werden.

4.1.3 Prüfungen

4.1.3.1 Felduntersuchungen

Korngrößenansprache	
Trockenfestigkeitsversuch	nach DIN 4022
Schüttelversuch	Blatt 1 und
Knetversuch	DIN 18 196
Reibeversuch	
Schneideversuch	

K 66 Felduntersuchungen liefern grundsätzlich nur grobe Maßstäbe für die Bodenart und bestimmte Bodeneigenschaften.

Bezüglich der Korngrößenverteilung können keine anteilmäßigen Aussagen gemacht werden. Im wesentlichen wird das Vorkommen bestimmter Korngruppen nachgewiesen. Die Bodenhauptart läßt sich ebenso wie Beimengungen nur in besonders klaren Fällen ermitteln. Eine Körnungskurve kann durch Felduntersuchungen nicht ermittelt werden.

Korngrößenverteilung, Felduntersuchungen K 67–71

Felduntersuchungen zur Korngrößenverteilung sind vor allem im Vorfeld der Planung und Bauausführung zur groben Abgrenzung und Beurteilung der Bodenverhältnisse, Termine etc. wichtig (siehe Bodenerkundung, K 41 bis K 48).   **K 67**

Nur in günstig gelagerten Fällen (z. B. bei reinem Sand oder Kies oder rein bindigen Böden) kann die Bodengruppe durch Felduntersuchungen exakt festgelegt werden. Bei Mischböden und in Grenzbereichen sind die Verfahren zu ungenau.   **K 68**

Als alleinige Versuche sind Felduntersuchungen zur Korngrößenverteilung nur bei unbelasteten Vegetationsschichten und einfachen Bauvorhaben brauchbar.   **K 69**

Felduntersuchungen zur Korngrößenverteilung ergänzen gut Untersuchungen zum plastischen Verhalten des Bodens (siehe auch K 103).   **K 70**

Felduntersuchungen zur Korngrößenbestimmung werden in DIN 4022, Blatt 1, Ziffer 8, und DIN 18 196, Abschn. 6 (Versuche inhaltsgleich mit DIN 4022), beschrieben.   **K 71**

Es sind „visuelle" und „manuelle" Verfahren zu unterscheiden. Die „ergänzenden" Versuche liefern vorwiegend Angaben zur organischen Substanz und zum plastischen Verhalten (Konsistenz) (s. auch K 107 und K 200 ff.).

1 Visuelle Verfahren zur Korngrößenbestimmung

1.1 Korngrößenansprache (DIN 4022, Blatt 1, 8.2.1, und DIN 18 196, 6.2.1.1)

Die Bodenprobe wird auf einer Unterlage auseinandergebreitet. Die vorhandenen Korngrößen werden mit Vergleichsmaßen (Kornstufenschaulehre oder Größe bekannter alltäglicher Dinge) verglichen und so bestimmt.

Aussagen sind für den Sandbereich und gröbere Bodenarten möglich. Die entsprechenden Angaben sind in Tabelle **T 1 zu K 71** zusammengestellt.

Der Feinkornbereich wird durch manuelle Verfahren (s. 2) ermittelt.

2 Manuelle Verfahren zur Korngrößenbestimmung

2.1 Trockenfestigkeitsversuch (DIN 4022, Blatt 1, 8.2.1, und DIN 18 196, 6.2.2.1)

Eine an der Luft oder in einem Ofen getrocknete kleinere Bodenprobe wird auf ihren Widerstand gegen Zerbröckeln oder Pulverisieren zwischen den Fingern untersucht. Dabei werden vier Festigkeitsstufen unterschieden:

a) keine Trockenfestigkeit:
die Bodenprobe zerfällt bereits bei geringster Berührung in Einzelkörner
b) niedrige Trockenfestigkeit:

die Bodenprobe kann mit leichtem bis mäßigen Druck der Finger pulverisiert werden

c) mittlere Trockenfestigkeit:
die Bodenprobe zerbricht erst durch erheblichen Fingerdruck in einzelne zusammenhängende Bruchstücke

d) hohe Trockenfestigkeit:
die Bodenprobe kann durch Fingerdruck nicht mehr zerstört, sondern lediglich zwischen den Fingern zerbrochen werden.

2.2 Schüttelversuch (DIN 4022, Blatt 1, 8.2.2, und DIN 18 196, 6.2.2.2)

Eine etwa nußgroße feuchte Bodenprobe wird auf der flachen Hand hin- und hergeschüttelt. Tritt dabei Wasser aus der Probe, bekommt sie ein glänzendes Aussehen. Durch Fingerdruck kann das Wasser wieder zum Verschwinden gebracht werden. Bei stärkerem Fingerdruck zerkrümmelt die Probe und kann durch erneutes Schütteln wieder zusammenlaufen.

Es werden drei Stufen der Reaktionsgeschwindigkeit des Wasseraustritts und -verschwindens gebildet:

a) schnelle Reaktion:
der Vorgang läuft sehr schnell ab und ist gut wiederholbar

b) langsame Reaktion:
beim Schütteln bildet sich der Glanz nur sehr langsam und verschwindet unter Druck ebenfalls nur langsam

c) keine Reaktion:
der Schüttelversuch hat keine Auswirkungen

2.3 Knetversuch (DIN 4022, Blatt 1, 8.2.3, und DIN 18 196, 6.2.2.3)

Eine Bodenprobe wird so weit angefeuchtet, daß eine weiche, knetgummiartige Masse entsteht. Die Probe wird auf einer glatten Fläche oder in der Handfläche zu Röllchen von 3 mm Durchmesser ausgerollt. Die Röllchen werden so oft wieder zusammengeknetet und erneut ausgerollt, bis die Bodenprobe höchstens noch zusammengeknetet, aber nicht mehr ausgerollt werden kann. Diese wiederholte Verformung und Krümelung ist Maßstab für drei Plastizitätsklassen (wie sie auch bei der Bodenklassifikation nach DIN 18 196 benutzt werden):

a) leichte Plastizität:
aus den Röllchen läßt sich kein zusammenhängender Klumpen mehr bilden

b) mittlere Plastizität:
aus den Röllchen läßt sich noch ein Klumpen bilden, aber nicht mehr kneten. Er zerbröckelt

c) ausgeprägte Plastizität:
aus den Röllchen läßt sich gut ein Klumpen bilden, der ohne zu zerbröckeln noch knetbar ist

Korngrößenverteilung, Felduntersuchungen　　　　　　　　　　　**K 71**

2.4　Reibeversuch (DIN 4022, Blatt 1, 8.2.4, und DIN 18 196, 6.2.2.4)

Eine kleine Bodenprobe wird — ggf. unter Wasser — zwischen den Fingern zerrieben. Der Rauhheitsgrad wird festgestellt. Es wird unterschieden zwischen:

a) sehr rauh, kratzend
b) mehlig
c) seifig

2.5　Schneideversuch (DIN 4022, Blatt 1, 8.2.5, und DIN 18 196, 6.2.2.5)

Eine zusammengedrückte erdfeuchte Probe wird mit einem Messer durchgeschnitten oder mit dem Fingernagel geritzt bzw. ihre Oberfläche geglättet. Der sich auf der Schnitt- oder Oberfläche bildende Glanz wird beobachtet. Es wird unterschieden zwischen

a) glänzender Oberfläche
b) matter Oberfläche

Hinweise zur Wertung der Feststellungen gibt die Tabelle **T 2 zu K 71**. Weiterhin wird auf Abschn. 6.2.2.2 der DIN 18 915, Blatt 1, verwiesen.

Bodenart	Korngrößenbereich	Hinweis zum Einzelkorn
Schluff, Ton	< 0,063 mm	mit bloßem Auge nicht erkennbar
Sand	≥ 0,063 – 2 mm	gerade noch erkennbar bis Streichholzkopfgröße
Feinsand	≥ 0,063 – 0,2 mm	gerade noch erkennbar bis Grieß
Mittelsand	≥ 0,2 – 0,6 mm	Grieß
Grobsand	≥ 0,6 – 2 mm	Grieß bis Streichholzkopfgröße
Kies	≥ 2 – 63 mm	Streichholzkopfgröße bis Hühnerei
Feinkies	≥ 2 – 6,3 mm	Streichholzkopfgröße bis Erbse
Mittelkies	≥ 6,3 – 20 mm	Erbse bis Haselnuß
Grobkies	≥ 20 bis 63 mm	Haselnuß bis Hühnerei
Steine	≥ 63 – 200 mm	Hühnerei bis Kopfgröße
Blöcke	≥ 200 mm	größer Kopf

Tabelle T 1 zu K 71: Visuelle Korngrößenansprache

Art der Felduntersuchung	Ergebnis	Hinweis auf typische Bodenart (Abkürzung nach DIN 4023)	Bemerkungen
Korngrößenansprache	Vergleichsmaß	S; G; X; Y	s. Tabelle T 1 zu K 71
Farbansprache		org. Substanz	s. K 208
Trockenfestigkeitsversuch	keine Trockenfestigkeit	S; G	
	niedrige Trockenfestigkeit	U; U-fS; U-S; U-S-G	
	mittlere Trockenfestigkeit	G-T; S-T; U-T	Tonanteil kann nicht sehr hoch sein
	hohe Trockenfestigkeit	T; T-U; T-S; T-U-S-G	Tonanteil sehr hoch oder weite Stufung
Schüttelversuch	schnelle Reaktion	fS, u; U, fs	
	langsame Reaktion	U, t; U, s, t	
	keine Reaktion	T, u; T	
Knetversuch	leichte Plastizität	T, s̄; U, t'	
	mittlere Plastizität	U, t; T, s'	
	ausgeprägte Plastizität	T, u'; T	
Reibeversuch	seifiges Gefühl	T	gilt auch für Tonanteile; Boden klebt an den Händen, läßt sich nach Trocknen nur abwaschen
	mehliges Gefühl	U	gilt auch für Schluffanteile; Entfernung durch Klopfen u. Reiben
	rauhes Gefühl	S	fällt von selbst von den Händen
Schneideversuch	glänzende Fläche	T	
	matte Fläche	U, t; U	

Tabelle T 2 zu K 71

Korngrößenverteilung, Laboruntersuchungen　　　　　　　　K 72, 73

4.1.3.2 Laboruntersuchungen
Bestimmung der Korngrößenverteilung
nach DIN 18 123
Ungleichförmigkeitszahl
nach DIN 18 196

Nach DIN 18 123 (Vornorm) — Baugrund — Untersuchung von Bodenproben — Korngrößenverteilung — werden folgende Verfahren je nach Bodenart festgelegt (siehe auch Tabelle **T 1 zu K 72**). 　K 72

1) Siebung
a) Trockensiebung
Anwendung bei Böden ohne Schluff- und Tonanteil. Feststellung von Korngrößen über 0,063 mm.
b) Naßsiebung
Anwendung bei Böden mit Schluff- und Tonanteilen bzw. bei kombinierten Analysen.
Üblicherweise Feststellung von Korngrößen über 0,063 mm, ggf. möglich ab 0,02 mm Korngröße.

2) Sedimentation (Schlämmanalyse)
Anwendung bei Schluff- und Tonböden bzw. bei der kombinierten Analyse.
Feststellung von Korngrößen unter 0,125 mm.

3) Kombinierte Analyse
Vereinigung von üblicherweise Naßsiebung und Sedimentation.
Anwendung bei Schluff- und Tonböden mit Sand- und Kiesanteilen oder Mischböden.

Bodenart nach Felduntersuchung (Abkürzungen nach DIN 4023)	Verfahren
T; U; T-U; T, fs'; T, u, fs'; U, fs'	Sedimentation
T, s; U, s; T-U, s; T-U, s, g; S, t; S, u, t; S-G, u, t; S-G, u	kombinierte Analyse
S, u'; S-G, u'; G, u'	Naßsiebung
S; G; S-G; S-G, x	Trockensiebung

Tabelle T 1 zu K 72: Bodenart und übliches Prüfverfahren zur Ermittlung der Korngrößenverteilung

Entsprechend dem im zu prüfenden Boden vorhandenen Größtkorn sind　K 73
bestimmte Probenmengen erforderlich (siehe Tabelle **T 1 zu K 73**), was bei

der Probenahme zu berücksichtigen ist (siehe auch K 41 und K 46). Zu bedenken ist hierbei ggf. die Notwendigkeit von Parallelversuchen oder Rückstellproben.

durch Felduntersuchung ermittelt		Probenmenge (feucht) für einen Versuch
Größtkorn	Bodenart	
<0,002 mm	Ton	10 – 30 g
<0,063 mm	Schluffe und Schluff-Ton-Gemische ohne Sandanteile	30 – 50 g
<0,125 mm	Schluffe und Schluff-Ton-Gemische mit Sandanteilen	bis 75 g
2 mm	Sande	mindestens 150 g
5 mm	Kiese Feinkies	300 g
10 mm	Mittelkies	700 g
20 mm	Grobkies	2 000 g
30 mm		4 000 g
40 mm		7 000 g
50 mm		12 000 g
60 mm		18 000 g[1]

[1] entspricht etwa 10 Liter Boden!

Tabelle T 1 zu K 73: *Größtkorn und Probenmenge für die Ermittlung der Korngrößenverteilung*

K 74 Für die Ermittlung der Korngrößenverteilung durch Siebung werden Siebe mit Prüfsiebgewebe nach DIN 4188, Blatt 1, in den Maschenweiten (0,02 mm), 0,063/ 0,125/ 0,25/ 0,5/ 1,0/ 2,0 oder (0,02)/ 0,063/ 0,2/ 0,63/ 2,0 mm und Siebe mit Quadratlochblechen nach DIN 4187, Blatt 2, mit den Lochweiten 4/ 8/ 16/ 31,5/ 63 mm oder 6,3/ 20/ 63 mm verwendet. Der Siebdurchmesser soll mindestens 200 mm betragen.

Die Korngrößenverteilung wird aus der Masse der trockenen Rückstände auf den einzelnen Sieben bestimmt. Dazu werden diese Massen in Massenanteilen (Gewichts-Prozenten) der trockenen Gesamtmasse der Probe ausgedrückt. Aus den einzelnen Massenanteilen wird die Kornverteilungskurve (Körnungskurve) als Summenkurve auf halblogarithmischem Papier dargestellt (siehe Abbildung **A 1 und A 2 zu K 58**).

Literaturhinweis: Neue Landschaft, Arbeitsblätter 3.7.1.1 bis 3.7.1.3.

Korngrößenverteilung, Laboruntersuchungen K 75–78

Bei der Sedimentation (Schlämmanalyse) werden die Korndurchmesser und ihre Massenanteile aufgrund der unterschiedlichen Sinkgeschwindigkeit verschieden großer Körner in einer stehenden Flüssigkeit ermittelt. Die physikalischen Zusammenhänge werden durch das Gesetz von Stokes wiedergegeben. Die Messung selbst erfolgt durch Registrieren der Abnahme der Dichte einer Suspension aus Wasser und der Bodenprobe mit Hilfe eines Aräometers in festgelegten Zeitabständen. Das Ergebnis wird ebenfalls als Körnungskurve dargestellt. K 75

Literaturhinweis: Neue Landschaft, Arbeitsblätter 3.7.1.4 und 3.7.1.5.

Der Verlauf der Körnungskurve wird durch die „Ungleichförmigkeitszahl" U beschrieben. Dabei ist diese Zahl das Maß für die Steilheit der Kurve. K 76

Nach DIN 18 196 ist sie definiert als Ausdruck

$$U = \frac{d_{60}}{d_{10}}$$

Es bedeuten:

d_{60} = Korngröße in mm bei der Ordinate 60 % der Körnungskurve

d_{10} = Korngröße in mm bei der Ordinate 10 % der Körnungskurve

Damit wird durch die Ungleichförmigkeitszahl der Abschnitt der Körnungskurve zwischen 10 % und 60 % beschrieben. Dieser Massenanteil von 50 % ist für die bodenmechanischen und bodenphysikalischen Eigenschaften des Bodens von entscheidender Bedeutung.

Die Berechnung der Ungleichförmigkeitszahl ist in der Abbildung **A 1 zu K 76** dargestellt.

Entsprechend der Rechengröße U, also der Steigung der Körnungskurve, sind drei „Ungleichförmigkeitsgrade" festgelegt (siehe Tabelle **T 1 zu K 77** und Abbildung **A 1 zu K 77**). K 77

Nach DIN 18 196 wird die Korngrößenverteilung weiterhin nach ihrer „Stufung" klassifiziert (siehe auch K 58). Zu ihrer Festlegung ist zusätzlich die Berechnung der Krümmungszahl C_c erforderlich. K 78

Sie ist definiert als Ausdruck

$$C_c = \frac{(d_{30})^2}{d_{10} \cdot d_{60}}$$

d_{30} stellt dabei den Korndurchmesser bei der Ordinate 30 % der Körnungskurve dar.

Die Berechnung ist im Beispiel der Abbildung **A 1 zu K 78** dargestellt.

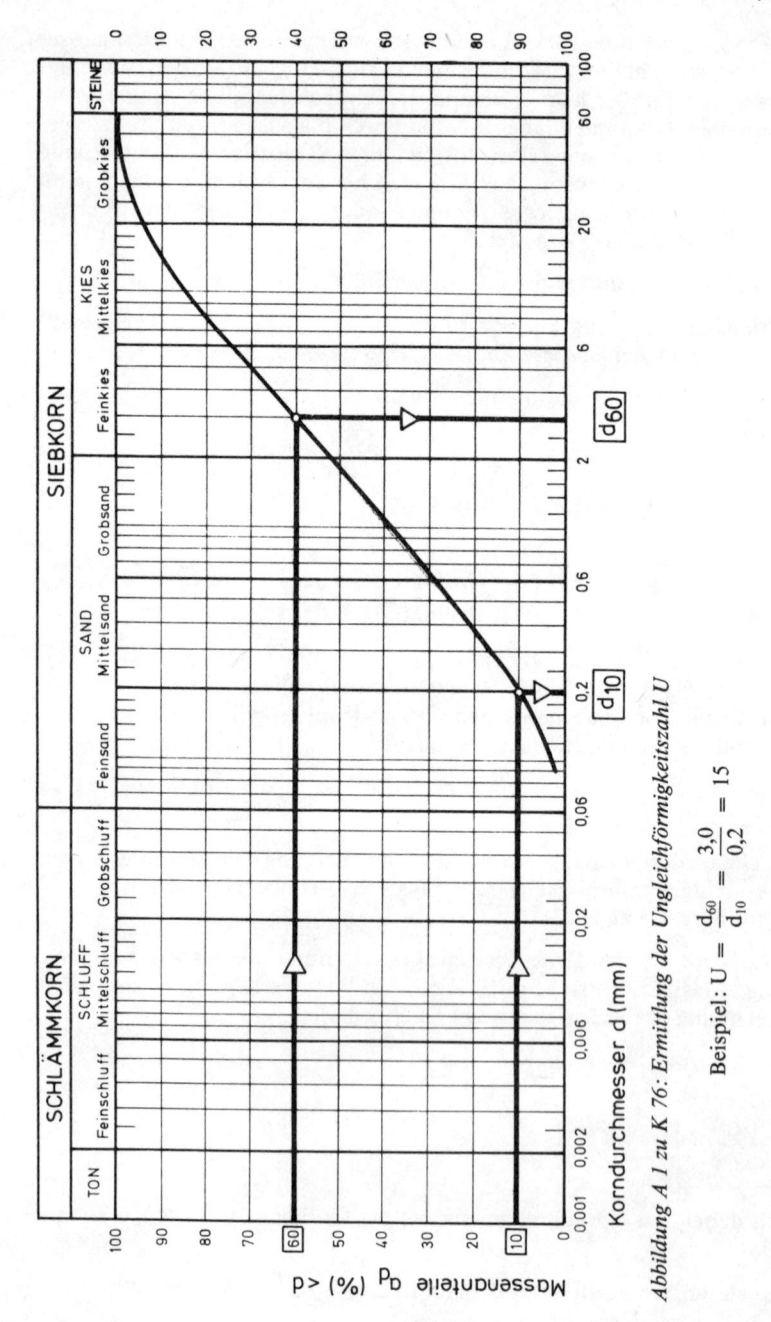

K 76   DIN 18 915, Blatt 1

Abbildung A 1 zu K 76: Ermittlung der Ungleichförmigkeitszahl U

Beispiel: $U = \dfrac{d_{60}}{d_{10}} = \dfrac{3{,}0}{0{,}2} = 15$

50

Korngrößenverteilung, Ungleichförmigkeit K 77

Ungleichförmig-keitszahl	Ungleichförmig-keitsgrad	Bodenart (Beispiele) (Abkürzungen nach DIN 4023)
U < 5	gleichförmig	windabgelagerte Böden, wassersortierte Böden: z. B. Löß, Lößlehm, See- und Heidesand, Dünensand
U = 5 bis 15	ungleichförmig	T-U; U, s; S, g; G, s
U > 15	sehr ungleichförmig	S-G; T-U-S; U-S-G; Verwitterungslehm U = 36: „Fullerkurve"[1])

[1]) Korngrößenverteilungen nach der Fullerkurve liefern extrem ineinanderschachtelbare Korngemische, wie sie z. B. bei Zuschlagsstoffen im Betonbau benötigt werden. Sie weisen ein sehr geringes Porenvolumen und sehr kleine Porengrößen auf. Die meisten natürlich vorkommenden nicht oder schwachbindige Böden haben U-Werte unter 36.

Tabelle T 1 zu K 77: Bezeichnung der Ungleichförmigkeitsbereiche und typische Bodenarten

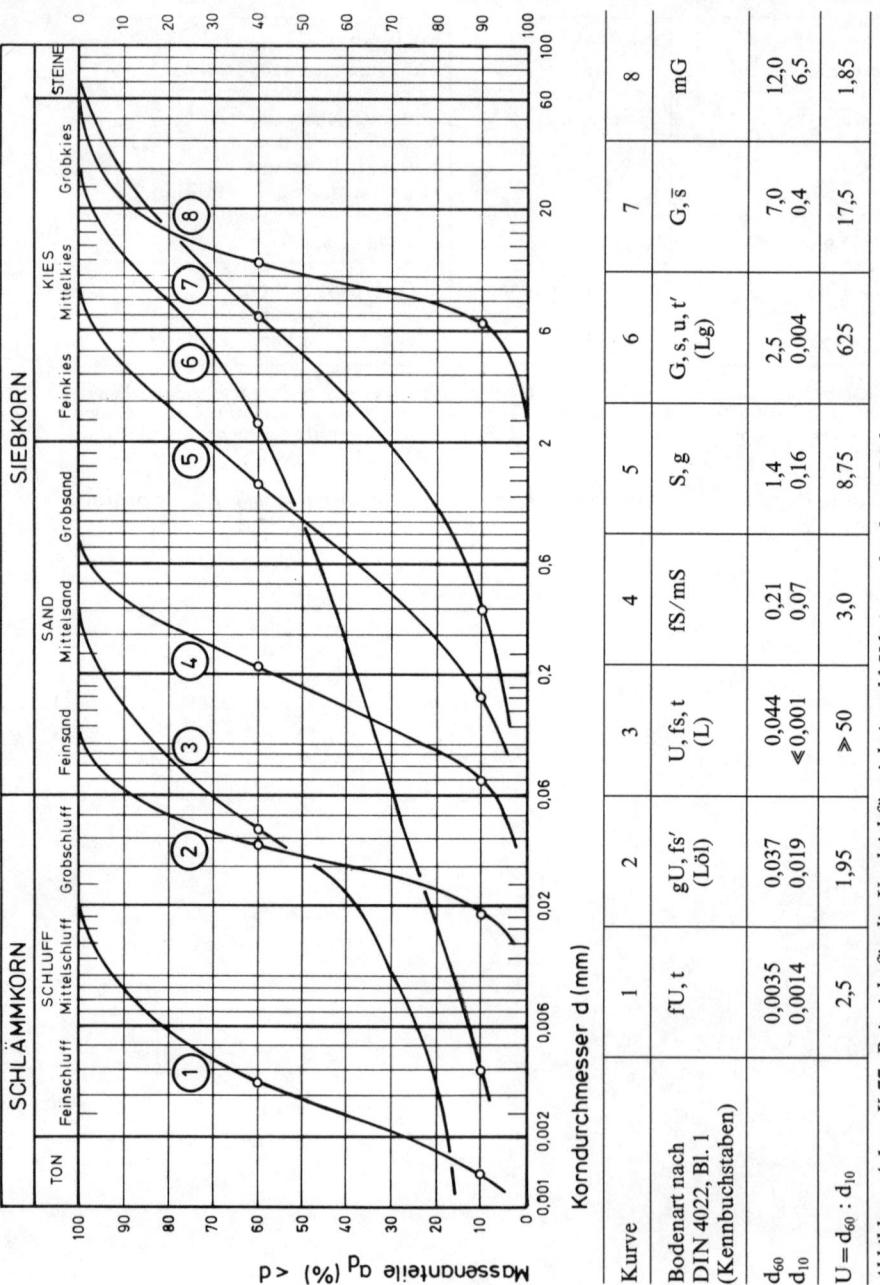

Kurve	1	2	3	4	5	6	7	8
Bodenart nach DIN 4022, Bl. 1 (Kennbuchstaben)	fU, t	gU, fs' (Lö)	U, fs, t (L)	fS/mS	S, g	G, s, u, t' (Lg)	G, $\bar{s}$	mG
d_{60} d_{10}	0,0035 0,0014	0,037 0,019	0,044 <0,001	0,21 0,07	1,4 0,16	2,5 0,004	7,0 0,4	12,0 6,5
$U = d_{60} : d_{10}$	2,5	1,95	≥ 50	3,0	8,75	625	17,5	1,85

Abbildung A 1 zu K 77: Beispiele für die Ungleichförmigkeitszahl U bei verschiedenen Böden

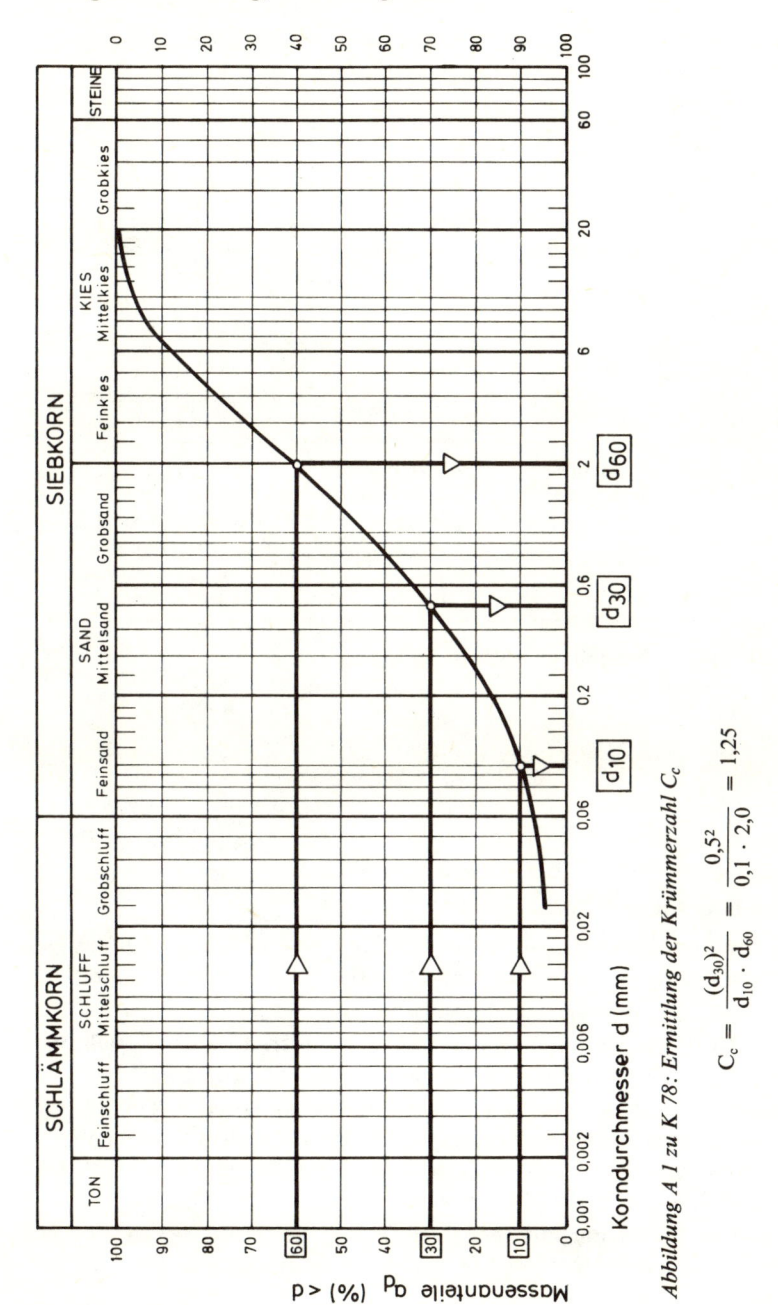

Korngrößenverteilung, Krümmungszahl K 78

Abbildung A 1 zu K 78: Ermittlung der Krümmerzahl C_c

$$C_c = \frac{(d_{30})^2}{d_{10} \cdot d_{60}} = \frac{0{,}5^2}{0{,}1 \cdot 2{,}0} = 1{,}25$$

K 79 Die Kombination von Ungleichförmigkeitszahl U und Krümmungszahl C_c legt drei „Stufungsbereiche" fest (siehe Tabelle **T 1 zu K 79** und Abbildung **A 1 und A 2 zu K 79**).

Ungleichförmigkeitszahl	Krümmungszahl	Stufungsbereich	Bemerkungen
U kleiner 6	C_c beliebig	eng gestuft	s. Abb. A 1 zu K 79, K 80 beachten; Beispiele: Löß, Dünensand
U größer 6	C_c = 1 bis 3	weit gestuft	s. Abb. A 2 zu K 79; Beispiele: Gemische aus mehreren Korngruppen
U größer 6	C_c kleiner 1 bzw. größer 3	intermittierend (sprunghaft) gestuft	s. Abb. A 1 und A 2 zu K 79; Im Bodengemisch fehlt über den Verlauf der Körnungskurve mindestens eine Korngruppe

Tabelle T 1 zu K 79: Bezeichnung der Stufungsbereiche

K 80 Zu Abbildung **A 1 zu K 79**:

1) Die Krümmungszahl C_c ist stets kleiner als 3, wenn die Ungleichförmigkeitszahl U kleiner als 3 ist (siehe Kurve 3 und 6 mit den Werten 3' und 6').

2) Der nach dem Wortlaut der DIN 18 196 (unter Einhaltung der Bedingung U <6) als „eng gestuft" zu bezeichnende Boden der Kurve 7 stellt im Grunde einen intermittierenden Boden dar.

Die tatsächlichen Abweichungen von der Bestimmung nach DIN 18 196 sind um so größer, je mehr sich der vorhandene U-Wert dem Wert 6 nähert. Die Abweichungen sind besonders groß bei Krümmungszahlen C_c <1,0 und Ungleichförmigkeitszahlen U >3,0.

Daher sollten Böden nur mit „eng gestuft" bezeichnet werden, wenn bei Ungleichförmigkeitszahlen von U=3...6 die Krümmungszahl $C_c \geq 1,0$ ist.

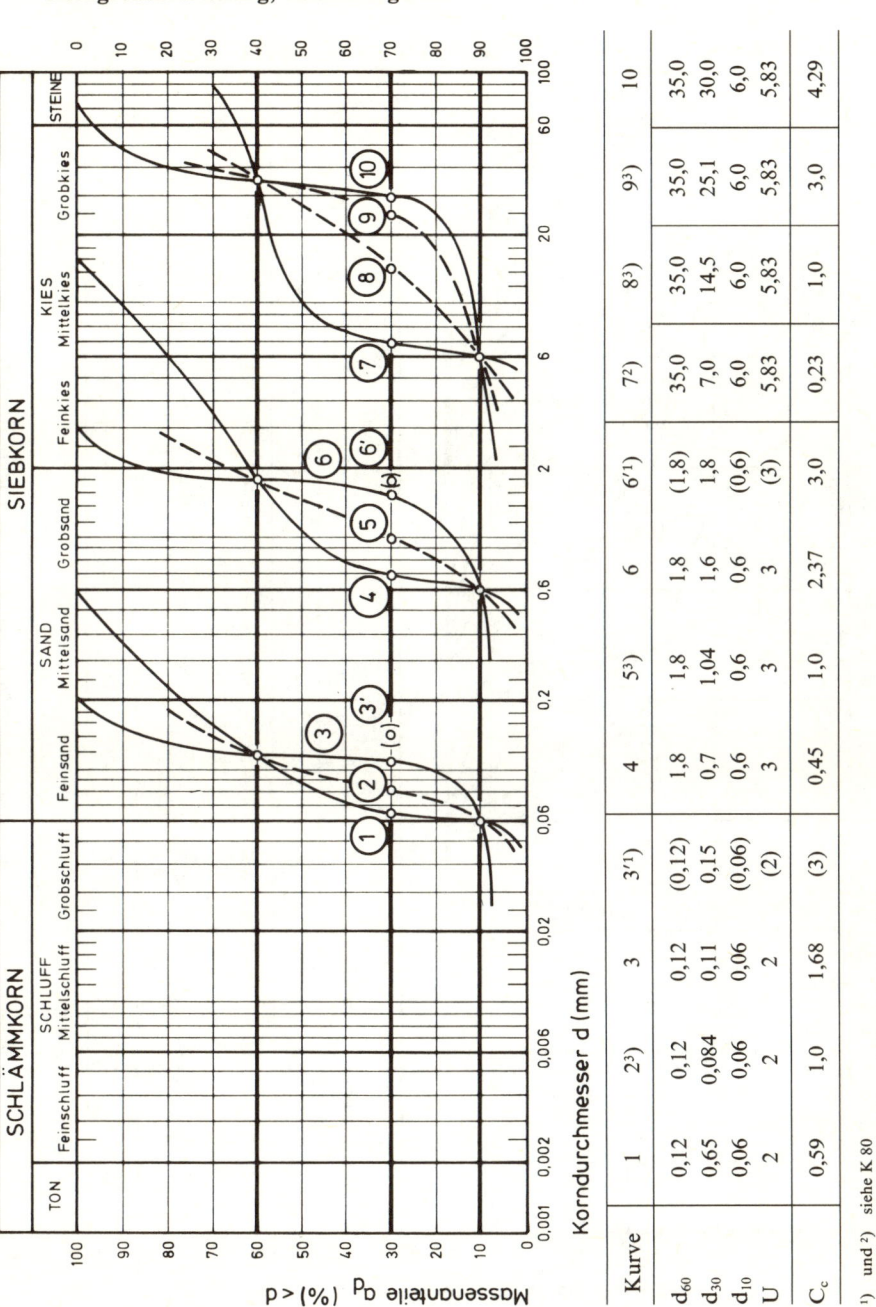

Korngrößenverteilung, Krümmungszahl K 79

Kurve	1	2[3]	3	3'[1]	4	5[3]	6	6'[1]	7[2]	8[3]	9[3]	10
d_{60}	0,12	0,12	0,12	(0,12)	1,8	1,8	1,8	(1,8)	35,0	35,0	35,0	35,0
d_{30}	0,65	0,084	0,11	0,15	0,7	1,04	1,6	1,8	7,0	14,5	25,1	30,0
d_{10}	0,06	0,06	0,06	(0,06)	0,6	0,6	0,6	(0,6)	6,0	6,0	6,0	6,0
U	2	2	2	(2)	3	3	3	(3)	5,83	5,83	5,83	5,83
C_c	0,59	1,0	1,68	(3)	0,45	1,0	2,37	3,0	0,23	1,0	3,0	4,29

[1] und [2]: siehe K 80
[3] Grenzkurven entspr. Fußnote [2] der Abb. A 2 zu K 79

Abbildung A 1 zu K 79: Beispiele für enggestufte Böden nach DIN 18 196

K 79 DIN 18 915, Blatt 1

Kurve	1	2[2]	3[2]	4	5	6[2]	7[2]	8	9	10[2]	11[2]	12
d_{60}	0,37	0,37	0,37	0,37	4,5	4,5	4,5	4,5	72	72	72	72
d_{30}	0,09	0,15	0,26	0,30	0,6	1,15	2,0	3,0	5,0	12	21	50
d_{10}	0,06	0,06	0,06	0,06	0,3	0,3	0,3	0,3	2,0	2,0	2,0	2,0
U	6,1	6,1	6,1	6,1	15	15	15	15	36[1]	36[1]	36[1]	36[1]
C_c	0,36	1,0	3,0	4,05	0,27	1,0	3,0	6,67	0,17	1,0	3,0	17,36

[1] Siehe Fußnote in Tabelle T 1 zu K 77
[2] Grenzkurven für den Bereich der weit gestuften Böden (Rahmenbedingung: $C_c = 1,0 \ldots 3,0$)

Abbildung A 2 zu K 79: Beispiele für intermittierend (sprunghaft) gestufte Böden und Grenzkurven für weitgestufte Böden nach DIN 18 196

Korngrößenverteilung, Ungleichförmigkeitszahl K 81, 82

Die Ungleichförmigkeitszahl U gibt einen Maßstab für die Einschätzung der Wasserdurchlässigkeit, der Porengröße, der Kapillarität, der Frostempfindlichkeit, die Scherfestigkeit und Verdichtbarkeit des Bodens. Die Wasserdurchlässigkeit und Porengröße nehmen mit steigendem U-Wert ab, die anderen Bodeneigenschaften vergrößern sich (siehe Abbildung **A 1 und A 2 zu K 81**). K 81

Abbildung A 1 zu K 81: Porengröße und Porenverteilung in einem gleichförmigen Boden

Abbildung A 2 zu K 81: Porengröße und Porenverteilung in einem ungleichförmigen Boden

Bezüglich der Verdichtbarkeit gilt die Feststellung „hoher U-Wert — hohe Verdichtbarkeit" nur für nicht oder schwachbindige Böden. Bei bindigen Böden oder Mischböden hängt die Verdichtbarkeit vor allem vom Wassergehalt ab. K 82

Je höher der U-Wert bei nichtbindigen Böden ist, um so größer ist die Zahl der Berührungsstellen zwischen den Bodenteilen und um so größer wird der Arbeitsaufwand zur Verdichtung (siehe auch **A 1 und A 2 zu K 81**).

Abbildung A 1 zu K 82: lockerste Lagerung eines absolut gleichförmigen Bodens ($U = 1$) mit kugelförmigen Körnern

Abbildung A 2 zu K 82: dichteste Lagerung des Bodens aus Abb. A 1 zu K 82 (erreicht durch Kornumlagerung)

„Gute Verdichtbarkeit" bedeutet damit nicht „gute Verdichtungswilligkeit". Gleichförmige Böden erfahren vorwiegend eine Kornumlagerung in den stabilsten Zustand (siehe Abbildung **A 1 und A 2 zu K 82**). Bezüglich der Verdichtung ist außer der Ungleichförmigkeitszahl U auch die Stufung zu beachten. Dies gilt vor allem für sprunghaft (intermittierend) gestufte Böden, die vor allem bei Vibrationsverdichtung oder beim Befahren mit Gleiskettengeräten zur Entmischung neigen.

4.1.4 Verbesserungsmöglichkeiten

Die Korngrößenverteilung kann durch Beimischung von Böden oder Stoffen bestimmter, verbessernder Korngrößenbereiche verändert werden. Die Festlegungen nach Abschnitt 4.4 sind zu beachten.

K 83 Die Veränderung der Korngrößenverteilung bezieht sich in dieser Festlegung nur auf den anorganischen Anteil des Bodens. Bei der Anwendung hierfür geeigneter Verfahren ist jedoch eine komplexe Betrachtung aller Bodenanteile bzw. Bodeneigenschaften des Bodens erforderlich, da die Veränderungen auch den Anteil, ggf. auch die Art der organischen Substanz (siehe auch K 200 ff.), die Durchlässigkeit (siehe auch K 149 ff.), die Bodenreaktion (pH-Wert; siehe auch K 213 ff.) und den Nährstoffgehalt (siehe auch K 226 ff.) beeinflussen bzw. beeinflussen können. **Eine Vernachlässigung dieser Betrachtungen und der Abschätzung der Einflüsse ist ein Verstoß gegen die Regeln der Technik,** die zunächst einmal den Auftraggeber betrifft, aber auch den Auftragnehmer, sofern er die negativen Einflüsse durch Baustellenbeobachtungen erkennen konnte.

K 84 Eine Bodenverbesserung ist z. B. bei belastbaren Vegetationsschichten zur Erhöhung der Tragfähigkeit, zur erwünschten Verminderung unzulässiger Verdichtung durch Benutzung oder Pflege, zur Erzielung der Nutzbarkeit auch bei nasser Witterung oder zur Vergrößerung der Durchlässigkeit ratsam oder notwendig.

Bei unbelasteten Vegetationsschichten soll sie vor allem den Wasser- und Lufthaushalt im Boden verbessern und ggf. eine Bodenregenerierung einleiten.

Weiterhin können Böden verbessert werden, um entsprechend den Filterregeln (siehe K 26) eine Durchlässigkeit zwischen Bodenschichten (z. B. zum Baugrund oder Sickerschichten) zu erzielen oder Staunässe zu vermeiden.

Die Bodenverbesserung kann ebenso zur Abminderung oder Erhöhung des Wasserhaltevermögens, der Verbesserung der Standfestigkeit auf geneigten Flächen oder der Reduzierung der Frostempfindlichkeit (siehe K 28) genutzt werden.

K 85 Die Verfahren zur Bodenverbesserung können genutzt werden um

a) den Einfluß des Wassers (Oberflächen- oder Bodenwasser) zu ändern und

Korngrößenverteilung, Verbesserungsmöglichkeiten K 86

b) die Korngrößenverteilung den geforderten Bedingungen anzupassen.

Im wesentlichen sind zwei Verbesserungsverfahren zu unterscheiden:

1) chemische Verfahren:
Hierzu sind z. B. die Bodenstabilisierung mit Kalk und allen chemischen Produkten, sowie mit Klebern zu rechnen.

Diese Verfahren ändern vorwiegend die plastischen Eigenschaften des Bodens, indem sie die Plastizitätszahl vergrößern, und geben dem Boden eine krümelige Struktur. Gleichzeitig wird die Witterungsempfindlichkeit herabgesetzt und die Standfestigkeit, sowie die Tragfähigkeit und u. U. Durchlässigkeit erhöht. Die verschiedenen Verfahren können den pH-Wert beträchtlich ändern. Eine genaue Information über das anzuwendende Verfahren ist unerläßlich.

2) mechanisch wirkende Verfahren:
Das einfachste Verfahren ist die Lockerung von Böden, die ggf. bei unbelasteten Vegetationsschichten schon genügt. Bessere und dauerhaftere Ergebnisse erzielt man mit dem Einmischen eines weiteren Bodengemisches bzw. bestimmter Korngruppen.

Durch eine mechanische Bodenverbesserung läßt sich die Korngrößenverteilung den jeweiligen Bedingungen (z. B. Erhöhung des Wasserhaltevermögens) anpassen (s. auch K 144 und K 163 ff.).

Notwendig ist die Kenntnis der Kornverteilungskurve des zu verbessernden Bodens (Ausgangsmaterial), die Festlegung des gewünschten oder benötigten Körnungsbereiches des „Endproduktes" sowie die Körnungskurve der Beimischung (Zusatzmaterial) bzw. die Korngruppe der Zusatzkörnung.

Das Verfahren der mechanischen Bodenverbesserung durch Zufügen eines Zusatzmaterials (mineralisches Korngerüst) ist in den Abbildungen **A 1 bis A 5 zu K 86** erläutert. K 86

Als Beispiel möge ein Oberboden der Bodengruppe 6 nach DIN 18 915, Blatt 1, (Schluff, feinsandig, schwach tonig) dienen, der für eine sehr belastete Vegetationsschicht (Parkplatzrasen) verwendet werden soll.

Die Korngrößenverteilung dieses Bodens (Ausgangsmaterial) ist der Abbildung **A 1 zu K 86** zu entnehmen (Kurve 1). Im vorliegenden Aufbau ist der Boden für den Zweck völlig ungeeignet. Er soll daher mit einem kostengünstig zu beschaffenden stark feinkiesigen Sand als Zusatzmaterial (Kurve 2) abgemagert werden.

Gesucht sind der Anteil des Zusatzmaterials und die Körnungskurve der Mischung.

Zunächst wird der Korngrößenbereich des für den Bauzweck möglichen Bodens festgelegt. Im vorliegenden Fall wurde als Qualitätsmaßstab die DIN 18 035, Blatt 4, herangezogen. Das Material soll dem Tragschichtbau-

K 87   DIN 18 915, Blatt 1

stoff für Rasentragschichten im Sportplatz entsprechen. Der gewünschte Korngrößenbereich ist in der Abbildung **A 2 zu K 86** dargestellt.

In dem festgelegten Korngrößenbereich werden nun beliebige, möglichst gleichmäßig verteilte Korngrößen in ihren zulässigen Bereichen gekennzeichnet (dicke Linien). Die so gekennzeichneten Bereiche werden danach auf eine „Lehre" (möglichst auf transparentem Papier) übertragen. Das Ergebnis ist in der Abbildung **A 3 zu K 86** zu sehen.

In der Abbildung **A 4 zu K 86** ist die Anwendung der Lehre verdeutlicht. Zuerst werden in dem Diagramm auf der linken Ordinatenachse die den Korndurchmessern der „Lehre" entsprechenden Korndurchmesser des Ausgangsmaterials (Kurve 1, Abbildung A 1 zu K 86) mit ihren Massenanteilen und auf der rechten Ordinatenachse die entsprechenden Korndurchmesser des Zusatzmaterials (Kurve 2) mit ihren Massenanteilen aufgetragen. Dann werden die gleichen Korndurchmesser auf beiden Achsen durch Geraden verbunden.

Nun wird die (transparente) „Lehre" auf das Diagramm gelegt und so lange nach rechts oder links verschoben, bis alle Verbindungslinien durch den auf der „Lehre" angegebenen zugehörenden Bereich laufen. (Lage der „Lehre" durch dicken Strich, „Lehre" gestrichelt dargestellt). Die Lage der „Lehre" gibt auf der horizontalen Achse den „Anteil des Zusatzmaterials" an. Im vorliegenden Fall ergibt sich ein Anteil des Zusatzmaterials von 80 % an der Mischung, d. h. auf 1 Teil Ausgangsmaterial sind 4 Teile Zusatzmaterial zuzumischen. Am Schnitt der Verbindungsgeraden und der Lage der „Lehre" können direkt die Massenanteile der Korngrößen der Mischung abgelesen werden.

Im hier dargestellten Fall zeigt sich, daß die Korngröße 2,0 mm mit nur 72 % statt wenigstens 75 % in der Mischung vorkommt. Soll der Massenanteil dieser Korngröße zunehmen, muß die „Lehre" nach links verschoben werden. Dann jedoch wird der Feinkornanteil kleiner 0,06 mm zu groß. Dies ist bei stark belasteten Vegetationsflächen wegen der Abnahme der Durchlässigkeit und Zunahme der Verdichtbarkeit jedoch nachteiliger als ein etwas zu geringer Sandanteil.

Das Endergebnis ist in der Abbildung **A 5 zu K 86** aufgezeigt. Zur Kontrolle und Veranschaulichung des Ergebnisses sind die Körnungskurven des Ausgangsmaterials, des Zusatzmaterials und des verlangten Körnungsbereiches eingetragen.

K 87   Um bindige Oberböden so weit abzumagern, daß sie für belastbare Vegetationsflächen zu verwenden sind, ist im allgemeinen eine sehr große Menge an Zusatzstoffen erforderlich. Das gegebene Beispiel stellt keineswegs einen Extremfall dar. Dies sollte beachtet werden, wenn die mechanische Bodenverbesserung verwendet werden soll. U. U. führen kostengünstigere „chemische" Verbesserungsverfahren zum selben Ziel.

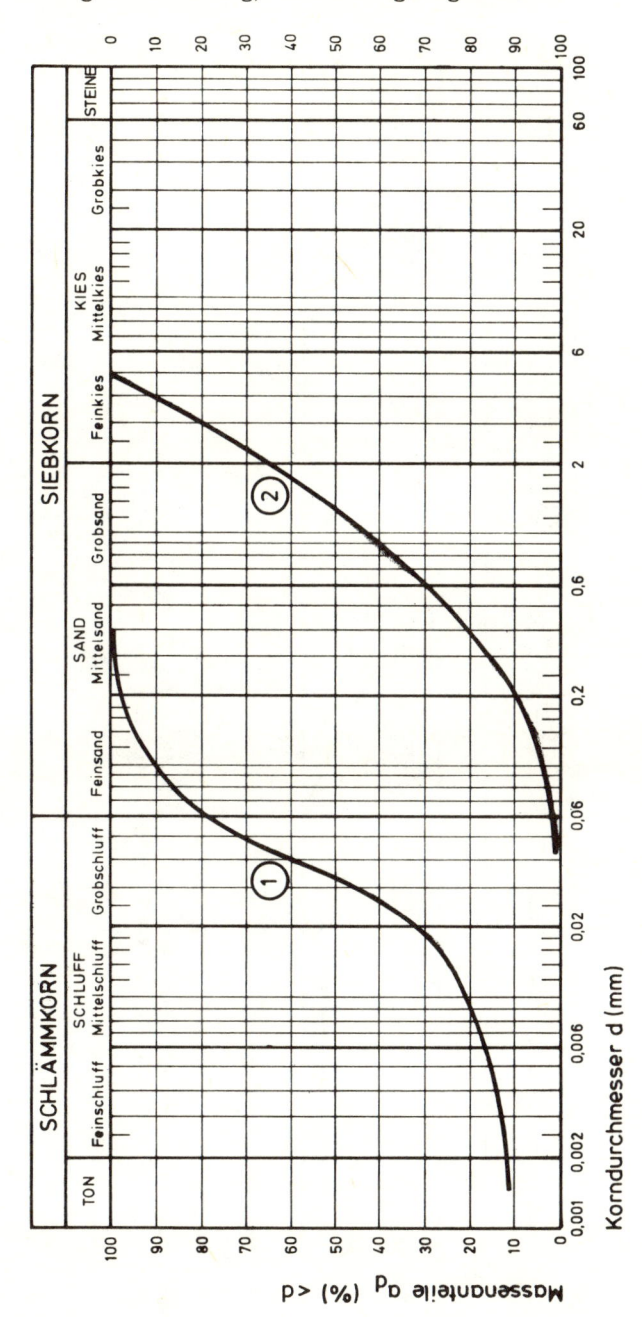

Korngrößenverteilung, Verbesserungsmöglichkeiten K 86

Kurve 1 vorhandener Oberboden (Ausgangsmaterial)
Schluff, feinsandig, schwach tonig (DIN 4022), U,fs,t' (DIN 4023) Bodengruppe 6 (DIN 18 915, Blatt 1)
Kurve 2 Beimischung (Zusatzmaterial)
Sand, stark feinkiesig (DIN 4022), S,fg (DIN 4023) Bodengruppe 2 (DIN 18 915, Blatt 1)

Abbildung A 1 zu K 86: Körnungskurven des abzumagernden Oberbodens und der Beimischung

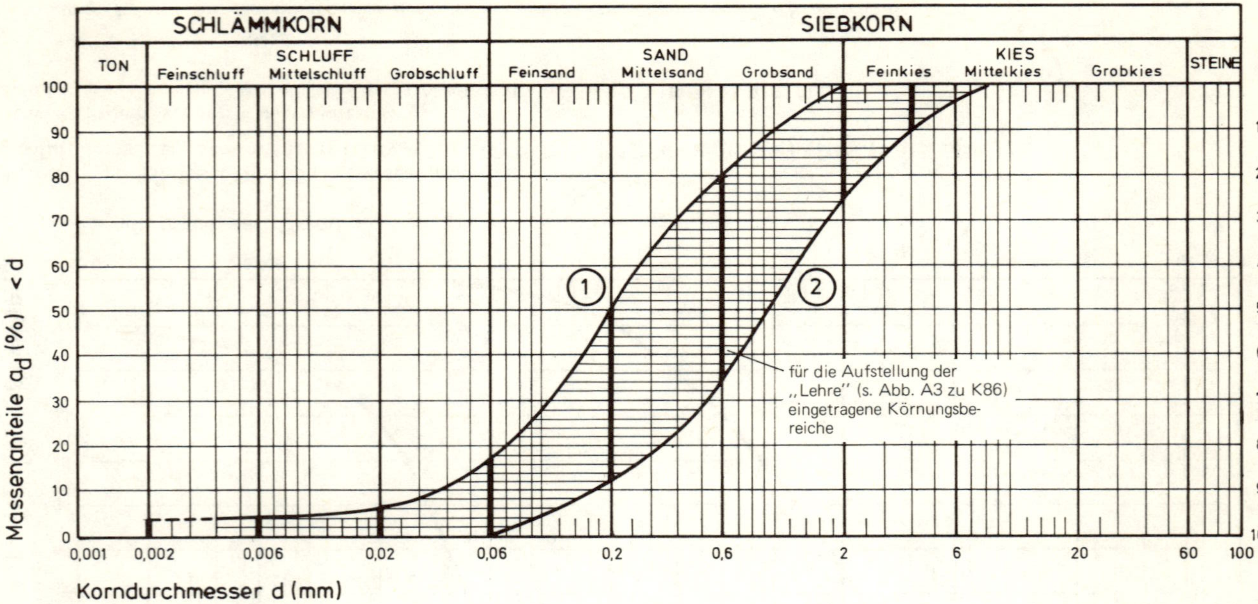

K 86 **DIN 18 915, Blatt 1**

Abbildung A 2 zu K 86: Beispiel für den festgelegten Körnungsbereich

(Beispiel: Tragschichtbaustoff für Rasenflächen nach DIN 18 035, Blatt 4)
(Kurve ① und ② : Grenzkurven des Körnungsbereiches)

62

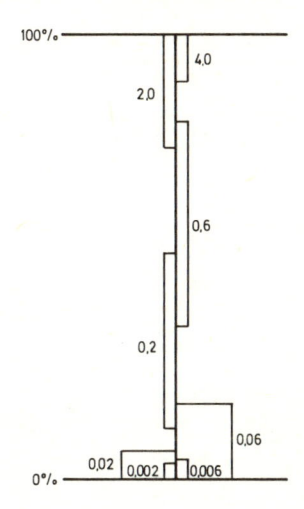

Korngrößenverteilung, Verbesserungsmöglichkeiten K 86

Abbildung A 3 zu K 86: „Lehre" mit Angabe der in Abbildung A 2 zu K 86 beispielhaft festgelegten Körnungsbereiche (möglichst auf transparentem Papier anfertigen)

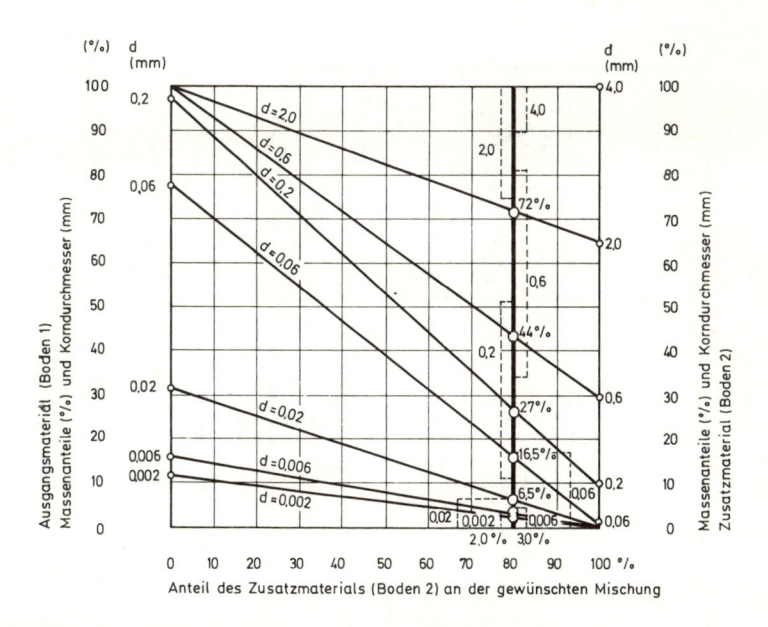

Abbildung A 4 zu K 86: Diagramm zur Ermittlung des Anteils des Zusatzmaterials und der Ordinaten (Massenanteile) der entstehenden Mischung

63

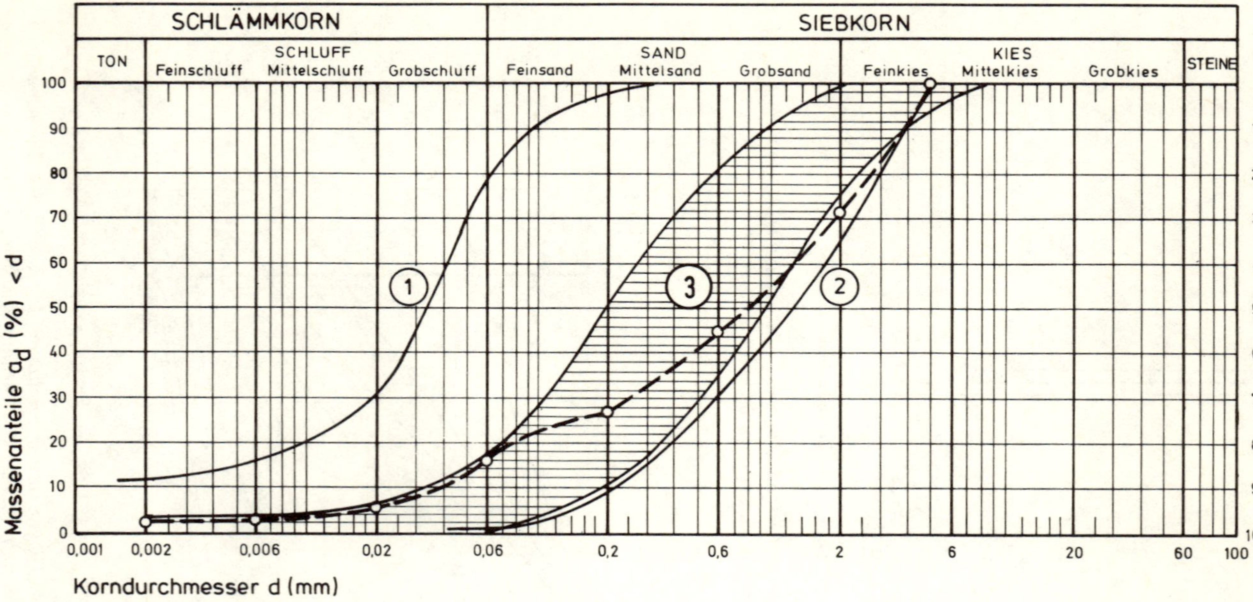

K 86 **DIN 18 915, Blatt 1**

Kurve ①: Ausgangsmaterial nach Abbildung A 1 zu K 86
Kurve ②: Beimischung nach Abbildung A 1 zu K 86
schraffierter Bereich: nach Abbildung A 2 zu K 86 festgelegter Körnungsbereich
Kurve ③: aus dem Diagramm nach Abbildung A 4 zu K 86 entwickelte Körnungskurve der Gesamtmischung aus 20 % Ausgangsmaterial und 80 % Beimischung

Abbildung A 5 zu K 86: Darstellung der Körnungskurve der Gesamtmischung

Plastische Eigenschaften, Konsistenz   K 88–92

4.2 Plastische Eigenschaften und Konsistenz

Bindige Böden besitzen aufgrund ihrer plastischen Eigenschaften in Abhängigkeit vom Wassergehalt unterschiedliche Konsistenzen (Zustandsformen).

Böden, die überwiegend aus Schluff- und/oder Tonbestandteilen bestehen, bzw. deren bodenmechanisches Verhalten durch den Anteil dieser Korngruppen bestimmt wird, erfahren bei Änderung der Bodenfeuchtigkeit (Wassergehalt) auch Änderungen ihrer Festigkeit. Festigkeitsbereiche mit bestimmten typischen Merkmalen werden als Konsistenzbereiche bezeichnet. Verhält sich ein bindiger Boden entsprechend diesen Merkmalen, weist er eine bestimmte Konsistenz bzw. Zustandsform auf (siehe auch K 105 bis 111). **K 88**

Die jeweilige Konsistenz eines Bodens ist entscheidend für seine Bearbeitbarkeit. Werden Böden in zu hohen Konsistenzbereichen bearbeitet, besteht die Gefahr von schweren, nur langfristig und mit großem Aufwand zu beseitigenden Schädigungen des Bodengefüges. Die Gefügeschädigung, insbesondere die Zerstörung der Poren, beeinträchtigt den Wasser- und Lufthaushalt, die biologische Aktivität und behindert dadurch die Durchwurzelung des Bodens.

Bindige Böden können allgemein nur bei bestimmten Konsistenzen bearbeitet werden. Die für die Bearbeitung sinnvolle Konsistenz hängt sowohl von der Bodenart/Bodenzusammensetzung wie auch von dem Bearbeitungsziel ab. **K 89**

Zur Bearbeitung von Böden unter vegetationstechnischen Gesichtspunkten siehe K 112 bis K 118.

Bindige Böden besitzen je nach ihrer Konsistenz sich verändernde Tragfähigkeiten und Standfestigkeiten. Sie können also auch nach der Bearbeitung ihre Eigenschaften ändern, was bei nichtbindigen Böden im allgemeinen nicht geschieht. **K 90**

Unter „hohem Konsistenzbereich" ist ein weicher, wenig tragfähiger Bodenzustand zu verstehen. Der Boden weist einen relativ hohen Wassergehalt auf (siehe K 104, K 106 und K 109). **K 91**

Eine Bodenbearbeitung in „zu hohem Konsistenzbereich" führt zu folgenden Schäden: **K 92**

1) Bearbeitung im „weichen oder flüssigen Zustand" (siehe K 106):

a) In Teilbereichen des Bodens — meist an der Oberfläche der bearbeiteten Schicht — findet eine Verlagerung des Feinstkornanteils des Bodens statt. Diese Erscheinung führt zur Bildung dünner, u. U. nur knapp 1 mm dicker Schichten, die jedoch fast oder sogar ganz wasserundurchlässig sind. Werden diese dünnen Schichten mit anderen Bodenschichten überdeckt, verändern sie sich nicht und können somit wie eine Dichtungshaut im Bodenaufbau wirken. Daher sind derartige Schichten vor einem weiteren

Bodeneinbau wieder aufzubrechen. Bleiben die „Verlagerungsschichten" an der späteren Oberfläche, reißen sie beim Austrocknen auf und bilden großflächig zusammenhängende Scherben, die nur schwer wieder zerkrümelt werden können. Daher sind Oberböden, deren Bearbeitung zur Kornverlagerung geführt hat, im noch nicht ausgetrockneten Zustand wieder zu lockern.

b) Wird ein bindiger Boden mit zu hoher Konsistenz, d. h. einem sehr hohen Wassergehalt, eingebaut, erfährt er in der Regel später eine Abnahme des Wassergehalts (durch Sonne, Wind, aber auch die Vegetation). Diese Wassergehaltsabnahme führt u. U. zu einer so großen Volumenverringerung der Bodenschicht (Schrumpfung), daß sie ggf. tiefe Risse zeigt (siehe K 99 bis K 102 und K 108). Hierdurch können sowohl an dem Bauwerk (z. B. durch leichtere Wiederaufnahme von Oberflächenwasser) aber auch an Pflanzen (Wurzelabrisse) Schäden auftreten.

Schrumpfungsanfällige Böden sind daher möglichst gegen eine starke Wassergehaltsabnahme zu schützen (z. B. durch eine Zwischenbegrünung, die im Leistungsverzeichnis zu berücksichtigen ist).

2) Bearbeitung im „plastischen Zustand" (siehe K 106):

a) Durch die Bearbeitung werden auf den Boden knetend, rüttelnd und stampfend wirkende Belastungen aufgebracht, die zu einer Verdichtung führen.

Die Folge ist eine Verringerung des gesamten Luftvolumens im Boden, vor allem jedoch eine Reduzierung der Menge der Grobporen. Weiterhin werden noch vorhandene Grobporen u. U. völlig durch Feinstteilchenverschiebung verschlossen.

Damit verschlechtert sich durch die Bearbeitung der Luft-Wasser-Haushalt, die Wasserdurchlässigkeit des Bodens nimmt ab, und das Wasserbindevermögen des Bodens steigt. Dies führt zu folgenden Schadensbildern: stauende Nässe in der ganzen Schicht (u. U. auch durch eine falsche Bearbeitung tieferer Schichten verursacht), Bildung von Wasseransammlungen in den nun „abflußlosen" Pflanzlöchern, kein oder geringer Durchtrieb bei Gehölzen und gelbwerdender Rasen trotz Düngung und Bewässerung aufgrund des „Luftmangels" im Boden, Erhöhung der Frostempfindlichkeit wegen der Zunahme des Wasserbindevermögens (u. U. dadurch in Neupflanzungen Wurzelabrisse).

Anzeige dieser Schadensbilder auch durch Auftreten von „Zeigerpflanzen" (z. B. Binse).

b) Die Bearbeitung von Oberböden mit zu weichen (nassen) Konsistenzen ergibt damit grundsätzlich Gefügeveränderungen, die im wesentlichen durch eine Abnahme des Porenraumes und der Porengröße gekennzeichnet sind.

Konsistenzgrenzen K 93—97

Die hierdurch bedingte Abnahme der Bodenluft (bei gleichzeitiger Erhöhung des Wassergehalts) und die Verringerung der Möglichkeit des Luftaustausches führt weiterhin zu einer Verringerung des pH-Werts. Der Boden versauert. Dadurch werden die Standortbedingungen für die Vegetation erneut abgewandelt.

c) Die durch Verdichtung hervorgerufene Verringerung der Oberbodenqualität kann durch nachträgliche Lockerung nur in den seltensten Fällen wieder aufgehoben werden, da sich bei der Lockerung verdichteter Oberböden vor allem „Klüfte" im Boden bilden und kaum die gewünschte „Krümelung" auftritt. Je nach Bodenart und Schadensumfang (Verdichtungsgrad) ist somit eine Bodenregenerierung nie oder nur im Laufe vieler Jahre und unter Zuhilfenahme einer Pionierbegrünung möglich. Dies gilt vor allem für die Zerstörung der Ton-Humus-Komplexe.

Liegt ein Bodenzustand, wie in K 92 beschrieben, bei der Übernahme der Baustelle bereits vor (z. B. durch falschen Oberbodenabtrag, falsches Aufsetzen der Mieten durch den Vorunternehmer), sind unverzüglich **Bedenken** gegen die Verwendung des Oberbodens **geltend zu machen**, sofern er durch Augenschein erkennbar ist. K 93

Die Bodenbearbeitung in „zu niedrigem Konsistenzbereich" beeinträchtigt den Boden nicht, sondern erschwert nur die Bearbeitung, da der Bodenzustand für diesen Fall als „hart" (siehe K 106) zu bezeichnen ist. Ein Boden ist bei dieser Konsistenz u. U. bereits so fest, daß er mit herkömmlichen Geräten weder gelöst noch eingebaut bzw. bearbeitet werden kann. K 94

Möglichkeiten zur Verbesserung der Bearbeitbarkeit siehe K 142 bis K 148. K 95

4.2.1 Kenngrößen

4.2.1.1 Konsistenzgrenzen

Sie kennzeichnen die Konsistenz eines Bodens bei bestimmten Grenzwassergehalten.

Die definierten Konsistenzbereiche (siehe K 106) entstehen durch bestimmte Wassergehalte. Wechselt nun die Konsistenz des Bodens, ist dies bei einem bodentypischen Wassergehalt der Fall. Dieser Wassergehalt bezeichnet die Grenze zwischen den Konsistenzen und wird mit „Grenzwassergehalt" (Konsistenzgrenze) beschrieben. K 96

Die Grenzwassergehalte (Konsistenzgrenzen) werden für den gesamten Boden, also einschließlich der organischen Substanz bestimmt, da diese die Bodeneigenschaften entscheidend beeinflussen kann (siehe K 103, Abbildung A 1 zu K 103). K 97

a) Fließgrenze, Zeichen: ω_L = Übergang vom fließenden zum plastischen Zustand,
b) Ausrollgrenze, Zeichen: ω_p = Übergang vom plastischen zum halbfesten Zustand,
c) Schrumpfgrenze, Zeichen: ω_s = Übergang vom halbfesten zum festen Zustand.

K 98 Die Fließgrenze (ω_l) wird durch eine definierte Belastung, die Ausrollgrenze (ω_p) durch Bearbeitung und die Schrumpfgrenze (ω_s) durch Volumenkontrolle einer Bodenprobe ermittelt (siehe K 132). Zur Lage der Konsistenzgrenzen siehe auch K 106.

4.2.1.2 Plastizitätszahl, Zeichen: I_p = **Unterschied des Wassergehaltes zwischen der Fließ- und Ausrollgrenze.**

K 99 Die Plastizitätszahl wird nach der Gleichung $I_p = \omega_l - \omega_p$ berechnet. Sie läßt sich in einer Wassergehaltsskala darstellen (siehe Abbildung A 1 zu K 99).

Die Plastizitätszahl ist wichtig, weil aus ihr Aussagen zur Bearbeitbarkeit, der Termingestaltung, dem Maschineneinsatz, der Preisbildung, der Verwendung auf geneigten Flächen, der Belastbarkeit sowie der Schrumpfneigung zu gewinnen sind.

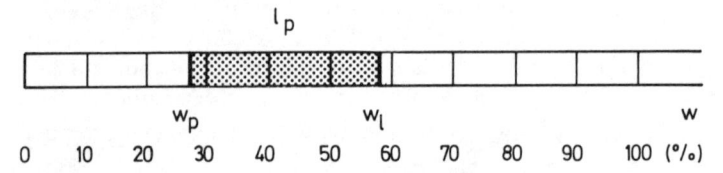

Abbildung A 1 zu K 99: Graphische Darstellung der Plastizitätszahl I_p durch die Konsistenzgrenzen ω_p und ω_L in der Wassergehaltsskala

K 100 Die absolute Größe der Plastizitätszahl läßt folgende Schlüsse zu:

Böden mit kleiner Plastizitätszahl weisen einen nur geringen Unterschied zwischen der Fließgrenze und der Ausrollgrenze auf. Der Grund liegt in einer noch relativ hohen Durchlässigkeit des Bodens. Derartige Böden gehen bei nur geringfügiger Feuchtigkeitszunahme sehr schnell vom halbfesten oder festen Zustand in den flüssigen Zustand über (s. Abbildung A 1 zu K 100).

Böden mit großer Plastizitätszahl I_p sind dagegen nicht so durchlässig. Sie besitzen einen festeren inneren Zusammenhalt (eine größere „Kohäsion"). Daher sind sie wesentlich witterungsunempfindlicher. Jedoch halten sie Wasser auch bedeutend stärker fest. Dieses große Wasserhaltevermögen läßt sie nur langsam austrocknen. Vegetationstechnisch wichtig ist, daß ein großer Teil der Bodenfeuchtigkeit nicht pflanzenverfügbar ist (s. Abbildung A 2 zu K 100).

Plastizitätszahl K 101

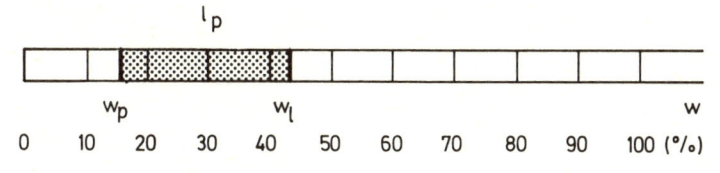

Abbildung A 1 zu K 100: Darstellung einer niedrigen Plastizitätszahl I_p

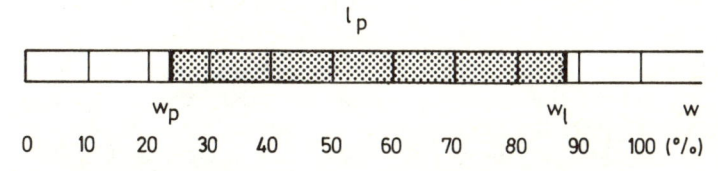

Abbildung A 2 zu K 100: Darstellung einer hohen Plastizitätszahl I_p

Durch die Lage der Plastizitätszahl in der Wassergehaltsskala sind die folgenden Feststellungen gegeben: K 101

Nicht nur die absolute Größe der Plastizitätszahl ist von Bedeutung, sondern auch die Lage des plastischen Bereiches im Wassergehaltsband. In den Abbildungen **A 1 und A 2 zu K 101** sind zwei extreme Beispiele dargestellt worden, die wie folgt gedeutet werden können:

a) Abbildung **A 1 zu K 101**: Liegt die Plastizitätszahl — also der plastische Bereich — weit links im Wassergehaltsband, ist nur bei trockener Witterung ein halbfester oder fester Bodenzustand zu erwarten. Der Boden kann nur wenig Wasser aufnehmen, ohne sehr schnell flüssig zu werden. Derartige Böden sind jedoch im halbfesten Zustand sehr hoch belastbar.

b) Abbildung **A 2 zu K 101**: Liegt der plastische Bereich weit rechts im Wassergehaltsband, ist auch bei höherer Eigenfeuchtigkeit noch ein halbfester oder sogar fester Bodenzustand zu erwarten. Wegen der geringeren Kohäsion besteht jedoch auf Böschungen häufig nur eine geringe Standfestigkeit. Der Boden neigt leicht zu Abrutschungen.

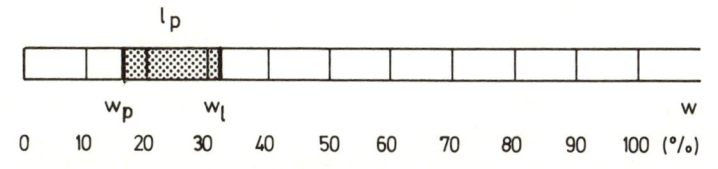

Abbildung A 1 zu K 101: Lage der Plastizitätszahl I_p links in der Wassergehaltsskala

K 102 – 104   DIN 18 915, Blatt 1

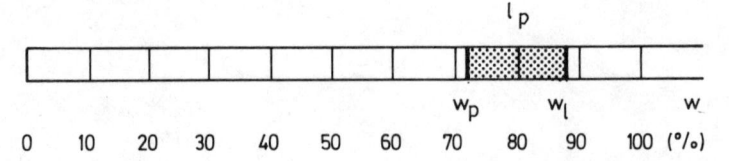

I_p

w_p w_l w

0   10   20   30   40   50   60   70   80   90   100 (%)

Abbildung A 2 zu K 101: Lage der Plastizitätszahl I_p rechts in der Wassergehaltsskala

K 102 Die Feststellungen zur Plastizitätszahl (I_p) sind zu ergänzen durch die Betrachtung der Fließgrenze (ω_l) und der Ausrollgrenze (ω_p).

Eine hohe Fließgrenze ω_l deutet bei einer kleinen Plastizitätszahl auch im halbfesten Zustand auf eine meist nur geringe Kohäsion, d. h. nur geringe Belastbarkeit hin. Derartige Böden besitzen zudem eine ausgeprägte Schrumpfneigung, die beim Austrocknen des Bodens zu einer starken Riß- und Spaltenbildung führt (siehe Beispiel der Abbildung **A 2 zu K 101**).

Liegt bei einer hohen Fließgrenze gleichzeitig eine große Plastizitätszahl vor (siehe Beispiel der Abbildung 5), ist die Belastbarkeit des Bodens im halbfesten Zustand bedeutend höher.

Eine niedrige Ausrollgrenze ω_p deutet — relativ unabhängig von der Größe der Plastizitätszahl — auf eine nur geringe Schrumpfneigung hin. Beim Austrocknen zeigen derartige Böden meist nur feinste Haarrisse (siehe Beispiel der Abbildung **A 2 zu K 100**).

Zur Schrumpfneigung siehe auch K 107.

K 103 Aus der Plastizitätszahl und der Fließgrenze läßt sich die Bodenart ermitteln. Die in der Abbildung **A 1 zu K 103** aufgeführten Begriffe für den Grad der Plastizität sind für die Gruppierung der Böden nach DIN 18 196 zu verwenden. Zur Korngrößenverteilung der hier angegebenen Bodenarten siehe Tabelle T 2 zu K 72.

4.2.1.3 Wassergehalt, Zeichen: ω
= **Wassergehalt des Bodens zum Zeitpunkt der Prüfung.**

K 104 Der Wassergehalt zum Zeitpunkt der Prüfung wird auch als „natürlicher" Wassergehalt bezeichnet. Seine Ermittlung hat unmittelbar vor der Bearbeitung des Bodens zu erfolgen, da er naturgemäß starken Schwankungen unterliegt. Dies gilt evtl. auch für tiefere Bodenschichten und ist sowohl von den klimatischen Verhältnissen wie auch von der Bodenart und dem Grundwasserstand abhängig (siehe Abbildung **A 1 zu K 104**).

Ohne Grundwasser liegen stärkere Schwankungen nur bis etwa 1,0 m Tiefe vor. Die Größenordnung der „natürlichen" Wassergehalts wird anhaltsweise für einige Böden in der Tabelle **T 1 zu K 104** angegeben. Zur Ermittlung des Wassergehalt siehe K 128 bis K 136.

Wassergehalt

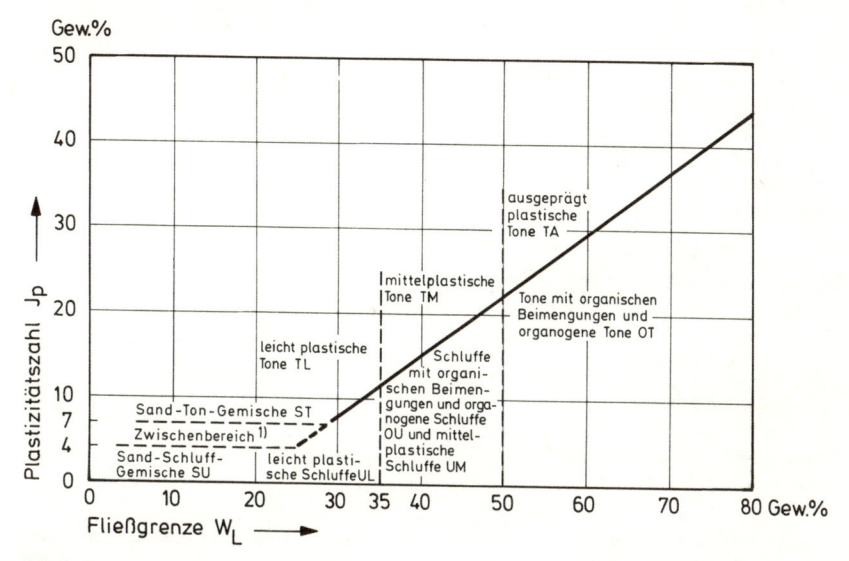

K 103, 104

[Figure: Diagram with axes Plastizitätszahl J_P (Gew.%) vs. Fließgrenze W_L, showing soil classification zones: Sand-Ton-Gemische ST, Zwischenbereich¹⁾, Sand-Schluff-Gemische SU, leicht plastische Tone TL, leicht plastische SchluffeUL, mittelplastische Tone TM, ausgeprägt plastische Tone TA, Schluffe mit organischen Beimengungen und organogene Schluffe OU und mittelplastische Schluffe UM, Tone mit organischen Beimengungen und organogene Tone OT]

¹) Bodenart kann nur durch Bestimmung der Kornverteilung (Labor-, ggf. Feldversuche) festgelegt werden.

Abbildung A 1 zu K 103: Ermittlung der Bodenart aus Fließgrenze und Plastizitätszahl nach DIN 18 196 (Die Bodenbezeichnungen entsprechen der Klassifizierung nach DIN 18 196.)

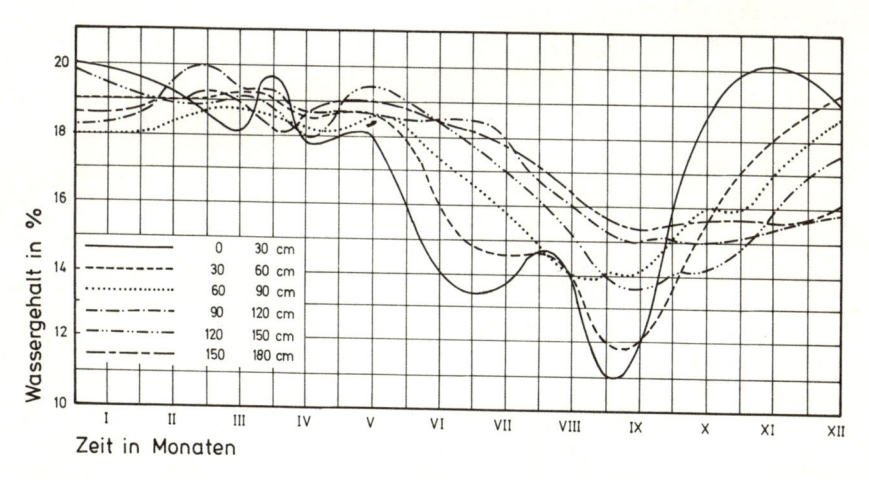

[Figure: Wassergehalt in % über Zeit in Monaten (I–XII) für verschiedene Tiefen: 0–30 cm, 30–60 cm, 60–90 cm, 90–120 cm, 120–150 cm, 150–180 cm]

Abbildung A 1 zu K 104: Beispiel für die Schwankungen des Wassergehaltes über ein Jahr in Abhängigkeit von der Tiefe (kalkhaltiger Tonboden) (aus: Bölling, Bodenkennziffern und Klassifizierung von Böden, Springer Verlag, 1971)

Bodenart	Wassergehalt (%)
a) nichtbindige Böden: Kiese, Grobsande — erdfeucht Mittelsand — erdfeucht Feinsand — erdfeucht Kiese und Sande — gesättigt	1 – 3 1 – 5 10 – 15 rd. 20
b) bindige Böden: tonige Sande, Schluff — erdfeucht plastischer Ton hochplastischer Ton gesättigte bindige Böden	10 – 25 20 – 30 30 – 80 bis rd. 300
c) organische Böden: organischer Schluff organischer Ton gesättigte org. Böden (z. B. Torf)	40 – 80 50 – 150 bis rd. 800

Tabelle T 1 zu K 104: Übersicht über die natürlich und im Zustand der Sättigung vorkommenden Wassergehalte

In der Baustellenpraxis wird man den Wassergehalt in der Regel nicht messen, sondern die Bearbeitbarkeit durch Beobachtung feststellen. Bearbeitbar im Sinne dieser Norm ist ein Boden, wenn er bei der Bearbeitung krümelt, seine natürlicher Wassergehalt also niedriger als bei der Ausrollgrenze liegt (siehe auch K 119).

Konsistenzzahl K 105

4.2.1.4 Konsistenzzahl, Zeichen: I_c

= Konsistenz (Zustandsform) eines Bodens, ermittelt durch:

$$I_c = \frac{\omega_L - \omega}{I_p}$$

Die Tabelle 1 gibt Aufschluß auf die Zuordnung von Konsistenzgrenzen zur Konsistenz und Konsistenzzahl.

Konsistenzgrenze	Konsistenz	Konsistenzzahl I_C
Fließgrenze w_L	zähflüssig	0
Ausrollgrenze w_P	breiig weich (plastisch) steif	> 0 bis 0,25 > 0,25 bis 0,75 > 0,75 bis 1,0 1,0
Schrumpfgrenze w_S	halbfest	> 1,0 bis Schrumpfgrenze
	fest	Schrumpfgrenze

Die Konsistenzzahl I_c wird zur Bestimmung der Konsistenz (Zustandsform) des Bodens benutzt. Die Gleichung lautet

$$I_c = \frac{\omega_L - \omega}{I_p}$$

Mit $I_p = \omega_L - \omega_p$ wird

$$I_c = \frac{\omega_L - \omega}{\omega_L - \omega_p}$$

Die Konsistenzzahl stellt den Quotienten der Wassergehaltsdifferenz von Fließgrenze und „natürlichem" Wassergehalt und dem plastischen Bereich (Plastizitätszahl) dar.

Da sowohl die Fließ- wie auch die Ausrollgrenze bodentypische Festwerte sind, hängt die Größe der Konsistenzzahl für den jeweiligen Boden nur vom Wassergehalt ab.

K 106 Die zahlenmäßigen Grenzwerte für die Konsistenzzahl ergeben sich, wenn für die variable Größe „Wassergehalt ω" die Grenzwassergehalte bzw. Wassergehalte größer Fließgrenze und kleine Ausrollgrenze eingesetzt werden.

a) Setzt man in der vorstehenden Gleichung für $\omega \triangleq \omega_p$, ergibt sich

$$I_c = \frac{(\omega_l - \omega_p)}{(\omega_l - \omega_p)} = 1$$

b) Liegt ein Wassergehalt zur Zeit der Prüfung $[\omega]$ vor, der kleiner als ω_p ist, wird der Zahlenwert von I_c größer als 1.

c) Beträgt der Wassergehalt zur Zeit der Prüfung $\omega \triangleq \omega_l$, wird folgende Größe erreicht:

$$I_c = \frac{(\omega_l - \omega_l)}{(\omega_l - \omega_p)} = \frac{0}{(\omega_l - \omega_p)} = 0$$

d) Ist der Wassergehalt zur Zeit der Prüfung (ω) größer als ω_l, wird der Zahlenwert von I_c negativ, also kleiner als 0.

Damit kennzeichnet eine Konsistenzzahl kleiner als Null den zähflüssigen Zustand, eine Konsistenzzahl zwischen Null und 1 den mit plastisch (knetbar, formbar) bezeichneten Zustand, und eine Konsistenzahl von mehr als 1 den halbfesten Zustand.

Die Zusammenhänge zwischen Konsistenz, Konsistenzgrenze, Wassergehalt und Konsistenzzahl sind in der Tabelle **T 1 zu K 106** aufgelistet. Dort ist auch auf die Abweichungen zu der Unterteilung des plastischen Bereichs nach DIN 18 122, Teil 1, hingewiesen.

Wird die Konsistenzzahl berechnet, ist damit der Konsistenzbereich, in dem der Boden sich befindet, festgelegt.

Zu diesen Zusammenhängen siehe auch Abbildung **A 1 zu K 110**.

K 107 Die vier Hauptbereiche der Konsistenz entstehen durch die Veränderung der Kohäsion in bindigen Böden. Die Kohäsionskräfte entstehen an den Berührflächen der Bodenkörner durch die Anziehungskraft der fest um feinste Bodenteilchen angelagerten Wasserhüllen (Oberflächenkräfte). Mit zunehmendem Wassergehalt werden die Oberflächenkräfte abgebaut. Bei Wassersättigung (Ausfüllung aller Poren im Boden durch Wasser) sind die Kohäsionskräfte völlig aufgehoben.

Die aus der Kohäsion abgeleiteten Hauptkriterien für die Konsistenzbereiche sind in Tabelle **T 1 zu K 107** aufgeführt.

Konsistenzbereiche K 108

Konsistenz (Zustandsform)	Konsistenzgrenze (Grenzwassergehalt)	Wassergehalt zur Zeit der Prüfung	Konsistenzzahl I_c
zähflüssig[1])		beliebig hoch $w > w_l$	$I_c < 0$ (negativ)
	Fließgrenze w_l	$w = w_l$	$I_c = 0$
breiig[2])			$I_c = 0$ bis 0,25
weich[2])			$I_c = 0,25$ bis 0,75
steif			$I_c = 0,75$ bis 1,0
halbfest	Ausrollgrenze w_p	$w = w_p$	$I_c = 1,0$
	Schrumpfgrenze w_s	$w < w_p$	$I_c > 1,0$
fest		$w = 0$	

[1]) Bezeichnung nach DIN 18 122 „flüssig"
[2]) Grenzwerte nach DIN 18 122: $J_C = 0$ bis 0,50
[3]) Grenzwerte nach DIN 18 122: $J_C = 0,5$ bis 0,75

Tabelle T 1 zu K 106: Zusammenhänge zwischen Wassergehalt und Konsistenz

Konsistenzzahl	Konsistenz	Bodeneigenschaften aufgrund der Kohäsion
$I_c < 0$	zähflüssig	keine Belastbarkeit, gefügelos, nicht formstabil
$I_c = 0$ bis 1	plastisch	verformbar ohne Rißbildung, formstabil
$I_c > 1$	halbfest	verformbar mit Rißbildung, formstabil
	fest	nicht verformbar, blockartig gerissen

1) Bezeichnung nach DIN 18 122 „flüssig"

Tabelle T 1 zu K 107

Aufgrund der zunehmenden Kohäsion bei Wassergehaltsabnahme verringert sich das Porenvolumen ohne zusätzliche Verdichtung. **K 108**

Die Porenabnahme führt zu einer Schrumpfung, die um so größer ist, je mehr Wasser der Boden in den Poren festhalten kann. Böden mit hoher Kapillarität schrumpfen stärker als Böden mit geringer Kapillarität.

Nichtbindige Böden (Sand-Kies) schrumpfen überhaupt nicht. Die Schrumpfneigung wird weiterhin durch quellfähige Bodenbestandteile (mineralische Tonbestandteile, feinverteilte organische Substanzen) vergrößert.

Die lineare Schrumpfung (Abnahme der Schichtdicke) beträgt nach Bearbeitung bei schwachbindigen Böden bis etwa 5 %, bei plastischen Tonen bis etwa 10 % und bei hochplastischen Tonen und organischen Schluffen/Tonen bis 30 %, teilweise sogar 50 %. Die Intensität der Schrumpfung ist entsprechend der Bedeutung für das Objekt zu berücksichtigen.

K 109 Zur Verdeutlichung des unterschiedlichen Bodenverhaltens ist die Tabelle **T 1 zu K 109** beigefügt. Besonders hinzuweisen ist auf den Konsistenzbereich „halbfest" ($I_c \geq 1{,}0$), der für die Bearbeitung von Oberböden am günstigsten ist (siehe auch K 112 bis K 118).

K 110 Die Ermittlung der Konsistenz kann auch graphisch durchgeführt werden. Dazu werden die Konsistenzgrenzen ω_l und ω_p, sowie der Wassergehalt ω in die Wassergehaltsskala eingetragen. Der plastische Bereich wird im Verhältnis der Teilbereiche „breiig", „weich" und „steif" aufgeteilt. Die Stellung des Wassergehalts ω gibt den vorliegenden Konsistenzbereich an (siehe Abbildung **A 1 zu K 110**).

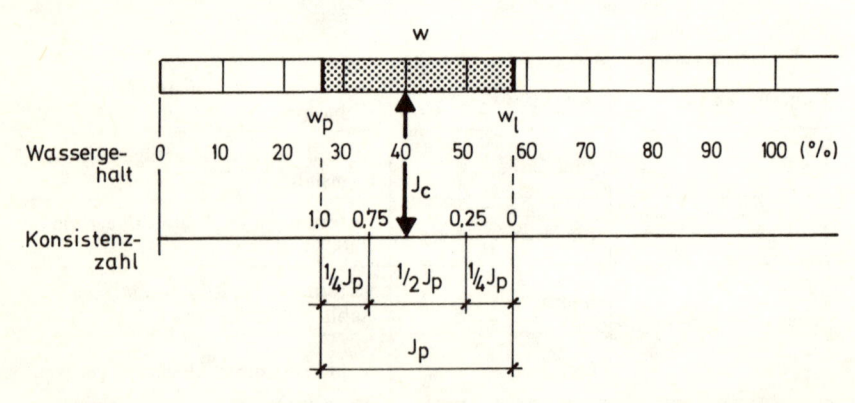

Abbildung A 1 zu K 110: Ermittlung der Konsistenz aus der graphischen Darstellung der Plastizitätszahl und dem Wassergehalt ω.
Beispiel: $\omega_p = 27{,}5\ \%$
$\omega_L = 58{,}0\ \%$
$\omega = 40{,}5\ \%$
Konsistenz: weich, $I_c \approx 0{,}55$

Konsistenz, Hinweise zum Bodenzustand   K 109

Beschreibung des Bodenzustandes	Bezeichnung der Konsistenz nach DIN 18 915, Bl. 1 (Zustandsform)	Konsistenzgrenze zwischen den einzelnen Konsistenzbereichen (Grenzwassergehalt)
weich; quillt beim Kneten zwischen den Fingern durch; nicht belastbar bzw. nicht befahrbar	zähflüssig	Wassergehalt beliebig hoch Fließgrenze w_l
knetbar, formbar; Erscheinungsform wie weiches bis festes Knetgummi; Boden schmiert beim Bearbeiten mit Maschinen	breiig weich (plastisch) steif	
dünne Bodenwalzen; zerbröckeln beim Ausrollen; Boden krümelt beim Bearbeiten; Erdschollen zerfallen bei Schlag	halbfest	Ausrollgrenze w_p Schrumpfgrenze w_s
Bodengefüge zeigt Risse; Boden bildet einzelne feste, nur schwer zu zerteilende Klumpen; Boden zeigt meist einen Farbumschlag in helle Färbung	fest	Boden völlig ausgetrocknet (Wassergehalt $w = 0$)

Rechte Spalte: Schwankungsbreite des natürlichen Wassergehalts

Tabelle T 1 zu K 109: Hinweise zum Bodenzustand

K 111 – 113   **DIN 18 915, Blatt 1**

K 111   Um ältere Fachliteratur zu Rate ziehen zu können, sind in der Tabelle **T 1 zu K 111** die gültigen und bisherigen Benennungen und Formelzeichen gegenübergestellt.

Fachausdruck		Formelzeichen		Dimension	
gültig	bisher	gültig	bisher	gültig	bisher
Wassergehalt	Wassergehalt	w	w	1	1 und %
Fließgrenze	Fließgrenze	w_l	w_f	1	1 und %
Ausrollgrenze	Ausrollgrenze	w_p	w_a	1	1 und %
Schrumpfgrenze	Schrumpfgrenze	w_s	w_s	1	1 und %
Plastizitätszahl	Bildsamkeit (Plastizität)	I_p	w_{fa}	1	1 und %
Konsistenzzahl	Zustandszahl	I_c	k_w	1	1
Konsistenz	Zustandsform	—	—	—	—

Tabelle T 1 zu K 111: gültige und bisherige Bezeichnungen

4.2.2 Anforderungen

Schwachbindige Böden (Bodengruppen 4 und 5, nach Abschnitt 5) dürfen nur bei einer Konsistenzzahl $I_c \geq 0{,}75$ bearbeitet werden, bindige Böden (Bodengruppen 6 bis 9, nach Abschnitt 5) nur bei $I_c \geq 1$.

K 112   Die Forderung, bestimmte Böden nur im steifen bzw. halbfesten Zustand zu bearbeiten, ist in der Notwendigkeit einer möglichst geringen Verdichtung des Bodens begründet.

Da die Kohäsionskräfte den Verdichtungskräften entgegenwirken, nimmt die Verdichtbarkeit mit dem Wassergehalt ab. Weiterhin gilt, daß eine Wiederauflockerung verdichteter Bodenbereiche nur in diesem Zustand möglich ist (siehe K 113 und K 142 – K 148).

K 113   Schwachbindige Böden (Bodengruppe 4 und 5) dürfen bereits bei steifer Konsistenz bearbeitet werden. Dies kann jedoch — zumindest in Genzbereichen — die gleichen Schäden hervrufen wie bei Böden der Bodengruppen 6 bis 9. Beispiele für kritische Böden der Bodengruppen 4 und 5 sind in der Abbildung **A 1 zu K 113** dargestellt.

Beispiel Boden 1 (Körnungskurve 1):
Der Boden weist trotz Einhaltung der Grenzbedingungen fast nur Korngruppen aus dem Schluffbereich auf. Der geringe Tonanteil führt in diesem Boden zusammen mit der im steifen Zustand schon geringen Kohäsion bereits zu einer sehr starken Verdichtung. Es wird eine so feste Kornbindung erzielt, daß eine Wiederauflockerung in vollem Umfang nicht mög-

Bearbeitbarkeitsgrenzen K 113

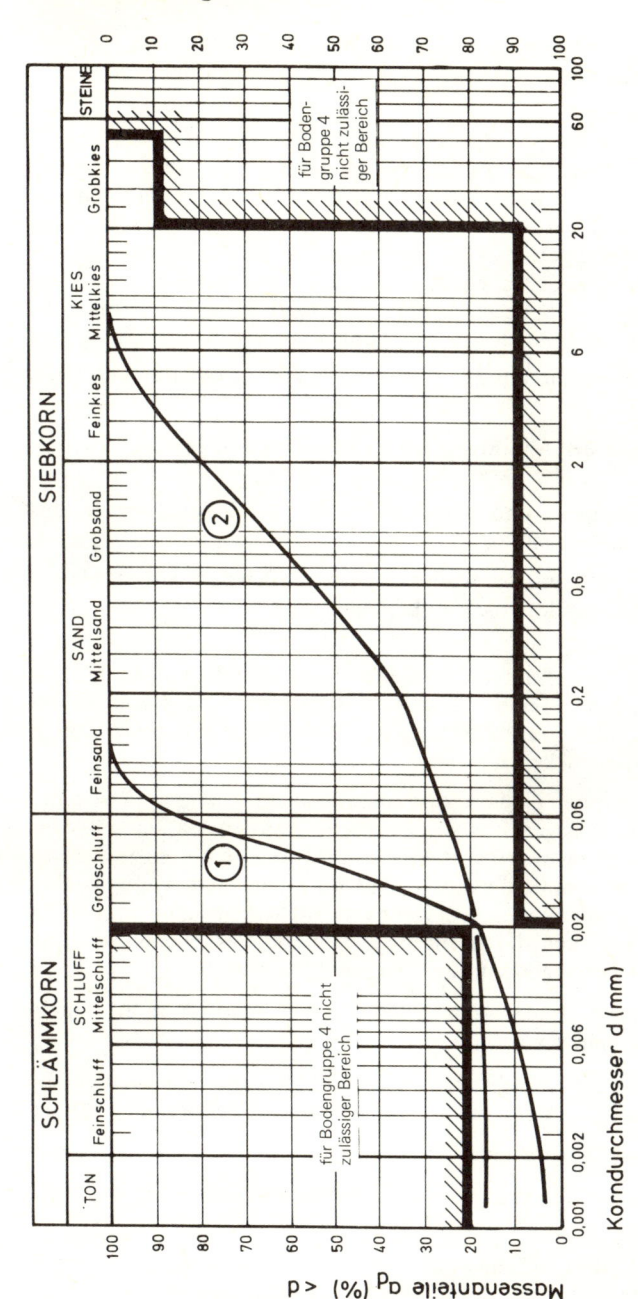

Kurve 1: gU, t', fu', mu' (DIN 4022), Bodengruppe 4 (DIN 18 915)
Kurve 2: S, fg, t (DIN 4022), Bodengruppe 4 (DIN 18 915)

Abbildung A 1 zu K 113

lich ist. Es bleiben Gefügeschäden. Der Boden sollte trotz seiner Zugehörigkeit zur Bodengruppe 4 erst in halbfester Konsistenz bearbeitet werden.

Beispiel Boden 2 (Körnungskurve 2):
Der Boden besteht überwiegend aus Sanden, Feinkies und Ton. Er zeigt eine weite Stufung. Dies bedingt eine kleine Porengröße. Diese ohnehin nur kleinen Poren des Stützkorngerüstes werden durch den hohen Tonanteil weitgehend gefüllt. Sie erzeugen nach Bearbeitung eine sehr hohe Kohäsion, die Lockerungen stark erschwert. Auch dieser Boden sollte in halbfestem Zustand bearbeitet werden. Ist dies nicht möglich, muß die Lockerung umgehend nach Bearbeitung erfolgen, da trotz des Sandanteils eine restlose Auflockerung nach Austrocknung kaum mehr möglich ist.

In beiden Fällen können organische Bestandteile ein verändertes Verhalten zur Folge haben.

K 114 Anhand der Beispiele der Abbildung **A 1 zu K 113** sind folgende Forderungen zu erheben:

Böden der Bodengruppen 4 und 5 sind wie Böden der Bodengruppen 6 bis 9 zu bewerten und zu bearbeiten,

1) wenn sie vorwiegend aus der Korngruppe Schluff bestehen und gleichzeitig Tonanteile von mindestens 5 % aufweisen

oder

2) wenn sie eine weite Stufung im Sand-Kies-Bereich und gleichzeitig Tonanteile von mindestens 15 % und kaum Schluffkorn besitzen. Böden dieser Zusammensetzung können unmittelbar nach Bearbeitung eventuell noch in ausreichendem Maß gelockert werden.

K 115 Böden der Bodengruppen 6 bis 9 dürfen in keinem Fall bei plastischer Konsistenz oder im flüssigen Zustand bearbeitet werden, da sie entweder extreme Kornumlagerungen erfahren (siehe K 92) oder so intensiv zusammengeknetet oder verschmiert werden, daß eine wirksame Gefügelockerung mechanisch nicht möglich ist. Derart verdichtete Böden können in ihrem Aggregatgefüge nur durch biologische und/oder chemische Vorgänge im Verlaufe sehr langer Kulturzeiten rekultiviert werden.

Eine Bearbeitung dieser Bodengruppen im falschen Zustand ist ein klarer Verstoß gegen die Regeln der Technik.

K 116 Die Art der Bearbeitung bzw. die Art der Geräte hat einen entscheidenden Einfluß auf die erzielte — wenn auch nicht gewollte — Verdichtung.

Im jeweiligen Fall ist zu beachten:

1) Die Arbeit mit sehr schweren Geräten führt zu höherer Verdichtung als mit leichten Geräten.

2) Je größer die Belastungsfläche unter dem Gerät ist, desto geringer ist die Oberflächenbelastung, aber um so tiefer reicht die Gerätelast in den Boden.

Bearbeitbarkeitsgrenzen   K 117 – 119

3) Vibrierend wirkende Geräte (Maschinen auf Kettenlaufwerk) heben vor allem die Reibung im Boden auf und verdichten daher vorwiegend schwachbindige Böden. Auf der Oberfläche kann eine Wasseranreicherung zustande kommen, die zu einer Verschlämmung führt (Kornumlagerung). So entstandene Dichteschichten sind umgehend aufzulockern oder aufzubrechen. Geräte mit Kettenlaufwerk sollten mit laufendem Motor nicht für längere Zeit auf Oberbodenflächen abgestellt werden.

4) Knetend wirkende Geräte (Maschinen auf Reifenfahrwerk, besonders mit Niederdruckreifen) wirken sich vor allem bei Böden mit Kohäsion aus. Um ihre Wirkung zu verringern, sind sie mit möglichst hoher Fahrgeschwindigkeit zu betreiben.

Eine Nichtbeachtung dieser Punkte ist ein Verstoß gegen die Regeln der Technik.

Enthalten bindige Böden Kalkanteile und/oder fein verteilte organische Substanz, weisen sie trotz gleicher Korngrößenverteilung ein unterschiedliches plastisches Verhalten auf. Die Auswirkung dieser Beimischungen ist durch entsprechende Untersuchungen nachzuweisen (siehe K 83 ff., 142 ff. und 210 ff.), die im Rahmen von Voruntersuchungen abzuwickeln sind.   K 117

Die Feststellung der Konsistenz ist eine zwingende Aufgabe für den Ausführenden (Eigenüberwachungsprüfung). Nach DIN 18 320, Ziffer 4.1.4, ist sie eine Nebenleistung, die unmittelbar und stets vor der Bearbeitung des Bodens erbracht werden muß (siehe dazu Kommentar, Band 1, Rdn 340). Sie hat auch während der Bearbeitung zu erfolgen, wenn ein Konsistenzänderung sichtbar oder zu erwarten ist. Die Art der Feststellung ist jedoch freizustellen.   K 118

Die verlangte Ermittlung des Wassergehalts kann auch durch die unmittelbare Feststellung der Konsistenz nach den Verfahren nach DIN 18 915, Blatt 1, Abschn. 4.2.3.1 ersetzt werden, sofern eine genügend genaue Aussage gemacht werden kann.

4.2.3   Prüfungen

4.2.3.1   Felduntersuchungen

a) Überschlägliche Ermittlung der Konsistenz und Bearbeitbarkeit von Böden der Bodengruppen 6 bis 9 durch Walzversuch, Reibe- und Schneideversuch, Rollversuch und Druckversuch nach Abschnitt 6.

b) Ermittlung des Wassergehaltes ω **durch:**
Carbidmethode oder Luftpyknometermethode, bei der jedoch zusätzlich die Kenntnis der Wichte γ des zu untersuchenden Bodens erforderlich ist.

Die unmittelbare Ermittlung der Konsistenz aus dem Erscheinungsbild des Bodens mit dem Ausrollversuch als Feldversuch ist bei klar abzugrenzen-   K 119 den Bodenverhältnissen vertretbar. Er kann zur Eigenüberwachung herangezogen werden.

K 120   Die in Abschn. 6 aufgeführten Versuche sind geeignet, die Bearbeitbarkeit grob zu beurteilen und ggf. in Zweifelsfällen umgehend Laborversuche einzuleiten.

K 121   Weitere Hinweise auf die Konsistenz geben die Feststellungen nach DIN 4022, Blatt 1, Abschn. 9:

„Die Zustandsform eines bindigen Bodens kann im Feldversuch wie folgt ermittelt werden:

a) Breilig ist ein Boden, der beim Pressen in der Faust zwischen den Fingern hindurchquillt.

b) Weich ist ein Boden, der sich leicht kneten läßt.

c) Steif ist ein Boden, der sich schwer kneten, aber in der Hand zu 3 mm dicken Röllchen ausrollen läßt, ohne zu reißen oder zu zerbröckeln.

d) Halbfest ist ein Boden, der beim Versuch, ihn zu 3 mm dicken Röllchen auszurollen, zwar bröckelt und reißt, aber doch noch feucht genug ist, um ihn erneut zu einem Klumpen formen zu können.

e) Fest (hart) ist ein Boden, der ausgetrocknet ist und dann meist hell aussieht. Er läßt sich nicht mehr kneten, sondern nur zerbrechen. Ein nochmaliges Zusammenballen der Einzelteile ist nicht mehr möglich.

K 122   Die Konsistenzzahl I_c kann mit Hilfe der Verfahren nach Abschn. 6 und K 121 nicht ermittelt werden.

K 123   Für Kontrollversuche und Schiedsuntersuchungen sollten Feldversuche nach Abschn. 6 und K 121 nicht zugelassen werden. In diesen Fällen ist die Konsistenz durch Berechnung exakt zu bestimmen.

K 124   Die Bestimmung der Konsistenzzahl kann bei untergeordneten Objekten entfallen (siehe auch K 118).

K 125   Eine Ermittlung des auf der Baustelle vorliegenden Wassergehalts ist nur sinnvoll, wenn gleichzeitig durch Laborversuche die Konsistenzgrenzen ermittelt werden sollen bzw. bereits bekannt sind.

Der Hinweis auf die Wassergehaltsbestimmung als Feldversuch in dieser Bezugsziffer könnte zu der irrigen Annnahme führen, allein durch seine Ermittlung sei die Konsistenz bestimmt.

K 126   Eine Berechnung der Konsistenz mit Hilfe des Wassergehalts aus tabellierten Werten für die Konsistenzgrenzen bindiger Böden ist nicht erlaubt. Auch für eine Schätzung der Konsistenz ist dies wegen der zu großen Toleranzen nicht statthaft.

K 127   Die Wassergehaltsbestimmung auf der Baustelle ist ein zu den Laboruntersuchungen gehörender Teilversuch.

Konsistenzgrenzen, Prüfungen   **K 128 – 132**

Die Ermittlung des Wassergehalts mit der Carbidmethode ist nur bei schwachbindigen Böden, organischen Böden und nichtbindigen Böden bis ca. 6 mm Korngröße möglich. „Schwachbindig" ist im Sinne der DIN 4022 zu verstehen. Schwachbindige Böden nach DIN 18 915 (Bodengruppe 4 und 5) können mit diesem Verfahren nicht überprüft werden.   **K 128**

Weiterhin ist der Einsatzbereich dieses Versuches durch den Wassergehalt selbst begrenzt.

Literaturhinweis:
Merkblatt für bodenphysikalische Prüfverfahren im Straßenbau, herausgegeben von FG f. d. Straßenwesen.

Die Luftpyknometermethode erlaubt die Wassergehaltsbestimmung bei allen Böden bis ca. 40 mm Größtkorn. Von dem zu untersuchenden Boden muß die **mittlere Korndichte** (auch **Kornrohdichte**) bekannt sein (nicht die in DIN 18 915, Blatt 1, Abschn. 4.2.3.1b genannte „Wichte").   **K 129**

Zur Versuchsdurchführung siehe „Merkblatt für bodenphysikalische Prüfverfahren im Straßenbau"; Norm in Vorbereitung.

Zur Ermittlung der mittleren Korndichte siehe K 140.   **K 130**

Der Wassergehalt kann auch mit Hilfe radiometrischer Meßverfahren (Neutronenquellen) ohne jede Probenahme an Ort und Stelle gemessen werden. Die entsprechenden Strahlenschutzbestimmungen sind zu beachten.   **K 131**

4.2.3.2 Laboruntersuchungen
a) **Bestimmung der Konsistenzgrenzen nach DIN 18 122 Blatt 1 (Vornorm):**

Die Ermittlung der Konsistenzgrenzen Fließ- und Ausrollgrenze erfolgt nach DIN 18 122, Blatt 1, April 1976. Diese Norm gilt auch ausdrücklich für Landschaftsbau. Die Fließgrenze wird mit dem Fließgrenzengerät nach Casagrande ermittelt. Wird ein automatisches Fließgrenzengerät verwendet, ist dies in dem Versuchsprotokoll zu vermerken.   **K 132**

DieAusrollgrenze kann auch mit automatischen Geräten festgestellt werden. Die Anwendung ist mit Angabe des Gerätetyps im Protokoll festzuhalten.

Die Schrumpfgrenze wird aus der Volumenänderung einer Bodenprobe mit abnehmendem Wassergehalt berechnet. Bis zur Veröffentlichung der entsprechenden Bezugsnorm (DIN 18 122, Blatt 2) kann nach den Literaturangaben verfahren werden.

Literatur:
z. B. Schultze/Muhs: Bodenuntersuchungen für Ingenieurbauten, Springer-Verlag

Bölling: Bodenkennziffern ... (siehe K 104, Abbildung A 1)

K 133 Die Ermittlung der Fließ- und Ausrollgrenze wird nach Entfernen der Körner über 0,4 mm vorgenommen. Feinverteilte organische Substanz darf nicht entfernt oder mineralisiert werden, da sie sich auf die Konsistenzgrenzen entscheidend auswirken kann.

Bei gering plastischen Böden (siehe K 100 – K 103) sind für die Probenvorbereitung (ohne Versuchsdurchführung) mehrere Stunden, bei hochplastischen Böden (siehe K 100 – K 103) bis zu 4 Tage notwendig. Dies ist bei der Auftragvergabe an das Labor zu berücksichtigen. **Wegen des insgesamt hohen Zeitaufwands zur Ermittlung der Konsistenzgrenzen sind die Versuche möglichst frühzeitig zu vergeben.** Andernfalls kann die Bauausführung beträchtlich verzögert werden!

K 134 Die Probenmenge des feuchten Bodens **ohne** Körner über 0,4 mm soll mindestens 200 g betragen. Bei Mischböden, die auch nennenswerte Anteile an Grobkorn besitzen, ist eine entsprechend größere Probe bereitzustellen.

K 135 Die Ermittlung der Fließ- und Ausrollgrenze wird nur an den Korngrößen d < 0,4 mm einer Bodenprobe durchgeführt. Enthält der untersuchte Boden jedoch einen Überkornanteil, ist er entsprechend den Angaben in DIN 18 122, Blatt 1, Ziffer 8, zu bestimmen. Die Grenzwassergehalte sind mit dem Überkornanteil umzurechnen. Dies ist zwingend notwendig, da sich sonst niedrigere Konsistenzzahlen ergeben, die u. U. eine Nichtbearbeitbarkeit vortäuschen.

b) Bestimmung des Wassergehaltes durch Ofentrocknung nach DIN 18 121 Blatt 1

K 136 Die Wassergehaltsbestimmung zur Ermittlung der Konsistenzgrenzen ist zwingend durch Ofentrocknung nach DIN 18 121, Teil 1, April 1976, durchzuführen. Der Geltungsbereich dieser Norm ist auch auf den Landschaftsbau auszudehnen. Der „natürliche" Wassergehalt ω kann mit diesem Verfahren ebenso bestimmt werden.

K 137 Bei der Auftragsvergabe ist zu beachten, daß die Trocknungsdauer bindiger Böden etwa 12 Stunden beträgt!

K 138 Die Teilproben für die Ermittlung der Konsistenzgrenzen müssen in der Menge den Angaben in DIN 18 121, Blatt 1, Abschn. 5, entsprechen, Ggf. ist nachzuweisen, daß eine für kleine Proben genügend genaue Waage verwendet wird. Die Meßunsicherheit sollte $\leq 0{,}05 \cdot \omega$ sein.

c) Bestimmung der Kornwichte (als Hilfsgröße bei der Bestimmung des Wassergehaltes durch die Luftpyknometermethode)

K 139 Für die Bestimmung des („natürlichen") Wassergehalts ω auf der Baustelle bzw. an der eingesandten Bodenprobe mit dem Luftpyknometer wird die

Konsistenzgrenzen, Prüfverfahren K 140, 141

„mittlere Korndichte" ϱ_s (massenbezogene Größe in g/cm³ oder t/m³) benötigt. Die „Kornwichte" γ_s stellt dagegen eine beschleunigungsbezogene Größe dar, die aus der Masse entsteht (kN/m³).

Die Korndichte ϱ_s kann an Böden bis ca. 5 mm Korngröße nach DIN 18 124, Blatt 1, Vornorm, mit einem Kapillarpyknometer ermittelt werden. K 140

Bei grobkörnigen Böden kann ein Flaschenpyknometer, unter bestimmten Bedingungen auch das Luftpyknometer, verwendet werden. Dazu ist eine Norm in Vorbereitung. Es wird auf entsprechende Fachliteratur verwiesen (siehe auch K 132).

Um das Luftpyknometer zur Messung des Wassergehalts auf der Baustelle (z. B. zur Darstellung der Konsistenz) einsetzen zu können, genügt bei Eignungsprüfungen bzw. überschläglichen Kontrollen die Schätzung der Korndichte ϱ_s. Als Anhalt für die Praxis kann **Tabelle T 1 zu K 141** dienen. K 141

Für Schiedsanalysen sind für Messungen mit dem Luftpyknometer die genauen Bestimmungen der Korndichte ϱ_s erforderlich (siehe auch K 140). Ebenso können Anhaltswerte für Böden mit organischen Anteilen nicht gegeben werden, da die Schwankungsbreite zu sehr von der Menge und Art der organischen Substanz abhängt.

Bodenart	Korngruppen	mittlere Korndichte ϱ_s (g/cm³)
Kies-Sand-Gemische	G; G, s; S, g	2,65
Sand (U < 5)	S	2,65
Fein-Mittelsand-Gemische (U > 5)	fS/mS .... mS, u'	2,65 bis 2,67
Mehlsand (Füller)	gU .... fS	2,67
Schluff	U	2,70
Ton	T, u .... T	2,75 bis 2,80
Verwitterungslehm, Gehängelehm	G, s̄, u', t' .... U, g', t, s (L)	2,68 bis 2,74
Geschiebelehm	G, s̄, u, t' .... S, ū, t, g' (Lg)	2,68 bis 2,71
Geschiebemergel	S, u, g', t' .... S, ū, t (Mg)	2,68 bis 2,72
Löß	U, s' .... U, s', t' (Lö)	2,65 bis 2,67
Lößlehm	U, t, s' .... U,s̄, t' (Löl)	2,67 bis 2,70
Auelehm, Aueton	U, s, g', t' .... U, t̄, s'	2,69 bis 2,75

Tabelle T 1 zu K 141: Anhaltswerte für mittlere Korndichten

4.2.4 Verbesserungsmöglichkeiten

Der Konsistenzbereich „halbfest" kann vergrößert werden durch Verringerung des Anteiles an bindigen Teilen im Boden mittels Beimischung von grobkörnigen Stoffen sowie auch von organischer Substanz.

K 142 Als Verbesserungsmöglichkeiten im Sinne dieser Norm sind vor allem die der Verbesserung der Bearbeitbarkeit zu betrachten.

Damit sind alle Maßnahmen, die einen bindigen Boden in die „halbfeste" Konsistenz bringen, vorteilhaft. Es ist nicht immer zwingend notwendig, den Konsistenzbereich „halbfest" zu vergrößern.

Die Maßnahmen sind in zwei Gruppen einzuteilen:

1. kurzfristig wirkende Maßnahmen:
Hierzu ist eine Lockerung des Bodengefüges und damit eine durch Verdunstung beschleunigte Entwässerung zu zählen.

2. langfristig wirkende Maßnahmen:
Einmischen von Zusatzstoffen, die entweder die Bodenstruktur oder die Kornzusammensetzung verändern.

K 143 Die Maßnahmen haben entweder eine Zunahme der Durchlässigkeit oder ein höheres Wasserbindevermögen, damit in der Regel einen Anstieg der Ausrollgrenze, zur Folge.

K 144 Das Abmagern des Bodens (also die Verringerung der bindigen Anteile des Bodens) in — wie üblich — geringem Umfang führt zu einer Erhöhung der Durchlässigkeit aufgrund der Bildung von Grobporen. Gleichzeitig nimmt aber auch die Plastizität des Bodens ab, und die Fließgrenze verringert sich. Der Boden reagiert nun schneller auf die Witterung, d. h. er kann schon durch geringere Wassergehaltszunahme unbearbeitbar werden; andererseits kann er aufgrund der gröberen Poren des Bodenwasser auch in kürzerer Zeit durch Versickerung und/oder Verdunstung wieder abgeben.

Dies ist auch aus Abbildung **A 1 zu K 103** zu ersehen. Je größer der Anteil an großen Körnern ist, desto niedriger werden Fließgrenze und Plastizitätszahl.

In diesem Zusammenhang wird auf K 86 (mechanische Bodenverbesserung) hingewiesen. Sofern im Boden keine Suffusionsvorgänge stattfinden, sind die Wirkungen der Abmagerung als dauerhaft zu bezeichnen.

Zur Zugabe körniger Kunststoffe (siehe K 249).

K 145 Die Zugabe langfaseriger organischer Substanz ergibt aufgrund der dränenden Poren dieser Stoffe einen besseren Wasseraustausch. Gleichzeitig binden die organischen Substanzen einen Teil des Bodenwassers. Rein mechanisch wirken sie auflockernd. Damit können sie die Bearbeitbarkeit positiv beeinflussen. Zu bedenken ist jedoch, daß die Belastbarkeit der Oberbodenschicht abnimmt und sich auch ihr „Trittverhalten" ändert. Der Boden wirkt federnd und bei hohen Wassergehalten u. U. schwammig.

Konsistenzgrenzen, Verbesserung K 146–149

Die Wirkung — in Abhängigkeit vom Zersetzungsgrad der organischen Stoffe — kann bei geringer mechanischer und statischer Belastung der Vegetationsschicht als langfristig angesehen werden.

Die Zugabe chemischer Stoffe verändert vorwiegend das Bodengefüge. Einige Stoffe, die ihrer Vielzahl wegen hier nicht aufgelistet werden können, erzielen keine bessere Bearbeitbarkeit des Bodens, sondern können nur bei optimaler Bearbeitbarkeit angewendet werden. Sie haben somit nur bodenverbessernde (standortbeeinflussende) Wirkungen. **K 146**

Weiterhin können sie — außer den Strukturänderungen — starke Veränderungen des pH-Wertes bewirken. Die Herstellerangaben sind genau zu beachten.

Eine Bodenverbesserung mit Kalk erhöht nicht nur die Ausrollgrenze, sondern vergrößert auch den plastischen Bereich des Bodens. Er bekommt außer dieser Stabilitätsverbesserung eine krümelige Struktur. Bei eintsprechender Kalkmenge ist dieses bodenphysikalisch günstige Verfahren langfristig wirksam. Nachteile sind u. U. allerdings aus dem starken Anstieg des pH-Wertes für die vorgesehene Begrünung zu erwarten.

Vor der Anwendung chemischer Stoffe sind ihre möglichen Auswirkungen auf die vorgesehene Begrünung zu überprüfen. Ggf. kann ein derartiges Verfahren — sogar eine Bodenverbesserung mit Kalk — zu einer Änderung der zunächst vorgesehen gewesenen Begrünung und damit gegebenenfalls zu einer beträchtlichen Senkung der Baukosten bzw. einer früheren Fertigstellung der Gesamtleistung führen. **K 147**

Zur Verbesserung der Bearbeitungsverhältnisse trägt eine gute Oberflächenentwässerung entscheidend bei. Dies gilt sowohl für zu bearbeitende Flächen wie für in Haufen lagernde Böden. Werden die Bodenverhältnisse durch ungeeignete Maßnahmen verschlechtert, liegt ein Verstoß gegen die Regeln der Technik vor. **K 148**

Siehe dazu auch Kommentar zu DIN 18 320 und DIN 18 915, Blatt 3.

4.3 Wasserdurchlässigkeit

Als Wasserdurchlässigkeit wird die Fähigkeit eines Bodens zur Ableitung von Oberflächenwasser durch die Vegetations-, Drän- und Filterschicht sowie in den Baugrund bezeichnet.

Sie ist abhängig von der Korngrößenverteilung sowie vom Bodengefüge, insbesondere vom Anteil der dränenden Poren.

Aus der Wasserdurchlässigkeit kann der Grad der Belastbarkeit der Vegetationsschicht für Spiel- und Liegewiesen sowie Parkplatzrasen gefolgert werden.

Unter Wasserdurchlässigkeit wird hier die vertikale Versickerung von Oberflächenwasser in tiefere Bodenschichten bzw. die horizontale Abführung in der Drän- oder Sickerschicht verstanden. **K 149**

Entscheidend für die Wasserdurchlässigkeit ist der Anteil der dränenden Poren im Boden. Die nachstehende Tabelle gibt einen Überblick über die Einteilung der Porengrößenbereiche. Aus ihr geht hervor, daß eine Versikkerung nur durch Grobporen erfolgen kann. In Mittel- und Feinporen findet keine Wasserbewegung statt. Das Verhältnis von Grob- zu Mittel- und Feinporen spielt für die Wasserdurchlässigkeit, aber auch für die Wasserversorgung der Pflanzen eine große Rolle. Es ist zunächst einmal von der Bodenart abhängig, wobei sowohl die Korngrößenverteilung als auch die Strukturen eine wesentliche Rolle spielen. In natürlich gewachsenen Böden haben sich im Laufe der Zeit gröbere Kapillare aufgebaut, in denen die Wasserbewegung stattfindet. Jede Bodenbewegung und Bodenbearbeitung zerstört nun diese gewachsenen Strukturen.

PORENGRÖSSEN-BEREICHE	POREN DURCH-MESSER (μ)	ABGRENZUNG DES BODENWASSERS	
WEITE GROBPOREN (schnell dränende Poren)	> 50	schnell bewegliches Bodenwasser	Sickerwasser frei beweglich
ENGE GROBPOREN (langsam dränende Poren)	50 – 10	langsam bewegliches Bodenwasser, kurzzeitig pflanzenverfügbar	
MITTELPOREN	10 – 0,2	pflanzenverfügbares Bodenwasser	Haftwasser
FEINPOREN	< 0,2	nicht pflanzenverfügbares Bodenwasser	

Tabelle T1 zu K 149: Einteilung der Porengrößenbereiche (nach SCHEFFER/ SCHACHTSCHABEL 1970) und Abgrenzung des Bodenwassers nach der Pflanzenverfügbarkeit

K 150 Störungen in diesem Sinne sind auch Belastungen von Böden durch bodenbearbeitende Geräte, Spiel und Sport. Die dadurch verursachte Bodenverdichtung führt zu einer Verkleinerung der Poren und zu einer Verschiebung der Porengrößen zum Feineren hin. Die Abnahme der Grobporen und gleichzeitige Zunahme der Mittel- und Feinporen ergeben eine Abnahme der Wasserdurchlässigkeit und eine Zunahme des Wasserhaltevermögens und gegebenenfalls Bildung von Staunässe.

K 151 Bei nichtbindigen Böden kann die Porenverkleinerung ein erwünschter Effekt sein, bei bindigen Böden führt die Abnahme der wasserführenden Poren jedoch zu einer starken Vernässung und bei weiterer Belastung zu Porenverschluß und Zerstörung der Bodenstrukturen.

K 152 Eine Wasserbewegung kann im Boden in ungesättigter oder gesättigter Form erfolgen. Eine gesättigte Wasserbewegung findet dann statt, wenn

Wasserdurchlässigkeit, Kenngröße　　　　　　　　　　　　　　**K 153–155**

sich das Wasser der Schwerkraft folgend bewegt. Das geschieht nur dann, wenn die Kapillare des Bodens mit Wasser gefüllt (gesättigt) sind. Die Schwerkraft des Wassers ist dann größer als die Adhäsionskraft des Bodens.

Ungesättigt wird eine Wasserbewegung genannt, wenn sie durch die Saugspannung des Bodens bewirkt wird. Die Saugspannung entsteht durch die Adhäsionskräfte an der Oberfläche von Bodenpartikeln und in Kapillaren oder Poren. Je enger die Kapillare und je kleiner die Poren werden, desto größer wird die Saugspannung. Wasser wird also aus größeren Poren in kleinere Poren gezogen. Gleiches gilt auch für die Kapillare. Eine ungesättigte Wasserbewegung von oben nach unten ist in der Regel erwünscht und bei belasteten Flächen Voraussetzung für eine Nutzung in feuchtem Zustand, um bei Böden mit höheren bindigen Anteilen Schäden durch Verformungen und Strukturveränderungen im plastischen Zustand zu vermeiden (siehe K 88–148).

Wesentliche Baufehler ergeben sich häufig, wenn unter Vegetationsschichten falsch aufgebaute Dränschichten zur Entwässerung und zur Aufnahme des Sickerwassers angeordnet werden. Werden diese Drän- oder Sickerschichten zu grob aufgebaut, kommt es zu einem kapillaren Bruch. Darunter versteht man die Tatsache, daß das Wasser aus der Vegetationsschicht wegen des fehlenden kapillaren Anschlusses nur noch in gesättigtem Zustand abfließen kann. Das führt zu Erscheinungen, die der Staunässe ähneln und nicht nur Schäden bei belasteten Flächen verursachen, sondern auch bei Vegetationsflächen, wenn sie über längere Zeit in diesem gesättigten Zustand verbleiben. Das tritt insbesondere in Monaten mit geringer Verdunstung als Staunässe auf. Der Schaden ergibt sich bei unbelasteten Vegetationsflächen durch das Fehlen von Sauerstoff im Wurzelbereich, weil die Poren mit Wasser gesättigt sind (siehe K 22–26)　　　**K 153**

Die Wasserdurchlässigkeit ist nicht nur von der Korngrößenverteilung und dem Bodengefüge abhängig bzw. aus diesen Größen abzuleiten, sondern auch von der Art und dem Anteil der organischen Substanz. Diese wird bei der Korngrößenverteilung nicht erfaßt, sondern höchstens parallel dazu nach der Menge festgestellt (siehe K 200 ff.).　　　**K 154**

4.3.1 Kenngröße
Wasserdurchlässigkeit, Zeichen: $_{mod}K^*$

Die Wasserdurchlässigkeit ist eine komplexe Größe. Zur Beurteilung der Aussagefähigkeit des K^*-Wertes ist zu beachten, daß der Wasserschluckwert die Versickerungsrate in wassergesättigtem Zustand ist. Der Versuchsablauf ist in DIN 18 035 Blatt 5, Sportplätze — Tennenflächen, beschrieben (Abschnitt 4.11). Gemessen wird die Zeit, die verstreicht, bis der über einem unter bestimmten Verdichtungen eingebrachten Prüfgut stehende Wasserspiegel um 1 cm sinkt.　　　**K 155**

K 156–159   **DIN 18 915, Blatt 1**

Für Vegetationsflächen wird allerdings eine modifizierte Versuchsanordnung verwendet, die sich von der in DIN 18 035 Blatt 5 beschriebenen Versuchsdurchführung dadurch unterscheidet, daß das Prüfgut beim Einbringen in den Prüfzylinder weniger stark verdichtet wird. Dadurch ergibt sich der $_{mod}K^*$-Wert. Die Versuchsanordnung für diesen modifizierten K^*-Wert ist in DIN 18 035 Blatt 4 unter Abschnitt 7.2 zu finden.

K 156   Eine Prüfung der ungesättigten Wasserbewegung findet derzeit in dieser Norm keine Berücksichtigung. Zur Vermeidung eines kapillaren Bruches ist Mindestvoraussetzung, daß beim Übergang zwischen den einzelnen Schichten die Filterregeln beachten werden (siehe Kommentar zu DIN 18 035 Teil 4 — Sportplätze; Rasenflächen).

K 157   Weiterhin kann der $_{mod}K^*$-Wert Anwendung bei der Planung von Grundwasserabsenkungen etc. gemäß DIN 1185 „Dränung; Regelung des Wasserhaushaltes durch Rohrdränung" finden.

4.3.2 Anforderungen
Die Wasserdurchlässigkeit soll betragen bei:

Belastbaren Vegetationsschichten $= {}_{mod}K^* > 0{,}001$ cm/s
Dränschichten und
Filterschichten $= {}_{mod}K^* > 0{,}01$ cm/s

Nach Möglichkeit sollte bei in der Regel nicht belasteten Vegetationsflächen für deren Bodenschichten (Vegetationsschicht und Baugrund) aus Gründen des Wasser- und Lufthaushaltes mindestens die Hälfte der vorgenannten Werte erreicht werden.

K 158   Bei den Anforderungen wird ein Unterschied zwischen belastbaren und unbelasteten Vegetationsflächen gemacht. Der Grund dafür ist darin zu sehen, daß belastete Flächen (Spiel und Sport) durch Tritt verdichtet werden und damit oberflächennahe Veränderungen im Porengefüge stattfinden, die die vegetationstechnischen Voraussetzungen wesentlich verschlechtern, was dann wiederum zur Verschlechterung der Belastbarkeit führt.

K 159   Der Umfang der Belastung wird bei Rasenflächen, die nicht direkt als Sportflächen bezeichnet und eingestuft sind, je nach Situation sehr unterschiedlich sein. Deshalb muß schon zum Zeitpunkt der Planung überlegt werden, ob der hier geforderte $_{mod}K^*$-Wert unbedingt einzuhalten ist, oder ob durch bestimmte Nutzungseinschränkungen eine Belastung in besonders feuchtem Zustand ausgeschlossen werden kann. In der Regel kann man bei öffentlichen Grünflächen davon ausgehen, daß sie bei Regen nicht benutzt werden. Negative Veränderungen des Bodengefüges treten erst dadurch auf, daß nach einem Regen die Fläche zu früh, das heißt vor Abzug des Überschußwassers genutzt wird. Wenn also eine schnelle Wiederbenutzbarkeit erwünscht oder gefordert wird und Schäden durch zu frühes Spiel ausgeschlossen werden müssen, kann auf die Einhaltung des geforderten $_{mod}K^*$-Wertes nicht verzichtet werden.

Wasserdurchlässigkeit, Anforderungen   **K 160 – 165**

Lassen die Geländesituation und die Planungsvorstellung Oberflächenneigungen von mindestens 3 % zu, kann die dadurch verringerte Versickerungsrate (Oberflächenabfluß des Wassers) die geringe Durchlässigkeit des Bodens u. U. kompensieren.   **K 160**

Der 10 mal größere $_{mod}K^*$-Wert für Drän- und Filterschichten ist nicht nur darin begründet, daß eine vertikale Wasserbewegung erfolgen soll, sondern Sickerwasser aus der Vegetationsschicht auch horizontal zu einer Vorflut in Form einer Dränung, einer Sickergrube etc. abgeführt werden muß.   **K 161**

Die Forderung, daß dieser Wert $\geq 0{,}01$ cm/s sein muß, darf jedoch nicht dazu verleiten, aus Sicherheitsgründen nun eine besonders hohe Durchlässigkeit z. B. in Form von Grobsand und Kies zu schaffen. Grundsätzlich ist der Gesamtkomplex des Schichtenaufbaues zu beachten, um einen kapillaren Bruch zu vermeiden (siehe dazu auch Kommentare zu DIN 18 035 Blatt 4, Sportplätze — Rasenflächen, in Band 3). Im Sportplatzbau werden diese Dränschichten in der Regel mit einem feinsandreichen Sand oder Kiessand hergestellt, um den kapillaren Anschluß an die Vegetationsschicht zu gewährleisten.   **K 162**

Ein besonderes Augenmerk ist auch auf den Zusammenhang zwischen Wasserdurchlässigkeit und Bodendurchlüftung zu richten. Die Pflanzen brauchen zur Wurzelatmung Sauerstoff. Ein ausreichendes Sauerstoffangebot kann nur gewährleistet werden, wenn in ausreichender Menge luftführende, durchgängige Grobporen vorhanden sind. Insofern kann aus der Wasserdurchlässigkeit mittelbar auf die Bodendurchlüftung geschlossen werden.   **K 163**

Bei der Bewertung der Durchlässigkeit von unbelasteten Vegetationsschichten sollten die Festlegungen in DIN 1185 Blatt 1, Ziffer 3.3, beachtet werden. Dort wird ein Boden als haftnaß bezeichnet, wenn seine Durchlässigkeit $k_{fb} \leq 0{,}01$ m/d beträgt. Nach DIN 18 915 soll die Durchlässigkeit nicht belasteter Vegetationsflächen möglichst größer als die Hälfte des $_{mod}K^*$-Wertes für belastbare Vegetationsflächen betragen ($_{mod}K^* < 0{,}0005$ cm/s entsprechen etwa 0,4 m/d). Durchlässigkeiten dieser Größenordnung charakterisieren Böden im Sandbereich.   **K 164**

Diese hier genannte Tatsache und der Vergleich mit der DIN 1185 zeigen, daß bei Abstimmung der Vegetation auf den jeweiligen Boden durchaus niedrigere Durchlässigkeitswerte akzeptiert werden können. Eine Berücksichtigung der Durchlässigkeit bei Planung und Bauausführung sollte jedoch auf jeden Fall bei $_{mod}K^* < 0{,}1$ m/d (entspricht ungefähr 0,0001 cm/s) erfolgen. Eine solche Durchlässigkeit weisen Feinsande oder grobe Lehme auf.   **K 165**

4.3.3 Prüfungen

4.3.3.1 Felduntersuchungen

Zeigerpflanzen für Vernässung durch Verdichtung.

Die nachstehend aufgeführten Pflanzen zeigen besondere Feuchtigkeit im Boden an, bei der es sich in der Regel um Staunässe handelt, die durch Verdichtung der Oberfläche oder auch unter der Oberfläche hervorgerufen wird, seltener handelt es sich um Grundwassereinfluß.

Flechtstraußgras (Agrostis stolonifera)
Gänsefingerkraut (Potentilla anserina)
Gemeines Rispengras (Poa trivialis)
Huflattich (Tussilago farfara)
Kriechender Hahnenfuß (Ranunculus repens)
Krötenbinse (Juncus bufonius)
Liegendes Mastkraut (Sagina procumbens)
Rasenschmiele (Deschampsia caespitosa)
Vogelknöterich (Polygonum aviculare) u. a.

Diese Beobachtung ist nur bei ungestörten Böden sinnvoll und zeigt meist Verdichtungen an, die u. U. schon durch eine entsprechende Lockerung zu beseitigen sein können.

Rückschlüsse auf die Wasserdurchlässigkeit des Bodens in bezug auf seine Korngrößenverteilung sind hiermit nicht möglich.

K 166 Die durch Zeigerpflanzen feststellbare Vernässung des Standortes ist in der Regel durch einen zu geringen Anteil an wasserabführenden Poren in oberen und/oder auch tieferen Bodenschichten und die damit verursachte geringere Wasserdurchlässigkeit verursacht.

Diese geringere Wasserdurchlässigkeit resultiert aus geringer biologischer Aktivität, Verlagerung feinerer Bodenteile (Ton, Schluff, feine organische Substanz) oder mechanischer Verdichtung durch Tritt- oder Fahrspuren. Häufig finden sich auch Vernässungen in abflußlosen Senken mit einer im Verhältnis zur Wasserzufuhr zu geringen Versickerungsrate. Aus dieser Situation kann sich ein Feucht-Biotop gebildet haben.

K 167 Im Rahmen einer Planung sollte deshalb geprüft werden, ob im Sinne der Erhaltung des Landschaftsbildes eine Sicherung derartiger Biotope geboten bzw. zweckmäßig ist.

K 168 Diese Eigenschaften können einmal natürliche und damit ungestörte Standorte aufweisen. Weiterhin können Ursachen solcher Eigenschaften nutzungs- oder baubedingte Bodenverdichtungen gewachsener Bodenprofile sein.

Als dritte Möglichkeit kann eine Änderung des Bodenschichtenaufbaues durch Bodenauftrag oder -abtrag und damit verbundene Ausbildung von Verdichtungshorizonten oder Bereichen kapillaren Bruches ursächlich sein. Bei baubedingten Störungen stellen sich diese Zeigerpflanzen je nach Situation erst nach längerer Zeit ein, sie sollten aber auch schon bei vereinzeltem Auftreten beachtet werden.

Wasserdurchlässigkeit, Prüfungen K 169–173

Das Auftreten der genannten Zeigerpflanzen auf Baustellen ist für den Landschaftsarchitekten und den Unternehmer des Landschaftsbaues gerade ein Hinweis auf die Vorleistung anderer Gewerke, wie Hochbauer und Tiefbauer aber auch auf die Folgen von Transportverdichtungen im Rahmen von Leistungen des Ausbaugewerbes. K 169

Zeigerpflanzen sind weiterhin ein wesentlicher Indiz für Unterhaltungsarbeiten, da sich bei fertiggestellten Grünflächen langfristig ein Zustand einstellt, der diesen Standort charakterisiert. K 170

Die Reaktion bei den Pflegemaßnahmen kann nun sein, daß man diese Vernässung als Störung betrachtet und durch Entwässerungs- und/oder Lockerungsmaßnahmen die Ursachen dieser Störung beseitigt. Notwendige Leistungen sind auszuschreiben.

Häufig ist es jedoch schwierig, diese „Störungen" dauerhaft oder mit angemessenem Finanzaufwand aufzuheben. Es sollte deshalb in jedem Falle geprüft werden, ob aus ökologischen Gründen der eingependelte Zustand toleriert und evtl. durch eine Umnutzung oder eine oft preisgünstigere Anpassung der Begrünung ein stabiler Biotop erreicht werden kann. Durch dieses Eingehen auf den jetzt natürlichen Standort werden langfristig erhebliche Unterhaltungskosten gespart.

4.3.3.2 Laboruntersuchungen
Bestimmung des $_{mod}K^*$-Wertes nach DIN 18 035 Blatt 5.

In diesem Abschnitt liegt ein Schreibfehler vor. Es muß bezogen werden auf die Versuchsdurchführung nach DIN 18 035 Blatt 4 (Siehe Kommentar Teil 3). K 171

Bei der Wertung von Versuchsergebnissen ist neben der in K 154 schon erwähnten Beschränkung auf die Prüfung der gesättigten Wasserbewegung zu beachten, daß die Bestimmung der Wasserdurchlässigkeit an einer gestörten Bodenprobe im Labor, in unbewachsenem Zustand und vor der Baudurchführung vorgenommen wird. Das bedeutet natürlich eine Beschränkung der Aussage, weil alle biologischen Vorgänge im Boden und die baubedingte höhere Bodenbelastungen dabei unberücksichtigt bleiben. Die Aussage des Versuchsergebnisses ist damit ein relativer Wert, der aber Schlüsse auf weiteres Handeln zuläßt. Aus dem Wert lassen sich weitere Maßnahmen oder Entscheidungen ableiten. K 172

Im konkreten Fall sind mehrere Entscheidungsalternativen möglich: K 173

Situationsbeispiel:

Es ist eine Rasenfläche für Spiel und vereinsungebundene sportliche Betätigung geplant. Der vorhandene Oberboden ist bindig und weist eine zu geringe Wasserdurchlässigkeit auf.

Möglichkeiten der Entscheidung:

a) Der Boden wird mit den in Abschnitt 4.3.4 der DIN 18 915 Teil 1 genannten Maßnahmen verbessert. Die dafür erforderlichen Mittel stehen zur Verfügung.

b) Mittel zur Verbesserung des Bodens stehen nicht zur Verfügung. Deshalb erfolgt eine Umwidmung der Fläche in rein dekoratives Grün oder es wird eine Nutzungsbeschränkung mit der erforderlichen Kontrolle vorgesehen.

c) Es stehen keine Mittel zur Verbesserung zur Verfügung, eine Umwidmung der Fläche wird abgelehnt, eine Nutzungsbeschränkung ist wegen fehlender Kontrollmöglichkeiten nicht zu gewährleisten. Der Bauherr akzeptiert und toleriert deshalb nach Aufklärung durch den Planer/Ausführenden die auftretenden Schäden.

Die Probemenge, die zur Untersuchung der Wasserdurchlässigkeit an ein Prüflabor geschickt werden muß, beträgt mindestens 10 Liter, damit Parallelbestimmungen durchgeführt werden können.

Nachstehende Abbildung zeigt ein Formblatt, wie es heute üblicherweise von einem Prüfer benutzt wird. Darin sind die Ergebnisse für einen bindigen Boden und einen Sandboden dargestellt.

4.3.4 Verbesserungsmöglichkeiten

Die Wasserdurchlässigkeit kann durch Beimischen von groben, porenbildenden Stoffen verbessert werden. Ist diese Verbesserung nicht möglich, muß ein Oberflächengefälle von mindestens 3 % hergestellt werden. Dabei sind gegebenenfalls entsprechende Maßnahmen zur Abführung des Wassers an den Flächentiefpunkten vorzusehen.

Ist der Baugrund unter einer ausreichend durchlässigen Vegetationsschicht nicht ausreichend durchlässig und kann er auch nicht ausreichend durchlässig gemacht werden, ist zur Ableitung des Sickerwassers auf der Oberfläche des Baugrundes eine ausreichend dimensionierte Dränschicht einzubauen.

K 174 Dieser Abschnitt verweist darauf, daß durch Zugabe von groben, porenbildenden Stoffen, die in DIN 18 915 Blatt 2 in Abschnitt 2.2 beschrieben sind, die Wasserdurchlässigkeit verbessert werden kann. Ziel der Verbesserung ist eine Zunahme der Grobporen bei Böden mit einem hohen Anteil an bindigen Bestandteilen. Dieses Ziel ist jedoch nur zu erreichen, wenn eine sorgfältige Abstimmung der Zuschlagstoffe in Kornverteilung und Menge erfolgt.

K 175 Es ist z. B. ein Planungs- aber auch Baufehler, wenn in einen bindigen Boden grobkörniger Kies eingebracht wird. Dessen Körner werden vor allem bei zu geringer Menge von dem bindigen Boden so eingemantelt, daß sie für eine Strukturbildung unwirksam sind (das gilt auch für die Zugabe von Styroporkugeln oder geschlossenporigen Kunststoffen). In der

Wasserdurchlässigkeit, Verbesserungen   **K 175**

PRÜFLABOR ALTDORF

LANDSCHAFTSBAU · SPORTPLATZBAU
GÜNTER HÄNSLER BDLA · BVS
AM WEINGARTEN 22 · 8503 ALTDORF · TELEFON 09187/1332

Bauvorhaben:	Nondorf	Bodenart:	867/3 schluff. Sand 867/4 ton. Schluff
	Rasenspielfeld	Tiefe:	20 - 40 cm 40 - 75 cm
Prüfungs-Nr.:	867	Entnahmestelle:	Schürf 3
		Entnahmeart:	gest. Pr. gest. Pr.
Ausgeführt von:	0 am: 7. Juli 1981	Entnahme am:	3. Juli 81 durch: H/B
Bestimmung der **Wasserdurchlässigkeit**, Wasserspeichervermögen, Porenvolumen		Anlage Nr.: 7 zum: Prüfbericht 867/81	

1.1 Mindestdurchgang entsprechend DIN 18 035 Blatt 4 "Sportplätze - Rasenflächen")*

mod. k^* in cm/s

	Nr. /3	Nr. /4	Nr.	Nr.	Nr.
0.0001					
0.0002		0,00018			
0.0005					
0.001					
0.0015					
0.002					
0.005 / 0.006	0,004				
0.01					
0.02					
0.03					

(Schichten: Rasentragschicht – Baugrund – Mindestanforderung – Dränschicht; Grenzbereich)

1.2 In % vom Grenz-Mindestwert			
1.3 Prüfwassergehalt (Massen- %)	10,6	13,3	
2. Durchflußwert, bewachsener Zustand	> 50 l/m²/h		
3. Wasserkapazität d. Rasentragschicht mit porösen Baustoffen mit nichtporösen Baustoffen	35 - 45 Vol.-% 35 - 40 Vol.-%		
4. Porenvolumen der Rasentragschicht	≥ 35 l/m²		

Bemerkungen:)* verbessert nach den Erfahrungsberichten des FLL - Arbeitskreises "Vegetationstechnik"

Regel wird man Menge und Kornzusammensetzung des Zuschlagsstoffes durch ein Prüflabor bestimmen lassen. Beispiele bzw. Hinweise zum Verfahren sind unter K 85–87 und K 249 aufgeführt.

K 176 Auch Torf kann zur Verbesserung der Wasserleitfähigkeit beitragen, wenn er in langfaseriger Form vorliegt. Diese Wirkung entzieht sich jedoch der Prüfung durch den hier vorgegebenen Versuch. Beobachtungen in der Praxis haben jedoch eindeutig die positive Wirkung von langfaserigem Torf bei der ungesättigten Wasserbewegung bestätigt. Die Zugabe von Torf oder anderen organischen Stoffen kann jedoch bei zu großer Gabe ein unerwünschtes Schwammigwerden (zu geringe Tragfähigkeit) der Vegetationsschicht verursachen.

K 177 Der in DIN 18 035 Blatt 4 genannte Anteil an gleichmäßig verteilter organischer Substanz von 4 Massen-% ist inzwischen als zu hoch erkannt worden. Als obere Grenze kann man heute von 3 Massen-% ausgehen.

K 178 Eine geringe, für den Verwendungszweck unzureichende Wasserdurchlässigkeit kann auch durch eine zu große Menge feinverteilter, feiner und quellfähiger organischer Substanz z. B. in anmoorigen Sandböden verursacht werden. In Prüflabors sollte deshalb die Untersuchung nach 24 Stunden wiederholt werden. Ergebnis kann sein, daß auch ein Sandboden noch abgemagert werden muß.

K 179 Reichen die Finanz-Mittel für eine Bodenverbesserung zur Erhöhung der Wasserdurchlässigkeit nicht aus, dann kann in geeigneten Fällen auch durch die Herstellung eines Oberflächengefälles von mindestens 3 % ein Oberflächenabfluß des Wassers erreicht und dadurch das Eindringen von größeren Wassermengen mit den damit verbundene Nachteilen bei bindigen Böden verhindert werden. Das dabei abfließende Wasser muß in geeigneten Einrichtungen wie z. B. offenen Gräben, Rinnen, Sickergräben oder Sickerlöchern gesammelt und zu einer Vorflut abgeführt werden.

K 180 Der Einbau von Dränschichten wird immer nur der Sonderfall sein, was auch für Sportrasen gilt. Auf die Problematik des Schichtenaufbaues wurde wegen der Gefahr eines kapillaren Bruches bereits mehrfach hingewiesen. Bei allgemeinen Landschaftsbaumaßnahmen werden Dränschichten nur dort verwendet, wo kein Bodenanschluß (Dachgärten, Tiefgaragen, Kübelpflanzungen etc.) möglich ist. Dränschichten müssen an Vorfluter angeschlossen werden.

K 181 Staunässehorizonte und tiefgreifende Verdichtungen können auch durch Tiefenlockerung behoben werden. Dabei kann es sinnvoll sein, diese Lockerung durch Einbringen von Sand etc. zu stabilisieren, weil ein bleibender Erfolg der Tiefenlockerung nicht immer gewährleistet werden kann. Alle Lockerungsmaßnahmen haben zudem nur dann eine längere Wirkung, wenn keine größeren Bodenbelastungen erfolgen. In diesem Zusammenhang wird auf DIN 1185 verwiesen.

Grundwasserstand

4.4 Grundwasserstand

Grundwasser ist freies, nicht gebundenes, in den Hohlräumen aufgestautes Bodenwasser.

Die Höhe des Grundwasserspiegels ist jahreszeitlichen und witterungsbedingten Schwankungen unterworfen.

Die Kenntnis der Höhe des Grundwasserspiegels im Boden der Baustelle ist erforderlich, da ein Pflanzenwachstum nur in einem Boden möglich ist, der nicht oder nur kurzfristig von Grundwasser gefüllt ist bzw. wird.

Bei der Wertung von Wasser im Boden muß zwischen Stau- und Grundwasser unterschieden werden. Grundwasser stellt freies, nicht gebundenes, in den Hohlräumen des Bodens aufgestautes Bodenwasser dar. **K 182**

Bei Stauwasser handelt es sich um durch die Oberfläche eingesickertes Wasser, das über einem teil- oder undurchlässigen Stauhorizont aufgestaut ist und dessen Stauhöhe von der Niederschlagsmenge und der Versickerungsrate der stauenden Bodenschicht abhängt. Die Schwankungen des Stauwasserhorizontes können erheblich sein. **K 183**

Bei geringer Versickerungsrate und starkem Wasserandrang von oben kommt es zu einer vollen und langfristigen Wassersättigung des Bodens und damit verbunden zu einer absoluten Entlüftung. Da nur wenige Pflanzen über längere Zeit eine solche Staunässe vertragen, führt dieser Zustand zum Absterben der Pflanzen, ausgenommen Staunässe vertragende Pflanzen wie z. B. Erlen.

Der Grundwasserstand kann auch in der Höhe schwanken, doch findet stets eine Aufnahme und Verteilung des Sickerwassers statt. Diese Verteilung geschieht durch das Fließen des Grundwassers, dessen Gefälle meistens annähernd dem Relief der Bodenoberfläche folgt oder zu einem Quellhorizont führt. **K 184**

Grundwasser ist für das Pflanzenwachstum ein begrenzender Faktor, weil alle Pflanzen unterschiedliche Ansprüche an Durchlüftung und Wasserversorgung stellen. Je höher der Grundwasserstand ist, desto begrenzter ist das für die Bodenatmung zur Verfügung stehende Bodenvolumen. **K 185**

Grundwassernahe Bodenschichten erwärmen auch langsamer und engen dadurch den Standort für verschiedene Pflanzen ein. **K 186**

4.4.1 Kenngröße

Grundwasserspiegel, Zeichen: GW-Spiegel

Kenngröße ist hier der Grundwasserspiegel. Er stellt sich in einer offenen Grube bzw. im Bohrloch als freier Wasserspiegel ein. Bei der Wertung dieser Kenngröße ist zu beachten, daß über jedem freien Grundwasserspiegel noch ein geschlossener Kapillarsaum liegt, in dem noch alle Poren mit Wasser gefüllt sind und dessen Ausdehnung von der Bodenart abhängt. Die Prüfung erfolgt nach DIN 19 683 Blatt 10, Ausgabe 1973. **K 187**

K 188 Der kapillare Aufstieg von Wasser ist der umgekehrte Vorgang zur ungesättigten Wasserbewegung bei der Versickerung. Durch die Adhäsionskräfte der Kapillare wird das Grundwasser nach oben gesogen in Abhängigkeit von der Saugspannung der jeweiligen Bodenart. Die kapillare Steighöhe richtet sich nach der Porengrößenverteilung. Je mehr Feinporen ein Boden hat, desto höher wird seine kapillare Steighöhe sein. Bei einem Lehmboden kann man einen langsamen, aber hohen Anstieg beobachten, und bei einem Sandboden kann man von einem schnellen, aber nur geringen Anstieg ausgehen. Weiterhin nimmt die kapillare Steighöhe mit der Bodenverdichtung zu.

4.4.2 Anforderungen
Bei belastbaren Vegetationsflächen darf der Grundwasserspiegel nicht höher als 60 cm unter der Geländeoberfläche liegen.

K 189 Das kapillare Steigen von Grundwasser begründet die Festlegung eines Grundwasserstandes von 60 cm unter belastbaren Vegetationsflächen. Damit soll verhindert werden, daß die Tragfähigkeit des Baugrundes und der Vegetationsschicht infolge stärkerer Durchfeuchtung verringert wird.

K 190 Aus den Ausführungen in K 188 geht jedoch hervor, daß die kapillare Steighöhe von der Bodenart abhängig ist. Unter diesem Gesichtspunkt muß dieser Wert relativiert werden. Bei bindigen Böden, die von Natur aus einen höhen kapillaren Wasseranstieg aufweisen, kann ein Grundwasserstand in 60 cm Tiefe schon zu hoch sein (Bodengruppen 6 bis 9), während bei schwach oder nicht bindigen Böden (Bodengruppe 2 und 3 mit wenig Grobschluff sowie Bodengruppe 10) ein höherer Grundwasserstand ohne Beeinträchtigung der Tragfähigkeit durchaus möglich ist (siehe auch K 250–330)

K 191 Bei nicht belasteten Vegetationsschichten ist die optimale Höhe des Grundwasserstandes jeweils abhängig von der vorgesehenen Kultur bzw. Bepflanzung. In der Regel wird man die Art der Bepflanzung dem Grundwasserstand anpassen, also eine standortgerechte Pflanzenauswahl treffen. Eine Grundwasserabsenkung hat bei Flächen mit Gehölzpflanzung kaum Aussicht auf größeren und langfristigen Erfolg, wenn die Gefahr oder Möglichkeit besteht, daß Wurzeln der Gehölze die Dränrohre ummanteln oder in sie einwachsen und diese verschließen können.

K 192 Bei der Auswahl von Großgehölzen muß vor allem bei bindigen Böden bedacht werden, daß die Standfestigkeit dieser Pflanzen infolge der ständigen Durchfeuchtung und des damit gegebenen plastischen Zustandes oder des Verlustes an scheinbarer Kohäsion des Bodens erheblich gemindert ist.

Grundwasserstand   K 193–197

4.4.3 Prüfungen

a) Beachtung der Unterlagen bzw. Aufzeichnungen der Wasserwirtschaftsämter u. ä. Behörden und Institutionen über den mittleren Grundwasserstand und dessen mögliche Schwankungen,

b) Grundwasserbeobachtungen nach DIN 19 680.

Zur Orientierung können Grundwasserstandsangaben in der Bodenkarte 1 : 25 000 und in der Deutschen Grundkarte 1 : 5 000 gefunden werden. Informationen sind auch bei Kulturämtern, städt. Bauverwaltungen zu erhalten. Diese Angaben ersetzen jedoch nicht Grundwasserbeobachtungen im Rahmen von Voruntersuchungen durch den Planer.   K 193

Für eine einheitliche Bodenerkundung ist es sinnvoll, Grundwasserbeobachtungen abweichend von dem Hinweis in Abschn. 4.4.3b) gemäß DIN 4021, Blatt 3, durchzuführen (siehe auch K 39 bis K 50).   K 194

4.4.4. Verbesserungsmöglichkeiten

Ein zu hoher Grundwasserstand ist durch Dränung abzusenken (siehe DIN 18 915 Blatt 3). Gegebenenfalls können auch die Vegetationsflächen durch Geländeauffüllung höher gelegt werden.

Für die Verbesserungsmöglichkeiten stehen zwei grundsätzlich unterschiedliche Möglichkeiten zur Verfügung. Die erste Möglichkeit ist das Absenken des Grundwassers durch Dränung. Wie schon unter K 45 und K 46 erwähnt, ist das ohne Risiko nur bei Rasenflächen, Staudenflächen und Flächen mit flachwurzelnden Gehölzen möglich. Sobald auf Vegetationsflächen Gehölze gepflanzt werden, die tiefe Wurzeln ausbilden, besteht u. U. die Gefahr, daß die Dränung in absehbarer Zeit z. B. durch eingewachsene Wurzeln unwirksam wird.   K 195

Zum Bereich der Grundwasserabsenkung gehört auch das Anlegen von offenen Entwässerungsgräben, deren Wirksamkeit bei entsprechender Unterhaltung dauerhaft ist, deren Anlage aber häufig unerwünschten Flächenverlust und laufende Folgekosten verursacht.

Die zweite Möglichkeit besteht in der Auffüllung der Flächen, um die erwünschte Vegetation begründen zu können. Bei diesen Auffüllungen (Auftrag) sollten Fragen der kapillaren Anschlüsse, Gleichartigkeit des Bodens und Einflüsse des Auffüllmaterials auf die Qualität des Grundwassers bedacht werden.   K 196

Grundsätzlich ist bei Maßnahmen, die das Grundwasser berühren, zu prüfen, ob diese Eingriffe Schäden direkt auf dem Gelände oder in der Nachbarschaft verursachen können. So reagieren z. B. Eichen sehr empfindlich auf Absenkungen des Grundwassers durch teilweises Absterben.   K 197

K 198 Die bei Grundwasserabsenkungen unvermeidbar auftretenden Bodensetzungen bzw. ihre Auswirkungen auf Einbauten wie z. B. Leitungen, Schächte und Fundamente von Bauwerken sind zu beachten.

K 199 Weiterhin ist grundsätzlich zu überlegen, ob nicht auf eine Grundwasserabsenkung durch Änderung der Planungsvorgaben (z. B. Bauhöhen) und Anpassung der Pflanzenauswahl an diesen Standort verzichtet werden kann.

4.5 Gehalt an organischer Substanz

Als organische Substanz werden hier alle organischen Bestandteile eines Bodens bezeichnet, wie Wurzeln, Pflanzenreste und organische Bodenverbesserungsstoffe.

Die organische Substanz ist im Hinblick auf das Bodenleben von großer Bedeutung. Der Gehalt an organischer Substanz läßt Rückschlüsse auf die Wasserspeicherfähigkeit zu.

K 200 Die organische Substanz umfaßt nach den Festlegungen der Norm die lebenden Substanzen wie z. B. die Wurzeln und die tote organische Substanz in Form von Humus.

K 201 Der Humus kann leicht zersetzbar in Form von Nicht-Huminstoffen (unveränderte Ausgangsstoffe) oder in Form von schwer zersetzbaren Huminstoffen (Ligningehalt) vorliegen, die durch Humifizierung, d. h. Neubildungen von neuen, bodeneigenen organischen Substanzen aus Zwischen- und Endprodukten der Mineralisierung, aufgebaut wurden. Mineralisierung bedeutet Abbau der organischen Substanzen bis zu CO_2, H_2O, NH_3, P, K, Ca. Der mikrobielle Abbau geschieht am leichtesten bei Kohlehydraten, es folgen Pektine und Zellulose. Lignin, das besonders in älterer Pflanzensubstanz vorliegt, hemmt den mikrobiellen Abbau.

Grad und Intensität des Ab- und Umbaues sind u. a. von Temperatur, Feuchte, Sauerstoffgehalt, Bodenreaktion und Nährstoffverhältnissen abhängig.

K 202 Die organische Substanz des Bodens hat einen großen Einfluß auf alle physikalischen, chemischen und biologischen Eigenschaften eines Bodens als Pflanzenstandort und Baufläche. Nichtbindige Sandböden erhalten erst durch organische Substanz die Fähigkeit, Wasser und Nährstoffe pflanzenverfügbar zu speichern. In bindigen Böden kann sich durch Humus ein besseres Gefüge (Ton-Humus-Komplexe) bilden. Durch Bodenorganismen wird organische Substanz ab-, um- und aufgebaut. Dabei entstehen einerseits reaktionsfähige Stoffe, die in neue organische oder organo-mineralische Verbindungen umgesetzt werden, und andererseits werden dabei Pflanzennährstoffe freigesetzt. Im Gegensatz zum Nähstoffstoß bei mineralischen Düngemaßnahmen werden hierbei die Nährstoffe und hier insbesondere der Stickstoff ständig und gleichmäßig nachgeliefert. Die Nachlie-

Gehalt an organischer Substanz   K 203 – 206

ferung von Stickstoff deckt jedoch nicht den Bedarf bei belasteten Vegetationsflächen oder Flächen mit hohem Dekorationsanspruch in der Pflanzenauswahl.

Organische Substanz im Boden erweitert außerdem die Konsistenzgrenzen, bildet also einen gewissen bodenstabilisierenden Puffer (siehe K 103, 117, 145). K 203

Vor allem feinverteilte organische Substanz kann in bestimmten Situationen nachteilig wirken. K 204

Unter K 178 wurde auf den negativen Einfluß quellfähiger organischer Substanz auf die Wasserdurchlässigkeit bzw. Tragfähigkeit hingewiesen. Dieser negative Einfluß ist bei belastbaren Vegetationsflächen zu beachten.

Dagegen wird die Standfestigkeit von Böden auf Böschungen durch feinverteilte organische Substanz erhöht und die Erosionsgefahr gemindert.

4.5.1 Kenngröße
Gehalt an organischer Substanz

Je nach Gehalt an organischer Substanz werden Böden gemäß Tabelle als schwach humos, mäßig humos, stark humos, sehr stark humos, anmoorig oder als Moorboden bezeichnet. K 205

Gehalt an organ. Substanz in Gew. %	Bezeichnung
< 2	schwach humos
2 – 4	mäßig humos
4 – 10	stark humos
10 – 15	sehr stark humos
15 – 30	anmoorig
> 30	Moorboden

4.5.2 Anforderungen
Soll organische Substanz zur Erhöhung der Wasserspeicherfähigkeit sowie zur Verbreiterung des Konsistenzbereiches zwischen Ausrollgrenze und Schrumpfgrenze bei bindigen Böden eingesetzt werden, sind entsprechende Mengen einzusetzen.
Bei belastbaren Vegetationsschichten soll der Gehalt an organischer Substanz 5 Gew.-% nicht überschreiten.

Wird für belastete Vegetationsschichten ein hoher Gehalt an organischer Substanz vorgesehen bzw. ist ein solcher vorhanden, so dürfen die Substanzen nicht fein verteilt vorkommen, sondern sind in großfaseriger Form vorzusehen. K 206

In fein verteiltem Zustand können 5 Gewichts-% leicht 15 – 20 Volumen-% entsprechen. Dies würde auch bei hohlraumreichen Böden für belastbare

K 207, 208   **DIN 18 915, Blatt 1**

Vegetationsschichten die Durchlässigkeit und damit den Luft-Wasser-Haushalt empfindlich verringern. Der vorgenannte Volumenanteil organischer Substanz füllt mindestens ein Drittel des Gesamtporenraums des Stützkorngerüstes aus.

K 207   Der hier angegebene Grenzwert für belastbare Vegetationsschichten ist nach neueren Erkenntnissen zu hoch. Man wird als obere Grenze heute 3 % ansetzen. Das ist insbesondere begründet im Schwammigwerden von derartigen Vegetationsschichten und in dem beobachteten Ansteigen der Verdichtbarkeit.

Hinweise für die benötigte Menge von organischen Stoffen zur Verbesserung der Wasserspeicherfähigkeit können die Festlegungen in DIN 18 035 Blatt 4, Abschn. 2.3.3, geben. Entscheidend ist dabei jeweils der Gehalt an mineralischen Teilen <0,02 mm. Unter Berücksichtigung der o. a. Reduzierung der Obergrenze sind auch die einzusetzenden Mengen von organischen Stoffen zu vermindern.

4.5.3 Prüfungen

4.5.3.1 Felduntersuchungen

a) Farbansprache
Je dunkler ein Boden ist, desto höher ist meist sein organischer Anteil. Hierbei ist allerdings zu beachten, daß aus dem Grad der Dunkelfärbung allein kein sicherer Schluß auf die absolute Menge des organischen Anteils zu ziehen ist, da sich grobkörnige Böden unter dem Einfluß organischer Bestandteile leichter verfärben als feinkörnige Böden; auch können in reinen Mineralböden graue und schwarze Farbtönungen durch Mangan- oder Eisenverbindungen entstehen.

Die wirkliche Farbe eines Bodens läßt sich nur an frischen Bruchflächen bei vollem Tageslicht erkennen,

b) Riechversuch
Der Riechversuch gibt einen Hinweis auf die überwiegend anorganische oder organische Natur eines Bodens.

Organische Böden weisen im feuchten Zustand gewöhnlich einen deutlich moderigen Geruch auf, der durch Erhitzen der feuchten Probe noch besonders kenntlich gemacht werden kann. Verwesende faulige organische Bestandteile im Boden erkennt man an dem typischen Geruch von Schwefelwasserstoff, der durch Übergießen der Probe mit verdünnter Salzsäure verstärkt werden kann. Dieser Faulgeruch kann besonders bei Mudden und frischen, wenig zersetzten Torfen auftreten.

Trockene anorganische Tone haben nach dem Anfeuchten einen erdigen Geruch.

c) Bestimmung des Zersetzungsgrades von Torf nach DIN 19 682 Blatt 12.

K 208   Eine objektive und allgemein vergleichbare Farbansprache ist nur mit der MUNSELLschen Farbtafel möglich. Die Hinweise der DIN 4022, Blatt, 1, sind bezüglich der Farbansprache und dem Zersetzungsgrad gleichermaßen zu beachten (siehe auch K 39 bis K 50).

Gehalt an organischer Substanz K 209

4.5.3.2 Laboruntersuchungen
Bestimmung des Gehaltes an organischer Substanz bei Mineralböden durch nasse Oxydation, bei Moorböden durch Glühverlust.

Die Hinweise in dieser Norm zur Ermittlung der organischen Substanz sind nicht vollständig. Die groben Angaben müssen als irreführend und damit teilweise als falsch bezeichnet werden.   K 209

Nachstehend sind deshalb alle üblichen Verfahren zur Bestimmung der organischen Substanz im Boden aufgeführt, wobei auf die Hauptanwendungsgebiete, Aussagemöglichkeiten, Probenmenge etc. hingewiesen wird.

Einzelheiten der jeweiligen Versuchsdurchführung sind den genannten Normen, Merkblättern etc. zu entnehmen.

a) **Abtrennen von Pflanzenresten**
Es werden die schwimmfähigen Bestandteile einer getrockneten Bodenprobe erfaßt, in der Regel damit nur die gröberen Anteile. Die ermittelte Trockenmenge wird auf die Gesamtprobe bezogen.
Probenmenge: 100 bis 200 g
Anwendung bei allen nicht rein organischen und nicht stark tonigen Böden möglich. Gute Ergänzung zu den Ergebnissen einer Kornverteilungsanalyse.
Literatur: Vorläufiges Merkblatt für die Bestimmung der organischen Bestandteile im Boden — FG für das Straßenwesen, 1965

b) **Qualitative Untersuchung mit Natronlauge**
Lediglich Nachweis zum Vorhandensein von Huminsäuren oder verwandten Stoffen. Aus der Verfärbung der Versuchsflüssigkeit kann grob auf den Anteil an organischen Stoffen geschlossen werden. Ab tiefgelber Färbung ist eine genauere Untersuchung angeraten.
Probenmenge: 130 cm^3 getrockneter Boden (ca. 250 bis 300 g feuchter Boden)
Anwendung bei Böden möglich, die nicht rein organisch und/oder nur schwachbindig sind. Versuch z. B. zur Voruntersuchung für eine Bodenstabilisierung erforderlich.
Literatur: s. a); Siedek/Voß/Floß: Die Bodenprüfverfahren bei Straßenbauten; Werner-Verlag

c) **Bestimmung des Glühverlusts**
Nach der Menge der bei 550 – 1 000 °C verbrannten Bestandteile einer getrockneten Bodenprobe. Der Gewichtsverlust wird auf die Gesamtprobe bezogen.
Probenmenge: 5 bis 15 g getrockneter Boden
Anwendung nur bei Böden ohne nennenswerte Tonanteile und sehr geringem Kalkgehalt sinnvoll, da bei der Bearbeitung Hydroxylgruppen der

Tonminerale und Kohlendioxid der Carbonate erfaßt werden. Dies führt zu einer scheinbaren Vergrößerung des Anteils an organischer Substanz. Hauptanwendungsgebiet dieses Verfahrens damit humose Sande/Kiese und rein organische Böden.

Besteht der Verdacht auf Tonanteile, Ermittlung der organischen Substanz entweder nach der Chromat-Methode (siehe unter e)) oder der nassen Oxydation (siehe unter d) vornehmen.

Enthält der Boden vermutlich mehr kalkhaltige Bestandteile, kann ebenfalls nach den vorgenannten Verfahren vorgegangen werden. Es besteht jedoch auch die Möglichkeit, den Kalkgehalt direkt nachzuweisen und rechnerisch beim Glühverlust zu berücksichtigen (siehe dazu unter f)).

Literatur: s. a); Siedek/Voß/Floß: s. b); DIN 19 684 (Entwurf 1973), Blatt 33: Bodenuntersuchungsverfahren im landwirtschaftlichen Wasserbau; Chemische Laboruntersuchungen; Bestimmung des Glühverlusts und des Glührückstands

d) Nasse Oxydation

Hierunter wird verstanden, daß alle organischen Bestandteile einer vorher getrockneten Bodenprobe durch Zugabe von 30 %igem Wasserstoffsuperoxyd (H_2O_2) praktisch naß verbrannt (oxydiert) werden.

Die Intensität der dabei ablaufenden Reaktion läßt wie das Verfahren unter b) qualitative Schlüsse, eine genaue Wägung der naß verbrannten Probe exakte Messungen wie bei Verfahren c) zu.

Probenmenge: bis 1 000 g

Literatur: Schultze/Muhs: Bodenuntersuchungen für Ingenieurbauten; Springer-Verlag, Berlin

e) Quantitative Bestimmung mit der Chromat-Methode

Bei diesem Verfahren wird der Kohlenstoffgehalt einer Bodenprobe auf chemischem Wege ermittelt und in Anteilen bezogen auf die Gesamtprobe bezogen angegeben.

Probenmenge: 0,5 bzw. 1,0 g getrockneter Boden

Das Verfahren ist sehr arbeits- und zeitaufwendig, kann jedoch bei allen Bodenarten angewendet werden und ist am genauesten.

Literatur: s. a) und b); DIN 19 684 (Entwurf 1973), Blatt 32; Bestimmung des Humusgehalts im Feinboden

f) Ermittlung des Kalkgehalts (der Carbonate)

Sollte als Parallelversuch bei der Ermittlung des Glühverlusts (s. unter c)) durchgeführt werden, um den dort blind erfaßten Kalkgehalt berücksichtigen zu können.

Probenmenge: 1 bis 5 g

Anwendung bei Böden mit kalkhaltigen Bestandteilen.

Literatur: s. a); DIN 19 684 (Entwurf 1973), Blatt 35; Bestimmung der Carbonate im Boden

Gehalt an org. Substanz, Bodenreaktion K 210 – 212

4.5.4 Verbesserungsmöglichkeiten
Eine Verbesserung erfolgt durch Beimischen von organischer Substanz, wobei zum Zweck der Verbesserung der Wasserspeicherfähigkeit wenig zersetzte Torfe oder entsprechende Kunststoffe nach DIN 18 915 Blatt 2 und zur Förderung des Bodenlebens stärker zersetzte Torfe und Komposte eingesetzt werden sollen.

Aufgrund seines hohen Ligningehaltes (siehe K 201) hat Torf eine hohe Bedeutung für die Verbesserung eines Bodens. In Hinblick auf die Zielrichtung der Verbesserung spielt der Zersetzungsgrad des Torfes eine große Rolle. Zur Verbesserung der Wasserspeicherfähigkeit hat sich eine Kombination aus wenig zersetztem Torf und offenporigem Kunststoff bewährt. Die alleinige Verwendung dieser Kunststoffe bewirkt zwar die gleiche physikalische Verbesserung, die Zugabe von organischer Substanz hat aber eine nachhaltige Wirkung durch die leichtabbaubaren Nichthuminstoffe und die schwer zersetzbaren Huminstoffe.   K 210

Welche Wirkung andere Produkte als Torf haben, ist noch nicht ausreichend genug untersucht. Als Torfersatzstoffe werden Rindenkomposte, Müllkomposte und auch Klärschlammprodukte einzusetzen sein. Zur Schonung der nur noch begrenzt verfügbaren Torfe sollten diese Produkte bei weniger anspruchsvollen Vegetationsflächen zunehmend verwendet werden. Vor Anwendung müßte sorgfältig geprüft werden, ob Schäden durch einen bisweilen recht hohen Schwermetallanteil, scharfkantige Bestandteile oder nicht ausgereifte Substrate ausgeschlossen werden können. Der Nachweis für die Unschädlichkeit ist durch Vorlage eines Prüfzeugnisses zu führen.   K 211

Eine Verbesserung des Gehaltes an organischer Substanz kann auch durch Gründüngung in Form von Voranbau oder Zwischenbegrünung erfolgen. Die Zunahme ist jedoch nicht hoch einzustufen wegen des geringen Ligninanteils der Grünmasse. Wichtiger sind in diesem Zusammenhang die Wirkungen der Bodenerschließung durch die Wurzeln und die Anregung des Bodenlebens durch Mikroorganismen.   K 212

4.6 Bodenreaktion
Die Bodenreaktion ist ein Ausdruck für die Wasserstoff-Ionen-Konzentration im Boden. Die Bestimmung der Bodenreaktion ist erforderlich, da jede Pflanzenart einen spezifischen pH-Bereich im Boden benötigt, der bei einigen Arten sehr eng und bei anderen sehr breit ist.
Weiter hat die Bodenreaktion einen Einfluß auf die Gefügestabilität von Mineralboden. Mit Abnahme der Bodenreaktion kann es zu Tonverlagerung, Tonmineralzerfall und Podsolierung mit dadurch bedingten Störungen des Luft- und Wasserhaushaltes kommen.
Mit steigendem pH-Wert steigen die Intensität der Verwitterung der anorganischen Bodenbestandteile und die Mineralisierung der organischen Substanz. Weiter wird die Verfügbarkeit einzelner Nährstoffe durch den pH-Wert beeinflußt.

K 213 Die Bodenreaktion kann durch Bodenverdichtungen z. B. infolge Baubetrieb und in deren Gefolge durch Staunässe, aber auch durch Überdeckungen verändert werden. Wesentlich ist dabei die Änderung des Sauerstoffgehaltes des Bodens und sein Einfluß auf das Bodenleben und die mikrobiellen Vorgänge im Boden. Diese Veränderungen laufen grundsätzlich zum sauren Bereich hin, denn es kommt unter diesen veränderten Verhältnissen praktisch zu einer Vertorfung.

4.6.1 Kenngröße
Bodenreaktion, Zeichen: pH.

K 214 Der pH-Wert ist der negative Logarithmus der H^+-Konzentration. pH 1 bedeutet $1 \cdot 10^{-1}$, oder $^1/_{10}$ g H^+/l, pH 3 bedeutet $1 \cdot 10^{-3}$ oder $^1/_{1000}$ g H^+/l.

Je nach der H-Ionenkonzentration werden die Böden sauer, neutral oder alkalisch mit entsprechenden Stufungen bezeichnet (siehe nachstehende Tabelle)

Reaktionsbezeichnung	pH	Reaktionsbezeichnung	pH
neutral	7,0		
schwach sauer	6,9 – 6,0	schwach alkalisch	7,1 – 8,0
mäßig sauer	5,9 – 5,0	mäßig alkalisch	8,1 – 9,0
stark sauer	4,9 – 4,0	stark alkalisch	9,1 – 10,0
sehr stark sauer	3,9 – 3,0	sehr stark alkalisch	10,1 – 11,0
extrem sauer	< 3,0	extrem alkalisch	> 11,0

Einstufung der Böden nach dem pH (KCl) (SCHEFFER/SCHACHTSCHABEL 1970)

4.6.2 Anforderungen
Während für Rasengräser ein Bodenreaktionsbereich von schwach sauer (pH 5,5 bis 6,5) als günstig angesehen werden kann, muß für alle anderen Pflanzen deren artspezifischer pH-Bereich beachtet werden.

K 215 Artspezifische pH-Bereiche lassen sich nur bei Monokulturen einhalten. In der Regel werden im Landschaftsbau Mischkulturen angelegt. Ein Planungs- und Baufehler ist es jedoch, wenn diese Mischpflanzung aus Pflanzen mit sehr unterschiedlichen Ansprüchen an die Bodenreaktion besteht. So gilt z. B. für Moorbeetpflanzen ein pH-Wert von 4,5 – 5,5 als anstrebenswert. Auch Rasen können noch als eine Sonderkultur mit einem pH-Bereich zwischen 5,5 bis 6,5 gelten. Diese Festlegung gilt aber schon nicht mehr für naturnahe Wiesenflächen, bei denen die Gräserauswahl wiederum reaktionsspezifisch erfolgen muß.

Bodenreaktion K 216, 217

Mischpflanzungen aus sommergrünen Ziergehölzen mit neutralem bis alka- K 216
lischem Bodenanspruch und Moorbeetpflanzen mit ihrem sauren Bodenanspruch stellen deshalb einen eindeutigen Planungs- und Baufehler dar, der nur bedingt durch Verwendung von Düngern unterschiedlicher Reaktion ausgeglichen werden kann.

In Abhängigkeit vom Bodentyp können bestimmte Bodenreaktionen K 217
erwartet werden, sofern nicht durch Kultivierung und langjährige Nutzung mit der damit verbundenen Düngung diese typische Reaktion verändert wird. Anhalte können die Werte der nachstehenden Tabelle geben, in der die anzustrebenden pH-Werte für Acker- und Grünlandböden aufgeführt sind.

Bodenart		Acker		Grünland
Böden mit < 5 % Humus	Tonanteil in %	pH	Mindestgeh. an $CaCO_3$ in %	pH
S Sand	< 5	5,3 – 5,7	—	4,8 – 5,2
lS lehmiger Sand	5 – 10	5,8 – 6,2	—	5,3 – 5,7
sL sandiger Lehm	10 – 15	6,3 – 6,7	—	5,8 – 6,2
sL, L sandiger Lehm, Löss	> 15	6,9 – 7,5	0,2	6,0 – 6,5
tL, T toniger Lehm, Ton	> 15	6,9 – 7,5	1,0	6,0 – 6,5
Böden mit > 5 % Humus	Humusanteil in %	pH	—	pH
S Sand	5 – 10	5,2 – 5,0		5,2 – 5,0
S Sand	10 – 20	5,0 – 4,8		5,0 – 4,8
S Sand	20 – 30	4,8 – 4,6	—	4,8 – 4,6
Moor	> 30	3,8		3,8
Forstlich genutzte Böden	—	um 5,5	—	—

Anzustrebende pH-Werte von Acker- und Grünlandböden (Empfehlungen der Landwirtsch. Untersuchungs- und Forschungsanstalten — LUFA —)

4.6.3 Prüfungen

4.6.3.1 Felduntersuchungen

a) **Bestimmung mit Farbindikatoren**, wobei die mögliche Verfälschung der Ergebnisse durch gelöste Humusstoffe zu beachten ist,
b) **Bestimmung durch Elektrodenmessung**,
c) **Zeigerpflanzen**

Stark saurer Boden:
Ackerspörgel (Spergula arvensis), Einjähriges Knäuelkraut (Scleranthus annuus), Ausdauerndes Knäuelkraut (Scleranthus perennis), Hasenklee (Trifolium arvense), Kleiner Sauerampfer (Rumex acetosella),

mäßig saurer Boden:
Saatwucherblume (Chrysanthemum segetum), Ackerhundskamille (Anthemis arvensis), Rote Schuppenmiere (Spergularia rubra), Borstgras (Nardus stricta),

schwach saurer bis neutraler Boden:
Echte Kamille (Matricaria chamomilla), Ackersenf (Sinapis arvensis), Gewöhnlicher Frauenmantel (Alchemilla vulgaris), Ackerhahnenfuß (Ranunculus arvensis), Erdrauch (Fumaria officinalis), Ackerfuchsschwanz (Alopecurus myosuroides), Flughafer (Avena fatusa), Windhalm (Apera spicaventi),

neutraler bis schwach alkalischer Boden:
Dreikörniges Labkraut (Galium tricorne), Adonisröschen (Adonis flammea), Blauer Gauchheil (Anagallis arvensis).

K 218 Bei kolorimetrischen Methoden mit flüssigen Indikatoren ist eine Maßgenauigkeit von pH 0,5 und bei Methoden mit Indikatorpapier von pH 0,2 ausreichend.

K 219 Wie schon in K 166–170 besprochen, ist die Aussagekraft von Zeigerpflanzen auf der Baustelle wegen der dort vorliegenden Störungen eingeschränkt. Sie können aber einen wesentlichen Hinweis für die Art der Unterhaltungsarbeiten geben. Soll eine bestimmte Art der Pflanzung oder Nutzung in jedem Falle erhalten bleiben, werden die Unterhaltungsarbeiten auf eine zielgerichtete Veränderung der Bodenreaktion ausgerichtet sein müssen (siehe dazu K 222 ff.).

Bei nicht ausgesprochen zweckgebundenen Vegetationsflächen ist es langfristig sinnvoller, die ökologischen Aspekte des Standortes zu berücksichtigen und ein natürliches Gleichgewicht zu erreichen.

4.6.3.2 Laboruntersuchungen
Bestimmung des pH-Wertes in einer KCl-Aufschwemmung.

K 220 Die Laborbestimmung erfolgt in der Bundesrepublik üblicherweise auf elektrometrischem Wege in 0,1 n — KCl-Suspension.

4.6.4 Verbesserungsmöglichkeiten
Da eine Veränderung der Bodenreaktion meist nur sehr langsam (Verwendung von entsprechenden Düngern oder Aufkalken von zu sauren Böden) oder nur mit hohem Kostenaufwand (Beimischung entsprechender Böden oder Bodenaustausch) bewirkt werden kann, ist in der Regel einer entsprechenden Pflanzenauswahl der Vorzug zu geben.

K 221 Die Erhöhung des pH-Wertes bis auf pH 7,0 erfolgt durch Verwendung basischer Düngemittel auf der Basis Oxide, Hydroxide und Carbonate von Calcium und Magnesium wie z. B. Thomasmehl oder Kalk. Die Menge, die zur gezielten Erhöhung des pH-Wertes erforderlich ist, wird von Landwirt-

Nährstoffgehalt

schaftlichen Untersuchungsstationen sowie Lehr- und Forschungsanstalten des Gartenbaues aufgrund der Bestimmung des Kalkbedarfs nach SCHACHTSCHABEL berechnet.

Eine Absenkung des pH-Wertes unter pH 7,0 wird durch Verwendung physiologisch saurer Düngemittel wie z. B. Schwefelsaures Ammoniak vorgenommen. **K 222**

Ein starkes Überschreiten des für den Boden optimalen pH-Bereiches, wie er in Tabelle zu K 217 angegeben ist, führt zu Mangelerscheinungen bei der Pflanzenernährung durch chemische Festlegung von Spurenelementen an den Bodenpartikeln. **K 223**

Eine Abstimmung des pH-Wertes auf die Vegetation wird vorrangig nur bei Spezialkulturen wie z. B. bei Containerpflanzungen oder Dachgärten sowie bei Monokulturen wie z. B. bei Rasen oder Rhododendron vorgenommen. Diese Einflußnahme setzt Spezialkenntnisse voraus. **K 224**

Vor einer chemischen Beeinflussung (hier in Form von Düngung) der Bodenreaktion sollten mechanische Ursachen für unerwünschte pH-Werte wie z. B. Versauerungen durch Staunässe beseitigt werden. **K 225**

4.7 Nährstoffgehalt

Unter Nährstoffgehalt ist die Menge der im Boden vorhandenen Nährstoffe zu verstehen. Seine Bestimmung nach Arten und Mengenanteilen ist für den Landschaftsbau jedoch nur von beschränktem Nutzen, da auf den Baustellen der ursprünglich anstehende Boden während des Bauverlaufes in der Regel mehrfach umgelagert wird. Die dabei ausgelösten Veränderungen des Bodengefüges und die dabei auftretenden Folgewirkungen bleiben nicht ohne Einfluß auf den Gehalt an Nährstoffen.

Die Bestimmung des Nährstoffgehaltes ist im Landschaftsbau wegen der Art der Bauführung selten notwendig. In die Vorüberlegung sollten jedoch die durch die Vornutzung bestimmte Standortqualität sowie Art und Intensität der späteren Nutzung wie z. B. extensive oder intensive Bepflanzung (Kleingärten oder Ödland) einbezogen werden. Die Bestimmung des Nährstoffgehaltes in Verbindung mit der Bestimmung des pH-Wertes ist für Bauausführung und Unterhaltung lediglich bei Spezialkulturen und Monokulturen wie z. B. Containerpflanzungen, Dachgärten oder Rasen bedeutsam. **K 226**

Mit Nährstoffen ist im Landschaftsbau aus ökologischen Gründen sparsam umzugehen (z. B. Belastung von Wasserläufen). Ferner wird der „Ertrag" im allgemeinen nicht gemessen. Die Notwendigkeit einer ausreichenden Nährstoffversorgung in der Startphase darf jedoch nicht unterschätzt werden. Eine gute Versorgung ist weiterhin bei der Unterhaltung aller belasteten Vegetationsflächen notwendig. **K 227**

4.7.1 Kenngröße
Gehalt an Reinnährstoff.

K 228 Der Gehalt an Reinnährstoffen wird in einem Handelsdünger in Prozent (%) angegeben, z. B. bei einem Volldünger in der Kurzbezeichnung NPK 12 : 12 : 17. Das bedeutet, daß dieser Volldünger 12 % Stickstoff (N), 12 % Phosphor (P_2O_5) und 17 % Kali (K_2O) enthält. Der Nährstoffbedarf für Vegetationsflächen wird in den einzelnen Normen in g Rein-Nährstoff je m^2 angegeben.

4.7.2 Anforderungen
Allgemeine Regeln für den optimalen Grad der Nährstoffversorgung lassen sich wegen der artspezifisch unterschiedlichen Ansprüche und Toleranzgrenzen der Pflanzen sowie der von der Art und Beschaffenheit der Vegetationsschicht abhängigen Wirksamkeit der einzelnen Dünger nicht aufstellen.

K 229 Durch das Vorherrschen von Mischkulturen werden in den DIN-Normen DIN 18 916, 18 917 und 18 919 nur generelle Richtwerte vorgegeben. Grenzwerte für die einzelnen Pflanzengattungen liegen nicht vor, allenfalls kann man Erkenntnisse aus der Landwirtschaft heranziehen. Die Obergrenze für belastbare Rasenflächen liegt bei 30 g Rein-N/m^2.

K 230 Im Rahmen von Nährstoffuntersuchungen werden vier Gehaltsgruppen unterschieden: niedriger, mittlerer, hoher und sehr hoher Nährstoffgehalt des Bodens. Grundsätzlich wird bei Kulturen des Landschaftsbaues ein ausgeglichener mittlerer Nährstoffgehalt anzustreben sein. Gezielte laufende Düngemaßnahmen werden in der Regel nur bei Kulturen mit Schmuckcharakter (Staudenbeete, Rosenbeet, Sommerblumen) und belast-

Tabelle T 1 zu K 230: Untersuchungsauswertung bei Phosphor (LEHR 1975)

Bodenart	Untersuchungs-befund (mg P_2O_5/100 g Boden)	Bezeichnung	erforderliche Düngung (kg P_2O_5/ha)
alle minerali-schen Boden-arten	< 10	niedrig	erhöhte Düngung erforder-lich, um schnell in mittleren Bereich zu kommen (100 bis 300 (−500)), je nach Gehalt
	10−20	mittel (anzu-streb. Bereich)	50/Jahr*)
	20−40	hoch	25
	>40	sehr hoch	—

*) Bei Vorausdüngung (bis zu 3 Jahren möglich): 150 kg P_2O_5/ha

Nährstoffgehalt, Nährstoffbedarf K 230

baren Vegetationsflächen vorgenommen. Alle anderen Pflanzungen im Landschaftsbau erhalten zunächst eine Grund- und Startdüngung und weitere Düngungen bis zur Erreichung des Bodenschlusses. Danach sind nur noch Erhaltungsdüngungen in gezielter Form erforderlich, mit denen ein

Tabelle T 2 zu K 230: Untersuchungsauswertung bei Kalium (LEHR 1975)

Bodenart	Untersuchungs-befund (mg K_2O/100 g Boden)	Bezeichnung	erforderliche Düngung (kg K_2O/ha)
S	< 7	niedrig	erhöhte Düngung erf., um schnell in den mittl. Bereich zu kommen: 200 – 300*)
	7 – 10	mittel (anzu-streb. Bereich)	150 – 250
	11 – 20	hoch	75 – 125
	> 20	sehr hoch	—
sL	< 10	niedrig	erhöhte Düngung erf., um schnell in den mittl. Bereich zu kommen: 200 – 400**)
	10 – 15	mittel (anzu-streb. Bereich)	150 – 250
	15 – 25	hoch	75 – 125
	> 25	sehr hoch	—
tL	< 12	niedrig	erhöhte Düngung erf., um schnell in den mittl. Bereich zu kommen: 200 – 500**)
	12 – 17	mittel (anzu-streb. Bereich)	150 – 250***)
	17 – 35	hoch	75 – 125
	> 35	sehr hoch	—
T	< 15	niedrig	erhöhte Düngung erf., um schnell in den mittl. Bereich zu kommen: 200 – 500**)
	15 – 20	mittel (anzu-streb. Bereich)	150 – 250***)
	20 – 50	hoch	75 – 125
	> 50	sehr hoch	—

*) Höhere Gaben als 300 kg K_2O/ha sind bei Sandböden unzweckmäßig.
**) Sehr hohe K-Gaben mindestens 4 Wochen vor Pflanzung geben.
***) Vorausdüngung für 2 bis 3 Jahre möglich: 300 bis 500 kg K_2O/ha (siehe **)

Erhalt der Funktion gesichert werden soll. Anzustreben ist ein ökologisches Gleichgewicht, das keiner Düngung mehr bedarf.

Die vorstehenden Tabellen T 1 und T 2 zu K 230 geben einen Überblick über die erforderlichen Düngermengen in Abhängigkeit von der Gehaltsgruppe.

4.7.3 Prüfungen

4.7.3.1 Felduntersuchungen

Zeigerpflanzen
Nährstoffarmut, oft auch Versauerung im Ackerland:
Hungerblümchen (Erophila verna), Hasenklee (Trifolium arvense), Kleiner Sauerampfer (Rumex acetosella).
Nährstoffarmut, gewöhnlich auch Versauerung im Ödland und Brachland:
Heidekraut (Calluna vulgaris), Frühlingsspörgel (Spergula vernalis), Bostgras (Nardus stricta); Schafschwingel (Festuca ovina).
Nährstoffreicher Boden (insbesondere N):
Stumpfblättriger Ampfer (Rumex obtusifolius), Erdrauch (Fumaria officinalis), Vogelmiere (Stellaria media), Hirtentäschel (Capsella bursa-pastoris), Kleine Brennessel (Urtica urens), Melde (Atriplex sp.), Gänsefuß (Chenopodium sp.).

K 231 Bezüglich der Nährstoffversorgung liefern Zeigerpflanzen bei Baustellenverhältnissen nur beschränkt anwendbare Hinweise, für Unterhaltungsarbeiten sind sie jedoch bedeutsam. Die Kommentare K 166 – 170 sind analog anzuwenden.

4.7.3.2 Laboruntersuchungen

a) Bestimmung des Nährstoffgehaltes
Die Bestimmung der pflanzenverfügbaren Nährstoffe, insbesondere Phosphorsäure und Kalium und der pflanzenverfügbaren Spurenelemente, insbesondere Magnesium, Mangan, Kupfer, Bor, ist nach den jeweils gültigen Methoden der landwirtschaftlichen Untersuchungs- und Forschungsanstalten durchzuführen,

b) Bestimmung pflanzenschädlicher Stoffe im Boden
Bei Verdacht auf ein Vorhandensein von pflanzenschädlichen Stoffen im Boden wie Mineralölen, Säuren und Laugen bzw. deren Verbindungen u. ä. sind entsprechende Untersuchungen vorzunehmen. Die Baustelle bzw. deren Böden, insbesondere Flächen um Tankstellen auf Baustellen u. ä., oder deren Herkunft ist entsprechend zu beobachten.

K 232 Nährstoffuntersuchungen führen die landwirtschaftlichen Boden-Untersuchungsanstalten sowie Prüflabore des Landschafts- und Sportplatzbaues aus.

Regeluntersuchungen sind:

1. Elektrometrische Bestimmung des pH-Wertes in 0,1 n — KCl-Suspension

2. Bestimmung des Kalkbedarfs nach SCHACHTSCHABEL

3. Bestimmung des Gehaltes an P_2O_5 und K_2O durch die Laktatmethode nach EGNER/RIEHM.

Auf Wunsch werden dann noch folgende Untersuchungen durchgeführt:

4. Bestimmung des Gehaltes an Gesamt-N nach KJEDAL und Errechnung des C/N-Verhältnisses
5. Bestimmung des Gehaltes an aufnehmbarem N (Ammonium und Nitrat) in einem Calciumchlorid-Auszug
6. Bestimmung des Magnesiumgehaltes in einem Calciumchlorid-Auszug
7. Bestimmung des Gehaltes an Spurenelementen wie Mangan, Kupfer, Bor u. a.

Für die Untersuchung sollte eine repräsentative Mischprobe in einer Menge von 250 g bereitgestellt werden.

Die Bestimmung pflanzenschädlicher Stoffe kann üblicherweise durch die gleichen Institutionen durchgeführt oder durch diese veranlaßt werden. Einen ersten Hinweis auf pflanzenschädliche Stoffe im Boden kann ein Kressetest geben.

4.7.4 Verbesserungsmöglichkeiten

Alle für Vegetationsschichten zur Verwendung kommenden Böden sind mit einer Vorratsdüngung zu versehen. Bei Verdacht auf oder bei Vorliegen von besonderen Störungen des Nährstoffhaushaltes sind darüber hinaus entsprechende Ausgleiche mit geeigneten Düngern vorzunehmen. Durch pflanzenschädigende Stoffe verunreinigte Böden sind zu entfernen.

Die für eine Vorratsdüngung vorgesehenen Düngermengen sind für Pflanzflächen und Rasenflächen in DIN 18 915 Blatt 3 sowie für Sportrasen in DIN 18 035 Blatt 4 aufgeführt. Diese Düngermengen stellen, in Hinblick auf das Erreichen eines abnahmefähigen Zustandes, den Regelfall dar, von denen nur in begründeten Fällen abgewichen werden darf.

Die Düngermengen für die Unterhaltungspflege von belasteten Rasenflächen sind in DIN 18 919 sowie für Sportrasen in DIN 18 035 Teil 4 aufgeführt. Für Pflanzflächen wird in DIN 18 919 lediglich darauf hingewiesen, daß regelmäßig in ein bis zwei Gaben gedüngt werden soll. Bei Pflanzflächen spielen Fragen der Funktionserhaltung und der Ökologie eine wesentliche Rolle. Unter ökologischen Gesichtspunkten kann und sollte auf eine regelmäßige Düngung verzichtet werden, wenn kein besonderer Anlaß wie z. B. Schmuckcharakter der Anlage dazu zwingt.

4.8 Wichte des feuchten Bodens

Unter der Wichte des feuchten Bodens (früher feuchtes Raumgewicht) wird der Quotient aus der Masse (früher Gewicht) und dem die Hohlräume des Bodens einschließenden Volumen in feuchtem Zustand verstanden.

K 236 Die **Wichte** des feuchten Bodens γ ist eine **beschleunigungsbezogene** (kraftbezogene) Größe, nicht wie im Bezugsabschnitt angeführt eine massenbezogene Größe. Diese Angabe gilt für die **Dichte** von Stoffen.

Die Dimension der Wichte ist nach dem Gesetz über die Einheiten im Meßwesen in Kilonewton pro Kubikmeter (KN/m^3) anzugeben. Die alte Bezeichnung war Megapond pro Kubikmeter (Mp/m^3), teilweise wurde auch der Begriff Tonnen pro Kubikmeter verwendet.

Umrechnungshinweis:
$1\ Mp/m^3\ (\triangleq 1\ p/cm^3)\ \triangleq 10\ KN/m^3$

4.8.1 Kenngröße
Wichte des feuchten Bodens, Zeichen: γ
(früher feuchtes Raumgewicht, Zeichen: γ_f)

4.8.2 Anforderungen
Zur Berechnung der Schichtdicken und der Auswahl der Vegetationsschichten- bzw. Dränschichtenbaustoffe, bei der Herstellung von Vegetationsflächen auf Bauwerken ist die Kenntnis ihrer Wichte erforderlich. Ihre maximale Größe ergibt sich aus der Obergrenze der statisch zulässigen Auflast.

K 237 In der Regel ist die zulässige Belastung des Bauwerks vorgegeben. Die vegetationstechnischen Maßnahmen sind vom Planer dieser Bedingung anzupassen. Dabei sind außer der Belastung des Bauwerks durch die einzelnen Bodenschichten und sonstige Einbauten auch Kräfte aus der Begrünung zu berücksichtigen (z. B. für die Verankerung von Bäumen gegen Wind) wie auch die Gewichte der Pflanzen. Für die Berechnung ist vom ausgewachsenen Zustand auszugehen. Sind augenscheinlich Teilaspekte vom Planer nicht berücksichtigt worden, hat der Ausführende umgehend Bedenken geltend zu machen. Entsprechendes gilt für eine falsche Stoffwahl.

Bei der Berechnung der maximalen Belastung des Bauwerks durch die vegetationstechnischen Maßnahmen ist zu prüfen, ob nicht für den gesamten Bodenaufbau oder zumindest einzelne Schichten aufgrund der Oberflächenentwässerung (z. B. Möglichkeit der Überstauung) bzw. der Bewässerungsart (z. B. Anstaubewässerung) statt der Wichte im feuchten Zustand (γ) die **Wichte des Bodens im wassergesättigten Zustand** (γ_r) einzurechnen ist! Dies kann auch wegen Staunässebildung aufgrund schlechter Durchlässigkeit einzelner Schichten notwendig werden (siehe K 25 und K 26).

K 238 Eine Überschlagsbestimmung der Belastung kann anhand der Tabelle **T 1 zu K 238** durchgeführt werden. Die Zahlenangaben gelten als Mittelwerte für dicht gelagerte Böden bzw. den Bodenzustand steif bis halbfest. Die Wichte des feuchten Bodens ist dabei aufgrund der starken Wassergehaltsänderungen u. U. weiten Schwankungen unterworfen. Die mit „organische Stoffe" und „Kunststoffe" bezeichneten Materialien können in den selten-

Wichte des feuchten Bodens K 238

Material/Korngruppen		Trockenwichte γ_d (kN/m³)	Wichte des feuchten Bodens γ (kN/m³)	Wichte des wassergesättigten Bodens γ_r (kN/m³)
grobkörnige Stoffe	Schotter, Splitt: U<5	18	18	22
	U>5	20	21	23
	Kies : U<5	19	20	23
	Kies/Sand: U = 5–15	20	21	23
	Kies/Sand: U>15	bis 22	bis 23	bis 23,5
	Sand: U<5	18–19	19–20	21,5–23
	Sand: U>5	19–20	20–21	21–22
	Sand/Kies, schwach bindig (S, u′ ...... G/S, u′)	20	22	22,5
feinkörnige Stoffe	Lehm (L, s)	14–17	15–20	17–21
	Löß, Lößlehm	15–18	16–22	17–22,5
	Ton	14–17,5	16–22	16–22
organische Stoffe	nicht faserige organische Böden (z. B. Schlick)	—	17	bis 20
	faserige organische Böden (z. B. Torf) ohne Vorbelastung	—	11	bis 17
	mit Vorbelastung	—	13	bis 19
Kunststoffe	offenporige Kunststoffe (z. B. Hygromull)	0,08–0,2	—	bis 3
	geschlossenzellige Kunststoffe	0,15–0,30	—	bis 0,6

Tabelle T 1 zu K 238: Anhaltswerte für die Wichte verschiedener Baustoffe (Mittelwerte)

sten Fällen in reiner Form verwendet werden (Anwendung ggf. für einzelne Schichten). Sie sind im wesentlichen als Zusatzstoffe aufzubereitender Böden anzusehen, deren Wichte dann entsprechend verringert werden kann.

4.8.3 Prüfungen
Ermittlung der Wichte des feuchten Bodens durch
a) Wägung ungestört entnommener Proben (Zylinderentnahmeverfahren),
b) Tauchwägung,
c) Ersatzmethoden mit verschiedenen Stoffen, wie Sand, Gips u. a.,
d) Gammastrahlen.

K 239 Angelieferte Stoffe sind diesbezüglich ihrer Wichte vor dem Einbau unverzüglich zu überprüfen, wenn der Lieferant keine verbindlichen und abgesicherten Werte vermitteln kann. Diese Eignungsprüfung ist eine Nebenleistung, die nicht besonders in Rechnung gestellt werden kann.

K 240 Die Wichte des eingebauten Stoffes bzw. Substrates ist durch geeignete Dichtebestimmungen nach Ziffer 4.8.3 a) bis d) zu prüfen. Die ermittelte Dichte des feuchten Bodens (ϱ in t/m^3) ist auf die Wichte des feuchten Bodens (γ in KN/m^3) umzurechnen (1 $t/m^3 \triangleq$ 10 KN/m^3).

Ist die Wichte des angelieferten feuchten Bodens sicher bekannt, kann die vorhandene Belastung aus der Schichtdicke bestimmt werden.

K 241 Bei der Wahl des Prüfverfahrens sind folgende Fragen zu berücksichtigen:
1. Ist das Verfahren für die Bodenart (nach Korngröße, Festigkeit, Probenvolumen) geeignet?
2. Können durch die Messung dünne Schichten (z. B. Filterschichten) oder Filtervliese, Gewebematten o. ä. zerstört werden, bzw. machen diese eine entsprechende Versuchsdurchführung unmöglich?
3. Können durch das Meßverfahren Dichtungshäute des Bauwerks verletzt oder zerstört werden?
4. Liegen u. U. störende Einbauten (Leitungen etc.) im Boden?

K 242 Durch Messungen gestörte oder gar zerstörte Schichten, Vliese, Matten, Folien usw. sind nach der Versuchsdurchführung durch den Veranlasser des Schadens unverzüglich in einen voll funktionsfähigen Zustand zurückzuversetzen. Hat das Prüfinstitut keine volle Auskunft über die besondere Eigenart der Schichten oder Einbauten erhalten, gehen evtl. Schäden zu Lasten des Auftraggebers des Versuchs. Daher ist eine entsprechende Zusammenarbeit mit dem Prüfinstitut notwendig.

Wichte des feuchten Bodens K 243

Die Meßverfahren a) bis c) der Bezugsziffer basieren sämtlich auf der Entnahme von Bodenproben.

a) Bei feinkörnigen und nicht zu harten bindigen Stoffen kann das **Zylinderentnahmeverfahren** angewendet werden. Die Höhe des Zylinders und die Dicke der zu messenden Schicht sind aufeinander abzustimmen. Die Größe der Probe wird jedoch auch vom Größtkorn im Boden beeinflußt. Zum Verfahren siehe DIN 18 125, Blatt 2, Vornorm sowie Fachveröffentlichungen.

b) Die **Tauchwägung** ist nur für kleinere Bodenproben feinkörniger Böden mit festem Zusammenhalt geeignet. Zum Verfahren siehe DIN 18 125, Blatt 1, Vornorm.

c) Bei den Ersatzverfahren sollte nur zwischen dem **Gipsersatz** und dem **Ballon-Verfahren** (Densitometer) gewählt werden. Der **Sandersatz** ist zum einen sehr störanfällig, zum anderen verbleiben meist größere Sandmengen an der Prüfstelle, wodurch sich dort die Bodeneigenschaften ändern.

Der **Gipsersatz** ist bei allen klüftigen und scharfkantigen Böden bzw. Schichten anzuwenden (z. B. Sickerschicht aus Schotter oder gleichförmigem Grobkies).

Das **Ballon-Verfahren** (Densitometer) kann für alle Böden ohne scharfkantige Einschlüsse verwendet werden.

Zu den Verfahren siehe DIN 18 125, Blatt 2, Vornorm.

d) Die Dichte, respektive die daraus berechenbare Wichte des Bodens, kann auch mit sogenannten **radiometrischen Meßverfahren** ermittelt werden. Sie sind für alle nicht klüftigen Böden geeignet. Durch entsprechende Geräteanordnung kann die Messung auf bestimmte Schichten bezogen werden.

Die Dichte wird vorwiegend mit radioaktiven Isotopen mit harter Gamma-Strahlung gemessen. Der Wassergehalt kann mit radioaktiven Isotopen bestimmt werden, die eine Neutronen-Strahlung aussenden. Zur Ermittlung der Trockendichte und des Porenvolumens (z. B. zur Bestimmung des Sättigungswassergehalts) ist eine Kombination beider Strahlenquellen erforderlich. Der wesentliche Vorteil dieses Verfahrens besteht in der völlig zerstörungsfreien Messung der Dichte und des Wassergehalts, d. h. ohne jede Probenahme. Empfindliche Schichten erfahren damit keinerlei Störungen.

Die Versuchsdurchführung ist unter Einhaltung der Strahlenschutzbestimmungen gefahrlos und ohne bleibende Wirkung auf die Prüfstelle. Sie muß von speziell geschultem Personal durchgeführt werden.

Zum Verfahren siehe „Merkblatt über die Anwendung radiometrischer Verfahren zur Bestimmung der Dichte und des Wassergehalts von Böden", Herausgeber: F. G. f. d. Straßenwesen, 1975.

K 244–249　　　　　　　　　　　　　DIN 18 915, Blatt 1

4.8.4 Verbesserungsmöglichkeiten

Eine Verbesserung wird erreicht durch das Ersetzen zu schwerer Böden bzw. Baustoffe durch Stoffe mit geringerer Wichte, wie z. B. Bims, Lava, aufgeblähte Silikate, Kunststoffe und Kunststoffbauteile.

K 244　Eine Verbesserung von Böden im Sinne dieser Bezugsziffer bezieht sich auf die Abminderung der statischen Last auf Bauwerken.

Der Sinn ist, die Schichtdicke für ein besseres Pflanzenwachstum möglichst dick ausbilden zu können. Die Gesichtspunkte der Vegetationstechnik dürfen jedoch bei der Wahl bestimmter Verbesserungsmaterialien bzw. Verbesserungsverfahren nicht außer acht gelassen werden. Die Vernachlässigung der möglichen Auswirkungen auf die vegetationstechnischen Maßnahmen (z. B. Änderung des pH-Wertes, Nährstoffversorgung) ist ein Verstoß gegen die Regeln der Baukunst.

K 245　Eine Verbesserung im Sinn der Bezugsziffer ist auch durch die Verwendung besonders leichter, aber nicht vegetationstauglicher Materialen für bestimmte Schichten möglich. Die Stoffe dürfen keine pflanzenschädigenden Wirkungen haben.

K 246　Für extreme Standorte (z. B. Dachgärten) ist die Verbesserung des Bodens auch unter dem Gesichtspunkt der Verbesserung der Wasserkapazität für pflanzenverfügbares Wasser ohne Vernässungsgefahr zu beurteilen. Weiterhin soll die Scherfestigkeit des Bodens erhöht werden, um eine bessere Standfestigkeit für größere Pflanzen zu gewährleisten und/oder um bei belasteten Vegetationsflächen eine bessere Tragfähigkeit zu erzielen.

K 247　Durch die Verbesserungen des Bodens darf die Durchlässigkeit des gesamten Schichtenaufbaus nicht verringert werden, da sonst die Gefahr der Staunässebildung besteht. Dies hat sowohl statisch wie vegetationstechnisch gesehen Nachteile. Bei Verbesserungsmaßnahmen sind deswegen die Filterregeln zu beachten (siehe K 25 und K 26).

K 248　Für die Verbesserung dürfen keine Stoffe verwendet werden, die die Dichtungen des Bauwerks oder bestimmte Einbauten bzw. Vliese oder Folien sowie die Vegetation schädigen können.

K 249　Hinweise zur Bewertung häufig verwendeter Verbesserungsstoffe geben die Tabellen **T 1 und T 2 zu K 249**. Diese Tabellen sind nicht als vollständig anzusehen.

Wichte des feuchten Bodens K 249

Tabelle T 1 zu K 249: Wertungshinweise für kornstabile Verbesserungsstoffe

Verbesserungsstoff typische Eigenschaften		Wertungshinweise	
		Vorteile	Nachteile
kornstabile Stoffe	Sand, Kies hohe Einzelkornfestigkeit	Vergrößerung von: Porengröße Porenvolumen Durchlässigkeit Scherfestigkeit Tragfähigkeit; niedrige Kosten	kaum Abnahme der Wichte zu erzielen; keine Erhöhung des Wasserhaltevermögens[1]
	Splitt, Schotter hohe Einzelkornfestigkeit	wie vor Vergrößerung der Standfestigkeit	wie vor u. U. negative Auswirkungen der scharfen Kanten der Körner
	Bims, Lava niedrigere Einzelkornfestigkeit hohe innere Reibung	Vergrößerung von: Porengröße Porenvolumen Durchlässigkeit Wasserhaltevermögen[1] Scherfestigkeit Tragfähigkeit Standfestigkeit; Verringerung der Wichte	relativ hohe Stoffkosten
	Blähton mittlere Einzelkornfestigkeit	Vergrößerung von: Porengröße Porenvolumen Durchlässigkeit Tragfähigkeit; Verringerung der Wichte	relativ hohe Stoffkosten; kaum Vergrößerung von Scherfestigkeit und des Wasserhaltevermögens[1]
	für alle kornstabilen Stoffe	praktisch unbegrenzte Wirkungsdauer	

[1] „Wasserhaltevermögen" ist nur auf das pflanzenverfügbare Wasser zu beziehen

Tabelle T 2 zu K 249: Wertungshinweise für nicht kornstabile Verbesserungsstoffe

Verbesserungsstoff typische Eigenschaften	Wertungshinweise		
	Vorteile	Nachteile	
Schaumkunststoffe aus Harnstoffharzen (z. B. Hygromull, Plastsoil) offenporiger Stoff; geringer Diffusionswiderstand gegen Wasserdampf; hohes Wasseraufnahmevermögen[1] (ca. 30 Vol.-%), Wasser fast ganz pflanzenverfügbar; sehr niedrige Wichte (ca. 0,08 bis 0,2 kN/m³); sehr niedrige Scherfestigkeit; geringe Druckfestigkeit auch in trockenem Zustand; End-pH-Wert ca. 7,0	Vergrößerung von: Wasserhaltevermögen[1]; Durchlässigkeit; Verbesserung der Porenverteilung; große Verringerung der Wichte; Erhöhung der Standfestigkeit; geringe Zunahme der Wärmedämmung	Kosten nur geringe Belastbarkeit (leichte Baugeräte); Druckfestigkeit nimmt mit steigendem Wassergehalt ab, die Flockenzerstörung unter Last zu; schwammige Bodenstruktur; keine Erhöhung der Tragfähigkeit; wegen des niedrigen Anfangs-pH-Wertes Begrünung erst ca. 4 Wochen nach Aufschäumen vornehmen; Wirkungsdauer durch Abbau im Boden auf etwa 5 bis 10 Jahre begrenzt	nicht kornstabile Stoffe
Schaumkunststoffe aus Polysterol (z. B. Styromull) geschlossenzelliger Stoff; hoher Difusionswiderstand gegen Wasserdampf; praktisch keine Wasseraufnahmefähigkeit[1]; sehr niedrige Wichte (ca. 0,15 bis 0,30 kN/m³); höhere Scher- und Druckfestigkeit als bei Harnstoffharzen; Druckfestigkeit bis ca. 0,02 MN/m²	Vergrößerung der Durchlässigkeit; weitgehende Erhaltung der Tragfähigkeit; leichte Erhöhung der Scherfestigkeit bei bindigen Böden; keine Beeinflussung des pH-Wertes; höchste Wirkungsdauer aller Kunststoffe (mindestens 10 Jahre)	Kosten für Belastung mit schweren Geräten nicht geeignet; kaum Verbesserung des Wasserhaltevermögens[1]); hohe Wärmedämmung kann die Erwärmung des Bodens negativ beeinflussen (Herabsetzen der Bodentemperatur); Kunststoffkugeln können, wegen ihres geringen Gewichts und weil sie kein Wasser aufnehmen können, leicht durch Wind und Wasser abtransportiert werden	

[1] „Wasserhaltevermögen" ist nur auf das pflanzenverfügbare Wasser zu beziehen

Bodengruppeneinteilung K 249

5 Einordnung der Böden in Bodengruppen

Die Einordnung der Böden wird im wesentlichen durch deren Korngrößenverteilung bestimmt (siehe Tabelle 2). Besonders hingewiesen wird auf die unbedingte Einhaltung der genannten Bearbeitungsgrenzen. Wird bindiger Boden bei zu niedrigen Konsistenzzahlen bearbeitet, besteht die Gefahr einer nachhaltigen Schädigung des Bodengefüges und damit des für Pflanzen erforderlichen ausgeglichenen und ausreichend bemessenen Wasser-Lufthaushaltes.

Unter Wasserspeicherfähigkeit wird hier ausschließlich die Fähigkeit zur Speicherung von pflanzenverfügbarem Wasser verstanden.

Bei der Ansprache der Eignung der Bodengruppen für vegetationstechnische Zwecke werden folgende Kurzzeichen verwendet:

Baugrund: B
Filterschicht: F
Dränschicht: D
Vegetationsschicht: V
Vegetationsschicht für belastbare Flächen: Vb
Vegetationsschicht für trockenheitsliebende Pflanzen: Vt
Vegetationsschicht für feuchtigkeitsliebende Pflanzen: Vf

Tabelle 2: Bodengruppen für vegetationstechnische Zwecke

Boden-gruppe	Bezeichnung	Korn-Anteile Gew.-%		Größtkorn d mm
		$d < 0{,}02$ mm	$d > 20$ mm	
1	Organischer Boden	—	—	—
2	Nichtbindiger Boden	≤ 10	≤ 10	50
3	Nichtbindiger, steiniger Boden	≤ 10	≤ 30	200
4	Schwach bindiger Boden	> 10 bis ≤ 20	≤ 10	50
5	Schwach bindiger, steiniger Boden	> 10 bis ≤ 20	≤ 30	200
6	Bindiger Boden	> 20 bis ≤ 40	≤ 10	50
7	Bindiger, steiniger Boden	> 20 bis ≤ 40	≤ 30	200
8	Stark bindiger Boden	> 40	≤ 10	50
9	Stark bindiger, steiniger Boden	> 40	≤ 30	200
10	Stark steinige Böden, leichter und schwerer Fels	—	> 30	—

K 250 Nach DIN 18 300 werden alle Oberböden in eine Bodenklasse eingestuft. Dies ist insofern sinnvoll, da erdbautechnisch und maschinentechnisch gesehen praktisch alle Oberböden mit dem gleichen Schwierigkeitsgrad gelöst werden können.

Bezüglich der Verwendbarkeit für verschiedene Nutzungszwecke und der Bearbeitbarkeit von der Erhaltung eines guten Bodenzustandes her gesehen sind jedoch differenziertere Aussagen notwendig. Diese Differenzierung geschieht durch die Einordnung der Böden nach den Maßstäben der DIN 18 915.

K 251 Die Klassifizierung nach DIN 18 915 erfolgt nach dem Anteil festgelegter Grenzgrößen für die Korndurchmesser d, die folgende Begründung haben:

Die Grenzgröße $d < 0,02$ mm ist aus der Bodenkunde als oberer Grenzwert für bindige Böden übernommen worden. In der Laborpraxis hat sich insbesondere bei der Siebschlämmanalyse diese Grenze als ungeeignet herausgestellt. So wird in der Regel mit dem Grenzwert $d < 0,025$ mm als kleinste Siebgröße gearbeitet. Eine Novellierung dieser Norm wird dies zu berücksichtigen haben.

Die Grenzgröße $d > 20$ mm ist unter den Gesichtspunkten der Herstellung eines guten Feinplanums sowie der Beanspruchung von Bodenbearbeitungsgeräten (z. B. Fräse, Grubber) festgesetzt worden.

Die Grenzgröße „Größtkorn" ist in zwei Größen angegeben.

Das Größtkorn $d > 50$ mm stellt eine Traditionsgrenze aus optischen Gründen dar: Bodenkörner oder Pflanzenreste etc., die größer als dieser Wert sind, wirken bzw. sind in Anlagen im Siedlungs- und Sportbereich störend und ermöglichen keine saubere Feinplanumsherstellung. In der freien Landschaft oder bei speziellen Anlagen können sie jedoch durchaus vorkommen. Das Größtkorn $d < 200$ mm stellt die obere Grenze für eine Gerätebearbeitung und die Ausbildung einer geschlossenen Vegetationsschicht dar.

Zu den Grenzwerten siehe Tabelle 2 dieser Norm.

K 252 Die Festlegung der Bodenklasse nach diesen vom Grundsatz unvergleichbaren Kriterien führt bei der Interpretation häufig zu Schwierigkeiten. Deshalb darf bei einer Bodenwertung nicht allein von der Bodengruppe ausgegangen werden, sondern es müssen ergänzend die Korngrößenverteilung bzw. Hinweise auf natürliche Vorkommen berücksichtigt werden.

K 253 Für den Baugrund bestehen nach DIN 18 915 keine differenzierten Forderungen. Er sollte aber nicht grundsätzlich nur nach erdbautechnischen Gesichtspunkten verarbeitet oder gewertet werden, da er für die vegetationstechnischen Maßnahmen von hoher Bedeutung sein kann. Dies bezieht sich sowohl auf die Tragfähigkeit und Standfestigkeit wie auf die Durchlässigkeit und Bearbeitbarkeit. Daher sollten auch für den Baugrund

Bodengruppenmerkmale K 254—257

im Leistungsverzeichnis Bearbeitungs- und Qualitätshinweise gegeben werden, sofern er nicht allein nach erdbautechnischen Gesichtspunkten behandelt werden darf oder muß.

Die gesamte Schichtenfolge muß einschließlich Baugrund bis zur Vegetationsschicht unter Einbeziehung aller möglichen Zwischenschichten bei der Planung und Durchführung einer vegetationstechnischen Maßnahme betrachtet werden. Es ist eine komplexe Wertung erforderlich. Mängel, die aus einer Nichtbeachtung der Wirkung einzelner Schichten resultieren, gehen zu Lasten desjenigen, der sie zu verantworten hat. K 254

Die Korngrößenverteilung gibt nur das Bild des mineralischen Korngefüges wieder. Das Bodenverhalten bezüglich der Verwendbarkeit und der Bearbeitung wird auch von der organischen Substanz stark beeinflußt. Diese muß daher bei der Beurteilung und Interpretation von Körnungsversuchen berücksichtigt werden. K 255

Die Wasserspeicherfähigkeit bezieht sich im Sinne dieser Norm nur auf den Anteil des pflanzenverfügbaren Wassers. Sie entspricht nicht dem gesamten Wasseraufnahmevermögen oder dem Wassergehalt bei Sättigung, sondern liegt bedeutend niedriger. Die Wasserspeicherfähigkeit hängt vor allem von der Porengröße und Porenverteilung ab. Weitere Einflüsse (meist verbessernd) kommen aus der Kornoberfläche, der Kornporosität und der Mineralart (z. B. Schaumlava, organische Bestandteile, Schaumkunststoffe). Siehe Tabellen **T 1 und T 2 zu K 256**. K 256

Der Wasser-Luft-Haushalt und die Durchlässigkeit werden ebenfalls durch die Porengröße und Porenverteilung gesteuert. Je höher der Anteil an drainenden Poren ist, desto intensiver kann der Luft- und Wasseraustausch sein (siehe auch Tabellen T 1 und T 2 zu K 256). Einen großen Einfluß auf den Wasser-Luft-Haushalt und die Durchlässigkeit hat auch die Lagerungsdichte des Bodens, die aus einer Körnungskurve nicht abzulesen ist und ausschließlich durch Bearbeitung und Nutzung des Bodens entsteht. K 257

Bezeichnung	Funktion	$\varnothing$ in mm
Grobporen	schnell dränend	$> 0,05$
Mittelporen	langsam dränend, zum Teil pflanzenverfügbares Wasser	$0,05 - 0,01$
Feinporen	Speicherraum für pflanzenverfügbares Wasser	$0,01 - 0,0002$
Feinstporen	Totwasser, nicht pflanzenverfügbar	$< 0,0002$

Tabelle T 1 zu K 256: Bezeichnung und Funktion von Poren

Bodenart	GPV	schnell dränende Poren	langsam dränende Poren	Fein- und Mittelporen
Sand	35–50	20–40	2–12	2–8
Lehm	37–53	5–25	8–22	10–20
Ton	40–56	3–13	5–15	20–40
Torf, schwach zersetzt	90–97	15–25	20–30	25–45
Torf, stark zersetzt	70–90	3–8	15–25	35–60

Tabelle T2 zu K 256: Porenraumgliederung verschiedener Bodenarten, Angaben in Vol.-Prozenten

K 258 Eine genaue Einstufung von Oberböden in die Bodengruppen ist nur mit Körnungskurven möglich. Diese werden jedoch nur für den mineralischen Teil des Bodens aufgestellt. Die Aussagen sind also um so treffender, je geringer Beimengungen an organischer Substanz oder bindenden Stoffen (z. B. Kalk) sind. Daher muß in entsprechenden Fällen die Bestimmung dieser Eigenschaften des Bodens beeinflussender Komponenten nach Art und Menge zusätzlich erfolgen.

K 259 Bei kleineren Bauvorhaben bzw. zur Grobbeurteilung können auch Hinweise auf natürliche Vorkommen (z. B. Auelehm, Hangschutt, Tuffsand etc.) genügen, um eine ausreichende Bodenansprache und Klassifizierung zu ermöglichen.

5.1 Bodengruppe 1

a) **Bezeichnung: Organischer Boden**

b) **Korngrößenverteilung: Organische Böden lassen sich in der Regel nicht in Korngrößenbereiche aufteilen, da ihr Hauptbestandteil (dem Volumen nach), die organische Substanz, keine spezifischen Korngrößen aufweist.**

K 260 Für organische Böden kann eine Korngrößenverteilung nur nach völliger Mineralisierung der organischen Substanz ermittelt werden. Dies hat jedoch meist eine Zerstörung der Bodenteilchen zur Folge und ist nur bei fein verteilter organischer Substanz anwendbar.

K 261 Bei organischen Böden sind jedoch das Gefüge und die Teilchengröße zu beschreiben. Weiterhin ist festzuhalten, ob die organische Substanz zersetzt oder frisch ist, organogene bzw. faserige, flockige oder tonige Bestandteile enthält. Diese Angaben sind für die Beurteilung der Bezugsziffern d) bis h) notwendig.

Bodengruppe 1 K 262—266

c) Natürliche Vorkommen als Beispiele: Faulschlamm, Hochmoortorf, Mudde, Niedermoortorf.

d) **Plastische Eigenschaften:** Die Konsistenz ist in Abhängigkeit vom Wassergehalt weichschwammig bis zähtrocken, bzw. bei Mudden mit hohem Kalkgehalt von mittlerer Trockenfestigkeit.

Mit steigendem Anteil an feinverteilter oder stark zersetzter organischer Substanz nimmt die Schrumpfneigung beträchtlich zu. Sie kann bis 60% der ursprünglichen Schichtdicke betragen (siehe K 268).   K 262

e) **Wasserspeicherfähigkeit:** Sehr hoch, in Abhängigkeit vom Zersetzungsgrad der organischen Substanz.

Die Wasserspeicherfähigkeit im Sinne der DIN 18 915 ist bei faserigen bzw. gering zersetzten organischen Böden am größten.   K 263

Das gesamte Wasseraufnahmevermögen bzw. Wasserbindevermögen ist dagegen bei feinverteilter und/oder sehr stark zersetzter organischer Substanz am größten.

f) **Wasserdurchlässigkeit:** Sie ist bei einem B für nicht belastbare V noch ausreichend bis nicht ausreichend, z. B. bei Raseneisenstein-Einlagerungen, mit Ton durchsetzten Mudden.

Die Wasserdurchlässigkeit ist bei faserigen bzw. gering zersetzten organischen Böden am größten. Bezüglich der Verwendung als Baugrund siehe K 267.   K 264

g) **Bearbeitbarkeit:** Da organische Böden in der Regel sehr gefügelabil sind, können sie als beschränkt bearbeitbar angesehen werden. Eine Bearbeitung sollte nur im erdfeuchten Zustand erfolgen.

Eine Bearbeitung in zu nassem Zustand (Wasser tritt auch bei leichter Belastung sofort aus) führt zum Zusammenbrechen der Struktur der einzelnen schwammartigen Bodenteile. Auch nach Entlastung tritt keine Gefügeverbesserung mehr ein.   K 265

Im trockenen Zustand (ab der Schrumpfgrenze) bekommen organische böden eine filzartige Struktur, die nur eine mangelhafte Bearbeitung (Krümelung) ermöglicht. Allerdings sind in diesem Zustand Gefügeschäden durch Bearbeitung am geringsten.

h) **Eignung für vegetationstechnische Zwecke:** Wegen meist nicht ausreichender Lagerungsdichte und oft nicht ausreichender Wasserdurchlässigkeit ist organischer Boden nur für B bei nicht belastbaren V, sowie für Vf geeignet; für F, D, V und Vt ungeeignet.

Organische Böden sind weniger ihrer Lagerungsdichte wegen als aufgrund ihrer sehr geringen Tragfähigkeit als Baugrund kritisch zu werten. Für belastbare Vegetationsschichten darf organischer Boden als Baugrund nicht verwendet werden.   K 266

K 267   Ein organischer Boden darf als Baugrund nicht verwendet werden, wenn er wegen des Luftabschlusses zur Außenluft und/oder Vernässung im anaeroben Zustand Faulgase entwickeln kann, da diese pflanzenschädigend sind. Soll er überhaupt als Baugrund verwendet werden, darf er nur mit stark luftdurchlässigen Bodenschichten (aus Sand/Kies) überdeckt werden. Weiterhin muß für eine ausreichende Entwässerung des Baugrunds gesorgt werden. Ausgenommen sind Situationen, in denen ein bestimmter Biotop erzielt oder erhalten werden soll.

K 268   Wird organischer Boden als Baugrund verwendet, ist die starke Setzung dieser Böden unter Last und eine Schrumpfung durch Wassergehaltsabnahme zu berücksichtigen.

Bei der Verwendung als Vegetationsschicht muß die Schrumpfneigung beachtet werden. Dies gilt vor allem für geneigte Flächen, da die mit der Schrumpfung entstehenden Risse zu einer sehr schnellen Wasseraufnahme bei Regen und damit einer plötzlichen Minderung der Standfestigkeit führen (siehe auch K 262).

K 269   **Vorbemerkung zu den Abschnitten 5.2 bis 5.10:**

Die Kommentierung der Bodengruppen 2 bis 10 wird anhand von Kornverteilungsdiagrammen vorgenommen. In den Diagrammen ist jeweils der Bereich gekennzeichnet, in dem Körnungskurven für die entsprechende Bodengruppe verlaufen dürfen. Die Bereiche für die Bodengruppen 2, 4, 6, 8 und 10 sind durch ausgezogene Linien begrenzt, die zusätzlichen Bereiche für die Bodengruppen 3, 5, 7 und 9 sind durch gestrichelte Linien angegeben.

Die Kommentare gelten nur für die rein mineralischen (anorganischen) Bodenbestandteile. Durch die Art und Menge der ggf. vorhandenen organischen Bestandteile können sich die beschriebenen Eigenschaften bedeutend ändern.

5.2   Bodengruppe 2

a) Bezeichnung: Nichtbindiger Boden

b) Korngrößenverteilung: Die Obergrenze der Korngröße ist $d = 50$ mm, der Gehalt an Teilen $d > 20$ mm ist ≤ 10 Gew.-%, der Gehalt an Teilen $d < 0{,}02$ mm ist ≤ 10 Gew.-%.

c) Natürliche Vorkommen als Beispiele: Beckensand, Dünensand, Moränensand, Strandsand, Talsand, Terrassensand, Verwitterungssand.

d) Plastische Eigenschaften: Keine

e) Wasserspeicherfähigkeit: Sehr gering, mit Abhängigkeit vom Gehalt an Schlämmkorn und organischer Substanz.

f) Wasserdurchlässigkeit: In der Regel sehr gut, bei feinkörnigen, tonhaltigen Sanden noch ausreichend.

Bodengruppe 2   **K 270 – 273**

g) **Bearbeitbarkeit:** Nichtbindiger Boden ist unbeschränkt bearbeitbar.

h) **Eignung für vegetationstechnische Zwecke:** Als B sehr gut geeignet; für F gut geeignet, wenn ausreichend ungleichförmig; als D nur geeignet, wenn der Hauptanteil im oberen Kornverteilungsbereich liegt; als Vt gut geeignet; als V ohne Verbesserung der Wasserspeicherfähigkeit nur für Vegetationen extensiver Art verwendbar, z. B. in der freien Landschaft, als Vf ungeeignet.

Der Korngrößenbereich der Bodengruppe 2 ist in der Abbildung **A 1 zu K 270** dargestellt. Diese Abbildung enthält auch die Erweiterung des Korngrößenbereichs für die Bodengruppe 3.   **K 270**

Die Wertung nach den Gesichtspunkten der DIN 18 915 wird für die Böden 1 bis 3 beispielhaft in der Wertungstabelle **T 1 zu K 270** durchgeführt.

Abkürzungen:
WSP: Wasserspeicherfähigkeit
WD: Wasserdurchlässigkeit
HZ: fein verteilte organische Substanz (zersetzt)
HN: faserige organische Substanz (nicht oder kaum zersetzt)
FFP: Feinstporen
FP: Feinporen
MP: Mittelporen
GP: Grobporen
sonstige Abkürzungen nach DIN 4022, 18 196, 18 915

Es zeigt sich, daß die Böden 1 bis 4 gravierende Unterschiede aufweisen, obwohl sie einer Bodengruppe angehören. Die Böden 2 und 3 sind ihr zweifelsfrei zuzuordnen, der Boden 1 kann dagegen in den Eigenschaften kaum als „nichtbindig" bezeichnet werden. Er zeigt alle wichtigen Wertungsmerkmale der Bodengruppe 4 (siehe K 278 ff.).   **K 271**

Liegen Böden der Bodengruppe 2 im Bereich der Kurve 1, treffen die Aussagen unter d) bis h) des Abschn. 5.2 nicht zu.   **K 272**

Für die Wertung von Böden als Bodengruppe 2 sollten deshalb folgende Forderungen gelten: **K 273**

a) Enthalten Böden der Bodengruppe 2 mehr als 40 % an Korngrößen <0,06 mm und gleichzeitig Ton mit mindestens 4 % Anteil, sind sie in der Wirkung als Bodengruppe 4 zu betrachten. Sie sollten daher auch nur bei $I_c \geqslant 0{,}75$ bearbeitet werden.

b) Bestehen sie unter Einhaltung der sonstigen Grenzwerte für die Bodengruppe 2 nur aus Korngrößen über 0,006 mm bei max. 50 % d <0,06 mm, gehören sie mit im wesentlichen gleichen Eigenschaften zweifelsfrei in die Bodengruppe 2.

K 270   DIN 18 915, Blatt 1

WERTUNGSTABELLE		KURVE 1	KURVE 2	KURVE 3
Bodengruppe	DIN 18 915	2	2	2
Bodenart	DIN 4022	gU, fs, t'	S	mG, gs-fg, gg'
Bodengruppe	DIN 18 196	UL	SE	GW
Stufung Ungleichförmigkeit		eng $U = 2,4$; gleichförmig	eng $U = 3,5$; gleichförmig	weit $U = 10$; ungleichförmig
natürliches Vorkommen		Löß	Talsand	Flußkies
plastische Eigenschaft	Fließgrenze	niedrig	—	—
	Ausrollgrenze	hoch	—	—
	Plastizität	sehr gering; Gegensatz zur Aussage DIN 18 915	—	—
	Schrumpfneigung	gering	keine	keine
	Überkorn > 0,4 mm	—	—	—
Wasserspeicherfähigkeit		mittel; Anteil der FP ca. 20 %, Zunahme bei Verdichtung (Belastung) zu erwarten	sehr gering trotz Feinsandanteil	gering trotz weiter Stufung wegen fehlenden Feinkorns
Wasserdurchlässigkeit		gut; Anteil der MP/GP ca. 35 %; Abnahme bei Verdichtung (Belastung) zu erwarten	sehr hoch, auch im verdichteten Zustand, Anteil MP/GP ca. 50 %	sehr hoch, da überwiegend MP/GP
technische Bearbeitbarkeit		nur im halbfesten Zustand; bei höherem Wassergehalt keine Tragfähigkeit; Lockerung nur in halbfestem Zustand möglich; bei Wassergehalten $\geq W_p$ keine vibrierenden Geräte zum Einbau verwenden	stets gegeben Reifengeräte verwenden	keine besonderen Hinweise hohe Tragfähigkeit und Standfestigkeit
terminliche Bearbeitbarkeit		sehr schneller Wechsel des Wassergehalts und damit von Bearbeitbarkeit zu Unbearbeitbarkeit	keine Schwierigkeiten	ohne Einschränkungen

Bodengruppe 2 K 270

Beurteilung der Eignung für vegetationstechnische Zwecke		schnelle und tiefgründige Wasseraufnahme und -abgabe	
		bei guter Entwässerung (ausreichende Oberflächenneigung), als B stark frostgefährdet — bei Frostaufgang nicht belastbar; für V geeignet; für V_b ungeeignet; für geneigte Flächen (Böschungen) nicht geeignet	gut für B, F, Vt, Vb für D zu feinporig trotz enger Stufung für Vf ungeeignet, als B bei Vf nur bedingt geeignet	gut als B, F, D, Vt nur für tiefwurzelnde Pflanzen, als Vb nur mit Verbesserung, als V nur für extensive Begrünung; als B für Vf nicht geeignet
Einfluß der organ. Substanz	fein, wenig	stabilisierend auf geneigten Flächen; geringe Abnahme der WD	ohne großen Einfluß, gut für V	keine Auswirkung
	fein, viel	Boden wird undurchlässig; u. U. noch für Pflanzflächen geeignet	starke Abnahme der WD, keine sinnvolle Zunahme der WSP	Erhöhung der WSP, kaum ausschlaggebende Verringerung der WD
	faserig, wenig	Vergrößerung der WD	gut für V und Vb	geringe Verbesserung der WSP
	faserig, viel	Boden wird schwammig, Tragfähigkeit nimmt stark ab	federnder Effekt, Abnahme der Tragfähigkeit, Zunahme der WSP	geringe Herabsetzung der Tragfähigkeit
Verbesserungsmöglichkeiten	für v	wenig HN und Sand zufügen	Schluff und HN oder HZ zufügen	Anteil an S und U erhöhen, HN und etwas HZ zusetzen
	für v_b	Sandanteil stark erhöhen	wenig HN zufügen	Anteil an S erhöhen, HN zusetzen
besondere Hinweise	für Planer	Termine weit fassen; Art der Verbesserung festlegen	Verbesserungen für V, Vf notwendig	möglichst nur als B verwenden, sonst Verbesserung erforderlich; Begrünung auf Boden abstimmen
	für Ausführenden	bei wechselnder Witterung nur für kurze Zeiten bearbeitbar; Verschlämmungsgefahr	ohne Verbesserung nach Begrünung stärkeres Wässern notwendig	nach Begrünung Wässerung notwendig; Bedenken gegen die Pflanzung feuchtigkeitsliebender Pflanzen anmelden

Tabelle T 1 zu K 270: Wertung der Körnungskurven 1 bis 3 der Abbildung A 1 zu K 270

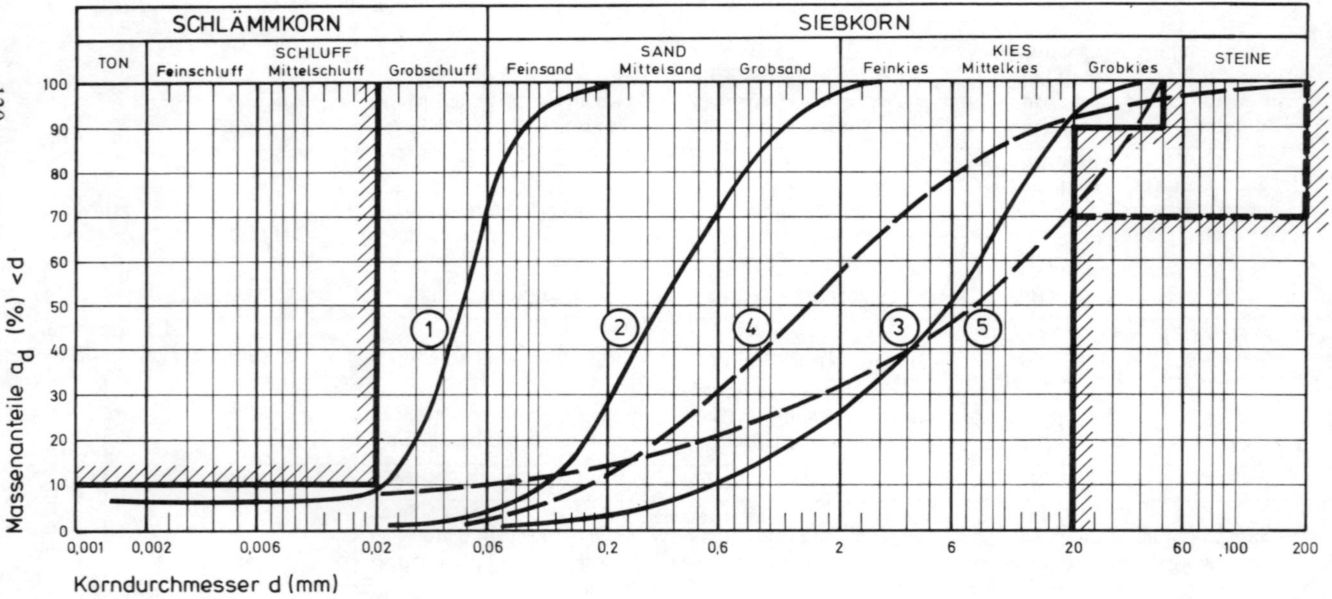

K 270   DIN 18 915, Blatt 1

Kurve	Massenanteil (%) $d < 0{,}02$ mm	$d > 20$ mm	Größtkorn mm	Bodengruppe DIN 18 915	Bodenart DIN 4022	Bodengruppe DIN 18 196	Ungleichförmigkeit d_{60}	d_{10}	U
1	9 (<10)	0 (<10)	0,2 (< 50)	2	gU, fs, t'	UL	0,052	0,022	2,4
2	0 (<10)	0 (<10)	3 (< 50)	2	S	SE	0,35	0,1	3,5
3	0 (<10)	7 (<10)	40 (< 50)	2	mG, gs-fg, gg'	GW	5,6	0,55	10
4	0 (<10)	7 (<10)	200 (≤200)	3	S, $\bar{g}$, x'	SW	2,4	0,18	13
5	9 (<10)	28 (<30)	50 (≤ 50)	3	G, s, t'	GT	7,5	0,06	125

Abbildung A 1 zu K 270: Beispiele für Böden der Bodengruppen 2 und 3

130

Bodengruppe 3　　　　　　　　　　　　　　　　　　　　　　　　　　　K 275, 276

Wegen der großen Differenz in den Eigenschaften sollte ohne zusätzliche Angabe der Bodenart nach DIN 4022 oder der Bodengruppe nach DIN 18 196 und Zusatz der Stufung aus der Nennung der Bodengruppe eine verbindliche Wertung nicht erfolgen. 　　K 274
Mindestvoraussetzung der Wertung als Überschlagsbetrachtung ist die Nennung des natürlichen Vorkommens.

5.3 Bodengruppe 3
a) Bezeichnung: Nichtbindiger, steiniger Boden
b) Korngrößenverteilung: Die Obergrenze der Korngröße ist $d = 200$ mm, dabei dürfen der Anteil $d > 20$ mm nicht mehr als 30 Gew.-% und der Anteil $d < 0{,}02$ mm nicht mehr als 10 Gew.-% betragen.
c) Natürliche Vorkommen als Beispiele: Fluß- und Strandkies, Hangschutt, Moränenkies, Terrassenschotter, Verwitterungskies.
d) Plastische Eigenschaften: Keine
e) Wasserspeicherfähigkeit: Äußerst gering
f) Wasserdurchlässigkeit: Sehr gut
g) Bearbeitbarkeit: Unbeschränkt
h) Eignung für vegetationstechnische Zwecke: Als B sehr gut, außer als B für Vf wegen zu geringer Wasserspeicherfähigkeit; als F wegen zu hoher Korngrößen meist nicht geeignet; als D bei fehlendem Anteil $d < 0{,}02$ mm geeignet; als V und Vt nur in der freien Landschaft geeignet.

Zum Korngrößenbereich der Bodengruppe 3 siehe Abbildung **A 1 zu K 270**. 　　K 275

Die Wertung der Böden 4 und 5 liegt in der Tabelle **T 1 zu K 275** vor.

Beide Beispiele zeigen im Grunde extreme Möglichkeiten, um einen nichtbindigen Boden als „steinig" zu bezeichnen. 　　K 276

Beim Boden 4 liegt der Grund in einem Massenanteil von 4 % für $d > 50$ mm — wären Korngrößen über 200 mm in dem Gemisch anzutreffen, müßte nach dem Buchstaben der Norm dieser Boden sogar in die Bodengruppe 10 eingeordnet werden (siehe K 321 ff.)! In der Praxis ist zu überlegen, ob nicht ein Entfernen oder Ablesen der nur vereinzelt vorkommenden Steine sinnvoll und wirtschaftlich ist und der Boden dann unter die normalen Wertmaßstäbe der Bodengruppe 2 eingeordnet werden kann.

Der Boden 5 gehört nur wegen des zu hohen Massenanteils an $d < 20$ mm in diese Bodengruppe. Läge der Massenanteil unter 10 %, würden die Bodeneigenschaften kaum anders sein; geringe Unterschiede zeigen sich nur im Schwierigkeitsgrad der Bearbeitung.

WERTUNGSTABELLE		KURVE 4	KURVE 5
Bodengruppe	DIN 18 915	3	3
Bodenart	DIN 4022	S, $\bar{g}$, x'	G, s, t'
Bodengruppe	DIN 18 196	SW	GT
Stufung Ungleichförmigkeit		weit $U = 13$, ungleichförmig	weit $(U = 125)$ sehr ungleichförmig
natürliches Vorkommen		Moränenkies	Verwitterungskies
plastische Eigenschaft	Fließgrenze	—	—
	Ausrollgrenze	—	—
	Plastizität	—	—
	Schrumpfneigung	keine	keine
	Überkorn > 0,4 mm	—	—
Wasserspeicherfähigkeit		extrem gering, fast nur MP/GP	gering trotz weiter Stufung und Tonanteil
Wasserdurchlässigkeit		extrem hoch, auch in verdichtetem Zustand	gut
technische Bearbeitbarkeit		ohne Einschränkungen, allerdings schwere Geräte erf., Fahrwerksart auf Eigenschaften des Bodens ohne großen Einfluß	ohne Einschränkungen, jedoch bei hoher Nässe Oberflächenverschmierung beachten (Tonanteil); bei Starkregen Suffosionsgefahr im lockeren Zustand; starke Geräte erforderlich; Vibration vermeiden
terminliche Bearbeitbarkeit		keine Einschränkungen	ohne Einschränkungen

Bodengruppe 3 K 275

Beurteilung der Eignung für vegetationstechnische Zwecke		B unter Vb sehr gut; B unter Vf ungünstig; Vf und F ungeeignet; D nach Entfernen der d > 50 mm sehr gut; Vt in der freien Landschaft; V nur bedingt (nach Entfernen der d > 50 mm und Verbesserg.)	B unter Vb sehr gut trotz Frostempfindlichkeit; als F und D nicht geeignet; als Vt geeignet; als V nur in freier Landschaft; V allgemein nach Verbesserung
Einfluß der organ. Substanz	fein wenig	ohne Einfluß	kaum Einfluß auf WD, aber Verbesserung WSP
	viel	Verminderung der WD; keine Verbesserg. für V	merkliche Verringerung der WD, Verringerung der Scherfestigkeit und Standfestigkeit
	faserig wenig	ohne Einfluß auf Tragfähigkeit u. Standfestigkeit, Verbesserg. für V und Vt	kein Einfluß auf WD, Verbesserg. WSP
	viel	leichter Einfluß auf Tragfähigkeit, Verbesserung für V	Einfluß auf WD (Abnahme), starke Verb. WSP Verringerung der Scherfestigkeit
Verbesserungsmöglichkeiten	für v	viel HN zufügen	HN zufügen
	für v_b	wenig HN zufügen	HN und Sand zufügen
besondere Hinweise	für Planer	Verbesserung notwendig, sonst kaum Begrünung möglich	Verbesserung oder Pflanzenwahl abstimmen
	für Ausführd.	Einfluß der d > 50 mm beachten; viel wässern nach Begrünung; als Standort für Vf und V Bedenken anmelden	große Mengen HZ und HN ablehnen

Tabelle T 1 zu K 275: Wertung der Körnungskurven 4 und 5 der Abbildung A 1 zu K 270

K 277 Bei der Interpretation von Böden der Bodengruppe 3 sind folgende Fälle zu unterscheiden:

a) Der Massenanteil an $d > 20$ mm liegt zwischen 10 und 30 %. Das Größtkorn ist kleiner als 50 mm. Das Bodengemisch entspricht bezüglich den vegetationstechnischen Eigenschaften im wesentlichen der Bodengruppe 2, läßt sich nur etwas schwerer bearbeiten.

b) Der Massenanteil an $d > 50$ mm liegt unter 5 %, an $d > 20$ mm unter 10 %. Der Boden entspricht nach Entfernen der nur sehr wenigen Steine voll der Bodengruppe 2. Die Bearbeitung erfordert lediglich einen zusätzlichen Arbeitsvorgang.

c) Der Massenanteil an $d > 20$ mm liegt zwischen 10 und 30 %, das Größtkorn zwischen 50 und 200 mm. Hier liegen große bearbeitungstechnische Schwierigkeiten vor. Das Bodengemisch ist für vegetationstechnische Zwecke, vor allem als V nicht gut bis gar nicht geeignet (abhängig vom Sand- und Feinkornanteil).

K 274 gilt auch für die Bodengruppe 3.

5.4 Bodengruppe 4

a) **Bezeichnung:** Schwach bindiger Boden

b) **Korngrößenverteilung:** Die Obergrenze der Korngröße ist $d = 50$ mm, der Gehalt an Teilen $d > 20$ mm ist ≤ 10 Gew.-%, der Gehalt an Teilen $d < 0,02$ mm ist > 10 bis ≤ 20 Gew.-%.

c) **Natürliche Vorkommen als Beispiele:** Anlehmiger Sand, Hochflutlehm, Kalksand, Löß, Sandlöß, Tuffsand.

d) **Plastische Eigenschaften:** Keine bis leichte, abhängig vom Anteil $d < 0,02$ mm.

e) **Wasserspeicherfähigkeit:** Befriedigend, insbesondere bei weitgestufter Korngrößenverteilung.

f) **Wasserdurchlässigkeit:** Gut, insbesondere bei enggestuften Böden mit geringem Schlämmkornanteil.

g) **Bearbeitbarkeit:** Nach oberflächlicher Abtrocknung bald bearbeitbar, wenn $I_c \geq 0,75$.

h) **Eignung für vegetationstechnische Zwecke:** Als B gut bis ausreichend; als F und D nicht ausreichend wegen zu hohem Anteil $d < 0,02$ mm; als V gut geeignet, als Vt ausreichend, als Vf nicht geeignet.

K 278 Zum Korngrößenbereich der Bodengruppe 4 siehe Abbildung **A 1 zu K 278**.

Die Wertung der Böden 1 bis 3 nach den Maßstäben der DIN 18 915 wird in der Tabelle **T 1 zu K 278** vorgenommen.

Abkürzungen s. K 270.

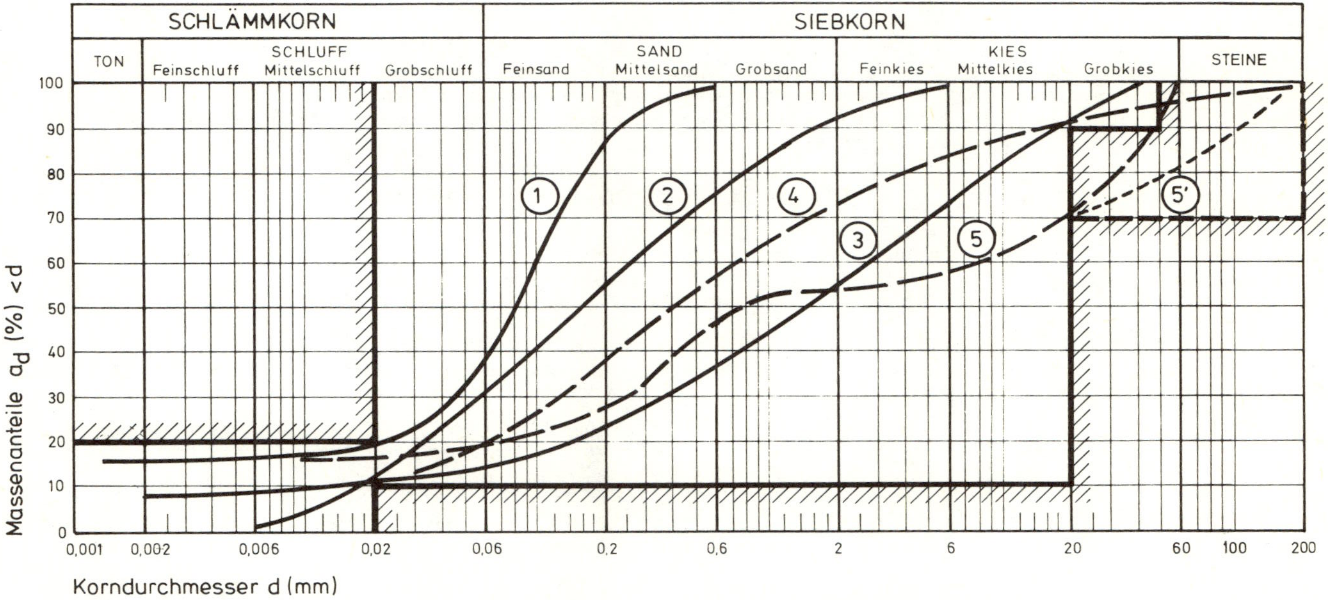

Bodengruppe 4   K 278

Abbildung A 1 zu K 278: *Beispiele für Böden der Bodengruppen 4 und 5*

Kurve	Massenanteil (%) $d<0{,}02$ mm	$d>20$ mm	Größtkorn mm		Bodengruppe DIN 18 915	Bodenart DIN 4022	Bodengruppe DIN 18 196	Ungleichförmigkeit d_{60}	d_{10}	U
1	18 (<20)	0 (<10)	0,6	(< 50)	4	fS, mu, t, ms′	$\overline{ST}$	0,1	<0,001	(> 100)
2	12 (>10)	0 (<10)	6,0	(< 50)	4	S, gu, mu′, fg′	$\overline{SU}$	0,26	0,018	14
3	11 (>10)	8 (>10)	40	(< 50)	4	G-S, u′, t′	$\overline{GU}$	2,8	0,018	156
4	11 (>10)	8 (<10)	200	(≤200)	5	S, g, u′, t′, x′	$\overline{SU}$	0,7	0,018	39
5	16 (<20)	28 (<30)	60	(≤200)	5	G-S, t′	$\overline{GT}$	8,0	<0,001	(>800)
5′	16 (<20)	28 (<30)	180	(<200)	5	S, ḡ, x, t′	$\overline{GT}$	8,0	<0,001	(>800)

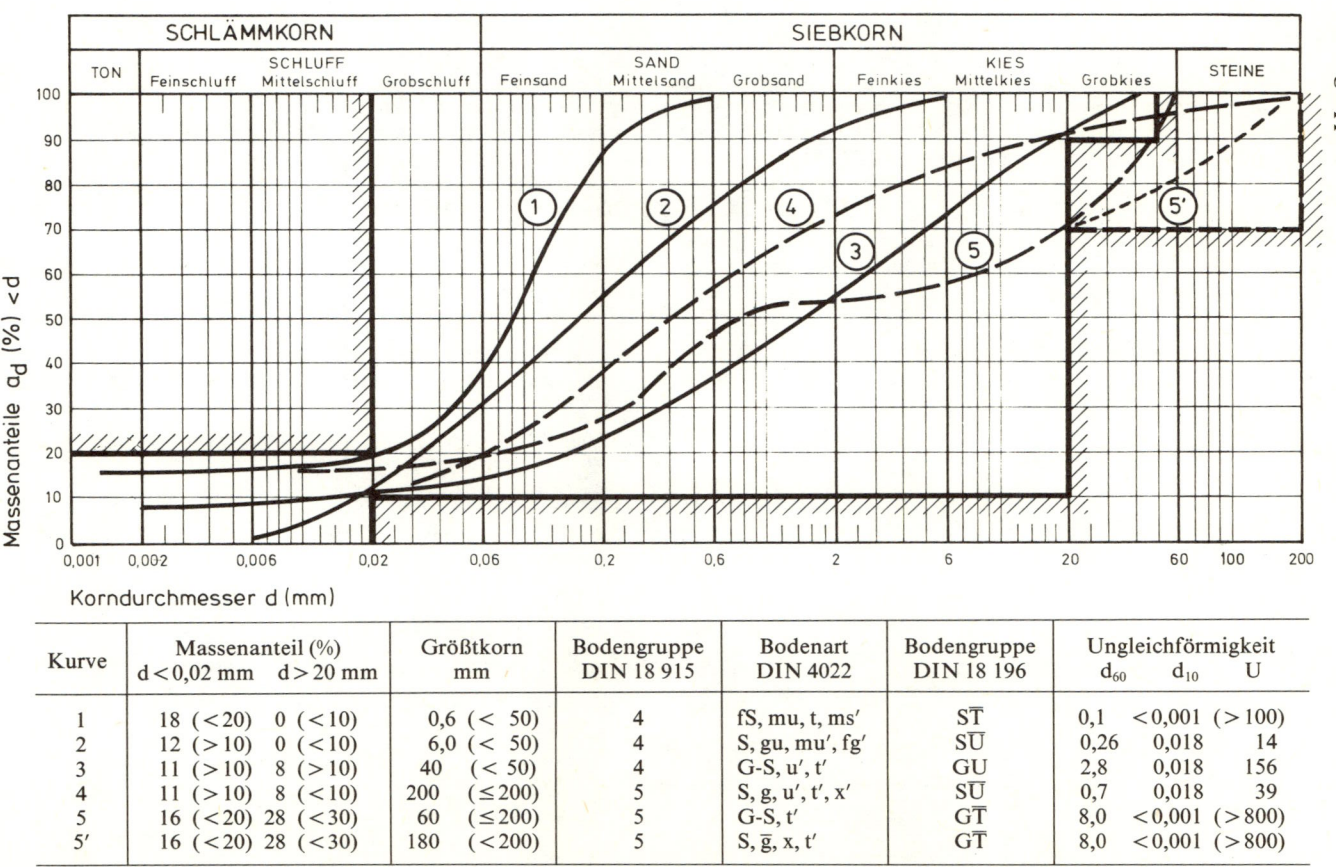

K 278 **DIN 18 915, Blatt 1**

WERTUNGSTABELLE		KURVE 1	KURVE 2	KURVE 3
Bodengruppe	DIN 18 915	4	4	4
Bodenart	DIN 4022	fS, gu, t, ms'	S, gu, mu', fg'	G-S, u', t'
Bodengruppe	DIN 18 196	$\overline{ST}$	$\overline{SU}$	GU
Stufung Ungleichförmigkeit		weit (intermittierend) (U >100) sehr ungleichförmig	weit U = 14, ungleichförmig	weit (U = 156) sehr ungleichförmig
natürliches Vorkommen		Geschiebelehm	Sandlöß	Verwitterungskies
plastische Eigenschaft	Fließgrenze	niedrig (hoher GU-S-Anteil)	sehr niedrig	— ohne Aussage
	Ausrollgrenze	hoch (hoher GU-S-Anteil)	hoch	—
	Plastizität	niedrig, beeinflußt durch Tonanteil	extrem gering	—
	Schrumpfneigung	gering (hoher Stützkornanteil)	praktisch keine	keine
	Überkorn > 0,4 mm	3 %, ohne großen Einfluß	ca. 33 %, ist zu berücksichtigen	—
Wasserspeicherfähigkeit		gut, ca. 20 % FP/MP nimmt bei Belastung stark ab; Vernässung steigt	gering wird durch Bearbeitung kaum beeinflußt	ausreichend (extrem weite Stufung/Tonanteil)
Wasserdurchlässigkeit		befriedigend bei V; bei Vb zu gering	gut (MP/GP > 40 %) wird durch Bearbeitung kaum beeinflußt	gut, Abnahme im verdichteten Zustand
technische Bearbeitbarkeit		im halbfesten Zustand gut; im plastischen Bereich starkes Verschmieren und Abnahme der Tragfähigkeit; bei w > w$_p$ keine vibrierenden Geräte verwenden, ebenso schwere Reifengeräte vermeiden	ab I$_c$ ≥ 0,75 möglich; bei I$_c$ ≥ 1,0 gut; vibrierende Geräte erzeugen stärkere Verdichtung als knetende Geräte; Lockerung ab I$_c$ ≥ 0,75 möglich	trotz Korngröße bis 40 mm ohne Einschränkungen; Lockerung auch in nassem Zustand möglich; bei Starkregen im lockeren Zustand Suffosion d. Feinanteile

Bodengruppe 4 K 278

terminliche Bearbeitbarkeit			relativ schnelle Wasseraufnahme, langsame Abgabe; in nasser Jahreszeit Termine nicht kurz fassen; im Gegensatz zur DIN 18 915 erst bei $I_c \geq 1{,}0$ bearbeiten	ohne große Einschränkungen; Boden nimmt sehr schnell Wasser auf, gibt es aber auch schnell wieder ab	außer in Frostperioden ohne Einschränkungen
Beurteilung der Eignung für vegetationstechnische Zwecke			als B unter flachwurzelnder Begrünung bei Entwässerung bedingt geeignet; im verdichteten Zustand „Blumentopfeffekt"; als F u. D und Vb ungeeignet; V gut, Vt u. Vf bedingt	als B gut geeignet; als Vb nur im trockenen Zustand für Fahrzeuge, für Spiel auch im feuchten Zustand; als V und Vt geeignet, ebenso als F möglich (siehe Filterregeln); für D und Vf ungeeignet	als B gut; als V und Vt geeignet; bei Vb Abnahme der WB beachten; als F und D wegen Tonanteil ungeeignet
Einfluß der organ. Substanz	fein	wenig	gering stabilisierend auf geneigten Flächen; Abnahme von WD; geringe Zunahme WSP	Verbesserung der Standfestigkeit, WSP geringe Abnahme der WD bei V, hohe Abn. bei Vb	Verbesserung der WSP
		viel	Verminderg. d. Standfestigkeit und Tragfähigkeit; Boden wird wasserundurchlässig; Zunahme der Schrumpfneigung	Abnahme der WD, Standfestigkeit und Tragfähigkeit; Boden evtl. für Vf geeignet	Verbesserung der WSP, Abnahme der WD; als V u. Vf geeignet; als Vb ungeeignet
	faserig	wenig	Verbesserg. der Standfestigkeit, WSP und WD, geringe Abnahme der Belastbarkeit	Verbesserg. der Standfestigkeit, WSP und WD geringe Abnahme der Belastbarkeit	Verbesserung der WSP, geringe Zunahme der WD
		viel	Verbesserg. von WSP und WD, als Vf geeignet, keine Belastbarkeit	schwammiges Gefüge, nur noch als V und Vf geeignet	Verbesserung der WSP; Abnahme der Belastbarkeit; als Vb ungeeignet; als Vf geeignet

Verbesserungs-möglichkeiten	für v	HN und Sand zufügen	etwas HN/HZ und d < 0,02 mm zufügen	HN + HZ + a < 0,06 zufügen
	für v_b	etwas HN und S-fG zufügen	etwas HN und gs/fG zufügen	wenig HN zufügen
besondere Hinweise	für Planer	im nassen Zustand Verbesserung erforderlich; für längere Zeiträume unbearbeitbar; Vernässungsgefahr	auf geneigten Flächen erosionsgefährdet, möglichst geschlossene Pflanzendecke ausbilden	Verbesserungsmaßnahmen f. best. Begrünung beachten
	für Ausführd.	lockere Bodenschichten leicht andrücken und glätten, Oberfläche gut entwässern; Wasseraufnahme des Bodens vermeiden; erst bei $I_c \geq 1,0$ bearbeiten, sonst Bedenken	im nassen Zustand vibrierende Geräte nicht anwenden, Verschlämmungsgefahr	starke Verdichtung durch vibrierende Geräte beachten

T 1 zu K 278: Wertung der Körnungskurven 1 bis 3 der Abbildung A 1 zu K 278

Bodengruppe 4   **K 279 – 284**

Die Böden 1 bis 3 weisen nach Tabelle **T 1 zu K 278** deutliche Unterschiede auf. Dabei entspricht der Boden 1 am wenigsten in den Eigenschaften der Bodengruppe 4, sondern ist im Grunde bereits der Bodengruppe 6 zuzuordnen (siehe K 284 ff.).   **K 279**

Für Böden, die im Bereich der Kurve 1 oder noch weiter links im Kornverteilungsdiagramm liegen, treffen die Aussagen unter d) bis h) der Bezugsziffer nicht zu.   **K 280**

Für die Wertung der nach den Festlegungen der DIN 18 915 zur Bodengruppe 4 gehörenden Böden (siehe K 282 bis K 284) sollten daher die folgenden Kriterien beachtet werden: **K 281**

a) Enthält der Boden, der formal zur Bodengruppe 4 zu rechnen ist, bis 25 % an $d < 0,06$ mm, unter 15 % an $d < 0,02$ mm und keine Anteile an $d < 0,006$ mm, ist er unter Beachtung der Kommentare K 272 und K 273 als Boden der Bodengruppe 2 zu betrachten.

b) Ein Boden ist zweifelsfrei der Bodengruppe 4 zuzuordnen, wenn er bis 35 % an $d < 0,06$ mm, bis 15 % an $d < 0,02$ mm und maximal 10 % an $d < 0,006$ mm aufweist.

c) Liegen die Anteile an $d < 0,06$ mm über 35 %, an $d < 0,02$ mm über 15 % und an $d < 0,006$ mm über 10 %, entspricht der Boden im wesentlichen den Merkmalen der Bodengruppe 6 und ist nach den Maßstäben dieser Bodengruppe zu werten. Diese Böden sollten erst bei $I_c \geqslant 1,0$ bearbeitet werden. Bei Wassergehalten $\omega \leqslant \omega_s$ (Schrumpfgrenze) ist der Bearbeitungsaufwand dieser Böden schon sehr hoch.

K 274 gilt auch bei der Bodengruppe 4.

Die plastischen Eigenschaften sind bei Böden entsprechend Kurve 1 in **A 1 zu K 278** bzw. links dieser Kurve mindestens als mittel zu bezeichnen. Bei Anteilen von $d < 0,006$ mm von mehr als 15 % kann die Plastizität schon als hoch bezeichnet werden.   **K 282**

Böden, die unter K 281 b) fallen, erfahren meist einen sehr schnellen Zustandswechsel bei u. U. nur geringer Änderung des Wassergehalts.

Die Wasserdurchlässigkeit ist bei Anteilen an $d < 0,02$ mm über 10 % als schlecht zu bezeichnen, wenn die Ungleichförmigkeit $U \geqslant 15$ ist. Liegt der Anteil an $d < 0,006$ mm unter 3 %, ist die Wasserdurchlässigkeit ausreichend.   **K 283**

Die Wasserspeicherfähigkeit an pflanzenverfügbarem Wasser ist niedrig, wenn der Anteil an $d < 0,006$ mm über 10 % liegt und die Ungleichförmigkeit $U \geqslant 15$ ist.   **K 284**

WERTUNGSTABELLE		KURVE 4	KURVE 5
Bodengruppe	DIN 18 915	5	5
Bodenart	DIN 4022	S, g, u', t', x'	G-S, t
Bodengruppe	DIN 18 196	SU	G$\overline{T}$
Stufung Ungleichförmigkeit		weit U = 39, sehr ungleichförmig	intermittierend (U > 800) sehr ungleichförmig
natürliches Vorkommen		Auelehm, steinig	lehmiger Kies
plastische Eigenschaft	Fließgrenze	— ohne Aussage	— ohne Aussage
	Ausrollgrenze	—	—
	Plastizität	—	—
	Schrumpfneigung	praktisch keine	praktisch keine
	Überkorn > 0,4 mm	—	ohne Bedeutung
Wasserspeicherfähigkeit		ausreichend (extrem weite Stufung/Tonanteil)	gut (weite Stufung, hoher Tonanteil)
Wasserdurchlässigkeit		gut, Abnahme in verdichtetem Zustand	gut trotz Tonanteil, wenn Boden nicht entmischt; bei Entmischung und Verdichtung Ausbildung von Dichtungshorizonten
technische Bearbeitbarkeit		geringe Erschwernis wegen d > 50 mm; nach Entfernen (Ablesen) wie Boden 3 zu werten; Suffosion des Feinkorns bei Starkregen; Feinplanum nur nach Entfernen des Überkorns herstellbar	geringe Erschwernis wegen hohen Anteils an d > 20 mm. Durch Austrocknung Klumpenbildung, schwer zu lockern; obwohl keine ausgeprägt plastischen Eigenschaften, nur in krümelndem Zustand bearbeiten; Reifengeräte
terminliche Bearbeitbarkeit		außer in Frostperioden ohne Einschränkung	in nasser Jahreszeit wegen leichten Verschmierens nur bedingt bearbeitbar; nur leichte Geräte verwenden; nach Verdichtung nur klüftig zu lockern

Bodengruppe 4 K 285

Beurteilung der Eignung für vegetationstechnische Zwecke		als B gut; V und Vt in freier Landschaft gilt; V und Vt nach Entfernen des Überkorns; gute Standfestigkeit; als Vb nach Entfernen des Überkorns für Spielflächen geeignet; ungeeignet als F + D	als B bei entspr. Entwässerung gut geeignet; als V in freier Landschaft gut geeignet; Suffosion beachten; als V wegen schwieriger Feinplanumsausb. nur bedingt; als F + D ungeeignet
Einfluß der organ. Substanz	fein	wenig	Verbesserg. der WSP	Verbesserg. der WSP; Verringerung der Entmischungsneigung; als Vb bedingt geeignet; als V geeignet
		viel	Verbesserg. der WSP; Abnahme der WD; als V + Vf in freier Landschaft geeignet; als Vb ungeeignet; Abnahme d. Standf.	Starke Abnahme der WD besonders nach Entmischung; als Vf geeignet; als Vb + Vt ungeeignet
	faserig	wenig	Verbesserg. der WSP; geringe Zunahme der WD	Verbesserung der WSP und WD als Vb geeignet
		viel	starke Verb. der WSP; Abnahme der Tragfähigkeit; als Vb ungeeignet; als Vu. Vf in freier Landschaft gut geeignet.	hohe Zunahme der WSP; Abnahme der Tragfähigkeit; als Vb und Vt ungeeignet; als V und Vf in freier Landschaft geeignet
Verbesserungsmöglichkeiten		für v	HN/HZ + U zufügen	HZ/HN zufügen; Sandanteil erhöhen
		für v_b	etwas HN + S zufügen, Überkorn entfernen	etwas HN + Sand zufügen, u.U. Überkorn entfernen
besondere Hinweise		für Planer	Überkorn beachten; Entfernen und sonstige Verbesserung besonders ausschreiben.	hohe Anforderungen an Feinplanum nicht sinnvoll
		für Ausführd.	starke Verdichtung durch vibrierende Geräte beachten; Lockerung ohne Entfernung des Überkorns nur durch Aufreißen möglich	Entmischung bei Schüttung und Verwendung vibrierender Geräte im trockenen Zustand

T 1 zu K 285: Wertung der Körnungskurven 4 und 5 der Abbildung A 1 zu K 278

5.5 Bodengruppe 5

a) **Bezeichnung:** Schwach bindiger, steiniger Boden

b) **Korngrößenverteilung:** Die Obergrenze der Korngröße ist $d = 200$ mm, dabei darf der Anteil $d > 20$ mm nicht mehr als 30 Gew.-% betragen.
Der Gehalt an Teilen $d < 0,02$ mm ist > 10 bis ≤ 20 Gew.-%.

c) **Natürliche Vorkommen als Beispiele:** Anlehmiger Sand, Hangschutt, Kalksand, lehmiger Kies, lehmiger Schotter.

d) **Plastische Eigenschaften:** Keine bis leichte, abhängig vom Anteil $d < 0,02$ mm.

e) **Wasserspeicherfähigkeit:** Ausreichend bis befriedigend, insbesondere bei weitgestufter Korngrößenverteilung und Gehalt an Teilen $d < 0,02$ mm an der oberen Grenze.

f) **Wasserdurchlässigkeit:** Gut, insbesondere bei enggestuftem Boden mit geringem Schlämmkornanteil.

g) **Bearbeitkeit:** Nach oberflächlicher Abtrocknung bald bearbeitbar, wenn $I_c \geq 0,75$.

h) **Eignung für vegetationstechnische Zwecke:** Als B gut bis ausreichend, insbesondere nach ausreichender Lockerung; als F und D nicht ausreichend wegen zu hohem Anteil $d < 0,02$ mm; als V und Vt bei hohem Anteil > 63 mm nur in der freien Landschaft verwendbar, doch dort gut bis ausreichend, als Vf ungeeignet.

K 285 Der Korngrößenbereich der Bodengruppe 5 ist in der Abbildung **A 1 zu K 278** dargestellt. Die Wertung der Böden 4 und 5 erfolgt in der Tabelle **T 1 zu K 285** (s. S. 140 und 141). Abkürzungen siehe K 270.

K 286 Die Kurven 4 und 5 in **A 1 zu K 278** zeigen Böden, die formal der Bodengruppe 5 zuzuordnen sind.

Boden 4 ist als „steinig" zu bezeichnen, obwohl er nur 4 % an $d > 50$ mm enthält. Es ist daher (wie schon in K 276 dargelegt) zu überlegen, ob nicht die wenigen Steine abzulesen sind und der Boden dann nach Bodengruppe 4 zu werten ist.

Boden 5 enthält ca. 5 % an $d = 50$ bis 60 mm und ca. 26 % an $d > 20$ mm. Das vorhandene Größtkorn hat in diesem Fall keine entscheidende Auswirkung, die größere Menge an $d = 20$ bis 50 mm führt nur zu einer etwas schwierigeren Bearbeitung gegenüber der Bodengruppe 4.

K 287 Bei der Wertung von Böden der Bodangruppe 5 ist daher folgendes zu berücksichtigen:

a) Der Anteil an $d > 20$ mm liegt zwischen 10 und 30 %, das Größtkorn liegt unter 60 mm. Das Bodengemisch entspricht in den vegetationstechnischen Eigenschaften weitgehend der Bodengruppe 4, läßt sich nur etwas schwieriger bearbeiten.

b) Der Anteil an $d > 50$ mm liegt unter 5 %, an $d > 20$ mm unter 10 %. Nach Entfernen der wenigen Steine entspricht der Boden voll der Bodengruppe 4. Es ist jedoch ein zusätzlicher Arbeitsvorgang notwendig.

c) Beträgt der Anteil an $d > 20$ mm zwischen 10 und 30 % und liegt das Größtkorn deutlich über 63 mm (siehe Kurve 5' in **A 1 zu K 278**), entspricht

Bodengruppen 5 und 6

der Boden der Bodenklasse 5. Es sind beträchtliche arbeitstechnische Erschwernisse zu erwarten, und der Boden ist nur noch bedingt als V zu verwenden.

Die Bearbeitbarkeit (siehe Abschn. g)) ist wegen der Gefahr starker Gefügeverdichtungen kritisch, auch wenn K 282 c) zutrifft, sofern der Anteil an $d < 2{,}0$ mm über 80 % und an $d < 0{,}006$ mm über 15 % beträgt. In dem Fall sollte eine Bearbeitung nur bei $I_c \geqslant 1{,}0$ mit möglichst leichten Geräten erfolgen.

K 274 gilt auch für Bodengruppe 5.

5.6 Bodengruppe 6

a) **Bezeichnung**: Bindiger Boden

b) **Korngrößenverteilung**: Die Obergrenze der Korngröße ist $d = 50$ mm, der Gehalt an Teilen $d > 20$ mm ist ≤ 10 Gew.-%, der Gehalt an Teilen $d < 0{,}02$ mm ist > 20 bis ≤ 40 Gew.-%.

c) **Natürliche Vorkommen als Beispiele**: Auelehm, Geschiebelehm, Geschiebemergel, lehmiger Sand, sandiger Lehm.

d) **Plastische Eigenschaften**: Leichte bis mittlere, je nach Menge und Art (Schluff oder Ton) des Anteils $d < 0{,}02$ mm.

e) **Wasserspeicherfähigkeit**: Befriedigend bis gut, insbesondere bei weitgestufter Kornverteilung und nicht zu hohem Tonanteil.

f) **Wasserdurchlässigkeit**: Ausreichend bis nicht ausreichend, abhängig vom Anteil $d < 0{,}02$ mm, der Korngrößenstufung und der Lagerungsdichte.

g) **Bearbeitbarkeit**: Erst nach Abtrocknung bearbeitbar bei $I_c \geqq 1{,}0$.

h) **Eignung für vegetationstechnische Zwecke**: Als B nur bei noch ausreichender Wasserdurchlässigkeit für V geeignet; für F und D ungeeignet; als V nur noch ausreichend bei genügender Wasserdurchlässigkeit; für Vt in der Regel ungeeignet, außer auf sehr durchlässigem B sowie in trockener Lage für Vf nur bei ausreichender Wasserspeicherfähigkeit.

Die Korngrößenbereiche der Bodengruppen 6 und 7 sind in der Abbildung A 1 zu K 289 dargestellt. Eine Einzelwertung der Böden 1 bis 5 wird tabellarisch nicht vorgenommen.

Die Körnungskurven 1 bis 3 kennzeichnen Böden, die aufgrund der Grenzbereiche zur Bodengruppe 6 gehören. Diese Böden zeigen jedoch sehr große Unterschiede in den Eigenschaften. Innerhalb der Bodengruppe 6 sind daher bei der Bewertung die Kriterien nach K 291 und K 292 anzuwenden.

Bei allen Böden der Bodengruppe 6 werden die Großporen des Stützkorngerüstes ($d > 0{,}06$ mm) durch Feinteile ($d < 0{,}06$ mm) ausgefüllt. Die verbleibenden Porengrößen bzw. der verbleibende Gesamtporenraum hängen daher ausschließlich von der Zusammensetzung des Feinmaterials bzw. dem Verdichtungsgrad des Bodens ab.

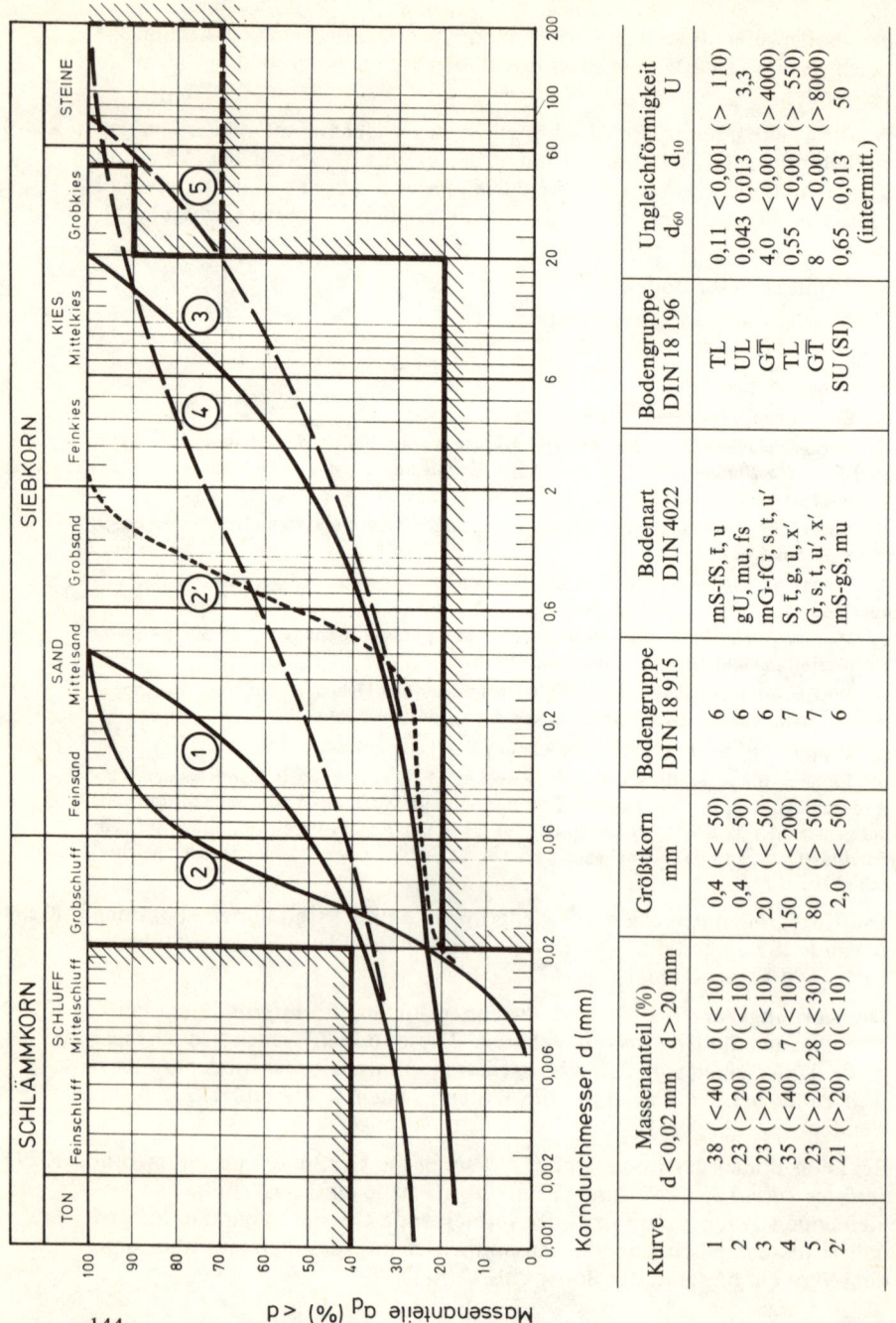

K 289   DIN 18 915, Blatt 1

Korndurchmesser d (mm)

Massenanteile a_d (%) $p > d$

Kurve	Massenanteil (%) $d<0{,}02$ mm	$d>20$ mm	Größtkorn mm	Bodengruppe DIN 18 915	Bodenart DIN 4022	Bodengruppe DIN 18 196	Ungleichförmigkeit d_{60} d_{10} U
1	38 (<40)	0 (<10)	0,4 (< 50)	6	mS-fS, t̂, u	TL	0,11 <0,001 (> 110)
2	23 (>20)	0 (<10)	0,4 (< 50)	6	gU, mu, fs	UL	0,043 0,013 3,3
3	23 (>20)	0 (<10)	20 (< 50)	6	mG-fG, s, t, u'	GT̄	4,0 <0,001 (>4000)
4	35 (<40)	7 (<10)	150 (<200)	7	S, t̂, g, u, x'	TL	0,55 <0,001 (> 550)
5	23 (>20)	28 (<30)	80 (> 50)	7	G, s, t, u', x'	GT̄	8 <0,001 (>8000)
2'	21 (>20)	0 (<10)	2,0 (< 50)	6	mS-gS, mu	SU (SI)	0,65 0,013 50 (intermitt.)

Abbildung A 1 zu K 289: Beispiele für Böden der Bodengruppen 6 und 7

Bodengruppe 6

Für die Wertung der Böden der Bodengruppe 6 nach Punkt d) bis h) (siehe K 293 bis K 297) sind folgende Differenzierungen zu beachten:

a) Der Boden enthält mehr als 50 % an $d \leq 0{,}06$ mm, weniger als 25 % an $d < 0{,}02$ mm und weniger als 5 % an $d < 0{,}006$ mm.

b) Der Boden enthält 25 bis 60 % an $d < 0{,}06$ mm, 15 bis 35 % an $d < 0{,}006$ mm und 10 bis 35 % an $d < 0{,}002$ mm.

c) Die Körnungskurve zeigt einen intermittierenden Verlauf (Kurve 2' in **A 1 zu K 289**). Der Boden enthält mehr als 50 % an $d > 0{,}2$ mm, weniger als 30 % an $d < 0{,}02$ mm und weniger als 5 % an $d < 0{,}006$ mm.

K 292

Böden nach K 292 a) und c) (siehe Kurven 2 und 2' in A1 zu K 289) weisen eine leichte, Böden nach K 292 b) eine mittlere bis ausgeprägte Plastizität auf (siehe Kurve 1 und 3 in **A 1 zu K 289**). Siehe auch K 297.

K 293

Die Wasserspeicherfähigkeit (WSP) an pflanzenverfügbarem Wasser ist bei Böden nach K 292 a) und c) gut bis befriedigend. Bei Böden nach K 292 b) ist sie bei Verdichtung nicht mehr befriedigend. Liegt der Boden locker vor und wird er später nicht belastet, kann die WSP noch ausreichend sein.

K 294

Die Wasserdurchlässigkeit (WD) ist bei Böden nach K 292 a) und c) in unbelastetem Zustand ausreichend. Im verdichtetem Zustand ist u. U. die WD allerdings schon sehr gering. Böden nach K 292 b) sind auch in unbelastetem Zustand kaum bis nicht durchlässig.

K 295

Böden der Bodengruppe 6 dürfen grundsätzlich nur bei $I_c \geq 1{,}0$ bearbeitet werden. Höhere Wassergehalte führen bei Böden nach K 292 a) und c) zu dünnschichtigen Korntrennungen und bei Böden nach K 292 b) zu einer derart intensiven Kornbindung, daß eine vollständige nachträgliche Gefügelockerung (z. B. durch Fräsen) nicht mehr möglich ist.

K 296

Böden nach K 292 a) und c) ändern ihre Konsistenz schon bei geringen Schwankungen des Wassergehalts. Da diese Konsistenzänderungen zudem sehr schnell geschehen, können diese Böden als „Minutenböden" bezeichnet werden. Sie sind stark erosionsgefährdet.

K 297

Böden nach K 292 b) sind bei Wassergehalten $\omega \leq \omega_s$ nur mit hohem Arbeitsaufwand zu bearbeiten, da sie dann bereits ein sehr hartes Gefüge aufweisen. Sie entsprechen der Bodenklasse 7 nach DIN 18 300.

Enthalten Böden der Bodengruppe 6 mehr als 10 % an $d < 0{,}006$ mm, sollte die Bearbeitung möglichst nicht mit knetend wirkenden Geräten erfolgen.

K 274 gilt auch bei Bodenklasse 6.

K 298

K 299 – 303 **DIN 18 915, Blatt 1**

5.7 Bodengruppe 7

a) Bezeichnung: Bindiger, steiniger Boden

b) Korngrößenverteilung: Die Obergrenze der Korngröße ist $d = 200$ mm, dabei darf der Gehalt an Teilen $d > 20$ mm nicht mehr als 30 Gew.-% betragen. Der Gehalt an Teilen $d < 0{,}02$ mm ist > 20 bis ≤ 40 Gew.-%.

c) Natürliche Vorkommen als Beispiele: Geschiebelehm, Geschiebemergel, Hangschutt, lehmiger Kies und Schotter, Verwitterungskies.

d) Plastische Eigenschaften: Leichte bis mittlere, abhängig von Menge und Art (Ton oder Schluff) des Anteiles $d < 0{,}02$ mm.

e) Wasserspeicherfähigkeit: Ausreichend bis gut, insbesondere bei weitgestufter Kornverteilung und nicht zu hohem Tonanteil.

f) Wasserdurchlässigkeit: Ausreichend bis nicht ausreichend, abhängig vom Anteil $d < 0{,}02$ mm, der Korngrößenstufung und der Lagerungsdichte.

g) Bearbeitbarkeit: Erst nach Abtrocknung bearbeitbar bei $I_c \geq 1{,}0$.

h) Eignung für vegetationstechnische Zwecke: Als B nur noch bei ausreichender Wasserdurchlässigkeit geeignet; als F und D ungeeignet; als V nur für die freie Landschaft bei noch ausreichender Wasserdurchlässigkeit noch geeignet, für Vf in der Regel ungeeignet.

K 299 Der Korngrößenbereich der Bodengruppe 7 ist der Abbildung **A 1 zu K 289** zu entnehmen. Eine Einzelwertung der Böden 4 und 5 wird nicht vorgenommen.

K 300 Bei der Wertung der Bodengruppe 7 sind die Einteilungen nach K 277 bzw. K 287 sinngemäß zu beachten. Die Hinweise auf die Bodengruppe 2 bzw. 4 sind dabei durch „Bodengruppe 6" zu ersetzen. Weiterhin gilt auch K 291.

K 301 Der Massenanteil an $d > 20$ mm bzw. an $d = 50$ bis 200 mm ändert die wichtigen vegetationstechnischen Eigenschaften der Böden der Bodengruppe 7 gegenüber denen der Bodengruppe 6 nur gering, da die Wasserspeicherfähigkeit (WSP) und die Wasserdurchlässigkeit (WD) durch die größeren Körner nicht beeinflußt werden.

Die Änderungen sind vor allem in der Bearbeitbarkeit und der Bearbeitungsmethode zu sehen.

K 302 Die Beurteilung der Bearbeitbarkeit aufgrund der plastischen Eigenschaften, der WSP und WD kann nach K 293 bis K 297 erfolgen.

K 303 K 274 gilt auch für die Bodengruppe 7.

Bodengruppen 7 und 8 K 304 – 307

5.8 Bodengruppe 8

a) **Bezeichnung:** Stark bindiger Boden

b) **Korngrößenverteilung:** die Obergrenze der Korngröße ist $d = 50$ mm, der Gehalt an Teilen $d > 20$ mm ist ≤ 10 Gew.-%, der Gehalt an Teilen $d < 0,02$ mm ist > 40 Gew.-%.

c) **Natürliche Vorkommen als Beispiele:** Beckenschluff, Beckenton, Juraton, Keupermergel, Klei, Lößlehm, Marsch, Schlick, Seeton, Septarienton.

d) **Plastische Eigenschaften:** Mittel bis hoch, abhängig vom Tonanteil.

e) **Wasserspeicherfähigkeit:** Meist noch ausreichend bis gering, abhängig vom Tonanteil.

f) **Wasserdurchlässigkeit:** Nicht ausreichend.

g) **Bearbeitbarkeit:** Sehr begrenzt, nur bei $I_C \geq 1,0$ bis Schrumpfgrenze, sogenannte „Minutenböden".

h) **Eignung für vegetationstechnische Zwecke:** Als B nur nach Verbesserung der Wasserdurchlässigkeit oder Aufbau von F und D geeignet; als F und D ungeeignet; als V nur mit Verbesserungen, insbesondere der Wasserdurchlässigkeit, geeignet; als Vt und Vf in der Regel ungeeignet.

Die Korngrößenbereiche der Bodengruppen 8 und 9 sind in der Abbildung **A 1 zu K 304** dargestellt. Die Körnungskurven 1 bis 5 werden im einzelnen tabellarisch nicht gewertet. **K 304**

Die zur Bodengruppe 8 gehörenden Böden 1 bis 3 weisen sehr große Unterschiede in den Eigenschaften auf. Die für die Bewertung wichtigen Hinweise sind K 306 und K 307 zu entnehmen. **K 305**

Bei allen Böden der Bodengruppe 8 nimmt der Anteil an $d < 0,06$ mm grundsätzlich mehr Raum ein als Großporen im Stützkorngerüst ($d > 0,06$ mm) vorhanden sind. Dies bedeutet, daß auch bei hohem Grobkornanteil viele Körner mit $d > 0,06$ mm keine direkte Berührung zu anderen groben Körnern mehr aufweisen. Das Stützkorn verliert seine Wirkung, die groben Körner „schwimmen" in der Masse der Feinkornsubstanz. Diese ist damit allein ausschlaggebend für die vegetationstechnischen Bodeneigenschaften und die Bearbeitungsmöglichkeiten. Weiterhin werden die Bodeneigenschaften durch den Verdichtungsgrad stark beeinflußt. **K 306**

Für die Wertung der Böden der Bodengruppe 7 nach den Punkten d) bis h) (siehe K 308 bis K 313) sind folgende Differenzierungen zu beachten: **K 307**

a) Der Boden enthält 80 bis 100 % an $d < 2,0$ mm, 60 bis 100 % an $d < 0,06$ mm, höchstens 60 % an $d < 0,02$ mm, höchstens 10 % an $d < 0,006$ mm und höchstens 5 % an $d < 0,002$ mm. Die Körnungskurve hat einen stetigen Verlauf (siehe Kurve 2' in **A 1 zu K 304**).

b) Der Boden hat Anteile an $d < 0,2$ mm von höchstens 75 %, an $d < 0,06$ mm von 40 bis 70 %, an $d < 0,02$ mm von höchstens 60 %, an $d < 0,006$ mm von höchstens 30 % und an $d < 0,002$ mm von höchstens 5 %.

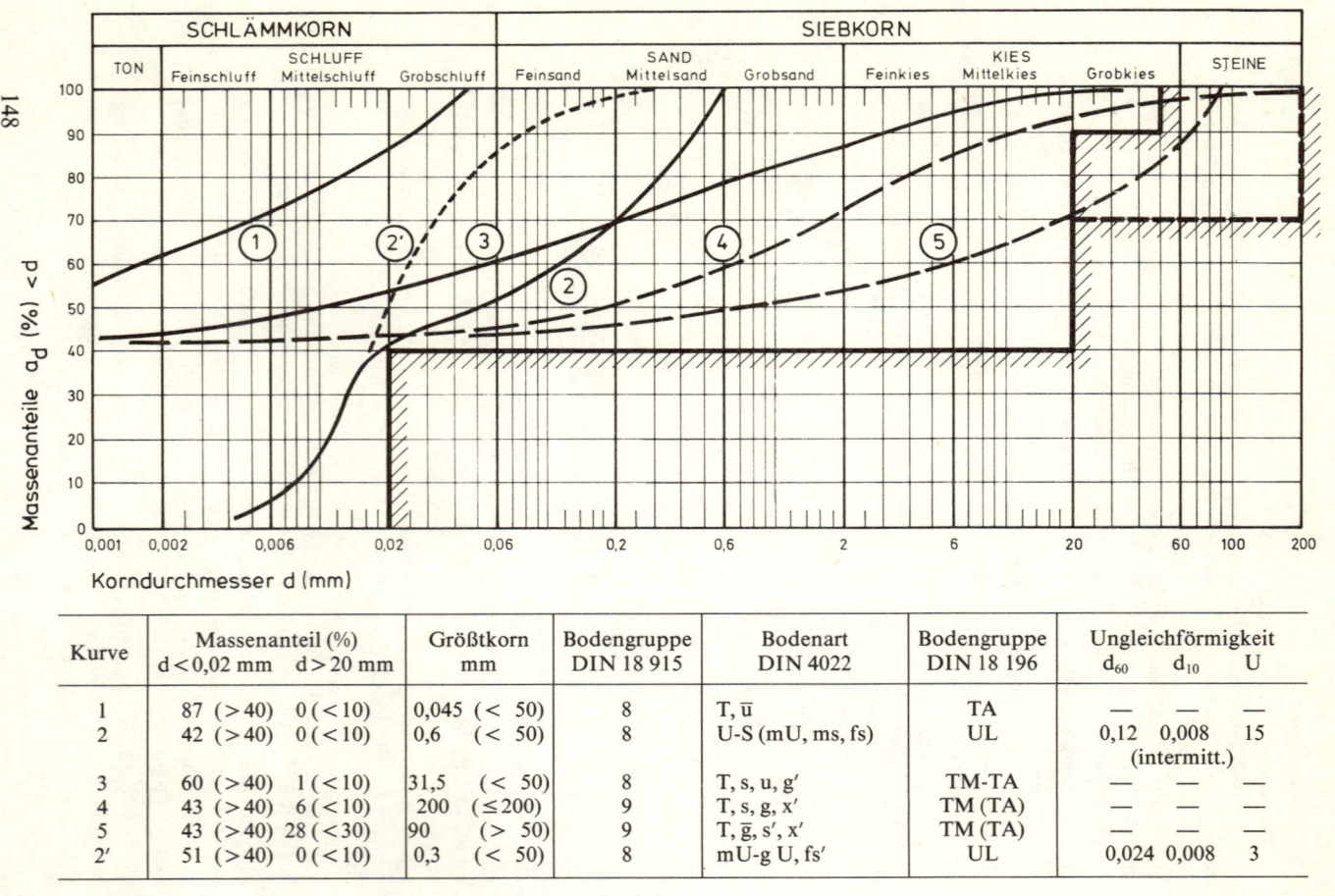

K 304 DIN 18 915, Blatt 1

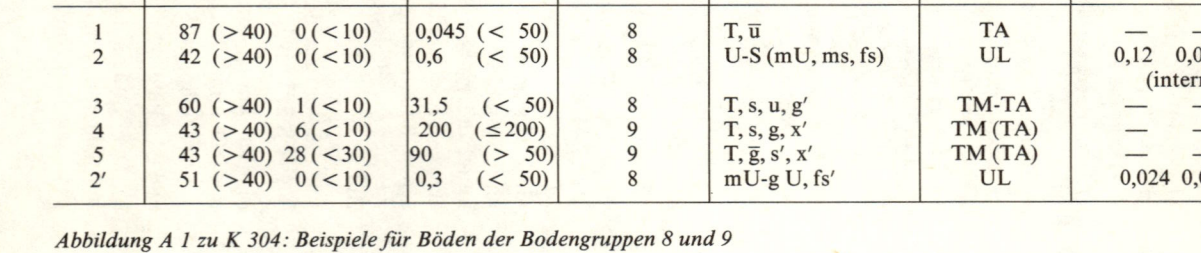

Kurve	Massenanteil (%) $d<0,02$ mm	$d>20$ mm	Größtkorn mm		Bodengruppe DIN 18 915	Bodenart DIN 4022	Bodengruppe DIN 18 196	Ungleichförmigkeit d_{60}	d_{10}	U
1	87 (>40)	0 (<10)	0,045	(<50)	8	T, $\bar{u}$	TA	—	—	—
2	42 (>40)	0 (<10)	0,6	(<50)	8	U-S (mU, ms, fs)	UL	0,12	0,008	15 (intermitt.)
3	60 (>40)	1 (<10)	31,5	(<50)	8	T, s, u, g'	TM-TA	—	—	—
4	43 (>40)	6 (<10)	200	(≤200)	9	T, s, g, x'	TM (TA)	—	—	—
5	43 (>40)	28 (<30)	90	(>50)	9	T, $\bar{g}$, s', x'	TM (TA)	—	—	—
2'	51 (>40)	0 (<10)	0,3	(<50)	8	mU-g U, fs'	UL	0,024	0,008	3

Abbildung A 1 zu K 304: Beispiele für Böden der Bodengruppen 8 und 9

Bodengruppe 8 K 308–312

Die Körnungskurve verläuft intermittierend (siehe Kurve 2 in **A 1** zu **K 304**).

c) Der Boden besteht zu mindestens 60 % aus $d < 0,02$ mm, zu mindestens 30 % aus $d < 0,006$ mm und zu mindestens 5 % aus $d < 0,002$ mm. Das Größtkorn ist ohne Belang.

d) Der Boden weist einen Anteil von mindestens 30 % an $d < 0,002$ mm auf. Der Verlauf der Körnungskurve ist ohne Einfluß (siehe Kurve 1 und 3 in **A 1 zu K 304**).

Böden nach K 304 a) und b) besitzen in der Regel eine leichte bis mittlere Plastizität, Böden nach K 304 c) eine mittlere bis ausgeprägte (hohe) und Böden nach K 304 d) stets eine hohe Plastizität. Siehe auch K 312. **K 308**

Die Wasserspeicherfähigkeit (WSP) an pflanzenverfügbarem Wasser ist bei Böden nach K 307 a) und b) noch als befriedigend bis ausreichend zu bezeichnen. Böden nach K 307 c) können eine noch ausreichende WSP aufweisen. Böden nach K 307 d) besitzen vor allem in verdichtetem Zustand eine zu geringe WSP. **K 309**

Die Wasserdurchlässigkeit (WD) ist bei Böden nach K 307 b) vor allem in unverdichtetem Zustand noch ausreichend. Bei starker Belastung (z. B. durch Pflegemaßnahmen) bzw. Bearbeitung bei zu hohem Wassergehalt führen Korntrennungen zu Verdichtungsbereichen, die die WD zumindest lokal aufheben. Böden nach K 307 a) sind etwa gleich zu bewerten. Ihre Anfälligkeit gegen Korntrennung ist jedoch größer. **K 310**

Böden nach K 307 c) weisen auch in gelockertem Zustand eine extrem geringe WD auf.

Böden nach K 307 d) besitzen gar keine WD. Sie können nur noch für Abdichtungszwecke verwendet werden.

Sinngemäß gilt K 296. **K 311**

Wird von der Forderung $I_c \geq 1,0$ zum Zeitpunkt der Bearbeitung zu höheren Wassergehalten abgewichen, sind beträchtlich größere, fast nie zu regenerierende Schäden als bei Bodengruppe 6 zu erwarten.

Der Bearbeitbarkeitsbereich (Plastizitätszahl I_p) ist bei Böden nach K 307 a) und b) sehr eng. Diese Böden ändern ihre Zustandsform schon bei geringen Änderungen des Wassergehalts. Da sie zudem das Wasser sehr schnell aufnehmen und abgeben können, sind sie als „Minutenböden" zu bezeichnen. Ihre Erosionsanfälligkeit ist sehr hoch. **K 312**

Böden nach K 307 c) und d) sind bei Wassergehalten $\omega \leq \omega_s$ nur noch mit sehr großem Aufwand bearbeitbar, da sie beim Austrocknen ein extrem festes Gefüge bilden. In diesem Zustand sind sie nach Bodenklasse 7 gemäß DIN 18 300, nach Verdichtung und Austrocknung u. U. sogar nach Bodenklasse 8 gemäß DIN 18 300, einzustufen.

K 313, 314   **DIN 18 915, Blatt 1**

Böden nach K 307 a) und b) können — allerdings mit relativ hohem Aufwand — nach Verdichtung wieder weitgehend gelockert werden. Trotzdem sind beim Bodenabtrag und Bodeneinbau Verdichtungen soweit wie möglich zu vermeiden. Die Gefahr der Korntrennung bei höheren Wassergehalten und Verwendung vibrierend wirkender Geräte und die damit verbundene zumindest zonenweise Verdichtung sind zu beachten.

Böden nach K 307 c) und d) lassen sich nach Verdichtung nur noch grob (klüftig) lockern. Das Gefüge kann nicht wieder voll aufgeschlossen werden. Daher sind alle Geräte und Einbauweisen auszuschließen, die eine knetende Verdichtung zur Folge haben.

Eine mechanische Gefügelockerung bei Böden der Bodengruppe 8 ist wegen der hohen Neigung zur Eigenkonsolidierung nur von zeitlich begrenzter Wirkung.

K 313   Böden nach K 307 c) und d) können durch mechanische Bodenverbesserung nicht mehr wirtschaftlich aufgeschlossen werden. Bei Böden nach K 307 a) und b) wird für dieses Verfahren auch bereits die Grenze der Wirtschaftlichkeit erreicht.

Böden der Bodengruppe 8 sind vor allem durch chemische Verfahren zu verbessern. Die damit verbundenen Änderungen der Bodeneigenschaften — z. B. des pH-Wertes — sind zu beachten.

K 314   K 274 gilt auch für Bodengruppe 8.

5.9 Bodengruppe 9

a) Bezeichnung: Stark bindiger, steiniger Boden

b) Korngrößenverteilung: Die Obergrenze der Korngröße ist $d = 200$ mm, dabei darf der Gehalt an Teilen $d > 20$ mm nicht mehr als 30 Gew.-% betragen. Der Gehalt an Teilen $d < 0{,}02$ mm ist > 40 Gew.-%.

c) Natürliche Vorkommen als Beispiele: Hangschutt, Kies und Schotter der Bodengruppe 8.

d) Plastische Eigenschaften: Mittel bis hoch, abhängig vom Tonanteil.

e) Wasserspeicherfähigkeit: Meist noch ausreichend bis gering, abhängig vom Tonanteil.

f) Wasserdurchlässigkeit: Nicht ausreichend.

g) Bearbeitbarkeit: Sehr begrenzt, nur bei $I_c \leq 1{,}0$ bis Schrumpfgrenze, sogenannte „Minutenböden". Hinzu kommt noch die Erschwernis durch den Steinanteil.

h) Eignung für vegetationstechnische Zwecke: Als B nur durch Verbesserung der Wasserdurchlässigkeit oder Aufbau einer F und D geeignet; als F und D ungeeignet; als V in der freien Landschaft nur mit Verbesserungen geeignet; als Vt in der freien Landschaft in der Regel geeignet; als Vf ungeeignet.

Bodengruppen 9 und 10 K 316—322

Der Korngrößenbereich der Bodengruppe 9 ist der Abbildung A 1 zu K 304 zu entnehmen. Eine tabellarische Einzelwertung der Böden 4 und 5 erfolgt nicht. — K 315

Die Wertung der Böden der Bodengruppe 9 ist analog den Einteilungen in K 277, K 287 und K 307 vorzunehmen. Die Hinweise auf die Bodengruppen 2, 4 und 6 sind durch „Bodengruppe 8" zu ersetzen. Weiterhin gilt für die Bodengruppe 9 auch K 306. — K 316

Bezüglich der vegetationstechnischen Eigenschaften gilt sinngemäß K 301. Dabei ist für Bodengruppe 7 und 6 „Bodengruppe 9 und 8" zu setzen. — K 317

Der Einfluß der plastischen Eigenschaften auf die Bearbeitbarkeit, die Wasserspeicherfähigkeit und Wasserdurchlässigkeit kann nach K 308 bis K 312 bewertet werden. — K 318

Zur Beurteilung der Art der Bodenverbesserung gilt K 313. Weiterhin sind hier die $d > 20$ mm bzw. 50 mm zu beachten, die rein mechanisch alle Verbesserungsverfahren erschweren. — K 319

K 274 gilt auch für Bodenguppe 9. — K 320

5.10 Stark steinige Böden, leichter Fels, schwerer Fels

Stark steinige Böden, d. h. Böden mit mehr als 30 Gew.-% an Teilen $d > 20$ mm und leichter sowie schwerer Felds im Sinne der Bodenklassifizierung nach DIN 18 300 sind für vegetationstechnische Zwecke, außer für Sicherungsbauweisen nach DIN 18 918, in der Regel nicht geeignet.

Der Korngrößenbereich der Bodengruppe 10 ist in der Abbildung A 1 zu K 321 dargestellt. Eine tabellarische Einzelwertung der Böden 1 bis 4 erfolgt nicht. — K 321

Die Einstufung der Böden 1 bis 4 nach A 1 zu K 321 in die Bodengruppe 10 ist wie folgt begründet: — K 322

Boden 1 ist in die Bodengruppe 10 einzustufen, da der Anteil an $d > 20$ mm 35 % beträgt. Bei weniger als 30 % gehörte der Boden sonst zur Bodengruppe 7.

Boden 2 gehört zur Bodengruppe 10, da der Anteil an $d > 20$ mm 45 % beträgt. Die sonstigen Merkmale weisen ihn zur Bodengruppe 2 gehörend aus.

Boden 3 ist wegen seines Größtkorns beträchtlich über $d = 200$ mm und des Anteils an $d > 20$ mm von 90 % eindeutig in Bodengruppe 10 einzustufen.

Boden 4 ist als Bodengruppe 10 zu bezeichnen, da das Größtkorn größer als $d = 200$ mm ist. Würden diese Steine aussortiert, entspräche der Boden den Merkmalen der Bodengruppe 3.

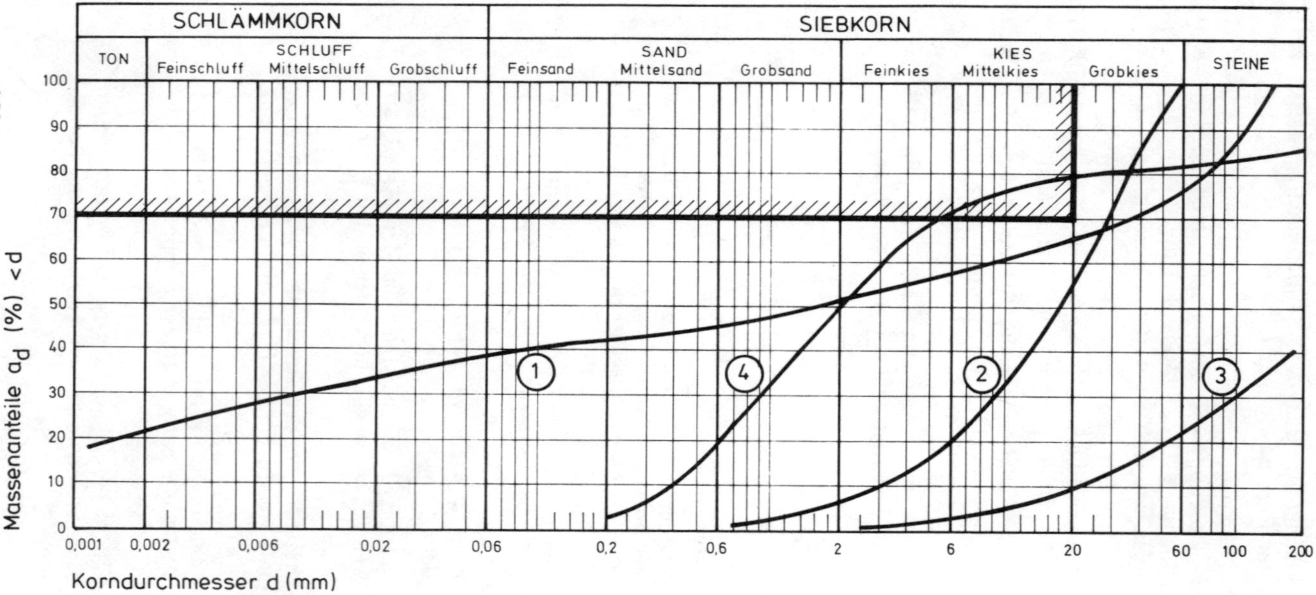

K 321 DIN 18 915, Blatt 1

Kurve	Massenanteil (%) $d<0{,}02$ mm	$d>20$ mm	Größtkorn mm	Bodengruppe DIN 18 915	Bodenart DIN 4022	Bodengruppe DIN 18 196	Ungleichförmigkeit d_{60}	d_{10}	U
1	34	35 (>30)	>200	10	X/G, u, t, s	G̅T̅	—	—	—
2	0	45 (>30)	60	10	G	GW	24	3	8
3	0	90 (>30)	>200	10	Y, X, g	—	—	—	—
4	0	20 (<30)	>200	10	S, g, y	GW	3	0,4	7,5

Abbildung A 1 zu K 321: Beispiele für Böden der Bodengruppe 10

Bodengruppe 10   K 323 – 326

Die zur Bodengruppe 10 gehörenden Böden zeigen damit extreme Unterschiede in den vegetations- und bearbeitungstechnischen Eigenschaften. Die für eine Bewertung notwendige Gruppierung erfolgt in K 324.

Im Gegensatz zu den anderen Bodengruppen können Böden der Bodengruppe 10 vom Extrem stark bindiger Böden bis zum Extrem rein steiniger Böden reichen. Damit ist bei dieser Bodengruppe eine eindeutige Aussage über Porenfüllung und Porengröße nicht möglich.   K 323

Siehe hierzu auch K 324 bis K 329.

Die Bewertung der Böden der Bodengruppe 10 (siehe K 325 bis K 329) sollte von folgender Einteilung ausgehen: K 324

a) Der Boden enthält Anteile an $d < 0{,}002$ mm von mindestens 5 % und an $d < 0{,}06$ mm von mindestens 35 %.

b) Der Anteil an $d < 0{,}006$ mm beträgt bis 10 % und an $d < 0{,}06$ mm 15 bis 35 %.

c) Der Anteil an $d < 0{,}06$ mm liegt unter 15 %.

d) Der Boden besteht nur aus Korngrößen über 0,06 mm.

e) Das Größtkorn liegt unter 63 mm, der Massenanteil an $d = 20$ bis 63 mm über 30 %.

f) Das Größtkorn liegt zwischen 63 und 200 mm, der Massenanteil an $d > 20$ mm über 30 %.

g) Das Größtkorn liegt über 200 mm, der Massenanteil an $d > 20$ mm unter 30 %.

h) Das Größtkorn liegt über 200 mm und der Massenanteil an $d > 20$ mm über 30 %.

Bei Böden der Bodengruppe 10 sind stets Kriterien nach K 324 a) bis d) und Kriterien nach K 324 e) bis h) kombiniert. Bei der Bewertung sind die aus beiden Gruppen abzuleitenden Einflüsse zu berücksichtigen.   K 325

Die Kriterien nach K 324 a) bis d) sind entscheidend für die Beurteilung der plastischen Eigenschaften und der daraus resultierenden Bearbeitbarkeit. Die Bearbeitungsmethode muß sich darüber hinaus nach dem Größtkorn richten (siehe K 327).   K 326

Böden nach K 324 a) sind durch eine mittlere bis hohe Plastizität gekennzeichnet. Darin entsprechen sie etwa der Bodengruppe 8. Der gesamte Porenraum dieser Böden ist durch Feinanteile gefüllt. Die Böden sollten nur bei $I_c \geqslant 1{,}0$ bearbeitet werden. Andernfalls wird eine extreme Gefügedichtung erreicht, die wegen der groben Körner kaum wieder aufgebrochen werden kann.

Böden nach K 324 b) haben eine niedrige bis mittlere Plastizität. Sie entsprechen damit den Bodengruppen 4 bis 7 (zum Porenraum siehe K 149 ff.). Die Bearbeitung sollte bei $I_c \geqslant 0{,}75$ erfolgen.

Böden nach K 324 c) und d) weisen praktisch keine plastischen Eigenschaften auf. Sie können in jedem Zustand bearbeitet werden.

K 327 Die Kriterien nach K 324 a) bis d) sind weiterhin maßgebend für die Wasserspeicherfähigkeit (WSP) und die Wasserdurchlässigkeit (WD). Analog den Bodengruppen 2 bis 9 sind daraus Merkmale der vegetationstechnischen Eigenschaften abzuleiten.

Böden nach K 324 a) weisen unabhängig von der Zusammensetzung des Grobkornbereiches eine ungenügende WSP und keine WD auf (siehe Bodengruppe 8 und 9).

Böden nach K 324 b) besitzen unabhängig vom Grobkorn eine gute WSP bei geringer WD (siehe Bodengruppe 4 bis 7).

Böden nach K 324 c) haben ebenfalls unabhängig vom Größtkorn eine meist noch ausreichende WSP bei guter WD (siehe Bodengruppe 2 und 3).

Böden nach K 324 d) sind durch eine meist zu geringe WSP und sehr gute WD gekennzeichnet (siehe Bodengruppe 2 und 3). Die WSP ist um so geringer je größer die Korngrößen sind und je enger der Boden gestuft ist. Die WD ist gleichlaufend um so größer.

K 328 Die Bearbeitbarkeit wird außer durch den Feinkornanteil (plastische Eigenschaften, siehe K 327) durch die Korngrößen über 20 mm beeinflußt (siehe K 324 e) bis h)).

Böden nach K 324 e) sind bezüglich des Grobkorns wie die Bodengruppen 2, 4, 6 und 8 zu bearbeiten. Die Unterschiede hängen nur vom Feinkornanteil ab.

Böden nach K 324 f) bieten bearbeitungstechnisch höhere Schwierigkeiten. Die Angaben zu den Bodengruppen 3, 5, 7 und 9 sollten beachtet werden.

Böden nach K 324 g) können nach Entfernen der nur wenigen Steine bzw. Blöcke mit $d < 200$ mm wie die Bodengruppen 3, 5, 7 und 9 behandelt werden.

Böden nach K 324 h) stellen eine völlig von den andern Bodengruppen abweichende Bodenart dar. Unabhängig vom Feinkornanteil werden die entscheidenden Eigenschaften vom Grobkorn geprägt.

K 329 Die vegetationstechnische Eignung richtet sich nach der Kombination der Eigenschaften nach K 324 a) bis d) mit denen nach K 324 e) bis h).

Alle Böden nach K 324 a) kombiniert mit K 324 e) bis g) entsprechen in der Eignung als V der Bodengruppe 9. Die Verwendung wird weiterhin durch das Größtkorn beeinflußt. In der Regel sind derartige Böden nur für extensive Begrünungen, vor allem Pflanzungen in der freien Landschaft, geeignet. Die Pflanzenauswahl sollte sich nach der Bodenart richten.

Böden nach K 324 b) und c) kombiniert mit K 324 e) bis g) entsprechen in ihrer Eignung als V weitgehend den Bodengruppen 5 und 7. Auch diese

Ermittlung von Konsistenz und Bearbeitbarkeit K 330–334

Böden sind vorwiegend für Begrünungen, auch Ansaaten in der freien Landschaft geeignet.

Böden nach K 324 d) kombiniert mit K 324 e) sind u. U. als F oder D zu verwenden. Die Filterregeln sind dabei zu beachten.

Böden der Bodengruppe 10 sind in den meisten Fällen eine — ausreichende Durchlässigkeit und Anpassung an den Oberboden vorausgesetzt — als B geeignet.

K 274 gilt auch für die Bodengruppe 10. K 330

6 Verfahren der überschläglichen Ermittlung der Konsistenz und Bearbeitbarkeit von Böden der Bodengruppen 6 bis 9

Diese Verfahren dienen zur überschläglichen Ermittlung der Konsistenz von Böden der Bodengruppen 6 bis 9 auf der Baustelle und zum Feststellen der davon abhängigen Bearbeitbarkeit. Sie gelten nicht für Böden der Bodengruppen 4 und 5, die ein nicht so ausgeprägt plastisches Verhalten zeigen und sich daher nicht durch diese Methode beurteilen lassen. Reichen die Untersuchungen nach Abschnitt 6 zur Beurteilung der Bearbeitbarkeit nicht aus, sind Laboruntersuchungen nach Abschnitt 4.2.3.2 a) erforderlich.

Alle im Abschn. behandelten Verfahren sollen zeigen, daß der Boden bei der Bearbeitung krümelt bzw. sich nach dem Einbau noch ausreichend lockern läßt. K 331

Aus den Versuchen kann in der Regel abgeleitet werden, daß bei Böden mit großer Kohäsion (tonreiche Böden) die Konsistenz $I_c \geqslant 1{,}0$ und bei Böden mit geringer Kohäsion (schluffreiche bzw. tonarme Böden) $I_c \geqslant 0{,}75$ beträgt.

Die Versuche nach Abschn. 6.2.3 sind auch bei den Bodengruppen 4 und 5 anwendbar, wenn der Feinkornanteil vor allem aus Ton besteht (siehe K 281 c) und K 288). K 332

Entsprechend K 273 a) kann eine Feststellung der Konsistenz auch schon bei der Bodengruppe 2 und nach K 276 für die Bodengruppe 3 möglich und notwendig sein. K 333

Die Untersuchungen nach Abschn. 6.2.1 und 6.2.3 müssen unmittelbar vor Bearbeitungsbeginn durchgeführt werden. Eine Wiederholung ist stets notwendig, wenn während der Bearbeitungsdauer eine Änderung der Konsistenz zu erwarten oder nach Augenschein bereits eingetreten ist. K 334

6.1 Untersuchungsablauf
Die Reihenfolge der erforderlichen Untersuchungen erfolgt nach den in Tabelle 3 dargestellten Ablaufschemen.

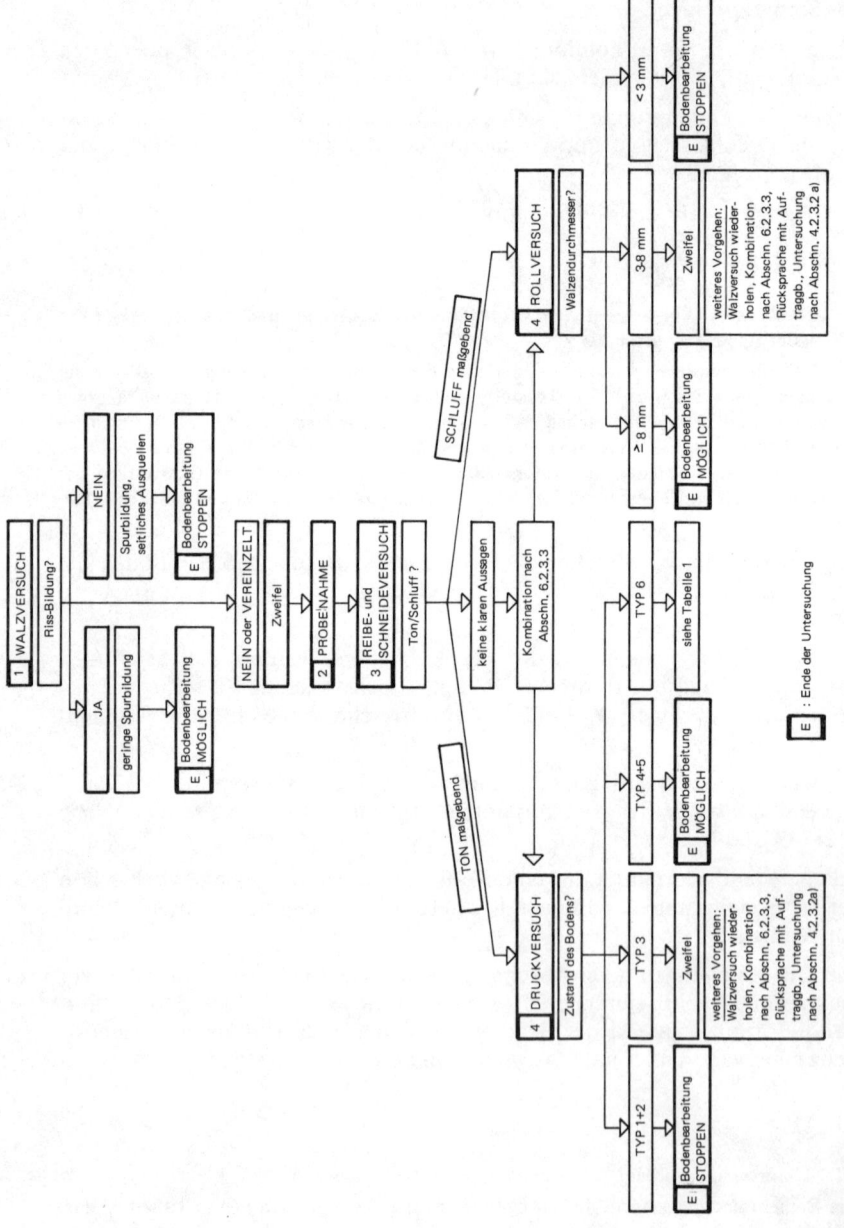

Tabelle 3. *Untersuchungsablauf*

Ermittlung von Konsistenz und Bearbeitbarkeit K 335 – 338

Die in Tabelle 3 der DIN 18 915, Blatt 1, angegebene Reihenfolge der Versuche ist nicht zwingend. Es ist auch nicht unbedingt notwendig, daß alle Versuche durchgeführt werden. Feldversuche zur Ermittlung der Kornzusammensetzung bzw. die Kenntnis der Kornverteilung können zudem nicht zweifelsfreie Aussagen der Versuche nach Abschn. 6.2.1 und 6.3.1 erhärten. K 335

6.2 Untersuchungsverfahren

6.2.1 Walzversuch

Das Verhalten des Bodens beim Walzversuch läßt Rückschlüsse auf die Konsistenz und damit auf Bearbeitbarkeit der Böden der Bodengruppen 6 bis 9 zu.

Für den Walzversuch wird das Baugerät verwendet, mit dem der überwiegende Teil der jeweiligen Bodenbearbeitung durchgeführt wird.

Der wesentliche Vorteil des Walzversuchs liegt darin, daß die Auswirkungen der für die Bodenbearbeitung (vor allem Transport und Einbau) verwendeten Geräte direkt ablesbar ist. Weiterhin sind die Beobachtungen weitgehend frei von subjektiver Wertung. K 336

Der Walzversuch ist stets dann als Anfangs- bzw. als alleiniger Versuch sinnvoll, wenn die zu bearbeitende Fläche ohnehin befahren werden soll. K 337

Weiterhin können und sollten Beobachtungen verwertet werden, die aus einer bereits befahrenen Fläche zu gewinnen sind.

6.2.1.1 Versuchsdurchführung

Mit einem luftbereiften Baufahrzeug, wie z. B. Radlader, Schlepper, beladener LKW, wird eine Radspur von etwa 4 m Länge dreimal befahren.

Ist eine Walze von mindestens 1 t Gesamtgewicht auf der Baustelle vorhanden, ist sie für den Walzversuch zu bevorzugen. Mit ihr ist eine Probefläche in einer Größe von etwa 4 m² ohne Vibration mit drei Übergängen zu verdichten.

Die Wahl des zur Prüfung verwendeten Gerätes ist nicht zwingend. Wichtig ist vor allem eine mehrfache in der Regel mindestens dreimalige Belastung der Prüfstelle, da der Boden auch im eigentlichen Bauvorgang mehrfach belastet wird und dennoch seine vegetationstechnisch erforderlichen Eigenschaften weitgehend erhalten werden müssen. K 338

6.2.1.2 Auswertung

Fall A

Beobachtung: Der Boden zeigt nach der Versuchsdurchführung Risse, es treten gleichzeitig nur geringe Radspurrillen oder Walzenmanteleindrücke auf.

Beurteilung: Es liegt eine Konsistenz vor, die der Konsistenz I_c von etwa 1 entspricht. Der Boden ist bearbeitbar.

Fall B

Beobachtung: Der Boden wird durch das Befahren oder Walzen in einen knetgummiar-

tigen Zustand gebracht, es treten gleichzeitig tiefe Radspurrillen bzw. tiefe Walzenmanteleindrücke auf oder ein starkes Schieben des Bodens vor dem Gerät.
Beurteilung: Es liegt eine Konsistenz vor, die beträchtlich unter der Konsistenzzahl I_c 1 liegt.
Der Boden ist nicht bearbeitbar.

Fall C
Beobachtung: Der Boden zeigt nach dem Befahren oder Walzen kaum Risse, und es bilden sich nur geringe Rad- oder Walzenspuren.
Beurteilung: Die Konsistenz des Bodens liegt auf der Genze zwischen Bearbeitbarkeit und Nichtbearbeitbarkeit. Zur endgültigen Beurteilung sind weitere Versuche nach Abschnitt 6.2.2 und 6.2.3 durchzuführen.

K 339 zu Fall C:

Nichtbearbeitbarkeit im Sinne der Bezugsziffer bedeutet, daß der Boden sehr hart ist. Eine Bearbeitung ist nur noch mit enormem Kraftaufwand möglich. Die Versuche nach Abschn. 6.2.2 und 6.2.3 sollen in diesem Fall vor allem klären, ob eine geringe oder hohe Plastizität (I_p) vorliegt und ggf. eine geringe und auch schnelle Wassergehaltszunahme die Bearbeitung ermöglichen würde (z. B. bei hohem Schluffanteil).

K 340 Die angeführten Beobachtungen können auch durch Feststellungen anderer Art ergänzt oder ersetzt werden. Hierzu zählen z. B. Beobachtung von Löse- und Ladevorgängen mit Baggern oder Ladern. Zerfällt der Boden hierbei in kleinere, nicht intensiv gebundene Bestandteile, kann die Konsistenz zu $I_c \geq 1{,}0$ (0,75) angenommen werden, und der Boden ist bearbeitbar.

Auch die Beobachtung des Schlupf hinter und neben der Kette von Ladern und Planierraupen oder grobstolligen Reifen liefert Hinweise. Zeigt sich, daß sich die hierdurch unter Belastung verschobenen Bodenbereiche von Hand leicht zerteilen lassen oder ohne weitere Einwirkung in kleinere Bestandteile zerfallen, ist die Konsistenz $I_c \geq 1{,}0$ (0,75). Der Boden kann bearbeitet werden.

6.2.2 Ermittlung der maßgebenden Feinanteile des Bodens
Für die Durchführung der Untersuchungen nach Abschnitt 6.2.3 ist die Ermittlung der maßgebenden Feinanteile — Ton oder Schluff — erforderlich.
Diese Ermittlung entfällt, wenn aus der der Leistungsbeschreibung beigefügten Bodenbeschreibung die Art des Bodens bzw. die Art der maßgebenden Feinanteile entnommen werden kann.

6.2.2.1 Probenahme
Entsprechend der Größe der Baustelle sind an wenigstens drei für die Bodenzusammensetzung typischen Stellen Bodenproben zu entnehmen. Dabei ist zuvor die oberste Bodenschicht in 2 bis 3 cm Dicke abzuräumen.

Ermittlung von Konsistenz und Bearbeitbarkeit   K 341, 342

Die Probenmenge soll bei feinkörnigen Böden (Bodengruppen 6 und 8) jeweils 500 cm^3 (etwa Faustgröße), bei grobkörnigen bis steinigen Böden (Bodengruppen 7 und 9) etwa die doppelte Menge betragen.

Die Untersuchungen haben unmittelbar nach der Probenahme zu erfolgen. Bis dahin sind die Proben luftdicht zu verpacken, um ein Austrocknen zu verhindern. Zur Aufbewahrung eignen sich z. B. Plastiktüten.

6.2.2.2 Reibe- und Schneidversuch

Mit diesen Versuchen wird festgestellt, ob der Feinkornanteil des Bodens vor allem durch Ton oder Schluff gebildet wird. Beide Versuche sind dreimal durchzuführen, wobei wenigstens zwei Versuchsergebnisse übereinstimmen müssen.

Da der Reibe- und Schneideversuch nicht zur Ermittlung der Konsistenz und damit der Bearbeitbarkeit dient, sondern nur die vom Bearbeitungszeitpunkt unabhängige Feinkornart feststellt, kann der Versuch auch zeitlich unabhängig von der Bearbeitung durchgeführt werden.   K 341

Die Feststellung der Feinkornart läßt Schlüsse auf die Plastizität zu. Die Größe der Plastizität ist ausschlaggebend für die Dauer der Bearbeitbarkeit und damit die Termingestaltung. Je höher die Plastizität, desto langsamer ändern sich der Wassergehalt des Bodens und damit die vorliegende Konsistenz. Diese Hinweise sollten möglichst früh bekannt sein. Siehe hierzu auch K 99 bis K 104.   K 342

6.2.2.2.1 Reibeversuch

Eine kleine Menge der Feinsubstanz des Bodens wird bis zum Austrocknen zwischen den Fingern gerieben.

Auswertung:

a) Der Boden fühlt sich seifig an. Er bleibt an den Fingern kleben. In trockenem Zustand muß er abgewaschen werden. Diese Zeichen weisen auf Ton hin.

b) Der Boden fühlt sich weich und mehlig an. Im trockenen Zustand kann er durch Fortblasen oder Klatschen von den Handflächen entfernt werden. Diese Zeichen weisen auf Schluff hin.

c) Eine leichte Rauheit oder ein Knirschen beim Reiben der Probe ist das Zeichen für einen mehr oder weniger großen Sandanteil.

6.2.2.2.2 Schneideversuch

Eine Teilprobe des Bodens wird mit den Händen fest zusammengedrückt. Danach wird sie mit einem Messer durchgeschnitten oder mit dem Fingernagel geritzt.

Auswertung:

a) Die Schnittfläche ist glänzend. Sie bleibt es auch noch längere Zeit. Der Glanz weist auf Ton hin.

b) Die Schnittfläche ist stumpf oder ein Anfangsglanz verschwindet sofort. Dieses Aussehen weist auf Schluff hin.

6.2.3 Roll- und Druckversuch

Beide Versuche dienen zur Feststellung der Konsistenz bzw. der Bearbeitung von Böden der Bodengruppen 6 bis 9.

K 343 Diese Feldversuche nach Abschn. 6.2.3 zeigen das Bodenverhalten ohne Geräteeinwirkung. Bei der Bauausführung können Abweichungen vorkommen. Dies trifft vor allem bei der Verwendung sehr schwerer und/oder vibrierend belastender Geräte (z. B. Geräte mit Kettenfahrwerk) ein. Diese Geräte führen zu einer zumindest kurzzeitigen intensiven Verdichtung, die bei bindigen Böden oder Mischböden u. U. zu einer beträchtlichen Zunahme des Wasseranteils in den Poren führt. Dadurch kann es zu einer entscheidenden Abnahme der Konsistenz kommen.

Werden nicht zulässige Veränderungen der Konsistenz durch den Maschineneinsatz beobachtet, ist die Bodenbearbeitung abzubrechen. Gegebenenfalls kann sie mit leichteren Geräten fortgesetzt werden. Die Beobachtungen sind nach den Maßstäben des Walzversuchs (siehe Abschn. 6.2.1) zu werten.

6.2.3.1 Rollversuch
Haben die Untersuchungen nach Abschnitt 6.2.2.2.2 als maßgebenden Feinkornanteil Schluff ergeben, ist die Bearbeitbarkeit des Bodens durch den Rollversuch weiter zu untersuchen.

K 344 Der Rollversuch besitzt in der Regel die größte Aussagekraft für die Konsistenz und damit die Bearbeitbarkeit.

Siehe hierzu auch Abschn. 4.2.1.3 mit ihren Kommentaren.

K 345 Der Versuch kann bei allen bindigen Böden, also auch bei Tonen bzw. Böden mit Tonanteilen durchgeführt werden. Ungenauigkeiten treten jedoch bei hohem Sandanteil auf. Entweder sollte in diesem Fall eine genaue Laboruntersuchung vorgenommen werden oder zur besseren Interpretation des Ergebnisses des Rollversuchs die Kornverteilung bekannt sein.

6.2.3.1.1 Versuchdurchführung
Aus der Bodenprobe werden möglichst alle größeren Körner (Durchmesser > 2 mm = Streichholzdurchmesser) entfernt. Diese Arbeit muß zügig erfolgen, da sonst der Wassergehalt zu stark abnimmt. Nach Möglichkeit ist ein Sieb mit der Maschenweite von 2 mm zu verwenden, durch das der Boden hindurchgedrückt wird. Anderenfalls muß mit der Hand ausgelesen werden. Aus den Feinteilen ist eine etwa walnußgroße Teilprobe zusammenzukneten und anschließend zu einer gleichmäßig dünnen Bodenwalze so lange auszurollen, bis die Walze in einzelne Abschnitte zerbricht oder zerbröckelt.

Das Ausrollen hat zügig mit bloßer Hand auf einer glatten, nicht wassersaugenden Unterlage zu erfolgen (Kunststoff- oder Glasplatte, glatte Holzplatte).

Die Bruchstellen der Bodenwalze sollen vor allem feinste Anteile zeigen (mehlartig, Staub). Zeigen die Bruchflächen hauptsächlich größere Körner (mit bloßem Auge zu erkennen), sind die einzelnen Walzenstücke weiter auszurollen, bis sie bei einem entsprechend kleineren, maßgebenden Durchmesser zerbrechen.

Ermittlung von Konsistenz und Bearbeitbarkeit

6.2.3.1.2 Auswertung

a) Zerbröckelt oder zerbricht die Bodenwalze bei einem Durchmesser von mehr als 8 mm (Bleistiftstärke), kann der Boden bearbeitet werden.

b) Läßt sich der Boden zu einer Walze von weniger als 3 mm Durchmesser ausrollen, ist er nicht mehr bearbeitbar. Die Bodenbearbeitung ist zu stoppen.

c) Zerbröckelt oder zerbricht die Bodenwalze bei einem Durchmesser zwischen 3 und 8 mm, liegen Zweifelsfälle vor.

Entscheidungshilfen können aus einer Wiederholung des Walzversuches nach Abschnitt 6.2.1 oder der Kombination nach Abschnitt 6.2.3.3 gewonnen werden. Anderenfalls sind Laboruntersuchungen nach Abschnitt 4.2.3.2 a) durchzuführen.

6.2.3.2 Druckversuch

Dieser Versuch eignet sich besonders für tonreiche Böden bzw. Böden, deren maßgebender Feinkornanteil durch Ton gebildet wird.

Der Druckversuch ist wegen seiner stark subjektiven Wertung vor allem als ergänzender Versuch zu verwenden. Seine alleinige Anwendung kann zu Fehlschlüssen führen.

6.2.3.2.1 Versuchsdurchführung

Der Versuch wird auf der durch den Walzversuch verdichteten Fläche durchgeführt. Der Versuch besteht darin, daß die Konsistenz des Bodens durch Eindrücken der Faust oder des Daumens bzw. durch Ritzen mit dem Fingernagel gemäß den Angaben nach Tabelle 4 geprüft wird.

6.2.3.2.2 Auswertung

Untersuchung	Zustand des Bodens		Bearbeitbarkeit
Faust läßt sich leicht eindrücken	sehr weich	Typ 1	nein
Daumen läßt sich leicht eindrücken	weich	Typ 2	nein
Daumen läßt sich mit geringem Druck eindrücken	mittel	Typ 3	u. U. möglich (siehe Tabelle 3)
Daumen läßt sich nur mit großem Kraftaufwand eindrücken; geringe Spuren	steif	Typ 4	ja
mit Fingernagel leicht zu ritzen	sehr steif	Typ 5	ja
mit Fingernagel kaum zu ritzen	hart	Typ 6	nur unter großem Kraftaufwand möglich

Tabelle 4 Bearbeitkeit von Tonböden

6.2.3.3 Kombination des Rollversuches und Druckversuches

Lassen die Untersuchungen nach Abschnitt 6.2.2.2 keine eindeutige Aussage zu, oder ergeben sich nach den Untersuchungen nach Abschnitt 6.2.3.1 Walzendurchmesser von 3 bis 8 mm, oder nach den Untersuchungen nach Abschnitt 6.2.3.2 der Zustandstyp 3, sollte eine Kombination des Roll- und Druckversuches vorgenommen werden. In diesem Falle genügt es, wenn nach einem der beiden Versuche die Bearbeitbarkeit des Bodens zulässig ist.

K 347 Die Festlegung des letzten Satzes gilt nur, wenn beim Versuch nach Abschn. 6.2.3.2, Typ 3, zusätzlich zur Verformung Risse auftreten oder der Versuch nach Abschn. 6.2.3.1 an Böden mit hohem Sandanteil durchgeführt wird (siehe auch K 345).

Bodenarbeiten, Allgemeines K 350

	Landschaftsbau	
	Bodenarbeiten **für vegetationstechnische Zwecke** Boden Bodenverbesserungsstoffe Dünger Anforderungen	$\overline{\text{DIN}}$ 18 915 Blatt 2

1 Boden

1.1 Oberboden (Mutterboden)

Allgemeines

Oberboden wird in zwei Normen behandelt. Die Definitionen sind nicht übereinstimmend, da unterschiedliche Interessenlagen berücksichtigt wurden.

A Oberboden nach DIN 18 300 — Erdarbeiten

Oberboden wird im Rahmen der **Einstufung** der Boden- und Felsarten, die in DIN 18 300 **nach dem Zustand beim Lösen erfolgt,** als Klasse 1 geführt:

Klasse 1: Oberboden (Mutterboden)
Oberboden ist die oberste Schicht des Bodens, die neben anorganischen Stoffen, z. B. Kies-, Schluff- und Tongemisch, auch Humus und Bodenlebewesen enthält.

Unter „Allgemeines" wird aber bemerkt, daß **Oberboden** in Hinblick auf eine besondere Behandlung **unabhängig von seinem Zustand beim Lösen als eigene Klasse** geführt wird.

Für die besondere Behandlung gibt es nach dieser Norm zwei verschiedene Richtlinien:

1. Oberbodenarbeiten nach den Grundsätzen des Landschaftsbaues.

Hier gilt DIN 18 320, die wiederum auf DIN 18 915 als zugehörige Fachnorm mit Ausführungsbestimmungen und Qualitätsfestlegungen verweist. **DIN 18 300 hat hier keine Geltung.**

2. Oberbodenarbeiten, bei denen die Verwendung des Oberbodens zwar **nicht nach den Grundsätzen des Landschaftsbaues** vorgeschrieben ist, bei denen aber der Oberboden wieder als Oberboden verwendet werden soll. (?????) **Hier gilt DIN 18 300.**

In DIN 18 300 ist nicht definiert, in welchen Fällen derartige Oberbodenarbeiten ausgeführt werden sollen und ob es Fälle gibt, wo Oberbodenandeckungen ohne das Ziel einer Begrünung vorgenommen werden. Es könnte aufgrund dieser Formulierungen vermutet werden, daß z. B. die Rekultivierungen von Forstflächen nach Rohrverlegungen oder Dränarbeiten für landwirtschaftliche Flächen oder die Oberbodenarbeiten bei Sicherungsarbeiten an Gewässern, Dünen und Deichen nach diesen Regeln behandelt werden sollten.

Grundsätzlich ist hier zu fragen, ob es überhaupt im Rahmen des Normenwerkes **Bodenarbeiten** zum Zwecke einer Begrünung, d. h. für vegetationstechnische Zwecke, eine **1. und 2. Klasse** geben darf.

Die verminderten Regeln der DIN 18 300 sehen vor:

3.4.4.1 Oberboden darf nicht durch Beimengungen verschlechtert werden, z. B. durch Baurückstände, Metalle, Glas, Schlacken, Asche, Kunststoffe, Mineralöle, Chemikalien, schwer zersetzbare Pflanzenreste.

3.4.4.2 Bindige Oberböden dürfen nur bei weicher bis fester Konsistenz abgetragen und aufgetragen werden.

3.4.4.3 Wird Oberboden nicht sofort weiterverwendet, ist er getrennt von anderen Bodenarten und abseits vom Baubetrieb und möglichst zusammenhängend zu lagern. Dabei darf er nicht durch Befahren oder auf andere Weise verdichtet werden.

3.4.4.4 Leicht verrottbare Pflanzendecken, z. B. Grasnarbe, werden wie Oberboden behandelt.

Bei diesen Regeln fehlen alle Ansätze zu einer qualifizierten Verwendung von Oberboden, auf dem Vegetation angesiedelt werden soll. So fehlen z. B. alle Aussagen über Unkräuter im Boden, über die unterschiedliche Bindigkeit der Böden und die darauf abzustimmenden Grenzen der Bearbeitbarkeit. Nach diesen Regeln darf **bindiger Boden noch in weichem Zustand** bewegt werden, obwohl die daraus resultierenden Schäden allgemein bekannt sind.

Der DNA war sicher nicht gut beraten, als er trotz der Einsprüche des Landschaftsbaus diese Widersprüche zuließ. In Zweifelsfällen wird bei Gerichtsentscheidungen nach den anerkannten Regeln der Technik gefragt werden, an die sich jeder mit diesem Gewerk Befaßte halten muß. Wenn auf Oberboden Vegetation angesiedelt wird, ganz gleich ob es sich um Aufforstungen oder Böschungssicherungen an Gewässern handelt, dann sind das vegetationstechnische Maßnahmen, deren **Regeln in DIN 18 915** festgelegt sind. Da diese „**durchweg in den Kreisen der betreffenden Techniker bekannt und als richtig anerkannt sind**", ist jeder einschlägig Tätige nach BGB und VOB gehalten, sie anzuwenden. Sonst verstößt er gegen die „anerkannten Regeln der Technik".

B Oberboden nach DIN 18 320

DIN 18 320 verweist unter Kapitel 2 — Stoffe, Bauteile, Pflanzen, Pflanzenteile — bei der Behandlung von Oberboden lediglich auf DIN 18 915,

Oberboden

Blatt 2 — Landschaftsbau, Bodenarbeiten für vegetationstechnische Zwecke, Boden, Bodenverbesserungsstoffe, Dünger, Anforderungen.

In Blatt 1 dieser Norm ist Oberboden wie folgt definiert: **„Oberboden ist die oberste Schicht des durch physikalische, chemische und biologische Vorgänge entstandenen Bodens."** (Vergleiche dazu die Definition in DIN 18 300.)

Weiterhin wird auf K 3 verwiesen.

Der Oberboden ist nach den Festlegungen in DIN 18 915 Blatt 1 zu klassifizieren.

Das bedeutet, Oberboden ist nicht gleich Oberboden, sondern die Beschaffenheit des Bodens ist abhängig von seiner jeweiligen Zusammensetzung. Es ist Sache der am Bau Beteiligten, die für den jeweiligen Verwendungszweck geeignete Bodenbeschaffenheit festzulegen, evtl. vorhandenen Oberboden im Rahmen der Voruntersuchung auf diese Beschaffenheit hin zu prüfen oder übernommenen Oberboden in dieser Hinsicht im Rahmen der Sorgfaltspflicht zu überprüfen.

Wird für einen anzuliefernden Oberboden eine bestimmte Bodengruppe vorgeschrieben, dann gilt als Zeitpunkt der Bewertung nicht der Lieferzeitpunkt, sondern der Einbauzeitpunkt, weil es dem Auftragnehmer freisteht, einen angelieferten Oberboden aus eigenen Mitteln so zu verändern, daß er den Anforderungen der Ausschreibung genügt.

Er darf nicht enthalten: Bauwerkreste, Baurückstände, Metallgegenstände, Glas, Scherben, Schlacken, Asche, Mineralöle, Chemikalien, schwer zersetzbare Pflanzenreste oder Pflanzenteile sowie keine lebenden Pflanzen oder Pflanzenteile von Dauerunkräutern (außer Samen).

Dazu zählen in der Regel: Quecke (Agropyron repens), Huflattich (Tussilago farfara), Ackerwinde (Convolvulus arvensis), Giersch, Geißfuß (Aegopodium podagraria), Ampferarten (Rumex), Gelbkresse (Rorippa sylvestris).

Bei der Verwendung und Behandlung sind die Bearbeitungsgrenzen nach DIN 18 915 Blatt 1 und die Verfahrensvorschriften nach DIN 18 915 Blatt 3 zu beachten.

Diese Festlegungen gelten auch für angelieferten Oberboden.

Für die toten Stoffe, die nicht im Oberboden enthalten sein dürfen, können unterschiedliche Wichtungen vorgenommen werden. Im gegenseitigen Einvernehmen lassen sich manche dieser Stoffe noch tolerieren, wenn sie durch die Art der Vegetationsfläche keinen negativen Einfluß auf die Vegetation und die Nutzer haben. Das gilt sicher für untergeordnete geringe Verunreinigungen durch Bauwerksreste, pflanzenunschädliche Baurückstände, Schlacken und Aschen. Glas und Scherben sind pflanzenunschädlich, können aber zu Verletzungen der Nutzer von Vegetationsflächen führen. Deshalb sind sie mit Sicherheit bei belasteten Vegetationsflächen, allen sonstwie betretbaren Zierrasenflächen und auch bei hochwertigen Pflanzenflächen auszuschließen, bei denen Unkraut auch durch Jäten entfernt werden muß, wie z. B. Staudenflächen.

Schwer zersetzbare Pflanzenteile sind im Oberboden unerwünscht nur in Form von größeren Ästen, Baumteilen etc. In gehäckselter Form stellen sie dagegen eine erwünschte Bereicherung der organischen Bestandteile des Oberboden dar, die infolge ihres Liningehaltes auf Dauer zu einer willkommenen Anreicherung von Dauerhumus beitragen können.

Absolut unzulässig sind alle Verunreinigungen aus Metallrückständen, Mineralölen und Chemikalien. Ein derart verunreinigter Oberboden darf nicht bzw. nur nach besonderer Prüfung verwendet werden.

Das Tolerieren von Stoffen in Oberboden gilt auch für gelieferten Oberboden, wenn ihr Vorhandensein für den Verwendungszweck unerheblich ist. Auf keinen Fall soll aus diesen Festlegungen für den Auftragnehmer eine Knebelung in dem Sinne erwachsen, daß grundsätzlich jeder Oberboden zurückgewiesen werden kann, in dem unerheblichen Mengen von Stoffen enthalten sind, die den Verwendungszweck nicht beeinträchtigen.

K 353 Die aufgeführten Unkräuter sind mit dem bloßen Auge erkennbar. Für die praktische Anwendung hat die Forderung nach Freiheit von lebenden Pflanzen und Pflanzenteilen von Dauerunkräutern folgende Bedeutung:

a) Enthält der bauseits gestellte Oberboden Unkräuter der genannten Art, muß der Auftragnehmer darauf aufmerksam machen (Anmeldung von Bodenbau) und ggf. Vorschläge mit einem Angebot unterbreiten, auf welche Weise das Unkraut beseitigt werden kann. Der Auftraggeber hat nach diesem Angebot die Möglichkeit, nach diesen Vorschlägen zu verfahren, wobei er die Kosten zu tragen hat, oder aber den mit Wurzelunkräutern durchsetzten Oberboden ohne Behandlung zu benutzen. In diesem Falle wird der Auftragnehmer die ausgeschriebenen Leistungen der Fertigstellungspflege überprüfen müssen, ob sie bei diesen Verhältnissen ausreichend bemessen sind. Wenn z. B. häufigere Hackgänge zu erwarten sind als im Leistungsverzeichnis vorgesehen, muß er auch hier wieder schriftlich Bedenken gegen den vorgesehenen zu geringen Umfang der Fertigstellungs-Pflege-Leistungen geltend machen.

b) Bei Oberbodenlieferung durch den Auftragnehmer muß der Oberboden im Rahmen der vorstehenden Festlegung unkrautfrei sein.

Verunkrauteten Oberboden kann der Auftraggeber zurückweisen oder alle daraus entstehenden Mehrleistungen, z. B. bei den Hackgängen, dem Auftragnehmer anlasten.

In Gegenden, in denen z. B. nur verqueckte Oberböden zur Verfügung stehen, müssen deshalb vom Auftragnehmer die Kosten für die Unkrautbeseitigung in den Preis einkalkuliert werden.

Unterboden, Bodenverbesserungsstoffe K 354, 355

c) Durch langfristige Maßnahmen, wie z. B. Fräsen, Schwarzbrache oder Kultur von Hackfrüchten, läßt sich auch ein Oberboden ohne Wurzelunkräuter schaffen. Es wäre aber unreal, im Baubereich diese Möglichkeit in Erwägung zu ziehen.

d) Eine weitere Möglichkeit ist die chemische Bekämpfung von Unkräutern z. B. mit Terabol. Dabei sind die besonderen Sicherheitsbestimmungen zu beachten und benachbarte Vegetation zu schützen. Auf die Genehmigungspflicht bei der Anwendung einiger Totalherbizide sei besonders hingewiesen.

e) Nach Abschätzung der u. U. sehr hohen Aufwendungen zur Befreiung eines Oberbodens von Dauerunkräutern kann es durchaus sinnvoll sein, den unkrautfreien Unterboden für eine vegetationstechnische Verwendung aufzubereiten.

Entscheidend für die Wertung der Festlegungen der Norm und der hier aufgeführten Handlungsalternativen ist, daß eine Vorgabe als Richtschnur gegeben worden ist, von der natürlich abgewichen werden kann. Dieses Abweichen setzt aber gegenseitiges Einverständnis voraus, weil erhebliche Konsequenzen sowohl finanzieller als auch vegetationstechnischer Art damit verbunden sind. **K 354**

1.2 Unterboden
Für den Unterboden gelten die gleichen Anforderungen wie für den Oberboden. Er kann durch entsprechende Maßnahmen für Vegetationsschichten verwendbar gemacht werden.

Entspricht Unterboden den an Oberboden gestellten Anforderungen nach DIN 18 915 Teil 1, kann er ohne zusätzliche Maßnahmen für Vegetationsschichten verwendet werden. **K 355**

Unterboden weist in der Regel einen zu geringen Anteil an organischer Substanz und bei bindigen Böden eine dichtere Lagerung auf. Die Maßnahmen zielen daher im wesentlichen auf eine Erhöhung des Anteils an organischer Substanz und auf die Verbesserung der Wasserdurchlässigkeit durch lockere Lagerung oder Bodenverbesserung ab (siehe dazu die Kommentare zu den Abschn. 4.1.4, 4.2.4, 4.3.4, 4.5.4 der DIN 18 915 Teil 1).

2 Bodenverbesserungsstoffe
2.1 Stoffe mit organischer Substanz natürlicher oder synthetischer Herkunft
Sie werden verwendet zur Erhöhung des Gehaltes an organischer Substanz in Vegetationsschichten, Verbesserung der Wasserspeicherfähigkeit, Erweiterung des Bereiches zwischen Ausroll- und Schrumpfgrenze, Veränderung der Bodenreaktion, Verringerung der Wichte des feuchten Bodens.
2.1.1 Torf nach DIN 11 540 Blatt 2 und Blatt 8 sowie DIN 11 542 Blatt 1 und Blatt 2.

K 356 — 358   DIN 18 915, Blatt 2

K 356   Zwischenzeitlich ist DIN 11 540 — Torf für Gartenbau und Landwirtschaft
        — Technische Lieferbedingungen überarbeitet worden und liegt als Fassung Januar 1978 vor. Diese Fassung ersetzt auch die bisherigen Teile 2
        und 3 der Altfassung von DIN 11 540.

K 357   Es werden gehandelt Torfsackballen und Torfsäcke. Für den Verwender
        wichtig sind dabei zum einen die für die Ausschreibung wichtigen Bezeichnungen und zum anderen die Entnahmemengen in Litern, die nach DIN
        11 542 Abschnitt 10 überprüft werden. Die nachstehenden Tabellen aus
        DIN 11 540 geben den Überblick über die Packungsmaße und Bezeichnungen.

K 358   Während für Torfsäcke nach Abschn. 4.2 der DIN 11 540 die Entnahmemenge zwingend vorgeschrieben ist, nennt der Abschn. 4.1 dieser Norm für
        Torfsackballen zunächst nur das Ladevolumen. Dieses Ladevolumen ist
        nur für das Transportgewerbe interessant. Es besagt nichts über die Entnahmemenge.

        Nach Abschnitt 7 der DIN 11 540 muß jedoch die Entnahmemenge bei verpacktem Torf auf der Packung und bei losem Torf im Lieferschein angegeben sein.

        Weiter müssen angegeben sein die Herkunftsbezeichnung (Name und Ort
        des Herstellers) und der Anteil an organischen Substanzen in kg. Empfoh-

4 Maße, Bezeichnung
*4.1 Für zu Ballen gepreßten Torf nach Abschnitt 6.1 gelten folgende Packungsmaße
und Bezeichnungen:*

Bezeichnung	Packmittel	Maße der gefüllten Packungen			Laderaumvolumen m^3 min.
		Breite	Tiefe	Länge	
Torfsackballen DIN 11 540 — 17 S	Sack DIN 55 460 — A 2 S	480 × 75	360 × 75	940 × 75	0,17
Torfsackballen DIN 11 540 — 12 S	Sack DIN 55 460 — A 2 S	450 × 70	345 × 70	780 × 70	0,12
Torfsackballen DIN 11 540 — 8,5 S	Sack DIN 55 460 × A 2 S	380 × 30	300 × 30	750 × 30	0,085

*Abweichungen von den in der Tabelle aufgeführten Maßen innerhalb der angegebenen
Grenzwerte dürfen nicht zu einem niedrigeren als dem angegebenen Laderaumvolumen
führen.*
Die Maße der gefüllten Packungen sind als größte Abstände von zwei einander gegenüberliegenden Seiten zu messen.

Torf

4.2 Für verdichteten und losen Torf nach den Abschnitten 6.2 und 6.3 gelten folgende Verpackungsmaße und Bezeichnungen:

Bezeichnung	Packmittel	Breite	Länge	Tiefe der Ventil-, Boden- und Seitenfläche je	Entnahmemenge l min
Torfsack DIN 11 540 – 160 T	Sack DIN 55 460 – B 1 KV 2	650 ± 20	960 ± 20	180 ± 20	160
	Sack DIN 55 460 – A 2 S	500 ± 20	1 200 ± 20	200 ± 20	
Torfsack DIN 11 540 – 110 T	Sack DIN 55 460 – B 1 KV 2	600 ± 20	860 ± 20	160 ± 20	110
	Sack DIN 55 460 – A 2 S	440 ± 20	1 100 ± 20	160 ± 20	
Torfsack DIN 11 540 – 80 T	Sack DIN 55 460 – A 1 K	580 ± 20	900 ± 20	200 ± 20	80
	Sack DIN 55 460 – A 2 S	380 ± 20	960 ± 20	160 ± 20	
	Sack DIN 55 460 – A 4 S	540 ± 20	1 020 ± 20	entfällt	
	Sack DIN 55 460 – B 1 KV 2	540 ± 20	780 ± 20	160 ± 20	

len, aber nicht zwingend vorgeschrieben wird in der Norm die Angabe von Torfart, pH-Wert, Wasserkapazität, Asche und Zersetzungsgrad.

Auch ist die Art der Beschriftung (Schriftart, Größe) bei Packungen zwingend vorgeschrieben.

Vor den häufig anzutreffenden Torfsackballen ohne jede Bezeichnung wird an dieser Stelle ausdrücklich gewarnt. Hiermit kauft man die „Katze im Sack" im wahrsten Sinne des Wortes.

In Ausschreibungen sollte daher stets auf die DIN 11 540 Bezug genommen werden und darin deren strikte Anwendung verlangt werden.

Um aber die Forderungen im Leistungsverzeichnis nicht zum „Papiertiger" werden zu lassen, muß bei der Anlieferung auf der Baustelle geprüft werden, ob die Packungen die vorgeschriebene Kennzeichnung aufweisen oder ob dieser Torf im Lieferschein entsprechend deklariert ist.

Nicht ordnungsgemäß gekennzeichnete Packungen sollten entweder zurückgewiesen oder den Kontrollprüfungen nach DIN 11 542 „Torf für Gartenbau und Landwirtschaft; Eigenschaften, Prüfverfahren" unterzogen werden.

Ein besonderes Augenmerk wird der Entnahmemenge zu widmen sein und dies leider auch bei DIN-Packungen mit aufgedruckter Entnahmemenge. Nach bisher gemachten Praxiserfahrungen sind die angegebenen Entnahmemengen leider oft sehr großzügig bemessen. Unterschreitungen bis zu 15 % sind leider nicht selten. Bei größeren Torfpartien lohnt sich also eine regelmäßige Überprüfung, die aber in der Praxis fast nie erfolgt (Bequemlichkeit? Unkenntnis?).

K 360   Die in der Praxis übliche Bezeichnung „Düngetorf" ist sachlich falsch. Der so bezeichnete Torf enthält tatsächlich keinen Dünger. Dünger ist nur in „Torfmischdüngern" und evtl. in „Torfkultursubstraten" enthalten.

Die Bezeichnung „Düngetorf" hat ihren Ursprung nur in der Tarifpolitik der Deutschen Bundesbahn (wenn Dünger, dann billigerer Frachttarif).

K 361   Die in der Praxis häufig noch verwendeten Bezeichnungen „Weißtorf" und „Schwarztorf" entsprechen nicht den geltenden Normen. Nach DIN 11 542 sind als Qualitätskriterien nur noch die Bezeichnungen „wenig zersetzter Hochmoortorf", „stark zersetzter Hochmoortorf", „wenig zersetzter Niedermoor- und Übergangsmoortorf" und „stark zersetzter Niedermoor- und Übergangsmoortorf" zu verwenden. Nur diese Bezeichnungen sichern die Einhaltung der jeweils gewünschten Eigenschaften, insbes. des Zersetzungsgrades.

2.1.2 Erdkompost mit den Ausgangsstoffen:

Krautige Pflanzenteile und Oberboden oder Unterboden mit möglichen Beimengungen wie Torf, Stallmist, Kalk, organischen und mineralischen Düngern.

Kompost aus Grasnarben darf wegen des hohen Samengehaltes nicht unbehandelt für Rasenflächen, Staudenflächen und Flächen mit bodendeckender Vegetation verwendet werden.

K 362   Ebenso wie Torf erhöhen Komposte den Anteil an organischer Substanz, dienen der Verbesserung der Bodenstruktur, der Wasserspeicherfähigkeit und Durchlüftung. Die Düngewirkung ist gering.

2.1.3 Torfkompost mit den Ausgangsstoffen:

Torf, Oberboden oder Unterboden sowie mineralischen und organischen Düngern.

2.1.4 Klärschlamm nur in aufbereiteter (durchlüfteter, gekrümelter und geruchsfreier) Form, frei von pflanzenschädlichen Bestandteilen.

Zur Bodenverbesserung von Rasenflächen in Sportanlagen, Freibädern, Liege- und Spielwiesen darf Klärschlamm nur in hygienisch einwandfreier Form verwendet werden.

Komposte

Klärschlamm kann nur in aufbereiteter Form verwendet werden, weil er sonst zähklebrig, wasserreich, sulfidhaltig und sulfathaltig sowie hygienisch nicht einwandfrei sein kann. Dies würde sich ungünstig auf die Bodenstruktur und die Benutzung der Fläche z. B. als Liegewiese auswirken. Nicht aufbereiteter Klärschlamm ist weiterhin in der Regel sehr agressiv und führt bei direktem Kontakt mit den Wurzeln von Bäumen und Sträuchern zu deren Absterben. **K 363**

Klärschlamm weist zudem sehr viele Feinteile in noch quellfähiger Form auf. **K 364**

Es ist zu beachten, daß bereits wenige Massenanteile Klärschlamm einen großen Volumenanteil darstellen. Wegen der starken Wasseraufnahmefähigkeit und dem Quellvermögen bzw. der enormen Schrumpfneigung des Klärschlamms ist eine Beeinflussung der Bodeneigenschaften, vor allem der Durchlässigkeit, zu erwarten.

Aufbereiteter Klärschlamm wird in den folgenden Qualitätsstufen gehandelt: **K 365**

1. als unvermischter aufbereiteter Klärschlamm
2. als torfhaltiger Klärschlammdünger
3. als Mischdünger aus Klärschlamm, Torf und mineralischen Düngemitteln.

Die Herstellung erfolgt in speziellen Werken, die den Nachweis der gleichbleibenden Qualität, der Pflanzen- und Wasserunschädlichkeit sowie den hygienisch einwandfreien Zustand zu belegen haben durch Prüfzeugnisse einer neutralen Prüfstelle. Sofern Schwermetalle enthalten sind, ist zu sichern, daß keine schädliche Konzentration vorliegt.

2.1.5 Müllkompost nur in reifem Zustand (gesiebt mit 100 % Durchgang bei 10 mm lichter Maschenweite, verrottet), frei von pflanzenschädlichen Bestandteilen.
Zur Bodenverbesserung von Rasenflächen in Sportanlagen, Freibädern, Liege- und Spielwiesen darf Müllkompost mit scharfkantigen Bestandteilen aus Gründen des Unfallschutzes nicht verwendet werden.

Müllkomposte haben sehr unterschiedliche Zusammensetzungen, die insbesondere von der jahreszeitlich unterschiedlichen Zusammensetzung des Mülls abhängen. Ihre Anwendung ist bei Anteilen an Schwermetallverbindungen (Salzen) problematisch, da diese sich sowohl auf die Pflanzen selbst als auch auf das Grundwasser schädigend auswirken können. Ähnliche Schäden kann unausgereifter Müllkompost an Pflanzen hervorrufen. Deshalb ist die Forderung nach „reifem Zustand" unverzichtbar. **K 366**

Das Vorhandensein von Glas ist dann kein Nachteil, wenn seine Kanten im Zuge der Aufbereitung gebrochen und entschärft wurden. Dennoch sollten derartige Müllkomposte bei Sport- und Spielflächen nicht verwendet werden.

Die Herstellung von Müllkomposten erfolgt in speziellen Werken, die die Umwelt- und Pflanzenunschädlichkeit und das Fehlen scharfkantiger Bestandteile nachzuweisen haben.

2.1.6 Kunststoffe in offener, wasseraufnehmender Kornbeschaffenheit, wie z. B. aufgeschäumte Aldehyd-Harze in geflockter Form.
Die Kunststoffe dürfen keine löslichen pflanzenschädlichen Bestandteile enthalten bzw. Abbauprodukte entwickeln.

Die hier angesprochenen Kunststoffe verbessern die Wasserspeicherfähigkeit und Bodenstruktur. Sie sollten jedoch nicht ohne gleichzeitige Verwendung von organischen Stoffen verwendet werden, weil vorteilhaft zwar ihre Eigenschaft ist, das gespeicherte Wasser fast vollständig an die Pflanzen abzugeben (das gespeicherte Wasser ist also fast vollständig pflanzenverfügbar), nachteilig wirkt sich aber das abrupte Versiegen dieser Wasserzufuhr aus, so daß der absolute Welkepunkt ohne Vorwarnung eintritt. In Torf ist das gespeicherte Wasser nicht voll pflanzenverfügbar, infolge unterschiedlich starker Bindung nimmt die mögliche Verfügbarkeit jedoch langsam ab.

Ebenso wie organische Substanzen werden auch aufgeschäumte Aldehyd-Harze unter N-Freisetzung abgebaut. Die Düngewirkung ist jedoch unbedeutend.

Die Kunststoffe werden in geflockter Form geliefert, örtlich geschäumt und eingearbeitet oder als Filter- und Wasserspeicherschicht bei der Begrünung von Dachflächen kompakt belassen. Ihr Abbau verlangsamt sich mit zunehmender Flockengröße.

Ergänzend dazu siehe Tab. 2 zu K 249

2.2 Stoffe mit grober Körnung natürlicher oder synthetischer Herkunft
Sie werden verwendet zur Verringerung der Plastizität, Verbesserung der Wasserdurchlässigkeit, Verringerung der Wichte des feuchten Bodens, Erhöhung der Belastbarkeit.

2.2.1 Sand, Kiessand und Splitt nach DIN 4226 Blatt 1 sowie ähnliche Stoffe in natürlicher und aufbereiteter Form.
Zur Verwendung in Vegetationsschichten für Liegewiesen, Spielrasen und ähnlichen Nutzungszwecken bestimmte Stoffe dürfen nicht scharfkantig sein und keine wundheilungshemmenden Stoffe enthalten.

2.2.2 Bims und Lavaschlacke nach DIN 4226 Blatt 2 und ähnliche Stoffe in natürlicher und aufbereiteter Form, mit den gleichen weiteren Anforderungen wie zu Abschnitt 2.2.1.

Siehe dazu Tabelle 1 zu K 249

Sonst. Bodenverbesserungsstoffe   K 369–372

2.2.3 Kunststoffe in geschlossener, nicht wasseraufnehmender Kornbeschaffenheit, wie z. B. aufgeschäumtes Polystyrol. Die Einzelkörner müssen einen Durchmesser von 4 bis 12 mm haben, jedoch davon nicht mehr als 20 Vol.% $d \leq 6$ mm. Die Kunststoffe müssen frei von pflanzenschädlichen Bestandteilen sein.

In der Wirkung entsprechen diese Kunststoffprodukte entsprechenden mineralischen Stoffen, sie unterscheiden sich lediglich durch ihr Gewicht von diesen. Eine Wirkung ist nur bei Einhaltung der vorgesehenen Flokkengröße und bei Anwendung entsprechender Mengen gewährleistet.   K 369

Eine Kombination von Stoffen nach 2.1.3 und 2.2.3 in der Form z. B. von Hygropor hat die Eigenschaften beider Ursprungsstoffe, eine gegenseitige Erhöhung der Eigenschaften oder Austauschbarkeit ist nicht gegeben.

Ergänzend dazu siehe Tabelle 2 zu K 249

2.3 Stoffe mit feiner Körnung
Sie werden verwendet zur Erhöhung der Wasserspeicherfähigkeit.

2.3.1 Ton in aufbereiteter pulveriger oder granulierter Form mit einem Mindestgehalt an Teilen $d \leq 0,02$ mm von 60 Gew.-%.

Bei der Verwendung von Ton ist zu beachten, daß nicht nur die Wasserspeicherfähigkeit erhöht wird, sondern auch bei geringen Massenanteilen die Wasserdurchlässigkeit des Bodens wegen der Quellfähigkeit der Tonminerale stark reduziert wird. Vor Beimischung von Ton sind deshalb sorgfältige Voruntersuchungen erforderlich, denn grundsätzlich ist festzustellen, daß Ton ein optimales Dichtungsmittel ist.   K 370

Bentonit besitzt das größte Quellvermögen aller anorganischen Stoffe. (Wasseraufnahmevermögen max. ω bis 700 %). Es ist daher zu beachten, daß bereits eine sehr geringe Menge Bentonit zu einer starken Abnahme der Wasserdurchlässigkeit führt.

2.3.2 Lehm mit einem Mindestgehalt an Teilen $d \leq 0,02$ mm von 30 Gew.-%, insbesondere feinsandiger Lehm, wie z. B. Löß.

Der Anwendung ist in der Regel eine Grenze durch die Wirtschaftlichkeit gegeben, da meistens hohe Transportkosten anfallen.   K 371

Bei der Verwendung von Lehm ist zu beachten, daß aus Gründen der Erhaltung der Wasserdurchlässigkeit ein Lehmboden mit sehr niedrigem Tonanteil, möglichst unter 5 % zu bevorzugen ist.

2.4 Stoffe zur Bodenfestigung (Kleber)
Sie müssen DIN 18 918 entsprechen.

In DIN 18 918 Abschnitt 2.2.4 und Tabelle 3 Nr. 5 sind Stoffe zur Oberflächenfestlegung genannt. Wieweit sie auch als Bodenverbesserungsstoffe   K 372

z. B. zur Strukturstabilisierung in den Boden eingearbeitet werden können und dabei eine nachhaltige Wirkung erzielen, ist im Einzelfall festzustellen.

2.5 Saatgut für Voranbau und Zwischenbegrünung
Es muß DIN 18 917 entsprechen.

K 373 Die entsprechenden Abschnitte 3.3 und 3.4.3 in DIN 18 917 werden dort kommentiert.

3 Dünger

Es dürfen nur Dünger verwendet werden, die den in der „Verordnung über die Zulassung von Düngemitteltypen (Düngemittelverordnung)"[1]) im jeweils neuesten Stand genannten Düngemitteltypen entsprechen und solche Spezialdünger, deren Nährstoffgehalt sowie gegebenenfalls der Gehalt an organischer Substanz bekannt ist. Sie müssen außerdem hygienisch einwandfrei und frei von pflanzenschädlichen Stoffen sein. Zusatzstoffe wie z. B. selektive Unkrautbekämpfungsmittel, Mittel zur Bekämpfung von Krankheiten und Schädlingen, müssen den Bestimmungen der Biologischen Bundesanstalt entsprechen und angegeben werden.

---

[1]) „Verordnung über die Zulassung von Düngemitteltypen (Düngemittelverordnung)" vom 21. 11. 63, einschließlich der inzwischen erlassenen Änderungsverordnungen.

K 374 Die Düngemittelverordnung ist zu beziehen vom Landwirtschaftsverlag, 4403 Hiltrup ü. Münster. Unter Berücksichtigung der o. a. Festlegungen sollte zur praktischen Arbeit besser das „Düngemittelverzeichnis" des Verbandes Deutscher Landwirtschaftlicher Untersuchungs- und Forschungsanstalten (VDLUFA) (Bismarckstr. 41 a, 6100 Darmstadt), das laufend in überarbeiteter Form erscheint, für Ausschreibung, Bauüberwachung und Abnahme sowie bei evtl. Änderungen der Düngemaßnahmen während der Bauzeit aus jahreszeitlichen oder sonstigen Gründen, vorliegen. Das Verzeichnis gibt zu den vorgenannten Düngertypen die einzelnen Handelsnamen, Mindestnährstoffgehalte sowie äußere Erkennungsmerkmale an.

K 375 In dem erwähnten Düngemittelverzeichnis werden folgende Düngemitteltypen unterschieden:

1. Mineralische Einnährstoffdünger

Stickstoffdünger
Phosphordünger
Kalidünger
Kalk- und Magnesiumdünger

2. Mineralische Mehrnährstoffdünger

NPK-Dünger
NP-Dünger
NK-Dünger
PK-Dünger

Düngemittel K 376–379

3. Organische Düngemittel
4. Organisch-mineralische Düngemittel
5. Düngemittel mit Spurenelementen
6. Bodenwirkstoffe

Die unter Nr. 3 und 4 genannten Humusdünger sind auch Bodenverbesse- K 376
rungsstoffe entsprechend Abschnitt 2.1.1 bis 2.1.5 der DIN 18 315 Teil 2.

Mehrnährstoffdünger haben den Vorteil, daß in einer Gabe die wichtigsten K 377
Nährstoffe gegeben werden können. Die unterschiedliche, aber für jeden
Dünger jeweils feststehende Zusammensetzung kann bei unterschiedlichem
Nährstoffbedarf der Pflanzen aber auch den Nachteil einer unausgewogenen Düngung mit sich bringen. Bei der Wahl des geeigneten Mehrnährstoffdüngers muß zudem überlegt werden, in welcher Form Stickstoff vorliegt, da er schnell verfügbar oder als Langzeitdünger sehr langsam verfügbar sein kann.

Mit Einnährstoffdüngern kann vom Bedarf her gezielter gedüngt werden. K 378
Das gilt insbesondere für Stickstoffdünger.

Langjährige unkontrollierte Anwendung von Mehrnährstoffdüngern kann K 379
zu unerwünschten pH-Verschiebungen, zu Nährstoffanhäufungen z. B. bei
Phosphor oder zu Nährstoffverarmung z. B. bei Magnesium führen. Wegen
der N-Komponente der Mehrnährstoffdünger ist eine Vorratsdüngung nur
bei Volldüngern mit langsam fließender N-Quelle möglich.

Landschaftsbau Bodenarbeiten für vegetationstechnische Zwecke Bodenbearbeitungs-Verfahren	DIN 18 915 Blatt 3

1 Abräumen des Baufeldes

1.1 Wiederverwendbarer Aufwuchs

Zur Wiederverwendung bestimmte Gehölze und Stauden sind in der Regel in der Wachstumsruhe herauszunehmen und sofort wieder zu pflanzen, wenn nicht eine Zwischenlagerung (z. B. Einschlagen oder Aufschulen) in der Leistungsbeschreibung vorgesehen ist.

K 380 Wiederverwendbarer Aufwuchs im Sinne dieses Absatzes sind Gehölze und Stauden, die auf dem zu bearbeitenden Gelände stehen und im Rahmen der Baumaßnahme umgepflanzt werden sollen. Es handelt sich damit also nicht um Pflanzen aus Stauden- oder Baumschulen, die durch entsprechende Kulturmaßnahmen auf die Umpflanzung vorbereitet sind. Das Risiko einer Verpflanzung ist deshalb sehr groß. Es wird gemindert, wenn die Pflanzen in der Wachstumsruhe herausgenommen und sofort wieder gepflanzt werden. Als Wachstumsruhe wird die Zeit zwischen Blattfall im Herbst und Austrieb im Frühjahr verstanden. Ein Umpflanzen zu einer anderen Zeit ist nur mit umfangreichen Zusatzmaßnahmen wie Besprühen mit Verdunstungsschutzmitteln, Schattieren, Blattdüngung und Pflanzung in den Abendstunden möglich, wobei trotzdem ein hohes Anwuchsrisiko besteht. Nach Möglichkeit sollte zur Wiederverwerdung vorgesehener Aufwuchs durch Umstechen des Wurzelballens und Auslichten der Triebe bzw. der Krone im Vorjahr zur Verpflanzung vorbereitet werden.

K 381 Das Einschlagen oder das Aufschulen in Zusammenhang mit der Wiederverwendung vorhandenen Aufwuchses sind keine Nebenleistungen. Diese Leistungen müssen, falls sie erforderlich sind, gesondert ausgeschrieben und vergütet werden.

1.2 Pflanzliche Bodendecken

Pflanzliche Bodendecken, wie Rasendecken (Grasnarbe), Heidekraut, u. ä. sowie Waldstreu, sind vor dem Abheben zum zerkleinern und sollten einschließlich der obersten Bodenschicht bis zu 5 cm Dicke getrennt vom Oberboden (Mutterboden) bzw. vom Unterboden abgehoben, gefördert und, wie in Abschnitt 4.4 vorgeschrieben, behandelt werden.

K 382 Zusammenhängende pflanzliche Bodendecken verrotten nicht ausreichend schnell genug, wenn sie zusammen mit Oberboden gelagert werden. Es

Abräumen des Baufeldes

ergeben sich daher vor allem Bearbeitungsschwierigkeiten bei der Andeckung, wenn Grasnarbe oder Heidekraut in großen Fladen anfallen. Deshalb besteht die Pflicht zur Zerkleinerung einer geschlossenen pflanzlichen Bodendecke. Ein getrennter Abhub ist eine Empfehlung zur Förderung des Zersetzungsprozesses. Eine Vermischung mit dem Oberboden kann unter Umständen den vorhandenen Oberboden verbessern.

Das Zerkleinern der pflanzlichen Bodendecke ist keine Nebenleistung und ist deshalb in einer gesonderten Position oder in Verbindung mit der Position für den Oberbodenabhub auszuschreiben.

Werden Oberbodenmieten übernommen, in denen pflanzliche Bodendecken in zusammenhängenden Fladen vorhanden sind, können Bedenken gegen die Beschaffenheit des Oberbodens geltend gemacht werden. Ein Anspruch auf Vergütung von Mehraufwendungen, die bei einer Bearbeitung eines solchen Oberbodens entstehen, besteht zudem zu Recht. **K 383**

1.3 Gewinnung von Rasensoden

Sollen Rasensoden aus vorhandenen Rasenflächen zur Herstellung von Rasenflächen gewonnen werden, sind sie nach DIN 18 917 „Landschaftsbau; Rasen, Saatgut, Fertigrasen, Herstellen von Rasenflächen" zu behandeln.

Die normgerechte Behandlung von Rasensoden erstreckt sich auf das Gewinnen, die Lagerung und das Verlegen. Diese Leistungen sind in DIN 18 917 „Landschaftsbau — Rasen" eingehend beschrieben. **K 384**

Für den Auftraggeber besteht die Verpflichtung zur Feststellung der Eignung im Rahmen seiner Voruntersuchungen.

Für den Auftragnehmer besteht die Pflicht zur Prüfung im Rahmen der allgemeinen Prüfpflicht nach VOB/B, ob der Rasen, den er gewinnen und für die Herstellung einer Rasenfläche verwenden soll, hierfür geeignet ist. Diese Prüfung bezieht sich sowohl auf die Gräserarten-Zusammensetzung als auch auf den Zusammenhalt der Rasensoden.

Muß er diese Eignung verneinen, sind Bedenken geltend zu machen.

1.4 Nichtverwendbarer Aufwuchs

Aufwuchs, der nicht wieder verwendet werden soll, ist einschließlich der Hauptwurzeln zu roden. Baumfäll- und Rodungsarbeiten sind mit Rücksicht auf den benachbarten zu erhaltenden Bestand und unter Beachtung der Art und des Gesundheitszustandes der Gehölze durchzuführen.

Es gilt als Regelleistung, daß Aufwuchs, d. h. Gehölze und Bäume, die entfernt werden sollen, einschließlich der Hauptwurzeln zu roden ist. Damit soll verhindert werden, daß später Wurzelausschlag erfolgt. Ausgenommen von dieser Regelung sind Bäume auf Böschungen, die im Rahmen von Sicherungsbauweisen nach DIN 18 918 behandelt werden sollen (siehe dort). **K 385**

Dort würde das Roden der Wurzeln die Standsicherheit der Böschung beeinträchtigen.

K 386 Rücksicht auf den benachbarten zu erhaltenden Bestand bedeutet, daß die Beschaffenheit der zu erhaltenden Vegetation nicht gestört werden darf. Deshalb ist aus Sicherheitsgründen u. U. ein stückweises Absetzen und Abseilen der einzelnen Ast- und Stammteile erforderlich.

Im Rahmen dieser Arbeiten sind die besonderen Eigenschaften der einzelnen Baumarten bezogen auf besondere Neigung zu Brüchigkeit und die Statik des Baumes beeinträchtigende Fäulnis zu beachten, weil hierdurch Gefahr für Mensch und zu erhaltende Vegetation entstehen kann. Der Auftragnehmer muß deshalb die zu rodenden Bäume vor Arbeitsbeginn sorgfältig prüfen.

Zu den Aufgaben der Voruntersuchung gehört es, den Schwierigkeitsgrad der Rodungsarbeiten und insbesondere die Notwendigkeit des stückweisen Absetzens und Abseilens zu erkunden. Der erkannte Schwierigkeitsgrad ist im Leistungsverzeichnis zu beschreiben.

K 387 Im Leistungsverzeichnis muß die geforderte Leistung eindeutig beschrieben sein und der Schwierigkeitsgrad erkennbar werden.

Das Roden der Hauptwurzeln gehört zur Leistung „Roden" und muß deshalb nicht im Leistungsverzeichnis erwähnt sein. Sollen dagegen die Hauptwurzeln im Boden verbleiben, ist dies anzugeben.

Eine Definition des Begriffes „Hauptwurzel" gibt es nicht. Im allgemeinen Geschäftsverkehr wird man davon ausgehen können, daß hiermit die dickeren Wurzeln gemeint sind, die der Verankerung der Pflanze im Boden dienten. Die Tiefe der Rodung kann, wenn keine Ausschlaggefahr besteht, auf die Bearbeitungstiefe begrenzt werden, die für die weiteren vegetationstechnischen Arbeiten vorgesehen ist.

1.5 Ungeeignete Bodenarten

Stehen in dem Bearbeitungsflächen für die vorgesehene Nutzung ungeeignete Bodenarten an, sind sie bis in mindestens 30 cm Tiefe gegen geeignete Bodenarten auszuwechseln, wenn die vorgesehene Art der Bepflanzung nicht einen tieferreichenden Bodenaustausch erforderlich macht.

K 388 Eine ungeeignete Bodenart im Sinne dieses Absatzes ist z. B. Ton für Rhododendronpflanzungen oder für belastete Vegetationsflächen. Das Auswechseln bis mindestens 30 cm Tiefe ist eine Mindestforderung; meistens ist ein tieferreichender Austausch bei Beachtung weiterer Zusammenhänge wie pH-Wert, Wasserdurchlässigkeit und Wasserhaltevermögen erforderlich. Punktweises Ausheben von ungeeigneten Bodenarten erzeugt bei bindigen Böden einen Blumentopfeffekt. Der dabei häufig auftretende Wasserstau kann für die Pflanzen tödlich sein.

Abräumen des Baufeldes K 389–393

Das Austauschen von ungeeigneten Bodenarten ist keine Nebenleistung. K 389

Der Auftragnehmer ist im Rahmen seiner Prüfpflicht nach VOB/B, § 4, Nr. 3, verpflichtet, den Boden auf seine Eignung hin zu überprüfen und Bedenken geltend zu machen, wenn er den anstehenden Boden trotz der vorgesehenen Verbesserung für den vorgesehenen Verwendungszweck für ungeeignet hält (siehe Bd I, Rdn 118 ff. und 296 ff.). Bedenken muß er auch geltend machen, wenn er die vorgesehene Auswechselungstiefe für nicht ausreichend hält oder nur punktweise Auswechselung Nachteile erwarten läßt. K 390

1.6 Störende Stoffe

Die Bearbeitungsflächen sind vor der Bodenbearbeitung von allen störenden, insbesondere pflanzenschädlichen Stoffen zu säubern. Hierzu zählen z. B. Baurückstände, Verpackungsreste, schwer verrottbare Pflanzenteile und ähnliches. Mit mineralischen Fetten, Ölen, Farben und chemischen Stoffen verunreinigte Bodenteile sind zu entfernen.

Das Hauptaugenmerk liegt hier sicher bei den pflanzenschädlichen Stoffen, aber auch bei den Stoffen, die die Verwurzelung stören und eine spätere Bearbeitung der Flächen erschweren können. Absolut pflanzenfeindlich sind viele beim Bauen verwendete chemische Stoffe, Fette, Öle und Farben. K 391

Verunreinigungen des Bodens verhindern einen Anwuchserfolg.

Das Entfernen dieser Stoffe muß vor der Bodenbearbeitung erfolgen. Dabei ist zu berücksichtigen, daß die erste Bodenbearbeitung auf dem Unterboden oder mit ihm stattfindet, wenn man von dem anfänglichen Abtrag des Oberbodens zu Beginn der Baumaßnahme absieht. Schon vor dieser Bodenbearbeitung muß darauf geachtet werden, ob Verunreinigungen mit pflanzenschädlichen Stoffen vorliegen, da das Auswechseln derart verunreinigender Bodenteile unbedingt nötig ist. K 392

Das Säubern von Bearbeitungsflächen ist keine Nebenleistung. K 393

Erfahrungsgemäß liegen auf Baustellen des Landschafts- und Sportplatzbaus sehr viele Baureste der vorlaufenden Handwerker. Obwohl das Entfernen von Baurückständen eine Nebenleistung eines jeden Gewerkes ist, macht die Feststellung, um wessen Baurückstände es sich jeweils handelt, erhebliche Schwierigkeiten. Deshalb tut jeder Auftraggeber gut daran, eine besondere Position für das Entfernen störender Stoffe in das Leistungsverzeichnis aufzunehmen. Da der Umfang der geforderten Leistung selten zur Zeit der Ausschreibung genau überblickt werden kann, empfiehlt es sich, diese Leistung nicht nach Fläche (m^2) sondern nach Raummaß (m^3) auszuschreiben. Eine Ausschreibung nach Flächenmaß kann den Regeln der Ausschreibung nach VOB/A § 9, Absatz 2, widersprechen.

1.7 Bauwerksreste

Bauwerksreste sind bis auf 50 cm Tiefe unter der Oberfläche der zu erstellenden Vegetationsschicht zu entfernen, sofern die vorgesehene Vegetation nicht eine tiefere Entfernung notwendig macht.

K 394 Die in diesem Absatz genannte Tiefe von 50 cm gilt als Regelwert, der vom Auftragnehmer ohne Anordnung nicht überschritten oder unterschritten werden darf. Eine Abweichung von 10 % von diesem Wert kann auf der Baustelle toleriert werden. Das Entfernen von Bauwerksresten ist keine Nebenleistung. Im Leistungsverzeichnis ist dafür eine besondere Position erforderlich.

2 Bodenabtrag

2.1 Oberboden (Mutterboden)

Der Abtrag von Oberboden ist gesondert von allen Bodenbewegungen durchzuführen.

K 395 Es besteht eine zwingende Verpflichtung, Oberbodenabtrag getrennt von allen anderen Bodenbewegungen durchzuführen.

Nur so ist eine Trennung des Oberbodens vom Unterboden, der in der Regel weniger gut für vegetationstechnische Zwecke geeignet ist, zu erreichen. Dabei darf eine Vermischung mit Unterboden nicht erfolgen, wenn es im Leistungsverzeichnis nicht anders gefordert wird.

Oberboden soll von allen Bau- und Baubetriebsflächen abgetragen werden, um für vegetationstechnische Zwecke erhalten zu bleiben. Dabei sind die Bearbeitbarkeitsgrenzen nach DIN 18 915 Blatt 1 zu beachten. Im Wurzelbereich von zu erhaltenden Bäumen darf Oberboden nicht abgetragen werden.

K 396 Hier handelt es sich um eine „Soll-Bestimmung", da nicht jeder Oberboden nach dem Lösen und Bewegen für vegetationstechnische Zwecke in gleicher Weise wie vorher geeignet ist. Es kann durchaus der Fall eintreten, daß durch Baumaßnahmen gestörter Oberboden zu einer störenden Bodenart aus vegetationstechnischer Sicht wird. Insofern besteht also keine zwingende Verpflichtung, jeden Oberboden abzutragen, nur weil er Oberboden ist, sondern er muß sich schon für vegetationstechnische Zwecke eignen oder entsprechend verbessern lassen.

K 397 Jedes Lösen und Bewegen beeinträchtigt den Oberboden, weil er aus seiner natürlichen Lagerung gerissen wird. Um diese Beeinträchtigung in Grenzen zu halten, sind die Bearbeitbarkeitsgrenzen nach Blatt 1 zu beachten, d. h. Oberboden darf nur abgetragen werden, wenn er bei der Bearbeitung krümelt. Da häufig nicht Landschaftsbau-Unternehmen, sondern Erdbau-Unternehmen mit dieser Arbeit beauftragt werden, ist es besondere Sache des Auftraggebers und der von ihm Beauftragten, auf die besondere Qualität dieser Leistung zu achten.

Bodenabtrag K 398–401

Im Sinne einer einheitlichen Gewährleistung und wegen der besonderen fachlichen Erfahrung von Landschaftsbauunternehmen ist es in jedem Falle empfehlenswert, die Leistung des Lösens und Bewegens des Oberbodens dem Unternehmen in die Hand zu geben, das später auch die Pflanz- und Saatarbeiten durchführt.

Stellt der Landschaftsbau-Auftragnehmer an einem zuvor von Erdbau-Auftragnehmern bearbeiteten Oberboden Mängel fest, hat er die Berechtigung und die Verpflichtung, Bedenken anzumelden (siehe auch K 3 ff. und K 350 ff.). K 398

Auf den Schutz des Wurzelbereichs von zu erhaltenden Bäumen muß besonders hingewiesen werden. Dieser Schutz wird auch in DIN 18 300 „Erdarbeiten" gefordert, dort aber ist die definierte Schutzzone die Fläche unter der Baumkrone, während nach DIN 18 920 „Landschaftsbau — Schutz von Bäumen und Vegetationsflächen bei Bauarbeiten" als zu schützender Wurzelbereich die Baumkrone zuzüglich 1,5 m nach jeder Seite festgelegt ist. Diese unterschiedlichen Definitionen sind zu bedauern. Im Interesse des zu schützenden Baumes sollte in jedem Falle die weitergehende Vorschrift angewendet werden. Vor allem die Planer müssen schon von Beginn einer Baumaßnahme an darauf achten, daß diese Vorschriften eingehalten werden. Bei jedem Auftrag, gleich welcher Art, sollte auf die Beachtung von DIN 18 920 besonders hingewiesen werden. K 399

Andererseits ist es Aufgabe des Auftragsnehmers, bei Übernahme einer Baustelle festzustellen, ob die Vorleistungen anderer Unternehmer fachgerecht ausgeführt sind. Das gilt einmal für die Beschaffenheit (Dichte, Verunreinigungen, Verunkrautung) des gelagerten Oberbodens und zum anderen für den Wurzelbereich von Bäumen. Bei Zweifeln an der fachgerechten Ausführung der Vorleistungen sind Bedenken geltend zu machen, da sonst alle daraus entstehenden Schäden auf den Landschaftsbau-Unternehmer zurückfallen. K 400

Zum Feststellen des Zustandes der Baustelle siehe Kommentar zu DIN 18 320 (Band I, Rdn 113).

Der Oberboden darf beim Abtrag nicht mit bodenfremden, insbesondere pflanzenschädlichen Stoffen vermischt werden.

Wurde das Entfernen störender Stoffe vor Beginn des Abtrages versäumt, besteht die besondere Gefahr der Vermischung des Oberbodens mit bodenfremden und insbesondere mit pflanzenschädlichen Stoffen. Werden solche Stoffe während der Arbeit des Andeckens von Vegetationsflächen in einer Miete gefunden, sollten vorsorglich Bedenken gegen den zur Verfügung gestellten Oberboden geltend gemacht werden, Leistungen zum Entfernen dieser Stoffe sind gesondert zu vergüten. K 401

2.2 Unterboden

Soll Unterboden für Vegetationszwecke verwendet werden, ist er beim Abtrag wie Oberboden zu behandeln.

K 402 Der unter dem Oberboden liegende Unterboden ist ebenfalls Wurzelbereich von Bäumen und Sträuchern. Die Anforderungen an Struktur, Luft- und Wasserhaushalt sind deshalb ähnlich wie beim Oberboden. Deshalb sollten auch bei Unterbodenarbeiten die gleichen Regeln gelten wie beim Oberboden, d. h. die Bearbeitbarkeitsgrenzen sollten beachtet werden, weil sonst eine Zerstörung der Struktur, und damit verbunden, häufig eine Wasserundurchlässigkeit und dadurch wieder Staunässe im Wurzelbereich auftreten. Eine solche Forderung ist nicht immer zu realisieren, doch sollte überall dort, wo eine Eingriff- und Lenkmöglichkeit vorhanden ist, auf die fachgerechte Bearbeitung auch des Unterbodens geachtet werden. Auftragnehmer, die ein fertiges Planum übernehmen, müssen auch dieses auf fachgerechte Bearbeitung überprüfen.

K 403 Bleibt z. B. Wasser lange in Pfützen stehen, dann ist die Wasserdurchlässigkeit des Bodens nicht ausreichend. Das kann durch unsachgemäße Vorleistungen verursacht sein und kann dann in der Regel durch das üblicherweise vorgenommene Aufreißen des Unterbodens nicht behoben werden. Hier sind Bedenken geltend zu machen, um nicht später für Schäden eintreten zu müssen, die nicht selbst verursacht wurden.

K 404 Soll Unterboden nach entsprechender Verbesserung wie Oberboden verwendet werden, ist er wie Oberboden zu behandeln.

3. Bodenlagerung

3.1 Oberboden

Oberboden ist abseits vom Baubetrieb geordnet zu lagern. Er darf dabei nicht befahren werden. Die Bearbeitbarkeitsgrenzen nach DIN 18 915 Blatt 1 sind zu beachten.

Eine Verunreinigung bei dem Anlegen des Lagers oder während der Lagerzeit darf nicht erfolgen. Ein Umzäunen des Lagers sowie eine Zwischenbegrünung zum Schutze gegen Verunkrautung und Erosion ist zu empfehlen. Starkbindiger Oberboden sollte mindestens einmal jährlich umgesetzt werden.

K 405 In der alten Fassung von DIN 18 320 war für die Form von Oberbodenlagern ein genaues Maß für Breite und Höhe angegeben. Diese Regeln sind in der Neufassung weggefallen, weil einmal die danach erforderlichen großen Lagerflächen selten ausreichend vorhanden sind und zum anderen eine so flächenaufwendige Lagerung nicht notwendig ist. Heute wird nur noch gefordert, daß Oberboden abseits vom Baubetrieb geordnet zu lagern ist.

K 406 Unter geordneter Lagerung ist ein kubischer Haufen mit erkennbaren Seitenbegrenzungen und einheitlicher Höhe zu verstehen, der ein geordnetes Mietenaufmaß erlaubt. Die Höhe richtet sich nach der Art der eingesetzten

Bodenlagerung K 407−411

Geräte, denn die Forderung, daß der Oberboden beim Aufsetzen der Miete nicht befahren werden darf, bedeutet, daß das Aufsetzen mit Baggern oder Frontladern erfolgen muß.
Ein Aufsetzen mit Planierraupen z. B. in der Art, daß der Boden über eine steilere Rampe zu einem kegelförmigen Haufen geschüttet wird, ist ein Verstoß gegen diese Regel.

Grundsätzlich darf durch die Art der Lagerung keine Verdichtung entstehen, die über das Maß der Eigensetzung des Bodens hinausgeht. Nur so ist zu verhindern, daß ein gewisses Maß an Bodenleben erhalten bleibt, die Bodenstruktur nicht irreversibel geschädigt wird und insbesondere keine schädlichen anaeroben Prozeße im Boden ablaufen. K 407

Wie bei allen Oberbodenarbeiten sind die Bearbeitbarkeitsgrenzen nach Blatt 1 zu beachten. In der Regel erfolgen Abtragen und Lagern von Oberboden im Rahmen einer Position unmittelbar hintereinander. K 408

Das ist vor allem bei bindigen Böden erforderlich, weil auf Haufen liegender loser bindiger Boden sehr stark wasseraufnahmefähig ist und das Wasser nur sehr langsam wieder abgibt. Das Aufsetzen der Bodenmiete kann dann über einen langen Zeitraum unmöglich sein.

Bei Mieten aus bindigem Oberboden ist vor allem darauf zu achten, daß keine Wassermulden entstehen, durch die eine starke Durchfeuchtung des klüftigen Oberbodens verursacht werden könnte.

Dieser Oberboden ist dann bei der späteren Andeckung in der Regel zu feucht, so daß mit Terminschwierigkeiten gerechnet werden muß. Die gleiche Gefahr besteht, wenn Oberbodenmieten parallel zum Verlauf der Höhenlinien angelegt werden und nicht für einen reibungslosen Abfluß des Tagwassers gesorgt wird. Oberbodenlagerungen sind deshalb nur dann fachgerecht, wenn Niederschlagswasser schnell abfließen kann. Bei besonders wasserempfindlichen Oberböden sind sogar Folienabdeckungen empfehlenswert.

Die Umzäunung soll die Bodenmieten vor Betreten, Befahren und vor der Verwendung als Materiallager schützen. Müssen Oberbodenlagerungen aus Platzmangel trotzdem für Materiallagerungen verwendet werden, müssen sie durch Bohlen und Folien so abgedeckt werden, daß Verunreinigungen ausgeschlossen sind und eine Druckverteilung erfolgt. K 409

Eine Zwischenbegrünung (siehe K 455 ff.) soll die Oberfläche beschatten und damit die Ansiedlung von Unkraut verhindern, außerdem ist damit in der Regel eine Strukturverbesserung oder zumindest eine Strukturerhaltung verbunden. K 410

Die Empfehlung, stark bindigen Boden mindestens einmal im Jahr umzusetzen, erfolgt, um durch eine stärkere Klüftung des Oberbodens schon während der Lagerung Bodenneubildungsprozesse in Gang zu setzen. Vor K 411

Ausschreibung solcher Maßnahmen, die keine Nebenleistung sind, sollte geprüft werden, ob diese Leistung wirtschaftlich sinnvoll ist, oder ob durch andere Bodenverbesserungsmaßnahmen (z. B. Voranbau auf der damit angedeckten Fläche) ein besserer Erfolg auf Dauer erreicht werden kann.

K 412 Zur Leistung der Bodenlagerung gehört das Aufsetzen einer geordneten Miete. Das Umzäunen des Lagers, Zwischenbegrünungen und Umsetzen sind keine Nebenleistungen. Sie müssen, wenn sie verlangt werden, als gesonderte Leistungen ausgeschrieben werden.

3.2 Unterboden

Soll Unterboden für Vegetationszwecke verwendet werden, ist er wie Oberboden zu lagern.

K 413 Hierzu gilt sinngemäß K 405 ff.

3.3 Kompost

Kompost wird aus pflanzlichen Bodendecken einschließlich der obersten Bodenschicht, verrottbaren Pflanzenresten und anderen organischen Stoffen bereitet.

Die Ausgangsstoffe sind in Schichten von 20 cm Dicke aufzusetzen und schichtenweise mit Branntkalk zu bestreuen und zu wässern.

Bei Verwendung einer Kompostaufbereitungsmaschine kann der Branntkalk beim Mischvorgang beigefügt werden.

Die Kompostmiete ist mit Boden zu überziehen und mindestens einmal im Jahr umzusetzen. Kompostmieten sind im übrigen wie Oberboden zu behandeln.

K 414 Das Herstellen von Kompost kann vor allem bei Unterhaltungsarbeiten sinnvoll sein. Im Rahmen einer vegetationstechnischen Neubauleistung ist selten ausreichend Zeit vorhanden, einen Kompost herzustellen. Außerdem stellt sich die Frage, ob die Aufbereitung organischer Massen über Kompost noch wirtschaftlich ist.

4 Bodenschichten-Einbau

4.1 Allgemeine Anforderungen an die Beschaffenheit der Schichten

4.1.1 Vegetationsschicht

Zur Verwendung in Vegetationsschichten bestimmter Oberboden muß für die vorgesehene Vegetation und Art der Nutzung geeignet sein. Dies gilt auch für für Vegetationsschichten vorgesehenen Unterboden, Stoffe und Stoffgemische. Die in DIN 18 915 Blatt 1 und Blatt 2 hierzu genannten Festlegungen sind zu beachten.

K 415 Mit der Festlegung, daß Oberboden, der für Vegetationsschichten verwendet werden soll, für die vorgesehene Vegetation und die Art der Nutzung geeignet sein muß, ist zwar eine selbstverständliche, aber auch sehr weitgehende Forderung erhoben worden. Damit wird gesagt, daß Oberboden

Bodenschichten-Einbau K 416−418

nicht von Natur aus schon geeignet ist, weil er Oberboden ist. Oberboden darf also nicht gedanken- und bedenkenlos verwendet werden, sondern muß für den jeweiligen Zweck geeignet sein.

Jeder an vegetationstechnischen Leistungen Beteiligte ist zu dieser Prüfung verpflichtet. Dabei müssen Oberboden, Vegetation und Art der Nutzung in ihrer Abhängigkeit voneinander gesehen werden. Es ist zunächst Aufgabe des Planers, die Abstimmung herbeizuführen. Dazu hat er drei Möglichkeiten:

1. Er läßt den Boden unverändert und stimmt die Vegetation und die Art der Nutzung darauf ab.
2. Er legt die Vegetation fest, z. B. Rhododendron und Azaleen, und stimmt durch entsprechende Verbesserungen oder durch Austausch den Boden darauf ab.
3. Er legt die Nutzung fest, z. B. Spielrasen, und stimmt durch entsprechende Verbesserungen den Boden darauf ab.

Erfolgt diese Abstimmung nicht, sind Fehlschläge zu erwarten. Für den Auftragnehmer besteht die Pflicht im Rahmen von § 4 Nr. 3 VOB/B, diese Abstimmung zu überprüfen und bei Zweifeln Bedenken geltend zu machen. Er darf auf keinen Fall ungeeigneten Boden verwenden, sofern die mangelnde Eignung mit einfachen Mitteln erkennbar ist.

Die Pflicht zur Eignungsprüfung gilt sowohl für bauseits gestellten als auch für gelieferten Oberboden. Der Auftragnehmer kann sich nicht darauf berufen, daß er den Boden nicht geliefert habe. **K 416**

Diese Prüfpflicht gilt für alle bauseits gestellten Stoffe.

4.1.2 Dränschichten

Werden Dränschichten bei nicht ausreichend durchlässigem Baugrund (mit einer Wasserdurchlässigkeit $k^* \leq 0{,}001$ cm/s) für belastbare Vegetationsschichten oder bei undurchlässigem Baugrund, z. B. auf Bauwerken, erforderlich, sind hierzu in ihrem Körnungsaufbau geeignete Stoffe zu verwenden. Die in DIN 18 915 Blatt 1 und Blatt 2 genannten Festlegungen sind zu beachten.

Dränschichten müssen an geeignete Vorfluter angeschlossen werden.

Zur Ableitung von Sickerwasser aus belastbaren Vegetationsschichten müssen bei undurchlässigem Baugrund, z. B. auf Bauwerken, oder bei nicht ausreichend durchlässigem Baugrund Dränschichten eingebaut werden. **K 417**

Die Wasserdurchlässigkeit wird durch Feststellung des k^*mod.-Wertes nach DIN 18 035 Blatt 4 „Sportplätze — Rasenflächen" geprüft.

Wenn in diesem Abschnitt gefordert wird, daß für Dränschichten in ihrem Körnungsaufbau geeignete Stoffe zu verwenden sind, dann besagt das, daß Vegetationsschicht und Dränschicht in ihrer Körnung aufeinander abzustimmen sind. **K 418**

Ein sehr häufig vorkommender Fehler liegt darin, daß für die Dränschicht grobkörnige Materialien verwendet werden. Statt zu entwässern stellen diese groben Dränschichten durch den kapillaren Bruch zwischen Vegetations- und Dränschicht eine Sperrschicht dar, die erst bei Vollsättigung der feinkörnigen Vegetationsschicht gebrochen wird. Erst bei Vollsättigung wird aufgrund der Schwerkraft des Wassers eine Wasserabgabe in die Dränschicht eingeleitet (gesättigte Wasserbewegung). Das hat zur Folge, daß in den verdunstungsarmen Monaten des Spätherbstes, des Winters und des frühen Frühjahres stauende Nässe, dadurch verursacht eine Versauerung des Bodens und ein Absterben der Pflanzen, verursacht werden kann. Deshalb sind die Schichten so aufeinander abzustimmen, daß eine ungesättigte Wasserbewegung, d. h. eine Wasserbewegung ohne Vollsättigung zwischen den Schichten, erfolgen kann. Mindestvoraussetzung ist, daß die Filterregeln im Übergang zwischen den beiden Schichten beachtet werden. Die Verwendung grober Dränschichtbaustoffe unter feinkörnigen Vegetationsschichten muß als technischer Fehler angesprochen werden. Für Dränschichten sind vor allem feinsandreiche Materialien und grobporige Stoffe zur Wasserhaltung geeignet. Dadurch wird der kapillare Bruch zwischen den Schichten verhindert.

K 419 Die Dichtungshaut von Dächern darf bei der Anwendung grobporiger Stoffe wie z. B. Schaumlava nicht beschädigt werden. Schutzschichten sind ggf. vorzusehen.

4.1.3 Filterschichten

Filterschichten sind einzubauen, wenn der Körnungsaufbau der Dränschicht nicht den Filterregeln entspricht und deshalb die Gefahr des Eindringens von Feinteilen aus dem Baugrund oder aus der Vegetationsschicht in die Dränschicht besteht.

Der Körnungsaufbau der Filterschicht muß den Festlegungen nach DIN 18 035 Blatt 5 „Sportplätze; Tennenflächen" entsprechen.

Werden Vliese, z. B. aus Glasfaser, als Filter verwendet, müssen diese witterungsbeständig, dauerhaft wasserdurchlässig und durchwurzelbar sein. Sie dürfen keine pflanzenschädigenden Stoffe enthalten. Die in DIN 18 915 Blatt 1 und Blatt 2 hierzu genannten Festlegungen sind zu beachten.

K 420 Filterschichten oder Filtervliese sollen verhindern, daß Feinteile der einen Schicht in die nächstgrößere Schicht eindringen. Das gilt sowohl im Übergang vom Unterboden zur Dränschicht als auch von der Dränschicht zur Vegetationsschicht.

Filterschichten zwischen Vegetationsschichten sind nur erforderlich, wenn aufgrund örtlicher Gegebenheiten feinsandreiche Dränbaustoffe nicht zur Verfügung stehen und grobkörniges Material verwendet werden muß. Hier bildet die Filterschicht granulometrisch die Übergangsschicht zur Verhinderung eines kapillaren Bruches. Der Einbau einer Filterschicht stellt in jedem Falle einen Kompromiß dar.

Einbauverfahren

Filtervliese wurden bisher als Trennlagen zwischen feinkörnigen Vegetationsschichten und groben Dränschichten verwendet. Wegen der besonderen Gefahr des kapillaren Bruches mit Staunässe und ihren Folgeschäden sowie der schlechten Reparaturfähigkeit der Vliese kann eine solche Bauweise heute nicht mehr empfohlen werden. Sollen trotzdem Filtervliese verwendet werden, empfiehlt es sich, den Nachweis der Eignung durch den Hersteller vor der Verwendung führen zu lassen. Prüfverfahren sind bisher nicht entwickelt.

4.2 Allgemeine Anforderungen an das Einbauverfahren

Bei dem Einbau der Schichten sind die Bearbeitbarkeitsgrenzen für bindige Böden nach DIN 18 915 Blatt 1 zu beachten.

Die Art des Einbauverfahrens oder der dabei verwendeten Geräte darf den Lagerungszustand und die Ebenflächigkeit der darunterliegenden Schicht bzw. des Baugrundes nicht verändern, die Schichten dürfen nicht vermischt, die Funktionsfähigkeit von Drän- und Filterschicht nicht vermindert werden.

Vliese für Filterschichten müssen mit etwa 10 cm Überlappung von Bahn zu Bahn verlegt werden.

Im Landschafts- und Sportplatzbau sind zwei Lagerungszustände zu beachten. Der Boden kann und soll locker oder dicht gelagert sein. Lockere Lagerung ist immer für Vegetationsflächen und den darunterliegenden Baugrund nötig, dichte Lagerung ist bei allen Sportflächen sowie Drän- und Filterschichten erforderlich. Wenn in diesem Absatz gefordert wird, daß der Lagerungszustand einer Schicht durch den Einbau der nächstfolgenden Schicht nicht verändert werden darf, dann gilt das für beide Lagerungszustände.

1. Lockerer Lagerungszustand

Vor dem Auftragen der Vegetationsschicht wird der Baugrund gelockert. Dieser lockere Lagerungszustand darf durch den Einbau des Oberbodens nicht verändert werden. Um das zu verhindern, sind zwei Methoden des Oberbodenauftrages möglich.

a) Transportebene Baugrund (siehe Abb. 1)

Sie darf nur vor der Lockerung benutzt werden. Als Arbeitstechnik hat sich deshalb ein streifenweiser Auftrag des Oberbodens herausgebildet. Der Oberboden wird dabei von einem Fahrstreifen aus auf den zuvor gelockerten Untergrund geschüttet und von einer Planierraupe, die sich auf der Ebene des angedeckten Oberbodens bewegt, einplaniert. Nach Andecken dieses Streifens wird der bisherige Fahrstreifen gelockert und über einen neuen Fahrstreifen mit Oberboden überschüttet. Der Nachteil dieser Arbeitstechnik, die vor allem bei großen Transportweiten und LKW-Einsatz notwendig ist, liegt in der Unwirtschaftlichkeit des streifenweisen Lockerns und der Gefahr, daß durch Überschütten noch nicht gelockerter Streifen starke Untergrundverdichtungen verbleiben.

b) Transportebene Vegetationsschicht (siehe Abb. 2)
Bei dieser Arbeitsmethode wird der Untergrund in geschlossener Fläche gelockert und die Oberfläche der angedeckten Vegetationsschicht als Transportebene für weitere Vorkopf-Andeckungen benutzt. Arbeitsgeräte sind dabei Planier- oder Frontladerraupen oder auch Radlader. Diese Arbeitsmethode geht von der Überlegung aus, daß starke Verdichtung nach den Untersuchungen von *Liesecke* nur bis zu einer Tiefe von 20 cm vorliegen (*Liesecke* — Untersuchungen über das Auftreten mechanischer Untergrundverdichtungen in Grünflächen).

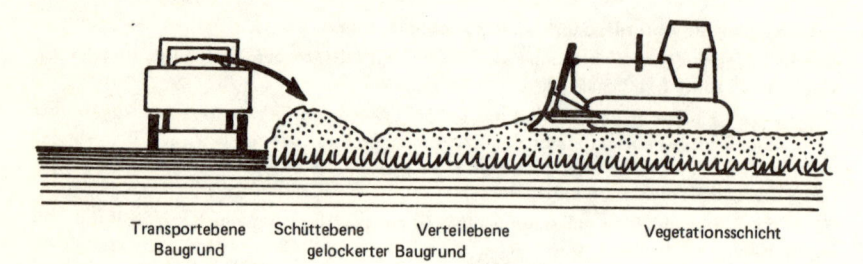

Abbildung 1: Oberbodenandeckung über Transportebene Baugrund

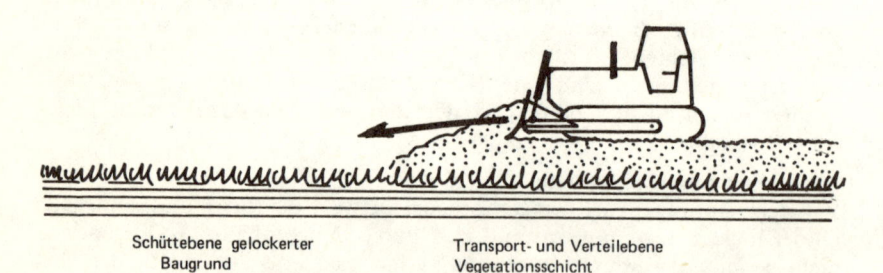

Abbildung 2: Oberbodenandeckung über Transportebene Vegetationsschicht

Diese Verdichtungen aber können durch Lockerungs- und Kulturmaßnahmen nachträglich weitgehend wieder aufgehoben werden, wenn während der Arbeiten die Bearbeitbarkeitsgrenzen beachtet wurden. Da sowohl Lockerung als auch Andeckung in zusammenhängenden Flächen vorgenommen werden, ist eine bessere Wirtschaftlichkeit gegeben und die Gefahr verbleibender Bodenverdichtungen geringer.

K 423 2. Dichter Lagerungszustand

Ein dichter Lagerungszustand ist für Drän- und Filterschichten erforderlich sowie bei allen Schichten für Sportplätze.

Dicke der Schichten

Die Verdichtung muß so vorgenommen werden, daß keine Spuren beim Befahren entstehen. Ist das infolge des gewünschten Körnungsaufbaues der einzelnen Schichten nicht möglich, wie z. B. bei sandreichen Dränschichten, dann muß durch Auslegen von Baggermatratzen oder Bohlen dafür gesorgt werden, daß der Lagerungszustand und die Ebenflächigkeit beim Einbau der nächsten Schicht nicht verändert werden. Die dafür erforderlichen Aufwendungen gehören zur Gesamtleistung und sind nicht besonders zu vergüten, es sei denn, daß während der Bauzeit auf Anordnung des Auftraggebers ein gut verdichtbares Dränschichtmaterial durch ein weniger gut verdichtbares und dadurch weniger scherfestes ersetzt wird.

Für die hierdurch verursachten Mehraufwendungen ist eine Vergütung zu vereinbaren.

Grundsätzlich gilt die Forderung, daß Schichten nicht vermischt werden dürfen. Von diesem Grundsatz gibt es Ausnahmen, so z. B. können gewisse Verzahnungen zwischen Unter- und Oberboden sowie Dränschicht und Rasentragschicht wünschenswert sein. **K 424**

Sie sind dann in der Leistungsbeschreibung unter Angabe der Breite des Verzahnungshorizontes zu nennen.

Die Forderung nach Beachtung der Bearbeitbarkeitsgrenzen für bindige Böden nach DIN 18 915 Blatt 1 gilt für jeden Zeitpunkt der Schichtenandeckung. Zunächst muß der lagernde Oberboden in einem entsprechenden Feuchtezustand sein, dann darf der Feuchtigkeitsgehalt während der Andeckung nicht zu hoch werden. Es kann der Fall eintreten, daß die Andeckungsarbeiten bei Regen und nach Regenfällen für längere Zeit eingestellt werden müssen. Schäden durch Befahren bei zu hohem Wassergehalt können vor allem auf der Transportebene Vegetationsschicht eintreten. Zur Verringerung des Wassereinflusses ist auf eine gute Vorflut zu achten. Locker liegende bindige Oberböden sind an der Oberfläche schnell zu schließen, um eine schwammartige Wasseraufnahme zu verhindern. **K 425**

Diese Notwendigkeit wird leider häufig nicht beachtet.

4.3 Dicke der Schichten

4.3.1 Dicke der Vegetationsschicht

Die Dicke der Vegetationsschicht ist auf die Ansprüche der vorgesehenen Vegetation und auf die örtlichen Verhältnisse, wie z. B. Beschaffenheit des Baugrundes, Neigung, Lage der Flächen u. ä. abzustimmen.

In der Regel ist für Rasen eine Schichtdicke von 5 bis 15 cm ausreichend, bei Gehölz- und Staudenflächen von 25 bis 40 cm.

Es ist Aufgabe des Planers, die Schichtdicke festzulegen. **K 426**

Die Schichtdicke muß im Leistungsverzeichnis genannt werden. Die in diesem Abschnitt angegebenen Schichtdicken sind Regelangaben, die bei der Festlegung der Schichtdicke beachtet werden sollten.

Die Hauptmasse der Rasenwurzeln befindet sich in einer Tiefe bis zu 5 cm, und selten reichen Rasenwurzeln tiefer als 15 cm. Dickere Schichten sind deshalb ohne Einfluß auf die Rasenqualität. Zu dicke Schichten können sogar nachteilig sein, weil physikalische Bodenverbesserungen und spätere Bodenpflegemaßnahmen selten so tief wirksam werden.

Bei der Wahl sehr dünner Schichten ist besonders auf das Wasserhaltevermögen des Bodens zu achten, um ein Austrocknen zu vermeiden, wobei sowohl der Oberboden als auch der Baugrund zu beachten sind.

Bei der Bemessung der Schichtdicke für Gehölz- und Staudenflächen ist zu bedenken, daß die üblichen Bodenbearbeitungsgeräte selten tiefer als 25 cm lockern und Bodenverbesserungen auch nur bis zu dieser Tiefe durchzuführen sind.

Tiefere Schichten werden in der Praxis kaum erreicht. Dickere Oberbodenandeckungen sollten also nur vorgenommen werden, wenn keine wesentliche Bodenverbesserung erforderlich ist.

4.3.2 Dicke der Dränschicht

Die Dicke der Dränschicht soll mindestens 10 cm betragen und dabei einen Porenraum zur Wasserspeicherung von etwa 30 l je m² haben. Die Dicke der Schicht darf jedoch nicht den zweifachen Durchmesser ihres Größtkornes unterschreiten.

K 427 Schichten, die dünner als 10 cm sind, können die Funktion der Wasseraufnahme und Wasserleitung nicht mehr voll erfüllen. Die hydraulische Wirkung dieser Schicht ist dann gemindert. Dickere Schichten sind auf Dächern, oft aus Auflastgründen, nicht erwünscht.

Das Verhältnis zwischen Größtkorn und Schichtdicke ist sorgfältig zu beachten, damit sowohl der geforderte Porenraum als auch eine ausreichende Verdichtbarkeit gegeben sind.

4.3.3 Dicke der Filterschicht

Die Dicke der Filterschicht muß mindestens 5 cm betragen, jedoch nicht weniger als den zweifachen Durchmesser ihres Größtkornes. Werden Vliese verwendet, müssen sie in ihrer Wirksamkeit mindestens einer Filterschicht der vorgenannten Mindestdicke entsprechen.

K 428 Bei dünneren Schichten ist die Filtereigenschaft nicht mehr gesichert. Das Verhältnis zwischen Größtkorn und Schichtdicke von 1 : 2 ist als äußeres Maß zu betrachten. Ein im Verhältnis zur Schichtdicke kleineres Größtkorn ist in jedem Falle besser.

Die z. B. in DIN 18 035 Teil 4 genannte Filterregel sollte beachtet werden.

Zur Verwendung von Vliesen siehe K 420.

Anforderungen an das Planum

4.4 Anforderungen an das Planum

4.4.1 Baugrund

Das Planum des Baugrundes darf nicht mehr als 25 % der Dicke der über ihm einzubauenden Schicht von der planmäßigen Höhe abweichen, jedoch nicht mehr als 5 cm.

Die zulässige Abweichung des Planums des Baugrundes von der Planhöhe (Nennhöhe, Sollhöhe) ist abhängig von der Dicke der darüber liegenden Vegetationsschicht, Filter- oder Dränschicht.

Zur Verdeutlichung zwei Beispiele:

a) Dicke der Vegetationsschicht 10 cm
25 % von 10 cm = 2,5 cm
zulässige Abweichung hier 2,5 cm

b) Dicke der Vegetationsschicht 40 cm
25 % von 40 cm = 10 cm
zulässige Abweichung hier jedoch nur 5 cm.

Durch diese Festlegungen soll erreicht werden, daß die Funktionsfähigkeit der über dem Baugrundplanum liegenden Schichten in jedem Fall noch gewährleistet ist.

Angaben über die Planumsgenauigkeit sind im Leistungsverzeichnis nicht notwendig, wenn nach diesen Festlegungen verfahren werden soll. Festlegungen sind nur erforderlich, wenn in Einzelfällen davon abgewichen werden soll oder muß, wie z. B. bei Bodengruppe 10 mit überwiegend größeren Steinen.

4.4.2 Drän- und Filterschicht

Für das Planum der Drän- bzw. Filterschicht gelten die gleichen Festlegungen wie zu Abschn. 4.4.1. Die Oberfläche der Dränschicht soll in gleichbleibendem Abstand zur Oberfläche der Vegetationsschicht liegen.

Die „Soll-Vorschrift", daß die Oberfläche der Dränschicht in gleichbleibendem Abstand zur Oberfläche der Vegetationsschicht liegen soll, ist weitergehend als die in Abschnitt 4.4.1 aufgeführte Anforderung an das Baugrundplanum zu betrachten.

4.4.3 Vegetationsschicht

Nach dem Schichteinbau und nach Abschluß der in den Abschnitten 5 bis 8 genannten Bodenarbeiten ist das Planum der Vegetationsschicht nach den jeweiligen Anforderungen an die Höhengenauigkeit und Ebenflächigkeit herzustellen. Diese sind dem Verwendungszweck anzupassen.

Unrat, Steine mit einem Durchmesser von in der Regel ab 5 cm, schwer verrottbare Pflanzenteile und Dauerunkräuter sind abzulesen.

Die Anforderungen an die Höhen- und Planumsgenauigkeit sind im Leistungsverzeichnis anzugeben, weil mit steigenden Anforderungen auch die

Aufwendungen des Auftragnehmers und damit auch die Kosten steigen. In der Regel sind bei Arbeiten in der freien Landschaft geringere Ansprüche zu stellen.

Die Überprüfung erfolgt durch Nivellement und Feststellen der Spaltweite unter der 4-m-Richtlatte (siehe dazu Angaben unter DIN 18 035 Blatt 4). Sind keine Angaben zur Höhen- und Planumsgenauigkeit gemacht, muß der Bieter vor der Festlegung seines Preises sich vergewissern, welche Anforderungen gestellt werden oder bei Zeitmangel durch ein Begleitschreiben vermerken, von welcher Annahme er bei der Preisbildung ausgegangen ist.

Zu unterscheiden sind dabei zunächst die Anforderungen an die Höhengenauigkeit bezogen auf die Planungshöhen, die bei den meisten Landschaftsbauarbeiten nur im Anschluß an Bauwerke und Wege von besonderer Bedeutung sind. Hier ist in der Regel davon auszugehen, daß ein fachgerechter Anschluß an Wege 2 cm unter der Oberkante des Weges liegen muß. Die Höhengenauigkeit bei Anschlüssen an Bauwerke (Mauern, Treppen, Häuser etc.) muß jedoch mit einem ± Wert angegeben werden, der die zulässige Abweichung von der Planungshöhe angibt. Innerhalb der Vegetationsflächen selbst werden in der Regel keine bestimmten Anforderungen an die Höhengenauigkeit gestellt, man paßt sich vielmehr der vorhandenen Situation unter Verwendung des vorhandenen Bodens in gegenseitiger Absprache an, sofern nicht aus besonderen Gründen die Einhaltung der Planungshöhen im Rahmen festzulegender Toleranzen gefordert werden muß.

K 432 Entscheidender ist in der Regel die Festlegung der geforderten Ebenflächigkeit der Vegetationsfläche, die in der freien Landschaft Abweichungen von 5 – 6 cm unter der 4 m-Latte zulassen sollte, in repräsentativen Anlagen und Spiel- und Sportflächen 1,5 bis 2 cm.

Auf jeden Fall soll Oberflächenwasser ungehindert abfließen können, wenn nicht die Planung ausdrücklich die Bildung von Mulden vorsieht.

K 433 Das Ablesen von Steinen und Unrat, schwer verrotbaren Pflanzenteilen und Dauerunkräutern gehört zur Leistung Schichteneinbau. Zu beachten ist dabei, daß lediglich das Ablesen gemeint ist und nicht eine Reinigung der Vegetationsschicht in ihrer gesamten Dicke.

Im Rahmen dieser Arbeit kann es sich in der Regel nur um geringfügige Mengen handeln. Enthält bauseits gestellter Oberboden erhebliche Verunreinigungen, sind entsprechende Bedenken anzumelden.

K 434 Unter der Forderung, daß Dauerunkräuter abzulesen sind, ist zu verstehen, daß nur sichtbare Teile von Dauerunkräutern zu entfernen sind. Das Ausgraben von Dauerunkräutern fällt nicht darunter.

Das Vorhandensein von Dauerunkräutern in bauseits gestelltem Oberboden ist dem Auftraggeber in Form von Bedenken mitzuteilen. Ein Ausgra-

Bodenlockerung K 435 – 440

ben von Dauerunkräutern ist im Leistungsverzeichnis gesondert zu fordern. Es ist insbesondere bei künftigen Bodendeckern und Staudenflächen dringend erforderlich!

5 Bodenlockerung

Der Baugrund und die Vegetationsschicht sind über die ganze Fläche zu lockern, wenn die Flächenneigung nicht mehr als 1 : 1,5 beträgt. Bei Flächen, die mehr als 1 : 1,5 geneigt sind, ist der Baugrund in geeigneter Form aufzulockern, die eine ausreichende Verzahnung des Baugrundes mit der aufzubringenden Vegetationsschicht ermöglicht und damit deren Abrutschen verhindert.

Jede Bodenlockerung hat bis zur vorgeschriebenen Tiefe vertikal und horizontal gleichmäßig zu erfolgen. Die Lockerung hat auch die Spuren der eingesetzten Geräte oder Maschinen zu erfassen.

Durch die Lockerung darf keine Schichtenvermischung erfolgen, wenn sie nicht zur Verbesserung des Bodengefüges ausdrücklich gefordert wird,

Die Bearbeitbarkeitsgrenzen nach DIN 18 915 Blatt 1 sind einzuhalten.

Der Baugrund ist vor der Andeckung des Oberbodens, der Oberboden nach der Andeckung zu lockern. Die Art der Lockerung, ob mit Aufreißer, Grubber, Fräse oder anderen Geräten bleibt in der Regel dem Auftragnehmer überlassen, sofern nicht Einzelangaben in der Leistungsbeschreibung erfolgen. **K 435**

In jedem Falle muß das Ziel der Lockerungsarbeit erreicht werden, das darin besteht, durch einen möglichst feinkrümeligen, lockeren Lagerungszustand neue Bodenbildungsprozesse einzuleiten.

Durch die Lockerung darf die Standsicherheit von Böschungen nicht gemindert werden. Dort sind in der Regel Riefen parallel zu den Höhenlinien anzulegen. **K 436**

Eine Durchfeuchtung nach Auflockerung (Klüftung) fördert die Erosion an Böschungen. Deshalb ist auch bei weniger geneigten Hängen auf die Bodenart Rücksicht zu nehmen, um Rutschungen zu verhindern. **K 437**

Der Baugrund ist nicht zu lockern bei Einbau von Filter-Dränschichten. **K 438**

Eine Schichtenvermischung kann die Funktion einer Schicht mindern oder ganz aufheben. Andererseits kann eine Verzahnung sinnvoll sein. In jedem Einzelfall ist deshalb anzugeben, ob eine Verzahnung oder Vermischung gewünscht ist. **K 439**

Die Forderung, daß die Bearbeitbarkeitsgrenzen nach DIN 18 915 Blatt 1 einzuhalten sind, bedeutet, daß u. U. bei Regen die Arbeiten einzustellen und nach Regen erst wieder zu beginnen sind, wenn der Boden bei der Bearbeitung krümelt. **K 440**

K 441 Das Lockern ist keine Nebenleistung, sondern muß als Leistung ausgeschrieben werden. Das Lockern der Vegetationsschicht kann auch mit dem Einarbeiten von Bodenverbesserungsstoffen und Düngern verbunden werden. Wird das gewünscht, muß das entsprechend im Leistungsverzeichnis vermerkt werden, damit der Auftragnehmer sich bei der Wahl des Bearbeitungsgerätes darauf einstellen kann.

5.1 Lockerungstiefe

Die Lockerung von Flächen, die nicht mehr als 1 : 1,5 geneigt sind, muß mindestens die gesamte Vegetationsschicht erfassen, wenn nicht der Zustand des Bodens, z. B. bei Verdichtungen, und die Art der vorgesehenen Vegetation eine andere Lockerungstiefe, z. B. bei der Pflanzung von großen Ballengehölzen, notwendig macht. Bei Flächen mit größerer Neigung als 1 : 1,5 ist die Oberfläche von für Rasen vorgesehenen Flächen nur aufzurauhen und zu ebnen. Für Pflanzungen in derartigen Flächen sind nur die Pflanzgruben zu lockern.

Der Baugrund unter Vegetationsschichten ist mindestens 20 cm tief zu lockern, wenn nicht besondere Bodenverdichtungen, wie Baustraßen, Ortsteinbildungen u. a., eine tiefere Lockerung erforderlich machen.

K 442 Als Lockerungstiefen sind in diesem Absatz angegeben

a) bei Baugrund 20 cm (nicht wenn Filter- und/oder Dränschichten vorgesehen sind), und

b) bei Vegetationsschichten die ganze Schichtdicke.

Der Baugrund ist mindestens 20 cm tief zu lockern, wenn keine anderen Angaben im Leistungsverzeichnis vorhanden sind. d. h. also auch, wenn Angaben fehlen. Der Auftragnehmer muß während seiner Arbeit auf besondere Bodenverdichtungen, die vom Bau herrühren, Baustraßen oder Kranbahnen, Ortsteinbildungen u. ä. achten und bei Vorhandensein bzw. bei Erkennen darauf aufmerksam machen. Weitere Maßnahmen wie tiefere Lockerung oder Auswechslung sind vor Leistungsbeginn zu vereinbaren.

K 443 Die Forderung, daß die gesamte Vegetationsschicht bei der Lockerung erfaßt werden muß, ist bei dickeren Vegetationsschichten nicht leicht zu erfüllen. Die meisten Lockerungsgeräte erreichen nur Tiefen bis zu 25 cm. Die Auflockerung der oberen Zone aber ist sinnlos, wenn die Verdichtung in den tieferen Zonen nicht aufgehoben wird. Deshalb sollte schon bei der Festlegung der Schichtdicke darauf geachtet werden, ob eine vollständige Lockerung später möglich ist (siehe auch K 435, 442). Bei der Kontrolle der Lockerungstiefe ist zu beachten, daß durch die Lockerung eine Volumenvergrößerung von 25 – 30 % auftritt. Das ist bei der Wertung des Meßergebnisses zu berücksichtigen.

K 444 Die Lockerung der Vegetationsschicht bewirkt bei Regen eine schwammartige Wasseraufnahme. Das kann bei geneigten Flächen und bindigen Böden der Anfang von Erosionen sein. Deshalb ist vorgesehen, daß die Oberfläche nur aufgerauht wird, wenn auf Böschungen Rasen eingesät wer-

Bodenvorbereitung f. besondere Standorte   K 445 – 448

den soll. Sollen auf den geneigten Flächen Pflanzungen durchgeführt werden, ist die Lockerung nur punktartig im Bereich des Pflanzloches vorzunehmen.

5.2 Zeitpunkt der Lockerung

Die Lockerung soll so rechtzeitig erfolgen, daß sich der Boden bis zum Zeitpunkt der Pflanzung oder der Ansaat wieder ausreichend gesetzt hat, um eine Beeinträchtigung des Anwachsens oder Keimungsverluste zu vermeiden.

Samen benötigt zur Keimung vollen und festen Bodenkontakt. Gleiches gilt für die Pflanzenwurzel. Kann aus zeitlichen Gründen die Setzung nicht abgewartet werden, muß der Boden durch Walzen angedrückt werden.   **K 445**

6 Bodenvorbereitung für besondere Standorte

6.1 Parkplatzrasen-Fläche

Für Parkplatzrasenflächen ist auf einen verdichteten Baugrund ein 20 bis 25 cm dickes Schottergerüst in der Körnung von 15 bis 60 mm Durchmesser aufzubauen. Die Tragfähigkeit des Baugrundes und die Verdichtung des Baugrundes und des Schottergerüstes sowie dessen Dicke müssen auf den Verwendungszweck (Achslast, Radlast) abgestimmt sein.

Zur Auffüllung der Hohlräume des Schottergerüstes und zu der etwa 0,5 bis 2 cm dicken Überdeckung der Oberfläche des Schottergerüstes als Ausgleichsschicht, ist ein für belastbare Vegetationsschichten geeigneter Boden zu verwenden.

Durch die Art des Aufbaues muß eine scherfeste Tragschicht und Oberfläche entstehen, die dem Schlupf durchdrehender Räder in gewissen Grenzen standhält. Bei einem mit nichtbindigem Oberboden aufgefüllten Schottergerüst wird der Zusammenhalt des Parkplatzrasens unter Belastung durch die Spitzen des Schottergerüstes, die Rasenwurzeln und, in gewissem Maße, durch den Rasenfilz gegeben. Bindige Oberböden verschmieren und beeinträchtigen die Wasserdurchlässigkeit bis zur Undurchlässigkeit.   **K 446**

Bei der Anlage von Parkplatzrasen ist zu berücksichtigen, daß der Rasen durch Bildung von Wurzelfilz nach oben wächst. Die Spitzen des Schottergerüstes werden schnell überdeckt. Es ist deshalb nicht falsch, wenn auf die Überdeckung des Schottergerüstes mit Oberboden verzichtet wird und nur die Hohlräume des Schottergerüstes mit Oberboden aufgefüllt werden.   **K 447**

Die Anforderungen an die Tragfähigkeit des Baugrundes und der Tragschicht gemäß den „Richtlinien für die Befestigung von Parkplätzen" der FG Straßenwesen sowie gegebenenfalls die Festlegungen in DIN 14090 „Flächen für die Feuerwehr auf Grundstücken" sind zu beachten.   **K 448**

6.2 Rasenpflaster

Die Zwischenräume (Fugen und Aussparungen) zwischen Pflastersteinen, Gittersteinen, Wabensteinen u. ä. sind mit einem Boden auszufüllen, der für belastbare Vegetationsschichten geeignet ist.

K 449 Die Auffüllung mit Oberboden soll nicht höher als 1 cm unter Oberkante Gitterstein erfolgen, damit der Raddruck zunächst von den Steinen aufgenommen wird.

Bewährt hat sich dabei die Anwendung eines Sand-Oberbodengemisches, dem das Saatgut beigemischt ist.

K 450 Auch hier gilt der gleiche Hinweis wie zu K 446.

6.3 Vegetationsflächen auf Bauwerken

Bei Dachgärten und ähnlichen nicht mit dem Untergrund in Verbindung stehenden Vegetationsflächen auf Bauwerken ist unter die Vegetationsschicht, deren Beschaffenheit auf die vorgesehene Vegetation abzustimmen ist, eine Dränschicht nach Abschnitt 4.1.2 sowie erforderlichenfalls eine Filterschicht nach Abschnitt 4.1.3 einzubauen.

Die durch die statischen Verhältnisse vorgesehene maximale Auflagelast muß beachtet werden.

K 451 Als Vegetationsflächen auf Bauwerken im Sinne dieses Abschnittes sind alle Rasen- und Pflanzflächen aufzufassen, die auf undurchlässigem Baugrund liegen. Diesen undurchlässigen Baugrund stellen die Dichtungen von Dächern dar, aber auch andere Situationen mit undurchlässigem oder weitgehend undurchlässigem Baugrund sind denkbar. In solchen Fällen ist in der Regel ein schichtweiser Aufbau aus Dränschicht und Vegetationsschicht notwendig, wenn nicht die Vegetationsschicht in Einzelfällen die Funktion beider Schichten übernimmt.

K 452 Schichtdicke und Materialauswahl richten sich nach der Funktion der Vegetationsfläche.

Zu unterscheiden sind:

1. Extensive Begrünung auf nicht belasteten Vegetationsschichten
2. Intensive Begrünung auf nicht belasteten Vegetationsschichten
3. Intensive Begrünung auf belastbaren Vegetationsschichten.

Diesen unterschiedlichen Funktionen muß der Oberboden oder ein entsprechendes Substrat durch die Art der Beschaffenheit im Körnungsaufbau, in der Wasserdurchlässigkeit, im Wasserhaltevermögen und im Gehalt an organischen Stoffen angepaßt werden.

Für eine extensive Begrünung auf nicht belasteten Vegetationsschichten können bei entsprechender Pflanzenauswahl 5 cm dicke Vegetationsschichten ausreichend sein.

Vegetationsflächen auf Bauwerken K 453–455

Bei einer intensiven Begrünung durch Ziergehölze, Stauden und Bäume auf nicht belasteten Vegetationsschichten sind in der Regel mindestens 20 cm dicke, besser jedoch dickere Vegetationsschichten erforderlich. Je dicker die Vegetationsschicht, desto problemloser sind Vegetationsflächen auf Bauwerken.

Sollen belastbare Vegetationsflächen in Form von Gebrauchs- oder Spielrasenflächen hergestellt werden, sind 10 bis 15 cm dicke Vegetationsschichten erforderlich. Bei Dicken unter 10 cm sollten Bedenken geltend gemacht werden.

Dem Ausschreibenden wird empfohlen, dabei die Regeln zur Anlage von Rasensportflächen nach DIN 18 035, Blatt 4, „Sportplätze- Rasenflächen" zu beachten.

Die genannten Werte sind als Anhalt zu nehmen, Abweichungen sind situationsbedingt möglich. Grenzen in der Dicke sind bei Vegetationsschichten insofern gegeben, als sich in zu dicken Vegetationsschichten unerwünschte anaerobe Abbauvorgänge einstellen können, die zu einem negativen Redox-Potential führen. Als Obergrenze kann je nach örtlicher Situation eine Dicke von 50 bis 60 cm gelten.

Zur Abführung des Sickerwassers ist unter der Vegetationsschicht in der Regel eine Dränschicht erforderlich. Für die Baustoffwahl sowie den Körnungsaufbau sind die Ausführungen unter K 417 ff. zu beachten.

K 453

Vor Festlegung der Schichtdicken und des zu verwendenden Materials für die Schichten ist zu prüfen, ob die statischen Verhältnisse für die Anlage einer Vegetationsfläche auf dem Bauwerk ausreichen. Durch die Wahl von Baustoffen mit geringerer Dichte kann die Last vermindert werden, allerdings verschlechtert sich dadurch auch in der Regel die Standfestigkeit von Gehölzen. Besondere Sicherungen oder eine entsprechende Pflanzenauswahl sind dann notwendig.

K 454

7 Bodenpflege

7.1 Oberflächenschutz

Bis zur Bepflanzung oder Rasenherstellung ist zur Beseitigung des aufkommenden Unkrautes in Abständen von etwa 4 Wochen eine entsprechende mechanische Bearbeitung vorzunehmen. Liegt zwischen der Bodenbearbeitung und der Bepflanzung oder Rasenherstellung in der Vegetationsperiode ein Zeitraum von mehr als 8 Wochen, sind die Flächen durch Zwischenbegrünung oder Mulchen gegen Austrocknung und Verunkrautung zu schützen.

In erosionsgefährdeten Lagen sind zur Pflanzung vorgesehene Flächen in jedem Falle durch Zwischenbegrünung oder Mulchen zu schützen, wenn nicht besondere Sicherungsmaßnahmen vorzunehmen sind. Abschnitt 9.2 ist zu beachten.

Aus jahreszeitlichen Gründen können Pflanz- oder Rasenarbeiten nicht immer unmittelbar an die Bodenbearbeitung anschließen. Bei Pflanzarbei-

K 455

ten sind das in der Regel die Zeiten zwischen der Bodenbearbeitung im Sommer und der Pflanzung im Herbst, bei Rasen die Zeiten zwischen der Bodenbearbeitung im Spätherbst, Winter und frühen Frühjahr und der Saat ab Mitte April bis Mitte Juni sowie der Bodenbearbeitung im Juni — Juli und der erstrebenswerten Saatzeit von Anfang August bis Mitte/Ende September (regionale Unterschiede sind zu beachten!).

In der Zwischenzeit keimen Unkräuter, aber auch Bodenverdichtungen und Erosionen treten auf. Alle Leistungen, die diese nachteiligen Erscheinungen beseitigen oder ihnen begegnen, werden als Oberflächenschutz bezeichnet.

K 456 Entscheidend für Art und Umfang der Leistung sind in jedem Falle der Zeitraum zwischen Bodenbearbeitung und Pflanz- bzw. Saatarbeit, die jahreszeitlichen Gegebenheiten, die Bodenverhältnisse und die Geländeneigung. Danach können unterschieden werden:

K 457 1. Überbrückungszeitraum bis zu 8 Wochen bei ebenen bis wenig geneigten Flächen.

In dieser Zeit sind die keimenden Unkräuter zu beseitigen. Das erfolgt durch mechanische Methoden wie Hacken, häufiges Eggen, Fräsen, Grubbern u. ä. Diese Leistungen sind in einem Abstand von 4 Wochen oder bei Bedarf häufiger vorzunehmen.

Diese Leistungen sind keine Nebenleistung, es sei denn, der Auftragnehmer hat durch Selbstverschulden infolge von Baufristüberschreitungen diese Leistungen erforderlich gemacht. In solchen Fällen ist es Sache des Auftragnehmers, die Oberfläche unkrautfrei zu halten.

K 458 2. Überbrückungszeitraum über 8 Wochen bei ebenen bis wenig geneigten Flächen.

Für diesen Zeitraum ist es häufig sinnvoller, aus wirtschaftlichen und bodenpflegerischen Gründen eine Zwischenbegrünung durchzuführen. Eine weitere Methode ist das Mulchen solcher Flächen.

Die Wahl der zur Zwischenbegrünung zu verwendenden Pflanzarten ist abhängig vom zu überbrückenden Zeitraum und von der Bodenart. In Tabelle 3 sind entsprechende Angaben dazu enthalten.

Bei der Überlegung, ob ein rein mechanischer oder ein pflanzlicher Oberflächenschutz gewählt werden soll, spielen folgende wirtschaftliche Aspekte eine Rolle.

Die Zwischenbegrünung erfordert:

a) Ansaat,
b) in der Regel den Schnitt der Grünmasse, sowie ggf. deren Abfuhr
c) Unterarbeiten der Grünmasse bzw. den Umbruch der Fläche sowie
d) erneute Bearbeitung des Planums.

Bodenpflege K 458

Pflanzenart	Wuchshöhe	Wuchszeit bis zum Anfall der größten Blattmasse	Anwendungszeit	Saatmenge	Eignung für Böden der Bodengruppe nach DIN 18 915
	cm	Wochen	Monat	g/m²	
Lupinus angustifolius Einj. blaue Lupine	80	12–15	4.–9.	18	4–7
Lupinus luteus Einj. gelbe Lupine	60	12–15	4.–9.	20	4–7
Lupinus perenne ausdauernde Lupine	60	12–15	4.–9.	1–2	4–7
Trifolium resupinatum Persischer Klee	50	8–10	4.–7.	18	2–9
Trifolium alexandrinum Alexandriner Klee	50	8–10	4.–7.	30	2–9
Sinapis alba Senf	50	8–12	5.–8.	2	6–9
Raphanus sativus oleiformis Ölrettich	180	8–10	3.–9.	2–3	2–9

Tab. 3: Pflanzenarten für die Zwischenbegrünung

Als biologische Aspekte einer Entscheidungsfindung sind aufzuführen:
a) Krümelung des Bodens,
b) Belebung mikrobieller Vorgänge im Boden,
c) Zufuhr von organischer Substanz in den Boden,
d) Zufuhr von Stickstoff bei Verwendung von Legumiosen und
e) Unterdrückung von Unkräutern.

Die Zwischenbegründung muß mit allen erforderlichen Einzelleistungen ausgeschrieben werden.

3. Oberflächenschutz bei stärker geneigten Flächen

Wegen der hier gegebenen Erosionsgefahr sind die Festlegungen nach DIN 18 918 „Landschaftsbau; Sicherungsbauweisen" anzuwenden, wenn nicht im Einzelfall Zwischenbegrünung oder Mulchen ausreichen.

7.2 Bodenfestlegung

Werden Bodenkleber zur Festlegung von Bodenoberflächen zur Verhinderung von Erosionen u. ä. verwendet, sind die Festlegungen nach DIN 18 918 — Landschaftsbau; Sicherungsbauweisen — zu beachten.

7.3 Bodenentseuchung

Sollen Vegetationsschichten sowie auch der Baugrund bei Besatz mit Dauerunkräutern oder Bodenschädlingen, wie z. B. Nematoden mit chemischen Bekämpfungsmitteln behandelt werden, dürfen nur durch die Biologische Bundesanstalt zugelassene Stoffe unter Beachtung der Herstellervorschriften verwendet werden.

8 Düngerausbringung

8.1 Zeitpunkt

Der Dünger ist vor der Pflanzung oder Rasenherstellung auszubringen, wenn die Düngerart nicht ein früheres Ausbringen erforderlich macht.
Die Festlegungen nach Abschnitt 5.2 sind zu beachten.

Früheres Ausbringen ist erforderlich, wenn Verätzungen oder Einwirkungen von Umwandlungsstoffen wie z. B. bei Kalkstickstoff zu erwarten sind, wenn über die Komplexwirkung eines Kalkdüngers gleichzeitig eine Verbesserung der Bodenstruktur erreicht werden soll oder wenn ein langsam löslicher Dünger verwendet wird.

8.2 Menge

Zur Start- oder Vorratsdüngung sind im Mittel je m^2 Vegetationsfläche aufzubringen:

Vegetationsart	Reinnährstoffe in g		
	N	P$_2$O$_5$	K$_2$O
Pflanzungen und alle Rasen, außer Landschaftsrasen	10	10	15
Landschaftsrasen	5	5	7,5

Düngerausbringung

K 461 Die hier genannten Düngermengen stellen bewußt einen Mittelwert dar, weil aufgrund der besonderen Standortsituation durchaus mehr oder auch weniger Dünger oder auch nur ein oder zwei der genannten Nährstoffe erforderlich sind. Ohne eine entsprechende Nährstoffmenge im Boden kann jedoch nicht erwartet werden, daß ein abnahmefähiger Rasen erreicht wird oder ein gutes Wachstum der Pflanzen eintritt.

K 462 Sind in einer Ausschreibung die hier geforderten Nährstoffmengen nicht enthalten, müssen Bedenken gegen die mangelhafte Nährstoffversorgung mit dem Hinweis auf das Nichterreichen eines abnahmefähigen Zustandes geltend gemacht werden.

K 463 Das Umrechnen von Reinnährstoff auf einen Handelsdünger soll an nachstehendem Beispiel gezeigt werden.

Beispiel:
Zur Bevorratung sollen 10 g Rein-N/m² gegeben werden. Es soll ein Handelsdünger mit der Zusammensetzung 13 : 13 : 21 NPK gegeben werden.

$$\frac{x \text{ (benötigte Düngermenge)}}{10 \text{ (benötigter Reinnährstoff)}} = \frac{100}{13 \text{ (Reinnährstoffgehalt d. Handelsd.)}}$$

$$\text{(benötigte Menge des Handelsdüngers)} = \frac{1\,000}{13} = 76{,}92 \text{ g/m}^2$$

8.3 Aufbringen

Der Dünger ist gleichmäßig verteilt aufzubringen, insbesondere sind Ungleichmäßigkeiten wie z. B. Überlappung bei Maschinenstreuung zu vermeiden. Streumaschinen dürfen nur außerhalb der zu düngenden Fläche nachgefüllt werden.

K 464 Das Aufbringen kann von Hand, mit Kastendüngerstreuer oder Kreiseldüngerstreuer erfolgen. Bei Kastendüngerstreuer ist eine gleichmäßige Aufbringung gut möglich, die Gefahr von Überlappungen oder ausgelassenen Streifen ist jedoch groß. Kreiseldüngerstreuer streuen breiter und die Gefahr von schädigenden Überlappungen oder ausgelassenen Streifen ist geringer, dafür die Gleichmäßigkeit zum Rand hin geringer.

K 465 Das Nachfüllen außerhalb der zu düngenden Fläche ist in der Gefahr des Verbrennens begründet, wenn Dünger beim Nachfüllen vorbeifällt.

K 466 Bei Mischungen von Substraten für Dachbegrünungen und Sportplätze ist der Dünger sofort mit einzumischen.

8.4 Einarbeiten

Der Dünger ist in die Vegetationsschicht gleichmäßig einzuarbeiten. Die Bearbeitbarkeitsgrenzen nach DIN 18 915 Blatt 1 sind einzuhalten.

K 467 Der Dünger wird in der Regel zusammen mit den Bodenverbesserungsstoffen eingearbeitet.

9 Bodenverbesserung

9.1 Einarbeiten von Bodenverbesserungsstoffen

Bei einer Verbesserung des Bodengefüges durch Zufügen geeigneter Stoffe muß eine gleichmäßige Vermischung mit der gesamten Vegetationsschicht bzw. mit dem Boden des Baugrundes in der vorgesehenen Tiefe erfolgen. Die Bearbeitbarkeitsgrenzen nach DIN 18 915 Blatt 1 sind einzuhalten.

K 468 Die Festlegung, daß Bodenverbesserungsstoffe gleichmäßig mit der gesamten Vegetationsschicht vermischt werden müssen, hat ihren Grund darin, daß nur oberflächiges Einarbeiten die negativen Eigenschaften des Bodens nur teilweise und in den bearbeiteten Zonen nicht in der geforderten Weise behebt. Die Menge der Zuschlagsstoffe ist immer auf die gesamte Schichtdicke berechnet. Bei nur teilweiser Einarbeitung erhält die bearbeitete Zone zuviel von diesem Bodenverbesserungsmittel, d. h. z. B., daß sie zu stark abgemagert wird oder durch zu viel organische Substanz zu schwammig wird. Der weitere Nachteil liegt darin, daß z. B. bei einer Abmagerung zum Zwecke der Erhöhung der Durchlässigkeit die obere Zone jetzt sehr durchlässig wird, die mangelnde Durchlässigkeit in der tieferen Zone aber nicht behoben wird. Die Gesamtmaßnahme ist damit zwecklos geworden.

K 469 Nicht definiert ist, welcher Grad der Gleichmäßigkeit erreicht werden soll und muß. Bei der Wahl des Einarbeitungsgerätes muß das Ziel der Maßnahme mit in die Überlegungen einbezogen werden. Gleichmäßiges Einarbeiten ist insbesondere durch ein kreuzweises Einfräsen zu erreichen. Dabei besteht aber die Gefahr der Zerstörung der Bodenstruktur bei bindigen Böden, wenn mit zu hoher Rotation bzw. zu kleiner Bissenlänge gearbeitet wird.

Das Leistungsziel kann es aber erforderlich machen, daß strukturschonender mit Grubber oder Rüttelegge gearbeitet wird. Die Mischung wird dadurch aber auch ungleichmäßiger, was in Hinblick auf die Erhöhung der Wasserdurchlässigkeit nicht nachteilig ist, da diese durch eine vertikale Streifenbildung sogar noch gefördert wird.

K 470 Voraussetzung einer gleichmäßigen Einarbeitung ist eine gleichmäßige Verteilung der Bodenverbesserungsstoffe auf einem zuvor hergestellten Planum. Geeignet sind zur Verteilung Dungstreuer, Sandstreuer und Kreiselstreuer.

K 471 Bei der Einbringung organischer Bodenverbesserungsstoffe in größere Tiefe, wie sie häufig bei Pflanzung von Großgehölzen und Großbäumen vorgenommen wird, ist vor allem bei bindigen Böden Vorsicht geboten. Hier besteht die Gefahr, daß durch anaerobe Vorgänge Faulgase entstehen, wobei dem Boden Sauerstoff entzogen wird. Ein Absterben von Wurzelbereichen ist die Folge.

Bodenverbesserung K 471 – 472

9.2 Voranbau

Bei rohen, unaufgeschlossenen Böden ist ein Voranbau vorzunehmen. Er soll eine Verbesserung des Bodengefüges (Krümelung, Belebung der mikrobiellen Vorgänge, Zufuhr von organischer Substanz sowie von Stickstoff bei Verwendung von Leguminosen) bewirken.
Er hat durch Ansaat von geeigneten Pflanzen nachstehender Tabelle zu erfolgen.

Pflanzenart	Bodengruppe nach DIN 18 915 Blatt 1	Höchster Grünmassenanfall in Wochen
Bitterlupine (einjährige blaue Lupine, einjährige gelbe Lupine, Dauerlupine)	4 bis 7	12 bis 15
Senf	6 bis 9	8 bis 12
Persischer Klee	2 bis 9	8 bis 10
Alexandriner Klee	4 bis 9	8 bis 10
Ölrettich	2 bis 9	8 bis 10

Im Bereich von Straßen ist wegen Verkehrsgefährdung durch Wild die Verwendung von Bitterlupinen vorzuziehen.
Voranbauflächen sind vor der Ansaat mit mineralischen Düngern (Mengenangabe in Reinnährstoff) zu versehen:

N   = 5 g je m^2 bei Ansaat von Leguminosen
N   = 10 g je m^2 bei Ansaat von Nicht-Leguminosen
P_2O_5 = 10 g je m^2
K_2O = 15 g je m^2

Die Ansaat hat nach DIN 18 917 zu erfolgen.

Voranbauflächen sind nach DIN 18 917 Abschnitt 3.4.3, 5.1 bis 5.2.4 und 5.4 herzustellen. Die Aussaatmenge richtet sich nach Korngewicht und der vorgesehenen Kornzahl/m^2. K 472

Die Grünmasse ist entweder einzuarbeiten oder abzutransportieren. Für die Verbesserung der Bodenstruktur ist das Einarbeiten vorzuziehen. Stehen längere Zeiträume zur Verfügung, sollten auch Widerholungssaaten vorgesehen werden.

Voranbau ist nicht zu verwechseln mit Sicherungsbauweisen, für die DIN 18 918 gilt.

10 Dränung

Bei zu hohem Grundwasserstand, Auftreten von Schichtwasser u. ä. sind Dränungen nach DIN 1185 Blatt 1 bis Blatt 4 (z. Z. noch Entwürfe) einzubauen.

K 473 Die in der Bezugsziffer genannte DIN beinhaltet alle technischen Möglichkeiten der Bodenentwässerung. Diese Methoden werden unter dem Begriff „Dränung" zusammengefaßt.

Die seit Dezember 1973 gültige DIN 1185 besteht aus folgenden Teilen:

DIN 1185,
Blatt 1: Dränung. Regelung des Bodenwasserhaushalts durch Rohrdränung, Rohrlose Dränung und Unterbodenmelioration; Allgemeine Hinweise und Sonderfälle

Blatt 2: --; Wesentliche Angaben für Planung und Bemessung

Blatt 3: --; Ausführung

Blatt 4: --; Entwurf und Bestandszeichnungen

Blatt 5: --; Unterhaltung

Vertragsrechtliche Regelungen sind in der ATV-DIN 18 908 — Dränarbeiten für landwirtschaftlich genutzte Flächen — getroffen.

K 474 DIN 1185 gilt zur Regelung des Bodenwasserhaushalts landwirtschaftlich genutzter Flächen. Die Norm ist sinngemäß — z. B. unter Veränderung der notwendigen Dräntiefe — auch für vegetationstechnische Maßnahmen des Landschaftsbaus anzuwenden.

K 475 Die Dränung hat vor allem den Zweck, schädliche Bodennässe zu beseitigen, die Durchlüftung des Bodens zu verbessern und tiefere Bodenschichten für eine Durchwurzelung aufzuschließen. Für die Beurteilung der Verhältnisse muß ein unter die Dräne reichendes Bodenprofil bekannt sein.

K 476 Bei zur Vernässung neigenden Gebieten bzw. bereits vernäßten Gebieten ist Quellwasser durch Quellfassungen und Fremdwasser durch Fangdräne oder Fanggräben vor dem Gebiet abzufangen.

Die Oberflächenmodellierung sollte in diesen Fällen zu einer möglichst vollständigen Ableitung des unerwünschten Oberflächenwassers beitragen.

Weiterhin ist zu prüfen, ob bei entsprechend durchlässigen Böden eine großräumige Verbesserung (Tieferlegung) der Vorflut zu einer Absenkung zu hoher Grundwasserstände führen kann. Dadurch darf allerdings die Nutzbarkeit der über das Gebiet hinaus betroffenen Flächen nicht verschlechtert werden.

K 477 Nach DIN 1185 sind folgende Dränverfahren zu unterscheiden:
— Rohrdränung (im Graben oder grabenlos),
— Rohrlose Dränung („Maulwurfdränung") und
— Unterbodenmelioration (Tieflockern, Tiefpflügen).

Die Möglichkeiten sind in der Abbildung **A 1 zu K 477** aufgeführt.

Dränung

```
                ┌─────────────────────────────┐
                │ Regelung des Bodenwasser-   │
                │ Haushaltes durch Dränung    │
                └─────────────────────────────┘
                    │         │         │
        ┌───────────┘         │         └────────────────┐
        │                     │                          │
┌───────────────┐   ┌─────────────────┐   ┌──────────────────────────┐
│ Rohrlose      │   │ Rohrdränung     │   │ Unterbodenmelioration    │
│ Dränung       │   │                 │   │ Tieflockern, Tiefpflügen │
└───────────────┘   └─────────────────┘   └──────────────────────────┘
                                                      │
                                          ┌──────────────────────────┐
                                          │ Meliorationsdüngung      │
                                          └──────────────────────────┘
        │                     │                          │
┌───────────────┐   ┌─────────────────┐   ┌──────────────────────────┐
│ Kombinierte   │   │ Kombinierte     │   │ Unterbodenmelioration mit│
│ Dränung       │   │ Dränung         │   │ Meliorationsdüngung      │
└───────────────┘   └─────────────────┘   └──────────────────────────┘
```

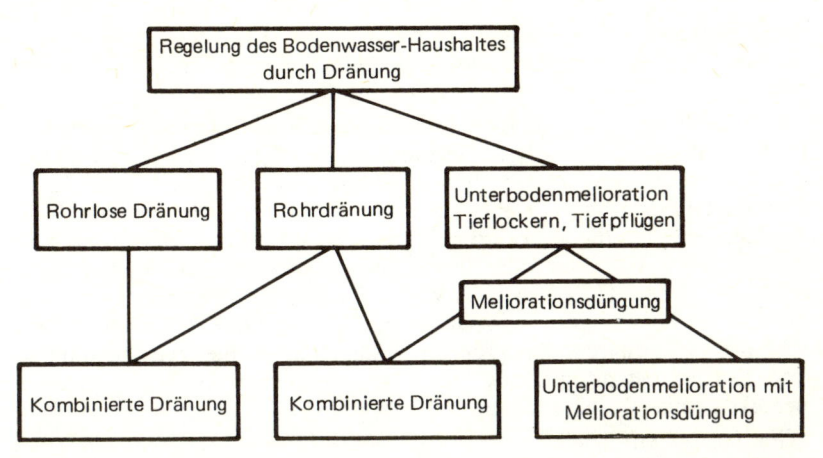

Abbildung A 1 zu K 477: Möglichkeiten zur Regelung des Bodenwasser-Haushaltes durch Dränung (nach DIN 1185, Blatt 1)

Grundvoraussetzung für jede Dränung sind ausreichende Vorflutverhältnisse. Ist kein ausreichendes natürliches Gefälle vorhanden, ist die Vorflut durch Schöpf- oder Pumpwerke sicherzustellen.

Alle mit der Vorflut zusammenhängenden Fragen sind vor Baubeginn zu prüfen und entsprechend zu berücksichtigen.

Nach DIN 1185, Blatt 1, ist die Art der Bodenvernässung zu differenzieren. Es wird unterschieden zwischen grundwasservernäßtem, staunassem und haftnassem (bisher als „schwer durchlässig" bezeichnetem Boden) Boden zu unterscheiden.

Die Definitionen und die zur jeweiligen Vernässungsart bevorzugt gehörenden Dränmethoden sind:

1) „Ein Boden ist **grundwasservernäßt**, wenn sich das Wasser im Boden zwar frei bewegen kann, die Grundwasseroberfläche aber für die Kulturpflanzen und für die Bearbeitung des Bodens ungünstig hoch liegt. Ein optimaler Bodenwasser-Haushalt läßt sich durch Absenken der Grundwasseroberfläche auf einen günstigen Flurabstand erreichen. Die Wirkung des Kapillarsaumes ist zu berücksichtigen.

Grundwasservernäßter Boden ist, soweit eine Verbesserung der Vorflut nicht ausreicht, grundsätzlich systematisch mittels Rohrdränung (Systemdränung) zu dränen. Es kann dabei von Vorteil sein, eine Rohrdränung mit einer Rohrlosen Dränung zu kombinieren, weil dadurch die Gefügeverbesserung beschleunigt, der Abstand der Rohrdräne vergrößert und somit eine erhöhte Wirtschaftlichkeit erzielt werden kann."

(Zitat aus DIN 1185, Blatt 1, Ziffer 3.1)

2) „Ein Boden ist **staunaß**, wenn die vertikale Wasserbewegung im Boden durch eine Stauwassersohle gehemmt ist und sich für die Kulturpflanzen und für die Bearbeitung zeitweilig schädliches Stauwasser bildet.

Die Vernässung ist durch Rohrdränung, Rohrlose Dränung, Unterbodenmelioration oder kombinierte Dränung zu beseitigen. Es hat sich gezeigt, daß häufig für verdichteten Boden neben einer Rohrlosen Dränung die Unterbodenmelioration (Tieflockern oder Tiefpflügen) die zweckmäßigste Standortverbesserung ist. Hierdurch kann das schädliche Stauwasser in tiefere Bereiche abgeführt oder durch verbesserte Speicherfähigkeit aufgenommen werden. Überschüssiges Wasser ist durch ein weitmaschiges Drännetz — in Abhängigkeit von Geländegefälle, Geländerelief und Niederschlag — abzuführen. Bei größerer Hängigkeit ist die Verschlammungs- und Erosionsgefahr aufgrund der bodenkundlichen Untersuchungen zu berücksichtigen."

(Zitat 1185/1 Ziffer 3.2)

3) „Ein Boden ist **haftnaß**, wenn er mindestens bis zur Dräntiefe sehr gering durchlässig ist ($k_{fb} \leq 0{,}01$ m/d).

Die Vernässung ist durch Rohrlose Dränung, Unterbodenmelioration, kombinierte Dränung oder unter bestimmten Voraussetzungen durch Rohrdränung zu beseitigen."

(Zitat 1185/1 Ziffer 3.3)

In der Regel sind im Landschaftsbau grundwasservernäßte und stauwasservernäßte Böden (z. B. durch Baueinfluß verdichtete Bodenschichten) durch Dränung zu verbessern.

K 480 Die Dränung führt stets zu Absenkungskurven des Wassers im Boden. Die Ausbildung dieser Kurven hängt von der Bodenart, dem Dränabstand und der Dräntiefe ab. Siehe Abbildung **A 1 zu K 480**.

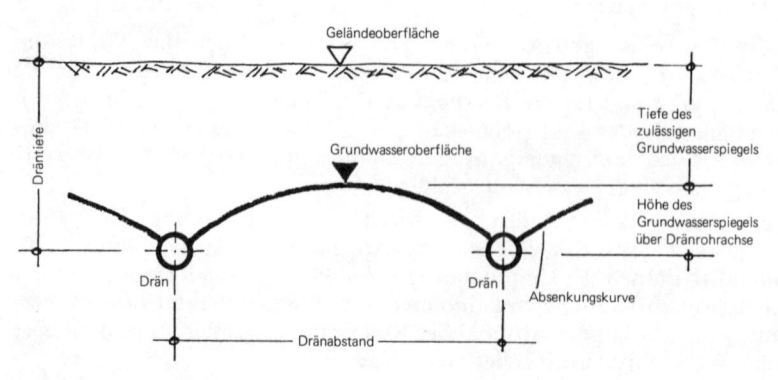

Abbildung A 1 zu K 480

Dränung K 481–488

Die Abstände der Dräne (Abstand der Achsen parallel laufender Dränleitungen) sind in grundwasservernäßtem Boden abhängig von: **K 481**

— der Wasserdurchlässigkeit des Bodens (k_{fb}) (auf der Baustelle zu ermitteln nach DIN 19 682, Blatt 8: Bestimmung der Wasserdurchlässigkeit nach der Bohrlochmethode),

— der zulässigen Höhe des Grundwasserspiegels (Scheitelpunkt) über Dränrohrachse (Dräntiefe) und der Niederschlagshöhe.

Die Berechnung erfolgt nach DIN 1185, Blatt 2.

Je größer die Dränabstände sind, desto höher reicht die Absenkungskurve zwischen den Dränen. Dies ist bei der Festlegung der Dräntiefe zu beachten.   **K 482**

Die Dräntiefe ist auf die jeweilige Nutzung des Bodens abzustimmen. Im Landschaftsbau ist der künftige Bewuchs maßgebend. Bei tiefwurzelnder Dauerbegrünung ist die Dräntiefe so groß zu bemessen, daß der Wurzelraum noch im ausgewachsenen Zustand der Pflanzen ausreichend entwässert wird.

Ist die Nutzung des zu dränenden Gebietes nicht eindeutig festgelegt oder sind Nutzungsänderungen zu erwarten bzw. gewünscht, hat sich die Dräntiefe nach dem ungünstigsten Fall zu richten.

Dräneinrichtungen sind in der Regel frostfrei zu verlegen. Bei geringerer Tiefenlage sind die Gründungsverhältnisse und die Belastung der Rohre aufgrund der Nutzung der Geländeoberfläche zu beachten, und es ist frostsicheres Rohrmaterial zu verwenden.   **K 483**

Dränwasser darf nur versickert werden, wenn eine schädliche Verunreinigung des Grundwassers ausgeschlossen werden kann.   **K 484**

Abwasser darf nicht in Dränleitungen eingeleitet werden. Ebenso sollte vermieden werden, daß Dränleitungen durch stark mit Dünger oder organischen Stoffen angereichertes Sickerwasser belastet werden. Andernfalls ist ein schnelles Veralgen und damit Zusetzen der Dräne zu erwarten.

Die wichtigsten Planungsdaten für die Rohrdränung und die Rohrlose Dränung sind in den Tabellen **T 1 und T 2 zu K 485** aufgeführt.   **K 485**

Schäden bzw. Störungen an Dräneinrichtungen werden durch Versanden, Verschlammen, Verockerung der Rohre, Verwachsungen und Setzungen bzw. Rutschungen verursacht.   **K 486**

Je größer die Gefahr des Versandens, Verschlammens oder/und des Verokkerns ist, um so kleiner sollten die Dränabteilungen ausgebildet werden (Saugerlänge unter 150 m).   **K 487**

Versanden und Verschlammen der Dräne kann durch anorganische oder organische Filterstoffe als direkte Rohrummantelung oder Füllmaterial im Drängraben vermindert werden. Die Filterstoffe sollten teilabbaufähig sein,   **K 488**

Tabelle T 1 zu K 485 (nach DIN 1185, Blatt 2) Planungsgrundsätze für den Bau von Sammlern

	Zeichen	Einheit	Rohrdränung und Rohrlose Dränung im Mineralboden	Rohrdränung im Moorboden
Mindestgefälle				
Triebsand und Schluff	I_{min}	%	0,45	–
stark eisenhaltiger Boden	I_{min}	%	0,3	0,3
schluffiger Lehm	I_{min}	%	0,25	–
sandiger Lehm	I_{min}	%	0,2	–
toniger Lehm	I_{min}	%	0,15	–
schwach eisenhaltiger Moorboden	I_{min}	%	–	0,15
Marschboden	I_{min}	%	0,05	–
Erwünschtes Gefälle	I_{opt}	%	4	0,4
Höchstgefälle	I_{max}	%	8	4
Größte Wassergeschwindigkeit				
bei ungesicherten Stoßfugen	v_{max}	m/s	1,5	1
Größte Länge ohne Schächte	l_{max}	m	500	400
bei Gefahr von Versandung	l_{max}	m	100	–
bei Gefahr von Verockerung insbesondere in Marschgebieten	l_{max}	m	– [1])	– [2])
Nennweite (NW)				
Rohrdränung	–	–	NW 65	NW 65
Rohrlose Dränung	–	–	NW 80	–
Mindestüberdeckung	–	m	0,8	0,8
Mindestfläche der Öffnungen für den Wassereintritt[3]), Dränrohre nach DIN 1180 und DIN 1187	–	cm^2/m	$\geq$ 8 (für NW 50) $\geq$ 10 (für > NW 50)	$\geq$ 8 (für NW 50) $\geq$ 10 (für > NW 50)

[1]) An jeder Saugereinmündung ist ein Dränschacht anzuordnen
[2]) Keine Rohrsammler, sondern rohrlose Dräne anordnen
[3]) Sofern Saugerwirkung erwünscht, siehe Tabelle 2

wenn die Gefahr des Verschlammens nur unmittelbar nach Verlegung der Rohre auftreten kann. Sind langanhaltende Verschlammungen oder Versandungen zu erwarten, sollen die Filterbaustoffe nicht abbaufähig sein.

Durch frühzeitiges bzw. entsprechend häufiges Spülen der Dräne kann ein Verschlammen und Versanden rückgängig gemacht werden. Der Einbau von Kontrollschächten ist notwendig.

K 489 Eine Verockerung ist durch den Einbau von Dränfiltern nicht zu vermeiden. Filterbaustoffe können sogar die Verockerung beschleunigen. Gegen die Verockerung hilft nur ein rechzeitiges Spülen der Dräne. Dies bedingt Saugerlängen von höchstens 150 m und den Einbau von Kontrollschächten.

Dränung

Tabelle T 2 zu K 485 (nach DIN 1185, Blatt 2) Planungsgrundsätze für den Bau von Saugern

	Zeichen	Einheit	Rohrdränung Mineralboden	Rohrdränung Moorboden	Rohrlose Dränung[1] Mineralboden	Rohrlose Dränung[1] Moorboden
Mindestgefälle	I_{min}	%	0,3[2]	0,3[2]	0,1[3]	0,1[3]
Erwünschtes Gefälle	I_{opt}	%	1 bis 3	0,3 bis 0,5	1	0,3 bis 0,5
Höchstgefälle	I_{max}	%	8	1	3	1
Größte Länge						
Querdränung	l_{max}	m	200	150	100	120
Längsdränung bei	l_{max}	m	150	150	100	120
Verockerungsgefahr	l_{max}	m	100	100	100	100
Nennweite (NW)	–	–	NW 50	NW 50	–	–
Preßkopfdurchmesser	–	mm	–	–	80 bis 100	120 bis 200
Dräntiefe						
wenig durchlässiger Boden	t	m	0,8 bis 1	0,9[4]	0,5 bis 0,6	0,9[4]
durchlässiger Boden	t	m	1 bis 1,2	1,2[4]	–	1,3[4]
Marschboden	t	m	0,7 bis 1,1	–	–	–
Sonderkulturen			unter Umständen größere Tiefen je nach Wurzeltiefe			
Mindestflächen der Öffnungen für den Wassereintritt[5]). Dränrohre nach DIN 1180 und DIN 1187	–	cm²/m	8	8	–	–

[1]) Gilt auch für Schlitzdränung (siehe DIN 1185 Blatt 1, Abschnitt 4.7.7)
[2]) Bei künstlichem Gefälle bis 0,15 % zulässig, jedoch nicht bei eisen- und schluffreichen Böden
[3]) Auf Längen bis 40 m ausnahmsweise auch 0 % zulässig
[4]) Die Werte sind um die zu erwartende Moorsackung zu erhöhen
[5]) Breite der Eintrittsöffnungen nach DIN 1185 Blatt 1, Ausgabe Dezember 1973, Tabelle 1

Verwachsungen der Dräne entstehen vor allem durch tiefwurzelnde Dauerbegrünung. Abhilfe bietet nur eine entsprechend große Dräntiefe und die Verwendung von Dränrohren mit sehr kleinen Einflußöffnungen.

Durch Setzungen und Rutschungen können sich abflußlose Dränabschnitte oder sogar Zerstörungen der Dränleitungen ergeben.

Setzungen treten vor allem in frisch geschütteten Bodenbereichen auf. Sie lassen sich nur durch eine ausreichende Verdichtung des Bodens vermeiden. Falls dies nicht möglich ist oder aus vegetationstechnischen Erwägungen unterbleiben soll, können Setzungen u. U. durch einen überhöhten Einbau der Dräneinrichtungen kompensiert werden. Eine nachträgliche Korrektur ist meist nur mit sehr hohem Aufwand möglich.

Rutschungen sind weitgehend abhängig vom Schichtenaufbau und der Neigung der Schichten bzw. von Böschungen, also bauwerksbedingt. Ein absoluter Schutz der Dräneinrichtungen gegen diese Schäden ist kaum möglich. Es sollte jedoch alles getan werden, um die Dräneinrichtungen so gut es geht zu verankern und gegen Verschiebung zu sichern.

Zur Vermeidung der Schäden aus Setzung und Rutschung und zur Auswahl entsprechender Abhilfemaßnahmen sind rechtzeitig Bodenerkundungen und Bodenuntersuchungen notwendig.

Liegen derartige Untersuchungen nicht vor und besteht augenscheinlich die Gefahr der angeführten Schäden, sind gegen die Art der vorgesehenen Bauausführung Bedenken geltend zu machen.

Geltungsbereich   K 500

	Landschaftsbau **Pflanzen und Pflanzarbeiten** Beschaffenheit von Planzen, Pflanzverfahren	$\overline{\text{DIN}}$ 18 916

Inhalt
                                                              Seite
1. Geltungsbereich 1
2. Pflanzen 1
3. Pflanzenteile 6
4. Hilfsstoffe für Pflanzarbeiten 6
5. Pflanzarbeiten 7
6. Schutz von Pflanzen 9
7. Fertigstellungspflege 9

1. Geltungsbereich
Diese Norm gilt für Pflanzen und Pflanzarbeiten im Rahmen von Maßnahmen des Landschaftsbaues.

Die Begrenzung auf Pflanzen und Pflanzarbeiten im Rahmen der Maßnahmen des Landschaftsbaues bedeutet, daß diese Regelungen nicht für Pflanzarbeiten im Rahmen des landwirtschaftlichen Wasserbaues gelten.   **K 500**

Die Norm enthält einmal Festlegungen über die Beschaffenheit von Pflanzen und zum anderen Festlegungen zur Pflanzarbeit selbst. Allen nach VOB ausgeschriebenen Pflanzarbeiten werden auch für die Beschaffenheit der zu liefernden Pflanzen die Bestimmungen dieser Norm zugrunde gelegt. Der Auftragnehmer ist deshalb gut beraten, wenn er im Geschäftsverkehr mit Baum- und Staudenschulen die DIN 18 916 zugrunde legt, da die Gütebestimmungen der Verbände nicht immer identisch sind mit den Normenbestimmungen. Die Gütebestimmungen für Baumschulpflanzen sind fast gleichlautend mit den Festlegungen dieser Norm; anders verhält es sich aber mit den Gütebestimmungen der Sondergruppe Stauden im Zentralverband des Deutschen Gartenbaus.

Hier sind erheblich geringere Anforderungen und andere Größenstaffelungen enthalten als in der vorliegenden Norm.

2. Pflanzen

2.1 Gehölze

Gehölze sind mehrjährige Pflanzen mit verholzenden oberirdischen Trieben.

2.1.1 Beschaffenheit

2.1.1.1 Bewurzelung

Die Bewurzelung von Gehölzen ohne Ballen muß der Art, dem Alter und der Verschulung entsprechend lang und verzweigt sein.

K 501 Alle Pflanzen bilden unterschiedliche Wurzeln aus. Die Beurteilung, ob eine Pflanze ausreichend und der Art entsprechend bewurzelt ist, setzt erhebliche Fachkenntnisse voraus. Hilfen für die Beurteilung können die nachstehenden Abbildungen geben, die vom Bund Deutscher Baumschulen — BdB — angefertigt und herausgegeben wurden. Entscheidend ist, daß die Bewurzelung in einem angemessenen Verhältnis zum oberirdischen Volumen der Pflanze steht. Die Wurzeln dürfen also beim Herausnehmen in der Baumschule nicht zu stark gekürzt und beim Transport nicht so beschädigt worden sein, daß nach Entfernen der beschädigten Wurzeln eine zu geringe Wurzelmasse übrigbleibt. Vergleiche dazu Abbildungen 2a – c.

Ballenpflanzen müssen einen ihrer Art und Größe entsprechend großen, durchwurzelten, festen Ballen haben.

Gehölze, Beschaffenheit K 501

Zweimal verpflanzte (2xv.) Gehölze sind die Standardqualität für Fertigware. Sie hebt sich im oberirdischen Aufbau durch reiche Verzweigung infolge von Rückschnitt und weitem Stand sowie im Aufbau der Bewurzelung durch öfteres Verpflanzen deutlich von der einmal verpflanzten Ware ab. Das Verzweigungsbild ist arttypisch. Die Abbildungen 1a bis 1d zeigen deshalb als Beispiele vier verschiedene Arten.

Abbildung 1a

In dieser Abbildung: von links nach rechts:
Berberis thunbergii, zweimal verpflanzt (2xv.) 40 – 60 cm hoch,
Berberis thunbergii, einmal verpflanzter leichter Strauch (1xv.) 1. Str. 40 – 70 cm hoch,
Berberis thunbergii, dreijährige verpflanzte Jungware aus engem Stand zur Weiterkultur (3jv.) 30 – 50 cm hoch.

213

K 501　　　　　　　　　　　　　　　　　　　　　　　　　　DIN 18 916

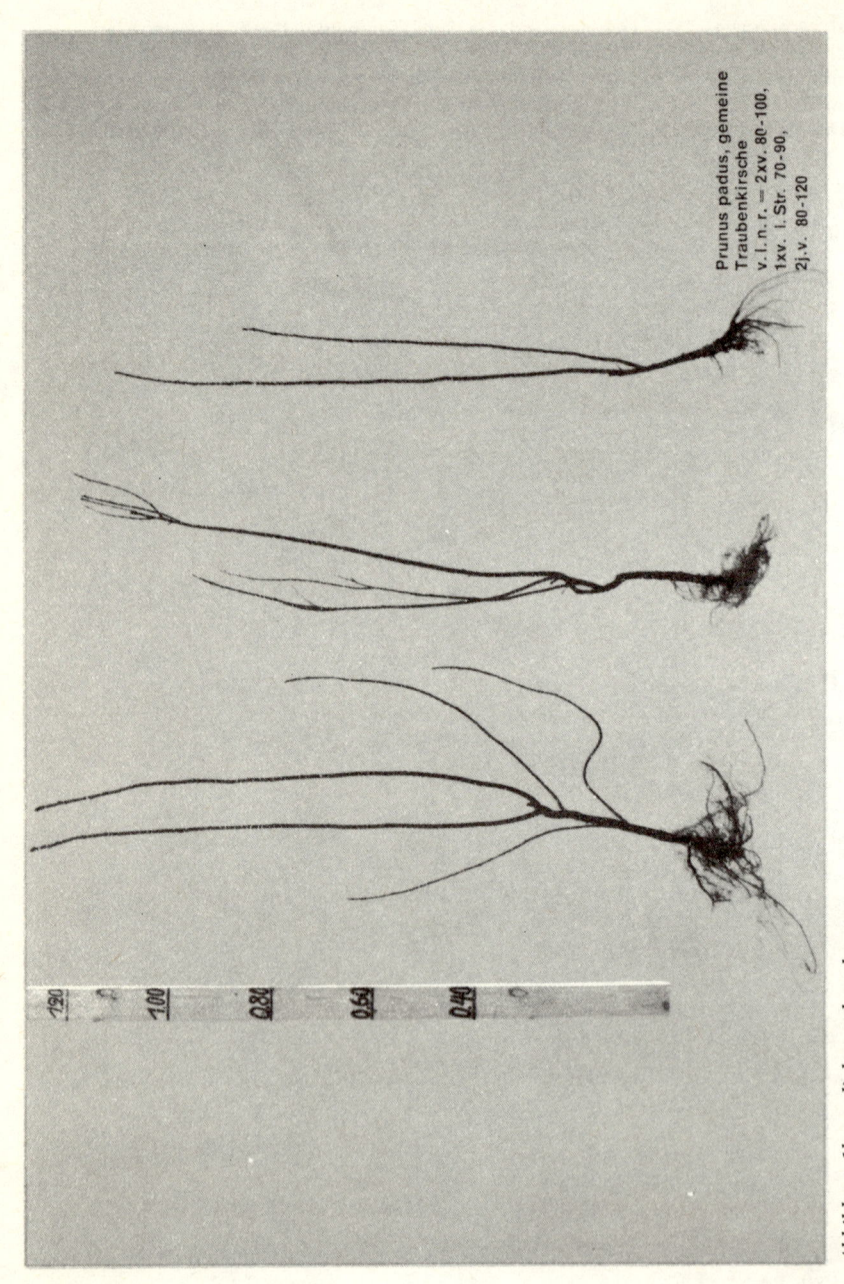

Abbildung 1b von links nach rechts

Prunus padus 2xv. 80 – 100
Prunus padus 1xv. 1. Str. 70 – 90
Prunus padus 2j.v. 80 – 120

214

Gehölze, Beschaffenheit K 501

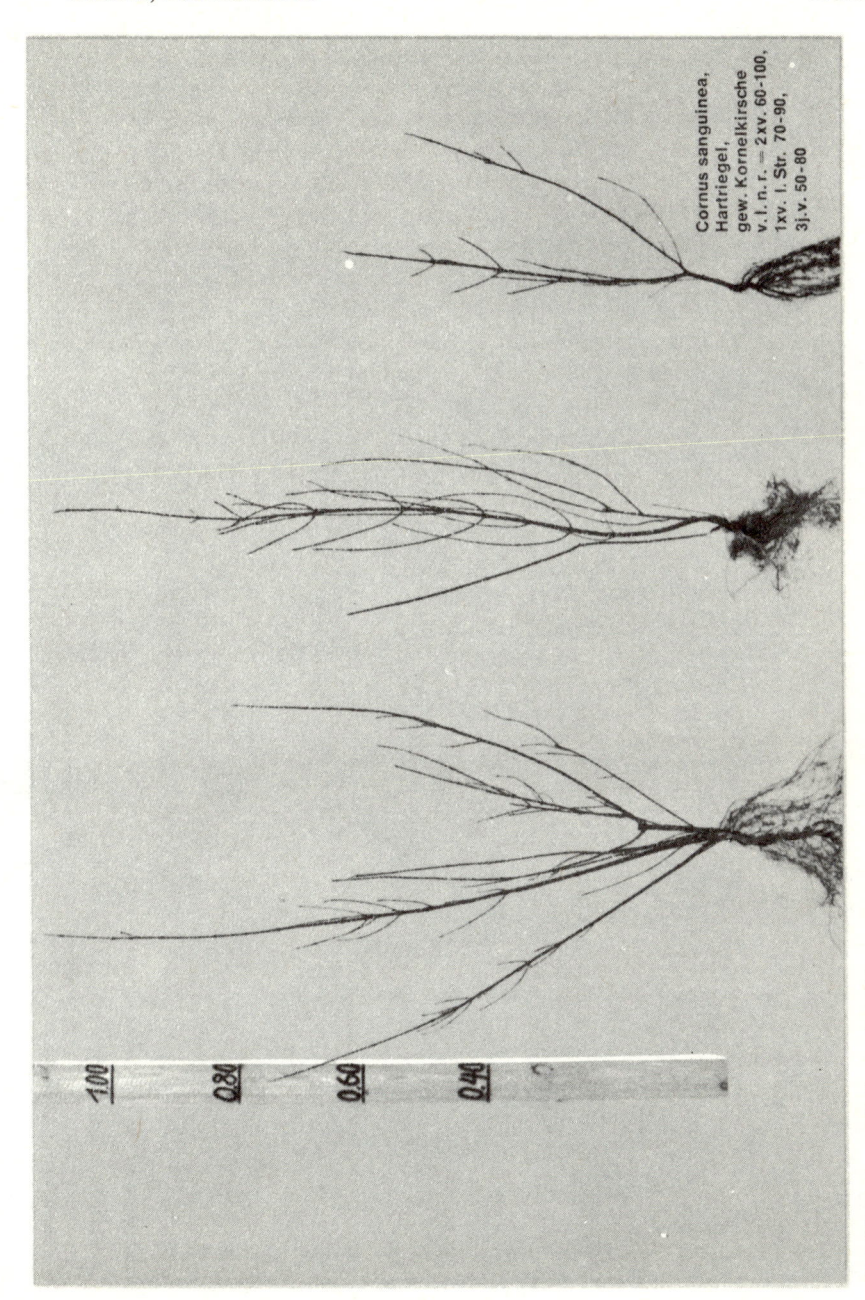

Cornus sanguinea, Hartriegel, gew. Kornelkirsche
v. l. n. r. — 2xv. 60-100, 1xv. 1. Str. 70-90, 3j.v. 50-80

Abbildung 1c von links nach rechts

Cornus sanguinea 2xv. 60 – 100
Cornus sanguinea 2xv. 1. Str. 70 – 90
Cornus sanguinea 3j.v. 50 – 80

K 501　　　　　　　　　　　　　　　　　　　　　　　　　　　　　DIN 18 916

Carpinus betulus,
Weiß- oder Hainbuche
v. l. n. r. — 2xv. 80-100,
3–4j. 1xv. für Hecken
gezogen 80-100,
3j.v. 60-100

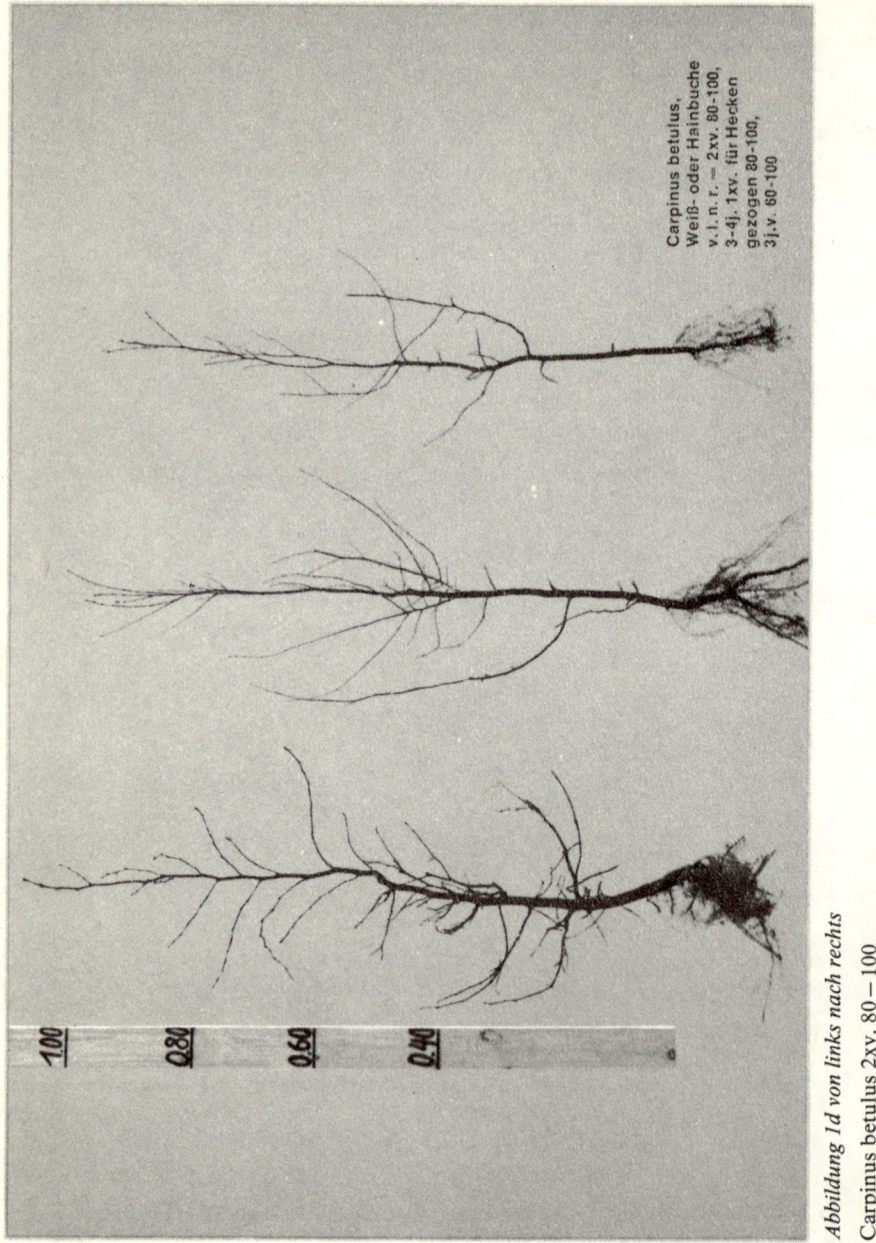

Abbildung 1d von links nach rechts

Carpinus betulus 2xv. 80 — 100
Carpinus betulus 3 — 4j. 1xv. für Hecken gezogen 80 — 100
Carpinus betulus 3j.v. 60 — 100

Gehölze, Beschaffenheit K 501

Abbildung 2a

Abbildung 2b

Abbildung 2a – c: Typische Wuchsbilder von Hoch-(Halb-)stämmen.
Links normengerechte Handelsware mit geradem, fehlerfreiem Stamm, gleichmäßiger Krone mit gerader Stammverlängerung und arttypischem Wuchs sowie guter Bewurzelung.
Rechts fehlerhafte Pflanzen, die für Landschaftsbauarbeiten nicht verwendet werden dürfen.

K 501 DIN 18 916

Abbildung 2c

Typische Wuchsbilder von Hoch-(Halb-)stämmen.
Links normengerechte Handelsware mit geradem, fehlerfreiem Stamm, gleichmäßiger Krone mit gerader Stammverlängerung und arttypischem Wuchs sowie guter Bewurzelung.
Rechts fehlerhafte Pflanzen, die für Landschaftsbauarbeiten nicht verwendet werden dürfen.

K 502 Unzulässig sind sogenannte „Kunstballen (lose und nachträglich anmodellierte, nur durch Ballentuch zusammengehaltene Ballen)". Lose Ballen entstehen, wenn bei zu trockenem Boden einballiert wird, durch Austrocknung während der Lagerung und des Transports, durch unsachgemäßen Transport (Werfen) und am häufigsten dadurch, daß die Pflanzen nicht in regelmäßigen Abständen verpflanzt wurden (überständige Ware). Einen wesentlichen Einfluß hat weiter die Bodenart. Nichtbindige Böden haben einen zu geringen Zusammenhalt bei zu geringer Bodenfeuchte. Vergleiche Abbildungen 4a – c, 5a – c.

Abbildung 4a – c

Links normengerechte Nadelgehölze gleichmäßig gewachsen und voll verzweigt sowie mit gutem Ballen
Rechts für Landschaftsbauarbeiten nicht zulässige Ware mit spärlicher Verzweigung, verzweigtem Mitteltrieb und schlechtem Ballen.

Gehölze, Beschaffenheit K 502

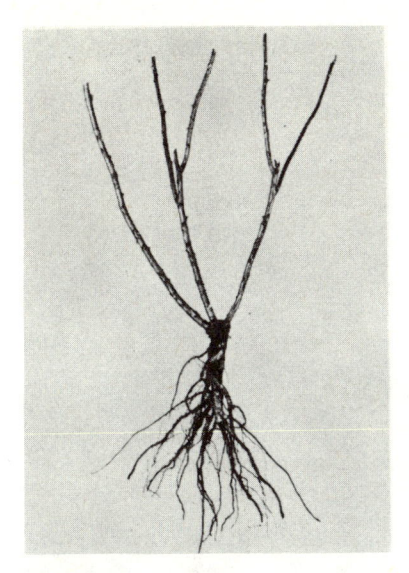

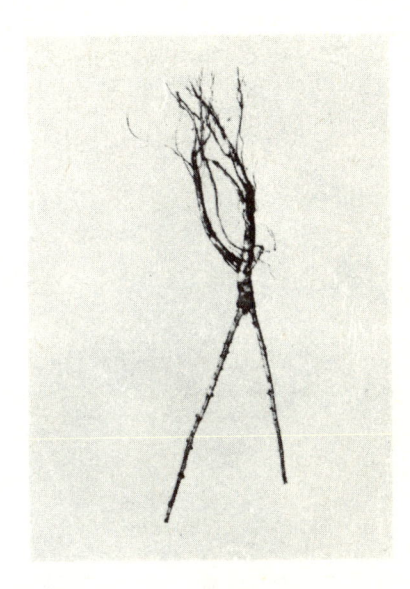

Abbildung 3a (links)
Normengerechte Rosenpflanze, die der Handelsware Güteklasse A entspricht.

Abbildung 3b (rechts)
Rosenpflanze, die der Handelsware Güteklasse B entspricht. Sie darf bei Landschaftsbauarbeiten nicht verwendet werden, weil sie nicht normengerecht ist.

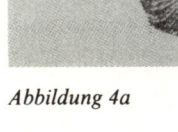

Abbildung 4a

K 502   DIN 18 916

Picea Omarika

Picea Omarika

Chom. columnaris glauca

Chom. columnaris glauca

Abbildung 4b und c

Links normengerechte Nadelgehölze gleichmäßig gewachsen und voll verzweigt sowie mit gutem Ballen
Rechts für Landschaftsbauarbeiten nicht zulässige Ware mit spärlicher Verzweigung, verzweigtem Mitteltrieb und schlechtem Ballen.

Gehölze, Beschaffenheit K 502

Abbildung 5 a und b
Links normengerechte Solitärgehölze mit arttypischem Habitus aus extra weitem Stand mit gutem Ballen
Rechts für Landschaftsbauarbeiten nicht zugelassene sogenannte Solitärs, untypisch gewachsen aus zu engem Stand und mit schlechtem Ballen.

K 503　　　　　　　　　　　　　　　　　　　　　　　　　　　　DIN 18 916

Abbildung 5c
Links normengerechte Solitärgehölze mit arttypischem Habitus aus extra weitem Stand mit gutem Ballen
Rechts für Landschaftsbauarbeiten nicht zugelassene sogenannte Solitärs, untypisch gewachsen aus zu engem Stand und mit schlechtem Ballen.

Pflanzen mit Topfballen müssen einen voll durchwurzelten Ballen haben. Die Hauptwurzeln dürfen nicht durch die Wandungen oder den Boden des Topfes gewachsen sein.

Der Rauminhalt des Topfes muß in einem angemessenen Verhältnis zur Größe der Pflanze stehen. Bei Containerpflanzen muß das Substrat im Behälter (Container) voll durchwurzelt sein. Das Wurzelwerk darf nicht aus dem Behälter (Container) herausgewachsen sein, so daß die Pflanzen jederzeit versandfähig sind. Die Größe des Behälters (Container) muß in einem angemessenen Verhältnis zur Pflanzengröße stehen. Der Inhalt des Behälters (Containers) muß mindestens 1,5 Liter betragen.

K 503　Wegen einer besseren Verpflanzbarkeit werden viele Pflanzen, insbesondere aber Bodendecker in Töpfen gezogen. Darüber hinaus sind bestimmte Pflanzen aufgrund ihrer arttypischen Wurzelausbildung (Pfahlwurzel) auch bei mehrfacher Umpflanzung nicht ballierfähig. Diese Pflanzen müssen in Töpfen kultiviert werden. Qualitätsminderungen treten hier ein, wenn die Hauptwurzeln durch den Topfboden durchwachsen. Typische Vertreter sind z. B. Ginster und Feuerdorn. Das Durchwachsen der Hauptwurzeln kann durch entsprechende Kulturmaßnahmen verhindert werden, z. B durch Umtopfen in größere Töpfe. Abgeschnittene Hauptwurzeln mindern die Qualität der Ware und erschweren das Anwachsen, weil die Größe der im Topfballen verbliebenen Wurzeln in einem unangemessenen Verhältnis zum oberirdischen Trieb steht und die Leitwurzel fehlt. In der Regel handelt es sich bei durchgewachsenen Topfballen um überständige Ware, die nicht handelsfähig ist.

Gehölze, Beschaffenheit K 503

Für Container trifft das zuvor Gesagte in gleicher Weise zu. Die Angemessenheit des Topfinhaltes für Container kann in Zweifelsfällen beim BdB erfragt werden, sofern keine Normenaussagen vorliegen. In solchen Fällen sollten die Gütebestimmungen des BdB Richtschnur für eine Beurteilung der Pflanzenbeschaffenheit sein. Zur grundsätzlichen Beurteilung siehe Abbildungen 6a – c.

Abbildung 6a

Links normengerechte Containerpflanzen, dem Anzuchtzustand entsprechend gebaut und mit gutem, ausreichend großem Topf
Rechts für Landschaftsbauarbeiten nicht zugelassene, schlecht gewachsene Containerware, z. Tl. mit aus dem Topf gewachsenen Wurzeln.

K 503   DIN 18 916

Abbildung 6b und c
Links normengerechte Containerpflanzen, dem Anzuchtzustand entsprechend gebaut und mit gutem, ausreichend großem Topf
Rechts für Landschaftsbauarbeiten nicht zugelassene, schlecht gewachsene Containerware, z. Tl. mit aus dem Topf gewachsenen Wurzeln.

Gehölze, Beschaffenheit

2.1.1.2 Ausbildung von Trieben, Stämmen und Kronen

2.1.1.2.1 Hochstämme

Hochstämme sind Gehölze mit einem Stamm bis zum Kronenansatz von mindestens 180 cm Höhe und einer Krone.
Der Stamm muß gerade und ohne Beschädigungen sein. Seitliches Verstärkungsholz darf nicht älter als 2 Jahre sein.
Die Krone muß der Art und dem Stammumfang entsprechend entwickelt sein, wüchsige Kronentriebe und einen in der Stammverlängerung geraden Leittrieb haben, mit Ausnahme von Kugelkronen und derjenigen Hängeformen, die üblicherweise ohne Leittrieb gezogen werden.

2.1.1.2.2 Halbstämme

Halbstämme sind Gehölze mit einem Stamm bis zum Kronenansatz von mindestens 80 cm und höchstens 180 cm Höhe und einer Krone.
Sinngemäß gelten hier außerdem die Festlegungen des Abschnittes 2.1.1.2.1.

Die Abbildungen 2a–c stellen bildlich die Grundsätze für die Beschaffenheit von Hoch- und Halbstämmen dar, wobei arttypische Abweichungen insbesondere bei der Geradheit des Stammes zu beachten sind. Wichtig ist hier die Frage, ob mit dieser Ware der gewünschte Erfolg erreicht wird. Die vorliegenden Skizzen sollen im Sinne des BdB einen fairen Wettbewerb unter den Baumschulen gewährleisten und so als Maßstab gelten.

Älteres Verstärkungsholz hinterläßt beim Entfernen große Wunden, die nur langsam überwallen und bis dahin Angriffspunkte für Pflanzenkrankheiten sind. Die Neigung, Seitentriebe und damit eine Krone zu bilden, ist artspezifisch. Die Anregung zur Bildung von Seitentrieben kann bei einzelnen Arten nur durch Schnitt erfolgen. Der Leittrieb soll entweder aus der Terminale oder bei Arten, die nur nach Rückschnitt eine Krone bilden, aus der obersten Triebknospe entstehen. Eine Stammverlängerung aus dem Afterleittrieb, d. h aus der zweiten Triebknospe, ergibt in der Regel eine Stammverkrümmung, die als Kulturfehler bezeichnet werden muß und den Wert der Pflanze mindert. Häufige Beschädigungen der Stämme sind Frostrisse, Wildverbiß und mechanische Beschädigungen durch Arbeitsgeräte und Transportfehler. Derartige Beschädigungen sind unzulässig, wenn sie nicht vollständig überwallt sind. Aber Pflanzen mit größeren überwallten Wundstellen gelten als mangelhaft.

2.1.1.2.3 Stammbüsche

Stammbüsche sind mindestens zweimal verpflanzte, natürlich gewachsene baumartige Gehölze aus weitem Stand von mindestens 250 cm Höhe, mit besonders kräftigem Stamm und dichtem Besatz an Ästen und Zweigen.
Sinngemäß gelten hier außerdem die Festlegungen des Abschnittes 2.1.1.2.1, Absatz 2.

Der Begriff „aus weitem Stand" ist in der Norm nicht näher definiert. Baumschulen verpflanzen Gehölze in artspezifischen Abständen. In Zweifelsfällen müssen Sonderfachleute zur Beurteilung dieser Frage herangezogen werden. Die Verpflanzbarkeit mit gutem Aufwuchserfolg ist abhängig von der Häufigkeit der Verpflanzung während der Anzucht. In der Regel sollen Stammbüsche alle zwei Jahre verpflanzt werden, um Wurzelverzweigungen und -häufungen in Stammnähe zu erreichen.

2.1.1.2.4 Heister
Heister sind mindestens zweimal verpflanzte, baumartige Gehölze ohne Krone bis 400 cm Höhe. Sie müssen gerade gewachsen, mit Seitenholz besetzt und in weitem Stand angezogen worden sein.

Der Seitenholzbesatz soll dem natürlichen Wuchs der betreffenden Art entsprechen.

Sinngemäß gelten hier außerdem die Festlegungen des Abschnittes 2.1.1.2.3.

2.1.1.2.5 Leichte Heister
Leichte Heister sind verpflanzte, baumartige Gehölze ohne Krone bis 150 cm Höhe.

Sie müssen einmal verpflanzt sein, mit Ausnahme von Betula pubescens und Betula verrucosa, die zweimal verpflanzt sein müssen.

Sinngemäß gelten hier außerdem die Festlegungen des Abschnittes 2.1.1.2.4.

Der Einsatzbereich von Heistern ist oft der freie Stand. Das Seitenholz soll deshalb nicht in der Art eines Verstärkungsholzes, sondern in natürlichem Wuchs vorliegen. Gegenüber Großsträuchern unterscheiden sie sich durch den geraden Mitteltrieb.

2.1.1.2.6 Sträucher
Sträucher sind zweimal verpflanzte Gehölze ohne stammartigen Mitteltrieb. Sie müssen mehrere der Art entsprechend kräftig ausgebildete und verzweigte Triebe aufweisen.

Bei Sträuchern, die durch Veredlung herangezogen werden, darf die Verzweigung erst oberhalb der Veredlungsstelle beginnen.

Die Veredlungsunterlage darf nicht durchgetrieben sein.

2.1.1.2.7 Leichte Sträucher
Leichte Sträucher sind einmal verpflanzte Gehölze bis 120 cm Höhe.

Sie müssen gut bewurzelt und in der Regel mehrtriebig sein. Cornus mas und Hippophae rhamnoides können auch eintriebig, jedoch mit entsprechender Seitenbezweigung sein.

Für die Beurteilung von Sträuchern siehe Abbildungen 1a–c.

2.1.1.2.8 Laubholz-Heckenpflanzen
Laubholz-Heckenpflanzen sind für Hecken geeignete und entsprechend angezogene Laubgehölze.

Sie müssen zweimal verpflanzt sein, aus weitem Stand kommen, von unten an voll bezweigt sein und während der Anzucht der Art entsprechend zurückgeschnitten worden sein.

Hochwachsende Arten wie Hainbuche (Carpinus), Rotbuche (Fagus sylvatica), Feldahorn (Acer campestre), Linden (Tilia) u. ä. müssen einen der Art entsprechenden geraden Mitteltrieb haben.

Gehölze, Beschaffenheit K 508–510

Liguster in der Triebzahlstaffel 2/4 Triebe sind in der Regel einmal verpflanzt und kommen aus engem Stand. Sie müssen während der Anzucht zurückgeschnitten worden sein.

Bei Laubholz-Heckenpflanzen ist in der Regel während der Anzucht ein regelmäßiger Rückschnitt des Leittriebes und der Verzweigung notwendig, um eine gleichmäßige, arttypische Verzweigung und den schlanken Wuchs mit Triebverzweigungen zu erhalten. Liguster als Heckenpflanze für niedrigere Hecken ist arttypisch von unten an verzweigt und bildet daher keinen Mitteltrieb. Beschaffenheits- und Sortierungsmerkmal sind hier die Anzahl der Triebe und die Häufigkeit der Verpflanzung.   K 508

2.1.1.2.9 Bodendecker

Bodendecker sind niedrige oder flachwachsende Gehölze, die für eine Bodendeckung geeignet sind. Sie müssen gleichmäßig verzweigt sein. Sie müssen während der Anzucht mindestens einmal zurückgeschnitten worden sein, mit Ausnahme von Gaultheria, Pachysandra u. ä. Ihre Zweige sollen eine Fläche bedecken, die mindestens zwei Dritteln der Fläche entspricht, die sich aus dem geforderten Durchmesser ergibt.

Unzulässig sind verzweigte, ohne Rückschnitt in Schnellkultur angezogene Stecklinge. Erst der Rückschnitt während der Kultur bringt die gewünschte Verzweigung, die mindestens zwei Drittel der Fläche bedecken muß, die als mittlerer Durchmesser gefordert wird.   K 509

Hier sollten die Abnehmer von Bodendeckern einen besonderen kritischen Maßstab anlegen. Nicht verzweigte Bodendecker sind meist auch nicht ausgereift. Große Anwachsverluste sind bei derartigen Pflanzen nicht selten.

2.1.1.2.10 Schling-, Rank- und Kletter-Pflanzen

Schling-, Rank- und Kletter-Pflanzen müssen mindestens zwei kräftige Triebe haben mit Ausnahme von einjährigen Clematis-Hybriden und einjährigen Parthenocissus tricuspidata Veitchii.

2.1.1.2.11 Veredelte Rosen

Buschrosen müssen einjährige Veredlungen sein und mindestens drei voll entwickelte Triebe haben, von denen mindestens zwei aus der Veredlungsstelle kommen müssen, während der dritte Trieb bis 5 cm darüber entspringen darf.

Rosen-Hochstämme müssen einen kräftigen und geraden Stamm haben. Es dürfen keine größeren Wunden oder Brandflecken vorhanden sein. Die Krone muß mindestens drei stark entwickelte, aus zwei Veredlungsstellen entspringende Triebe haben.

Der Stammdurchmesser muß unmittelbar unter der Veredlungsstelle gemessen mindestens 9 mm betragen.

Im Handel sind Güteklassen A und B üblich. Normengerecht sind nur Pflanzen der Güteklasse A. Pflanzen der Güteklasse B dürfen deshalb nicht geliefert werden, wenn DIN 18 916 der Leistung zugrundegelegt wurde. Die Unterschiede gehen deutlich aus den Abbildungen 3a und 3b hervor. Stammrosen müssen immer zwei Veredelungen haben.   K 510

Beide müssen angewachsen sein und gleichwertig ausgetrieben haben. Austrieb aus nur einer Veredelung gibt Stammverkrümmungen und ungleichmäßige Kronen.

2.1.1.2.12 Nadelgehölze

Alle Nadelgehölze müssen artentsprechend vom Boden aufwärts voll bezweigt und gleichmäßig gewachsen sein, bei rasch wachsenden Arten mit Ausnahme des letzten Jahrestriebes.

Aufrecht wachsende Arten dürfen nur einen geraden, durchgehenden Mitteltrieb haben. Ausnahmen sind zulässig bei Ginkgo, Taxus, Thuja und Tsuga, die auch mehrere Haupttriebe haben dürfen.

Die Zweige müssen artentsprechend voll benadelt sein.

K 511 Zur Beurteilung der Beschaffenheit von Nadelgehölzen sind Abbildungen 4a–c zu beachten. Ein zu enger Stand in der Baumschule verursacht Verkahlung von unten her. Abgestorbene Seitentriebe wachsen in der Regel nicht mehr aus. Qualitätsmindernd sind grundsätzlich spärliche Verzweigungen und verzweigte Mitteltriebe, wenn die Art sonst einen typischen Mitteltrieb besitzt.

2.1.1.2.13 Rhododendron und Azaleen

Rhododendron und Azaleen müssen einen der Sorte entsprechenden, gedrungenen Wuchs haben, der Höhe bzw. der Art entsprechend breit gewachsen, von unten her verzweigt sein und einen festen, durchwurzelten, ihrer Größe entsprechenden Ballen haben.

K 512 Pflanzen aus zu engem Stand und falscher Kultur besitzen häufig nur einen verzweigten Mitteltrieb und sind von unten verkahlt. Hier handelt es sich um überständige Pflanzen, bei denen die Umschulung versäumt wurde. Derartige Pflanzen entsprechen nicht der Festlegungen dieser Norm.

2.1.1.2.14 Solitärpflanzen

Solitärpflanzen sind Gehölze der Abschnitte 2.1.1.2.1, 2.1.1.2.2, 2.1.1.2.3, 2.1.1.2.4, 2.1.1.2.6, 2.1.1.2.9, 2.1.1.2.10, 2.1.1.2.12 und 2.1.1.2.13, die als zweimal verpflanzte Gehölze ein drittes Mal in extra weitem Stand verpflanzt und somit für spätere Einzelstellung vorbereitet wurden.

Nach dem dritten Verpflanzen sind sie gegebenenfalls durch weiteres, wiederholtes Verpflanzen oder Umstechen verpflanzfähig zu halten.

K 513 Eine für alle Gehölze einheitliche Definition des „extra weiten Standes" gibt es in dieser Norm nicht. Entscheidend für die Beurteilung, ob es sich im jeweiligen Falle um eine Solitärpflanze handelt, ist der Gesamthabitus der Pflanze. Abbildungen 5a–c zeigen sehr deutlich, wie eine Solitärpflanze beschaffen sein muß im Gegensatz zu normaler Handelsware. Die Abstände in der Baumschule müssen so gewählt sein, daß der freie Wuchs für die spätere Einzelstellung gewährleistet ist. Von Solitärpflanzen wird erwartet, daß sie ohne Rückschnitt auf der Baustelle anwachsen. Sie müssen deshalb durch entsprechende Kulturmaßnahmen (Umpflanzen und

Gehölze, Krankheiten   K 514–515

Umstechen im Wechsel) verpflanzfähig gehalten werden. Sie müssen mit Ballen geliefert werden. Rückschnitt von Solitärpflanzen zur Sicherung des Anwuchses bedeutet Qualitätsminderung. Zulässig ist nur bei vieltriebigen, sehr stark verzweigten Gehölzen ein Entlastungsschnitt, der den Gesamthabitus der Pflanze nicht verändert.

2.1.1.2.15 Containerpflanzen

Containerpflanzen sind Gehölze der Abschnitte 2.1.1.2.1 bis 2.1.1.2.14, die einzeln in Behältern (Containern), die das gesamte Wurzelwerk umfassen, angezogen werden.

Sie müssen in ihrer Beschaffenheit den Merkmalen der Gruppe entsprechen, denen sie zuzuordnen sind.

Zur Beurteilung von Containerpflanzen beachte Abbildungen 6a–c und die Ausführungen unter K 503.   K 514

2.1.1.2.1.6 Jungpflanzen

Jungpflanzen sind Gehölze, die in ihrem Alter und Entwicklungsstand noch nicht den Beschaffenheitsanforderungen der vorstehenden Gruppen entsprechen.

Entsprechend der Pflanzenart müssen Längenwachstum, Triebdicke und altersmäßig bedingter Gesamtaufbau in richtigem Verhältnis zueinander stehen.

2.1.1.3 Gesundheitszustand

Die Gehölze müssen frei von Krankheiten und Schädlingen sein und dürfen keine durch Krankheiten oder Schädlinge hervorgerufenen Mißbildungen aufweisen.

Der Versand der Pflanzen findet in der Regel in der Zeit des blattlosen Zustandes der Gehölze statt. Deshalb sind nachstehend die Symptome von Krankheiten und Schädlingen aufgeführt, wie sie sich während der Versandzeit darbieten und erkennen lassen.   K 515

1 Krankheiten

1.1 Mehltau

Symptome: Pflanzenteile, besonders Triebspitzen, von weißgrauem Belag überzogen, später oft schmutzigbraun. Knospen vielfach verkümmert, Internodien verkürzt.

Wirtspflanzen: Stachelbeeren, Rosen, Malus, Crataegus, Quercus, Potentilla, Mahonia.

1.2 Wurzelkropf

Symptome: Kleinere oder größere Knollen bzw. Wucherungen und Geschwulste an den Wurzeln.

Wirtspflanzen: Vornehmlich Malus und Pirus

1.3 Schrotschußkrankheit

Symptome: Zahlreiche rötlichbraune Blattflecken, die später ausfallen. Oft an den Trieben ähnliche Erscheinungen.

Wirtspflanzen: Kirschlorbeer.

1.4 Blattfleckenkrankheit

Symptome: Ähnlich wie 1.3, stark befallene Blätter vertrocknen teilweise und fallen später ab. Auf Blattflecken oft schwarze, sehr kleine Punkte (0,1 mm).

Wirtspflanzen: Rhododendron, Kirschlorbeer.

1.5 Schorf

Symptome: Grau-braune Flecken mit strahligem Rand auf Blättern und Früchten, später Blattfall, im Extremfall auch die Rinde jüngerer Triebe befallen.

Wirtspflanzen: Pyracantha (ältere Sorten), Pirus.

1.6 Krebs

Symptome: Holzige Tumorbildung an Stämmen und Ästen, Oberfläche glatt oder tiefrissig.

Wirtspflanzen: Malus, Betula, Fraxinus, Fagus.

2 Tierische Schädiger

2.1 Spinnmilben

Symptome: Bei Koniferen fahlgelbe Nadeln, die leicht abfallen. Bei Laubgehölzen an Astringen und Knospen oft deutlich erkennbare Massenablage roter Wintereier. Im Extremfall verkümmerte Triebspitzen.

Wirtspflanzen: Juniperus, Chamaecyparis, Picea (Zwergformen, Malus, Prunus, Rosaceen).

2.2 Blattläuse

Symptome: Bei starkem Befall eigenartig verdrehte Triebe, gelegentlich deutlich erkennbare schwarze Wintereier an 1–3jährigen Trieben, besonders an der Basis der Knospen.

Wirtspflanzen: Crataegus, Euonymus, Sambucus, Malus, Cotoneaster, Philadelphus, Pyracantha, Viburnum.

2.3 Schildläuse

Symptome: Runde, breitovale oder auster- bzw. kommaförmige Schildchen an den Trieben, bei starkem Befall deutlich geschwächte Pflanzen.

Wirtspflanzen: Juniperus, Thuja, Taxus, Buxus, Malus, Pirus, Prunus, Ribes, Rosa u. a.

2.4 Blattminierfliegen

Symptome: Weißlich gewundene Miniergänge im Blatt, später blasige Flecken.

Wirtspflanzen: Ilex, Prunus laurocerasus, Mahonien.

2.5 Wildfraß

Symptome: Abgefressene Zweige und Triebe, Stamm und stärkere Äste angenagt (Rinde ist abgeschält).

Gehölze, Tierische Schädiger K 515

Wirtspflanzen: Juniperus, Piceen, Abies, Erica vivelli, Malus, Robinie, Laburnum, Sorbus, Prunus, Kalmia, Ilex.

2.6 Wühlmäuse
Symptome: Rübenartig abgenagte Hauptwurzeln, abgefressene Seitenwurzeln
Wirtspflanzen: Besonders Rosaceen u. a. m.

2.7 Feldmäuse
Symptome: Einschlagpflanzen gelegentlich an allen Sproßteilen beim Wurzelhals beginnend benagt.
Wirtspflanzen: Rosaceen, Ilex, Kirschlorbeer.

2.8 Nematoden
Symptome: Starke Wachstumshemmung, Verdickung der Wurzelspitzen, auffallend reiche Neubildung von Faserwurzeln (Wurzelbart)
Wirtspflanzen: Rosaceen

2.9 Dickmaulrüssler (Taxuskäfer)
Symptome: Blattränder bogenförmig ausgefressen, bei jungen Pflanzen Wurzelhals entrindet.
Wirtspflanzen: Taxus, Rhododendron u. a. m.

2.10 Engerlinge, Drahtwürmer
Symptome: Kümmernde Pflanzen, abgefressene oder entrindete Wurzeln.
Wirtspflanzen: Alle Baumschulpflanzen (jüngere Ware)

Bei der Bewertung dieser Schädlinge und Krankheiten ist zu bedenken, daß einige durch den Rückschnitt der Pflanzen praktisch keine Bedeutung erlangen, andere sich aber auf die künftige Entwicklung auswirken.

Erkennbar, aber durch Rückschnitt bei der weiteren Kultur ohne negativen Einfluß sind z. B. Mehltau oder die meisten Blattkrankheiten.

Erkennbar und negativ auswirkend für die künftige Entwicklung sind Krebs, Wurzelkropf, Spinnmilben, Schildläuse, Wildfraß, Feldmaus- und Wühlmausschäden.

Kaum oder nicht erkennbar sind Feuerbrand und neuerdings auch die Rotpustelkrankheit, die später zu erheblichen Schäden führen können.

Im Sinne der Norm fallen unter die Festlegung nur die Krankheiten und Schädlinge, die bei der Anlieferung erkennbare Krankheiten und die weitere Kultur beeinflußende Schäden durch Schädlinge aufweisen. Krankheiten und Schädlingsbefall, die während der Fertigstellungspflege auftreten, sind während dieser Zeit zu bekämpfen, sofern der Auftraggeber nicht aus Gründen des Umweltschutzes darauf verzichtet. Hier ist nur der Zustand zum Zeitpunkt der Lieferung gemeint.

K 516—517   DIN 18 916

2.1.1.4 Reifezustand

Die Gehölze müssen ausgereift sein, ausgenommen Containerpflanzen bei Lieferung während der Vegetationsperiode.

K 516 Nicht ausgereifte Pflanzen wachsen schlecht an oder fallen vollkommen aus, weil die nicht voll arbeitsfähigen Wurzeln den hohen Wasserbedarf der weichen Triebe nicht erfüllen können. Ausgenommen sind Containerpflanzen, deren Wurzeln beim Pflanzvorgang praktisch unverletzt bleiben.

Ein typisches Beispiel für häufige Totalausfälle bilden in Gewächshauskultur angezogene, überdüngte und nicht ausgereifte bodendeckende Cotoneaster, denen vor allem die Aushärtung fehlt.

2.1.2 Anzuchtbedingungen

Die Mindestgröße der Anzuchtfläche je Pflanze und der Anzuchtgefäße wie Töpfe, Container u. ä., sowie die sonstigen Anzuchtbedingungen müssen den branchenüblichen Festlegungen entsprechen.

K 517 Auskunft in Zweifelsfällen erteilen der Bund Deutscher Baumschulen und die Sondergruppe Stauden im Zentralverband des Deutschen Gartenbaues.

Ein Überblick geben Tabellen 1 + 2.

Anzuchtart	Pflanzgruppe	Höchstzahl je m^2	Pflanzabstand
Heister		3	90 × 40
2xv Bäume		2	90 × 50
Sträucher (z. B. Amelanchier u. ä.)	I	5—6	60 × 30
Sträucher (z. B. Potentilla u. ä.)	II	8	50 × 25
Heckenpflanzen (z. B. Carpinus betulus)	I	5	65 × 30
Heckenpflanzen (z. B. Ligustrum u. ä.)	II	8	50 × 25
Niedrige Rosen auf Rosa canina		10—11	15 × 65
Niedrige Rosen auf Rosa multiflora		10	18 × 65
Stammrosen		4—5	90 × 25
Nadelgehölz-Heckenpflanzen		10	40 × 25

Tabelle 1: Kulturregelungen nach den Gütebestimmungen für Baumschulpflanzen des BdB (Auszug)

Gehölze, Anzuchtbedingungen, Sortierung   K 517

Pflanzenart (Auszug)	Sortierung	Erdinhalt l	Viereck-topf cm
Gruppe 1			
Calluna, Erica	10 – 15 – 20		
Gaultheria	8 – 12		
Pachysandra	3/5,5/7 Tr.	0,375	8 × 8
Gruppe 2			
Berberis thunbergii „Atrop. nana"	15 – 20		
Cytisus scoparius S.	20 – 40 – 60		
Genista tinctoria	30 – 40 – 60	0,50	9 × 9
Gruppe 3			
Berberis thunbergii „Atrop. nana"	20 – 25 – 30		
Cotoneaster dammeri radicans			
Cotoneaster dammeri „Skogholm"			
Cotoneaster sal. „Parkteppich"	20 – 30 – 40 – 60		
Cytisus präcox	30 – 40 – 60 – 80		
Hypericum calycinum	15 – 20 – 30		
Lonicera pileata	20 – 30 – 40 – 60		
Pyracantha	30 – 40 – 60 – 80	1,00	11 × 11

Tabelle 2: Kulturregelungen für Laubgehölz-Verkaufsware mit Topfballen nach den Gütebestimmungen für Baumschulpflanzen des BdB.

2.1.3 Sortierung der Gehölze nach Größen
Gehölze werden nach Höhe und/oder Breite, Stammumfang, Triebzahl sowie Alter bei Jungpflanzen, Wildlinge nach Durchmesser, gemessen und sortiert (artbedingte Abweichungen sind zulässig).

2.1.3.1 Hoch- und Halbstämme nach Stammumfang (StU) gestaffelt ab 7 cm StU bis 20 cm StU in 2 cm Stufen (8/10, 10/12 usw.), über 20 cm StU in 5 cm Stufen (20/25, 25/30 usw.) und über 50 cm StU in 10 cm Stufen (50/60 usw.).
Der Stammumfang wird in 1 m Höhe über dem Erdboden gemessen.

2.1.3.2 Stammbüsche nach Stammumfang wie nach Abschnitt 2.1.3.1.

2.1.3.3 Heister nach Höhe über dem Erdboden bis 200 cm Höhe in Staffelungen von 25 cm oder 50 cm, über 200 cm Höhe von 50 cm.

2.1.3.4 Leichte Heister nach Höhe über dem Erdboden bis 100 cm Höhe in Staffelungen von 20 cm, über 100 cm Höhe von 25 cm oder 50 cm.

2.1.3.5 Sträucher nach Höhe über dem Erdboden in Staffelungen von mindestens 10 bis 50 cm.

2.1.3.6 Leichte Sträucher nach Höhe über dem Erdboden in den Staffelungen 40 bis 70 cm, 70 bis 90 cm und 90 bis 120 cm.

2.1.3.7 Laubholz-Heckenpflanzen in hochwachsenden Arten in Staffelungen von 20 cm bis zu einer Höhe von 100 cm über dem Erdboden, darüber in jeweils 25 cm, niedrige Arten zusätzlich mit Angabe einer Mindesttriebzahl. Die Triebe sind zu staffeln in 3/4, 5/7, 8/12 Stück, bei Liguster auch 2/4 Triebe mit der Größenstaffelung 30 bis 50 cm und 50 bis 80 cm Höhe.

Nadelholz-Heckenpflanzen von 20 bis 40 cm Höhe in 10 cm Staffelung, von 40 bis 100 cm in 20 cm Staffelung; ausgenommen Taxus baccata und deren Formen mit Staffelung in 10 cm sowie über 100 cm in 25 cm Staffelung.

2.1.3.8 Bodendecker bei höherwachsenden Arten wie Symphoricarpos chenaultii „Hancock" nach Höhe über dem Erdboden oder Breite in den Staffelungen 30 bis 40 cm, 40 bis 60 cm und 60 bis 80 cm, niedrig und breitwachsende Arten nach Breite bis 40 cm in Staffelungen von 10 cm, über 40 cm in Staffelungen von 20 cm; bei Arten wie z. B. Erica in den Staffelungen 10 bis 15 cm und 15 bis 20 cm, bei Arten wie Pachysandra nach Triebzahl in den Staffelungen 3/4 und 5/7 Triebe.

2.1.3.9 Schling-, Rank- und Kletterpflanzen in verschiedenen artbedingten Staffelungen.

2.1.3.10 Veredelte Rosen als niedrige Gartenrosen, Polyantharosen, Kletterrosen, Parkrosen und Strauchrosen ohne besondere Angabe, Rosenhochstämme jedoch mit Angabe der Stammhöhe in den Staffelungen 60 bis 90 cm und über 90 bis 120 cm, sowie Trauerrosen in der Staffelung 140 bis 160 cm.

2.1.3.11 Nadelgehölze in rasch wachsenden Arten bis 100 cm Höhe in Staffelungen von 20 cm, 100 bis 300 cm von 25 cm, über 300 cm von 50 cm; in langsam wachsenden bzw. niedrig bleibenden Arten bis 30 cm Breite oder Höhe von 5 cm, bis 60 cm von 10 cm, über 60 cm von 20 cm. Artbedingte Ausnahmen sind zulässig.

2.1.3.12 Rhododendron und Azaleen in hochwachsenden Arten bis 100 cm Höhe in 10 cm Staffelung, bei Rhododendron bis 200 cm in 20 cm Staffelung, darüber und bei Azaleen bereits ab 100 cm in 25 cm Staffelung; schwachwachsende Arten bis 30 cm Höhe in 5 cm Staffelung, darüber in 10 cm Staffelung.

2.1.3.13 Solitärpflanzen nach Höhe und falls notwendig Breite, sowie Stammumfang bei Bäumen und Stammbüschen, sowie Anzahl der Grundtriebe bei mehrstämmigen Gehölzen.

2.1.3.14 Containerpflanzen in der Staffelung der entsprechenden Gruppen und mit Angabe des Rauminhaltes der Container.

2.1.3.15 Jungpflanzen nach Alter und bei den meisten Arten nach Höhe über dem Erdboden in artbedingten Staffelungen.

K 518 Diese Sortierungsvorschriften entsprechen vollinhaltlich den Sortierungsvorschriften des Bundes Deutscher Baumschulen. Die Gehölze werden in der Baumschule mit Meterstab oder Meßstangen gemessen und zwar vom Erdboden bis zur höchsten Spitze eines Gehölzes. Wegen des unterschiedlichen Längenwuchses sind die Höhenstaffeln arttypisch. In die jeweilige Höhenstaffel ist das höchste Maß eingeschlossen, die darauf folgende Staffel beginnt 1 cm über dem vorgenannten Höchstmaß. Das bedeutet, daß richtiger von folgender Staffelung auszugehen ist: über 80 cm bis 100 cm, über 100 cm bis 125 usw. Gleiches gilt für Breitenangaben und für Stammumfänge von Hoch- und Halbstämmen.

Gehölze, Kennzeichnung, Abkürzungen

Bei Pflanzen, die einen langen unverzweigten Jahrestrieb machen, ist es üblich, nur bis zur Hälfte des Jahrestriebes zu rechnen. Eine Festlegung für ein solches Verfahren ist in den „Gütebestimmungen für Baumschulpflanzen" des Bundes Deutscher Baumschulen nicht enthalten. Diese Auskunft wird jedoch in Gesprächen mit qualitätsbewußten Baumschulen gegeben. Das bedeutet aber, daß im Streitfall eine Unklarheit besteht. Trotz dieser fehlenden schriftlichen Festlegung kann man aber davon ausgehen, daß das Messen nur bis zur Hälfte des letzten, nicht verzweigten Jahrestriebes in Baumschulkreisen üblich ist.

2.1.4 Kennzeichnung der Gehölze
Sie müssen je Sortierungseinheit nach Abschnitt 2.1.9.1 und Ballenpflanzen einzeln (mit Ausnahme von größeren Stückzahlen gleichartiger, unverwechselbarer Pflanzen) mit einem Etikett versehen sein, auf dem ihr vollständiger Name und die Sortierungsangaben aufzuschreiben sind. Dabei können der Name in üblicher aber unverwechselbarer Weise abgekürzt und für die Sortierungsangaben die Abkürzungen nach Abschnitt 2.1.5 verwendet werden.

Die sorgfältige Kennzeichnung der Gehölze ist eine unverzichtbare Voraussetzung für eine sorten- und artengerechte Pflanzung. Nur der erfahrene Fachmann ist in der Lage, Arten und u. U. auch Sorten im unbelaubten Zustand einwandfrei zu erkennen.

2.1.5 Verzeichnis der Abkürzungen
Zur Erleichterung im Geschäftsverkehr z. B. Angebote, Ausschreibungen, Kennzeichnung usw. sind die Abkürzungen der Abschnitte 2.1.5.1 bis 2.1.5.5 zu verwenden.

Begriff	Handschriftliche oder Schreibmaschinen-Schreibweise	EDV-Schreibweise und internationale Schreibweise
2.1.5.1 Anzuchtform		
Hochstamm	H	H
Halbstamm	h	HA
Stammbuch	StBu	STBU
Heister	Hei	HEI
leichter Heister	lHei	LHEI
Strauch	Str	STR
leichter Strauch	lStr	LSTR
Heckenpflanze	He	—
Solitärpflanze	Sol	SOL
Jungpflanze	J	—

Begriff	Handschriftliche oder Schreibmaschinen-Schreibweise	EDV-Schreibweise und internationale Schreibweise
2.1.5.2　Anzuchtzustand		
jährig	j	J
verpflanzt	v	V
aus mittelweitem Stand	mw	MW
aus weitem Stand	w	W
aus extra weitem Stand	ew	EW
2.1.5.3　Anzuchtart		
Sämling	S	—
Steckling	St	O
Steckholz	Sth	O
Ableger	Abl	—
Abriß	Abr	—
Ausläufer	Ausl	—
Wurzelschnittling	Ws	—
Veredlung	Vg	X
Handveredlung	HVg	X
2.1.5.4　Bewurzelung		
bewurzelt	bew	—
ohne Ballen	oB	OB
mit Ballen	mB	MB
mit Topfballen	mTb	MTB
mit Container	Co	CO
2.1.5.5　Maßarten		
hoch	h	HO
breit	br	BR
Stammumfang	StU	STU
Durchmesser	⌀	DU
Triebe	Tr	TR
Grundtriebe	Gtr	GTR
Grundstämme	Gst	GST
Stammhöhe	StH	STH

2.1.6　Schreibweise von Maßbezeichnungen

Breite mit einem Bindestrich (−) und dem Zeichen br z. B. 80−100 br;

Höhe mit einem Bindestrich (−) und dem Zeichen h, z. B. 80−100 h;

Gehölze, Maßbezeichnungen K 520

Breite und Höhe mit Bindestrich (−) und Zusatz von den Zeichen br und h, z. B. 80−100 br, 80−100 h;
Stammumfang mit einem Bindestrich (−), z. B. 10−12;
Durchmesser mit Schrägstrich (/) und nachstehendem Kurzzeichen (∅), z. B. 3/4 ∅;
Triebanzahl mit Schrägstrich (/) und nachstehende Abkürzung (Tr), z. B. 8/12 Tr.

2.1.7 Reihenfolge der Kurzzeichen

Im Anschluß an den Namen der Pflanze (botanische Bezeichnung, danach gegebenenfalls deutsche Bezeichnung) sind anzugeben in nachstehender Reihenfolge:
Anzuchtform, Anzuchtzustand, Anzuchtart, Bewurzelung, sowie Maßbezeichnung geordnet nach Triebzahl, Stammhöhe, Stammumfang, Durchmesser, Breite und Höhe.

In der vorstehenden Auflistung ist ein Fehler enthalten im Bereich leichte Heister. Dort ist eine Höhenstaffelung von 150−180 cm angegeben. Eine solche Staffelung gibt es nicht. Es muß statt dessen heißen 125−150 cm. K 520

Es ist anzustreben, daß alle am Verkehr mit Pflanzen Beteiligten, insbesondere die Aufsteller von Pflanzenlisten in Ausschreibungen diese genormte Art der Beschreibung der Beschaffenheit von Pflanzen strikt einhalten.

Nur mit einer ausreichenden und korrekten — also normgerechten Beschreibung — werden unangreifbare Wettbewerbsbedingungen geschaffen.

2.1.8 Benennungsbeispiele

Anwendung für:	Handschriftliche oder Schreibmaschinen-Schreibweise	EDV-Schreibweise und internationale Schreibweise
Hochstamm	Acer platanoides, H, 3xv, StH 300, StU 14−16	ACER PLATANOIDES H 3XV STH 300 STU 14−16[1])
Halbstamm	Prunus triloba, h, 2xv, StH 100−125	PRUNUS TRIBOLA HA 2XV STH 100−125
Stammbusch	Tilia intermedia, StBu, 3xv, StU 12−14	TILIA INTERMEDIA STBU 3XV STU 12−14
Heister	Alnus incana, Hei, 2xv, 200−250 h	ALNUS INCANA HEI 2XV 200−250 HO
Leichter Heister	Tilia cordata, lHei, 1xv, 140−180 h	TILIA CORDATA LHEI 1XV 140−180 HO
Strauch	Cornus mas, Str, 2xv, 80−100 h	CORNUS MAS STR 2XV 80−100 HO
Leichter Strauch	Amelanchier canad., lStr, 1xv, mw, 70−90 h	AMELANCHIER CANAD. LSTR 1XV MW 70−90 HO
Strauch mit Topfballen	Pyracantha cocc., Str, mTb, 60−80 h	PYRACANTHA COCC. STR MTB 60−80 HO
Strauch mit Container	Contoneaster damm., Str, Co 1,5, 30−40 br	CONTONEASTER DAMM. STR CO 1,5 30−40 BR

Anwendung für:	Handschriftliche oder Schreibmaschinen-Schreibweise	EDV-Schreibweise und internationale Schreibweise
Heckenpflanze (Laubgehölz)	Ligustrum vulgare, He, 5 – 7 Tr, 80 – 100 h	LIGUSTRUM VULGARE 5 – 7 TR 80 – 100 HO
Heckenpflanze (Nadelgehölz)	Thuja occidentalis, He, w, oB, 40 – 60 h	THUJA OCCIDENTALIS W OB 40 – 60[2]) H
Bodendecker	Cotoneaster damm., Str, mTB, 20 – 30 br	CONTONEASTER DAMM. STR MTB 20 – 30 BR
Schlingpflanze	Lonicera henryi, mB, ab 2 Tr, 100 – 150 h	LONICERA HENRYI MB AB 2 TR 100 – 150 HO
Veredelte Rose	Gartenrose „Carina"	GARTENROSE CARINA[3])
Rosenhochstamm	Gartenrose „Carina", H, StH 90	GARTENROSE CARINA H STH 90
Nadelgehölz ohne Ballen	Thuja occidentalis, 2xv, oB, 40 – 60 h	THUJA OCCIDENTALIS 2XV OB 40 – 60 H[2])
Nadelgehölz mit Ballen	Abies concolor, 150 – 175 h	ABIES CONCOLOR 150 – 175 HO[2])
Nadelgehölz mit Ballen	Taxus baccata, 4xv, ew, 80 – 100 br, 100 – 125 h	TAXUS BACCATA 4XV EW 80 – 100 BR 100 – 125 HO
Azalea	Azalea pontica, S, 30 – 40 h	AZALEA PONITICA 30 – 40 HO[4])
Rhododendron	Rhododendron Hybr. „Carola", 50 – 60 h	RHODODENDRON HYBR. CAROLA 50 – 60 H
Solitärpflanze	Acer saccharin., Sol., 4xv, ew, mB, 5 – 7 Gst, 350 – 400 h	ACER SACCHARIN. SOL 4XV EW MB 5 – 7 GST 350 – 400 HO
Jungpflanze	Acer campestre, J, 1j, S, 15 – 30 h	ACER CAMPESTRE /1/0 15 – 30 HO[5])
Jungpflanze	Contoneaster hor., J, 2j, v, St, mTb, 10 – 15 h	CONTONEASTER HOR. 0/1/1 MTB 10 – 15 HO[6])
Jungpflanze	Prunus cer. nigra, J, 1j, HVg, 50 – 80 h	PRUNUS CER. NIGRA X/1/0 50 – 80 HO

[1]) Die Angabe der Stammhöhe ist nur erforderlich, wenn bestimmte Stammhöhen gewünscht werden.
[2]) Die Angabe „oB" oder „OB" ist nur bei Gehölzen erforderlich, die in der Regel mit Ballen geliefert werden. Bei Gehölzen, wie z. B. Nadelgehölzen, Azaleen und Rhododendron, die üblicherweise immer mit Ballen geliefert werden, entfällt die Angabe „mB" oder „MB".
[3]) Veredelte Rosen (Gartenrosen, Polyantharosen, Kletterrosen, Strauchrosen u. ä.) in Strauchform erhalten keine besondere Bezeichnung.
[4]) Gehölze, die auf verschiedene Weise (generativ oder vegetativ) angezogen werden können, sollten auch als fertige Pflanzen ein entsprechendes Zeichen erhalten.
[5]) Bei Jungpflanzen aus Sämlingsanzucht entfällt bei der EDV-Schreibweise und internationalen Schreibweise ein entsprechendes Zeichen vor dem ersten Schrägstrich.
[6]) Bei Jungpflanzen wird bei der EDV-Schreibweise und internationalen Schreibweise hinter dem ersten Schrägstrich die Verweildauer im Anzuchtbeet und hinter dem zweiten Schrägstrich der Zeitraum nach dem Verpflanzen in Jahren angegeben.

Gehölze, Verpackung von Gehölzen, Stauden   K 521 – 522

2.1.9 Verpackung von Gehölzen

2.1.9.1 Bündelung von ballenlosen Gehölzen

Es sind zu bündeln:

Sträucher unter 60 cm Höhe	zu je 10 Stück
Sträucher über 60 cm Höhe und Heister	zu je 5 Stück
Jungpflanzen	zu je 25 Stück
Leichte Sträucher und leichte Heister	zu je 10 Stück

Die Bündelungsvorschriften sind notwendig, um bei der Übernahme von Gehölzen einwandfrei zählen zu können. Andere Bündelungen sind nur bedingt zulässig.   K 521

Diese Festlegung stimmt im Grundsatz mit den Bündelungsvorschriften des BdB überein. Abweichungen gibt es für Ligustrum ovalifolium, L. vulgaris, L. atrovirens, Rhodotypos scandens und Ribes alpinum, die jeweils auch unter der Größe von 60 cm zu 5 Stück gebündelt werden. Diese Abweichung kann toleriert werden, muß aber bei einer Auszählung beachtet werden.

2.1.9.2 Ballierung

Mit Ballen versehene Laubgehölze bis 400 cm Höhe oder bis 25 cm Stammumfang und Nadelgehölze bis 300 cm Höhe sind mit Ballentuch zu ballieren.

Höhere Gehölze oder Gehölze mit einem größeren Stammumfang müssen darüber hinaus eine zusätzliche Sicherung erhalten, wie z. B. durch Maschendraht.

Diese Festlegung zur Drahtballierung dient der Sicherung eines festen Ballens und ist unbedingt vor allem für höhere Gehölze und Gehölze mit größerem Stammumfang zu beachten, weil hier durch das hohe Transportgewicht besondere Gefahren für den Zusammenhalt des Ballens bestehen, wenn die Pflanzen geladen, entladen und auf der Baustelle mit den verschiedensten Geräten oder von Hand bewegt werden. Fehlt die zusätzliche Sicherung, handelt es sich nicht mehr um einwandfrei verwendbare Pflanzen. Der Empfänger sollte dann reklamieren.   K 522

2.2 Stauden

Stauden sind mehrjährige krautartige Pflanzen mit ausdauernden Wurzeln oder Rhizomen.

2.2.1 Herkunft

Stauden müssen aus fachgerechter Vermehrung stammen und dem Jungpflanzenstadium entwachsen sein. Jungpflanzen dürfen nicht verwendet werden. Stauden, die in der Regel vegetativ vermehrt werden, sind, falls eine Sämlingsnachzucht vorliegt, entsprechend als Sämling zu bezeichnen.

In der freien Landschaft gesammelte Wildstauden sind ausdrücklich als „Wildware" zu bezeichnen. Sind sie fachgerecht weiterkultiviert worden, kann die Bezeichnung entfallen.

Anmerkung: Bei der Sammlung von Wildstauden sind die Bestimmungen des Naturschutzgesetzes zu beachten.

2.2.2 Allgemeine Beschaffenheit

Stauden müssen frei von pilzlichen und tierischen Schädlingen sein. Ihre Ballen bzw. ihr Wurzelwerk dürfen keine Unkräuter enthalten.

Freilandpflanzen müssen eine artentsprechend normal entwickelte Bewurzelung aufweisen. Stauden im Topf, Container oder ähnlichen Gefäßen müssen einen durchwurzelten, festen Ballen haben.

2.2.3 Beschaffenheit nach Wuchscharakter und Eigenart der Gattung und Arten

Anmerkung: In den Beispielen nicht aufgeführte Arten können den Abschnitten 2.2.3.1 bis 2.2.3.14 entsprechend der „Qualitätsbestimmungen der Sondergruppe Stauden des Zentralverbandes des Deutschen Obst-, Gemüse- und Gartenbaues e. V." zugeordnet werden.

2.2.3.1 Breitwachsende Polsterstauden

Topfpflanzen müssen einen Ballen mit mindestens 250 cm^3 Rauminhalt und Freilandpflanzen eine Triebausbildung mit einem Durchmesser von mindestens 8 cm haben.

Artenbeispiele: Arabis procurrens, Aubrieta, Phlox subulata, Sedum, Saxifraga wie S. caespitosa, Viola cornuta.

2.2.3.2 Alpine Kleinstauden

Sie müssen in Töpfen angezogen sein und einen Ballen mit mindestens 150 cm^3 Rauminhalt haben.

Artenbeispiele: Draba, Saxifraga (alpine Arten), Sempervivum (kleinrosettige Arten).

2.2.3.3 Niedrige Stauden, an den Trieben wurzelnd

Topfpflanzen müssen einen Ballen mit mindestens 250 cm^3 Rauminhalt haben.

Freilandpflanzen müssen mindestens drei kräftige Austriebe haben.

Artenbeispiele: Aster dumosus, Epimedium, Lamium.

2.2.3.4 Niedrige Stauden, an den Trieben nicht wurzelnd

Topfpflanzen müssen einen Ballen mit mindestens 250 cm^3 Rauminhalt haben.

Freilandpflanzen müssen gut ausgebildete Triebköpfe haben.

Artenbeispiele: Aquilegia, Brunnera macrophylla, Helleborus, Incarvillea, Oenothera missouriensis, Primula, Waldsteinia geoides.

2.2.3.5 Halbhohe und hohe Stauden

Topfpflanzen müssen einen Ballen mit mindestens 500 cm^3 Rauminhalt haben.

Freilandpflanzen müssen mindestens drei gut ausgebildete Triebe aufweisen.

Artenbeispiele: Aster novi-belgii, Astilbe, Erigeron, Helenium, Hemerocallis, Lysimachia punctata.

2.2.3.6 Halbhohe und hohe Stauden mit pfahlartigen Wurzeln oder sehr dicken Stammstücken

Sie müssen einen starken Triebkopf haben. Die pfahlartige Wurzel muß gut entwickelt sein und je nach Art mit Faserwurzeln versehen sein.

Topfpflanzen müssen einen Ballen mit mindestens 500 cm^3 Rauminhalt haben.

Artenbeispiele: Heracleum, Iris germanica, Lupinus.

2.2.3.7 Niedrige Gräser, polsterbildende und wintergrüne

Sie müssen einen Durchmesser von mindestens 8 cm aufweisen und bei Topfpflanzen

Stauden, Beschaffenheit

einen Ballen mit mindestens 250 cm^3 Rauminhalt haben.
Artenbeispiele: Carex (niedrige Arten), Festuca.

2.2.3.8 Halbhohe und hohe Gräser mit festem Wurzelstock
Sie müssen sichtbare Triebe haben und bei Topfpflanzen einen Ballen mit mindestens 600 cm^3 Rauminhalt haben.
Artenbeispiele: Avena, Cortaderia, Pennisetum.

2.2.3.9 Immergrüne, hohe Gräser mit Gehölzcharakter
Sie sind stets mit Ballen oder Topfballen mit mindestens 1 500 cm^3 Rauminhalt zu liefern und müssen mit der Angabe ihrer Höhe versehen sein.
Artenbeispiele: Sinarundinaria.

2.2.3.10 Niedrige Farne
Sie sind stets mit Ballen oder Topfballen mit mindestens 250 cm^3 Rauminhalt zu liefern.
Artenbeispiele: Blechnum spicant, Phyllitis scolopendrium, Polystichum.

2.2.3.11 Halbhohe und hohe Farne
Sie sind stets mit Ballen oder Topfballen mit mindestens 500 cm^3 Rauminhalt zu liefern.
Artenbeispiele: Dryopteris, Matteucia, Osmunda.

2.2.3.12 Seerosen, starkwachsende Arten und Sorten
Sie müssen ein Stammstück von mindestens 6 cm Länge haben, mit gut sichtbaren, kräftigen Triebknospen oder mindestens 3 Blättern versehen sein.
Bei Topfkultur müssen sie Ballen mit mindestens 1 500 cm^3 Rauminhalt haben.
Artenbeispiele: Nymphaea alba und Sorten, Nymphaea xhybrida Marliacea.

2.2.3.13 Seerosen, schwachwachsende Arten und Sorten
Sie müssen ein Stammstück von mindestens 5 cm Länge haben und mit gut sichtbaren, kräftigen Triebknospen versehen sein.
Topfpflanzen müssen einen Ballen mit mindestens 800 cm^3 Rauminhalt haben.
Artenbeispiel: Nymphaea xhybrida Laydekeri.

2.2.3.14 Sumpfpflanzen
Die Pflanzen müssen einen Alttrieb mit am Grund sichtbaren Augen oder einen gesunden Austrieb haben.
Topfpflanzen von hochwachsenden Arten müssen einen Ballen mit mindestens 250 cm^3 Rauminhalt haben.
Artenbeispiele: Butomus, Hippuris, Iris pseudacorus.

Die vorstehenden Normvorschriften stimmen nicht immer mit den Qualitätsbestimmungen der Sondergruppe Stauden überein. Die aufgeführten Topfinhalte bedeuten Mindestvorschriften, d. h. die Töpfe sind gerade noch ausreichend groß.

Die nachfolgende Tabelle zeigt die Diskrepanzen zwischen den Qualitätsbestimmungen der Sondergruppe Stauden und den Normbestimmungen. Die Abweichungen betreffen sowohl die Topfinhalte als auch die Zusammenfassung zu bestimmten Gruppen.

Bei Bestellungen aufgrund von Bauverträgen, die nach VOB abgeschlossen wurden, sollte der Auftragnehmer deshalb die Festlegungen nach DIN 18 916 zugrundelegen, weil er bei der Überwachung und der Abnahme daran gemessen wird.

Abweichungen zwischen den Gütebestimmungen der Sondergruppe Stauden und DIN 18 916

Bezeichnung	Qualitätsbestimmungen der Sondergruppe Stauden		DIN 18 916	
	Nr.	Topfinhalt	Nr.	Topfinhalt
Halbhohe und hohe Stauden	131	400	2.2.3.5	500
Halbhohe und hohe Gräser (mit festem Wurzelstock)	142	400	2.2.3.8	600
Immergrüne, hohe Gräser m. Gehölzchar.	143	1 000	2.2.3.9	1 500
Niedrige und halbhohe Farne	151	250		
Niedrige Farne			2.2.3.10	250
Hohe Farne	152	400		
Halbhohe und hohe Farne			2.2.3.11	500
Seerosen — starkwachsend	161	1 000	2.2.3.12	1 500
Seerosen — schwachwachsend	162	500/250	2.2.3.13	800

2.2.4 Kennzeichnung der Stauden

Sie müssen einzeln oder bei gleichartigen Pflanzen je fest zusammengefügter Verpakkungseinheit mit einem Etikett versehen sein, auf dem ihr vollständiger Name aufzuschreiben ist.

Dabei kann der Name in üblicher, aber unverwechselbarer Weise abgekürzt werden.

2.2.5 Verpackung

Die Verpackung muß durch die Art der verwendeten Behältnisse und der Einbringung der Pflanzen in diese ein unbeschädigtes Eintreffen der Pflanzen am Verwendungsort sichern.

Dabei dürfen zur Vermeidung einer Überhitzung keine hohen Behältnisse verwendet werden, dies gilt besonders für im Austrieb befindliche Stauden.

Seerosen-, Sumpf- und Wasserpflanzen sind im besonderen Maße vor Feuchtigkeitsentzug zu schützen.

Die Behältnisse müssen stapelsicher sein, insbesondere bei Stückgutversand.

Die Verpackung muß eine ausreichende Durchlüftung des gesamten Inhaltes ermöglichen.

Versand von Gehölzen und Stauden　　　　　　　　　　K 524–525

2.3 Versand von Gehölzen und Stauden

2.3.1 Verladung

Bei der Verladung müssen die Pflanzen übersichtlich gestapelt werden, Pflanzen einer Art und Größe zusammen, schwere Pflanzen zuunterst, bruchempfindliche zuoberst.

Es muß so gestapelt werden, daß eine Überhitzung, insbesondere bei immergrünen und krautartigen Pflanzen, nicht eintreten kann.

Die Stapelung soll verrutschungssicher, insbesondere im Hinblick auf den Rangierbetrieb, erfolgen.

Auf eine Stapelung, die ein für die Pflanzen ungefährliches Entladen ermöglicht, ist zu achten. Die Entladeseite ist außen an dem Transportfahrzeug zu kennzeichnen.

Die Pflanzen müssen für die Verladung fachgerecht vorbereitet sein, d. h. Kronen und Triebe müssen so zusammengebunden werden, daß sie sich nicht beim Be- und Entladen ineinander verhaken und dabei brechen können. **K 524**

Dicht übereinander gestapelte immergrüne und krautartige Pflanzen überhitzen leicht und werden dadurch geschädigt.

Deshalb muß so gepackt werden, daß ausreichend Luft zwischen die Pflanzen gelangt entweder durch Palettenstapelung oder wechselnde Stapelung mit blattlosen Gehölzen.

Das Entladen muß immer von der Seite beginnen, bei der das Beladen endete. Das verhindert Schäden bei der Entladung.

2.3.2 Transport

Gehölze und Stauden sind grundsätzlich so zu transportieren, daß ein Austrocknen durch Fahrtwind vermieden wird. Es sind geschlossene Fahrzeuge oder Fahrzeuge mit geschlossener, dichter Abdeckung zu verwenden.

Beim Versand als Stückgut sind entsprechende Behältnisse zu verwenden.

Bei der Gefahr des Eintretens von Temperaturen von über +25 °C oder unter −2 °C ist der Versand von Pflanzen nur mit Einverständnis des Empfängers erlaubt.

Schäden durch Austrocknen sind insbes. bei Gehölzen nicht immer erkennbar. Erfolgte der Transport ohne Abdeckung, muß die Ware sofort reklamiert werden bzw. bei bauseitiger Lieferung müssen deswegen sofort schriftlich Bedenken entspr. § 4 Nr. 3 VOB/B geltend gemacht werden. Ein Zurückweisen einer solchen Lieferung ist anzuraten. **K 525**

Die Festlegung, daß Pflanzen bei der Gefahr des Eintretens von Temperaturen von über +25 °C oder unter −2 °C nur mit Einverständnis des Empfängers versandt werden dürfen, ist deshalb aufgestellt worden, weil die meisten Landschaftsbaufirmen keine Lagerhalle oder frostfreien Keller besitzen und das sofortige Pflanzen nach Eintreffen der Sendung die Regel ist. Jeder Zwischeneinschlag verteuert die Leistung.

2.3.3 Entladung

Wird bei Öffnung des Transportfahrzeuges eine Beschädigung der Pflanzen durch unsachgemäße Lagerung oder durch den Transport selbst festgestellt, sind Art, Umfang und gegebenenfalls Ursache des Schadens schriftlich festzuhalten und nach Möglichkeit von Zeugen zu bestätigen. Liegt ein Transportschaden vor, ist auch die Versicherung zu benachrichtigen.

Die Entladung ist an der hierfür bezeichneten Stelle zu beginnen.

Feuchtigkeitsverluste an den Pflanzen während des Transportes sind sofort durch Wässern auszugleichen.

Ist es infolge von Überhitzung zu einem vorzeitigen Austrieb der Gehölze gekommen, sind sie umgehend an schattiger Stelle einzuschlagen oder sofort zu pflanzen.

Gefrorene Pflanzensendungen sind abgedeckt in frostfreie, jedoch kühle Räume zu bringen und langsam aufzutauen. Nach dem Auftauen sind sie zu pflanzen oder ungebündelt einzuschlagen.

Bei Transportschäden sind neben diesen Festlegungen auch die besonderen Vorschriften der Bundesbahn und des Transportgewerbes zu beachten.

Vorzeitiger Austrieb durch Überhitzung kann den Anwuchserfolg mindern und erfordert in der Regel qualitätsmindernden Rückschnitt. Deshalb ist anzuraten, diese Tatsache dem Lieferanten mitzuteilen und sofort Regelungen für einen eventuellen Schadensausgleich zu treffen.

Geht der Lieferant bei Mängeln nicht sofort auf entsprechende Schadensausgleichsregelungen ein, sollte die Herbeiziehung eines Sachverständigen zur Beweissicherung verlangt werden.

2.4 Ein- und Zweijahrsblumen

Ein- und Zweijahrsblumen sind Pflanzen, die in der ersten bzw. zweiten Vegetationsperiode im Freiland zur Blüte kommen und absterben.

Sie müssen durchwurzelte, zusammenhaltende Erd- oder Topfballen haben, deren Größe der Pflanzenart und ihrem Entwicklungszustand entsprechen muß.

Sie müssen wüchsig, ausreichend abgehärtet sowie frei von Krankheiten und Schädlingen sein.

2.5 Blumenzwiebel- und Knollengewächse

Blumenzwiebel- und Knollengewächse sind mehrjährige krautartige Pflanzen, die winterharte (z. B. Tulpen, Narzissen, Cyclamen) und nicht winterharte (z. B. Dahlien, Canna, Gladiolen) Zwiebeln oder Knollen bilden.

Sie müssen blühfähig und frei von Schädlingen und Krankheiten, insbesondere Schimmel, sein, und ihre Ballen dürfen keine Unkräuter enthalten.

Topfpflanzen müssen gut durchwurzelte, zusammenhaltende Ballen in artentsprechender Größe haben. Knollen und Blumenzwiebeln ohne Ballen dürfen nur in leicht luftdurchlässigen Behältnissen verpackt werden.

Jede Verpackungseinheit muß eine Bezeichnung des Inhalts und zwar die Angabe über Menge, Art, Sorte und Sortierungsgröße enthalten. Die Art der Bezeichnung muß eine deutliche Lesbarkeit der Angaben bis zur Verwendung der Knollen und Blumenzwiebeln ermöglichen.

Hilfsstoffe für Pflanzarbeiten

Knollen und Blumenzwiebeln dürfen nur zu einer Jahreszeit zum Versand gebracht werden, die eine artbedingte Schädigung ausschließt.

Für Ein- und Zweijahrsblumen sowie Blumenzwiebel- und Knollengewächse fehlen bisher spezifische Gütebestimmungen. Spezielle Anforderungen an Größe, Umfang und Ballen müssen deshalb im Leistungsverzeichnis in jedem Einzelfalle angegeben werden. Hilfen dazu können Handelsbestimmungen für Blumenzwiebeln sein, wie sie z. B. in den Niederlanden bekannt sind. In Zweifelsfällen ist es sinnvoll, Musterpflanzen zum Qualitätsvergleich zu fordern.

2.6 Röhricht, Gräser und Kräuter für Sicherungen an Gewässern, Deichen und Küstendünen

Diese Pflanzen müssen den Festlegungen nach DIN 19 657 entsprechen.

3 Pflanzenteile

Für die Beschaffenheit von Pflanzenteilen wie Steckhölzer und Setzstangen sind die Festlegungen nach DIN 18 918 — Landschaftsbau; Sicherungsbauweisen, Sicherungen durch Ansaaten, Lebendverbau, Bauweisen mit nicht lebenden Stoffen und Bauteilen und kombinierte Bauweisen — zu beachten.

4 Hilfsstoffe für Pflanzarbeiten

4.1 Baumpfähle und sonstige Pfähle

Baumpfähle und andere Holzpfähle sollen über einen Zeitraum von mindestens 2 Vegetationsperioden haltbar sein. Sie sollen weiß geschält und müssen zum Schutze gegen Holzzerstörung durch Pilze und Insekten behandelt sein. Die Holzschutzmittel müssen von einer amtlichen Prüfstelle als pflanzenunschädlich anerkannt sein.

Die Imprägnierung ist dem Verwendungszweck anzupassen. Besonders gefährdet ist die Boden-Luft-Zone. Holz fault gerade am Übergang von der Erde zur Luft. Für den Verwendungszweck reicht es aus, wenn die Pfähle bis 10 cm über Erdanschluß durch Trogtränkung imprägniert sind. Die Festlegung im letzten Satz des Abschnittes 4.1 hat leider keine Grundlage, da es keine amtliche Prüfung auf Pflanzenunschädlichkeit gibt.

Als Imprägniermittel sind in der Regel U-Salze zu verwenden, die weniger pflanzenschädlich sind. Ölige Mittel, z. B. Carbolineum, sind im allgemeinen pflanzenschädlich und dürfen nur dort verwendet werden, wo sie keine Berührung mit den Pflanzen haben.

4.2 Bindegut

Bindegut zum Abbinden von Pflanzen an Verankerungen soll über einen Zeitraum von mindestens 2 Vegetationsperioden haltbar sein. Es muß so beschaffen sein, daß es bei sachgemäßer Anbringung keine Rindenverletzungen verursachen kann. Es muß dauerhaft elastisch, jedoch nicht leicht dehnbar sein.

Häufige Schäden durch falsches Bindegut sind Einschneiden und Abwürgen der Leitungsbahnen der Pflanzen bis hin zum Windbruch an diesen Stellen. Ungeeignete Kunststoffbänder verspröden und lassen dadurch in ihrer Elastizität nach. Werden Kokosstricke verwendet, muß u. U. während der Fertigstellungspflege oder bei den daran anschließenden Unterhaltungsleistungen die Bindung gelöst und neu gebunden werden.

4.3 Draht

Draht muß DIN 177 „Stahldraht, kaltgezogen; Maße, zulässige Abweichungen, Gewichte" entsprechen. Spanndraht muß mindestens 2 mm dick und verzinkt sein.

4.4 Drahtgeflecht

Drahtgeflecht muß DIN 1199 „Drahtgeflecht mit viereckigen Maschen" und DIN 1200 „Drahtgeflecht mit sechseckigen Maschen" entsprechen.

4.5 Ballentuch

Ballentuch muß den branchenüblichen Regelungen entsprechen und an der Pflanze 6 Monate haltbar sein.

K 530 Es handelt sich hier um eine Mindestforderung, um im Herbst versandte Pflanzen im Frühjahr noch mit festen Ballen ohne Neuballierung pflanzen zu können. Andererseits soll der Zeitraum von 6 Monaten auch nicht wesentlich überschritten werden. Verschweißte unverrottbare Kunststoffballentücher, wie sie insbes. in Selbstbedienungsbaumschulen, Gartencentern u. ä. Betrieben leider noch häufig verwendet werden, können nach einigen Jahren Wurzelabschnürungen verursachen. Sie sind deshalb trotz sehr guter Haltbarkeit nicht geeignet.

4.6 Anzuchtgefäße

Die Beschaffenheit von Anzuchtgefäßen muß ein für den Zusammenhalt der Wurzelballen der Pflanzen ungefährliches Austopfen oder Zerschneiden des Gefäßes mit Handwerkzeugen ermöglichen.

K 531 Die Verwendung von alten Blecheimern zur Anzucht von Containern entspricht nicht diesen Forderungen, da sich aus diesen die Pflanzen ohne Schädigung des Ballens nicht austopfen lassen.

Geeignet sind deshalb Ton-, Kunststoff- und Folientöpfe.

4.7 Verdunstungshemmende Stoffe

4.7.1 Jute, in Form von Bändern von mindestens 10 cm Breite, zur Herstellung von Bandagen mit und ohne Füllstoff, soll unter normalen Feuchtigkeitsbedingungen eine Lebensdauer von zwei Vegetationsperioden haben.

4.7.2 Strohseile zur Herstellung von Bandagen mit und ohne Füllstoff, sollen unter normalen Feuchtigkeitsbedingungen eine Lebensdauer von zwei Vegetationsperioden haben.

4.7.3 Füllstoffe für Bandagen wie Lehm, Kunststoffschaum dürfen keine löslichen pflanzenschädlichen Bestandteile enthalten.

4.7.4 Chemische Stoffe, z. B. Wachsemulsionen, Kunststoffdispersionen u. ä. dürfen keine löslichen, pflanzenschädlichen Stoffe enthalten und müssen bei einer Anwendung nach Vorschrift der Hersteller mindestens 8 Wochen lang voll wirksam bleiben.

Hilfsstoffe für Pflanzarbeiten

Verdunstungshemmende Stoffe sollen die Verdunstung während der Anwachszeit herabsetzen und damit das Anwachsen erleichtern. Das Anwachsen gilt in der Regel erst nach zwei Jahren als gesichert. Deshalb sollen Mittel zum Stamm- und Astschutz zwei Vegetationsperioden lang, also in der Zeit hoher Verdunstungsverluste durch Blätter und Rinde, halten. Sie müssen in ihrer Art auch so beschaffen sein, daß sie nicht durch Witterungseinflüsse aufgelöst und als Verunreinigungen in die übrigen Pflanzflächen verweht werden. Bei Verwendung chemischer Stoffe zur Verdunstungshemmung in der Anfangsphase der Pflanzung muß der Auftragnehmer in der Regel nur nachweisen, daß dieses Mittel mindestens 8 Wochen lang voll wirksam ist, wenn nicht vom Auftraggeber ein bestimmtes Mittel vorgeschrieben ist und die Wirksamkeit aus den Mittelbeschreibungen abzuleiten ist. (Prüfpflicht des AN)

K 532

4.8 Entblätterungsmittel

Entblätterungsmittel auf chemischer Basis dürfen keine nachhaltig wirksamen wachstumsschädlichen Bestandteile enthalten und keine schädlichen Nebenwirkungen auslösen.

Entblätterungsmittel werden in der Regel angewendet, um sehr frühzeitig roden zu können, oft also schon vor dem natürlichen Triebabschluß bzw. vor dem ausreichenden Ausreifen der Gehölze.

Hier ist also besondere Vorsicht geboten!

K 533

4.9 Wildverbißmittel

Wildverbißmittel müssen bei einer Anwendung nach Vorschrift der Hersteller mindestens 4 Wochen lang voll wirksam und von der Biologischen Bundesanstalt anerkannt sein.

Zum Nachweis der Wirksamkeit siehe K 532

K 534

4.10 Etiketten

Die Beschaffenheit der Etiketten und ihre Beschriftung müssen eine zweifelsfreie Lesbarkeit bei der Prüfung der Pflanzen vor der Pflanzung ermöglichen.

Eine Befestigung der Etiketten an der Pflanze darf nur mit nachgiebigem Bindegut ausgeführt werden, außer bei Stauden.

Pflanzensorten sind im unbelaubten Zustand nicht erkennbar. Deshalb muß der Pflanzenname mit der Sortenbezeichnung bei der Pflanzung lesbar sein. Das bedeutet in der Praxis, daß Etiketten eine haltbare Beschriftung über die Pflanzzeit hinaus bis zur Abnahme aufweisen müssen. Dies kann einen Zeitraum von bis zu 1 – 2 Jahren bedeuten!

Die Befestigung der Etiketten an den Pflanzen mit Draht führt zu Einschnürungen und Absterben oder Abbrechen der abgeschnürten Pflanzenteile. Sie ist bei enger Bindung zu lockern.

K 535

5 Pflanzarbeiten

5.1 Vorarbeiten

5.1.1 Rodung auf der Baustelle oder in der freien Landschaft

Werden innerhalb des Baustellenbereichs oder aus Gründen der Klima- und Bodenverhältnisse Pflanzen aus der benachbarten Landschaft verpflanzt, sind nur unbeschädigte, im Freistand gewachsene Pflanzen zu verwenden.

Jungpflanzen sind ohne Ballen unter Schonung ihres Wurzelwerkes herauszunehmen, sofort zu schneiden und ohne Zwischeneinschlag zu pflanzen.

Stauden, Sträucher, Heister, Stammbüsche, Halb- und Hochstämme sind mit Ballen herauszunehmen.

Der Ballen bei Heistern, Stammbüschen, Halb- und Hochstämmen muß den dreifachen Durchmesser des Stammumfanges (100 cm über dem Erdboden gemessen) haben. Die Ballen sind sofort mit Ballentuch zu sichern.

In der freien Landschaft oder in älteren Anlagen stehende Gehölze haben in der Regel ein weitverzweigtes Wurzelwerk, der Art entsprechend typisch flach, tief oder herzförmig.

Sie sind nur bedingt verpflanzbar, z. B mit Spezialmaschinen oder nach langfristiger Vorbereitung, weil sie nicht verschult wurden. Zur Anpassung an den Wurzelverlust ist in der Regel ein starker Rückschnitt notwendig.

Ballen von Gehölzen, die in freier Landschaft gewonnen werden, sind nicht vergleichbar mit Ballen von Baumschulware.

Entscheidend ist, daß möglichst viele Wurzeln in möglichst unbeschädigtem Zustand erhalten bleiben. Deshalb ist die typische Wurzelform zu beachten, d. h. z. B. Birken sind mit breitem, aber flachem Ballen, Eichen, wenn eine Ballierung überhaupt möglich ist, mit einem schmalen, aber tiefen Ballen zu gewinnen. Die Normenfestlegung, daß der Ballen in der Breite den dreifachen Durchmesser des Stammumfanges haben muß, ist deshalb als Mindestrichtlinie aufzufassen.

Für das Anwachsen von nicht vorbehandelten Pflanzen kann in der Regel nicht gewährleistet werden. Eine solche Forderung wäre unbillig. Soll trotzdem gewährleistet werden, müssen entspechende Zusatzmaßnahmen zum Verdunstungsschutz wie Berieselung, chemische Behandlung und Rindenschutz vereinbart werden.

Der Einsatz von modernen Verpflanzmaschinen, die z. T. Ballen bis 300 cm Durchmesser stecken, ausheben, transportieren und wieder einsetzen können, hat hier viele weitere Möglichkeiten eröffnet. Richtlinien für das Verpflanzen von Großgehölzen sind im Gespräch.

Ebenso gibt es Gespräche darüber, den Risikoausgleich für das Anwachsen in einer gesonderten Position auszuschreiben. Diese Bestrebungen widersprechen nach Auffassung der Autoren der Tatsache, daß jede Leistung mit einem Risiko verbunden ist, das nicht gesondert ausgeschrieben werden kann. Das Risiko ist auch ohne eine gesonderte Position in die Position der

Pflanzarbeiten, Vorarbeiten K 537 – 538

Pflanzleistung einzukalkulieren, wenn ausdrücklich darauf hingewiesen wird, daß der Auftragnehmer das Risiko des Anwachsens trägt.

5.1.2 Transport von Pflanzen
Pflanzen sind bei dem Transport auf offenen Fahrzeugen von Rodungsstellen oder von Entladestellen wie Bahnhöfen, Güterumschlagplätzen zur Baustelle stets mit einer dichten Planenabdeckung zu versehen.
Im übrigen sind die Festlegungen nach Abschnitt 2.3.2 zu beachten.

Siehe hierzu Ausführungen unter K 525, die sinngemäß gelten.   K 537

5.1.3 Lagerung auf der Baustelle
Werden Pflanzen innerhalb von 48 Stunden nach Eintreffen auf der Baustelle gepflanzt, sind Sträucher und ähnliche Gehölze ohne Ballen mit den Wurzeln gegeneinander höchstens 1,5 m hoch aufzustapeln, anzufeuchten und abzudecken. Bei Heistern, Stammbüschen, Halb- und Hochstämmen ohne Ballen sind die Wurzeln sofort mit Boden zu bedecken. Ballenpflanzen müssen an einem möglichst schattigen Platz Ballen an Ballen aufgestellt, die äußeren Ballen mit Erde, Stroh o. ä. abgedeckt und alle Ballen feucht gehalten werden. Stauden und Sommerblumen sind in flachen Transportgefäßen (Kisten oder Körben) zu belassen oder in flachen Gruben eng aufzustellen. Die Art der Lagerung muß eine Austrocknung sowie auch eine Überhitzung ausschließen.

Nach DIN 18 320 und jeder anderen ATV gehört zur Lieferung der Stoffe   K 538
auch deren Lagerung.

Im Rahmen der Normungsarbeit war es Ziel dieser Festlegung, eine Abgrenzung zwischen der zur Lieferung gehörenden Lagerung und einem Einschlag aufzustellen.

Die Beschränkung der Lagerung mit ihrem relativ geringen Schutz gegen Austrocknung auf einen Zeitraum von 48 Stunden ist notwendig, weil es sich hier um Pflanzen handelt. Diese Beschränkung ist deshalb zu vertreten, weil im Regelablauf einer Baustelle die Pflanzen sofort nach der Lieferung gepflanzt werden. Hierfür reicht auch bei größeren Pflanzenmengen die beschriebene Lagerungsart, wenn zügig gepflanzt wird.

Wünscht der Auftraggeber einen Einschlag der Pflanzen zur Kontrolle der Lieferung, muß das im Leistungsverzeichnis vorgeschrieben werden, weil das Einschlagen von Pflanzen keine Nebenleistung ist.

Es besteht in diesem Falle ein Vergütungsanspruch. Die Aufnahme einer gesonderten Position in das Leistungsverzeichnis für das Einschlagen ist hier erforderlich.

Wird die Lagerungszeit von 48 Stunden überschritten, müssen die Pflanzen aus fachlichen Gründen eingeschlagen werden, um Beschaffenheitsmängel und Anwuchsschwierigkeiten zu vermeiden.

Bei der Wertung der angegebenen Lagerungszeit von 48 Stunden ist die jeweilige Witterungslage zu berücksichtigen, d. h. es kann Witterungslagen

K 539   **DIN 18 916**

geben, bei denen dieser Zeitraum zu kurz bemessen ist. Da der Auftragnehmer das Anwuchsrisiko tragen muß, kann es im Grundsatz ihm selbst überlassen werden, wie lange er die Pflanzen in der angegebenen Weise lagert. Er muß sich nur bei Pflanzenausfällen später anrechnen lassen, daß er auf eigene Verantwortung gegen diese Festlegung verstoßen hat.

Für die Frage einer evtl. Vergütung ist das Verursacherprinzip heranzuziehen. Ist der Einschlag erforderlich geworden aus Gründen, die der Auftragnehmer zu vertreten hat, besteht kein Vergütungsanspruch. Wurde der Einschlag erforderlich, weil der Auftraggeber den Auftragnehmer außerstande setzte, die Pflanzung zügig durchzuführen, z. B. durch Fehlen von Bepflanzungsplänen oder nicht zügiges Auslegen von Pflanzen beim Fehlen derartiger Pläne, besteht ein Vergütungsanspruch. Wie bei allen Zusatzarbeiten sollte der Auftraggeber auf die Notwendigkeit dieser Leistung rechtzeitig hingewiesen werden und ebenso rechtzeitig ist ein Preis zu vereinbaren. (VOB/B § 2 Abschn. 6.1 und 6.2).

5.1.4 Einschlag auf der Baustelle

Wird die maximale Lagerungszeit von 48 Stunden überschritten oder ist von vornherein mit einem größeren Zeitraum als 48 Stunden vom Eintreffen der Pflanzen auf der Baustelle bis zur Pflanzung zu rechnen, sind die Pflanzen einzuschlagen. Zum Einschlagen sind die Pflanzen einzeln in vorbereitete Gräben schräg einzustellen, anzufeuchten, an den Wurzeln oder Ballen allseitig mit lockerem Boden zu umgeben und anzudrücken.

In Wintereinschlägen sind empfindliche Gehölze mit einer lockeren Abdeckung aus geeigneten Stoffen, wie z. B. Stroh oder Nadelholzreisig, zu versehen.

Ein Schutz gegen Wildverbiß ist gegebenenfalls vorzunehmen.

K 539   Der Einschlag auf der Baustelle ist keine Nebenleistung, sondern er muß, wenn er gewünscht wird, im Leistungsverzeichnis gefordert werden. Im übrigen sind die Ausführungen unter K 538 zu beachten.

Ein Einschlag mit geschlossenen Bündeln stellt einen Verstoß gegen die Regeln der Technik dar, auch dann, wenn die Einschlagszeit nur wenige Tage beträgt.

Als Einzeleinschlag im Sinne dieser Fachnorm kann noch gelten, wenn die Bunde unten geöffnet und die Pflanzen so auseinandergezogen sind, daß die Wurzeln voll mit Erde bedeckt werden können.

Übernimmt ein Auftragnehmer vom Auftraggeber gestellte, im Einschlag befindliche Pflanzen, die in Bündeln eingeschlagen sind, kann (und sollte) er deswegen schriftliche Bedenken anmelden.

Der Schutz gegen Wildverbiß im Einschlag gehört zur Gesamtleistung Einschlagen, auch wenn er nicht besonders erwähnt wird. Das Gleiche gilt für die Abdeckungsmaßnahmen bei empfindlichen Gehölzen.

Wenn die Gefahr des Wildverbisses schon im Rahmen der Voruntersuchungen des Auftraggebers erkennbar ist, sollte im Leistungsverzeichnis darauf hingewiesen werden.

Pflanzarbeiten, Vorarbeiten K 540–541

5.1.5 Beschaffenheit des Einschlagplatzes

Einschlagplätze müssen eine lockere Bodenstruktur haben. Gegebenenfalls sind entsprechende Maßnahmen zur Lockerung und Bodenverbesserung nach DIN 18 915 Blatt 3 — Landschaftsbau; Bodenarbeiten für vegetationstechnische Zwecke; Bodenbearbeitungs-Verfahren — vorzunehmen. Sie sollen gegen Staunässe und Hochwasser geschützt sein und nach Möglichkeit im Schatten und Windschutz liegen.

Die Pflanzen sind übersichtlich nach Arten, Sorten und Größen getrennt so einzuschlagen, daß eine Prüfung der Pflanzen im Einschlag, eine laufende Bestandkontrolle und eine Pflege möglich sind.

Die Pflanzen dürfen im Einschlag nicht austrocknen. Schädlinge und Krankheiten sind sofort nach Auftreten zu bekämpfen.

Der Boden des Einschlagplatzes muß beim Einschlagen krümeln. Dann hat er den in DIN 18 915 geforderten Feuchtezustand. **K 540**

Dadurch ist gewährleistet, daß sich der Boden um die Pflanzenwurzeln legen und sie ohne Hohlräume ummanteln kann.

Stauende Nässe tötet Pflanzen infolge Luftmangel in der Wurzelzone ab. Nur wenige Pflanzen vertragen vorübergehend diese stauende Nässe, wie z. B. Alnus oder Salix.

Übersichtlichkeit ist gegeben, wenn nach Arten und Größen getrennt eingeschlagen wird. Zwischen jeder Reihe muß ein begehbarer Streifen vorhanden sein. Zur Gesamtleistung Einschlagen gehören auch das Überwachen des Einschlages und das Bekämpfen von Schädlingen und Krankheiten (Schutzpflicht nach VOB/B § 4 Absatz 5).

5.1.6 Aufschulen

Können Pflanzen bis zum Beginn der anschließenden Vegetationsperiode nicht gepflanzt werden, sind sie rechtzeitig aus dem Einschlag herauszunehmen und in einem artentsprechenden Abstand aufzuschulen. Die Aufschulfläche ist mit einer Bodenbearbeitung nach DIN 18 915 Blatt 3 — Landschaftsbau; Bodenarbeiten für vegetationstechnische Zwecke, Bodenbearbeitungs-Verfahren — vorzubereiten.

Die Aufschulung erfolgt wie eine Pflanzung nach den Regelungen zu den Abschnitten 5.3 bis 5.13. Die aufgeschulten Pflanzen sind wie eine Pflanzung zu pflegen.

Hierzu sind die Festlegungen nach Abschnitt 7 und DIN 18 919 — Landschaftsbau; Unterhaltungsarbeiten bei Vegetationsflächen; Stoffe, Verfahren — zu beachten.

Aufschulen ist das Pflanzen in baumschulmäßigen Quartieren in Reihen nach art- und größenspezifischen Abständen. Zuwachsraten sind dabei zu berücksichtigen. Das Aufschulen ist eine Leistung, wenn diese Maßnahme der Auftraggeber zu vertreten hat, z. B., weil er den Auftragnehmer außerstande setzte, die Pflanzung rechtzeitig durchzuführen. Ist die Notwendigkeit des Aufschulens auf Versäumnisse des Auftragnehmers zurückzuführen, besteht kein Vergütungsanspruch. Dies gilt dann auch für Pflege der aufgeschulten Pflanzen bis zum nächsten Pflanztermin. **K 541**

Wegen der mit dem Aufschulen und der notwendigen Pflege verbundenen Aufwendungen kann es gelegentlich wirtschaftlicher sein, zum nächsten Pflanztermin neue Pflanzen zu liefern. Diese wirtschaftlichen Abwägungen sollte man im Einzelfall vornehmen.

5.2 Beschaffenheit der Pflanzfläche

Die Vegetationsschicht sowie auch gegebenenfalls der Baugrund der Pflanzfläche sind nach den Regelungen in DIN 18 915 Blatt 3 vorzubereiten. Verunkrautete Pflanzflächen sind vor der Pflanzung von Unkräutern zu säubern.

Bei Pflanzungen in der Landschaft können, insbesondere bei Böschungen, auch Pflanzstreifen (Riefen) in mindestens 30 cm Breite angelegt werden.

Bei Einzelpflanzungen in der Landschaft sind nur Pflanzlöcher anzulegen.

K 542 Hierzu ist zunächst der Kommentar zu DIN 18 915 Teil 3 — Bodenpflege — K 455 ff. zu beachten.

Grundsätzlich ist nur in unkrautfreie Flächen zu pflanzen. Besonderes Augenmerk ist auf Dauerunkräuter zu richten, wobei auch die Art der späteren Bepflanzung maßgeblich ist. Dauerunkräuter in Pflanzungen mit Bodendeckern oder Stauden sind nachträglich, wenn überhaupt, nur mit sehr hohem Aufwand entfernbar.

K 543 Das Säubern der Pflanzflächen von Unkraut vor der Pflanzung ist eine Nebenleistung, wenn dem Auftragnehmer die Bodenverarbeitung oblag und nach der Termingestaltung die Pflanzung unmittelbar an die Bodenvorbereitung anschließen konnte.

Als „unmittelbar" sind hier auch eine Pflanzung im zeitigen Frühjahr und Bodenvorbereitung im Herbst oder Winter zu rechnen, also wenn eine Vegetationsruhe zwischen diesen Leistungen liegt.

Ist abzusehen, daß in der Vegetationszeit ein längerer Zeitraum zwischen Bodenbearbeitung und möglicher Pflanzung liegt, sind Bodenpflegeleistungen im Leistungsverzeichnis vorzusehen.

Hat jedoch der Auftragnehmer diesen Zwischenzeitraum zu vertreten, z. B. weil er die Bodenarbeiten nicht rechtzeitig zur Pflanzzeit fertiggestellt hat oder weil er die Pflanzen nicht rechtzeitig beschafft hat, muß dieser die Kosten für die Bodenpflege tragen. Wird eine Bodenpflege aus Gründen erforderlich, die der Auftraggeber zu vertreten hat, z. B. Verzögerungen bei bauseitigen Vorleistungen, hat dieser die Kosten zu tragen.

5.3 Pflanzzeit

Zur Wahl der Pflanzzeit sind grundsätzlich die artbedingten Besonderheiten zu beachten.

Laubabwerfende Gehölze sind in der Wachstumsruhe zu pflanzen. Immergrüne Gehölze ohne Ballen sollten im Herbst früh und im Frühjahr spät gepflanzt werden. Immergrüne Gehölze mit Ballen können ganzjährig gepflanzt werden, mit Ausnahme der Zeit des Austriebes.

Pflanzenfläche, Pflanzzeit, Transport

Containerpflanzen können ganzjährig gepflanzt werden.
Stauden sind nur in den gemäßigten Jahreszeiten zu pflanzen, mit Ausnahme von Pflanzen aus Töpfen oder Containern, die ganzjährig gepflanzt werden können.
Blumenzwiebeln, Knollen, Ein- und Zweijahrsblumen sind in der durch die Art bedingten Jahreszeit zu pflanzen.
Pflanzen ohne Ballen dürfen bei Frost nicht gepflanzt werden.
Bei bindigen Böden sind die Bearbeitbarkeitsgrenzen nach den Festlegungen in DIN 18 915, Blatt 1 — Landschaftsbau; Bodenarbeiten für vegetationstechnische Zwecke, Bewertung der Böden und Einordnung der Böden in Bodengruppen — zu beachten.

Als artbedingte Sonderheiten gelten z. B. die besonders gut geeignete Pflanzzeit für Betulaceen im Frühjahr beim Blattaustrieb (oft erhebliche Ausfälle bei Herbstpflanzungen!) oder die günstigen Pflanzzeiten für Rhododendron und andere Immergrüne im August bis Ende September oder spätes Frühjahr bei Triebbeginn und Staudenpflanzungen im Herbst.

K 544

Betriebswirtschaftlich vorteilhaft ist eine Pflanzung in einem Zuge ohne Rücksicht auf artbedingte Sonderheiten. Einen Risikoausgleich kann der Auftragnehmer z. B. durch die Wahl von Ballenpflanzen statt ballenloser Ware auf eigene Kosten selbst schaffen.

Sofern die zeitliche Disposition vom Auftraggeber vorgeschrieben wird, muß der Auftragnehmer die Pflanzenarten auf die jahreszeitliche Verwendbarkeit überprüfen und gegebenenfalls hinsichtlich des vorgesehenen Pflanztermins Bedenken geltend machen.

Pflanzenwurzeln reagieren auf direkten Frosteinfluß z. T. sehr stark. Werden z. B. Eichenwurzeln direktem Frost ausgesetzt, sterben sie ab. Aus diesem Grunde dürfen ballenlose Pflanzen bei Frost nicht gepflanzt werden.

5.4 Transport der Pflanzen von Lagerplatz und Einschlag zur Pflanzstelle
Es dürfen jeweils nur soviele Pflanzen zur Pflanzstelle gebracht und dort ausgelegt werden, wie unmittelbar danach gepflanzt werden können. Auf dem Weg zur Pflanzstelle und an der Pflanzstelle sind die Pflanzen vor Austrocknung zu schützen.

Die Zeitdauer zwischen Auslegen und Pflanzung ist abhängig von der Witterung. Bei hohen Temperaturen und austrocknenden Winden können Liegezeiten von 5 Minuten für ballenlose Pflanzen schon das Höchstmaß sein, bei trübem und windstillem Wetter sowie Regen und Nebel sind Schäden auch bei Liegezeiten von mehreren Stunden nicht zu erwarten. Längere Liegezeiten sind auch bei Ballenpflanzen möglich. Grundsätzlich sollen aber die Liegezeiten so kurz wie möglich sein, was eine entsprechende Baustellenorganisation voraussetzt.

K 545

5.5 Pflanzgruben-Aushub
Die Pflanzgruben bzw. -löcher sind in einer Breite und Tiefe auszuheben, die mindestens der 1,5fachen Größe in Durchmesser und Höhe des lockeren Wurzelwerkes bei ballenlosen Gehölzen oder des Ballens bei Ballenpflanzen entspricht.

K 546–547   DIN 18 916

Beim Aushub des Pflanzloches ist der Oberboden vom übrigen Aushub zu trennen und bei der Pflanzung wieder in den Hauptwurzelbereich einzubringen. Beim Einsatz von Pflanzlochbohrern darf keine Verfestigung der Pflanzlochwände eintreten.

Bei nicht ausreichend durchlässigem Baugrund sind entprechende Maßnahmen zur Verhinderung der Bildung von Staunässe nach den Festlegungen in DIN 18 915 Blatt 3 durchzuführen.

K 546 Durch den Aushub in 1,5facher Größe in Durchmesser und Höhe des lockeren Wurzelwerkes bei ballenlosen Pflanzen oder des Ballens bei Ballenpflanzen wird die notwendige Lockerung des Bodens im Wurzel- und Nahbereich gewährleistet und ein hohlraumloses späteres Verfüllen der Pflanzgrube und ein voller Bodenkontakt der Wurzeln erreicht. Besonders bei großen Ballenpflanzen und Bäumen wird auch der Unterboden mit in Anspruch genommen, der durch die übliche Bodenlockerung nicht erfaßt werden konnte. Er erfährt durch den Pflanzgrubenaushub die gleiche Lockerung wie der Oberboden selbst. Tendenzmäßig soll der Boden wieder an der alten Stelle bzw. in der alten Höhenlage eingebaut werden, d. h. Unterboden zu Unterboden und Oberboden zu Oberboden. Bei bindigen Böden gehen zu tief eingebaute organische Bestandteile des Oberbodens in Fäulnis über, die den Anwuchs gefährdet.

Die Untergrenze für die Verwendung von Boden oder Substraten mit organischen Bestandteilen liegt bei −50 cm unter Geländehöhe!

Pflanzlochbohrer verursachen bei bindigen Böden und zu hohem Bodenwassergehalt ein Verschmieren der Lochwände und bewirken dadurch einen Blumentopfeffekt mit Staunässe und den daraus abzuleitenden Folgen.

Es ist ein schwerwiegender Planungs- und Baufehler, bei wasserundurchlässigen Böden Pflanzgruben anzulegen, die nicht entwässert werden können. Stauende Nässe in diesen Pflanzgruben führt in der Regel zum Tod des Gehölzes. In Fällen von wasserundurchlässigen Böden müssen deshalb die Pflanzgruben mit Dränen versehen werden, die an eine Vorflut anzuschließen sind. Nur so können die Voraussetzungen für ein Wachsen geschaffen werden, was insbes. für Großgehölze gilt. Ggf. kann bei kleineren Bäumen auch auf eine „Hügel"-Pflanzung ausgewichen werden.

5.6 Pflanztiefe

Die Pflanzen sind in der Regel genauso tief zu pflanzen, wie sie vorher gestanden haben.

Bei Ballenpflanzen muß die Oberfläche des Ballens bündig mit der Oberfläche des anschließenden Geländes abschließen.

Niedrig veredelte Rosen sind so tief zu pflanzen, daß die Veredlungsstelle mit Boden bedeckt ist. Das Setzmaß des Bodens ist zu beachten.

K 547 Ausgenommen von der Regel, daß Pflanzen genauso tief zu pflanzen sind, wie sie vorher gestanden haben, sind mit Einschränkungen alle Gehölze, die durch Steckholz vermehrt werden und Adventivwurzeln bilden. Zu tief

Pflanzvorgang bei Gehölzen

gepflanzte Gehölze und Bäume, aber auch Stauden, ersticken bei bindigen Böden infolge zu starken Luftabschlusses, oder sie kümmern zunächst und gehen später ein. Werden bei der Abnahme kümmernde Pflanzen festgestellt, so ist zu prüfen, ob zu tiefes Pflanzen die Ursache ist.

Zu tiefes Pflanzen ist in der Regel ein Arbeitsfehler. Gehen Pflanzen während der Gewährleistungsfrist ein und wird festgestellt, daß sie zu tief gepflanzt waren, dann kann in der Regel davon ausgegangen werden, daß der Auftragnehmer ersatzpflichtig ist. Das gilt für alle Pflanzen, die aus Samen oder Stecklingen vermehrt wurden, in jedem Fall; für aus Steckholz vermehrte Gehölze sind die Bodenverhältnisse in die Wertung einzubeziehen. Je bindiger der Boden ist, desto notwendiger ist das Pflanzen auf die ursprüngliche Höhe.

Bei hohem Grundwasserstand und nur wenig durchlässigem Boden sollten Großgehölze eher auf kleine Hügel (Höhe = Ballenhöhe) gepflanzt werden, um ein „Ersaufen" zu verhindern (siehe auch K 546, letzter Absatz).

5.7 Pflanzvorgang bei Gehölzen

5.7.1 Wurzelbehandlung

Bei ballenlosen Gehölzen sind die Wurzeln entsprechend der Gehölzart zu schneiden. Verletzte Wurzelteile sind zu entfernen.

Moorbeetpflanzen mit Ballen sind vor der Pflanzung bis zur völligen Durchfeuchtung in Wasser zu stellen.

Wurzeleinkürzungen sollen nur soweit erfolgen, wie es aufgrund von Verletzungen beim Transport oder Ausmachen notwendig wird. Durch das Anschneiden bis ins gesunde Holz wird die Kallus- und Wurzelbildung angeregt.

Die Wurzeleinkürzung darf auf keinen Fall dazu dienen, die Pflanzenwurzeln im Volumen dem zu kleinen Pflanzloch anzupassen. Eine über das übliche Maß hinausgehende Kürzung von Wurzeln ist ein Verstoß gegen die Regeln der Technik, der bei Kümmern oder Eingehen der Pflanze während der Gewährleistungsfrist, den Ersatz der Pflanze durch den Auftragnehmer erforderlich machen kann (vergleiche zum Wurzelbild Abbildungen zu K 501).

5.7.2 Einpflanzen

Die Wurzeln der Pflanzen sind in ihrer natürlichen Lage, nicht umgebogen oder eingeknickt, einzubringen.

Bei ballenlosen Gehölzen soll beim Pflanzen nur lockere Pflanzerde verwendet und zwischen die Wurzeln gebracht werden. Der eingefüllte Boden ist gleichmäßig anzudrücken. In Pflanzlöcher darf weder gefrorener Boden noch Schnee eingefüllt werden.

Jungpflanzen können mit Pflanzhacken, Keilspaten, Pflanzhölzern, Rillenscheiben und ähnlichem gepflanzt werden.

Bei Ballenpflanzen ist Draht- oder Kunstfasergewebe nach dem Einsetzen der Pflanze in das Pflanzloch von der Oberseite des Ballens zu lösen. Großgehölze sollten am neuen Standort mit derselben Seite zur Sonne stehen wie vorher.

K 549 Die Forderung, daß die Wurzeln der Pflanzen in ihrer natürlichen Lage einzubringen sind, bedeutet nicht nur, daß die Pflanzenwurzeln nicht umgebogen oder eingeknickt werden dürfen, um einer zu kleinen Pflanzgrube angepaßt zu werden, sondern auch, daß die Pflanzenwurzeln in ihrer horizontalen Ausbreitung nach der Pflanzung in der ursprünglichen Lage liegen sollen. Um das zu erreichen, muß die Pflanze beim Einfüllen des Bodens mehrmals angehoben und gerüttelt werden, damit die Pflanzenwurzeln nicht durch den Verfüllboden nach unten in zu tiefe Lage gedrückt werden. Dazu muß der Boden krümeln und zwischen den Wurzeln durchrieseln können. Liegt der Feuchtezustand bei bindigen Böden über der Ausrollgrenze, läßt er sich nur in größeren Schollen lösen und einbringen, ohne die Wurzeln hohlraumlos zu ummanteln und Gewähr für eine Ursprungslage zu bieten.

Einschlämmen ersetzt den Rüttelvorgang und das spätere Andrücken nicht. Voller Bodenschluß ist für die Wurzeln notwendig. Gefrorener Boden läßt sich nicht andrücken, und Schnee hinterläßt nach dem Auftauen Hohlräume, durch die ein Anwachsen verhindert oder erschwert wird.

Die Ballentücher sind am Wurzelhals zu lösen, um Einschnürungen an dieser Stelle zu verhindern. Das gilt im besonderen für Draht- und Kunstfasergewebe, aber auch verrottbare Ballentücher müssen gelöst werden, weil das Verrotten der massierten Tücher um den Wurzelhals nur sehr langsam vonstattengeht und Schädigungen durch Abwürgen noch vor dem Verrotten eintreten können.

Unverrottbare Ballentücher sind in der Regel vollständig zu entfernen.

5.7.3 Rückschnitt der oberirdischen Pflanzenteile
Nach Eigenart und Größe der Pflanzen sowie nach Standortbedingungen und Jahreszeit ist ein Rückschnitt der oberirdischen Pflanzenteile vorzunehmen.
Ballenpflanzen werden in der Regel nicht geschnitten, bei Bedarf kann ein Auslichtungsschnitt vorgenommen werden.
Beschädigte Pflanzenteile müssen entfernt und Wunden glattgeschnitten werden.
Wunden über 3 cm Durchmesser sind mit einem Wundbehandlungsmittel zu verstreichen.

K 550 Ballenlose Pflanzen müssen in der Regel zurückgeschnitten werden, um das oberirdische Triebvolumen dem unterirdischen Wurzelvolumen anzupassen. Hier gibt es aber individuelle Unterschiede, die beachtet werden sollten, so z. B. Rosen und Weiden, die immer stark zurückzuschneiden sind im Gegensatz zu Birken, die nicht oder nur ganz gering beschnitten werden. Bei Herbst- und Winterpflanzungen sind nur geringe Rückschnitte erforderlich, weil kaum Verdunstungsverluste eintreten und die Wurzelbil-

Pflanzvorgang bei Stauden, Einjahrs- und Zweijahrsblumen K 551–552

dung sofort einsetzt. Bei Frühjahrspflanzungen muß mit zunehmend späterem Pflanztermin ein starker Rückschnitt sogar bis zu ²/₃ des oberirdischen Volumens vorgenommen werden.

Bei Ballenpflanzen darf durch einen evtl. erforderlichen Rückschnitt der individuelle Habitus der Pflanze nicht verändert werden.

Solitärpflanzen sollten nicht oder nur ganz gering im Sinne eines Formschnittes zurückgeschnitten werden. Rückschnitte während der Pflanzung und auch während der Fertigstellungspflege, um den Anwuchs zu sichern, die den Habitus und die Größe wesentlich negativ verändern, können eine Wertminderung bedeuten.

Verlangt ein Auftraggeber, der im Rückschnitt eine Wertminderung erblickt, daß ohne Rückschnitt gepflanzt wird — ausgenommen Solitärs —, obwohl der Auftragnehmer aus fachlichen Gründen diesen Rückschnitt für erforderlich hält, müssen Bedenken geltend gemacht werden.

5.8 Pflanzvorgang bei Stauden, Einjahrs- und Zweijahrsblumen

5.8.1 Wurzelbehandlung

Bei ballenlosen Pflanzen sind die Wurzeln, falls erforderlich, entsprechend der Art zu schneiden bzw. einzukürzen.

Die Wurzeln sind feucht zu halten.

Bei Ballenpflanzen ist der Ballen bis zur Sättigung zu durchfeuchten.

Ballenpflanzen müssen bis zur Verwurzelung in der umgebenden Vegetationsschicht aus ihren Ballen heraus leben. Deshalb ist die Sättigung vor der Pflanzung unbedingt durchzuführen, wenn durch die Art der Lagerung die Ballen ausgetrocknet sind.   K 551

Da die Kornverteilung von Vegetationsschicht und Boden des Ballens selten übereinstimmen, kann nicht davon ausgegangen werden, daß ein kapillarer Feuchtigkeitsaustausch aus feuchtem umgebendem Boden zum Ballen hin stattfindet. Ein Angießen ersetzt das völlige Durchfeuchten vor der Pflanzung nicht.

Auch bei ballenlosen Pflanzen ist das Feuchthalten der Wurzeln erforderlich, um die Startchancen zu verbessern.

5.8.2 Einpflanzen

Die Pflanzentiefe ist der Pflanzenart anzupassen. Die Pflanzenwurzeln sind allseitig mit lockerer Erde zu umgeben und anzudrücken.

Zum Pflanzen sind als Werkzeuge nur Spaten oder Handspaten (Pflanzschaufeln, Pflanzkellen) zu verwenden. Keilspaten, Pflanzhölzer oder ähnliches sind nur bei Böden der Bodengruppen 1 bis 5 nach DIN 18 915 Blatt 1 zugelassen.

Die Pflanzenwurzeln brauchen einen festen Bodenkontakt. Deshalb ist der Boden kräftig anzudrücken. Keilspaten, Pflanzhölzer oder ähnliche Geräte   K 552

257

verursachen eine Bodenverdrängung und ein Verschmieren der Grubenränder. Deshalb dürfen sie bei Böden mit höherer Bindigkeit nicht verwendet werden.

5.8.3 Rückschnitt der oberirdischen Pflanzenteile

Ein Rückschnitt wird nur vorgenommen, wenn infolge zu weiten Austriebes ein Anwachsen der Pflanzen gefährdet ist. Beschädigte Triebe sind zu entfernen.

K 553 Durch den Rückschnitt, der nur im Frühjahr nach Austrieb der Stauden notwendig wird, soll eine Anpassung des oberirdischen krautigen Pflanzenvolumens an die noch geringe Aufnahmefähigkeit der Wurzeln kurz nach der Pflanzung erreicht werden.

5.9 Pflanzvorgang bei Blumenzwiebeln und Knollen

Blumenzwiebeln und Knollen müssen lagerichtig gepflanzt werden.
Bei Einzellochpflanzungen darf unter der Wurzelbasis kein Hohlraum verbleiben.
Die artbedingten Pflanztiefen sind einzuhalten, es ist mindestens jedoch so tief zu pflanzen wie die dreifache Zwiebelhöhe, bei Kleinzwiebeln jedoch mindestens die fünffache Zwiebelhöhe. Artbedingte Bodenansprüche sind zu beachten.

K 554 Bei Einzellochpflanzung mit Keilspaten oder Pflanzhölzern besteht die Gefahr, daß unter der Wurzelbasis von Blumenzwiebeln Hohlräume verbleiben. Dadurch geht der notwendige Bodenkontakt verloren oder wird erst gar nicht hergestellt, und das Anwachsen der Blumenzwiebel ist gefährdet.

5.10 Pflanzvorgang bei Röhricht, Gräsern und Kräutern an Gewässern, Deichen und Küstendünen

Die Pflanzarbeit ist nach den Festlegungen in DIN 19 657 — Sicherung an Gewässern, Deichen und Küstendünen — auszuführen.

5.11 Pflanzvorgang bei Pflanzenteilen

Das Stecken von Steckhölzern und das Setzen von Setzstangen ist nach den Festlegungen in DIN 18 918 auszuführen.

5.12 Wässern

Nach dem Pflanzen ist zu wässern. Dabei sind in der Regel folgende Wassermengen je Pflanze auszubringen:

Niedrige Stauden sowie Ein- und Zweijahresblumen	etwa 0,2 bis 0,5 Liter
Höhere Stauden und größere Ein- und Zweijahresblumen	etwa 0,5 bis 1 Liter
Junggehölze	etwa 1 bis 3 Liter
Ballenlose Sträucher und Heckenpflanzen, Rosen, Ballengehölze bis 40 cm Höhe oder Breite	etwa 1 bis 3 Liter
Ballengehölze und Heister bis 200 cm Höhe oder Breite	etwa 5 bis 15 Liter
Hochstämme, Stammbüsche sowie Heister und Ballenpflanzen über 200 cm Höhe oder Breite	etwa 20 bis 50 Liter

Zum Wässern und Auffangen des Niederschlagswassers ist bei geneigten Pflanzflächen eine flache Pflanzmulde (Baumscheibe, Gießrand) herzustellen.

Schutz von Pflanzen

K 555 Die in der Norm angegebenen Regelmengen für das Anwässern sollen darauf hinweisen, daß leichte Regenfälle oder Nieselregen zum Anwässern nicht ausreichen. Erst Niederschläge von 10–20 mm innerhalb von 24 Stunden ersetzen bei Stauden, Gehölzen und kleineren Ballengehölzen bis 40 cm Höhe und Breite das Anwässern. Bei größeren Gehölzen ab Heister und allen größeren Ballenpflanzen ersetzt kein Regen das Anwässern. Hier muß unabhängig von den Niederschlägen gewässert werden, sofern sich nicht in Einzelsituationen durch Bodenart, Feuchtezustand und zu erwartenden Witterungsverlauf bei Herbst- und Winterpflanzungen eine solche Maßnahme als nicht erforderlich erweist. In solchen Fällen ist jedoch eine sorgfältige Beobachtung des Witterungsverlaufes angeraten.

Das Anwässern ist Teil der Pflanzarbeit und muß im Leistungsverzeichnis nicht gesondert erwähnt werden.

5.13 Ebnen, Lockern und Säubern der Pflanzflächen

Nach der Pflanzung ist die Oberfläche der Pflanzflächen zu ebnen und zu lockern.

Steine und Unrat, in der Regel ab 5 cm Durchmesser (wenn in der Leistungsbeschreibung nichts anderes vorgeschrieben ist), schwer verrottbare Pflanzenteile und Dauerunkräuter sind abzulesen. Pflanzmulden müssen erhalten bleiben.

K 556 Nach der Pflanzung ist die Pflanzfläche wieder sauber herzurichten. Auch diese Arbeit gehört, wie das Anwässern, zur Gesamtleistung Pflanzen und muß deshalb nicht im Leistungsverzeichnis erwähnt werden.

Das Ablesen von Steinen, Unrat usw. gilt nur für die störenden Stoffe, die während des Pflanzvorganges an die Oberfläche gelangt sind. Mit der hier vorgeschriebenen Leistung wird eine evtl. erforderliche Leistung nach DIN 18 915 Blatt 3 Abschn. 4.4.3 nicht gegenstandslos.

6 Schutz von Pflanzen

6.1 Verankerung

Gehölze mit Stämmen oder stammartigen Trieben (Heister, Großsträucher, Stammbüsche) sind standsicher zu verankern. Dabei sind je nach Pflanzenart und Größe Schrägpfähle, Senkrechtpfähle, Drahtanker, Dreiböcke zu verwenden.

In Überschwemmungsgebieten sind Pfähle stromaufwärts, am Hang senkrecht zur Hangneigung anzubringen.

In Pflanzgruben sind Senkrechtpfähle vor dem Pflanzen mindestens 30 cm tief in den ungelockerten Boden zu schlagen.

Schrägpfähle, Drahtankerpfähle und Dreiböcke sowie Senkrechtpfähle, die nicht in vorbereitete Baumgruben gesetzt werden, müssen mindestens 50 cm tief in den Boden reichen.

Senkrechtpfähle müssen bis mindestens 25 cm und höchstens 10 cm unter den Kronenansatz von Hoch- und Halbstämmen reichen.

Bei Ballenpflanzen dürfen Pfähle nicht durch den Ballen geschlagen werden.

Die Köpfe der Pfähle dürfen nach dem Setzen keine Aufspaltungen o. ä. aufweisen und sind gegebenenfalls nachzuschneiden.

Durch die Art der Verbindung von Pflanzen und Verankerungen darf keine Verletzung oder Einschnürung der Rinde bei und nach der Pflanzung entstehen. Die Verbindung muß am Pfahl gegen ein Verrutschen gesichert sein.

K 557 Ziel der Verankerung ist es, den Wurzelbereich der Pflanzen ruhigzustellen, um das Losreißen der feinen Haarwurzeln in der Anfangsphase der Bewurzelung zu verhindern. Das Herstellen der Verankerung ist keine Nebenleistung im Rahmen der Schutzpflicht nach VOB/B § 4, Abschn. 5 und DIN 18 320, Abschn. 4.1.3, weil die Verpflichtung zum Schutz der Leistung nur bis zur Abnahme der Leistung besteht. Die Verankerung muß aber auch nach der Abnahme der Bauleistung an den zu schützenden Gehölzen verbleiben und somit in den Besitz des Auslobers übergehen. Das Herstellen der Verankerungen muß deshalb als Leistung ausgeschrieben werden, entweder als gesonderte Leistung oder aber als Teilleistung im Rahmen der Gesamtleistung „Pflanzen". Bei Einschluß in die Pflanzenleistung ist der Auftragnehmer frei in der Wahl der Verankerungsmittel. Ein besonderer Anspruch an die Ästhetik und die Qualität, ausgenommen der Forderung nach einer Haltbarkeit von zwei Vegetationsperioden, darf dabei nicht gestellt werden, es entscheidet alleine die Zweckmäßigkeit.

In diesem Sinne sind auch nicht imprägnierte oder nicht weiß geschälte Pfähle zulässig.

Werden vom Auftraggeber bestimmte Arten der Verankerung gewünscht, so ist das in der Ausschreibung genau anzugeben.

Die Festlegung, daß Senkrechtpfähle bis mindestens 25 cm unter den Kronenansatz reichen müssen, sollte insofern eingeschränkt gesehen werden, daß sie nicht für Hochstämme über 250 cm Stammhöhe gilt.

Die Sicherung gegen das Verrutschen der Verbindung erfolgt im allgemeinen durch Nagelung an die Baumpfähle.

6.2 Schutz der Gehölze vor Austrocknung
Bei Gehölzen sind in der Regel Stämme und Hauptäste über 30 cm Umfang sofort nach der Pflanzung mit einem Verdunstungsschutz mit geeigneten Stoffen nach Abschnitt 4.7 zu versehen.

Artbedingte Besonderheiten, wie die Notwendigkeit des Schützens von Stämmen und Hauptästen geringeren Umfanges bei empfindlichen Gehölzen, z. B. Fagus, sind zu beachten.

Immergrüne Gehölze in ungünstigen Lagen, im belaubten Zustand gepflanzte Laubgehölze und besonders große Gehölze sollen sofort nach der Pflanzung durch geeignete Maßnahmen oder Vorrichtungen gegen Wind und Sonne geschützt werden.

Rosen sind so hoch mit lockerem Boden anzuhäufeln, daß mindestens drei Augen bedeckt sind.

K 558 In diesem Abschnitt wird darauf hingewiesen, daß es aus vegetationstechnischen Gründen u. U. notwendig ist, zur Sicherung des Anwachsens einen Verdunstungsschutz einzusetzen.

Schutz von Pflanzen

Bei der Beantwortung der Frage, ob der Schutz der Pflanzen gegen Austrocknung eine Nebenleistung im Rahmen der Schutzpflicht des Auftragnehmers ist, muß der erwartete Umfang dieser Leistung beachtet werden. Alle Schutzmaßnahmen, die kurzfristig, d. h. längstens bis zur Abnahme der Leistung zur Sicherung des Anwuchserfolges notwendig sind, müssen als Nebenleistung im Sinne von DIN 18 320, Abschn. 4.1.3 betrachtet werden. Ein Auftragnehmer, der bei Gehölzen der in diesem Absatz genannten Größe Schutzmaßnahmen unterläßt, handelt fahrlässig. Die Wahl der Mittel ist ihm überlassen, d. h. er kann Mittel verwenden, die nur eine relativ kurze Zeit wirken, z. B. chemische Verdunstungshemmer. Sobald der Auftraggeber verlangt, daß der Verdunstungsschutz in einer bestimmten Art erstellt wird, z. B. als Jute-Lehm- oder Strohseil-Bandage, und daß der Schutz auch nach der Abnahme am Baum verbleibt, muß das im Leistungsverzeichnis besonders gefordert werden.

6.3 Schutz gegen Wild und Weidevieh
Durch Wild und Weidevieh gefährdete Pflanzungen sind zu sichern.
Die Sicherung kann durch Anstreichen oder Anspritzen mit Wildverbißmitteln, Einzäunung oder Einhüllen mit Draht (Drahthose), Stroh oder Reisig erfolgen.

Die Gefährdung von Neupflanzungen durch Wild ist im Landschaftsbau ein bekanntes Risiko. Es kann in Gebieten mit Wildbesatz oder in kalten Wintern mit hoher Schneedecke sehr hoch sein. Besonders gefährdet sind sicher Pflanzungen an Straßen, die durch Waldgebiete führen. Der Aufwand zur Sicherung gegen Wild und Weidevieh kann z. B. bei einer schmalen Pflanzung an einer Straße im Vergleich zur Pflanzleistung sehr hoch sein.

Zur Beurteilung, ob Schutzmaßnahmen gegen Wild und Weidevieh Nebenleistungen im Sinne von DIN 18 320 Abschn. 4.1.3 sind, ist nach INGENSTAU/KORBION nicht allein die Frage heranzuziehen, „ob der Auftragnehmer für ihn wirtschaftlich erträgliche Mittel aufwenden müßte. Entscheidender Maßstab ist die allgemein auf dem betreffenden Bausektor anerkannte und zu verlangende Übung!" In Anbetracht dieser Rechtsauffassung muß davon ausgegangen werden, daß in der Regel alle Schutzmaßnahmen bis zur Abnahme Sache des Auftragnehmers sind, der sich auf das **besondere Wagnis**, z. B. einer Pflanzung entlang einer Straße, durch seine Kalkulation einzustellen hat. Die Wahl der Schutzmaßnahmen liegt im freien Ermessen des Auftragnehmers.

Sie braucht nur bis zur Abnahme wirksam sein. Wird eine Wirkung der Schutzmaßnahme über die Abnahme hinaus verlangt oder eine besondere Art der Sicherung gewünscht, muß das im Leistungsverzeichnis gefordert werden.

Im übrigen bleibt es dem Auftraggeber unbenommen, das besondere und von den verschiedenen Bietern unterschiedlich beurteilte Wagnis dadurch stark einzugrenzen, daß er die für notwendig erachteten Schutzmaßnahmen als Leistung ausschreibt.

Im Rahmen der Verpflichtung für den Auftraggeber, alle Umstände und Randbedingungen einer Leistung genau bekanntzugeben, kann der Auftragnehmer erwarten, daß auf bekannte oder mögliche Gefährdungen im Leistungsverzeichnis hingewiesen wird.

6.4 Schutz von Steckhölzern und Jungpflanzen
Pflanzflächen mit Steckhölzern oder Jungpflanzen sind gegen Abmähen mit mindestens 50 cm aus dem Boden herausragenden, im Abstand von höchstens 3 m stehenden, die Fläche begrenzenden Pfählen zu kennzeichnen und zu sichern.

K 560 Der Schutz der Steckhölzer und Jungpflanzen durch Kennzeichnungspfähle ist im Vergleich zur Pflanzleistung selbst so unerheblich, daß er auch ohne Erwähnung im Leistungsverzeichnis als zur Leistung gehörend aufzufassen ist, wenn nicht bestimmte andere Maßnahmen vorgesehen sind.

7 Fertigstellungspflege

7.1 Allgemeines
Die Fertigstellungspflege umfaßt alle Leistungen nach der Pflanzarbeit, die zur Erzielung eines abnahmefähigen Zustandes von Pflanzungen erforderlich sind.

Als abnahmefähiger Zustand gilt für:

a) Pflanzen
Pflanzen müssen ausgetrieben haben, bzw. voll im Saft stehen. Trockene und beschädigte Pflanzenteile müssen entfernt sein. Die Pflanzen müssen frei von Schädlingen und Krankheiten sein und in ihrer Beschaffenheit den Festlegungen des Abschnittes 2 entsprechen. Die Pflanzarbeit muß nach den Festlegungen des Abschnittes 5 erfolgt sein.

b) Pflanzflächen
Pflanzflächen müssen in ihrer Beschaffenheit den Festlegungen des Abschnittes 5.13 entsprechen.

c) Verankerungen und Schutzvorrichtungen
Verankerungen und Schutzvorrichtungen müssen in ihrer Beschaffenheit den Festlegungen des Abschnittes 6 entsprechen.

K 561 Die Fertigstellungspflege schließt an die Pflanzung an und umfaßt alle Pflegeleistungen bis zu dem Zeitpunkt, an dem der Erfolg der Pflanzarbeit erkennbar ist. Das ist zugleich der Zeitpunkt der Abnahme der Pflanzleistung, frühestens zu Ende Juni, in der Regel im Spätsommer.

Die bis dahin erforderlichen Pflegeleistungen sind Bauleistungen zur Erstellung des Werkes. Sie sind keine Nebenleistungen, sondern müssen als Einzelmaßnahmen ausgeschrieben werden. Ausschreibungen, die die Fertigstellungspflege ohne jede weitere Festlegung an die Pflanzleistung koppeln, z. B. in der Formulierung: „Pflanzung fachgerecht durchführen einschließlich der Fertigstellungspflege bis zur Abnahme", sind nicht kalkulierbar und bürden dem Auftragnehmer ein unzumutbares Risiko auf, da

Fertigstellungspflege — Pflanzungen K 562

er keinen Einfluß auf den Witterungsverlauf hat. Außerdem sind die Leistungen in dieser Norm nicht eindeutig festgelegt, sondern es sind bei dem Katalog der notwendigen Maßnahmen zu unterscheiden:

a) genaue Festlegungen über Art und Umfang der Leistung,

b) Festlegungen mit der Maßgabe, daß dazu Einzelangaben im Leistungsverzeichnis erforderlich sind,

c) Richtwerte und

d) allgemeine Hinweise mit der Maßgabe, daß entweder die besondere Situation zu beachten ist oder daß auch hier in der Leistungsbeschreibung Angaben zu machen sind.

Erläuterungen hierzu in den einzelnen Unterabschnitten.

Aufgrund der vorerwähnten Tatsachen ist es unzulässig, die Fertigstellungspflege ohne genaue Definierung der zu erbringenden Leistungen an die Pflanzleistung anzuhängen, denn Voraussetzung für den pauschalen Einschluß in die Hauptleistung Pflanzarbeit ist, daß der Umfang der Leistung genau definiert und mit einer Änderung nach Art und Umfang nicht zu rechnen ist. Diese Voraussetzung ist hier nicht gegeben.

Gegen einen Einschluß der Fertigstellungspflege in die Hauptleistung Pflanzarbeit spricht weiter die Forderung von VOB/A § 9 Abschn. 8.1, daß im Leistungsverzeichnis die Leistung derart aufzugliedern ist, daß unter einer Ordnungszahl (Position) nur solche Leistungen aufgenommen werden, die nach ihrer technischen Beschaffenheit und für die Preisbildung als in sich gleichartig anzusehen sind. Ungleichartige Leistungen sollen unter einer Ordnungszahl (Sammelposition) nur zusammengefaßt werden, wenn eine Teilleistung gegenüber einer anderen für die Bildung eines Durchschnittspreises ohne nennenswerten Einfluß ist.

Zur Fertigstellungspflege gehören als Leistung:

a) Lockern und Säubern von Pflanzflächen

b) Entfernen von Steinen und Unrat

c) Düngen

d) Wässern

e) Pflanzenschutz

f) Schneiden von Gehölzen

g) Verankerungen prüfen und nachrichten

Diese Leistungen sind in sich so unterschiedlich und haben einen so erheblichen Einfluß auf die Bildung des Einheitspreises — sie sind zum Teil teurer als die Hauptleistung selbst —, daß jeder Einschluß in die Hauptleistung Pflanzarbeit ein Verstoß gegen VOB/A § 9 Abschn. 8.1 ist.

Überhaupt nicht mehr kalkulierbar ist die Fertigstellungspflegeleistung, K 562 wenn sie über einen Prozentsatz mit der Pflanzleistung selbst an die Pflanzenlieferungssumme gekoppelt ist. (Ein Beispiel dazu siehe Neue Landschaft 8 und 9/76. Arbeitsblätter für das Bauingenieurwesen des Landschaftsbaues 10.4.1.1 und 10.4.1.2). Die Koppelung der Pflanzleistung an die Pflanzlieferungssumme über einen Prozentsatz ist schon immer im Landschaftsbau üblich gewesen. Bemühungen zur Abänderung dieses Verfahrens haben bisher noch keine sehr sichtbaren Erfolge gehabt. Das besagt jedoch nicht, daß damit ein den Grundregeln der VOB zuwiderlaufendes Gewohnheitsrecht abgeleitet werden könnte und dieses Recht noch auf die Fertigstellungspflege auszuweiten wäre. Die Wahl des Prozentsatzes für die Pflanzarbeit ist in der Regel eher markt- als kostengerecht, ist also mehr der Spekulation als der sauberen Kalkulation unterworfen. Zur kostengerechten Ermittlung dieses Prozentsatzes muß der Bieter folgende Vorleistungen erbringen:

1. Auszug gleichartiger Pflanzengrößen aus der Pflanzenliste und Ermittlung der Lohnkosten und der Maschinenkosten für Transport- und Aushubarbeiten bei größeren Pflanzgruben.

2. Ermittlung der Größe der Pflanzflächen zur Berechnung der Lohnkosten für die Lockerungs- und Säuberungsleistungen, wobei u. U. vorher noch nachgefragt werden muß, mit wieviel Lockerungsgängen bis zur Abnahme gerechnet werden soll.

3. Ermittlung der Lohn- und Düngerkosten, u. U. auch erst nach Rückfrage beim Auslober, wenn keine Menge und Düngerart vorgeschrieben war, weil die Norm hierzu keine konkreten Angaben macht.

4. Abschätzung des Wetterrisikos zur Bemessung der Lohn- und Wasserkosten für die Bewässerung.

5. Ermittlung der Pflanzenpreise frei Baustelle

6. Umlage der unter 1–4 ermittelten Kosten auf die Kosten der Pflanzen unter 5. durch einen errechneten Prozentsatz.

Diese für eine sachliche Kalkulation notwendigen Vorleistungen widersprechen eindeutig der Forderung VOB/A § 9 Abschn. 1, daß der Preis sicher und ohne umfangreiche Vorarbeiten berechnet können werden soll.

Außerdem muß darauf hingewiesen werden, daß DIN 18 320 unter Abschnitt 5 „Abrechnung" keine Abrechnung von Pflanz- und Fertigstellungspflegeleistungen nach Prozentsätzen von den Pflanzenlieferungssummen vorsieht. Das Interesse der Auftragnehmer verlangt also eine Ausschreibung der Fertigstellungspflege in Einzelpositionen.

K 563 Der Auftraggeber ist daran interessiert, daß die Fertigstellungspflegeleistungen nur in dem notwendigen Umfang durchgeführt werden und sich die Zahl der Pflegegänge nicht durch mangelhafte Leistungen erhöht. Aus diesem Grunde ist es sinnvoll und auch notwendig, die geforderten Leistungen so genau zu beschreiben und im Umfang festzulegen, daß sie sowohl kalkulierbar als auch im Sinne eines gerechten Wettbewerbes genau

Fertigstellungspflege — Pflanzungen

überprüfbar sind. Dies ist umsomehr notwendig, um ungerechtfertigte Forderungen eines Auftragnehmers auf zusätzliche Pflegegänge zur Erreichung eines abnahmefähigen Zustandes abwehren zu können. Bei fehlenden Festlegungen über Art und Umfang der Fertigstellungspflegeleistungen und über ihre Überprüfung ist es im Streitfall immer sehr schwer festzustellen, ob das Nichterreichen des abnahmefähigen Zustandes auf mangelhaft vorgeschriebene Leistungen oder auf ungenügende Leistungen des Auftragnehmers zurückzuführen ist. Bei einer genauen Festlegung der Leistungen kann der Auftraggeber in jedem Falle die Forderung erheben, daß alle über den vorgegebenen Rahmen hinaus notwendig werdenden Leistungen zu Lasten des Auftragnehmers gehen, sofern er nicht rechtzeitige und fachlich begründete Bedenken gegen den Umfang der ausgeschriebenen Pflegeleistungen geltend gemacht hat. Voraussetzungen für Bedenken ist jedoch, daß der mangelnde Umfang für den Auftragnehmer erkennbar war.

Als abnahmefähiger Zustand einer Pflanze ist definiert, daß sie ausgetrieben haben muß bzw. voll im Saft steht. Als Austrieb im Sinne dieser Norm ist ein Durchtrieb zu verstehen, der ein gesichertes Anwachsen erwarten läßt. Austrieb bedeutet hier, daß neue gesunde Triebe gebildet werden und nicht nur lediglich Blätter am alten Trieb erscheinen. **K 564/1**

Ein gesichertes Erkennen des Durchtriebes ist in der Regel erst im Spätsommer nach dem Johannistrieb möglich. Ein Frühjahrsaustrieb ist auch noch aus dem alten Holz ohne Anwachsen der Pflanze möglich. Deshalb sollte eine Abnahme erst erfolgen, wenn sicher steht, daß es sich nicht um einen Notaustrieb handelt. Zu einem späten Abnahmetermin kann auch deshalb nur geraten werden, weil bei der Abnahme die Umkehr der Beweislast eintritt und es in der Regel ausgesprochen schwer ist, zu einem späteren Zeitpunkt echte Pflanzfehler nachzuweisen.

Wenn als abnahmefähig auch das „voll im Saft stehen" definiert ist, so beschränkt sich das nur auf wenige Arten, die im Pflanzjahr keine Triebe bilden, wie z. B. Crataegus u. a.

In Zweifelsfällen, für welche Arten diese Festlegung zutrifft, müssen Gutachter herangezogen werden.

An dieser Stelle muß auf einen Interessengegensatz zwischen Auftraggeber und Auftragnehmer hingewiesen werden. Der AN ist selbstverständlich sehr daran interessiert, möglichst früh eine Abnahme seiner Leistung zu erhalten. Wenn im Leistungsverzeichnis kein Abnahmetermin vereinbart war, kann eine Abnahme z. B. im Juni nicht verweigert werden, wenn zu diesem Zeitpunkt die Pflanzen ausgetrieben sind und das Anwachsen erkennbar ist. Wegen dieser unterschiedlichen Interessenlage ist es besonders angeraten, eindeutige Festlegungen um Abnahmetermin zu treffen. **K 564/2**

In dieser Norm wird grundsätzlich davon ausgegangen, daß an die Pflanzung eine Fertigstellungspflege anschließt. Das dürfte bei öffentlichen Bau- **K 564/3** vorhaben auch immer so sein. Im Bereich von Privataufträgen, denen häufig auch die VOB zugrundegelegt wird oder bei denen in Streitfällen die Festlegungen der VOB als Maßstab zugrundegelegt werden, werden häufig Verträge geschlossen, in denen die Fertigstellungspflege nicht enthalten ist. Diese Praxis ist üblich, weil der Hausgartenbesitzer die Pflege selbst übernehmen will. In solchen Fällen muß der Auftragnehmer auf die Notwendigkeit einer ordnungsgemäßen Pflege hinweisen und eine Abnahme der Leistung sofort nach der Pflanzung verlangen können. Als abnahmefähig könnte eine Pflanzung gelten, wenn die Pflanzen nach Größe und Art dem Vertrag entsprechen und frei von Schädlingen und Krankheiten sind. Pflanzflächen, Verankerungen und Schutzvorrichtungen müssen den Festlegungen nach Abschnitt 7.1.a und b. entsprechen.

Schließlich muß der Auftragnehmer in solchen Fällen den Auftraggeber unmißverständlich, möglichst schriftlich (nur die Schriftform zählt ggf. im Rechtsstreit), auf den Entfall einer Haftung für ein Anwachsen, den Übergang der Gefahrentragung und den gleichzeitigen Beginn der Gewährleistungsfrist aufmerksam machen.

7.2 Leistungen

7.2.1 Lockern und Säubern von Pflanzflächen

Die Pflanzflächen und Baumscheiben sind unter Schonung des Wurzelwerkes und vorhandener Stauden, Blumenzwiebeln und Knollen nach der Pflanzung in der Regel sechsmal in einer Vegetationsperiode zu lockern. In der freien Landschaft ist jedoch in der Regel nur zweimal in der Vegetationsperiode zu lockern.

Die Lockerungstiefe bei Gehölzflächen soll 3 cm, bei Staudenflächen 2 cm betragen. Eventuelle Besonderheiten der betreffenden Pflanzenarten und Böden sind zu beachten.

Bei der Pflanzung angelegte Gießmulden sind zu erhalten und gegebenenfalls nachzurichten.

Bei der Lockerung der Pflanzfläche sind die oberirdischen Teile von Unkräutern abzutrennen und zu entfernen, wenn im Einzelfalle nichts anderes vorgeschrieben ist, z. B. Verbleiben des abgetrennten Unkrautes auf der Pflanzfläche als Mulchdecke.

K 565 Als Normzahl sind in der Norm 6 Lockerungs- und Säuberungsgänge (Entfernen von Unkraut) in einer Vegetationsperiode vorgesehen, d. h. die Lockerung findet in Abständen von 4–5 Wochen statt. Der Leistungsumfang liegt also, wenn man die Norm als Bemessungsgröße heranzieht, nicht fest, denn sie enthält nur eine einschränkende Regelung durch den Begriff „in der Regel". Da in Abhängigkeit von den Boden- und Witterungsverhältnissen, dem Verunkrautungsgrad des zur Verfügung gestellten Oberbodens und den Ansprüchen des Auslobers auch mehr Lockerungsgänge erforderlich sein können. In jeder Ausschreibung muß deshalb festgelegt werden, wie viele Lockerungsgänge bis zur Abnahme gefordert werden, zumal sich der Pflanzzeitraum bis zur Abnahme nicht mit der Vegetationsperiode deckt.

Fertigstellungspflege — Pflanzungen

Eine detaillierte Beschreibung der Leistung ist nicht erforderlich, weil die Norm hier eindeutige Aussagen macht.

7.2.2 Entfernen von Steinen und Unrat
Wenn Steine und Unrat aus gelockerten Flächen entfernt werden sollen, sind hierfür im Einzelfall die Anzahl der Säuberungen und die Mindestgröße und die Art der zu entfernenden Stoffe anzugeben.

Diese Leistung braucht nur durchgeführt zu werden, wenn in der Leistungsbeschreibung oder in zusätzlichen technischen Vorschriften die Zahl der geforderten Säuberungen und die Mindestgrößen sowie die Art der zu entfernenden Stoffe angegeben sind. Bei einer Ausschreibung kann diese Leistung an das Lockern und Säubern der Pflanzflächen gekoppelt werden (Sammelposition), weil diese Leistung keinen erheblichen Einfluß auf die Preisbildung hat. **K 566**

7.2.3 Schneiden von Gehölzen
Trockene oder beschädigte Pflanzenteile sind glatt abzuschneiden und zu entfernen. Nicht ausreichend durchtreibende Pflanzen sind entsprechend den Besonderheiten der betreffenden Pflanzenart nachzuschneiden.

Das Entfernen von trockenen oder beschädigten Pflanzenteilen oder das Zurückschneiden nicht ausreichend durchtreibender Pflanzen ist für einen fachkundigen Auftragnehmer im Umfang abschätzbar und muß nicht weiter beschrieben werden. Diese Leistung gehört zur Gesamtleistung „Lockern und Säubern von Pflanzflächen" und muß nicht gesondert ausgeschrieben werden. **K 567**

7.2.4 Düngen
Im 2. bis 3. Wachstumsmonat nach der Pflanzung sind Pflanzflächen mit einem für die betreffenden Pflanzenarten geeigneten Dünger zu düngen. Der Dünger ist gleichmäßig aufzubringen.
Die Art und Form des Düngers und seine Menge sowie Art und Zeitpunkt der Aufbringung sind jeweils anzugeben.

Nach dieser Vorschrift sind die Pflanzen im zweiten oder dritten Wachstumsmonat zu düngen. Es sind aber weder Menge noch Art des Düngers noch der genaue Zeitpunkt der Düngung definiert, weil alle Bestandteile dieser Leistung von verschiedenen Bedingungen abhängig sind. Die Art des Düngers muß auf die jeweilige Pflanzenart und den pH-Wert des Bodens abgestimmt werden, die Menge des Düngers ist abhängig von seiner Zusammensetzung, dem Nährstoffbedürfnis der Pflanzen und der Art und Menge der Grunddüngung, und für den Zeitpunkt der Düngung ist der Pflanztermin (Herbst oder Frühjahr) wichtig. **K 568**

Die Düngung ist also für den Bieter bei einer nicht differenzierenden Sammelposition in Verbindung mit der Pflanzleistung nicht kalkulierbar. In der Ausschreibung müssen deshalb Menge, Art und möglichst auch Zeitpunkt der Düngung festgelegt werden, entweder in einer gesonderten Position, was immer die beste Lösung ist, oder in anderer, erkennbarer Weise.

7.2.5 Wässern

Die Pflanzflächen sind in der Wachstumszeit, das ist in der Regel die Zeit von Mitte März bis Ende September, zu wässern, wenn natürliche Niederschläge in ausreichender Menge und wirksamer Verteilung ausbleiben. Immergrüne Pflanzen sollen auch im Winter bei frostfreiem Wetter und Boden durchdringend gewässert werden.

Bei der Bemessung der vorzusehenden Bewässerungsmaßnahmen in bezug auf Art, Menge und Häufigkeit sind die jeweiligen Standortverhältnisse zu berücksichtigen.

K 569 Mit der Bewässerung kommt der größte Unsicherheitsfaktor in jede Ausschreibung und Kalkulation. Nach VOB/A soll dem Auftragnehmer kein ungewöhnliches Wagnis aufgebürdet werden für Umstände und Ereignisse, auf die er keinen Einfluß hat und deren Einwirkung auf die Preise er nicht im voraus schätzen kann.

Die Erfahrungen der vergangenen Trockenjahre haben gezeigt, daß das Risiko bezogen auf das Wässern vom Auftragnehmer nicht abschätzbar ist. Damit bedeutet jedes Pauschalieren dieser Leistung ohne Festlegung, wie zu verfahren ist, wenn Mehrleistungen notwendig werden, einen Verstoß gegen die Prinzipien des § 9 Abschn. 2 VOB/A.

Die Wässerungsleistung muß deshalb in einer gesonderten Bedarfsposition ausgeschrieben werden bzw. bei pauschalierenden Regelungen muß festgelegt werden, wie zu verfahren ist bei notwendigen Mehrleistungen, bzw. Minderleistungen in sehr nassen Jahren.

Bei der Durchführung der Bewässerung muß die vom Boden abhängige Versickerungsrate beachtet werden, um eine durchdringende Bewässerung zu erreichen. Eine Bewässerung mit geringer Wassermenge ist nutzlos und kann nicht als fachgerechte Leistung betrachtet werden. Das Wasser muß die Wurzeln erreichen. Eine Kontrolle durch Spatenproben ist deshalb sehr anzuraten, um nicht nutzlos Wasser und damit Geld zu verschwenden.

7.2.6 Pflanzenschutz

Die Pflanzungen sind auf den Befall von Krankheiten und Schädlingen zu überwachen. Bei Befall sollen entsprechende Maßnahmen zur Bekämpfung durchgeführt werden.

K 570 Es wird hier lediglich eine Überwachung im Rahmen der Fertigstellungspflege gefordert. Wird eine Bekämpfung notwendig, ist diese als besondere Leistung anzubieten und nach Beauftragung durchzuführen. Es wird aus Gründen des Wettbewerbs empfohlen, diese Maßnahmen schon als Bedarfspositionen auszuschreiben, wenn abzusehen ist, daß bis zur Abnahme in der Regel Spritzungen gegen saugende und fressende Insekten, sowie gegen pilzliche Schädigungen notwendig werden.

Wegen der relativ guten Abschätzbarkeit des Leistungsumfanges kann die Bekämpfungsleistung auch als Pauschalleistung ausgeschrieben werden.

Fertigstellungspflege — Pflanzungen K 571

Anzahl der Bekämpfungen und die Wahl der Mittel, die voneinander abhängen, unterliegen dann dem freien Wettbewerb. Entscheidend bleibt lediglich der Erfolg.

7.2.7 Verankerungen
Verankerungen sind zu überprüfen und gegebenenfalls nachzurichten.

Die Leistung des Überprüfens und Nachrichtens von Verankerungen gehört zur Hauptleistung „Lockern und Säubern von Pflanzflächen" und ist im Umfang für die Preisbildung so unerheblich, daß sie nicht ins Gewicht fällt bei der Ermittlung des Preises. Diese Leistung muß in der Ausschreibung nicht gesondert erwähnt werden. K 571

	Landschaftsbau **Rasen** Saatgut Fertigrasen Herstellen von Rasenflächen	DIN 18 917

K 580 Im gesamten Normenwerk des Landschaftsbaues stellt das Normenblatt DIN 18 917 „Landschaftsbau; Rasen" gewiß eine Besonderheit dar, weil es versucht, biologische Kategorien in Regeln zu fassen. Dies ist bei DIN 18 916 „Landschaftsbau; Pflanzen und Pflanzarbeiten" zwar auch der Fall, doch kommen dort weder Pflanzengemeinschaften zur Anwendung, noch wird der natürliche Ablauf entwicklungsphysiologischer Gesetzmäßigkeiten in nur annähernd gleicher Weise gestört, wie dies bei vielen Rasenflächen durch Maßnahmen der Pflege und durch die Belastung geschieht. Der Einfluß der Pflege ist dort also weniger gravierend, und eine Benutzung findet nicht statt.

Deshalb muß die Frage auftreten, ob ein Vorhaben wie die Rasennorm überhaupt möglich und sinnvoll ist. Dafür bergen die soeben angeklungenen Bedenken bereits einen Teil an Erklärung.

Bei der Herstellung und Pflege von Rasenflächen handelt es sich um den Umgang mit biologischer Masse mit dem Ziel, eine gesunde Pflanzenentwicklung für ganz bestimmte Aufgaben zu erreichen. Die biologische Masse „Rasen" fungiert, und zwar spezifisch, als Baustoff, der im Mittelpunkt technischer Vorgänge steht. Rasenbau und Rasenpflege sind damit eindeutig zielgerichtete biotechnische — oder wie wir hier sagen — vegetationstechnische Maßnahmen, die unter diesem Aspekt eine Normung grundsätzlich erlauben.

1 Geltungsbereich
Diese Norm gilt für die Herstellung von Rasen durch Ansaat und durch Fertigrasen im Rahmen des Landschaftsbaues. Sie gilt nicht für die Herstellung von Rasen für Sportplätze (siehe DIN 18 035 Teil 4, sowie für Rasen zur Sicherung an Gewässern, Deichen und Küstendünen (siehe DIN 19 657).

K 581 In dieser Norm wird hinsichtlich der Anforderung an Böden und die Bodenbearbeitung ein enger Bezug zu den Teilen 1, 2 und 3 der DIN 18 915 „Landschaftsbau, Bodenarbeiten für vegetationstechnische Zwecke" hergestellt (siehe Abschnitte 4.1 und 5.1).

Weiter dienen die Festlegungen der DIN 18 917 als wesentliche Grundlage für die DIN 18 918 „Landschaftsbau; Sicherungsbauweisen" (Ansaaten zu Sicherungszwecken, Saatgutanforderungen) und für die DIN 18 035 Teil 4 „Sportplätze; Rasenflächen" (Saatgutanforderungen).

Geltungsbereich, Begriffe

Für die Unterhaltungsarbeiten an Rasen ist DIN 18 919 „Landschaftsbau; Unterhaltungsarbeiten" zu beachten.

Der Bereich „Rasen" im Rahmen von Sicherungen an Gewässern, Deichen und Küstendünen (DIN 19 657), bearbeitet vom Fachnormenausschuß Wasserwesen, weist z. T. erhebliche Abweichungen gegenüber der DIN 18 917 auf. Dieser bedauerliche Zustand ist insbesondere dort zu beachten, wo Rasenarbeiten nicht nach der DIN 18 320 „Landschaftsbauarbeiten", sondern nach DIN 18 320 „Sicherungsarbeiten an Gewässern, Deichen und Küstendünen" vergeben werden.

2 Begriffe

2.1 Rasen

Rasen im Landschaftsbau ist eine dichte, fest verwachsene, mit der Vegetationsschicht durch Wurzeln und Ausläufer verbundene Pflanzendecke aus einer oder mehreren Grasarten, die in der Regel keiner landwirtschaftlichen Nutzung unterliegt. Entsprechend dem Verwendungszweck kann sie auch Kräuter und Leguminosen enthalten.

Diese Definition schließt Forderungen ein, nimmt Abgrenzungen zu anderen Anwendungsbereichen und Terminologien vor und läßt Ausnahmen zu.

Diese Abgrenzung hat ihre Unterstreichung mit der Herausgabe einer eigenen Sortenliste „Rasengräser" durch das Bundessortenamt gefunden. Sie wurde ferner gegenüber der vorwiegend von der Grünlandnutzung bestimmten Anforderungen an Ertrag und Futterqualität notwendig.

Schließlich wird deutlich zum Ausdruck gebracht, daß ein Rasen im Landschaftsbau nicht nur aus Gräsern bestehen muß. Er kann, auf den Verwendungsbereich bezogen, auch Kräuter und Leguminosen enthalten. Dies darf, wie es auch im Text zum Ausdruck kommt, jedoch nicht die Regel sein.

Eine gewisse Ausnahme bildet Landschaftsrasen.

Anmerkung: Bei Landschaftsrasen ist eine gewisse Artenbereicherung aus ökologischen Gründen durchaus erwünscht; sie tritt ohnehin ein!

2.2 Rasentypen

	Anwendungsbereich	Eigenschaften	Pflegeansprüche
2.2.1 Gebrauchsrasen:	öffentliches Grün, Wohnsiedlungen, Hausgärten u. ä.	Beanspruchbarkeit, Widerstandsfähigkeit gegen Trockenheit	gering bis mittel
2.2.2 Spielrasen:	Spielplätze, Liegewiesen, Hausgärten u. ä.	ganzjährige hohe Beanspruchbarkeit	mittel bis hoch

Fortsetzung 2.2. Rasentypen

	Anwendungs-bereich	Eigenschaften	Pflege-ansprüche
2.2.3 Landschaftsrasen:	Rasen in der freien Landschaft, Rasen an Verkehrswegen	hoher Erosionsschutz, Widerstandsfähigkeit gegen Trockenheit	gering
2.2.4 Parkplatzrasen:	Parkplätze, Zufahrten	ausreichend belastbar bei ständig mäßiger oder periodisch starker Verkehrsfrequenz	gering bis mittel
2.2.5 Zierrasen:	Repräsentationsgrün, Hausgärten	dichte, teppichartige Narbe aus feinblättrigen, farbintensiven Gräsern	hoch

K 583 Eine Normenarbeit im Rasenbereich, wenn man sie nicht nur auf ausführungstechnische Maßnahmen beschränkt, sondern auf die biologischen Grundlagen Rasensaatgut und Rasenmischung ausdehnt, macht bestimmte Voraussetzungen notwendig, zunächst als Arbeitsgrundlage eine Systematisierung aller Rasenflächen.

Bisher wurde gewöhnlich zwischen Extensiv — gleich Magerrasen — und Intensiv — gleich Mehrschnittrasen — sowie zwischen Zierrasen und Strapazierrasen unterschieden und das Mischungsangebot nach Standort differenziert. Abgesehen davon, daß diese Gliederung nicht genügend oder recht willkürlich definiert ist, erscheint sie weder konsequent noch allein ausreichend. Dagegen wurde eine Normung bei Rasen nur unter der Voraussetzung als möglich oder sinnvoll angesehen,

a) daß eine funktionelle Betrachtung mit Gliederung und Kennzeichnung in Rasentypen erfolgt,

b) daß die Vegetationstragschicht den Anforderungen an den Rasentyp entspricht,

c) daß für die verschiedenen Rasentypen konsequenterweise auch Regel-Saatgutmischungen folgen,

d) daß die Regel-Saatgutmischungen auf einer qualitativen Grundlage, also auf der Basis bester Rasenzuchtsorten, angewendet werden,

e) daß auch eine hohe biologisch-technische Saatgutqualität mit entsprechenden Handelsanforderungen angestrebt wird,

f) daß bestimmte Grundregeln für eine sachgemäße Pflege im Zeitraum der Fertigstellung und zur Erhaltung der Rasenflächen den Erfolg der Rasenanlage sichern.

Rasentypen

Das heißt, wer sich zu einer Arbeit auf der Grundlage dieser Norm entschließt, muß sie in ihrem ganzen Umfang zur Anwendung bringen; er darf sich nicht auf Halbheiten beschränken. Denn, ein Teil der Norm ist keine Norm!

Bei dem mit **Gebrauchsrasen** bezeichneten Rasentyp handelt es sich der Verbreitung nach wohl um die wichtigste Rasenvariante, wie sie in großen flächenmäßiger Ausdehnung vornehmlich im Bereich des öffentlichen Grüns, in Wohnsiedlungen, aber auch in Hausgärten vorkommt. K 584

Dieser Rasen muß anpassungsfähig sein, und zwar sowohl in seiner Fähigkeit zur Benutzung als auch in der Widerstandsfähigkeit gegen natürliche Einflüsse, insbesondere Trockenheit. Andererseits soll die Pflege keinen hohen Aufwand erfordern.

Der **Spielrasen,** der seinen Anwendungsbereich auf belasteten Flächen wie Spielplätzen, Liegewiesen und durchaus auch in Hausgärten finden soll, steht in Zusammensetzung und Eigenschaften dem Spielfeldrasen nach DIN 18 035 Teil 4 nahe, aber auch dem Gebrauchsrasen dieser Norm. K 585

Seine Beanspruchung wird sich in der Regel auf die Vegetationsperiode, in vielen Fällen über das ganze Jahr erstrecken, so daß er eine mittlere bis hohe Pflegeintensität voraussetzt. Gegenüber Sportfeldrasen tritt eine Belastung jedoch weniger mit Stollenschuhen ein. Ist dies jedoch der Fall, und erreicht die Beanspruchung ein Ausmaß, das Sportfeldern gleichkommt, dann sind auch die Grundsätze von DIN 18 035 Teil 4 in Anwendung zu bringen. Dies betrifft sowohl den Bodenaufbau als auch die Zusammensetzung der Ansaatmischung.

Bei **Landschaftsrasen** fand im Arbeitsausschuß eine lange Diskussion darüber statt, ob mehrere Ansaatmischungen vorgeschlagen oder nur eine Regel-Saatgutmischung konzipiert werden soll. Zum Teil aus praktischen Erwägungen, vornehmlich aber aus Gründen der ähnlichen Bestandsentwicklung Festuca-dominanter Ansaaten auf extremen Standorten bzw. bei auftretenden Trockenheitseinwirkungen wurde auf die Zusammenstellung weiterer Saatgutmischungen verzichtet. Dies entsprach auch internationalen Diskussionen, bei denen eine weitgehende Übereinstimmung in der Zusammenstellung derartiger Begrünungsansaaten, insbesondere zwischen den Niederlanden, Dänemark und der Bundesrepublik, festgestellt wurde. Denn die zu begrünenden Flächen in der freien Landschaft sind in der Regel extrem, wobei bodenzerstörende technische Maßnahmen diesen Zustand bewirken, indem sie vegetationsgünstigen Oberboden oder kulturfähigen Boden gewöhnlich ganz beseitigen. K 586

Auch Verlagerungen des Oberbodens bei Bodenabträgen, d. h. eine Veränderung der natürlichen Schichtenfolge, sowie das Auftragen von nicht standortgleichem Oberboden können vegetationsstörende Auswirkungen auslösen und somit ebenfalls extreme Standortbedingungen schaffen.

Deshalb muß sich der Typ des Landschaftsrasens durch die Eigenschaften „hoher Erosionsschutz" und „Widerstandsfähigkeit gegen Trockenheit" auszeichnen, um einen breiten Anwendungsbereich zur Wiedereingliederung vegetationstechnisch schwieriger Flächen in den Verband einer geordneten Landschaft zu finden. Er muß ferner regenerationsfähig sein, um die Funktionsfähigkeit nach Störungen wiederzugewinnen.

Bei den in den letzten Jahren fortgeführten Diskussionen, insbesondere der Arbeitsgruppe „Regel-Saatgutmischungen" der Forschungsgesellschaft Landschaftsentwicklung — Landschaftsbau (FLL) ergab sich jedoch eine neue Entwicklung.

Diese Entwicklung fand ihren Niederschlag in der Herausgabe der RSM, ab 1979 jährlich, die für den Landschaftsrasen 4 Regel-Saatgutmischungen aufführen. Die Praxis der Planung von Rasen und der Handelsverkehr mit Rasensaatgut ließen die Nennung von auf den Verwendungszweck differenzierten RSM als geboten erscheinen. Die Handhabung wird sicherer, Irrtümer geringer, denn die RSM der FLL nennen nicht nur die Arten-Zusammensetzung, sondern bringen auch Angaben zu Klimaraum, Standort, Anwendungsbereich und den Pflegeansprüchen.

K 587 Für **Parkplatzrasen** gilt in besonderem Maße, daß Rasen eine biologische Masse ist, deren Belastung Grenzen gesetzt sind. Es wäre deshalb unrealistisch, eine Rasensportfläche ohne ärgste Schäden permanent bespielen oder einen Rasenparkplatz ständig befahren können zu wollen. So sehr aus Gründen einer freundlichen Umweltgestaltung und mit Rücksicht auch auf den Schutz der Umwelt überall grüne Parkplätze zu wünschen wären, so notwendig ist es bei der Planung solcher Parkplätze real zu überdenken, ob die zu erwartende Belastung einen Rasenparkplatz zuläßt und welche baulichen Vorkehrungen gegebenenfalls zur Erhöhung seiner Belastbarkeit getroffen werden müssen.

Eine Berasung von Parkplatzplätzen und Zufahrten kann nämlich nur bei ständig mäßiger oder periodisch stärkerer Verkehrsfrequenz empfohlen werden, damit der Rasendecke die Möglichkeit der Regeneration verbleibt.

Dabei soll der Pflegeaufwand möglichst gering sein.

Die Grundsätze für Parkplatzrasen sind auch bei den für Feuerwehrwege und ähnliche Bedarfszufahrten häufig verwendeten sogenannte Schotterrasen anzuwenden (siehe dazu auch DIN 18 915 Teil 3, Abschnitt 6.1).

K 588 Mit **Zierrasen** wird schließlich eine Rasennarbe bezeichnet, die überwiegend der Repräsentation oder einer anderen besonderen Gestaltungsaufgabe dient, also nur der passiven, nicht aber der aktiven Nutzung unterliegt. Bei Zierrasen steht der ästhetische Aspekt im Vordergrund, der eine regelmäßige, gute Pflege, besonders hinsichtlich Beregnung, Schnitt und Düngung bedingt.

Rasengräser der Regel-Saatgutmischungen

Es soll ein Rasen sein, der eine dichte, teppichartige Narbe mit gleichmäßig-feinem Flor und ansprechender Farbausprägung bildet, wie er eigentlich nur mit Hilfe des Tiefschnittes von 1,0 bis 1,5 cm Schnitthöhe zu erreichen ist.

3 Saatgut

In der Literatur liegen umfangreiche Beschreibungen der in den verschiedenen Räumen vorkommenden Grasarten vor. Diese Beschreibungen beziehen sich schwerpunktmäßig auf das ökologische Verhalten der Gräser und anderer Pflanzen, ihre pflanzensoziologische Zuordnung und gegebenenfalls auf den Wert, den sie als Futterpflanze besitzen (z. B. *E. Klapp* 1965; *E. Oberdorfer* 1970; *Schmeil-Fitschen* 1967).

Unter dem Gesichtspunkt der Rasennutzung wurde eine systematische Beschreibung der wichtigsten Gräser erstmals in die Fachnorm DIN 18 917 „Landschaftsbau; Rasen" aufgenommen. Sie geht bei der Charakterisierung der Raseneigenschaften der Arten nicht von der Formenmannigfaltigkeit der ganzen Grasart aus, sondern von dem Kreis der in Betracht kommenden rasentauglichen Typen bzw. Zuchtsorten. Da der züchterische Fortschritt aber eine Änderung des Sortenbildes in Anpassung an die Bedürfnisse mit sich bringt und zu einer ganz bestimmte formentypischen Einschränkung der Arten führt, bedarf eine derartige Beschreibung der Raseneigenschaften entsprechender Gräser von Zeit zu Zeit einer gewissen Überprüfung. Diese ist auf der Grundlage der Beschreibung der Rasengräser in DIN 18 917 und unter Berücksichtigung des seinerzeitigen Züchtungsstandes im folgenden vorgenommen worden.

3.1 Rasengräser der Regel-Saatgutmischungen

3.1.1 Agrostis canina canina (Hundstraußgras)
(Im Mittel 17 000 Korn je Gramm Saatgut)
Oberirdisch ausläufertreibendes, schmalblättriges, kurzbleibendes Gras von gelbgrüner Farbe; bildet dichte, weiche, filzige Narbe; etwas trockenheitsresistenter als andere Agrostis-Arten; gut unkrautverdrängend.
Nicht trittfest.

3.1.2 Agrostis stolonifera (Flechtstraußgras)
(Im Mittel 17 000 Korn je Gramm Saatgut)
Gras mit ober- und unterirdischen Ausläufern, dicht narbenbildend und schon bei geringen Saatanteilen sehr konkurrenzstark bis aggressiv, niedrig wachsend; hervorragendes Regenerationsvermögen; Blätter mittelbreit, blaugrün; gut tiefschnittverträglich.
Mäßig trittfest.

3.1.3 Agrostis tenuis (Rotes Straußgras)
(Im Mittel 16 000 Korn je Gramm Saatgut)
Überwiegend horstbildendes, narbendichtes, kurzbleibendes Gras; Blatt mittelbreit, sattgrün; im binnenländischen Raum, besonders auf schweren Böden, trockenheitsge-

fährdet; Tiefschnittverträglichkeit nimmt mit Narbendichte zu.
Mäßig trittfest.

K 590   Die Agrostis-Gräser, insbesondere Agrostis stolonifera, sind unter Intensivrasenbedingungen (Zierrasen) sehr anfällig für Fusarium nivale (Schneeschimmel). Agrostis stolonifera besitzt bei ausreichender Wasserversorgung eine gute Hitzetoleranz.

3.1.4 Cynosurus cristatus (Kammgras)
(Im Mittel 1 700 Korn je Gramm Saatgut)
Horstbildendes Gras mit tiefem Blattansatz; Blatt breit, grün, jahreszeitlich nach blaugrün, gelbgrün oder mittelgrün wechselnd; trockenheitsgefährdet.
Strapazierfähig.

K 591   Angesichts der inzwischen vorhandenen Rasensorten von Lolium perenne ist die Bedeutung von Cynosurus als „Starthilfe" für Poa pratensis-dominante Ansaaten rasch und fast völlig zurückgegangen.

3.1.5 Festuca ovina duriuscula (Hartschwingel)
(Im Mittel 1 300 Korn je Gramm Saatgut)
Horstbildendes Gras, feinblättrig-borstig; dichte Narbenbildung; trockenheitsverträglich, anspruchslos und wenig krankheitsanfällig; guter Mischungspartner für pflegearme Gebrauchsrasen und für Landschaftsrasen.
Mäßig trittfest.

3.1.6 Festuca ovina tenuifolia (Feinschwingel)
(Im Mittel 2 000 Korn je Gramm Saatgut)
Horstbildendes Gras; niedriger Wuchs, feinblättrig, dichte Narbenbildung; besonders für Landschaftsrasen geeignet; anspruchslos, unter Schnitt krankheitsanfällig; mäßig schattenverträglich.
Mäßig trittfest.

3.1.7 Festuca rubra commutata (Horstrotschwingel)
(Im Mittel 1 000 Korn je Gramm Saatgut)
Horstbildendes Gras für fast alle Ansaatzwecke, feinblättrig, anspruchslos, trockenheitsverträglich, dicht narbenbildend; in guten Zuchtformen kurzbleibend und tiefschnittverträglich.
Mäßig trittfest.

3.1.8 Festuca rubra rubra (Ausläuferrotschwingel)
(Im Mittel 1 000 Korn je Gramm Saatgut)
Ausläuferbildendes Gras; je nach Zuchtform fein- bis schmalblättrig; kurzausläufertreibende Sorten sind in Blattbreite und Narbendichte mit Horstrotschwingel vergleichbar; regenerationskräftig, anspruchslos, trockenheitsverträglich, mäßig schattenverträglich; für Landschaftsrasen unter extremen Bedingungen sind die Sorten mit typischer Ausläuferbildung zu verwenden.
Mäßig trittfest.

3.1.9 Lolium perenne (Deutsches Weidelgras)
(Im Mittel 500 Korn je Gramm Saatgut)

Raschwüchsiges, nicht genügend narbendichtes Gras mit besseren Wachstumsvoraussetzungen im maritimen Bereich; Blatt mittelbreit bis breit, fast wintergrün; wirkt im 1. Vegetationsjahr unterdrückend auf andere Gräser, unter Vielschnitt nicht ausdauernd. Für Rasen kommen Weidetypen in Betracht, Rasensorten befinden sich in der Prüfung.
Strapazierfähig.

Die inzwischen eingetretene Entwicklung hat eine Reihe rasengeeigneter Sorten von Lolium perenne hervorgebracht, die sich besonders hinsichtlich Narbendichte und geringerer Nachwuchsintensität auszeichnen.

Dazu wird auf die „Beschreibende Sortenliste Rasengräser" verwiesen. Zu ihnen ist jedoch grundsätzlich zu bemerken, daß diese neuen Rasensorten bei Vielschnitt nur unter Belastung ausreichend ausdauernd sind, bzw. einen ausreichend hohen Bestandsanteil bewahren. Der typischen Entwicklungsrhythmus mit starker Unterdrückung anderer Gräser im Ansaatjahr und später rasch abnehmendem Bestandsanteil ist bei geringer Belastung als Charakteristikum der Art auch diesen Sorten eigen, zumindest im mehr binnenländisch geprägten Übergangsraum.

3.1.10 Phleum nodosum (Kleines Timothe)
(Im Mittel 2 000 Korn je Gramm Saatgut)

Im 1. Vegetationsjahr raschwüchsiges Gras, narbenbildend und ausdauernd; Blatt mittelbreit, gut wintergrün; bei frostfreier Witterung Winterwuchs möglich, besonders früh austreibend, empfindlich gegenüber Trockenheit, jedoch ausreichend regenerationsstark. Wertvoller Mischungspartner für belastbare Rasen.
Trittfest bis strapazierfähig.

3.1.11 Phleum pratense (Lieschgras)
(Im Mittel 2 000 Korn je Gramm Saatgut)

Zur Ausläuferbildung neigendes, breit- bis sehr breitblättriges Gras; fast wintergrün, trockenheitsgefährdet, regenerationsstark, früh austreibend; erlangt auf schweren, feuchten Böden höhere Bestandsanteile.
Trittfest bis strapazierfähig.

Im trockenen Hitzejahr 1976 haben sich die Phleum-Arten, besonders Phleum nodosum als tolerant gegenüber den extremen Witterungsverhältnissen erwiesen, indem sie die Dürreperiode durch Einlegen einer Sommerruheperiode überdauerten.

Mit der inzwischen eingetretenen Entwicklung insbesondere bei dem Lolium-Sortiment ist auch bei den Phleum-Arten ein stark rückläufiger Trend zu verzeichnen.

So enthalten die Regel-Saatgutmischungen der RSM ab 1980 kein Phleum mehr.

3.1.12 Poa nemoralis (Hainrispe)
(Im Mittel 5 500 Korn je Gramm Saatgut)

Horstbildendes ausdauerndes Schattengras, früh austreibend; kaum schnittverträglich, in Reinsaat nicht narbenbildend.

Nicht trittfest.

3.1.13 Poa pratensis (Wiesenrispe)
(Im Mittel 3 300 Korn je Gramm Saatgut)

Ausläufertreibendes Gras; bei guter Sortenqualität hervorragend narbendicht, langsamwachsend und trockenheitsverträglich; mittelbreites bis breites Blatt von überwiegend dunkelgrüner Farbe; sehr regenerationsfähig; unentbehrlich für alle belastbaren Rasen; die größere Anfälligkeit für Blattfleckenkrankheit im maritimen und für Rost im kontinentalen Raum ist bei der Sortenwahl zu beachten.

Strapazierfähig.

K 594 Einige Zuchtsorten von Poa pratensis zeichnen sich durch eine bedeutend bessere Winterfarbe und frühes Ergrünen im Frühjahr aus, Eigenschaften, die besonders für Rasenflächen mit Winterbelastung von Bedeutung sind.

K 595 Faßt man die wichtigsten Eigenschaften der bedeutendsten Gräser zusammen, dann bilden sich im großen und ganzen 3 Reaktionsgruppen heraus. Sie umfassen einmal die Agrostis-Arten, zum anderen die fein- bis schmalblättrigen Festuca-Gräser und schließlich eine aus Lolium perenne und Poa pratensis bestehende Artengruppe.

Den Agrostis-Arten ist gemeinsam, daß sie bei schmaler bis mittlerer Blattbreite sowohl eine geringe Trockenheitsresistenz als auch eine geringe Belastbarkeit besitzen. Ihr Konkurrenzvermögen gegenüber anderen Arten ist im Ansaatjahr, je nach Ansaatkonstellation, mittel, in den Folgejahren bei entsprechend intensiver Pflege (Beregnung, Düngung, Schnitt) dagegen hoch.

Die als echte Rasengräser in Betracht kommenden Festuca-Arten besitzen alle ein feines bis schmales Blatt, ihre Trockenheitsresistenz ist hoch, die Belastbarkeit allerdings gering und sie verfügen im Ansaatjahr sowie in den Folgejahren unter den Bedingungen eines Intensivrasens über keine große Konkurrenzkraft. Kommt ihnen unter Extensivbedingungen jedoch die Eigenschaft der guten Trockenheitsresistenz zustatten, dann sind sie, ebenfalls in Abhängigkeit von der Ansaatkonstellation, zur Dominanzbildung imstande. Dies ist bei Landschaftsrasen auf trockenen Standorten die Regel, wo unter extremen Bedingungen Festuca ovina über Festuca rubra dominiert.

Die dritte Gruppe hat 2 Eigenschaften gemeinsam: Einmal die mittelbreite bis sehr breite Blattausbildung und zum anderen die ausgeprägte Belastbarkeit, die von mittel-hoch bis sehr hoch reicht. Dies ist damit die Gruppe der „Strapazierrasengräser" im weiten Sinne.

Hinsichtlich der übrigen Eigenschaften liegen jeweils unterschiedliche Ausprägungen vor. Erwähnenswert erscheint die gute Trockenheitsresistenz von Lolium perenne und Poa pratensis.

Rasengräser der Regel-Saatgutmischungen

Aufstellung 1: Reaktionsbeispiele von Rasengräsern in Mischungsansaaten

Zunahme des Bestandsanteils	Dominierender Wirkungsfaktor	Abnahme des Bestandsanteils
Agrostis Spec., Poa pratensis, Poa annua	Hohe Stickstoffdüngung	Festuca ovina, Festuca rubra, Cynosurus cristatus
Agrostis Spec., Poa pratensis, Poa annua	Hohe Schnittfrequenz	Festuca ovina, Festuca rubra
Agrostis Spec., Poa annua, Cynosurus cristatus, Phleum pratense	Feuchtigkeit (Niederschlag, Beregnung, Boden)	Festuca rubra, Festuca ovina (Poa pratensis)
Festuca ovina, Festuca rubra, Poa pratensis, Lolium perenne	Trockenheit (Luft, Boden)	Agrostis Spec., Poa annua
Lolium perenne, Poa pratensis	Mechanische Belastung	Agrostis Spec., Festuca ovina, Festuca rubra (Poa annua)
Festuca rubra commutata, Agrostis tenuis, Cynosurus cristatus, Phleum pratense	Höhenlage	Poa pratensis, Lolium perenne
Poa pratensis, Lolium perenne (Phleum nodosum) Agrostis stol.	Hitze	Agrostis tenuis, Cynosurus cristatus, Festuca rubra litoralis, Poa annua
Festuca ovina tenuifolia, Agrostis Spec., (F. rubra commutata)	Saure Bodenreaktion (oder Düngung)	Cynosurus cristatus, Phleum pratense und nodosum, Poa annua
Festuca rubra litoralis, Festuca rubra rubra, Agrostis stolonifera, Lolium perenne	Salzeinwirkung	Agrostis tenuis, Festuca rubra commutata

Quelle: W. Skirde „Vegetationstechnik Rasen und Begrünungen"

Nun berücksichtigt diese globale Zusammenfassung zunächst nur Eigenschaften und Verhalten einiger Rasengräser für sich und nicht differenziert unter dem Einfluß vielfältiger äußerer Bedingungen im Wechselspiel der Artenkombination einer Ansaatmischung.

Derartige Reaktionen aber sind, jeweils von einem dominierenden Wirkungsfaktor ausgehend, in Aufstellung 1 aufgeführt.

Dabei werden auf einer Seite diejenigen Arten angegeben, die unter der Einwirkung des betreffenden Faktors durch Vergrößerung ihres Bestandanteiles reagieren (Zunahme), während auf der anderen Seite die Arten verzeichnet sind, die unter den entsprechenden Verhältnissen an Bestandsanteil verlieren (Abnahme). Da dies Einwirkungen auf Gemeinschaften verschiedener Pflanzenarten sind, handelt es sich im ganzen letztlich um Gleichgewichtsverschiebungen, die auf die Wandelbarkeit und Lenkbarkeit der Pflanzengemeinschaft einer Rasendecke oder eines Begrünungsbestandes hinweisen.

Überträgt man diese Eigenschaften und Reaktionen auf das konkrete Beispiel von Rasenansaaten oder einer vorhandenen Rasendecke, dann lassen sich beispielhaft folgende Entwicklungsrichtungen ableiten:

Beispiel 1

Besteht eine Rasenansaat oder Rasendecke aus Poa pratensis, Festuca rubra u./o. Festuca ovina sowie Agrostis tenuis, z. B. bei Gebrauchsrasen, dann tritt unter dem Einfluß einer extensiven Pflege = wenig Düngung (insbesondere Stickstoff), wenig Beregnung, wenig Schnitt, eine Zunahme an Festuca rubra u./o. Festuca ovina auf Kosten von Agrostis tenuis und Poa pratensis ein; wird dieser Rasen dagegen intensiv gepflegt = ausreichende Düngung (insbesondere an Stickstoff), ausreichende Beregnung sowie ein dem Aufwuchs angepaßter Schnitt, dann ergibt sich bald eine Agrostis-Dominanz; kommt bei intensiver Pflege schließlich noch eine stärkere Belastung durch Begehen oder Bespielen hinzu, dann werden die weniger belastbaren Arten Festuca rubra u./o. ovina sowie Agrostis tenuis zugunsten von Poa pratensis zurückgedrängt.

Beispiel 2

Feuchte Ansaat- und Auflaufbedingungen fördern die Agrostis-Arten von Anbeginn derart, daß sie bei einem Saatanteil von 5 % im ersten Jahr schon Dominanz gewinnen können, wenn sie in Mischungen zusammen mit Poa pratensis und Festuca rubra u./o. ovina enthalten sind.

Dies gilt für Intensiv- und Extensivrasen gleichermaßen.

Beispiel 3

Eine Ansaat für Landschaftsrasen aus Festuca ovina, Festuca rubra und Agrostis tenuis entwickelt unter **extrem** trockenen Bedingungen, z. B. bei einer oberbodenlos begrünten Südböschung in Trockenlage, mit der Zeit einen hohen Anteil an Festuca ovina; liegen mäßig trockene Standortverhältnisse vor, dann ist ein an Festuca rubra dominanter Begrünungsbestand zu erwarten; handelt es sich dagegen um feuchtere Lagen, z. B. Nordexposition in Höhengebieten, dann kann auch Agrostis tenuis größere Bestandsanteile gewinnen.

Beispiel 4

Besteht die Rasenansaat im Gegensatz zu den Beispielen 1 und 2 aus einer minderwertigen genetischen Substanz, handelt es sich also um Sorten ohne

Rasenwert, so ist bei der Artenkombination Lolium perenne, Poa pratensis und Festuca rubra in einer jeweils den Futtertypen zugehörigen Sortenausstattung mit folgenden Bestandsausbildungen zu rechnen:
Bei extensiver Pflege dürfte sich in mäßiger Trockenlage mit der Zeit eine Festuca rubra-Dominanz ergeben;
unter intensiven Pflegebedingungen, vornehmlich bei ausreichender Bewässerung, tritt eine Entwicklung zu einem Poa annua-Rasen ein, wie dies bei der Vielzahl kommerzieller Mischungen der Etikettierung „Bleichrasen", „Fürst Pückler-Rasen" oder „Berliner Tiergartenmischung" ohne qualitativen Sortenbezug häufig der Fall war. Der Prozeß der Ausbildung von Poa annua-Rasen wird durch Belastung noch verstärkt, allerdings kann dann auch Poa pratensis in gewissem Umfang in Erscheinung treten.

Beispiel 5

Soll eine über Saatgut oder Boden durch Poa annua verunreinigte wertvolle Rasenansaat auf natürlichem Wege von diesem unerwünschten Gras befreit werden, dann kann dies über eine extensive Pflegestufe erfolgen, die allerdings mehrere Vegetationsperioden einwirken muß.

Das bedingt Verzicht auf jede Bewässerung, Reduzierung der Stickstoffdüngung und Schnittfrequenz unter der Voraussetzung von genügend regenerationsfähigen trockenheitsverträglichen Gräsern in der Rasennarbe (Poa pratensis, Lolium perenne, Festuca rubra, Festuca ovina) und einer Klimalage, die dieses Vorhaben unterstützt. Erfolg ist deshalb besonders in trockener windoffener und schattenfreier Lage zu erwarten. Er muß bei Agrostis-dominanten Rasen ausbleiben, da sie ein ähnliches Feuchtigkeitsbedürfnis wie Poa annua haben.

Beispiele für Verhalten und Reaktion der verschiedenen Rasengräser auf ökologische Einflüsse und pflege- sowie nutzungstechnischen Maßnahmen, wie sie auf typische Situationen bezogen hier dargestellt wurden, ließen sich leicht im Umfang und differenziert in der Reaktionsweise erweitern. Sie bilden — zusammengenommen — eine Grundlage, um weiträumig anwendbare Ansaatmischungen herzustellen und die daraus erwachsende Rasendecke funktionell zu entwickeln und zu erhalten.

3.2 Saatgut von Kräutern und Leguminosen
Wichtigste Kräuter und Leguminosen für Landschaftsrasen.

3.2.1 Achillea millefolium (Schafgarbe)
(Im Mittel 6 700 Korn je Gramm Saatgut)
Für mäßig saure bis alkalische Böden, sowie frische bis sehr trockene Lagen.

3.2.2 Anthyllis vulneraria (Wundklee)
(Im Mittel 400 Korn je Gramm Saatgut)
Für mäßig saure bis alkalische Böden und mehr trockene Lagen südlich der Mittelgebirge.

3.2.3 Lotus corniculatus (Hornschotenklee)
(Im Mittel 970 Korn je Gramm Saatgut)
Für mäßig saure bis alkalische Böden, sowie frische bis sehr trockene Lagen.

3.2.4 Lotus uliginosus (Sumpfschotenklee)
(Im Mittel 1 400 Korn je Gramm Saatgut)
Für saure bis neutrale Böden, sowie frische bis nasse Lagen.

3.2.5 Medicago lupulina (Geldklee)
(Im Mittel 560 Korn je Gramm Saatgut)
Für schwach saure bis alkalische Böden, trockene Lagen.

3.2.6 Onobrychis viciifolia (Esparsette)
(Im Mittel 35 Korn je Gramm Saatgut)
Für alkalische Böden in trockener Lage.

3.2.7 Pimpinella saxifraga (Kleine Bibernelle)
(Im Mittel 670 Korn je Gramm Saatgut)
Für mäßig saure bis alkalische Böden, sowie trockene bis sehr trockene Lagen.

3.2.8 Sanguisorba minor (Kleiner Wiesenknopf)
(Im Mittel 130 Korn je Gramm Saatgut)
Für schwach saure bis alkalische Böden, sowie trockene bis sehr trockene Lagen.

3.2.9 Trifolium dubium (Kleiner Klee)
(Im Mittel 2 000 Korn je Gramm Saatgut)
Für saure bis schwach saure Böden, sowie frische bis trockene Lagen.

Ebenso wie Gräser mit spezifischer Ansaatwürdigkeit für besondere Zwecke kommen auch Kräuter und Leguminosen nur für besondere Verhältnisse in Betracht.

Sie eignen sich als zusätzliche Komponenten für Landschaftsrasen unter sehr extremen, vornehmlich trockenen Bedingungen sowie für sogenannte „Wildrasen", „Blumenwiesen" u. ä., wo sie eine größere Mannigfaltigkeit bewirken sollen.

Da bei Landschaftsrasen grundsätzlich ein geringer Pflegeaufwand vorausgesetzt wird, worunter 0 bis 3 Schnitt pro Jahr zu verstehen ist, muß bereits bei etwas besseren Böden sowie in feuchter Lage vor der Verwendung von Leguminosen gewarnt werden. Selbst Lotus corniculatus und Medicago lupulina gewinnen, von geringen Saatanteilen ausgehend, oft in kurzer Zeit derart hohe Bestandsanteile, daß sie einerseits durch sich selbst Massenwüchsigkeit bewirken und aufgrund ihrer Stickstoffsammlung auch die extensiven Begrünungsgräser mit Stickstoff versorgen, und zwar über Jahre nachliefernd, obwohl sie zuvor mit Hilfe von Herbiziden aus dem Bestand ausgeschaltet worden sind.

Welche Kräuter und Leguminosen im einzelnen als Beisaat für Landschaftsrasen in Frage kommen, geht aus der Zusammenstellung hervor. Sie enthält nur Arten für Extremflächen, insbesondere für neutral-alkalische,

Saatgut für Zwischenbegrünung und Voranbau

trockene Böden, die in Abhängigkeit von Pflanzentyp und Standorteinfluß nicht zu großer Wüchsigkeit neigen. Je extremer sich allerdings der Standort gestaltet, desto notwendiger ist die Verwendung von Kräutern und Leguminosen.

3.3 Saatgut für Zwischenbegrünung und Voranbau

3.3.1 Lupinus angustifolius (Einjährige blaue Lupine)
(Im Mittel 6 Korn je Gramm Saatgut)

3.3.2 Lupinus luteus (Einjährige gelbe Lupine)
(Im Mittel 5 Korn je Gramm Saatgut)

3.3.3 Trifolium resupinatum (Persischer Klee)
(Im Mittel 600 Korn je Gramm Saatgut)

3.3.4 Trifolium alexandrinum (Alexandriner Klee)
(Im Mittel 300 Korn je Gramm Saatgut)

3.3.5 Sinapis alba (Senf)
(Im Mittel 175 Korn je Gramm Saatgut)

3.3.6 Raphanus sativus oleiformis (Ölrettich)
(Im Mittel 100 Korn je Gramm Saatgut)

Vornehmlich für Pflanzflächen, mitunter aber auch für Rasenflächen, kann sich die Notwendigkeit ergeben, vor deren endgültiger Herstellung eine Vor- oder Zwischenbegrünung vorzunehmen. Zweck eines Vor- oder Zwischenanbaues kann einerseits eine Verbesserung von Rohböden oder von stark gestörten Oberböden, andererseits eine notwendige Bodenschutzwirkung sein, um bei längeren Zwischenräumen zwischen vorbereitenden Erdarbeiten und endgültiger Flächengestaltung Erosion zu mindern oder zu vermeiden.

Hierzu eignen sich blattreiche Leguminosen und krautartige Pflanzen mit intensiver Wurzelbildung am besten. Auch Raschwüchsigkeit ist, vor allem bei kurzfristiger Zwischenbegrünung, eine wichtige Eigenschaft. Gräser sollten für Vor- und Zwischenanbau schon deshalb vermieden werden, weil in der Saatphase nicht auflaufende Saatgutanteile die spätere Endkultur, z. B. Lolium multiflorum in Zier- oder Gebrauchsrasen, stören könnten.

Für einen kurzfristigen Anbau ist die Raschwüchsigkeit von Trifolium resupinatum, Trifol. alexandrinum, Sinapis alba und Raphanus sativus oleiformis von besonderem Wert.

Die beiden letztgenannten Arten erfordern aber eine ausreichende Stickstoffdüngung nach Aufgang.

Für eine ganzjährige Zwischenbegrünung empfehlen sich Lupinus angustifolium und L. luteus. Die bei längerer Standzeit sich ausbildende erhebliche Grünmasse und deren „verholzende" Stengel bedeuten einen höheren Aufwand bei ihrer Einarbeitung oder Abräumung.

Die in der Norm nicht genannte Lupinus polyphyllus (= L. perennis) bietet sich in erster Linie für über- bis mehrjährige Zwischenbegrünung oder zur Kultivierung landschaftgestörter Flächen an, bei denen ein besonderer Anspruch an Pflegearmut oder an eine ästhetische Funktion nicht erhoben wird, wie bei abgelegenen Kippen oder Abgrabungen.

Die hier in dieser Norm vorgenommene Nennung dieses Saatgutes, das im Rahmen von Landschaftsbauarbeiten nach DIN 18 915 Teil 3 Abschnitt 7.1 und 9.2 angewendet wird, jedoch nicht für Rasen, erfolgte lediglich aus Zweckmäßigkeitsgründen. Das für den Landschaftsbau in Betracht kommende Saatgut wurde deswegen an dieser Stelle konzentriert.

Die Bodengruppen-Eignung dieser Pflanzenarten ist in der DIN 18 915 Teil 3 genannt.

3.4 Handelsanforderungen

Saatgut muß in bezug auf Anerkennung oder Zulassung sowie Kennzeichnung und Verschließung der Packungen den Bestimmungen des Saatgutverkehrsgesetzes entsprechen. Es muß darüber hinaus die Mindestanforderungen der Abschnitte 3.4.1 bis 3.4.3 erfüllen.

K 598 Neben hoher genetischer Qualität, wie sie durch die Wahl von Spitzensorten der einzelnen Gräser geschaffen werden soll, bilden bestimmte Mindestanforderungen an die biologisch-technischen Eigenschaften des Saatgutes die letzte Voraussetzung für eine gleichmäßige Herstellung von Regel-Saatgutmischungen und deren Narbenausprägung, die dem Rasentyp entsprechen muß. Dafür erschienen die im „Saatgutverkehrsgesetz vom 20. Mai 1968" (Neufassung 23. Juni 1975) festgelegten Anforderungen, denen für Gräser und Saatgut für Zwischenbegrünungen keine grünflächen- und landschaftsbaulichen Intentionen zugrunde lagen, allerdings als absolut unzureichend, so daß seinerzeit für diese Norm neue und dem Sinn der Norm entsprechende Handelsanforderungen erarbeitet werden mußten.

Die in DIN 18 917 niedergelegten „Handelsanforderungen" erstrecken sich auf Reinheit, Keimfähigkeit und maximalen Fremdartenbesatz für Rasengräser, für Kräuter und für Leguminosen, wie sie für Landschaftsrasen unter besonders schwierigen Verhältnissen in Betracht kommen, als auch für Saatgut für Zwischenbegrünung und zum Voranbau.

Zu dem Zeitpunkt der Aufstellung dieser Norm war der Marktanteil von genetisch hochwertigen Rasensorten bzw. von deren Saatgut noch relativ gering. Daraus resultierte die Notwendigkeit zur Schaffung von Anforderungen, die über denen des Saatgutverkehrsgesetzes lagen.

Die in der Zwischenzeit stattgefundene Diskussion über diese erhöhten Anforderungen hat mit den inzwischen von der FLL erarbeiteten „RSM 80" einen gewissen, für alle Kreise kompromißfähigen Abschluß gefunden.

Saatgut, Handelsanforderungen

Dieser Abschluß orientiert sich zunächst wieder am Saatgutverkehrsgesetz, nennt aber zusätzliche, dabei für die einzelnen Regel-Saatgutmischungen differenzierte Anforderungen. Dies gilt insbesondere auf den maximalen Besatz mit Fremd- bzw. Ungräsern. **Achtung!** Während die Norm für die **einzelnen Mischungsbestandteile** die Einhaltung der Handelsanforderungen festlegte, nennen die RSM der FLL nur Handelsanforderungen (höher als das Gesetz) für die **Mischung in ihrer Gesamtheit!** (Siehe dazu auch K 606)

Schon allein wegen der inzwischen eingetretenen guten Versorgungslage mit guten Rasensorten und einem viel breiteren Angebot an diesen, konnten auch die Verfechter eines sehr hohen Qualitätsstandards dieser neuen Regelung zustimmen.

Man kann die Basis der nun gefundenen Regelung in Bezug auf Saatgutqualität mit einem kurzen Satz umreißen: Eine hohe genetische Qualität kann Mängel in der Keimfähigkeit in der Regel leicht ausgleichen.

Die Angabe „Saatgut muß in Bezug auf Anerkennung oder Zulassung sowie Kennzeichnung und Verschließung der Packungen den Bestimmungen des Saatgutverkehrsgesetzes entsprechen" ist für die Praxis zu pauschal. Doch darf nicht übersehen werden, daß eine Norm nicht Gesetze ganz oder im Auszug wiedergeben kann. Wer sich einmal der Mühe unterzogen hat, dieses Gesetz durchzusehen, mußte hier feststellen, daß auch dieses wohl nur von denen verstanden werden kann, die es aufgestellt haben.

Im Nachstehenden soll versucht werden, über die wichtigsten Regelungen des Gesetzes Auskunft zu geben:

a) **Saatgutkategorien**

Die wichtigsten Saatgutkategorien sind:

Basissaatgut
Dieses Saatgut von Gräsersorten ist nur zu Erzeugung von zertifiziertem Saatgut bestimmt und unterliegt einem Anerkennungsverfahren. Es kommt nicht in den Handel zur Herstellung von Rasen.

Zertifiziertes Saatgut
Dieses Saatgut von Gräsersorten ist unmittelbar aus Basissaatgut erwachsen, es ist nicht zur Erzeugung von Saatgut bestimmt, es dient also zur Herstellung von Rasen und unterliegt ebenfalls einem Anerkennungsverfahren.

Handelssaatgut
Dieses Saatgut muß bestimmte Beschaffenheitsanforderungen erfüllen, es muß artenecht (nicht sortenecht!) sein. Es unterliegt einem Zulassungsverfahren.

K 600 b) Kennzeichnung

Jedes in den Handel gebrachte Rasensaatgut unterliegt einer Kennzeichnungspflicht. Dabei sind Form und Farbe des Etikettes und die Angaben auf dem Etikett vorgeschrieben.

Dieses Etikett muß in bestimmter Form (siehe Verschließung) an jeder Packung angebracht sein.

Zusätzlich muß in jeder Packung ein sogenannter Einleger sein, der die gleichen Angaben enthalten muß wie das Etikett.

Nur, wenn diese Angaben auf der Außenseite unverwischbar angebracht sind, kann bei Basissaatgut, zertifiziertem Saatgut und bei Saatgut-Mischungen auf diesen Einleger verzichtet werden.

Die Kennzeichnung der Packung muß durch den amtlichen Probenehmer oder unter dessen Aufsicht erfolgen.

Die Etiketten und die Einleger müssen wie folgt farbig sein:

Basissaatgut = weiß
Zertifiziertes Saatgut = blau
Handelssaatgut = braun
Saatgut in Mischungen = grün

So sehen die gesetzlich vorgeschriebenen Etiketten aus

Etikett für Handelssaatgut	*Etikett für Basissaatgut und Zertifiziertes Saatgut*
o EWG-NORM Bundesrepublik Deutschland Handelssaatgut (nicht der Sorte nach anerkannt) Kennzeichen der Zulassungsstelle: Art: Aufwuchsgebiet: Zulassungs-Nr.: Verschließung (Monat, Jahr): Angegebenes Gewicht der Packung oder angegebene Zahl der Körner: Zusätzliche Angaben:	o EWG-NORM Bundesrepublik Deutschland Kennzeichen der Anerkennungsstelle: Art: Sortenbezeichnung: Kategorie: Anerkennungs-Nr.: Verschließung (Monate, Jahr): Erzeugerland: Angegebenes Gewicht der Packung oder angegebene Zahl der Körner: Zusätzliche Angaben:
Mindestgröße 115 × 80 mm	Mindestgröße 115 × 80 mm

Saatgut, Handelsanforderungen K 601

Etikett für Saatgut in Mischungen

```
          o

Bundesrepublik Deutschland

Kennzeichen der Anerkennungsstelle:

Saatgutmischung für
(Verwendungszweck):

Mischungs-Nr.:

Verschließung (Monat, Jahr):

Angegebenes Gewicht
der Packung:                    kg

Zusätzliche Angaben:
```

Mindestgröße 115 × 80 mm

Das Etikett für Saatgut in Mischungen ist nur gültig, wenn entweder auf seiner Rückseite oder auf einem Zusatzetikett für jeden Bestandteil der Saatgutmischung angegeben sind:

1. die Art,
2. bei Basissaatgut und Zertifiziertem Saatgut die Sortenbezeichnung,
3. bei Basissaatgut, Zertifiziertem Saatgut und Handelssaatgut die Saatgutkategorie,
4. bei Basissaatgut und Zertifiziertem Saatgut das Erzeugerland, bei anderem Saatgut das Aufwuchsgebiet,
5. der Anteil an Saatgutmischung in vom Hundert des Gewichtes,
6. bei Saatgut von Arten, die nicht im Artenverzeichnis aufgeführt sind, die Reinheit in vom Hundert des Gewichtes und die Keimfähigkeit in vom Hundert der reinen Körner.

Nach den Erfahrungen aus der Praxis kann nur dringlich geraten werden, jedes Etikett auf die Vollständigkeit und Richtigkeit der Angaben hin zu überprüfen.

Weiter sollte jeder Saatgutabnehmer auf der Vorlage des Mischungs-Anerkennungs- oder Zulassungsbescheides durch den Lieferanten bestehen. Dieser Zulassungsbescheid wird von den dafür zuständigen Stellen für jede Saatgutmischung erteilt.

Dieser Bescheid enthält die Mischungsnummer, die Anzahl und Größe der Packung der betr. Mischungspartie sowie die Arten und Sorten des Saatgutes dieser Mischung und deren Gewichtsanteile.

Weiter enthält der Bescheid zu jedem Mischungsbestandteil die Nummer des hierzu gehörigen Beschaffenheitszertifikates (Orange-Zertifikat oder nationaler Anerkennungsbescheid).

Nur in diesem Zertifikat sind die Angaben über Reinheit, Keimfähigkeit und Fremdartenbesatz enthalten, nur damit wird die Sortenidentität gesichert.

Zur vollständigen Beurteilung einer Saatgutpartie gehören also neben den äußeren Merkmalen (Verpackung, Verschließung, Kennzeichnung) unerläßlich der Zulassungsbescheid mit den betr. Sorten-Anerkennungszertifikaten.

Zum Sorten-Anerkennungszertifikat noch ein Hinweis aus der Praxis: Ist dieses Zertifikat älter als ein Jahr, sollte man eine neue Keimfähigkeitsprüfung verlangen, da die Gefahr besteht, daß das Saatgut überlagert ist und somit wesentlich an Keimkraft verloren hat.

Noch ein Hinweis: Es ist gesetzlich vorgeschrieben, daß zu jeder Saatgutmischung ein Zulassungsbescheid und zu jeder Einzelart dieser Mischungen ein Anerkennungszertifikat vorliegen muß. Jeder Lieferant muß also diese Unterlagen vorliegen haben und davon leicht seinem Abnehmer eine Kopie ausstellen können.

Weigert sich ein Lieferant, dann kann man berechtigte Zweifel an seiner Seriösität haben. Zum Nachweis der Beschaffenheit von Saatgutmischungen nach RSM der FLL, siehe zu K 606.

K 602 c) **Verschließung**

Ebenfalls durch den amtlichen Probenehmer oder unter dessen Aufsicht sind die Packungen zu verschließen und mit einer Plombe zu sichern. Die Plombe muß das Etikett sichern, beim Öffnen des Verschlusses unbrauchbar werden und darf nicht wiederverwendet werden können.

Die Plomben müssen aus ungefärbtem Weißblech bestehen und neben dem Kennzeichen der Anerkennungsstelle (Rückseite) folgende Aufschrift (Vorderseite) tragen:

„Anerkanntes Saatgut" bei Basissaatgut und Zertifiziertem Saatgut
„Handelssaatgut" bei Handelssaatgut und
„Saatgutmischung" bei Saatgut in Mischungen

Jede weitere oder andere Aufschrift ist auf dieser staatlichen Plombe unzulässig und sollte zu besonderer Vorsicht mahnen, denn leider sind auch täuschend ähnliche Firmenplomben im Gebrauch.

Saatgut, Handelsanforderungen

d) Kleinpackungen

Kleinpackungen im Sinne des Saatgutverkehrsgesetzes und den dazugehörigen Verordnungen (Saatgutmischungverordnung, Saatgutverordnung-Landwirtschaft) sind Packungen **bis** zu einem Gewicht von (einschließlich)

1. 30 kg bei Saatgutmischungen, deren Aufwuchs zu Gründüngungszwecken (Zwischenanbau, Voranbau nach DIN 18 915 Teil 3) bestimmt ist, wenn sie mehr als 50 vom Hundert des Gewichtes aus Saatgut von Getreide, Lupinen, Futtererbsen, Ackerbohnen, Wicken oder Sonnenblumen besteht.
2. 15 kg bei allen übrigen landwirtschaftlichen Leguminosen und Gräsern.

Kleinpackungen brauchen nicht durch einen amtlichen Probenehmer oder unter dessen Aufsicht gekennzeichnet und verschlossen werden!

Auch erhalten diese keine staatlichen Plomben!

Bei Kleinpackungen genügt es zur Kennzeichnung, wenn an oder auf der Packung folgende Angaben gemacht sind:

1. Name und Anschrift des Herstellers der Kleinpackung oder seine Betriebsnummer,
2. Art und Kategorie des Saatgutes sowie eine vom Betrieb festzusetzende Partienummer,
3. bei Basissaatgut und Zertifiziertem Saatgut die Sortenbezeichnung!

Wenn auch die Verwendung von Kleinpackungen bei Rasensaatgut evtl. Vorteile (handliche Größe u. ä.) bringt, sollte wegen des Erfordernisses einer gründlichen Beschaffenheitskontrolle bzw. -nachweisung auf die Verwendung von Kleinpackungen wegen des Fehlens einer amtlichen Aufsicht bei der Kennzeichnung und Verschließung grundsätzlich verzichtet werden.

Vorsichtige Auftraggeber sollten stets die Verwendung von Kleinpackungen vertraglich ausschließen und darüber hinaus die Vorlage der betreffenden Bescheide und Zertifikate verlangen.

Nur so haben sie eine weitgehende Sicherheit zur Einhaltung der vertraglichen Beschaffenheit von Rasensaatgut.

e) Lieferung in Mischungen oder Lieferung nach getrennten Arten und Sorten

Die Frage, ob Rasensaatgut besser getrennt nach Arten bzw. Sorten oder in fertigen Mischungen geliefert werden sollte, findet in der Praxis immer noch unterschiedliche Antworten.

Optimisten neigen zur Anlieferung in fertigen Mischungen. Sie sagen, daß das Saatgutverkehrsgesetz den Verbraucher hinreichend schützt und daß maschinell hergestellte Mischungen eine größere Mischungsgleichmäßigkeit aufweisen.

Pessimisten bestehen auf der Lieferung nach getrennten Arten bzw. Sorten. Ihr Hauptargument ist die bessere Kontrollmöglichkeit, denn nur bei getrennter Anlieferung ist eine zweifelsfreie Nachprüfung der Beschaffenheit der einzelnen Mischungskomponenten (Reinheit, Keimfähigkeit, Fremdartenbesatz und insbesondere Sortenidentität) möglich. Sie nehmen die Nachteile eines eventuell nicht ganz gleichmäßigen Mischens des Saatgutes auf der Baustelle in Kauf, denn auch fertig gemischtes Saatgut erfährt auf dem Transportweg in den Säcken und bei der Aussaat in den Sämaschinen eine gewisse Entmischung (schwerere Körner wandern nach unten — dies gilt auch für Kleinpackungen). Man wird wohl hier einen Mittelweg gehen können. Kleinere Partien, etwa bis 500 kg, sollte man ruhig in fertigen Mischungen beziehen, aber dabei die Lieferung in Kleinpackungen (siehe zu K 603) ausschließen.

Bei größeren Mengen und wenn in nicht zu großer Entfernung eine Mischanlage zur Verfügung steht (wo die Bauführung beim Mischen zugegen sein kann), sollte man auf der Lieferung nach getrennten Arten bzw. Sorten bestehen. Es empfiehlt sich dabei, von einem amtlichen Probenehmer (Anschrift aus Branchenfernsprechbuch, Landwirtschaftskammer, Industrie- und Handelskammer, Landwirtschaftsämter) von jeder Saatgutpartie vor dem Zusammenmischen, eine Probe nehmen zu lassen. Diese Probe (Rückstellprobe) ist von diesem Probenehmer aufzubewahren und kann dann später im Streitfalle zur Identitätskontrolle herangezogen werden.

Die Methoden der Identitätskontrolle sind z. Z. in einer gewissen Entwicklung zu Methoden mit möglichst rascher Aussagemöglichkeit.

K 605 f) **Saatgutkontrollen**

Nach der Saatgutverordnung-Landwirtschaft darf Saatgut nur verpackt werden, wenn eine Anerkennung vorliegt, die eine zuvor getätigte Probenahme und Beschaffenheitsprüfung einschließt.

Eine ordnungsgemäße Kennzeichnung und Verschließung gibt in der Regel (außer bei Kleinpackungen) eine hinreichende Gewähr für die ordnungsgemäße Beschaffenheit des Saatgutes.

Grundsätzlich ist jedoch zu beachten, daß eine Anerkennung des Saatgutes nach der Saatgutverordnung-Landwirtschaft sich nur auf die Qualitätsanforderungen (Reinheit, Keimfähigkeit, Fremdartenbesatz) dieser Verordnung bezieht.

Da die Qualitätsanforderungen nach dieser Norm und nach der „RSM 80" höher liegen, muß stets die Vorlage des Bescheides über das Ergebnis der Beschaffenheitsprüfung nach § 13 der Verordnung verlangt werden bzw. bereits vertraglich vereinbart werden (siehe zu K 598).

K 606 Dies gilt insbesondere für den Nachweis der Beschaffenheit einer Saatgut-Mischung, wie er in den RSM der FLL (ab 1980) vorgesehen ist. Zuvor konnte, der Norm folgend, für jeden Mischungsteil der Nachweis der

Saatgut, Handelsanforderungen

Beschaffenheit (Sortenidentität, Reinheit, Keimfähigkeit und Fremdartenbesatz durch Anerkennungs-Zertifikate/Mischungsanteile durch Mischungs-Zulassungsbescheide) durch ohnehin vorliegende Unterlagen (siehe vorstehenden Klammersatz) ohne jeden Mehraufwand für Saatguthandel erbracht worden.

Aber auch dies war manchmal fast nur mit der „Brechstange" erreichbar.

Der jetzt in der RSM der FLL genannte Grundsatz der Qualitätsprüfung der fertigen Mischung, der die Folge der Festlegung von Qualitätskriterien für die Mischung in ihrer Gesamtheit ist, hat keine gesetzliche Grundlage.

So besteht auch für diese Mischungsprüfung kein gesetzlicher Zwang. Eine solche Prüfung muß vorher zwischen Lieferer und Abnehmer vereinbart werden; der Auftraggeber der Bauleistung Rasen muß die Forderung danach bereits in seinen Ausschreibungsunterlagen verankern (siehe auch zu K 608).

Diese zusätzliche Mischungsprüfung muß in staatlichen Saatgutprüfstellen erfolgen. Sie kostet z. Zt. zwischen DM 75,— und DM 90,—. Sie erfordert einen Zeitraum von 4–5 Wochen.

Schon aus letzterem ist zwingend, daß die Bestellung von Rasensaatgut in Mischungen nach den Regeln der RSM der FLL sehr rechtzeitig erfolgen muß.

Die unter e) empfohlene Probenahme nach der Lieferung bei getrennter Anlieferung ist als zusätzliche Schutzmaßnahme anzusehen, die bereits eine Schutzwirkung durch ihre vorherige Ankündigung hat.

Sollten nach Erhalt einer Lieferung von Saatgut Zweifel an deren ordnungsgemäßer Beschaffenheit auftreten, sollte die staatliche Saatgutverkehrskontrolle der jeweils zuständigen Landesbehörde angerufen werden. Diese Behörde entsendet einen Kontrolleur, der die erforderlichen Prüfungen ausführt und gegebenenfalls Proben entnimmt und deren Prüfung veranlaßt.

Man sollte angesichts dieser Vorsichtsmaßnahme keine falsche Zurückhaltung üben.

Die Einschaltung eines Kontrolleurs ist kostenlos; sie kann aber Zweifel des Auftraggebers ausräumen, andererseits den Auftragnehmer (Landschaftsbauunternehmer als Saatgutbezieher) beruhigen.

Leider waren Versuche zur Umgehung der gesetzlichen Vorschriften immer wieder festzustellen, die oft nur durch besondere Sorgfalt bei der Prüfung des Saatgutes auf der Baustelle erkannt werden konnten. So wurde eine umfangreiche Saatgutlieferung angetroffen, die zunächst durchaus ordnungsgemäß erschien.

K 608   **DIN 18 917**

Die Säcke (keine Kleinpackungen) waren ordnungsgemäß vernäht, plombiert (mit amtlicher Plombe) und mit vorgeschriebenem und ordnungsgemäß befestigtem (eingenähtem) Etikett versehen. Nur durch einen winzigen Fehler auf dem Etikett wurde ein Schwindel aufgedeckt. Vor der Nummernfolge der Mischungs-Nummer stand die Abkürzung „Betr.-Nr." und nicht „Mischungs-Nr.". Die herbeigerufene Saatgutverkehrskontrolle stellte fest, daß diese Partie trotz amtlicher Plombe nicht durch die amtliche Aufsicht gelaufen war und daß ein Anerkennungs-Bescheid für diese Partie nie erteilt worden war.

Dieser sicherlich nicht branchentypische Vorfall beweist die Notwendigkeit einer eher zu kritischen Haltung als einem blinden Glauben an amtliche Plomben und den „ehrlichen Kaufmann".

K 608   Aus diesem Grunde wird die Aufnahme nachstehender Regelungen in die Vertragsbedingungen (z. B. in „Zusätzliche Technische Vorschriften") empfohlen:

1. Rasen-Saatgut und Herstellung von Rasenflächen

1.1. Die Festlegungen in DIN 18 917 — Landschaftsbau, Rasen, Saatgut, Fertigrasen, Herstellen von Rasenflächen — sind grundsätzlich einzuhalten. Besonders zu beachten ist:

1.2. Beschaffenheit von Rasen-Saatgut

Das Saatgut muß hinsichtlich Sortenidentität, Reinheit, Keimfähigkeit, maximaler Fremdartenbesatz, den Regeln der RSM der FLL bzw. den Anforderungen des Leistungsverzeichnisses entsprechen.

Als Ersatzsorten dürfen nur solche Sorten angeboten bzw. geliefert werden, die in der neuesten Fassung der RSM der FLL (erscheint z. Zt. jährlich) enthalten sind und zu geforderten Sorten als gleichwertig ausgewiesen sind.

Im Zweifelsfalle gilt die „Beschreibende Sortenliste Rasengräser" des Bundessortenamtes in ihrer jeweils neuesten Fassung als Entscheidungsmaßstab für die Einzeleigenschaften der Rasengräsersorten.

Die beabsichtigte Verwendung von Ersatzsorten ist vor der Anlieferung von der Bauführung genehmigen zu lassen.

1.3. Packungsart, Verschließung und Kennzeichnung

a) Es sind nur Packungen zugelassen, deren Gewicht mehr als 15 kg beträgt.

b) Die Packungen müssen mit einer Plombe nach den Bestimmungen des Saatgut-Verkehrsgesetzes verschlossen sein.

c) Die Packungen müssen mit einem Etikett versehen sein, das mit der Plombe fest verbunden ist. Das Etikett muß den Bestimmungen des Saatgut-Verkehrsgesetzes entsprechen (bei Saatgut in gemischtem Zustand „grün", bei getrennt nach Sorten angeliefertem, zertifiziertem Saatgut „blau"), und es muß Angaben nach gesetzlicher Vorschrift enthalten über: Anerkennungsstelle, Verwendungszweck, Anerkennungs- oder Mischungs-Nr., Verschlie-

Saatgut, Handelsanforderungen K 608

ßung, Packungsgewicht sowie über die Art, Sorte, Kategorie, Erzeugerland, Mischungsanteil in Gew.-%.

1.4. Kontrollprüfung

Rasen-Saatgut ist vor der Ansaat der Bauführung zur Kontrollprüfung vorzustellen. Die Packungen müssen dazu noch verschlossen sein. Der Mischungs-Zulassungs-Bescheid und die dazugehörigen Anerkennungs-Zertifikate für die Sorten sind in Kopie vorzulegen.

Bei Lieferung des Saatgutes als Mischung ist darüberhinaus ein Prüfzeugnis einer staatlichen Saatgutprüfstelle vorzulegen, aus dem die Übereinstimmung der Saatgutbeschaffenheit mit den Regeln der RSM der FLL hervorgeht.

Die Kosten für Bescheide, Zertifikate und Prüfzeugnisse trägt der Auftragnehmer.

Bei Feststellung von Mängeln an Packungsart, Verschließung und Kennzeichnung kann die Bauführung

a) das angelieferte Saatgut zurückweisen oder

b) die staatliche Saatgutverkehrskontrolle mit der Überprüfung beauftragen oder

c) vor der Ansaat den Nachweis über Art, Sorte, Reinheit, Keimfähigkeit und zulässigen Fremdartenbesatz, ausgestellt durch eine staatliche Saatgutprüfstelle, für die betreffende Partie fordern. Die Kosten für diesen Nachweis bzw. diese Prüfung trägt der Auftragnehmer.

3.4.1 Rasengräser

Art	Reinheit %	Keimfähigkeit (Regelwerte) %	Maximaler Fremdartenanteil in Gew.-%
Agrostis canina canina (Hundsstraußgras)	95	85	0,3
Agrostis stolonifera (Flechtstraußgras)	95	85	0,3
Agrostis tenuis (Rotes Straußgras)	95	90	0,3
Cynosurus cristatus (Kammgras)	98	90	0,3
Festuca ovina duriuscula (Hartschwingel)	90	80	0,3
Festuca ovina tenuifolia (Feinschwingel)	90	80	0,3
Festuca rubra commutata (Horstrotschwingel)	95	88	0,2
Festuca rubra rubra (Ausläuferrotschwingel)	95	88	0,2
Lolium perenne (Deutsches Weidelgras)	98	90	0,3
Phleum nodosum (Kleines Timothe)	98	85	0,3
Phleum pratense (Lieschgras)	96	85	0,2
Poa nemoralis (Hainrispe)	90	83	0,3
Poa pratensis (Wiesenrispe)	90	83	0,3

Darüber hinaus dürfen folgende Fremdarten im Saatgut nicht enthalten sein: Dactylis glomerata, Holcus-Arten. Es dürfen in Spuren ($\leq 0,05$ Gew.-%) vorhanden sein: Agropyron repens, Festuca arundinacia, Festuca pratensis, Lolium multiflorum. Lolium perenne mit Ausnahme von Parkplatz- sowie Landschaftsrasen, wenn Lolium in der Mischung vorhanden ist. Bei Poa pratensis soll nur Saatgut verwendet werden, das an Poa annua und Poa trivialis zusammen nicht mehr als 0,1 Gew.-% enthält.

Rasengräser, Kräuter und Leguminosen K 609 – 610

Während die Reinheit und der Fremdartenanteil eines Saatgutes durch technische Maßnahmen erzielbar und somit regelbar sind, unterliegt die Keimfähigkeit nicht beeinflußbaren biologischen Einflüssen (insbesondere Witterungsverlauf). Aus diesem Grunde haben die Handelsanforderungen für „Keimfähigkeit" den Zusatz „Regelwerte" erhalten. Dieser Zusatz bedeutet jedoch keinen Freibrief für Minderkeimfähigkeiten. Es ist stets der höchstmögliche Wert für die Keimfähigkeit anzustreben. K 609

Wird der Keimfähigkeitsgrad der Norm nicht erreicht, muß dessen Grund nachgewiesen werden (siehe dazu K 606 in Bezug auf die neuere Entwicklung).

Auch diese Festlegung hat durch die Regelung in den RSM der FLL (ab 1980) eine grundlegende Änderung erfahren, die als jeweiliger Stand der Technik anzusehen sind. K 610

3.4.2 Kräuter und Leguminosen

Art	Reinheit %	Keimfähigkeit (Regelwerte) %	Maximaler Fremdartenanteil in Gew.-%
Achillea millefolium (Schafgarbe)	90	80	1,0
Anthyllis vulneraria (Wundklee)	96	80	1,0
Lotus corniculatus (Hornschotenklee)	96	80	0,4
Lotus uliginosus (Sumpfschotenklee)	96	72	0,4
Medicago lupulina (Gelbklee)	98	85	0,4
Onobrychis viciifolia (Esparette)	96	88	0,8
Pimpinella saxifraga (Kleine Bibernelle)	90	90	2,2
Sanguisorba minor (Kleiner Wiesenknopf)	90	90	2,2
Trifolium dubium (Kleiner Klee)	98	85	0,6

3.4.3 Saatgut für Zwischenbegrünung und Voranbau

Art	Reinheit %	Keimfähigkeit (Regelwerte) %	Maximaler Fremdartenanteil in Gew.-%
Lupinus angustifolius (Einjährige blaue Lupine)	97	80	0,2
Lupinus luteus (Einjährige gelbe Lupine)	97	80	0,2
Trifolium resupinatum (Persischer Klee)	97	80	0,5
Trifolium alexandrinum (Alexandriner Klee)	97	80	0,5
Sinapis alba (Senf)	98	85	0,5
Raphanus sativus oleiformis (Ölrettich)	95	80	0,5

K 611 Hierzu sind für die Verwendung des Saatgutes die Festlegungen in DIN 18 915 Teil 3 Abschnitt 9.2 zu beachten.

3.5 Regel-Saatgutmischungen für die Rasentypen

In den Regel-Saatgutmischungen sollen nur solche Sorten verwendet werden, die nach der Beschreibenden Sortenliste für Rasengräser des Bundessortenamtes in der Bewertung ihrer Eigenschaften eine auf den Verwendungszweck bezogene besondere Eignung aufweisen. Auf die dort beschriebenen Raseneigenschaften wie Narbenbildung und Narbendichte, Konkurrenzverhalten, Krankheits- und Trockenheitsresistenz, Regenerationsvermögen, Zuwachsrate und Gesamteindruck ist besonders zu achten. Zur Beurteilung von zur Zeit in dieser Liste nicht aufgeführten Gräserarten ist auf andere neutrale Bewertungen, z. B. Forschungs- und Versuchsberichte, zurückzugreifen.

K 612 Regel-Saatgutmischung heißt, daß die Ansaatgemische, wie sie für verschiedene Rasentypen erarbeitet wurden, für den Regelfall gelten. Abweichungen sind also nicht nur möglich, sondern notwendig, wenn spezielle Verhältnisse dies erfordern. Auch sollte der Fachmann stets prüfen, ob die Regel-Saatgutmischungen der Norm bzw. der RSM/FLL **in jedem Falle** ohne weitere Anpassung an die örtlichen Bedingungen angewendet werden können.

Der weniger fachkundige Benutzer der Norm aber wird durch sie eine unvergleichlich bessere, klarere und unmittelbar anwendbare Arbeitsgrundlage erhalten, als er angesichts des Mischungswirrwarrs und der weitaus vom Konkurrenzkampf diktierten Situation auf dem Saatgutmarkt vorfindet. Dazu bleibt jedoch die Auswirkung der RSM der FLL auf die Anbieterseite abzuwarten.

Regel-Saatgutmischungen für die Rasentypen K 613

Die Konzeption der Regel-Saatgutmischungen, gebunden an definierte Rasentypen, stützt sich auf den Tatbestand, daß

— die Maßnahmen einer intensiven Rasenpflege,
— eine extreme Ausprägung des Standortes, sowie
— eine mechanische Beanspruchung

sich egalisierend und jeweils nach einer bestimmten Richtung vereinfachend auf den Rasenbestand auswirken, so wie es aus den genannten Beispielen bereits hervorging. Ihr liegt ferner die experimentelle Erkenntnis zugrunde, daß die gleiche Ansaatmischung unter nicht zu stark abweichenden Feuchtigkeits- und Pflegebedingungen weithin zu einer sehr ähnlichen Narbenqualität führt. Dies geht nicht nur aus entsprechenden Versuchen hervor, sondern ist auch praktischen Beobachtungen an wertvollen Handelsmischungen zu entnehmen, die von verschiedenen Firmen nicht nur überregional, sondern auch über die Grenzen der Bundesrepublik hinaus in gleicher Zusammensetzung angeboten werden.

Regel-Saatgutmischungen müssen, neben der Verwendung geeigneter Rasenzuchtsorten, ausgewogen auf das für den jeweiligen Nutzungszweck = Rasentyp angestrebte Grasartenverhältnis hin zusammengesetzt werden.

Dabei ist

— die verschieden große Kornzahl der Gräser,
— ihre verschieden lange Keimdauer und verschieden hohe Auflaufquote
— ihr verschiedenes Wachstumsverhalten nach Aufgang,
— sowie ihr spezifisches Konkurrenzvermögen in der Rasennarbe

besonders zu berücksichtigen.

Denn die Kornzahl der wichtigsten Rasengräser je g Saatgut schwankt bekanntlich zwischen 500 bei Lolium perenne und über 16 000 bei den Agrostis-Arten; die Keimdauer liegt bei normaler Saatzeit zwischen 5 bis 15 Tagen bei Lolium perenne und zwischen 8 bis 25 Tagen bei Poa pratensis; die Auflaufquote ist in der Regel bei Lolium perenne am höchsten, bei Poa pratensis und Agrostis am geringsten; das Wachstumsverhalten verschiedener Gräser tendiert infolge großen Blattlängenzuwachses wie bei Lolium perenne nach Aufgang stärker zu Unterdrückung anderer Gräser, bei anderen wieder, wie bei Poa pratensis und Festuca rubra sowie Festuca ovina zum Unterdrücktwerden — und das Konkurrenzvermögen der Gräser weicht in vielen Fällen von dem Wachstumsverhalten unmittelbar nach Aufgang ab, ist je nach Pflege aber weitgehend vorhersehbar und für den Nutzungszweck von Bedeutung.

Das Saatgut von Rasengräsern wird in stark zunehmendem Maße in Gestalt zahlreicher Zuchtsorten angeboten. Die Raseneignung der Sorten innerhalb einer Art weicht jedoch stark voneinander ab, so daß durch verschiedene Sortenwahl ein absolut unterschiedliches Rasenbild entstehen kann.

So erlangt beispielsweise eine nicht genügend dichte, krankheitsanfällige Sorte von Poa pratensis in einer Regel-Saatgutmischung für Gebrauchsrasen oder Spielrasen gewöhnlich keinen ausreichenden Bestandsanteil, um die dem Rasentyp eigene Belastbarkeit zu gewährleisten, vielmehr werden die nur wenig belastbaren Agrostis- und Festuca-Arten stärker in den Vordergrund treten, — oder eine stark krankheitsanfällige Sorte von Agrostis wird ihre Funktion in einem Zierrasen nicht erfüllen, — oder eine stengelreiche Sorte von Festuca rubra und Festuca ovina mit großer Halmlänge entspricht nicht den Anforderungen, die man an Landschaftsrasen mit geringen Pflegeansprüchen stellt.

Dagegen sollen die Regel-Saatgutmischungen in ihrem genetischen Gehalt wertvoll und weitestgehend gleichwertig sein, um die Funktion des jeweiligen Rasentyps weiträumig zu erfüllen. Deshalb muß jede Grasart einer Saatgutmischung durch die besten verfügbaren Rasensorten (Spitzensorten) repräsentiert werden. Nur wenn in einer Mischung der Anteil einer Art durch mehrere Sorten gebildet wird (was bei Mischungsanteilen von über 30 Gew.-% die Regel sein sollte), kann für die zweite und dritte Sorte eine gewisse genetische Qualitätsminderung in Kauf genommen werden.

Die Auswahl dieser Rasensorten bleibt allerdings dem Benutzer der Norm überlassen.

K 614 Der ursprüngliche Gedanke, für die einzelnen Rasengräser dieser Norm Richtsorten zu benennen (siehe damaliger Gelbdruck), an denen eine Orientierung auf gleichwertige oder ähnliche Zuchtsorten erfolgen sollte, wurde mit dem Erscheinen der ersten „Beschreibenden Sortenliste für Rasengräser" des Bundessortenamtes fallengelassen. Diese Sortenliste, die in guter Abstimmung zwischen Bundessortenamt und NABau-Arbeitsausschuß „Landschaftsbau" angefertigt wurde und sich auf die Rasentypen der Norm stützt, stellt für jeden Planer und Bauherrn ein wichtiges Handwerkszeug dar, um durch Auswahl der für den jeweiligen Verwendungszweck besten Zuchtsorten der betreffenden Regel-Saatgutmischung auch einen wertvollen Gehalt zu geben. Auf die Bedeutung der Sortenwahl und deren überragenden Einfluß auf die spätere botanische Zusammensetzung der Rasennarbe sei nochmals hingewiesen.

Die „Beschreibende Sortenliste" nimmt eine Aufgliederung aller durch Prüfung ermittelten Sorteneigenschaften in funktionelle Gruppen wie Entwicklung, Erscheinungsbild des Rasens, Wuchsmerkmale und Resitenzeigenschaften wahr, weist zusammenfassend auf Mängel im Gesamteindruck hin und unterzieht jede Sorte einer Bewertung für die verschiedenen Rasentypen. Dabei wurden Spielrasen, Sportfeldrasen und Parkplatzrasen wegen ähnlicher funktioneller Anforderungen aus Vereinfachungsgründen zu der Gruppe „Strapazierrasen" zusammengefaßt.

Rasentypen K 615–616

Wenn der Anwender der „Beschreibenden Sortenliste" für Rasengräser nach geeigneten **Spitzensorten** (eine auf den Verwendungszweck bezogene **besondere** Eignung) für seine Belange sucht, dann sollte er zunächst die für den in Betracht kommenden Rasentyp zusammenfassende Bewertung aller Sorten einer Grasart vergleichen, um sich danach weiterführend an Einzeleigenschaften zu orientieren. Dies sind insbesondere der Verlauf der Narbenbildung (Aufgang, Narbenschluß), die Narbendichte, die Krankheitsresistenz, die Wüchsigkeit, Mängel im Gesamteindruck sowie ganz besondere Mängel im Winteraspekt bei **allen** Intensivrasen, **vornehmlich** aber bei im Winter belasteten Rasen und bei Zierrasen.

Darüberhinaus erscheint es vor allem bei Poa pratensis und Lolium perenne im Interesse einer breiten Eigenschaftsgrundlage sinnvoll, in den Regel-Saatgutmischungen für Gebrauchsrasen, Spielrasen und Parkplatzrasen den Anteil der Art auf 2 bis 3 Sorten aufzuteilen.

In den RSM der FLL sind für die Regel-Saatgutmischungen für Zierrasen, Gebrauchsrasen, Spielrasen und Sportrasen Gräsersorten mit der Bewertung „sehr gut geeignet", „gut geeignet" und „geeignet" aufgeführt. Eine entsprechende Einordnung der Sorten für Regel-Saatgutmischungen des Landschaftsrasens ist vorgesehen.

Bei der Bewertung der Sorten in den RSM hat man sich auf die „Beschreibende Sortenliste Rasengräser" des Bundessortenamtes und auf die niederländische Sortenliste gestützt.

Besonders wertvoll ist die RSM in ihrer Marktübersicht. Sie gibt nach den Kriterien „Saatgut verfügbar", „Verfügbarkeit unsicher" und „Saatgut nicht verfügbar" eine Übersicht über die Marktsituation des betreffenden Jahres, gestützt auf die Berichte der Saatguterzeuger.

Diese Marktvorschau sollte von jedem Ausschreibenden berücksichtigt werden. Er kann sich dann in der Regel Diskussionen über Ersatzsorten anstelle der von ihm ausgeschriebenen, nach der RSM doch schon rechtzeitig als nicht verfügbar bezeichneten Sorten, ersparen.

3.5.1 Gebrauchsrasen

	Anteil in Gew.-%
Agrostis tenuis	5
Festuca ovina duriuscula	20
Festuca rubra commutata	20
Festuca rubra rubra	20
Poa pratensis [1])	35

Die verschiedenartigen Ansprüche an Gebrauchsrasen können nur von einer flexiblen Ansaatmischung erfüllt werden, die sich auf belastbare und trockenheitsverträgliche sowie auf regenerationsstarke und langsamwachsende Gräser stützt. Dies sind für diesen Rasentyp Poa pratensis, Festuca rubra in beiden Unterarten, Festuca ovina und Agrostis tenuis.

Je nach äußeren Einflüssen kann sich die Regel-Saatgutmischung für Gebrauchsrasen verschieden entwickeln. Höhere Trittbenutzung, besonders bei höherer Stickstoffdüngung, bewirkt eine Dominanz an Poa pratensis, — höhere Düngungs- und Schnittintensität zusammen mit ausreichender Feuchtigkeitseinwirkung führen bei ausbleibender oder geringer Belastung zu einer Erhöhung des Anteils an Agrostis tenuis, wodurch der Rasen den Charakter eines Zierrasens erhält, — bei geringer N-Düngung und geringer Schnittfrequenz, verstärkt durch Trockenheit, wird sich dagegen eine anspruchslosere Festuca-Narbe vor allem mit geringerem Anteil an Agrostis tenuis herausbilden.

K 617 Die von der Arbeitsgruppe „Regel-Saatgutmischungen" der FLL hat für den Gebrauchsrasen drei Regel-Saatgutmischungen (RSM 2,3 u. 4) aufgestellt, die sich in der Eignung für bestimmte Klimaräume und Standorte (RSM 2 und 3) sowie in der Belastbarkeit (RSM 4) unterscheiden:

RSM 2 — Gebrauchsrasen A
Gebrauchsrasen (Definition gem. DIN 18 917, Abschn. 2.2.1
Klimaraum:	Maritimer Raum, Höhenlagen und Voralpenraum
Standort:	Feuchtere Böden
Belastbarkeit:	Mittel
Anwendungsbereich:	Benutzbares öffentl. Grün, Wohnsiedlungen, Hausgärten
Pflegeansprüche:	Mittel bis hoch

RSM 3 — Gebrauchsrasen B
Gebrauchsrasen (Definition gem. DIN 18 917, Abschn. 2.2.1
Klimaraum:	Trockenräume, insbes. binnenländ.
Standort:	Trockene Lagen
Belastbarkeit:	Mittel
Anwendungsbereiche:	a) Benutzbares öffentl. Grün, Wohnsiedlungen, Hausgärten
	b) Parkplätze, Bedarfszufahrten mit Gittersteinbefestigung bei unbedeckten Gittersteinen
Pflegeansprüche:	Mittel

RSM 4 — Gebrauchsrasen C + Spielrasen
Gebrauchsrasen (Definition gem. DIN 18 917, Abschn. 2.2.1
Klimaraum:	Bis 1.000 m Höhe über NN
Standort:	Ohne Einschränkung
Belastbarkeit:	Mittel bis hoch

Rasentypen

Anwendungsbereiche:	a) Für intensive Benutzung vorgesehener Rasen (z. B. Spiel- und Liegewiesen, Hausgärten)
	b) Bei Parkplätzen, Bedarfszufahrten mit Gittersteinbefestigung bei ca. 2 cm Überdeckung der Gittersteine mit Boden
	c) Parkplätze, Bedarfszufahrten, Festplätze mit Schotterrasenbefestigung
Pflegeansprüche:	Mittel

3.5.2 Spielrasen

	Anteil in Gew.-%
Cynosurus cristatus	10
Festuca rubra rubra	30
Phleum nodosum bzw. Ph. pratense	10
Poa pratensis [1])	50

Die belastbaren Komponenten der für Spielrasen nach der Norm zusammengestellten Regel-Saatgutmischung sind Poa pratensis, Phlemum nodosum- bzw. Phleum pratense-Rasentyp und Cynosurus cristatus. Hierbei fiel Cynosurus cristatus neben den Phleum-Arten insbesondere die Funktion der Starthilfe der Ansaat in der Rasenbildungsphase zu, während Festuca rubra in Gestalt der ausläufertreibenden Unterart eine gute Anpassung an weniger intensive Pflegebedingungen und an trockenere Lagen ermöglichen sollte.

Auch hier ist durch neuere Entwicklung eine Änderung eingetreten. Die FLL nennt für Spielrasen nicht mehr eine gesonderte RSM.

Weniger belastete Spielrasen sollen mit der RSM 4 „Gebrauchsrasen C + Spielrasen" hergestellt werden, hoch belastete Spielrasen dagegen nach den Grundsätzen der DIN 18 035 Teil 4 „Sportplätze, Rasenflächen".

3.5.3 Landschaftsrasen

	Anteil in Gew.-%
Agrostis tenuis oder Agrostis stolonifera	10
Festuca ovina duriuscula oder Festuca ovina tenuifolia	25
Festuca rubra commutata	15
Festuca rubra rubra	35
Poa pratensis	15

Diese Regel-Saatgutmischung kann bei besonders schwierigen Standortbedingungen (Geröll, Fels, Südexposition in Trockenlagen) bis zu 10 Gew.-% andere Gräser enthalten, sowie in geringen Anteilen auch niedrig wachsende Kräuter und Leguminosen nach Abschnitt 3.2. Der Anteil der Agrostis- und Festuca-Arten vermindert sich dann entsprechend. Darüber hinaus ist für feuchte Lagen Agrostis stolonifera zu wählen, für saure Böden Festuca ovina tenufolia.

K 620 Für Landschaftsrasen sind Festuca rubra rubra, Festuca rubra commutata, Festuca ovina, ergänzt durch Agrostis tenuis und Poa pratensis, die wichtigsten Gräser.

Eine weitere Anpassung dieser Regel-Saatgutmischung an die Verhältnisse des Standortes kann und soll sowohl innerhalb der Mischung als auch durch Zuschläge zur Mischung erfolgen. Im ersten Fall bedeutet dies zum Beispiel die Verwendung von Agrostis stolonifera auf feuchten Standorten, zugleich als Barriere gegen die Gefahr des Eindringens spontan auftretender hochwachsender Gräser anstelle von Agrostis tenuis, oder die Wahl von Festuca ovina tenuifolia anstelle von Festuca ovina duriuscula auf sauren Böden, oder die Verwendung jeweils salzverträglicher Rasenzuchtsorten auf salzgefährdeten Standorten. Im zweiten Fall ist die Aufnahme von bis zu 10 Prozent an anderen Gräsern sowie an geringeren Anteilen von niedrig wachsenden Kräutern und Leguminosen auf Kosten von Agrostis und Festuca gedacht, wenn besonders schwierige Verhältnisse — Geröll, Fels, Südexposition in Trockenlagen — herrschen. Zu warnen ist allerdings vor der Verwendung von Trifolium repens sowie vor einer generellen Einbeziehung solcher Leguminosen wie Lotus corniculatus und Medicago lupulina, da sie unter nur mäßig günstigen Bedingungen durch Stickstoffsammlung schon einen derart starken Massezuwachs verursachen können, daß nicht nur aufwendige Pflegearbeiten zusätzlich notwendig werden, sondern auch die Gefahr einer raschen Umbildung des Ansaatbestandes zugunsten anspruchvollerer und höher wachsender Arten entsteht. Liegt über diese Anpassungsmöglichkeiten durch eine in sich variable Ansaat allerdings eine spezielle Situation vor, dann ist zu prüfen, inwieweit dafür auch eine spezielle Ansaatmischung erforderlich ist.

K 621 Durch die Weiterentwicklung der RSM durch die FLL sind auch vier neue RSM für Landschaftsrasen entstanden:

RSM 7 — Landschaftsrasen A —
Klimaraum: Ohne Einschränkung
Standort: Für alle Lagen, außer den extrem trockenen, alkalischen, nassen und schattigen
Anwendungsbereich: Freie Landschaft, Randzonen an Verkehrswegen
Pflegeansprüche: Gering

RSM 8 — Landschaftsrasen B —
Klimaraum: Binnenländischer Raum

Rasentypen

Standort:	Extreme Trockenlagen auf alkalischen Böden (Südböschungen, hohe Böschungen, Steilböschungen, Rohböden)
Anwendungsbereich:	Böschungen, Rekultivierungsflächen
Pflegeansprüche:	Keine

RSM 9 — Landschaftsrasen C —

Klimaraum:	Ohne Einschränkung
Standort:	Staunässegefährdete Lagen
Anwendungsbereich:	Freie Landschaft
Pflegeansprüche:	Gering

RSM 10 — Landschaftsrasen D —

Klimaraum:	Ohne Einschränkung
Standort:	Halbschatten bis Schatten
Anwendungsbereich:	Waldparks u. ä.
Pflegeansprüche:	Gering (0 – 3 Schnitte im Jahr)

Mit diesen RSM kann die ganze Palette der Anforderungen aus der Landschaft an das Saatgut weitgehendst abgedeckt werden.

Dabei wurden gegenüber der DIN 18 917 der Verwendung von Lolium perenne ein breiter Raum eingeräumt, weitere Gräserarten (Brachypodium pinnatum und Bromus erectus für Landschaftsrasen in extremen Trockenlagen sowie Agrostis gigantea und Poa trivialis für staunässegefährdete Lagen) aufgenommen und schließlich eine RSM für halbschattige bis schattige Standorte genannt.

Kern auch der meisten RSM der FLL bleiben die Hauptgräser Agrostis tenuis, Festuca ovina, Festuca rubra commutata, Festuca rubra rubra (+ trichophylla) sowie Lolium perenne und Poa pratensis.

3.5.4 Parkplatzrasen

	Anteil in Gew.-%
Cynosurus cristatus	10
Festuca rubra rubra	25
Lolium perenne	10
Phleum pratense	10
Poa pratensis [1]	45

Die geforderte Belastbarkeit verlangte die Verwendung strapazierfähige Gräser, so daß sich eine entsprechende Regel-Saatgutmischung im wesentlichen auf Poa pratensis, Cynosurus cristatus, Lolium perenne und Phleum pratense stützte.

K 624 Auch bei den Parkplatzrasen hat die Entwicklung nicht haltgemacht. Die FLL verzichtete hier auf eine eigene RSM und fordert für diesen Anwendungsbereich die Verwendung der RSM 3 „Gebrauchsrasen B" für Gittersteinrasen ohne Bodendeckung und RSM 4 „Gebrauchsrasen C + Spielrasen" für Flächen mit besserer Pflegemöglichkeit, womit auch eine bessere Anpassung an den Gebrauchsrasen gegeben ist.

3.5.5 Zierrasen

	Anteil in Gew.-%
Agrostis canina canina oder Agrostis tenuis oder Agrostis stolonifera	15
Festuca rubra commutata	45
Festuca rubra rubra	40

Bei Festuca rubra rubra sind kurzausläufertreibende Sorten (Zwischentypen) zu verwenden.

Durch die Wahl der Agrostis-Art erhält der Zierrasen eine besondere Blattstruktur und Farbe. Agrostis canina canina bildet bei besonders feiner Blattstruktur einen hellgrünen, Agrostis tenuis einen sattgrünen und Agrostis stolonifera einen blaugrünen Rasen aus.

K 625 Hier finden die Agrostis-Gräser ihren spezifischen Einsatzbereich, die je nach Agrostis-Art darüber hinaus noch zu einer besonderen Farbausprägung des Rasens beitragen können. So verleiht Agrostis tenuis dem Rasen einen sattgrünen, Agrostis stolonifera einen türkisgrünen und Agrostis canina einen lindgrünen Farbaspekt.

Sobald schmalblättrige Arten von Poa pratensis besserer Sortenqualität vorliegen, wird auch die Einbeziehung dieser Grasart zu erwägen sein.

Flächenmäßig erscheint dieser Rasentyp von untergeordneter Bedeutung. Seine Verwendung setzt allerdings die Durchführbarkeit einer regelmäßigen Pflege in Düngung, Schnitt und Beregnung voraus. Die große Krankheitsanfälligkeit, besonders der Agrostis-Arten, kann darüber hinaus Fungizid-Anwendungen erforderlich machen.

K 626 Die RSM der FLL für Zierrasen weicht nicht wesentlich von der Regel-Saatgutmischung der Norm ab, die Artenausstattung ist nahezu gleich geblieben. Sie wird jedoch hinsichtlich der Pflegeansprüche in zwei Varianten differenziert:

RSM 1 — Zierrasen

Klimaraum:	Ohne Einschränkung
Standort:	Ohne Einschränkung
Belastbarkeit:	Gering
Anwendungsbereich:	Repräsentationsgrün, Hausgarten
Pflegeansprüche:	bei Variante 1 sehr hoch
	bei Variante 2 hoch

Rasentypen, Fertigrasen K 627

Allgemeine Anmerkung: Regelmäßig zu schneidender ausdauernder Rasen im Sinne dieser Norm sind unter Schatteneinfluß nicht herstellbar. Für einen nicht mehr als 3mal pro Jahr zu mähenden Rasen kann die Regel-Saatgutmischung für Gebrauchsrasen nach Abschnitt 3.5.1 verwendet werden, jedoch unter Austausch von Festuca ovina duriuscula gegen Festuca ovina tenuifolia und unter Zusatz von Poa nemoralis.

Bezüglich Schattenrasen bestand im Ausschuß die Auffassung, daß ein regelmäßig zu schneidender Rasen im Sinne dieser Norm nicht ausdauernd herstellbar sei, da die dazu notwendigen züchterischen Grundlagen noch fehlen. Wohl sind Arten- und Sortenunterschiede der Gräser hinsichtlich ihrer Schattentoleranz bekannt, bei Vielschnittrasen erscheinen bei den verfügbaren Arten und Sorten jedoch die indirekten Wirkungen auf die Rasenqualität wie Oberflächenvernässung, permanente Taulage ab Spätsommer und Krankheitsbefall dominierend. Diesen Wirkungen kann teilweise durch Begrenzung der Schnitthäufigkeit auf etwa 3 Schnitte pro Jahr begegnet werden. Dann käme für Schattenflächen der Gebrauchsrasentyp unter Austausch von Festuca ovina duriuscula gegen Festuca ovina tenuifolia unter Zusatz von Poa nemoralis in Betracht. Diese Maßnahme zwänge jedoch zu einer Differenzierung der Rasenfläche in Sonnen- und Schattenlage, die den einheitlichen Charakter einer gleichmäßig gemähten Rasenfläche unterbricht. Auch könnten die genannten negativen Nebenwirkungen bei Baumschatten durch Förderung der Luftbewegung in der bodennahen Luftschicht gemildert werden. Für extreme Schattenlagen, insbesondere für Schattenwände (Naßschatten) ergibt sich aber die Frage, ob man den Widerstand der Natur in diesen Fällen nicht durch bodendeckende Bepflanzung umgehen soll, um die Rasenfläche auf Halbschatten und Sonnenlagen sowie auf lockere, windoffene Baumschattenlagen zu beschränken.

Die RSM der FLL haben im Gegensatz zur Norm eine eigene RSM für diesen Bereich aufgestellt, jedoch mit der Unterordnung unter die Landschaftsrasen (siehe K 621).

Aber auch für diese RSM gilt, daß ein regelmäßig geschnittener Rasen, wie z. B. Gebrauchsrasen, damit nicht erzielbar ist. Der Anwendungsbereich beschränkt sich ausdrücklich auf lichtere Baumbestände (Waldparks, Waldränder u. ä.) bei max. 3 Schnitten je Jahr, besser noch ohne Schnitte.

4 Fertigrasen

4.1 Beschaffenheit

Fertigrasen muß mit den unter Abschnitt 3.5 genannten Regel-Saatgutmischungen hergestellt worden sein. Der für die Herstellung von Fertigrasen verwendete Boden muß den Bestimmungen nach DIN 18 915 Blatt 3 „Landschaftsbau; Bodenarbeiten für vegetationstechnische Zwecke; Bodenbearbeitungs-Verfahren" entsprechen, das gilt auch bei Verwendung von Wachstumssubstraten. Der Rasen muß gesund, grün und wüchsig

K 628

sein. Er darf ausdauernde Rasenunkräuter und Fremdgräser nur in Spuren enthalten. Die Rasendecke muß dichtnarbig und fest zusammenhängend sein.

K 628 Wenn für Saatrasen bestimmte Regeln erhoben und Forderungen gestellt werden, so ist es folgerichtig, auch bei Fertigrasen entsprechende Regelungen vorzusehen. Dies gilt vor allem angesichts der Bedeutung, die der Fertigrasen erlangt hat.

Hierzu setzt die Norm einerseits voraus, daß Fertigrasen auf der Grundlage der genannten Regel-Saatgutmischungen hergestellt wird und bestimmte Eigenschaften wie gesund, grün, wüchsig sowie minimaler Fremdartenanteil, Dichtnarbigkeit und Reißfestigkeit besitzt, andererseits muß der Anzuchtboden die in DIN 18 915 — 1 „Landschaftsbau-Bodenarbeiten für vegetationstechnische Zwecke" vornehmlich für belastbare Vegetationsschichten niedergelegten Richtwerte aufweisen. Dies sind ein Höchstteil an abschlämmbaren Teilen ($\leq 0{,}02$ mm) von 20 Gew.-Prozent sowie eine Wasserdurchlässigkeit von mod $k^* \geq 0{,}001$ cm/sec.

Die Forderungen an die Beschaffenheit des Anzuchtbodens sollte sich jedoch nur auf Fertigrasen für belastbare Vegetationsschichten (Spielrasen, Parkplatzrasen, aber auch für stärker benutzte Gebrauchsrasen) beschränken. Allerdings sollte bei Rasen für nicht belastete Flächen eine möglichst weitgehende Übereinstimmung des Anzuchtbodens mit dem Boden erreicht werden, auf dem der Fertigrasen verlegt wird. So ist das Verlegen eines feinteilreichen Fertigrasens auf Sandboden zu vermeiden. Bei größeren Unterschieden zwischen diesen Böden wird es zu Anwachsschwierigkeiten kommen. Die Übereinstimmung ist vor allem dort zu beachten, wo das rasche Anwachsen von besonderer Bedeutung ist wie z. B. bei Sicherungsbauweisen (Böschung, Bankette, Rinnen u. ä.).

Grundsätzlich sollten die Fertigrasenhersteller ihren Angeboten eine Angabe der Beschaffenheit ihrer Anzuchtböden (Korngrößenverteilung, Wasserdurchlässigkeit, Gehalt an organischer Substanz, pH-Wert) beigeben.

Selbstverständlich sollte aber auch eine sorgfältige Deklarierung der sonstigen Beschaffenheitsmerkmale (Artenbestand, projektive Bodendeckung, Fremdartenbesatz, Gesundheitszustand, Rasenfilzdicke u. ä.) sein.

4.2 Gewinnung

Vor der Gewinnung ist der Fertigrasen zu schneiden.
Rollrasen ist in gleichmäßig dicken, breiten und langen Stücken abzuschälen.
Regelmaße: Dicke =   1,5 bis 2,5 cm
            Breite =   30 cm
            Länge =   167 cm   = 0,5^2
Rasensoden sind in annähernd gleich dicken, breiten und langen Stücken abzuheben.

Herstellen von Rasenflächen K 629 – 632

Regelmaße: Dicke = 2,5 bis 4 cm
Breite = etwa 30 cm
Länge = nicht unter 30 cm

Die für Rollrasen genannten Regelmaße stellen im wörtlichen Sinne tatsächlich nur eine Regel dar. K 629

Selbstverständlich sind auch andere Breiten und Längen zulässig, soweit ihre Maße gleichmäßige, möglichst runde Flächenmaße (z. B. 0,75 oder 1,00 m^2) ergeben.

Bei Fertigrasen hat sich eine möglichst geringe Dicke als besonders vorteilhaft für ein rasches Anwachsen erwiesen. Ganz besonders gilt diese Feststellung in Fällen, wo die Beschaffenheit des Anzuchtbodens von der des Verlegebodens stärker abweicht. K 630

4.3 Transport

Der Transport muß unter Berücksichtigung von Temperatur, Transportdauer und Ladeart ohne Schädigung des Fertigrasens, insbesondere Überhitzung, durchgeführt werden.

Beim Abladen darf Rollrasen nicht abgekippt oder geworfen werden.

Rollrasen kann durch Überhitzung infolge von zu hoher Stapelung und/oder zu langer Transportdauer erheblich geschädigt werden. Dabei spielen die Lufttemperaturen zur Transportzeit eine große Rolle. K 631

Mit dem Transport auf Paletten, wie er sich zunehmend durchsetzt, werden diese Gefahren, sowie die Gefahren bei einem unsachgemäßen Entladen, erheblich verringert.

5 Herstellen von Rasenflächen

5.1 Bodenvorbereitung

Die dem Herstellen von Rasenflächen vorausgehende Bodenvorbereitung ist nach DIN 18 915 Blatt 3 auszuführen.

Eine Ansaat oder Andeckung darf nur auf gut abgesetzte oder angedrückte Flächen erfolgen.

Der Abschnitt „Herstellen von Rasenflächen" bezieht sich auf die Technik der Rasenanlage und gliedert sich in Bodenvorbereitung — unter Bezugnahme auf DIN 18 915 Blatt 3 —, in Ansaat und in Verlegen von Fertigrasen sowie in Schutz von Ansaat- und Fertigrasenflächen. K 632

Bei der Bodenvorbereitung wird die Notwendigkeit der Ansaat oder Andeckung auf eine gut abgesetzte oder angedrückte Fläche hervorgehoben. Ein dichter gelagerter Boden wird stets bessere Keimungsbedingungen infolge des günstigeren Wasserhaushaltes (Kapillarität) schaffen und die Gewähr für eine bessere, bleibende Ebenflächigkeit bieten. Eine zu dichte Lagerung infolge zu hoher Verdichtung ist jedoch unbedingt zu vermeiden!

5.2 Ansaat

5.2.1 Zeitpunkt

Günstige Auflaufbedingungen herrschen bei Bodentemperaturen ab 8 °C und ausreichender Bodenfeuchte. Diese Bedingungen sind in der Regel von Mitte April bis Mitte Juni und von Anfang August bis Ende September gegeben. Bei Früh- oder Spätsaaten ergeben sich in der Regel unerwünschte Verschiebungen in der Rasenzusammensetzung zugunsten von Gräserarten mit geringer Keimtemperatur (z. B. Lolium, Phleum).

K 633 Für die Rasenansaat ist die Saatzeit von großer Bedeutung. Da Früh- und Spätsaaten sowie Ansaaten in Trockenperioden eine geringe Keimrate und eine zögernde Narbenbildung zur Folge haben, sollte die Rasenansaat möglichst in den Zeitraum günstiger natürlicher Auflauf- und Wachstumsbedingungen fallen. Günstige Auflaufbedingungen bestehen bei Bodentemperaturen ab 8 °C und ausreichender Bodenfeuchte. Diese Bedingungen fallen in der Regel in die Zeit von Mitte April bis Ende Mai und von Anfang August bis Mitte September. Hochsommeraussaaten führen in den meisten Gebieten der Bundesrepublik nur unter der Voraussetzung von Beregnung zum Erfolg. Bei Früh- und Spätsaaten sind unter dem Einfluß niedriger Keimtemperaturen darüberhinaus „biologische Entmischungen" in Form von Artenverschiebungen zu erwarten, z. B. die höhere Anteile an Lolium perenne, insbesondere gegenüber Poa pratensis, hervorrufen.

5.2.2 Saatgutmenge

Die Saatgutmenge muß unter Berücksichtigung der Kornzahl je Gramm bei den einzelnen Gräserarten so bemessen sein, daß in der Regel 30 000 bis 50 000 Körner je m^2 Saatfläche zur Ansaat kommen. Dies entspricht einer Aussaatmenge von 10 bis 15 g/m^2. Bei ungünstiger Witterung und Saatzeit ist die Kornmenge je m^2 Saatfläche entsprechend zu erhöhen.

K 634 Auch hier hat die Praxis die Norm überholt und ihre Erfahrungen in der RSM der FLL zum Ausdruck gebracht. So nennt die RSM 82 folgende Mindest-Aussaatmengen:

20 g/m^2 für RSM 2 — Gebrauchsrasen A,
　　　　　　　RSM 7 – 10 — Landschaftsrasen A – D,
25 g/m^2 für RSM 1 — Zierrasen,
　　　　　　　RSM 3 — Gebrauchsrasen B,
　　　　　　　RSM 4 — Gebrauchsrasen C + Spielrasen,
　　　　　　　RSM 5 — Sportrasen,
30 g/m^2 für RSM 6 — Regenerationsmischung.

Eine Unterschreitung dieser Mindestmengen sollte nur dann erfolgen, wenn besonders günstige Verhältnisse für die Fertigstellungspflege vorliegen.

5.2.3 Ausbringen des Saatgutes

Das Saatgut ist gleichmäßig auszubringen. Während des Saatvorganges ist auf den gleichmäßigen Mischungszustand des Saatgutes zu achten, gegebenenfalls ist nachzu-

Ansaat, Verlegen von Fertigrasen

mischen. Durch ihre Beschaffenheit (z. B. Korngewicht) zum Entmischen neigende Saatgutarten sollten gesondert ausgebracht werden.

Vor dem Einfüllen des Saatgutes in Sämaschinen und auch vor Handaussaaten muß das Saatgut einer jeden Packung gründlich aufgemischt werden, da es sich in der Regel während des Transportes entmischt hat. Dies gilt entgegen häufig vorgebrachten Argumenten auch für Saatgut in Kleinpackungen. **K 635**

Sämaschinen, die während des Saatvorganges des Saatgut laufend mischen, ist der Vorzug zu geben.

5.2.4 Einarbeiten des Saatgutes
Das Saatgut ist gleichmäßig einzuarbeiten, jedoch nicht tiefer als 0,5 bis 1 cm. Zum Andrücken von Saatflächen sollen Gitterwalzen oder andere geeignete Geräte verwendet werden.

Saattiefe muß sich nach den Bodenverhältnissen richten. Für Ansaaten auf natürlichen, insbesondere feinteilreichen Böden gilt der Grundsatz einer geringen Saattiefe um Keimstörungen durch Oberflächenverfestigung nach Starkregen oder Beregnung zu verhindern. Bei Ansaaten auf durchlässige Vegetationsschichten bzw. Rasentragschichten ist demgegenüber eine tiefere Einarbeitung zwingend, da diese sandreichen „Rasenböden" an der Oberfläche rasch abtrocknen und bei Flachsaat keine kontinuierliche Keimwasserversorgung garantieren. Dies um so weniger, wenn bei Starkregen und Beregnung noch Feinteile und Feinsand von der Oberfläche in etwas tiefere Schichten verlagert werden. **K 636**

Auf durchlässigen Vegetations- und Rasentragschichten ist das Rasensaatgut deshalb möglichst gleichmäßig in deren Oberschicht von 0 bis 2 cm einzuarbeiten, eine Forderung, die mit den meisten Sämaschinen kaum zu erfüllen ist. **K 637**

Die Ansaat selbst darf nur in ein abgesetztes oder leicht angedrücktes Saatbett vorgenommen werden. Anwalzen nach der Saat erscheint nur auf durchlässigen Vegetations- und Tragschichten sinnvoll, auf schweren Böden kann diese Maßnahme allzu leicht Keimbehinderungen durch Oberflächenverdichtung bzw. Oberflächenverschlämmung im Anschluß an Starkregen bewirken.

5.3 Verlegen von Fertigrasen

5.3.1 Zeitpunkt
Die günstigste Jahreszeit zum Verlegen von Fertigrasen ist das Frühjahr. Wird Fertigrasen im Herbst verlegt, sollte die Bodentemperatur zur Sicherung der Anwurzelung noch 6 °C betragen.

Das Verlegen von Fertigrasen oder Rasensoden ist weniger zeitgebunden. Im Frühjahr, der günstigsten Verlegezeit im Hinblick auf die nachwinterliche Wurzelneubildung, kann die Rasenandeckung so früh wie möglich **K 638** beginnen, da das Wurzelwachstum dem Sproßwachstum vorauseilt. Im Herbst sollte die Bodentemperatur zur Gewährleistung des Anwurzelns jedoch noch mehr als 6 °C betragen. Rasenandeckung im Sommer erfordert dagegen nicht nur einen hohen Beregnungsbedarf, sondern kann bei hohen Temperaturen ebenfalls Schwierigkeiten beim Anwurzeln bereiten.

Bei hohen Temperaturen wird Wurzelbildung nämlich fast unterbunden; es findet nur Blattwachstum ohne nennenswerte Bestockung und Bewurzelung statt; auch kann Fertigrasen im Sommer häufiger schon auf dem Transportweg durch Überhitzung Schaden nehmen.

5.3.2 Lagerung auf der Baustelle

Angelieferter Fertigrasen soll umgehend verlegt werden und ist bis zum Verlegen gegebenenfalls gegen Austrocknung zu schützen. Ist eine Zwischenlagerung nicht zu umgehen, ist der Fertigrasen auf gesäuberte und unmittelbar vorher durchfeuchtete Flächen in einer Schicht, Rollrasen ausgerollt, aufzulegen und feucht zu halten.

Sehr viele zum Zeitpunkt der Anlieferung noch gute Fertigrasen erlitten auf der Baustelle durch zu lange und/oder unsachgemäße Lagerung z. T. irreparable Schäden. Einer unsachgemäßen Lagerung kann durch entsprechende Sorgfalt begegnet werden.

Die Frage der Lagerzeit ist jedoch nur eine Frage der richtigen Terminierung.

So sollte z. B. der Fertigrasen tagsüber gewonnen, in der darauffolgenden Nacht zur Baustelle transportiert und ab dem Morgen dieses Tages verlegt werden. Er sollte an einem Tag verarbeitet werden können. Die Liefermenge und die Anzahl der zur Verarbeitung erforderlichen Arbeitskräfte ist auf diese Forderung abzustimmen.

5.3.3 Verlegen

Fertigrasen ist oberflächengleich und engfugig zu verlegen. Die Querfugen sind zu versetzen. Nach dem Verlegen sind die Flächen gleichmäßig anzudrücken.

Dem Verlegen von Fertigrasen soll ein Anfeuchten der Verlegefläche, ob natürlicher Boden oder hergestellte Vegetations- bzw. Tragschicht, vorausgehen. Ebenso ist unmittelbar im Anschluß an die Rasenandeckung genügend zu wässern, damit eine Feuchtigkeitsverbindung von Fertigrasen mit der Vegetationsschicht entsteht.

Es sollte darauf geachtet werden, daß Teilstücke nicht kleiner als 0,1 m^2 sind, um ein Losreißen von zu kleinen Stücken zu verhindern.

5.3.4 Sicherung von Fertigrasen

An Böschungsflächen, die mehr als im Verhältnis von 1:2 geneigt sind, sind die Rasenstücke mit mindestens vier Nägeln je m^2 anzunageln. Jedes Einzelstück ist jedoch mit mindestens einem Nagel zu sichern. Die Nägel sollen eine Länge von etwa 20 cm haben.

Fertigstellungspflege — Rasen K 641–644

Nägel im Sinne dieser Festlegung sind z. B. Holzpflöcke. Sie sollten jedoch nicht zu dünn sein. Zu dünnen Nägeln setzt der Boden einen zu geringen Schwerwiderstand entgegen. Die Nägel müssen oberflächengleich mit Rasen eingeschlagen werden.

K 641

5.4 Schutz von Ansaat- und Fertigrasenflächen

In der Zeit zwischen der Ansaat und dem Verwurzeln der Rasennarbe, bzw. zwischen dem Verlegen und Anwachsen des Fertigrasens ist die Gefahr des Abschwemmens, Abrutschens bzw. des Verwehens besonders groß.

Sind zur Sicherung dieser Flächen besondere Maßnahmen erforderlich, sind die Festlegungen nach DIN 18 918 „Landschaftsbau, Sicherungsbauweise" zu beachten.

Erosionsgefährdete Rasenflächen können einerseits durch Festlegen der Bodenoberfläche mit Bodenfestigern gesichert werden, auch bringen festgelegte Strohmulchdecken einen guten Schutz.

K 642

Weitere Möglichkeiten zur Sicherung gegen Abschwemmen ist das Anbringen von Wasserauffang- und -ableitungsrinnen bei Böschungen.

Weitere Einzelheiten sind DIN 18 918 zu entnehmen.

6 Fertigstellungspflege

6.1 Allgemeines

Die Fertigstellungspflege umfaßt alle Leistungen nach der Saat- und Verlegungsarbeit, die zur Erzielung eines abnahmefähigen Zustandes von Rasen erforderlich sind. Die Anzahl der erforderlichen Maßnahmen zur Fertigstellung des Rasens ist abhängig vom Rasentyp, dem Herstellungstermin und dem anschließenden Witterungsverlauf, der Beschaffenheit der Vegetationsschicht und der Nährstoffversorgung. In der Regel reichen zur Erzielung eines abnahmefähigen Zustandes die nachstehend aufgeführten Maßnahmen und deren Anzahl aus. Abweichungen können in Abhängigkeit von den obengenannten Faktoren beträchtlich sein.

Die Fertigstellungspflege für Ansaaten (wie auch für Pflanzungen) ist mit Einführung der VOB 73 ein verbindlicher Teil der Bauleistung geworden.

K 643

Zu den vertragsrechtlichen Regelungen und Auswirkungen siehe zu Rdn. 311 ff. in Band 1.

Bei der Bemessung von Art und Anzahl der für die Fertigstellungspflege erforderlichen Leistungen sind eine Reihe von Gegebenheiten zu beachten:

K 644

a) Rasentyp

Je intensiver der Rasentyp ist, um so größer wird seine Empfindlichkeit in der Fertigstellungsphase sein. Dies bezieht sich in erster Linie auf Häufigkeit und Art der Beregnung, aber auch auf die Schnitthäufigkeit.

So erfordert ein Zierrasen mehr Sorgfalt und Aufwand bei der Bewässerung als ein Landschaftsrasen. Auch wird der erstere früher und häufiger geschnitten werden müssen.

Schließlich sind die Anforderungen an die projektive Bodendeckung bei Landschaftsrasen niedriger.

b) Herstellungstermin

Früh- und Spätansaaten sowie Ansaaten in Trockenperioden haben in der Regel eine geringere Keimrate und eine zögernde Narbenbildung. Eine entsprechend längere Fertigstellungspflege bis zum Narbenschluß (projektive Bodendeckung) wird hier erforderlich werden, insbesondere mehr Rasenschnitte und mehr Düngungen.

c) Anschließender Witterungsverlauf

Hier ist einmal der normal zu erwartende Witerungsverlauf gemeint, aber auch der tatsächlich nach der Ansaat erfolgende. Der erstere, z. B. Winterwetter nach sehr später Herbstansaat oder ein trockener August nach Juliansaat, ist als Regel anzusehen und berechenbar.

Unerwartete Witterungsverläufe wie z. B ein sehr trockener Mai sind bei der Planung der Fertigstellungspflege nicht erfaßbar. Bei einer in der Leistungsbeschreibung festgelegten Anzahl der Bewässerungsgänge müssen sie daher zum Risiko des Auftragnehmers gerechnet werden, es sei denn, es tritt der Fall der höheren Gewalt oder der eines „unabwendbaren Umstandes" ein (siehe dazu auch Rdn. 133 ff. in Band 1)

d) Beschaffenheit der Vegetationsschicht

Der Boden einer Vegetationsschicht ist von erheblichem Einfluß auf die Keimrate und die Anfangsentwicklung des Rasens. Extrem ungünstig sind sehr wasserundurchlässige (tonige), sehr wasserdurchlässige (sandig-kiesige) und auch schwer wasseraufnehmende Böden. Auch wird die mögliche Anfangsentwicklung in die Berechnung einzubeziehen sein.

e) Nährstoffversorgung

Nur auf ausreichend mit Nährstoffen versorgten Böden wird die Anfangsentwicklung befriedigend sein.

Besondere Bedeutung kommt der Düngung während der Fertigstellungspflege zu, die nicht zu knapp bemessen sein darf.

f) Höhenlage, Exposition, Jahresniederschlagsmenge usw.

Diese Faktoren sind in der Norm nicht ausdrücklich genannt, ihre Aufzählung kann nur als beispielhaft gelten.

Extreme Höhenlage, schwierige Expositionen und sehr niedrige Jahresmittel bei den Niederschlägen oder auch nur zu bestimmten Jahreszeiten sind genauso wie die anderen zuvor genannten Faktoren von erheblichem Einfluß auf Art und Umfang der erforderlichen Fertigstellungspflege.

Zur Bewertung eines Standortes und des dort erforderlichen Fertigstellungspflegeaufwandes können z. B. die Regeln zur Standorteinschätzung für die Besonderen Saatverfahren nach DIN 18 918, Abschnitt 4.2.3 heran-

Fertigstellungspflege — Rasen K 645

gezogen werden, die alle Einflußfaktoren ausführlich beschreiben und ein Bewertungsschema nennen.

Grundsätzlich ist jedoch festzuhalten, daß die im Abschnitt 6.2 bei den Einzelleistungen jeweils genannte Anzahl der Leistungen sich nur auf den Regelfall beziehen. Wenn auch nur die Vermutung des Eintretens oder Vorliegens von ungünstigen Einflüssen besteht, sollten Art und Anzahl der Leistungen entsprechend angehoben werden.

Für den Ausschreibenden ist es mißlich, wenn er wegen unzureichend bemessener Fertigstellungspflege schon zur Ausschreibung Bedenken der Mieter mitgeteilt bekommt. Auch wenn diese unterlassen wurden, wird es dann während der Fertigstellungspflege, wenn der Auftragnehmer mit den vertraglichen Leistungen den Rasen nicht abnahmefähigen Zustand bringen kann, zu Unzuträglichkeiten zwischen Auftraggeber und Auftragnehmer kommen. Eine eher etwas großzügig bemessene Fertigstellungspflege sichert beiden Seiten Zufriedenheit.

Da ohnehin gepflegt werden muß — auch nach der Abnahme — entsteht kein Mehraufwand. Es wird lediglich ein Teil der sonst bereits zu den Unterhaltungsarbeiten zählenden Leistungen zeitlich in den Bereich der Bauleistungen verschoben.

Verzichtet jedoch der Auftraggeber ausdrücklich auf die Ausführung der Fertigstellungspflege durch den Auftragnehmer, kann dieser unmittelbar nach der Ansaat (Aufbringen, Einarbeiten des Saatgutes, Andrücken) die Abnahme verlangen, dies gilt auch für Fertigrasen nach Abschluß der Verlegearbeit.

Zu den Fragen Haftung (Aufgehen/Anwachsen), Gefahr, Gewährleistungsbeginn in solchen Fällen siehe Rdn 564/3 in Band 1.

Als abnahmefähiger Zustand gilt:
a) Durch Ansaat unter Einhaltung der Festlegungen nach den Abschnitten 3 und 5 hergestellter Gebrauchsrasen, Spielrasen, Parkplatzrasen und Zierrasen muß einen betretbaren, in Wuchs und Verteilung gleichmäßigen Bestand haben, der im geschnittenen Zustand eine mittlere projektive Bodendeckung von 75 % mit Pflanzen der geforderten Saatgutmischung aufweisen muß.
Der letzte Schnitt vor der Abnahme darf nicht länger als 5 Tage zurückliegen.

Der Rasen muß zum Zeitpunkt der Abnahme eine bestimmte Bestandsdichte aufweisen, um erkennen zu lassen, daß das Ziel der Leistung — die Herstellung eines Rasens — mit Sicherheit erreicht wurde.

Die Bestandsdichte muß einen Grad erreicht haben, der mit Ausnahme einer groben Vernachlässigung bei der folgenden Unterhaltung, eine dem Rasentyp gemäße Weiterentwicklung erwarten läßt.

Als Gradmesser für die Bestandsdichte wurde die mittlere projektive Bodendeckung gewählt.

Darunter wird der Grad der Bedeckung des Bodens mit Gräserpflanzen der Ansaatmischung verstanden, der sich bei senkrechter Betrachtung einer repräsentativen Durchschnittsfläche bietet.

Dabei ist zu beachten:

K 646 a) Der letzte Schnitt vor der Abnahme darf nicht länger als 5 Tage zurückliegen. Diese Zeitspanne mußte eingeräumt werden, da es nicht möglich sein wird, stets sofort nach dem letzten Schnitt die Abnahme vorzunehmen. Eine längere Zeitspanne würde jedoch die Bodendeckung zuungunsten des Auftraggebers verfälschen.

Zu langes Gras würde entweder einen dichteren Gräserbestand vortäuschen als tatsächlich vorhanden oder aber die korrekte Ermittlung der Bestandsdichte erschweren.

K 647 b) Unkräuter und Ungräser (d. h. Gräser, die nicht der Ansaatmischung angehören) sind bei der Deckungsgradermittlung außer Betracht zu lassen.

Sie sind im Streitfalle zuvor zu entfernen.

K 648 c) Es wird nicht verkannt, daß die Methode der visuellen Feststellung der projektiven Bodendeckung nicht frei von subjektiven Einflüssen ist.

Aus diesem Grunde wurden auch die geforderten Werte bewußt auf 75 % = ¾ bzw. 50 % = ½ (bei Landschaftsrasen) gesetzt. Sollten sich jedoch die beteiligten Parteien nicht auf einen Deckungsgrad einigen können, werden sie sich auf Gutachten von Sachverständigen stützen müssen.

K 649 d) Ein mittlerer Deckungsgrad von 75 % bedeutet nicht, daß das Mittel aus der Summe von mehreren Deckungsgraden gemeint ist, also einem Mittel von Flächen mit 0 % und 100 % Deckungsgrad.

Zur Feststellung des Deckungsgrades müssen sich die Parteien auf eine Fläche einigen, die als repräsentativ für die Gesamtfläche anzusehen ist.

Sind beträchtliche Unterschiede festzustellen, ist eine der hier ebenfalls genannten Forderungen — der in Wuchs und Verteilung gleichmäßige Bestand — nicht erfüllt und der abnahmefähige Zustand schon aus diesem Grunde nicht erreicht.

K 650 Als weitere Abnahmekriterien sind genannt:

e) Die Betretbarkeit, d. h. der Boden muß eine Lagerungsdichte aufweisen, die ein Betreten ohne das Hinterlassen von Fußspuren gestattet.

Nur dann ist nachfolgend die Möglichkeit des spurenfreien Arbeitens von Pflegegeräten gegeben.

K 651 f) Die Gleichmäßigkeit von Wuchs und Verteilung ist in Verbindung mit der projektiven Bodendeckung zu sehen, wie schon zu d) ausgeführt wurde.

Unregelmäßigkeiten im Wuchs lassen auf eine ungleichmäßige Bodenbearbeitung, ungleichmäßige Bodenbeschaffenheit oder unregelmäßige Verteilung von Nährstoffen schließen.

Fertigstellungspflege — Rasen K 652–653

Eine ungleiche Verteilung des Rasens kann ebenfalls auf Fehler in der Bodenbearbeitung (partiell schlechtere Keimungsbedingungen) oder auf Fehler bei der Bewässerung zurückzuführen sein.

g) Vereinzelte Unkräuter im Rasen, insbesondere Unkräuter mit langer Keimdauer sind in der Regel nicht auszuschließen. Eine starke Verunkrautung des Rasens zum Zeitpunkt der Abnahme ist jedoch als Mangel zu werten, da dann die Festlegungen nach DIN 18 915 Teil 3, Abschnitt 7.1 („Bis zur Bepflanzung oder Rasenherstellung ist zur Beseitigung des aufkommenden Unkrautes in Abständen von etwa 4 Wochen eine entsprechende mechanische Bearbeitung vorzunehmen") mit Sicherheit nicht beachtet worden sind. Gegebenenfalls kann dann noch vom Auftraggeber als Mängelbeseitigung eine Unkrautvernichtung mit entsprechenden Mitteln gefordert werden. **K 652**

Unkrautgefährdet sind in erster Linie Ansaaten langsam wachsender Gräser auf natürlichen Böden.

Eine der Ansaat vorausgehende bereinigende Unkrautbekämpfung mit Herbiziden ist deshalb besonders bei Zier- und Gebrauchsrasenansaaten oft unerläßlich. Gerade natürliche Böden besitzen häufig einen großen Samenvorrat in einer breiten Palette an zum Teil schwer bekämpfbaren Ackerunkräutern wie Vogelmiere, Klettenlabkraut, Taubnessel, Kamille usw. Grundsätzlich sind dabei die Umweltschutz-Gesetze der Länder oder entsprechende örtliche Vorschriften zu beachten, die z. T. den Einsatz von Herbiziden verbieten oder stark einschränken.

In derartigen Situationen ist auf eine wirksame mechanische Unkrautbekämpfung vor der Ansaat besonders zu achten.

Da Gräser recht herbizidtolerant sind, kann die Anwendung eines selektiv wirkenden Mittels unter der Voraussetzung einer exakten und gleichmäßigen Dosierung sowie der Vermeidung pflanzenbeschädigender Fahrspuren notfalls aber auch noch vor dem ersten Rasenschnitt erfolgen. Wünschenswerterweise sollten einer Unkrautbekämpfung mit chemischen Mitteln jedoch 2 bis 3 Rasenschnitte vorausgehen, zumal ein Teil an kurzlebigen und weniger schnittverträglichen Unkräutern dieser Schnitteinwirkung bereits zum Opfer fällt.

b) Durch Ansaat unter Einhaltung der Festlegungen nach den Abschnitten 3 und 5 hergestellter Landschaftsrasen muß einen gleichmäßigen Bestand aus Pflanzen der geforderten Saatgutmischung haben, der einer mittleren projektiven Bodenbedeckung von 50 % entspricht, wenn die Besonderheiten des Standortes nicht andere Festlegungen in bezug auf Gleichmäßigkeit und Bodenbedeckung bedingen.

Für Landschaftsrasen gelten die gleichen Aussagen wie zuvor, jedoch ist hier der erforderliche Grad der mittleren projektiven Bodendeckung auf 50 % festgesetzt worden. **K 653**

Diese Reduzierung ist erforderlich, da Landschaftsrasen in der Regel eine in Art und Umfang wesentlich geringere Fertigstellungspflege erfährt als

Rasen der anderen Rasentypen. Sie kann sich hier unter Umständen auf eine Düngung nach dem Auflaufen reduzieren.

Die Norm läßt jedoch aus Besonderheiten des Standortes heraus Abweichungen von der genannten Regel zu. So kann z. B. für Landschaftsrasen bei günstigen Standorten der gleiche Zustand, wie bei den anderen Rasentypen verlangt, gefordert werden.

Andererseits können bei sehr schwierigen Standorten auch niedrigere Deckungsgrade vereinbart werden.

c) Fertigrasen muß gleichmäßig und nicht abhebbar verwurzelt sein. Er muß entsprechend den Festlegungen nach den Abschnitten 4 und 5 beschaffen und verlegt worden sein.

K 654 Die Anforderungen an den abnahmefähigen Zustand eines Fertigrasens sind zu teilen in:

a) Der Fertigrasen muß gleichmäßig sein in bezug auf Gräserartenverteilung, Bestandsdichte, Wuchszustand und Ernährungszustand.

b) Er muß aus Gräsern bestehen, die der vertraglichen Vereinbarung entsprechen. Dabei ist die Zusammensetzung der Rasensaatgutmischung zum Zeitpunkt der Ansaat bei der Fertigrasenproduktion ohne Interesse. Es kommt ausdrücklich auf die Gräserarten-Zusammensetzung zum Zeitpunkt der Abnahme an.

Dieser Hinweis ist erforderlich, da jede Ansaat äußeren Einflüssen von Witterung und Pflege sowie Wirkungen des artspezifischen Konkurrenzverhaltens unterliegt.

Bei 35 % Poa pratensis in der Regel-Saatgutmischung eines Gebrauchsrasens wird deshalb selten ein gleich hoher Poa pratensis-Anteil in jungen Fertigrasen zu erwarten sein; er ist aber anzustreben.

Andererseits führt eine Zierrasenansaat von 15 % an Angrostis-Arten und 85 % an Festuca rubra bei der ihr gemäßen Pflege stets zu einer Agrostis-Dominanz infolge höherer Kornzahl und größerer Konkurrenz gegenüber Festuca rubra.

c) Unkräuter und Ungräser dürfen nur in Spuren (d. h. weniger als je 1 % des Bestandes) vorhanden sein.

d) Fertigrasen darf keine bestandsgefährdenden Eigenschaften aufweisen, wie z. B. nennenswerte Rasenfilzbildungen.

e) Der Fertigrasen muß zum Zeitpunkt der Abnahme so fest mit der Vegetationsschicht verwurzelt sein, daß er sich von dieser nicht mehr abheben läßt.

f) Die mittlere projektive Bodendeckung muß auch bei Fertigrasen dem für Ansaatrasen der entsprechenden Rasentypen entsprechen.

Fertigstellungspflege — Rasen — Leistungen

g) Schließlich muß auch verlegter Fertigrasen begehbar bzw. spurenfrei mit Pflegegeräten bearbeitbar sein.

h) Ist Fertigrasen mit Nägeln gesichert worden, dürfen die Nägel die Pflegearbeiten nicht behindern, also nicht aus dem Boden herausragen.

6.2 Leistungen

Der festgelegte abnahmefähige Zustand eines Rasens wird um so eher erreicht, je mehr die aufgewendeten Leistungen in Beregnung (im Bedarfsfall), ferner in Düngung und Schnitt zu einer optimalen Entwicklung der Ansaat bzw. des Fertigrasens beitragen; sein Erreichen wird sich entsprechend verzögern oder es kann eine nachhaltige Beeinträchtigung der Rasenentwicklung eintreten, wenn man diese Leistungen vernachlässigt. **K 655**

Das Interesse von Auftraggeber und Auftragnehmer sollte deshalb von vornherein und gleichermaßen auf die Festlegung ausreichender Arbeitsgänge im Rahmen der Fertigstellungspflege gerichtet sein.

Hierzu sind in der Norm Regelangaben für Beregnung, Düngung und Schnitt gemacht.

Schließlich muß zum Begriff „Fertig"-stellungspflege jedoch eine einschränkende Bemerkung eingefügt werden. „Fertig" im Sinne des abnahmefähigen Zustandes der Norm heißt nicht, daß der abnahmefähige Rasen auch biologisch fertig und entsprechend der vorgesehenen Funktion des Rasentyps voll beanspruchbar ist. **K 656**

Gebrauchs- und Spielrasen sollen zu dem festgelegten Entwicklungsstand beispielsweise wohl betretbar sein, sie sind dann physiologisch allerdings noch zu jung, um einer **Dauerbelastung** zu widerstehen. Ihr sollte wünschenswerterweise eine Überwinterung vorausgehen.

Andererseits wirkt sich eine **dosierte** Benutzung unter der Voraussetzung von Gleichmäßigkeit günstig auf die Entwicklung der Rasennarbe aus.

Der Vollständigkeit halber ist noch darauf hinzuweisen, daß die Leistungen zur Fertigstellungspflege ausdrücklich Teil der Bauleistung sind. **K 657**

Die betreffenden Ausführungen in Band I Rdn. 311 ff. des Kommentars (Kommentierung zu VOB/A — Ausschreibung — und VOB/C DIN 18 320 — Ausführung —) sind ausdrücklich zu beachten.

6.2.1 Beregnen

Wenn keine natürlichen Niederschläge mit entsprechender Ergiebigkeit fallen, sollen bis zum Auflaufen der Rasenfläche pro Woche 4 Wassergaben zu je 5 l je m² verabreicht werden, nach dem Auflaufen wöchentlich etwa 20 l je m² in 1 bis 2 Gaben.

Das Wasser soll in möglichst feinen Tropfen ausgebracht werden.

In der freien Landschaft sind die örtlichen Verhältnisse wie Boden, Exposition, Zugänglichkeit, Entfernung zu Wasserentnahmestellen, wirtschaftliche Aufwand, Verkehrsbelastung von Straßen u. a. zu berücksichtigen.

K 658 Ohne eine ausreichende Beregnung ist der Keimungserfolg weitgehend dem Witterungsverlauf ausgesetzt.

Sind an den abnahmefähigen Zustand eines Rasens bestimmte Anforderungen gestellt und soll der Rasen innerhalb bestimmter Fristen diesen Zustand erreichen, müssen eine Reihe von Beregnungen durchgeführt werden. Hierzu können verständlicherweise keine festen Regeln gesetzt werden, da der erforderliche Bewässerungsaufwand in erster Linie von der Niederschlagshäufigkeit und -menge sowie der Temperatur im Bereich der jeweiligen Baustelle abhängig ist, auch spielt die Bodenbeschaffenheit, die Exposition, die Jahreszeit, die Windeinwirkung usw. eine maßgebliche Rolle.

Als Mittelwert können jedoch ca. 10 Beregnungen mit je 5 l/m^2 in dem Zeitraum bis zum Auflaufen des Rasens und ca. 5 Beregnungen mit je 20 l/m^2 nach dem Auflaufen genannt werden. Dabei sind die in dieser Zeit fallenden natürlichen Niederschläge zu berücksichtigen (Regenmesser aufstellen!).

K 659 Die Beregnung soll „feindüsig-sprühend" und nicht „tropfig" erfolgen, um Bodenstörungen weitgehend auszuschalten.

Vor allem die erste Beregnung soll „bodensättigend" vorgenommen werden, um die Ansaatfläche danach mit geringen Teilgaben von 2 – 4 mm im Abstand von ein bis zwei Tagen feucht zu halten. Sobald der Rasen jedoch den Boden weitgehend bedeckt, sind die Beregnungsintervalle in Trockenperioden auf 5 – 10 Tage bei Beregnungswassergaben von je 20 bis 25 l/m^2 auszudehnen.

K 660 Unterbrechungen in der Beregnung während der Keimungsphase führen in der Regel zu schweren Ausfällen.

Später zunächst schwer erklärbare Unregelmäßigkeiten im Gräserbestand (Bodendeckung wie Arten), sind sehr häufig auf Beregnungsfehler zurückzuführen.

Schon geringe natürliche Niederschläge setzen das Beregnungsbedürfnis herab, so daß sie quantitativ zu berücksichtigen sind, aber nur wenn der Boden allgemein noch ausreichend feucht ist.

K 661 Auch die Beregnung von Fertigrasenflächen soll, mit Ausnahme extremer Trocken- und Hitzeperioden, von Anfang an nicht zu häufig erfolgen.

Häufige Beregnung hält vor allem das Anwurzeln und die Durchwurzelung tieferer Boden- und Aufbauschichten zurück. Deshalb dürfen Fertigrasenflächen in den beiden ersten Wochen nach dem Verlegen nach einer durchdringenden Anfangsbewässerung nur 2 bis 3 mal pro Woche mit je 5 – 6 l Wasser gewässert werden. Danach entsprechen die Beregnungsintervalle und Beregnungswassermengen denen des Saatrasens nach eingetretener Bodenbedeckung.

Fertigstellungspflege — Rasen — Leistungen

Die ausreichende Bewässerung ist zweifellos ein wesentlicher Kostenfaktor bei der Fertigstellungspflege. Schon aus diesem Grunde ist eine sorgfältige Beschreibung der erforderlichen Leistungen notwendig und zwar nach Art, Anzahl und Zeitpunkt.

K 662

6.2.2 Düngen

Nach dem Auflaufen ist mit mindestens 5 kg Stickstoff (Rein-N) je m² gleichmäßig zu düngen. Eine Verätzung ist durch die Auswahl des Düngers oder durch die Art der Anwendung auszuschließen.

Neben der Beregnung ist für Saatrasen die Auflaufdüngung eine entscheidende Maßnahme. Sie soll die Rasenbildung beschleunigen und auftretende Verunkrautung eindämmen. Dies trifft auch für Extensivrasen zu, wo sie dem Bestandsaufbau, beispielsweise auf Extremflächen, dient.

K 663

Der Zeitpunkt der Auflaufdüngung richtet sich nach der Pflanzenentwicklung. Er ist gegeben, wenn der junge Rasenbestand eine Aufwuchshöhe von 2—4 cm aufweist. Die erforderliche Menge an Reinstickstoff beträgt 5—8 g/m².

Sie kann in Form von Ein- oder Mehrnährstoffen verabfolgt werden. In der Regel reicht für die Auflaufdüngung eine Gabe von 20—25 g/m² Kalkammonsalpeter oder Ammonsalpeter aus.

Nach Praxiserfahrungen sollte im Rahmen der Fertigstellungspflege stets — insbesondere bei ärmeren Böden — nach dem 2. oder 3. Rasenschnitt eine weitere Düngung erfolgen. Hierbei sollte ein Mehrnährstoffdünger („Volldünger") mit ca. 50 g/m² verwendet werden, auch ist hierbei schon die Verwendung von sogenannten Langzeitdüngern in Form von Mehrnährstoffdüngern möglich. Ob dann innerhalb der Fertigstellungspflege weitere Düngungen erforderlich sind, hängt von dem Pflegezeitraum und der Art der zuvor verwendeten Dünger ab.

Dies sollte bei der Bemessung der Fertigstellungspflege-Leistungen berücksichtigt werden, wobei bisher leider sehr häufig viel zu kleinlich vorgegangen wurde.

Um Ätzschäden zu vermeiden, darf diese Düngergabe jedoch nur auf einen abgetrockneten Rasen und vor Regen bzw. nachfolgender Beregnung ausgebracht werden.

Fertigrasenflächen sollten in den ersten 2 bis 3 Wochen keine Düngung erhalten, damit die Bewurzelung nicht durch Nährstoffkonzentration im Fertigrasen gehemmt wird. Das setzt allerdings eine reichhaltige Boden- oder Tragschichtanreicherung mit Nährstoffen vor dem Verlegen voraus.

K 664

Später ist wie bei Ansaatrasen zu verfahren.

6.2.3 Mähen

Der Rasen ist 4mal zu mähen.

Die Schnitte müssen bei einer Wuchshöhe von mindestens 5 cm bis höchstens 8 cm erfolgen. Es darf dabei nicht kürzer als auf 3 cm Schnitthöhe geschnitten werden. Die Schnitthöhe ist am Rasenmäher einzustellen. Es dürfen nur glattschneidende Geräte bzw. Maschinen eingesetzt werden, die keine bleibenden Spuren in der Bodenoberfläche verursachen. Das Mähgut ist in der Regel zu entfernen.

Bei Landschaftsrasen sind die gegebenenfalls erforderlichen Schnittmaßnahmen im Einzelfalle zu regeln, wobei insbesondere die Zusammensetzung des Gräserbestandes zu berücksichtigen ist.

K 665 Rechtzeitiger und in der Phase der Rasenbildung regelmäßiger Schnitt fördert im Zusammenwirken mit Stickstoffdüngung und Beregnung die Bestockung, also die Blatt- und Rasenbildung der Ansaatfläche.

Dies gilt auch für Extensivrasenflächen, die während der Rasenbildung deshalb ebenfalls vorübergehend eine „Intensivpflege" erhalten sollten.

Lediglich bei hochwachsenden Landschaftsrasen kann auf Rasenschnitt im Rahmen der Fertigstellungspflege verzichtet werden, es sei denn, daß ein Schröpfschnitt zur Einschränkung von Unkrautaufwuchs erforderlich ist.

K 666 Die angegebene Anzahl von 4 Rasenschnitten muß als Mindestanzahl angesehen werden und kann nur für günstige Entwicklungsbedingungen (Boden, Klima, Lage, Jahreszeit) gelten. Als Regelmenge sollten 5, besser 6 Rasenschnitte gelten, bei ungünstigen Bedingungen noch mehr.

Eine zu gering bemessene Anzahl der Leistungen, die schließlich nicht ausreichen, um den Rasen zum abnahmefähigen Zustand zu führen, wird unabhängig von den vertraglichen Bedingungen stets zu Unzuträglichkeiten zwischen Auftraggeber, Bauführung und Auftragnehmer führen.

6.2.4 Begrenzen

Zur Abnahme sind in der Regel, außer bei Landschaftsrasen, die Rasenflächen zu Pflanzflächen, wassergebundenen Belägen ohne Kante und ähnlichen nicht von festen Bauteilen gebildeten Anschlüssen im plangerechten Verlauf zu begrenzen.

K 667 Da sich eine Ansaat in der Regel nicht randscharf herstellen läßt, Saatgut wird verweht oder verschwemmt u. ä., ist zur Abnahme in der Regel eine klare Begrenzung der Rasenfläche im plangerechten Verlauf erforderlich, wenn nicht vorhandene feste Kanten den Rasen ohnehin begrenzen.

Wenn an die Art der Begrenzung besondere Anforderungen gestellt werden, wie z. B. eine besondere Tiefe der Ränder (Kantenstechen im alten Sinne), ist dies in der Leistungsbeschreibung anzugeben.

Geltungsbereich K 680 – 681

Landschaftsbau **Sicherungsbauweisen** Sicherungen durch Ansaaten, Bauweisen mit lebenden und nichtlebenden Stoffen und Bauteilen, kombinierte Bauweisen	$\overline{\text{DIN}}$ 18 918

Inhalt

Seite
1. Geltungsbereich 1
2. Stoffe und Bauteile 1
3. Boden- und Geländeuntersuchungen 4
4. Sicherungen durch Ansaaten 4
5. Sicherungen durch Bauweisen mit lebenden Stoffen und Bauteilen 7
6. Sicherungen durch Bauweisen mit nichtlebenden Stoffen und Bauteilen 8
7. Sicherungen durch kombinierte Bauweisen 10
8. Fertigstellungspflege 10

1 Geltungsbereich

Diese Norm gilt für Sicherungsbauweisen im Rahmen des Landschaftsbaus mit Saatgut, lebenden Pflanzen, lebenden Pflanzenteilen und nichtlebenden Stoffen zur Verhinderung von Erosion, Rutschung und Gesteinsabgang (Steinschlag, Felssturz und Muren) sowie zur Begrünung von Flächen, die durch natürliche Einflüsse oder technische Maßnahmen von Oberboden entblößt sind, sowie von Bodenschüttungen, Industrie- und Müllhalden. Sie gilt nicht für Sicherungen an Gewässern, Deichen und Küstendünen (siehe DIN 19 657).

Mit dieser Norm wurde neben der Formulierung von technischen Richtlinien und Anforderungen auch eine Sprachregelung auf diesem Sektor des Landschaftsbaues versucht. K 680

Allein schon der Oberbegriff „Sicherungsbauweisen" konkurriert mit einer Vielzahl von Begriffen, wie enger gesehen Lebendbau, Lebendverbau, Grünverbau und gleichweit die Ingenieurbiologie. Hier wurde das Leistungsziel, die Sicherung von gefährdeten Flächen oder Standorten durch bestimmte Bauweisen zum Oberbegriff erhoben, ein Begriff, der sich zwischenzeitlich auch eingeführt hat.

Eine Abgrenzung des räumlichen Arbeitsgebietes wurde wegen der bereits vorliegenden DIN 19 657 „Sicherungen an Gewässern, Deichen und Küstendünen" erforderlich. K 681

Der Geltungsbereich erstreckt sich somit auf alle Flächen und Standorte, die von Hoch- oder Tiefbaumaßnahmen berührt sind und nicht als Sicherungsausbau von Gewässern, Deichen und Küstendünen zu verstehen sind.

Aber auch nicht jede wasserführende Geländefalte ist ein Gewässer im Sinne der DIN 19 657.

K 682–685   DIN 18 918

Gelegentlich wasserführende Geländefalten (Talräume, Erosionsrinnen, Geländeeinschnitte u. a.) sind der DIN 18 917 zuzuordnen.

K 682   Selbstverständlich gilt die DIN 18 917 auch für alle Sicherungsmaßnahmen, die in der Landschaft aus Gründen der Landespflege oder des Landschaftsschutzes erforderlich werden, ohne daß es auslösender Eingriffe in die Landschaft durch Hoch- oder Tiefbau bedarf.

2 Stoffe und Bauteile

K 683   Die nachfolgende Liste der Stoffe und Bauteile — heute würde man schreiben „Stoffe, Bauteile, Pflanzen und Pflanzenteile" (siehe auch DIN 18 320 „Landschaftsbauarbeiten") — enthielt die seinerzeit gebräuchlichsten. Aber auch aus heutiger Sicht ist hier keine wesentliche Änderung eingetreten.

K 684   Die in einzelnen Normen angegebenen Normbezeichnungen für Bestelldaten sollten bei Ausschreibungstexten, technischen Zeichnungen unverändert und vollständig übernommen werden.

So lautet z. B für ein Drahtgeflecht mit viereckigen Maschen, von 50 mm Maschenweite, 3,1 mm Drahtdurchmesser und 1 000 mm Rollenbreite, Ausführung dick verzinkt, die genormte Bezeichnung:

Drahtgeflecht $50 \times 3{,}1 \times 1\,000$ DIN 1199 — di zn.

Die Verwendung einer derartigen, zweifelsfreien Beschreibung sichert alle Beteiligten (Auftraggeber, Planer, Bauführung, Auftragnehmer und dessen Vorlieferant) vor unliebsamen Überraschungen.

K 685   An dieser Stelle wird auch auf die Normentaschenbücher des DIN hingewiesen. Diese bedeuten gegenüber den Einzelausgaben der Normen eine sehr erhebliche Kostenersparnis. Sie enthalten in der Regel alle Normen und Bezugsnormen für den im Taschenbuch-Titel ausgewiesenen Bereich.

Da aber diese Taschenbücher nicht stets neu aufgelegt werden, wenn eine der darin enthaltenen Normen eine Änderung erfahren hat, ist eine sorgfältige Beobachtung des Normengeschehens erforderlich (z. B. Veröffentlichungen in der Fachpresse). Dies ist wirklich der einzige (kleinere) Nachteil dieser Taschenbücher.

2.1 Lebende Stoffe und daraus hergestellte Bauteile

2.1.1 Saatgut

Saatgut von Gräsern, Kräutern und Leguminosen muß den Festlegungen nach DIN 18 917 — Landschaftsbau; Rasen, Saatgut, Fertigrasen, Herstellen von Rasenflächen — entsprechen.

Saatgut von Gehölzen muß den Festlegungen des Deutschen Forst-Saatgutgesetzes entsprechen.

Lebende Stoffe und daraus hergestellte Bauteile K 687−689

Zu der Entwicklung auf dem Sektor „Rasensaatgut" — ausgelöst durch die Aktivität der „Forschungsgesellschaft Landschaftsentwicklung Landschaftsbau e. V. (FLL)" mit den „Regel-Saatgutmischungen" (RSM) — sind die Ausführungen zu K 606 ff. zu beachten. K 686

2.1.2 Pflanzen
Pflanzen müssen den Festlegungen nach DIN 18 916 — Landschaftsbau; Pflanzen und Pflanzarbeiten, Beschaffenheit von Pflanzen, Pflanzverfahren — entsprechen.

Den Festlegungen in dieser bewährten Norm über die Beschaffenheit von Pflanzen ist nichts hinzuzusetzen. K 687

Die Kritik, die hier an der Praxis der Anwendung dieser Norm zu üben ist, richtet sich eigentlich nur an deren oft noch unzureichender Beachtung, insbesondere hinsichtlich Transport und Lagerung der Pflanzen. Viel zu häufig begegnet man auf Landstraßen und Autobahnen noch Pflanzentransporten, unabgedeckt, die Wurzeln dem austrocknenden Fahrtwind entgegengestreckt; viel zu häufig findet man noch Einschläge von Gehölzen, die flüchtig betrachtet „ordentlich" aussehen, aber bei den säuberlich in Reih und Glied stehenden Gehölzen sind die Wurzeln nur mangelhaft mit Boden bedeckt, die Bunde nicht geöffnet usw.

Außerdem fällt auf, daß in Ausschreibungen neben der DIN 18 916 die Gütebestimmungen des BdB zum Bestandteil des Vertrages gemacht werden, was u. U. zu Streitigkeiten führen kann, da diese Regelwerke z. T. unterschiedliche oder abweichende Regeln enthalten. Nennt man beide, muß auch die Rangfolge der Geltung genannt werden. K 688

Auch dies alles gehört zur Beschaffenheit von Pflanzen. Stammen die Pflanzen aus ordentlichen Herkünften, sind sie in der Regel mängelfrei, auch wenn hier nach wie vor Vertrauen unter Geschäftspartnern die beste Geschäftsbasis darstellt.

2.1.3 Lebende Pflanzenteile
Lebende Pflanzenteile müssen verholzt, vollsaftig, gesund und bewurzelungsfähig und von bestimmten Gehölzarten (siehe Tabelle 1) gewonnen sein.

Die in Tabelle Nr. 1 aufgeführten Pflanzen, aus denen bewurzelungsfähige Pflanzenteile gewonnen werden können, ist sicherlich nicht vollständig im botanischen Sinne. Sie enthält jedoch, nach Anwendungsbereichen getrennt, alle wesentlichen Gehölze, die insbesondere zu den landschaftstypischen Pflanzen zählen. K 689

Von den übrigen Beschaffenheitsmerkmalen — verholzt, vollsaftig und gesund — braucht nur die Verholzung eine besondere Erläuterung, die anderen sollten als selbstverständlich angesehen werden.

Nach *Schiechtl* sind insbesondere 2−3jährige Sproßteile optimal bewurzelungsfähig und gegenüber den Einflüssen aus der freien Landschaft ausrei-

K 689 DIN 18 918

Tabelle 1. Gehölzarten zur Gewinnung von bewurzelungsfähigen Pflanzenteilen und deren Anwendungsbereich

Nr	Gehölzart	Wuchshöhe als Baum (B) oder Strauch (St) m	Bodengruppe nach DIN 18 915 Blatt 1 und sonstige Bodenbeschaffenheit	Anmerkungen
A	Subalpine und obere montane Stufe der Alpen und des Alpenvorlandes			
1	Salix appendiculata (Schluchtweide, Großblattweide)	4 St 8 B	3 bis 10, besonders frische Mergel und Schiefer neutral bis leicht alkalisch	(500) 1000 bis 2300 m Meereshöhe besonders für Schluchten und Hangnebelzonen
2	Salix glabra (Glanzweide, Glattweide)	2 St	3 bis 10, feucht, durchsickert auch Dolomit alkalisch bis neutral	600 bis 2300 m Meereshöhe lange Schneebedeckung ertragend
3	Salix hastata (Mattweide, Spießblattweide)	1,5 St	1,5 sickerfrisch bis naß, neutral bis schwach sauer	1000 bis 2100 m Meereshöhe lange und hohe Schneebedeckung ertragend
4	Salix waldsteiniana (Knieweide, Bäumchenweide)	1,5 St	1,5, 10, auf Kalk, sickerfrisch neutral bis schwach sauer	1400 bis 2500 m Meereshöhe lange und hohe Schneebedeckung ertragend
B	Montane und submontane Stufe der Alpen, des Alpenvorlandes und der Mittelgebirge			
5	Salix alba (Silberweide)	20 B	2 bis 7, periodisch überschwemmt neutral	bis 850 m Meereshöhe auch die ssp. vitellina gut geeignet
6	Salix daphnoides (Reifweide)	20 B 10 St	2 bis 9, nur auf Kalk schwach alkalisch bis schwach sauer	bis 1400 m Meereshöhe, Schwerpunkt montane Stufe der Kalkalpen
7	Salix elaeagnos (Grauweide, Lavendelweide)	6 St 16 B	2 bis 7, 10, sickernaß, zeitweise trocken, alkalisch bis neutral	bis 1600 m Meereshöhe Überschwemmung und Verschüttung ertragend
C	Ebene bis in die montane Stufe			
8	Salix alba (Silberweide)	20 B	2 bis 7, periodisch überschwemmt neutral	bis 850 m Meereshöhe auch die ssp. vitellina gut geeignet
9	Salix aurita (Ohrweide)	2 St	1,6 bis 9, stau- und sickernaß, meist kalkarm, mäßig sauer	bis 1500 m Meereshöhe Schwerpunkt montane Silikatgebiete
10	Salix cinerea (Aschweide)	2 bis 3 (6) St	1,6 bis 9, stau- und sickernaß, periodisch überschwemmt, sauer	Alpen bis 1500 m Meereshöhe Mittelgebirge bis 800 m
11	Salix fragilis (Bruchweide)	15 B	1,6 bis 8, periodisch überschwemmt erträgt Staunässe, sauer, meist kalkarm	bis 800 m
12	Salix nigricans (Schwarzweide)	4 St 6 B	4 bis 7, sickernaß, zeitweise auch überflutet, Staunässe ertragend neutral bis schwach sauer	bis 1350 m Meereshöhe Schwerpunkt montane kühlhumide Kalkgebiete. Schattenresistenteste Weidenart
13	Salix pentandra (Lorbeerweide)	6 St 15 B	1,4 bis 6, sicker-staunaß, meist kalkarm, mäßig sauer bis neutral	bis 1600 m Meereshöhe
14	Salix purpurea (Purpurweide, Steinweide)	4 (6) St	2 bis 7, meist kalkreich, auch Dolomit. Zeitweise austrocknend und periodisch überschwemmt neutral bis alkalisch	bis 1300 m Meereshöhe ssp. purpurea auch auf trockenen Standorten größte ökologische Amplitude aller Weidenarten
15	Salix triandra (Mandelweide)	4 St 7 B	2 bis 7, frisch bis naß, periodisch überschwemmt neutral bis alkalisch	bis 1100 m Meereshöhe mäßig schattenresistent
16	Salix viminalis (Korb-, Hanf-, Band-, Elbweide)	5 St 10 B	1 bis 6 sickernaß, periodisch überschwemmt, neutral	bis 800 m Schwerpunkt Stromtäler
17	Populus nigra (Schwarzpappel)	30 B	1 bis 7 periodisch überschwemmt neutral	mäßig wärmeliebend Flachwurzler
18	Ligustrum vulgare (Liguster, Rainweide)	2 St	2 bis 7 trocken, neutral bis alkalisch, auch Dolomit	wärmeliebend Intensivwurzler

Lebende Stoffe und daraus hergestellte Bauteile

chend widerstandsfähig, was bei jüngeren evtl. noch krautartigen Pflanzenteilen meist nicht der Fall ist.

2.1.3.1 Steckholz
Steckhölzer sind unverzweigte ein- und mehrjährige Triebe, die 1 bis 5 cm dick und 25 bis 40 cm (beim Cordonbau mindestens 60 cm) lang sein sollen.

Wenn hier noch von ein- und mehrjährigen Trieben gesprochen wird, sollte aus den schon zuvor erwähnten Gründen in der Praxis die besondere Betonung auf die mehrjährigen Triebe gelegt werden. Dies bedeutet auch zwangsläufig eine Betonung der Verwendung von dickeren Steckhölzern. Je dicker ein Steckholz ist, um so mehr Reservestoffe enthält es sowie insbesondere das „Rhizocaulin", welches von wesentlichem Einfluß auf die Geschwindigkeit und Intensität der Bewurzelung ist. K 690

Auch sollten senkrecht gesteckte Steckhölzer wegen der Austrocknungsgefahr nicht kürzer als 30 cm sein.

Bei der Sicherung von erosionsgefährdeten Hangflächen (Erosion, Steinschlag, Verschüttung, Austrocknung) sollten Steckhölzer jedoch mindestens 60 bis 120 cm lang sein.

2.1.3.2 Setzstangen
Setzstangen sind 1,5 bis 2,5 m lange, gerade, wenig verzweigte Leittriebe.

Setzstangen sind eigentlich überdimensionierte Steckhölzer, es sollten jedoch Endtriebe mit Terminalknospe sein. K 691

Für sie gelten hinsichtlich ihrer Beschaffenheit die gleichen Grundregeln wie für Steckhölzer.

2.1.3.3 Äste und Zweige
Äste und Zweige sind verzweigte Triebe von mindestens 50 cm Länge.

2.1.3.4 Ruten
Ruten sind wenig oder unverzweigte, elastische Triebe von mindestens 1,20 m Länge.

2.1.3.5 Pflöcke
Pflöcke sind Teile gerader Triebe von mindestens 3 cm Dicke und mindestens 50 cm Länge.

Während lebende Äste und Zweige in der Regel ihre Verwendung beim Buschlagenbau, Heckenbuschlagenbau und Spreitlagenbau finden, werden lebende Ruten für Faschinen, Flechtwerke und Spreitlagen eingesetzt, lebende Pflöcke dagegen beim Faschinenbau, Flechtwerkbau, Spreitlagenbau und auch bei der Herstellung von Palisaden. K 692

Der Erwähnung ihrer sonstigen Beschaffenheitsmerkmale — vollsaftig, gesund und von bewurzelungsfähigen Gehölzarten genommen — bedarf es eigentlich nicht mehr.

2.1.4 Lebende Bauteile

2.1.4 Fertigrasen
Fertigrasen muß den Festlegungen nach DIN 18 917 entsprechen.

K 693 Wie schon zu DIN 18 917 ausgeführt, kommt es beim Fertigrasen entscheidend auf die weitgehende Übereinstimmung zwischen dem Boden der Anzuchtfläche und der Verwendungsstelle an. Je größer die Übereinstimmung, um so rascher wird das Anwurzeln des Fertigrasens sein und das Sicherungsziel erreicht werden.

Wegen der Abschwemmungsgefahr wird man hier jedoch dünner geschältem Fertigrasen weniger den Vorzug geben.

2.1.4.2 Saatmatten
Die für die Herstellung von Saatmatten verwendeten Stoffe (Saatgut, Dünger, Bodenverbesserungsstoffe, Mulchstoffe und Kleber) müssen den entsprechenden Festlegungen nach den Abschnitten 2.1 und 2.2 entsprechen. Die Trägersubstanz muß einen festen Zusammenhalt haben.

K 694 Saatmatten wurden und werden in der Praxis immer wieder eingesetzt, doch sind die bisher vorliegenden Erfahrungen nicht ermutigend. Der zu einem sicheren Erfolg erforderliche Aufwand (Ebenflächigkeit, Pflege) setzt hier enge Grenzen.

2.1.4.3 Lebende Faschinen
Lebende Faschinen sind Bündel aus Ruten und/oder Ästen nach den Abschnitten 2.1.3.4 und 2.1.3.3. Die Bündel müssen 10 bis 15 cm dick und 2 bis 4 m lang sein. Sie müssen in der Regel im Abstand von 30 cm mit mindestens 2 mm dickem Draht zusammengebunden sein.

K 695 Wichtigste Aussage ist hier die Begrenzung der Dicke dieser lebenden Faschinen. Bei Faschinen, die dicker als 15 cm sind, werden die im Inneren liegenden Ruten in der Regel austrocknen und absterben.

Sollen aus technischen Gründen dickere Faschinen verwendet werden, sind anstelle von lebenden Faschinen, also voll aus lebenden Ruten (und evtl. Ästen) bestehende Faschinen, richtiger kombinierte Faschinen einzusetzen (siehe K 696).

2.1.4.4 Kombinierte Faschinen
Kombinierte Faschinen sind Bündel, die aus einem Kern aus toten Ruten und/oder Ästen und einem Mantel aus lebenden Ruten und/oder Ästen nach den Abschnitten 2.1.3.4 und 2.1.3.3 bestehen. Sie müssen 10 bis 30 cm dick und 2 bis 4 m lang sein. Die Bündel müssen in der Regel im Abstand von 30 cm mit mindestens 2 mm dickem Draht zusammengebunden sein.

K 696 Kombinierte Faschinen werden eingesetzt, wenn entweder nicht genügend lebende Ruten zur Verfügung stehen oder wenn aus Gründen der Stabilität

Lebende Bauteile, Sonstige Stoffe und Bauteile K 697–699

(z. B. starke Wassererosionsgefahr) dickere Bündel erforderlich werden oder auch bei Faschinendränen.

Doch wird bei ordentlicher Herstellung (Mantel lebende Ruten, Kern tote Ruten/Äste) die kombinierte Faschine relativ teuer und erfährt damit nur eine begrenzte Anwendung.

2.1.4.5 Geflechte

Geflechte für lebende Flechtwerke sind aus Ruten nach Abschnitt 2.1.3.4 herzustellen. Die Geflechte müssen mindestens 3 m lang und 10 cm hoch sein und einen festen Zusammenhalt haben.

Neben von vor Ort hergestellten Flechtwerken — d. h. zwischen Pflöcke geflochtene Ruten — kommen auch vorgefertigte Flechtwerksstreifen zum Einsatz, die hinter eingeschlagene Pflöcke gestellt werden. Bei letzteren ist besonders auf die Frische („vollsaftig") zu achten.   K 697

2.2 Sonstige Stoffe und Bauteile

2.2.1 Holz

2.2.1.1 Arten

Bei der Wahl der Holzarten ist die geforderte Lebensdauer des Bauwerkes, insbesondere bei möglichen Wassereinwirkungen, zu beachten. Als ausreichend widerstandsfähig gegen Feuchtigkeit gelten vor allem Edelkastanie, Eiche, Kiefer (außer Weymouthskiefer), Lärche, Robinie, Ulme sowie ausländische Harthölzer wie z. B. Basralocus, Bongossi, Greenheart.

2.2.1.2 Beschaffenheit

Bauholz darf keine den Gebrauchswert beeinträchtigende Schäden und Fehler aufweisen.

Da die meisten Bauhölzer mit dem Boden und damit mit der Bodenfeuchte in Berührung kommen, ist die Auswahl der Holzarten in erster Linie auf die Wasser- bzw. Feuchtewiderstandsfähigkeit zu richten. Wer kennt z. B. nicht einen vermoderten Buchenstamm, der nur ein bis zwei Jahre auf dem Waldboden lag?   K 698

Wenn man bei Sicherungsbauten meist auf in der Nähe anstehendes Holz zurückgreift, wird in einzelnen Fällen auch besonders widerstandsfähiges Holz erforderlich sein. Dies gilt vor allem für Bauten an Verkehrswegen (Unfallgefahr) oder an schwer zugänglichen Stellen (lange Lebensdauer).

2.2.1.3 Holzschutz

Holzschutzmaßnahmen sind entsprechend der geforderten Lebensdauer des Bauwerkes auszuwählen. Es dürfen nur Holzschutzmittel verwendet werden, für die ein Prüfzeichen erteilt ist und die keine pflanzenschädigenden Stoffe enthalten.

Die Forderung nach Freiheit von pflanzenschädigenden Stoffen ist dort besonders ernst zu nehmen, wo behandelte Holzbauteile mit lebenden Bauteilen oder Pflanzen in Berührung kommen.   K 699

K 700 – 702 DIN 18 918

2.2.1.4 Formen und Abmessungen

K 700 Die nachfolgenden Absätze 2.2.1.4.1 bis 9 befassen sich mit den Formen und Abmessungen der toten Baustoffe aus Holz. Sie bedürfen in der Regel keiner Erläuterung.

2.2.1.4 Tote Äste (Graß)
Tote Äste müssen verzweigt und mindestens 50 cm lang sein.

K 701 Der Ausdruck „Graß" für verzweigtes, unterschiedlich langes Astwerk (Zweige und Äste = Reisig) ist vorwiegend in Österreich üblich. In Verbindung mit der Bauweise „Ausgrassung" sollte auch der Begriff „Graß" verwendet werden („Ausreisigung" wäre doch wohl zu ungewöhnlich).

Man sollte aber bei einer Novellierung der Norm richtiger von Reisig (was auch gemeint ist) anstelle von Ästen sprechen.

2.2.1.4.2 Tote Ruten
Tote Ruten müssen wenig oder unverzweigt und mindestens 1,20 m lang sein.

2.2.1.4.3 Tote Faschinen
Tote Faschinen sind Bündel aus toten Ruten und/oder toten Ästen nach den Abschnitten 2.2.1.4.2 und 2.2.1.4.1. Sie müssen 10 bis 30 cm dick und 2 bis 4 m lang sein. Die Faschinen müssen in der Regel im Abstand von 30 cm mit mindestens 2 mm dickem Draht zusammengebunden sein.

K 702 Die Verwendung von toten Ruten (auch in Verbindung mit toten Ästen) ist relativ selten (als toter Kern von dickeren Faschinen, Dränfaschinen, tote Flechtwerke).

2.2.1.4.4 Tote Pflöcke
Tote Pflöcke sind Stangenabschnitte, die einen Durchmesser von mindestens 3 cm und eine Länge von mindestens 50 cm haben müssen. Sie müssen gerade und am dünnen Ende gespitzt sein. Es können auch gespaltene Hölzer verwendet werden.

2.2.1.4.5 Rohholz-Stangen
Stangen sind Langhölzer, die 1 m über ihrem dickeren Ende einschließlich der Rinde einen Durchmesser ≤ 17 cm haben.

2.2.1.4.6 Rohholz-Langholz
Rohholz-Langholz im Sinne dieser Norm ist Langholz, dessen Mittendurchmesser ≥ 20 cm ohne Rinde beträgt. Der Mittendurchmesser wird durch zwei zueinander senkrecht stehende Messungen (möglichst des kleinsten und größten Durchmessers) ermittelt.

2.2.1.4.7 Baurundholz
Für Baurundholz (Nadelholz) gilt DIN 4074 Blatt 2.

2.2.1.4.8 Bauschnittholz
Für Bauschnittholz (Nadelholz) gilt DIN 4074 Blatt 1.

Sonstige Stoffe und Bauteile   K 703–707

2.2.1.4.9 Hartholzbretter
Hartholzstreifen für Flechtwerke müssen mindestens 4 mm dick, 50 mm breit und 2 m lang sein.

Hierzu werden in der Regel ausländische Harthölzer verwendet, wie z. B. Bongossi. Wenn auch die Preise für diese Holzarten, wie für Bauholz überhaupt, in den letzten Jahren kräftig angestiegen sind, werden sie in der Praxis ihren Vorrang gegenüber Kunststoffprodukten (deren Preisentwicklung noch ungünstiger war) behalten, insbesondere in der Hand von landschaftsverbundenen Planern.   **K 703**

2.2.2 Dünger und Bodenverbesserungsstoffe
Dünger und Bodenverbesserungsstoffe müssen den Festlegungen nach DIN 18 915 Blatt 2 — Landschaftsbau; Bodenarbeiten, Stoffe für vegetationstechnische Zwecke — entsprechen.

Wie alle Normen des Landschaftsbaues ist auch die DIN 18 915 Teil 2 novellierungsbedürftig, insbesondere im Bereich der Komposte aus Klärschlamm und Müll. Hier wird dem Problem der Umweltbelastung mit Rückständen (z. B. Schwermetalle) besondere Aufmerksamkeit zu widmen sein.   **K 705**

2.2.3 Mulchstoffe
Mulchstoffe aus pflanzlichen, tierischen oder synthetischen Fasern müssen in der Lage sein, als lose geschüttete Schicht ein wachstumsförderndes Mikro-Klima zu erzeugen, die Bodenoberfläche gegen mechanische Angriffe zu schützen, und sollten in der Lage sein, Wasser aufzunehmen, zu speichern und wieder abzugeben.
Die Mulchstoffe dürfen keine pflanzenschädigenden Bestandteile enthalten. Bei Mulchstoffen für Trocken-Saaten muß der überwiegende Teil der Fasern eine Mindestlänge von 10 cm haben.

Zum Zeitpunkt der Aufstellung dieser Norm standen die Mulchstoffe zur Debatte, die bei der Naß- und Trocken-Saat zur Verwendung kamen, wobei Stroh im Vordergrund stand.   **K 706**

Während man sich bei Mulchstoffen für Trocken-Saaten (z. B. *„Schiechteln"* mit allen daraus abgeleiteten Synonymen) auf eine Mindestlänge rasch einigen konnte, gelang dies bei Mulchstoffen (insbesondere Strohhäcksel) für Naß-Saaten nicht. Grund für die Unmöglichkeit einer Einigung war die unterschiedliche Leistungsfähigkeit der von den Naß-Saat-Unternehmen verwendeten Maschinen.

Doch sollte ausgesprochen werden, daß mit der Länge der einzelnen Mulchstoffteile der Sicherungswert steigt. Längere Fasern verzahnen sich besser und bieten dann den Erosionskräften größeren Widerstand.

In der letzten Zeit kommen verstärkt Mulchstoffe auf der Basis von Rinde (meist Nadelgehölze) auf den Markt. Die Rindenmulche werden aber nur zur Mulchung von nicht steilen Pflanzflächen mit Erfolg eingesetzt. Ihr   **K 707**

Erfolg beruht dabei z. T. auf der keimungshemmenden Wirkung gegenüber Unkräutern. Diese Eigenschaft schließt jedoch die Verwendung als Mulchstoff für Naß- und Trocken-Saaten aus. Es ist aber nicht auszuschließen, daß derartige Mulche nach Bearbeitung (z. B. besondere Kompostierungsverfahren) auch hier einsetzbar werden.

2.2.4 Kleber

Stoffe zur Oberflächenfestlegung und/oder zur Verbindung der aufgebrachten Stoffe (siehe Tabelle 3, Nr. 5) dürfen keine löslichen pflanzenschädlichen Stoffe enthalten oder bei eventueller Umsetzung entwickeln. Ebenso dürfen sie keine nachhaltig keimungshemmenden Stoffe enthalten bzw. im verarbeiteten Zustand bei sachgemäßer Mengenbemessung nicht nachhaltig keimungshemmend wirken.

K 708 Zu diesen Klebern zählen Bitumen (Kaltbitumen), Tallöl-Produkte, Hydrosilikate, Kunststoff-Emulsionen, Polyvinylalkohole, Ligninsulfonate, Methylzellulose (Zelluloseäther) und Alginate sowie organische Kleber z. B. auf Getreidebasis.

Diese Norm sieht die alleinige, durchaus mögliche und auch praktizierte Festlegung von Bodenoberflächen mittels Kleber ohne gleichzeitige oder unmittelbar nachfolgende Ansaat nicht als landschaftsbauliche Sicherungsbauweise an.

Sie ist daher auch nicht Gegenstand dieser Norm.

Hier sind also Kleber stets in Verbindung mit Pflanzen, Pflanzenteilen oder Saatgut zu sehen. Aus diesem Grunde ist der Pflanzenverträglichkeit ein so hoher Stellenwert beigemessen worden.

Nicht der Kleber ist die Sicherung, er ist nur eine Starthilfe für die eigentliche Sicherung, die Vegetationsdecke.

Während man bei den bewährten Produkten von einer gegebenen Pflanzenverträglichkeit ausgehen kann, wirken einige von ihnen bei falscher, d. h. überhöhter Dosierung keimungshemmend bis keimungsverhindernd.

Bei neueren Stoffen sollte man stets auf der Vorlage von Berichten aus neutralen Untersuchungen bestehen.

2.2.5 Natursteine

Für die Prüfung und Auswahl von Natursteinen sind DIN 52 100 bis DIN 52 106 und DIN 52 108 bis DIN 52 113 maßgebend. Die Anforderungen an die Eigenschaften der zu verwendenden Natursteine, insbesondere ihre Verwitterungsbeständigkeit, sind dem Verwendungszweck anzupassen.

Geeignet sind alle witterungsbeständigen Tiefengesteine, kompakte Ergußgesteine, dichte Kalksteine, metamorphe Gesteine und z. T. auch Sandsteine und Quarzite mit kieseligem Bindemittel.

K 709 Während die Verwitterungsbeständigkeit bei Natursteinen zu Sicherungszwecken im Vordergrund steht, sind aber auch die Bearbeitbarkeits-Eigen-

Sonstige Stoffe und Bauteile K 710–712

schaften nicht außer acht zu lassen, wie z. B. Lagerhaftigkeit und Spaltbarkeit.

Auch sollte der landschaftsbewußte Planer stets dem anstehenden Gestein den Vorzug geben und nicht einen klüftigen Muschelkalk mit Sandstein oder Graniten verbauen.

Wenn in der Norm künstliche Steine im Abschnitt „2. Stoffe und Bauteile" nicht Erwähnung fanden, sind auch die für diese im Normenwerk des DIN enthaltenen Normen sowie die anderswo aufgestellten Regeln und Richtlinien (z. B. Regelwerke der Forschungsgesellschaft für das Straßenwesen) zu beachten. **K 710**

2.2.6 Böden (Lockergesteine) für bautechnische Zwecke
Für die Klassifikation von Böden (Lockergesteinen) für bautechnische Zwecke gilt DIN 18 196.

Wenn die Einordnung der Böden und Felsarten in Bodenklassen nach DIN 18 300 „Erdarbeiten" für den Einzelfall ausreichend ist, kann auch diese Klassifikation verwendet werden. **K 711**

Zur Beurteilung der Frostsicherheit, Wasserempfindlichkeit usw. reichen die Merkmale der Bodenklassen der DIN 18 300 — die auf den Schwierigkeitsgrad bei der Lösbarkeit der Böden abgestellt sind — jedoch nicht aus.

Hier sind dann eingehendere Untersuchungen erforderlich, die dann auch zwangsläufig die Bodeneigenschaften offenlegen, die eine Klassifikation nach DIN 18 196 ermöglichen.

2.2.7 Böden für vegetationstechnische Zwecke
Für die Einordnung von Böden in Bodengruppen für vegetationstechnische Zwecke gilt DIN 18 915 Blatt 1 — Landschaftsbau; Bodenarbeiten für vegetationstechnische Zwecke. Bewertung von Böden und Einordnung in Bodengruppen —.

Obwohl auch die Bodengruppen der DIN 18 915 Teil 1 Rückschlüsse auf die Lösbarkeit und die Bearbeitbarkeit (Einfluß von Wasser auf bindige Bodenarten) zulassen, steht bei dieser Norm die Eignung für vegetationstechnische Zwecke im Vordergrund. DIN 18 300 hat für den Oberboden nur eine Bodenklasse. Dies mag dort genügen, wo nur der Schwierigkeitsgrad beim Lösen (Abtrag in relativ dünnen Schichten) im Vordergrund steht, auch wenn das Raster (nur eine Bodenklasse) zu eng ist. Dabei braucht nur auf den Unterschied zwischen einem sandigen Oberboden und einem stark bindigen Oberboden hingewiesen zu werden. Während der sandige Oberboden bei fast jedem Feuchtezustand gleichmäßig arbeitsaufwendig bearbeitbar ist, wird ein stark bindiger Oberboden je nach Feuchtezustand (plastisch bis flüssig oder halbfest bis fest) nicht nur schwieriger bearbeitbar sein, er wird auch jeweils andere Arbeitstechniken erfordern. **K 712**

Eine Einordnung des Oberbodens und auch anderer Böden, die für vegetationstechnische Zwecke verwendet werden sollen (z. B. als Oberboden-Ersatz, in Substraten) in die Bodengruppen der DIN 18 915/1, wird dagegen nicht nur vegetationstechnischen Gegebenheiten und Erfordernissen gerecht, sie läßt auch wesentlich genauere Aufschlüsse für Bearbeitbarkeit zu.

2.2.8 Draht
Für Draht gilt DIN 177.

2.2.9 Drahtgeflecht
Das Drahtgeflecht für Schutznetze muß DIN 1199 entsprechen. Es muß nach DIN 1548 dick verzinkt und mindestens 3 mm dick sein. Die Maschenweite sollte 100 mm nicht überschreiten.

Das Drahtgeflecht für Drahtschotterbehälter soll sechseckige Maschen haben. Die Maschenweite soll nicht größer als 100 mm sein. Die Drahtdicke darf nicht weniger als 2,2 mm betragen, das Drahtgeflecht muß nach DIN 1548 dick verzinkt sein.

K 713 Die hier genannten Mindestbedingungen (dick verzinkt, Drahtdicken und Maschenweiten) sollen eine optimale Lebensdauer der Geflechte sichern.

Denkbar ist aber z. B. auch die Verwendung von nicht verzinkten Geflechten, wenn ein rasches „Verschwinden" nach Erfüllung eines schon in kurzer Zeit erfüllbaren Sicherungszweckes gewünscht wird (z. B. bei der Festlegung von Ausgrassungen).

Bei Schutznetzen und auch bei Drahtschotterbehältern wäre jedoch ein Sparen an der Verzinkung oder an der Dimensionierung völlig fehl am Platze. Bei den Schutznetzen, und meist auch bei den Drahtschotterkästen, kommt es auf Sicherheit an. Da aber auch meist hohe Lohnkosten bei diesen Sicherungsbauweisen anfallen, würden evtl. Einsparungen, z. B. an der Drahtdicke, ohnehin kaum zu Buche schlagen, evtl. früher notwendig werdende Reparaturen jedoch viel teurer werden.

2.2.10 Drahtseile
Für Drahtseile gilt DIN 3051 Blatt 4, DIN 3060 und DIN 3066; sie müssen verzinkt und spannungsarm sein.

K 714 Die hier genannten Drahtseile (Rundlitzenseil 6 × 19 Standard = DIN 3060; Rundlitzenseil 6 × 37 Standard = DIN 3066) gelten dagegen nur als Beispiel. Hier kommt es auf den Verwendungszweck und die sich daraus ergebenden statischen Erfordernissen an.

Grundsätzlich müssen sie jedoch aus Gründen der Lebensdauer verzinkt sein.

Die Vorschrift „spannungsarm" dient lediglich der besseren Verarbeitbarkeit.

Boden- und Geländeuntersuchungen K 715–716

2.2.11 Anker

Stein- und Zuganker müssen aus Stahl USt 37 bestehen, einen Durchmesser von mindestens 20 mm, eine Länge von mindestens 800 mm haben. Die Ösen der Anker müssen geschlossen sein.

Mindest-Durchmesser und Länge der Anker beziehen sich auf die in der Norm genannten Steinschlagschutznetze (Abschnitt 6.4.1), für die eine Mindesttiefe von 80 cm für die Verankerung im Fels gefordert ist. K 715

Darüber hinaus ist jeweils die geforderte Art der Oberflächenbehandlung zu vereinbaren.

2.2.12 Folien und Gewebe aus Kunststoff

Zur Abdichtung für Filter oder als Verbindungsbauteile verwendete Folien oder Gewebe aus Kunststoff müssen auf den Verwendungszweck abgestimmte Eigenschaften aufweisen wie u. a.:

Ausreichende Zug- und Druckfestigkeit, Langzeitfestigkeit, Dehnbarkeit, Wasserdurchlässigkeit, Dichte, Beständigkeit gegen Säuren, Frost, Luftzutritt, Strahlen, Temperatur, Stoß und Nagetierfraß.

Hier war es dem Normenarbeitsausschuß nicht möglich, präzisere Anforderungen zu formulieren. K 716

Zunächst war bereits die Palette der angebotenen Produkte sehr groß geworden und eine sprunghaft steigende Zunahme zu erwarten. Dann lagen auch nur bruchstückhafte Normenfestlegungen für diese Produkte vor.

Für den Anwendungszweck reichte aber auch eine beispielhafte Aufzählung von möglichen Beanspruchungsfaktoren, die dem Anwender die Auswahl der geeigneten Bauteile unter Beachtung des Verwendungszweckes und der zu erwartenden Beanspruchung überläßt.

3 Boden- und Geländeuntersuchungen

Zur Ermittlung der geeigneten Bauweisen und der dabei zu verwendenden Stoffe und Bauteile sind Untersuchungen des Bodens bzw. der zu sichernden Geländeteile entsprechend den Festlegungen nach DIN 18 915 Blatt 1 vorzunehmen.

Weiter sind zu beachten:

a) Für die Ausführung vorgesehene Jahreszeit,
b) Niederschlagsmenge, -häufigkeit und -intensität,
c) Fassung von Oberflächen- und Schichtwasser, deren Ableitung sowie Vorflutverhältnisse,
d) Rutschgefährdung durch Wasser,
e) besondere Erosionsgefährdung durch Wind und Wasser,
f) mögliche Veränderungen des Lagerungszustandes durch Witterungseinflüsse,
g) ungünstiger Lagerungszustand,
h) ungeeigneter Schüttwinkel,
i) Lawinengefährdung.

K 717　Der Erfolg einer Leistung hängt maßgeblich von der Intensität der vom Planer vorgenommenen Voruntersuchungen, der richtigen Wertung ihrer Ergebnisse und deren Berücksichtigung bei der technischen Planung und Leistungsbeschreibung ab.

Unterlassene und/oder falsch interpretierte Voruntersuchungen führen in der Angebotsphase zu Wettbewerbsverzerrungen, im Bauablauf zu Streitigkeiten, Anmeldungen von Bedenken, Verzögerungen, aber auch zu Baufehlern und Gewährleistungsdifferenzen.

K 718　Zur Vervollständigung des Kataloges der zu beachtenden möglichen Einflußfaktoren werden die nur pauschal angesprochenen Festlegungen aus DIN 18 915 Teil 1 wiederholt:

a) Korngrößenverteilung

Labor: Bestimmung der Korngrößenverteilung und der Ungleichförmigkeitszahl (U-Wert)

Feldversuch: Korngrößenansprache
Trockenfestigkeitsversuch
Schüttel-, Knet-, Reibe- und Schneideversuch

b) Plastische Eigenschaften und Konsistenz

Labor: Bestimmung der Konsistenzgrenzen, des Wassergehaltes und der Kornwichte

Feldversuch: Walz-, Reibe-, Schneide-, Roll- und Druckversuch

c) Wasserdurchlässigkeit

Labor: Bestimmung k*mod-Wertes

Feldversuch: Bestimmung der Zeigerpflanzen für Vernässung und Verdichtung (nur bei ungestörten Böden)

d) Grundwasserstand

Erkundigungen: Aufzeichnungen der Wasserwirtschaftsämter u. ä.

Feldversuch: Grundwasserbeobachtungen (Peilrohre, Schürfgruben, Bohrungen

e) Gehalt an organischer Substanz

Labor: Nasse Verbrennung, Glühverlust, Zersetzungsgrad von Torfen

Feldversuch: Farbansprache
Riechversuch

f) Bodenreaktion

Labor: Bestimmung des pH-Wertes in einer KCL-Aufschwemmung o. ä.

Sicherungen durch Ansaaten   K 719 – 720

Feldversuch: Farbindikatoren
Elektrodenmessung
Zeigerpflanzen (bei ungestörten Böden)

g) Nährstoffgehalt
Labor: Bestimmung des Nährstoffgehaltes, pflanzenschädliche Stoffe
Feldversuch: Zeigerpflanzen

h) Dichte des feuchten Bodens
Laborversuch: Wägung im gesättigten Zustand

i) Einordnung der Böden in die Bodengruppen nach den Ergebnissen der Voruntersuchung (Korngrößenverteilung).

Entgegen ursprünglicher Annahmen hat sich in der Praxis herausgestellt, daß die Laboruntersuchungen kostengünstig zweifelsfreie Ergebnisse bringen.   K 719

Felduntersuchungen setzen dagegen ein hohes Maß an Erfahrung und Kenntnissen voraus, die leider nicht überall vorhanden sind.

Ehe man hier schätzt (oder spekuliert), sollte man Spezialisten und ihre Labors heranziehen.

Der hier und in DIN 18 915 Teil 1 genannte Katalog der zu beachtenden Einflußfaktoren gilt generell für alle Sicherungsbauweisen, auch wenn zu den besonderen Saatverfahren in Abschnitt 4.2.3 nochmals die Einschätzung der Standortfaktoren angesprochen wird.   K 720

4 Sicherungen durch Ansaaten

4.1 Beschaffenheit der Bearbeitungsflächen

Bei Böschungen müssen Krone und Fuß mit einem Radius von mindestens 3 m ausgerundet sein. Freigelegte Wurzelstöcke im Ausrundungsbereich müssen abgeschnitten sein. Gehölze, deren Wurzelwerk bei Erdarbeiten beschädigt wurde und deren Standsicherheit dadurch nicht gewährleistet ist, müssen entfernt sein.

Rutschgefährdete Böschungen müssen durch geeignete Maßnahmen des Lebensverbaues nach Abschnitt 5 gesichert sein. Quellhorizonte oder wasserführende Schichten müssen durch geeignete Maßnahmen nach Abschnitt 6 gesichert sein.

Grenzen die zu begrünenden Böschungen an Gebiete, aus denen ein so reichlicher Wassereinzug zu erwarten ist, daß die Standfestigkeit der Böschung und die Entwicklung der Begrünung gefährdet werden könnten, müssen geeignete Entwässerungen angelegt sein.

Wege oberhalb oder in Böschungen und auf Bermen müssen ein talseitiges Quergefälle aufweisen. Sind sie jedoch mit einem bergseitigen Quergefälle angelegt, müssen sie mit einem entsprechenden Bauwerk zur Wasserableitung versehen sein.

Zum Zeitpunkt der Saat sollte der Boden frostfrei sein.

K 721 Die fehlende oder unterlassene Ausrundung von Böschungskronen ist häufig die Ursache von Abbrüchen oder Rutschungen im Kronenbereich, da hier die sichernde Begrünung nicht anwachsen konnte (Trockenheits- und Frostzonen).

Während *Schiechtl* in „Sicherungsarbeiten im Landschaftsbau" einen Ausrundungs-Radius von mind. 5 m fordert, konnte man sich hier nur auf mind. 3 m einigen, was aber wohl die unterste Grenze des Vertretbaren darstellt.

Der ausschlaggebende Grund liegt hier bei dem geringeren Flächenbedarf und dem entsprechend geringeren Grunderwerb. Der Mindestradius sollte deshalb nur unter diesen ökonomischen Zwängen zugelassen werden.

Die Forderung nach Ausrundung auch des Böschungsfußes ergibt sich aus den Notwendigkeiten des Unterhaltes (Mähen u. a.).

Doch nicht nur Böschungskronen sind auszurunden, sondern auch die Ränder von Ausbrüchen und Anschnitten.

K 722 „Freigelegte Wurzelstöcke ... müssen abgeschnitten sein", bedeutet auch, daß diese möglichst nicht gerodet werden sollen, um nicht den Zusammenhalt des Erdkörpers mehr als notwendig zu stören.

K 723 So wichtig die Erhaltung eines jeden Gehölzes ist, so wichtig ist auch aus Sicherungsgründen das Erzielen einer geschlossenen Vegetationsdecke. Gefährden in ihrer Standsicherheit beeinträchtigte Bäume (z. B. Wurzelschäden nach Erdarbeiten) dieses Ziel, müssen sie entfernt oder aber weit zurückgeschnitten werden. Auch ein auf Stock gesetztes ausschlagfähiges Gehölz kann sich rasch wieder zum Baum entwickeln und dabei auch wieder das Wurzelwerk regenerieren.

K 724 Den angrenzenden Flächen ist besondere Beachtung zu widmen. Immer wieder sind stark erodierte Ansaatflächen zu sehen, bei denen aus obenliegenden Flächen andringendes Oberflächenwasser unschwer als Ursache festzustellen ist. Dieses Oberflächenwasser muß vorher aufgefangen und dann seitlich oder über die zu sichernde Fläche geordnet abgeführt werden. Die dafür erforderlichen Maßnahmen sind keine Nebenleistung im Sinne von DIN 18 320.

K 725 Wenn auch in Einzelfällen Ansaaten auf gefrorenem Boden zum Erfolg führten, kann dies jedoch nicht als Regelmöglichkeit angesehen werden. Auch bei Ansaaten für Sicherungszwecke gelten die gleichen optimalen Ansaat-Zeiträume wie für Rasen nach DIN 18 917 (siehe K 633).

K 726 In diesem Abschnitt wird immer von „... müssen sein" gesprochen (z. B. Böschungen müssen an Krone und Fuß ausgerundet sein). Damit wird deutlich, daß die hier genannten Leistungen nicht als Nebenleistung der Ansaat zu betrachten sind. Sie sind eine Voraussetzung für die Ansaat und daher vorweg zu erbringen und gesondert zu vergüten. Sie sind daher in der Leistungsbeschreibung auch in gesonderten Positionen zu erfassen.

Art der Saatverfahren, Kurzzeichen   K 727 – 728

4.2 Art der Saatverfahren und ihre Kurzzeichen

4.2.1 Verfahrensgruppen

Die besonderen Saatverfahren für Flächensicherungen in der Landschaft gliedern sich in die Gruppen Naß-Saaten und Trocken-Saaten. Bei einer Flächensicherung im Normalsaatverfahren gilt DIN 18 917 — Landschaftsbau; Rasen, Saatgut, Fertigrasen, Herstellen von Rasenflächen —.

Gegenstand dieser Norm ist die Sicherung von Flächen in der Landschaft durch die Naß-Saaten und die Trocken-Saat als besondere Saatverfahren gegenüber dem Saatverfahren nach DIN 18 917, hier als „Normalsaatverfahren" bezeichnet.   K 727

Mit diesen Gruppenbezeichnungen wurde erstmals der Versuch unternommen, für die bei Sicherungs-Ansaaten bis dahin vorhandene Vielfalt der Bezeichnungen, die meist produkt-, verfahrens- oder firmengebunden waren oder sind, systemneutrale Begriffe zu prägen. Rückblickend kann gesagt werden, daß dieser Versuch geglückt ist und diese Begriffe Eingang in die Praxis gefunden haben, voran in der ATV DIN 18 320 „Landschaftsbauarbeiten" und den Standardleistungsbüchern, wie z. B. LB 003 des GAEB.

4.2.1.1 Naß-Saaten (N)

Bei den Naß-Saaten wird das Saatgut, mit Wasser als Trägersubstanz vermischt, gegebenenfalls mit Beimischung von Dünger, Bodenverbesserungsstoffen, Mulchstoffen und Klebern, auf die zu sichernden Flächen aufgespritzt. Die Ausbringung von einzelnen Zuschlagstoffen, wie Kleber, Mulchstoffe oder Mulchstoffe und Kleber, kann auch in getrennten Arbeitsgängen erfolgen. Die Naß-Saaten erhalten als Kennbuchstaben ein „N", das allen Kurzzeichen für Naß-Saatverfahren mit einem nachfolgenden Schrägstrich (/) vorangestellt wird.

Allen Naß-Saaten ist eigen, daß als Transport- oder Trägersubstanz Wasser verwendet wird.   K 728

Das Wasser wird in Gefäßen mit Saatgut und in der Regel mit Zuschlagstoffen vermischt (meist mittels Rührwerken) und mittels Druck durch Spritzkanonen, Rohre oder Schläuche auf die zu sichernden Flächen aufgebracht. Die Aufbringung von Saatgut und Zuschlagstoffen kann auch in getrennten Arbeitsgängen erfolgen. Das Wasser wird jedoch auch hierbei in der Regel als Träger- oder Transportmittel verwendet.

Lediglich für das Ausbringen von Mulchstoffen sind auch Blasgeräte üblich.

4.2.1.2 Trocken-Saaten (T)

Bei den Trocken-Saaten wird das Saatgut, gegebenenfalls unter Beigabe von Dünger und Bodenverbesserungsstoffen, trocken auf die zu sichernden Flächen aufgebracht. Die Flächen können entweder zuvor oder danach mit einer Mulchschicht aus Stroh oder ähnlichen Stoffen nach Abschnitt 2.2.3 abgedeckt werden. Abschließend wird die Mulchschicht mit Klebern festgelegt.

Die Trocken-Saaten erhalten als Kennbuchstaben ein „T", das allen Kurzzeichen für Trocken-Saaten mit einem nachfolgenden Schrägstrich (/) vorangestellt wird.

K 729 Trocken-Saaten in Verbindung mit meist dickeren Mulchauflagen (insbes. Stroh) werden meist dort eingesetzt, wo Naß-Saaten wegen Unzugänglichkeit (Wasser- bzw. Maschinentransport) nicht mehr möglich sind. Doch auch dort, wo wegen Erosionsgefahr besonders dicke Mulchschichten (diese aber locker bzw. gut wasserdurchlässig gelagert) erforderlich werden, wird das in der Regel lohnaufwendigere Trocken-Saatverfahren eingesetzt.

Wenn man auch meist unter einer Trocken-Saat ein Verfahren versteht, bei dem Saatgut sowie Dünger und Bodenverbesserungsstoffe entweder vor oder nach dem Aufbringen einer Mulchdecke auf Fläche aufgebracht wird, so ist z. B. das Aufbringen von Saatgut von einem Flugzeug aus auch als Trocken-Saat zu verstehen. Außer als Verdünnungsmittel für Kleber wird kein Wasser verwendet.

4.2.2 Einzelverfahren

Die Einzelverfahren unterscheiden sich in der Art und Anzahl der verwendeten Stoffe. Sie werden mit Kurzzeichen, die sich aus den Anfangsbuchstaben der verwendeten Stoffe ableiten, gekennzeichnet.

Die Kurzzeichen für die Einzelstoffarten lauten:

Saatgut = s
Dünger = d
Kleber = k
Bodenverbesserungsstoffe = b
Mulchstoffe = m

Ihnen ist jeweils der Kennbuchstabe der Verfahrensgruppe voranzustellen.

Die Kurzzeichen für die Einzelverfahren lauten:

Saatgut, mit Zusatz von Dünger = sd

Saatgut, mit Zusatz von Dünger und Kleber = sdk

Saatgut, mit Zusatz von Dünger und Bodenverbesserungsstoffen = sdb

Saatgut, mit Zusatz von Dünger und Mulchstoffen = sdm

Saatgut, mit Zusatz von Dünger, Klebern und Bodenverbesserungsstoffen = sdkb

Saatgut, mit Zusatz von Dünger, Bodenverbesserungsstoffen und Mulchstoffen = sdbm

Saatgut, mit Zusatz von Dünger, Klebern und Mulchstoffen = sdkm

Saatgut, mit Zusatz von Dünger, Klebern, Bodenverbesserungsstoffen und Mulchstoffen = sdkbm

K 730 Um für Zwecke der Ausschreibung von Leistungen u. ä. einigermaßen handliche und „sprechende" Begriffe zur Verfügung zu haben, wurde eine Kombination von Kurzzeichen gefunden, die die Verfahrensgruppe (N = für Naß-Saat und T = für Trocken-Saat) bezeichnet und ergänzt wird durch ein Kurzzeichen für den jeweils verwendeten Zuschlagstoff.

Einschätzung der Standortverhältnisse K 731

Denkbar ist als kürzeste Bezeichnung „Ns" (Wasser + Saatgut) oder „Ts" („trockene" Ausbringung von Saatgut durch Blasen, Streuen usw.), siehe dazu jedoch auch 4.2.4 bzw. Tabelle 2.

4.2.3 Einschätzung der Standortverhältnisse
Der Auswahl der möglichen, erfolgversprechenden Saatverfahren geht die Einschätzung und Bewertung der Standortverhältnisse voraus, bezogen auf den vorgesehenen Ausführungszeitpunkt.
Wichtigste Kriterien sind Zustand der Vegetationsschicht, Klima und Erosionsgefahr.

Über das Erfordernis einer sorgfältigen, umfassenden Voruntersuchung ist bereits zu K 717 ff. ausführlich Stellung bezogen worden. K 731

Für die bei Saatverfahren wichtigsten Kriterien — Vegetationsschicht, Klima und Erosionsgefahr — ist zu dieser Norm ein Bewertungsverfahren entwickelt worden.

Wenn dieses Verfahren auch nicht ohne Fachkenntnisse angewendet werden kann, gibt es jedoch dem Fachmann in Form einer Scheckliste die Möglichkeit zur annähernd sicheren Einschätzung der Standortbedingungen am Sicherungsort.

Die Einordnung der Einschätzungsergebnisse in einen Bewertungsrahmen mag man als zu subjektiv angreifen können. Vielleicht kann in einer weitergehenden Arbeit, z. B. als Ergebnis eines Forschungsvorhabens, ein weitergehender Bewertungsrahmen gefunden werden, bei dem z. B. ein bestimmter Gehalt an Feinteilen in einem Boden zu einer bestimmten Bewertungszahl hinsichtlich der vegetationstechnischen und bodenmechanischen Eignung (Erosions- und/oder Rutschungsgefahr) führt.

Da jedoch viele Faktoren voneinander abhängen oder in ihrem Zusammenwirken zusätzliche oder andere Wirkungen ermöglichen oder verhindern, würde ein derartig festgefügter und engmaschiger Rahmen zu schwer zu handhaben sein. Der Ausschuß war der Ansicht, daß ein Fachmann nach Anleitung durch die in der Norm genannten Kriterien in der Lage ist, eine annähernd gesicherte Bewertung der Standortverhältnisse zu erlangen. Im Zweifelsfalle wird er dabei stets etwas ungünstiger bewerten und damit evtl. Risiken ausschalten.

4.2.3.1 Vegetationsschicht
Bei der Schätzung des Zustandes der Vegetationsschicht sind unter anderem folgende Faktoren zu beachten: Dicke, Korngrößenverteilung (Feinkorngehalt), Gehalt an organischer Substanz, Gefüge, Wasserdurchlässigkeit, Wasserspeicherfähigkeit, Feuchtigkeit, Nährstoffgehalt, Reaktion (pH-Wert) und Gehalt an toxischen Stoffen.
Die Bewertung des Zustandes der Vegetationsschicht erfolgt nach den Stufen:
1 = sehr gut, 2 = gut, 3 = mittel, 4 = schlecht, 5 = sehr schlecht.

4.2.3.2 Klima
Für die Einschätzung des Klimas sind u. a. folgende Faktoren zu beachten:
a) Makroklimatische Faktoren — in Abhängigkeit von Höhenlage und Lage zum Meer — wie Niederschlagsmenge und -verteilung, Luftfeuchte, Länge und Häufigkeit von Trockenperioden, Temperaturmittel und -schwankungen,
b) Mikroklimatische Faktoren — in Abhängigkeit von Neigungsrichtung (Exposition) und Neigungsgrad (Inklination) — wie Lichtverhältnisse, Wind, Besonnung, Häufigkeit des Frostwechsels, Schneedeckenandauer.

Die Bewertung des Klimas erfolgt nach den Stufen:
1 = sehr günstig, 2 = günstig, 3 = mittel, 4 = ungünstig, 5 = sehr ungünstig.

4.2.3.3 Erosions- und Rutschungsgefahr
Bei der Einschätzung der Erosions- und/oder Rutschungsgefahr sind u. a. folgende Faktoren zu beachten: Höhe, Neigungsgrad und Größe der Böschung; Unwetterneigung insbesondere Gefahr von Starkregen und Überflutung; Wind-Häufigkeit, -Stärke und Böigkeit; Zusammenhalt der Vegetationsschicht beeinflußt durch Korngrößenverteilung, organische Substanz und Feuchtigkeit; Häufigkeit des Frostwechsels.

Die Bewertung der Erosions- und Rutschungsgefahr erfolgt nach den Stufen:
1 = sehr gering, 2 = gering, 3 = mittel, 4 = hoch, 5 = sehr hoch.

K 732 Die vorstehend genannten Einflußfaktoren sind für den Regelfall als vollständig anzusehen.

Welcher der Faktoren den Ausschlag für die Bewertung gibt, hängt durchaus vom Einzelfall ab.

So kann ein hoher Gehalt an toxischen Stoffen (z. B. bei einer Abraumhalde) alle anderen Faktoren bei der Bewertung der Eignung als Vegetationsschicht überdecken, auch wenn diese als gut anzusehen sind. Andererseits würde eine zu geringe Dicke der Vegetationsschicht über einer Halde mit giftigen Stoffen die Bewertung erheblich verschlechtern.

K 733 Tabelle 2 ist der Kern der Naß- und Trocken-Saatverfahren. Sie ermöglicht die Entscheidung, welches Saatverfahren (N oder T) zur Anwendung kommen soll und welche Zuschlagsstoffe verwendet werden müssen, um einen gesicherten Erfolg zu erreichen. Grundsätzlich wird dabei davon ausgegangen, daß Dünger in jedem Fall als Starthilfe erforderlich ist.

Erosionsgefahr bewirkt das Dazutreten von Klebern, schlechte Bodenverhältnisse (z. B. zu hohe Wasserdurchlässigkeit, zu geringer Gehalt an organischer Substanz, ungünstige Bodenreaktion) erfordern den Einsatz von geeigneten Bodenverbesserungsmitteln; aus gleichen Gründen (aber auch klimatische Faktoren und/oder Erosionsgefahr) werden schließlich Mulchstoffe eingesetzt.

K 734 Auch gilt der Grundsatz, daß man lieber eine höhere, intensivere Stufe ansetzen sollte an Stelle eines Risikos.

Eine aus Kostengründen zu gering angenommene Stufe und ein deswegen zu gering ausgelegtes Verfahren wird unter Umständen nur zu einem man-

Auswahl der Saatverfahren

gelhaften Ergebnis führen und sofort oder in der Folge erhebliche Nachbesserungen erfordern. Dies würde dann letzlich die anfänglichen Einsparungen erheblich übersteigen und in der Zwischenzeit den angestrebten Sicherungszweck in Frage gestellt haben (Verkehrsgefährdung wegen fehlender oder unzureichender Sicherung, Gefährdung des Verkehrs durch die Mängel oder bei den Nachbesserungen).

Bei der Bewertung der Vegetationsschicht ist auch der darunter anstehende Boden bzw. das Gestein mitzubewerten, da eine gute Vegetationsschicht, die nicht mit dem Unterboden harmoniert, negativ zu beurteilen ist.

Aus diesen wenigen Ausführungen wird deutlich, daß alle Faktoren zunächst für sich und dann im Einfluß zueinander gewogen und bewertet werden müssen. Genau hier liegt die Notwendigkeit von Erfahrung und Kenntnissen.

4.2.4 Auswahl der Saatverfahren

Die Saatverfahren sind in spezifischen, unterschiedlich breiten Bereichen anwendbar. Diese Anwendungsbereiche sind in Tabelle 2 dargestellt.

Die Tabelle enthält:

a) die Saatverfahren, dargestellt in Kennbuchstabe und Kurzzeichen,

b) die Einschätzungsbereiche, unterteilt nach den Bewertungsstufen,

c) die Kennzeichnung der Anwendungsbereiche, differenziert nach notwendigen Aufwandmengen an Saatgut und Zuschlagstoffen (punktierter Balken = Mindestmenge, senkrecht schraffierter Balken = Mittelmenge, schräg schraffierter Balken = Höchstmenge). (Siehe auch Tabellen 2 und 3),

d) die jeweils höchste Einstufungszahl bzw. ungünstigste Einstufung ist in der Regel maßgeblich für das einzusetzende Verfahren.

Bei der Bemessung der Aufwandmengen ist die Wirkungsweise der einzelnen Stoffe zu beachten. So benötigt z. B. ein Boden in gutem Zustand in erosionsgefährdeter Lage zwar einen höheren Aufwand an Kleber und gegebenenfalls auch an Saatgut, jedoch nicht an Dünger. Andererseits verlangt z. B. ein nährstoffarmer, wenig humoser Boden einen hohen Aufwand an Dünger und Bodenverbesserungsstoffen, benötigt aber in nicht erosionsgefährdeter Lage nur einen geringen Aufwand an Kleber.

Mit den Angaben in den Spalten „Mindest-, Mittel- und Höchstmenge" hat Tabelle 3 ihren Bezug zur Tabelle 2 mit den Einzelverfahren.

Diese Tabelle gibt dem Planer einer Ansaat den Maßstab zur Bemessung der einzusetzenden Mengen der Zuschlagstoffe und der Saatgutmengen.

Mit Hilfe der beiden Tabellen ist eine systemneutrale Leistungsbeschreibung möglich geworden wie sie lt. VOB/A § 9 Abschnitt 7.3 gefordert wird.

Als Mindestumfang einer Leistungsbeschreibung kann z. B. gelten für ein Verfahren N/s d k b: „Ansaat durch Naß-Saat DIN 18 918 nach Verfahren N/s d k b, Bewertung der zu sichernden Fläche, Vegetationsschicht 3, Klima 3, Erosionsgefahr 4

Neigung der Flächen über 1 : 4 bis 1 : 2
Höhe der Böschung lotrecht 10 m 1 : 2

Hier wird dem Bieter überlassen, welchen Zuschlagstoff er verwenden (und anbieten) will.

Er weiß aber aus Tabelle 2, daß

a) bezüglich der Vegetationsschicht mit nur einem Mindestaufwand gerechnet werden muß und zwar für den Bodenverbesserungsstoff; die anderen Stoffe (Saatgut, Dünger und Kleber) werden dagegen aus der schlechteren Note für die Bewertungsgruppe „Erosions-/Rutschungsgefahr" bestimmt;

b) der Klimabereich einen Mittelaufwand fordert, der sich hinsichtlich Saatgut und Dünger auswirken wird;

c) der ungünstige Wert für Erosions-/Rutschungsgefahr den Höchstaufwand für Saatgut, Dünger und Kleber bewirken wird.

So muß der Bieter dann bei den Stoffen nach seiner Wahl kalkulieren bei dem Bodenverbesserungsstoff mit dem Mindestaufwand und bei Saatgut, Dünger und Kleber mit dem Höchstaufwand.

Häufig wird aber der Ausschreibende weitergehende Angaben machen wie:
„Ansaat durch Naß-Saat DIN 18 918
nach Verfahren N/s d k b
Saatgut: RSM 8 (FLL)
Saatgut-Menge: 20 g/m^2
Dünger: Volldünger, mineralisch 12/12/17
Dünger-Menge: 60 g/m^2
Kleber: Methyl-Zellulose
Kleber-Menge: 60 g/m^2
Bodenverbesserungsstoff: Mäßig zersetzter Hochmoortorf
Bodenverbesserungsstoff-Menge: 8 l/m^2
usw. (Flächenneigung, Böschungshöhe u. ä.)

Der erfahrene Auftraggeber wird den Weg der detaillierten Leistungsbeschreibungen wählen. Er weiß was er will, hat Erfahrungen gesammelt und kann diese gezielt auf den Einzelfall anwenden.

Schließlich schafft nur eine detaillierte Beschreibung der geforderten Leistung für alle Bieter gleiche Wettbewerbsbedingungen.

K 738 Die Kontrolle der tatsächlich ausgebrachten Mengen ist nach der Ausbringung, wie auch bei Dünger und Bodenverbesserungsstoffen im „normalen" Landschaftsbau, unmöglich. Will man eine absolute Kontrolle ausüben, muß man von Beginn bis Ende der Ausführung danebenstehen. Das ist aufwendig, in der Regel aus Personalgründen nicht ausführbar.

Auswahl der Saatverfahren K 738

Tabelle 2. Anwendungsbereiche der Saatverfahren

	Verfahren	Zustand*) der Vegetationsschicht					Klima*)					Erosions- und/oder Rutschungsgefahr*)				
		1	2	3	4	5	1	2	3	4	5	1	2	3	4	5
1	N/sd															
2	N/sdk															
3	N/sdb															
4	N/sdm															
5	N/sdkb															
6	N/sdbm															
7	N/sdkm oder T/sdk m															
8	N/sdkbm oder T/sdkb m															

*) Bewertungsstufen nach Abschnitt 4.2.3

▨ = Mindestaufwand
▨ = Mittelaufwand
▨ = Höchstaufwand

angegebenes
△ △ = Verfahren noch bedingt ausreichend*)

Zeichenerklärung: N = Naß-Saaten
T = Trocken-Saaten
s = Saatgut
d = Dünger
k = Kleber
b = Bodenverbesserungsstoffe
m = Mulchstoffe

Tabelle 3: Richtwerte für Aufwandmengen je m² Aufbringungsfläche[1])

Nr	Stoff	Mindestmenge	Mittelmenge
1	Saatgut [2])		
	a) mehr als 800 Korn je g, als mittlere Grammkornzahl in Mischungen	10	15
	b) 100 – 800 Korn je g	15	20
	c) weniger als 100 Korn je g	20	40
2	Dünger		
	a) Volldünger, mineralisch, z. B. N · P · K = 12 · 12 · 17	30	50
	b) Volldünger, organisch, z. B. N · P · K = 7 · 2 · 2	50	100
3	Bodenverbesserungsstoffe		
	a) Tone und Lehme	125	250
	b) Schaumlava, Bims, aufbereitete Silikate, entsprechende Schlacken u. ä.	500	1 000
	c) Organische Substanzen Torf u. ä.	2	4
	Zellulose u. ä.	100	150
	d) Komposte und Erden	1 000	3 000
	e) Hydrosilikate	80	150
	f) Alginate	[3])	[3])
	g) synthetische Schaumstoffe	15	25
4	Mulchstoffe wie Stroh, Heu u. ä.		
	bei Naß-Saaten (N)	250	350
	bei Trocken-Saaten (T)	300	450
5	Kleber		
	a) Bitumen für Naß-Saat	150	250
	Bitumen für Trocken-Saat	250	500
	b) Kunststoff-Dispersionen	20	40
	c) Kunststoff-Emulsionen	10	30
	d) Kunststoff-Konzentrat	5	10
	e) Leime, organische	100	150
	f) Methyl-Zellulose	20	40
	g) Tallölprodukte	50	75

[1]) In der Tabelle sind die z. Z. gebräuchlichen Stoffe angegeben.
[2]) Die Mengenangaben beziehen sich auf Gräser, Kräuter und Leguminosen, die Aussaatmengen von Gehölzen sind artspezifisch einzusetzen.

Auswahl der Saatverfahren K 738

Höchst-menge	Einheit	Handelszustand	Volumen in Liter für 1 Kilogramm
20	g	lufttrocken	2,5 bis 3,3
30	g	lufttrocken	1,5 bis 2,5
60	g	lufttrocken	1,2 bis 1,5
70	g	trocken	0,9 bis 2,0
150	g	erdfeucht-trocken	1,0 bis 2,5
375	g	erdfeucht-trocken	0,9 bis 1,0
1 500	g	erdfeucht-trocken	1,0 bis 1,7
8	l	lose, erdfeucht-trocken gepreßt erdfeucht, trocken	3,3 bis 10,0 2,0 bis 3,3
200	g	40 % atro. (absolut trocken)	5 (naß)
5 000	g	erdfeucht	1,4 bis 1,7
200	g	trocken	1,25
[3])	g	flüssig/trocken	[3])
40	l	trocken	50 bis 80
450	g	trocken (lose oder niederdruckgepreßt)	10 bis 20
600	g	trocken (hochdruckgepreßt oder kurz gehäckselt)	8 bis 12
300	g	in 25 bis 30 Gew.-%iger Wasseremulsion	0,9 bis 1,0
750	g		
60	g	flüssig	0,9 bis 1,0
50	g	flüssig	0,95
15	g	flüssig	0,9
250	g	trocken	2,75
60	g	trocken	0,5 bis 0,7
100	g	flüssig	0,9 bis 1,0

[3]) produktabhängig.

345

Es sollte daher aber auf den erzielten Begrünungserfolg Wert gelegt werden. Nach Möglichkeit sollten eine ausreichende Anzahl von Leistungen zur Fertigstellungspflege zur Gesamtleistung gehören und somit die Abnahme erst zu einem Zeitpunkt erfolgen, an dem der sichere Leistungserfolg bzw. Leistungsmängel klar erkennbar werden.

Wenn dann bei der Abnahme die Maßstäbe der Norm konsequent angelegt werden und dies als Regel erkannt und bekannt wird, ist dies nach meiner Ansicht eine gute Gewähr zur Erlangung von gleichmäßig guten Leistungen, insbesondere auf diesem Markt mit relativ wenig Bietern.

4.3 Mischungszustand
Werden mehrere Stoffe in einem Arbeitsgang aufgebracht, so sind sie gleichmäßig zu vermischen und während des Ausbringungsvorganges durch geeignete Maßnahmen, z. B. leistungsfähiges Rührwerk, in diesem Zustand zu erhalten.

4.4 Ausbringen
Das Saatgut oder das Gemisch aus Saatgut und Zuschlagstoffen muß gleichmäßig aufgebracht werden.

Dabei sind benachbarte Vegetationsflächen, insbesondere über Böschungskronen, in etwa 1 m Breite mit anzusäen.

K 739   Gleichmäßigkeit bei der Herstellung der Mischungen und bei dem Ausbringen sind bei modernen Geräten und sorgfältiger Arbeit heute kein Problem mehr.

Da aber beides nicht immer zum Einsatz kam und kommt, war die Aufnahme dieser Selbstverständlichkeit in diese Norm leider notwendig.

Aber auch hierzu gelten die Aussagen zu scharfen Maßstäben bei den Abnahmen wie K 738.

K 740   Um möglichst nahtlose Übergänge zu angrenzenden Vegetationsflächen (Wiesen, Waldkräuter und -gräserdecken u. ä.) zu erreichen, sollte stets bis in diese hineingearbeitet werden. Damit werden nicht nur eine randscharfe Vegetationstrennung, sondern auch evtl. Fehlstellen an den Rändern vermieden. Schließlich kann mit so relativ groben Geräten wie Spritzkanonen nicht zentimetergenau gearbeitet werden. Die Überlappungsstreifen bzw. -zonen sind als Leistungsfläche mit abzurechnen, sie sind keine Nebenleistung.

5 Sicherungen durch Bauweisen mit lebenden Stoffen und Bauteilen

K 741   Wie schon an anderer Stelle gesagt, wird man bei einer Novellierung dieser Norm die hier in den Titel mit eingeschlossenen Pflanzen und Pflanzenteile gesondert herausstellen, wie es z. B. auch in der ATV DIN 18 320 der Fall ist.

Sicherungen durch Bauweisen mit lebenden Stoffen und Bauteilen K 742−747

5.1 Hangfaschinenbau

Die Faschinen nach Abschnitt 2.1.4.3 und/oder Abschnitt 2.1.4.4 sind in Gräben einzulegen, die in der Regel mit 10 % Neigung verlaufen. Sie sind mit Pflöcken oder Stahlstäben von in der Regel 60 cm Länge in Abständen in der Regel von 80 cm am Boden zu befestigen. Dazu sind die Pflöcke oder Stäbe lotrecht und mit der Oberkante der Faschinen abschließend einzubringen. Die Gräben sind unmittelbar nach dem Einbau der Faschinen zu verfüllen. Der Boden ist anzudrücken.

Zur Bauweise: Die Neigung der Hangfaschinen ist abhängig von der erwünschten Wirkung. Mehr waagerecht verlaufende Faschinen wirken wasserspeichernd, geneigte je nach Neigungsgrad mehr wasserabführend. **K 742**

Grundsätzlich sollten jedoch 10 % Neigung nicht unterschritten werden, um Wassersackbildungen mit nachfolgenden Ausbrüchen zu vermeiden.

Die hier genannte lotrechte Art der Anordnung der Pflöcke ist nur bei Hangneigung bis zu ca. 1 : 2 anwendbar. Bei steileren Neigungen wird man die Pflöcke aus Stabilitätsgründen geneigt einschlagen müssen. **K 743**

Lebende Faschinen sind stets nach der Andeckung des Oberbodens bzw. der Vegetationsschicht in herzustellende Gräben einzubauen und sofort nach dem Verlegen zu verfüllen. Manchmal sieht man, daß die Faschinen vor der Oberbodenandeckung verlegt werden. Dies geht nur gut, wenn unmittelbar danach verfüllt wird. Tritt jedoch eine Verzögerung beim Oberbodeneinbau ein (wie z. B. häufig aus Witterungsgründen), ist das Anwachsen der Ruten hochgradig gefährdet und beeinträchtigt.

Anwendungsbereich: Anschnittböschungen mit nicht zu festem, feinkörnigem Boden. **K 744**

Zeitpunkt: Nur während der Vegetationsruhe. **K 745**

5.2 Dränfaschinenbau (Buschrigolenbau)

Die Faschinen nach Abschnitt 2.1.4.3 und/oder Abschnitt 2.1.4.4 sind in Gräben einzulegen, die in der Regel in der Fallinie verlaufen. Sie sind an die Vorflut anzuschließen. Im übrigen gelten die Festlegungen nach Abschnitt 5.1.

Der in Klammer gesetzte Begriff „Buschrigolenbau" stammt aus den „Richtlinien für den Lebendverbau an Straßen" (RLS) der Forschungsgesellschaft für das Straßenwesen, Arbeitsauschuß Landschaftsgestaltung. Trotz intensiver gegenseitiger Bemühungen um Übereinstimmung zwischen beiden Arbeitsausschüssen (DIN 18 918 und RLS) blieben seinerzeit einige unüberbrückbare Differenzen, die man als Kompromiß mit Klammerausdrücken zu bewältigen suchte. In den sachlichen Inhalten sind dagegen die Unterschiede recht klein geblieben. **K 746**

Zur Bauweise: Beim Dränfaschinenbau wird man in der Regel dickere Faschinen verwenden als beim Hangfaschinenbau, um einen möglichst großen Dränkörper zu erreichen. Dabei kommen dann auch kombinierte Faschinen zum Einsatz. **K 747**

Auch sollten die Ruten bzw. Äste wegen des besseren Zusammenhaltes möglichst lang sein.

Um ein Abreißen der meist steil über den Hang geführten Dräne zu verhindern, sind sie sorgfältig mit Pflöcken zu sichern.

K 748 Anwendungsbereich: Abführung von Oberflächenwasser und nicht zu tief liegendem Hangwasser aus Hängen, auch zur Flächenentwässerung. Relativ kostengünstig, rasch herstellbar, landschaftsverbundener als Rinnen aus Steinen, Beton o. a.

K 749 Zeitpunkt: Nur in der Vegetationsruhe (einziger Nachteil).

5.3 Flechtwerkbau

Zur Herstellung von Flechtwerken als Längs- oder Rautengeflechte sind in der Regel 60 cm lange Pflöcke oder Stahlstäbe im Abstand von 100 cm lotrecht und oberflächengleich einzubringen, wenn der Standort nicht andere Längen oder Abstände bedingt. Zwischen diesen Pflöcken oder Stäben sind im Abstand von in der Regel 33 cm kürzere Pflöcke oder Stäbe lotrecht oberflächengleich einzubringen.

In die fertiggestellte Vegetationsschicht sind in entsprechend tiefen Gräben um die Pflöcke oder Stäbe Ruten nach Abschnitt 2.1.3.4 zu flechten.

Es sind dabei 5 bis 7 Ruten übereinander anzubringen. Vorgefertigte Geflechte nach Abschnitt 2.1.4.5 sind an Pflöcken, wie oben, zu befestigen. Die Gräben sind unmittelbar nach dem Einbau der Flechtwerke zu verfüllen. Der Boden ist anzudrücken.

Rautengeflechte müssen an den Kreuzungspunkten verbunden werden.

K 750 Zur Bauweise: Auch hier gelten hinsichtlich des Zeitpunktes des Einbaues (nach Oberbodeneinbau) die gleichen Notwendigkeiten wie beim Faschineneinbau.

K 751 Anwendungsbereich: Flechtwerke wirken sofort befestigend (Oberbodensicherung), haben aber nur eine geringe Tiefenwirkung.

Nach Berichten aus der Praxis ist die Wirkung, insbesondere die Dauerwirkung, geringer als meist angenommen.

Relativ hohe Kosten und hoher Materialverbrauch bei verhältnismäßig geringem Bewurzelungseffekt.

Flechtwerke aus toten Ruten/Ästen erfüllen meist gleich gut die Anfangssicherung von Oberboden und vermeiden unerwünschte Linien oder Karos aus Weidenbüschen auf den Flächen.

K 752 Zeitpunkt: Nur in der Vegetationsruhe.

5.4 Buschlagenbau

Zum Einbau von Buschlagen in gewachsenem Boden sind Stufen auszuheben, deren Sohle etwa 50 cm breit und nach innen um mehr als 10 % geneigt sein muß.

Auf die Stufensohle sind Äste nach Abschnitt 2.1.3.3 von mindestens 80 cm Länge in kreuzweiser Anordnung so aufzulegen, daß ein Deckungsgrad von mindestens 50 %

Flechtwerkbau, Heckenbuschlagenbau

erreicht wird. Anschließend sind die Zweige mit dem Aushub der darüberliegenden Stufe abzudecken. Sie sollen mindestens 10 cm aus dem Boden herausragen.

Bei Schüttungen sind die Äste unter Beachtung der vorstehenden Festlegungen entsprechend einzulegen, jedoch müssen sie mindestens 1,5 m einbinden.

Im Text wird zweimal von „Ästen" gesprochen, einmal von „Zweigen". **K 753**

Richtiger müßte es in jedem Falle „Äste und Zweige" heißen.

Anwendungsbereich: Diese Bauweise hat eine große Anzahl von Vorteilen: **K 754**

a) Sie bewirkt eine tiefreichende Stabilisierung, wobei die Länge der einzulegenden Äste und Zweige und damit die Breite der Auflagestufen von dem Grad der Labilität des zu sichernden Bodens abhängig ist. Die in der Norm genannten Mindestbreiten können dabei um ein Vielfaches überschritten werden.

b) Sie ist unempfindlich gegen Verlagerungen, Setzungen, Steinschlag u. ä.

c) Sie ist kostengünstig, insbesondere im Verlaufe von Schüttungen (Mechanisierung der Erdarbeiten). Aber auch in Anschnittböschungen lassen sich durch jetzt vorhandene „Kletter"-Bagger die Erdarbeiten weitgehend mechanisieren.

d) Erosionen an der Unterkante der Auflageflächen lassen sich durch den sogenannten „Längsstreifen" reduzieren (Anm.: In der Norm nicht genannt, beschrieben bei *Schiechtl* „Sicherungsarbeiten im Landschaftsbau").

Eine sofortige Flächensicherung durch Naß- oder Trocken-Saaten kann u. U. diese Erosionssicherung ebenfalls bewirken.

Zeitpunkt: Während der Vegetationsruhe.

5.5 Cordonbau

Cordons sind wie Buschlagen nach Abschnitt 5.4 herzustellen, jedoch sind hierzu Steckhölzer von mindestens 60 cm Länge zu verwenden, die parallel anzuordnen sind.

Anwendungsbereich: Der Cordonbau wird bei sehr steilen Hängen aus **K 755** feinkörnigerem Boden eingesetzt, mit ähnlichen Vorteilen wie der Buschlagenbau, doch ist der Arbeitsaufwand erheblich höher. Er wird soweit wie möglich heute durch den Buschlagenbau ersetzt.

Zeitpunkt: Während der Vegetationsruhe. **K 756**

5.6 Heckenbuschlagenbau

Heckenbuschlagen sind wie Buschlagen nach Abschnitt 5.4 herzustellen, jedoch unter zusätzlicher Verwendung von bewurzelten Gehölzen von entsprechender Länge. Es soll je Meter mindestens 1 Gehölz eingelegt werden. Als Gehölze sind leichte Heister, leichte Sträucher und Jungpflanzen von mindestens 100 cm Höhe nach Abschnitt 2.1.2 unter Beschränkung auf Gehölzarten, die zur adventiven Bewurzelung befähigt sind (z. B. Erle, Heckenkirsche und Liguster), zu verwenden. Bei der Auswahl der bewurzelten Gehölze sind die Standortverhältnisse zu berücksichtigen.

K 757 Anwendungsbereich: Der Heckenbuschlagenbau hat den gleichen Anwendungsbereich wie der Buschlagenbau.

Die hier zusätzlich eingelegten Gehölze beschleunigen die Sicherungswirkung. Sie ermöglichen auch die gleichzeitige Etablierung der Folgevegetation, was einen großen technischen und ökologischen Vorteil bei nur unwesentlich höheren Kosten (gegenüber der Buschlage) bringt.

K 758 Zeitpunkt: Nur während der Vegetationsruhe.

5.7 Heckenlagenbau

Heckenlagen sind wie Buschlagen nach Abschnitt 5.4 herzustellen, jedoch unter ausschließlicher Verwendung von bewurzelten Gehölzen nach Abschnitt 5.6 anstelle von unbewurzelten Ästen. Es sollen je Meter mindestens 5 Gehölze eingelegt werden.

K 759 Anwendungsbereich: Diese Variante der Lagenbauweisen wird bei nährstoffreichen, feinkörnigeren Böden eingesetzt, wenn man sofort eine Laubwaldvegetation begründen will.

Die Buschlage und die Heckenbuschlage befestigt Hänge tiefer, aber die Heckenlage vermag die zu sichernden Böden infolge ihrer besseren Bewurzelung (Gehölzwurzeln und Adventiv-Bewurzelung) rascher und intensiver festzulegen.

Sie ist aber erheblich teurer als die anderen Lagenbauweisen und daher nur sehr beschränkt im Einsatz.

K 760 Zeitpunkt: Nur während der Vegetationsruhe, evtl. verlängert bei Einsatz von gekühlten Pflanzen.

5.8 Spreitlagenbau (Zweiglagenbau)

In die geebneten Flächen sind Pflöcke oder Stahlstäbe in Reihen so tief einzubringen, daß sie noch etwa 10 cm herausragen. Ihre Länge ist von den Bodenverhältnissen abhängig. Sie soll mindestens 50 cm betragen. Der Abstand der Pflöcke oder Stäbe in der Reihe und der Reihen zueinander soll höchstens 70 cm betragen. Die Pflöcke oder Stäbe sollen versetzt angeordnet werden. Die Flächen zwischen den Pflöcken oder Stäben sind so dicht mit Ruten oder Ästen zu belegen, daß eine etwa 50 %ige Bodendeckung erreicht wird. Die Ruten oder Äste sind parallel nebeneinander und in der Regel senkrecht zur Höhenlinie einzulegen. Sind mehrere Spreitlagen aneinanderzufügen, so müssen Ruten und Äste der unteren Lage die der oberen Lage um mindestens 30 cm zu überdecken. Die unteren, dickeren Enden der Ruten und Äste sind in den Boden zu verlegen.

Zur Befestigung der Lage ist Spanndraht von Pflock zu Pflock zu spannen. Danach müssen die Pflöcke so tief nachgeschlagen werden, daß die Ruten und Äste fest an den Boden gedrückt werden. Bei besonders gefährdeten Flächen sollte die Spreitlage zusätzlich durch ein Drahtgeflecht oder ähnliches gesichert sein. Die Spreitlagen sind bis zur Oberkante der Ruten oder Äste mit Boden zu verfüllen.

Soll eine mehr als 50 %ige Bodendeckung erreicht werden, können bei Mangel an lebenden Ruten oder Ästen auch tote mitverwendet werden.

Heckenlagenbau, Stecken von Steckhölzern K 761–764

Die Bodendeckung mit lebenden Ruten und Ästen soll in der Regel 50 % betragen, jedoch 25 % nicht unterschreiten.

Anwendungsbereich: Spreitlagen werden zur raschen Sicherung von erosionsgefährdeten Flächen (Wasser, Wind, Wellenschlag) eingesetzt. K 761

Die Bauweise ist sehr kosten- und materialintensiv, wobei die Kostenhöhe sehr durch die Sperrigkeit bzw. Gleichmäßigkeit der verwendeten Zweige/Äste/Ruten beeinflußt wird.

Ergänzend zu der in der Norm beschriebenen Bauart empfiehlt *Schiechtl* die Abdeckung mit mehr sandigem Boden (kein Oberboden), wodurch die Bewurzelung und damit der Sicherungserfolg sehr rasch beschleunigt werden können.

Zeitpunkt: Nur während der Vegetationsruhe. K 762

5.9 Palisadenbau

Palisaden zur Sperrung von nichtwasserführenden V-Runsen sind aus Setzstangen oder Pflöcken nach den Abschnitten 2.1.3.2 oder 2.1.3.5 mit einem Durchmesser am dickeren Ende von mindestens 5 cm herzustellen. Die Setzstangen oder Pflöcke sind mit mindestens einem Drittel ihrer Länge und in einem Abstand von 10 bis 15 cm voneinander in den Boden einzubringen. Die Palisade ist durch ein auf der Talseite im oberen Drittel quergelegtes Rundholz von entsprechender Dicke zu sichern. Das Rundholz ist seitlich in den Boden zu verankern.

Anwendungsbereich: Die Palisade ist eine leider bisher noch recht wenig bekannte, aber billige und sofort wirkende Methode zur Sicherung tiefer und steiler V-förmiger Erosionsrinnen (Runsen). K 763

Sie bremst die Fließgeschwindigkeit von Oberflächenwasser und bewirkt die Ablagerung von mitgeführten Bodenteilen. Während für die senkrechten Bauteile Setzstangen oder lebende Pflöcke (je nach Tiefe der Runse) verwendet werden, besteht der Querbaum in der Regel aus Rundholz (tot), da er meist nicht anwächst. Auf eine gute Einbindung des Querbaumes ist zu achten, besonders bei bindigen, d.h. durchfeuchteten, plastischen Böden.

Die Grenze der Baubreiten liegt bei ca. 6 m und die der Bauhöhen bei ca. 3 m.

Es empfiehlt sich, wie bei Setzstangen, die Löcher vorzubohren.

Zeitpunkt: Nur während der Vegetationsruhe. K 764

5.10 Stecken von Steckhölzern

Steckhölzer nach Abschnitt 2.1.3.1 sind in der Regel senkrecht zur Flächenneigung in den Boden zu stecken. Gegebenenfalls sind die Löcher vorzustoßen. Der Boden ist abschließend anzudrücken. Die Steckhölzer sollen nicht mehr als ein Viertel ihrer Länge aus dem Boden herausragen.

K 765 Bauweise: Wenn davon gesprochen wird, daß die Steckhölzer in der Regel senkrecht zur Flächenneigung einzubringen sind, schließt dies nicht andere Methoden aus, wie z. B. flacher, mehr liegender Einbau, bei dem *Schiechtl* ebenfalls gute Anwachserfolge hatte. Tiefgründigkeit und Wasserspeicherfähigkeit des Bodens und der Grad der Erosionsgefahr werden hier die Entscheidung bringen.

K 766 Anwendungsbereich: *Schiechtl* sieht das Hauptanwendungsgebiet von Steckhölzern zur Begrünung von Pflasterflächen (Lawinenschutzwälle, Lawinenhöcker und sonstige mit Pflaster versehenen Böschungen). Mit den Steckhölzern werden diese Pflasterflächen nicht nur sicher begrünt, sondern auch besser festgelegt. Auch können schlechtere Pflastersteine verwendet werden, was den Mehraufwand für die Steckhölzer oft bei weitem überwiegt.

K 767 Zeitpunkt: Nur während der Vegetationsruhe, was hier kein Nachteil ist, da die Pflasterflächen auch nachträglich besetzt werden können.

Die Verwendung von gekühlten Steckhölzern kann die Einsatzperiode erheblich verlängern.

5.11 Setzen von Setzstangen
Setzstangen nach Abschnitt 2.1.3.2 sind in vorgebohrte Löcher mit einer Tiefe von mindestens einem Drittel ihrer Länge zu setzen. Abschließend ist der Boden anzudrücken.

K 768 Bauweise: Die Beschaffenheit der Setzstangen bestimmt die Einbaumethode.

Sind es Triebendstücke mit Terminalknospe, sind die Löcher stets vorzubohren. Sind es Triebabschnitte, sollte aber in der Regel auch vorgebohrt werden, da sie sonst beim Einschlagen zu leicht aufplatzen (das geplatzte Ende trocknet meist aus).

Die Lochgröße ist auf die Dicke der Stangen abzustimmen, denn ein guter Bodenschluß ist wichtig für die Bewurzelung. Ein Antreten an der Oberfläche reicht meist nicht zur Füllung der tieferen Hohlräume zwischen Stange und Bohrlochwand.

K 769 Anwendungsbereich: Vorwiegend als Bauteil bei anderen Bauweisen, z. B. Palisaden, doch auch zur Begrünung von Schotterflächen u. a., wo Stecklinge nicht lang genug sind oder Gehölzpflanzungen zu starken Gefahren durch Verschiebungen, Steinschlag o. ä. ausgesetzt sind.

Nur möglich, wo ausreichend entsprechendes Gehölzmaterial zur Verfügung steht.

K 770 Zeitpunkt: Nur in der Vegetationsruhe.

5.12 Verlegen von Fertigrasen
Beim Verlegen von Fertigrasen als Flächenandeckung, Rasenbänder, Rasengitter, Rasenschachbrett oder Punktrasen sind die Festlegungen in DIN 18 917 zu beachten.

Setzstangen, Saatmatten

Anwendungsbereich: Der Verwendung von Fertigrasen sind in der Regel aus Kostengründen enge Grenzen gesetzt. So wird man heute Fertigrasen nur noch in besonders erosionsgefährdeten Zonen einsetzen, z. B. für Fahrbahnränder, Bankette, Mulden.

Die Verwendung von sogenanntem „armierten" Fertigrasen, z. B. mit ENKAMAT-Einlage, für Sohlen und Flanken von Entwässerungsrinnen anstelle von betonierten oder gepflasterten Rinnen, ist im Zunehmen begriffen, nachdem Versuche die Tauglichkeit dieser landschaftsfreundlichen und dabei kostengünstigen Bauweise bestätigen.

Die früher verwendeten Rasenbänder, Rasengitter oder Rasenschachbretter treten aus vielerlei Gründen immer weiter zurück (Kosten, geringe Wirkung, späteres künstliches Aussehen).

Das Einstreuen von Zonen oder Horsten aus örtlich gewonnenen Fertigrasen in Ansaatflächen als Grundstock für die Entwicklung standortgerechter Gesellschaften wird z. T. praktiziert, stößt aber auch auf enge wirtschaftliche Grenzen.

Für die Verlegung des Fertigrasens sind die entsprechenden Festlegungen in DIN 18 917 zu beachten.

Zeitpunkt: Während der Vegetationszeit in den in DIN 18 917 genannten Grenzen.

5.13 Verlegen von Saatmatten

Saatmatten müssen trocken und erhitzungsfrei transportiert und gelagert werden. Die Auflageflächen müssen so ausplaniert sein, daß die Saatmatten nach dem Verlegen an allen Stellen auf dem Boden aufliegen. Auf Geröllflächen muß vor dem Verlegen der Saatmatten eine Schicht aus kulturfähigem Boden aufgebracht werden. Die Saatmatten sind gegen Verlagerung zu sichern.

Anwendungsbereich: Das Hauptziel der Saatmatten, die erosionsunempfindliche Fixierung des Saatgutes auf der zu sichernden Fläche, ist grundsätzlich erreichbar. Doch sind Erfolge bei der Mattenanwendung bisher gering geblieben. Dies lag meist nicht an den Matten, von denen es eine große Palette im Handel gibt. Fast immer wurden die Grundanforderungen der Norm an die Verlegefläche nicht erfüllt, d. h. an die Ebenflächigkeit und/oder die Bodenbeschaffenheit, aber auch die Fixierung der Matten auf den Boden blieb häufig mangelhaft. Nach anfänglicher Keimung (wenn es überhaupt dazu kam) vertrockneten die Keimlinge wegen fehlender Wassernachlieferung aus dem Boden. Rasengräser bilden nun einmal keine „Luftwurzeln" aus und können so nicht Hohlräume zwischen Matte und Bodenoberfläche überbrücken (siehe dazu auch *Molzahn* in „Zeitschrift für Vegetationstechnik" 4/80).

6 Sicherungen durch Bauweisen mit nichtlebenden Stoffen und Bauteilen

K 773 Diese Norm wäre unvollständig, wenn sie nicht auch die wesentlichen Sicherungsbauweisen enthalten würde, bei denen in erster Linie nichtlebende Baustoffe zum Einsatz kommen. Da sie meist eine wesentliche Voraussetzung für die Sicherungen mit lebenden Baustoffen sind oder mit diesen in Kombination und dann auch in der Regel vom gleichen Spezial-Unternehmen (meist spezialisierte Landschaftsbau-Unternehmen) ausgeführt werden, werden sie auch hier als integrierter Bestandteil der Sicherungsbauweisen angesehen. Die nachfolgenden Abschnitte sind gegliedert in Stützbauten (Abstützen von Boden in Hängen, aber auch von Fels und Geröll), Ausgrassungen (zur Runsen- bzw. Erosionssicherung), Entwässerungsbauten (Führung von Oberflächenwasser, Schichtenwasser), Steinschlagsschutzbauten (Auffangen von Steinschlag), Sicherungsbauweisen für windgefährdete Flächen (Verhinderung oder Bremsung von Winderosionen), Bodenabdeckungen (als Erosionsschutz).

6.1 Stützbauten

6.1.1 Zäune

Zäune zur Sicherung von Oberboden gegen Rutschen oder Abschwemmen sind an Pflöcken oder Stahlstäben zu befestigen, die lotrecht in den Boden zu treiben sind. Länge und Abstand der Pflöcke und Stäbe sind von der Art und der Höhe der Zäune abhängig.

K 774 Als Zäune werden hier lineare und meist senkrecht gestellte Bauwerke zur Sicherung gegen Bodenabsrutschungen, insbes. Oberbodenrutschungen verstanden.

Sie haben mit Zäunen zur Absicherung von Grenzen u. ä. nichts gemein.

Obwohl das Problem der Rutschungen von Oberboden alt ist, hat es seit der Erfindung des „Böschungshobels", d. h. breiter Löffel an Baggern zur Formung von Bodenoberflächen, also an Hängen und Böschungen, besondere Aktualität bekommen.

Es ist unverständlich, daß das einfachste Mittel zur Rutschungsverhinderung, das Anbringen von Querrillen oder Aufrauhungen so wenig angewendet wird.

Der „Böschungshobel" kann das nicht gut oder nur unter hohem Zeitaufwand, so bleibt die glatt „gehobelte" Böschungsfläche vor Oberbodenauftrag wohl die Regel.

Auch werden selten schon von vornherein Zäune oder andere Stützbauwerke angebracht (mit Ausnahme einiger in Flechtwerke verliebter Auftraggeber). Man wartet ab, was passiert und verbaut dann. Meist beginnt man dann mit Zäunen (Bretter-, Stangen- oder Kunststoffzäunen) und geht bei deren Versagen zu stabileren Bauweisen (Hangrosten, Schotter- oder Bruchsteinpackungen bei Wasseraustritten u. ä.) über.

Stützbauten, Zäune

Über die Wirtschaftlichkeit beider Wege läßt sich streiten. Die einen sagen, daß es billiger ist, nur die tatsächlich aufgetretenen Schadstellen zu sanieren, die anderen meinen, nur der vorbeugende Ausbau ist wirtschaftlich. Ich bin der Auffassung, daß die Vorbeugung richtiger ist. Es müssen nicht erst fertige Leistungen (Ansaaten, Pflanzungen) zu Schaden kommen und dann mit hohem Aufwand saniert werden, zumal häufig vorbeugende Sicherungen geringer dimensioniert werden können als nachträgliche, die dann meist sehr rasch und besonders „sicher" (= aufwendig) gebaut werden müssen, wie es Straßen und sonstige in Nutzung befindliche Anlagen dann erfordern.

Auch das Erlebnis, daß direkt neben einer gesicherten Zone eine vorher unproblematisch angesehene Zone ausbricht oder abrutscht, sollte nicht gegen ein vorbeugendes Vorgehen sprechen.

6.1.1.1 Bretterzäune

Zur Herstellung von Bretterzäunen sind Pflöcke oder Stahlstäbe einzubringen, deren Längen und Abstände voneinander von den Bodenverhältnissen und der Höhe der Zäune abhängen. Die Bretter werden an den Pflöcken bzw. Stahlstäben hangseits angebracht.

Für die Abstützung von Oberboden bestimmte Bretterzäune müssen voll im Boden eingebettet sein.

Zum Auffangen von abrutschendem Lockergestein oder Schnee bestimmte Bretterzäune müssen in einer dem Verwendungszweck angepaßten Höhe aus dem Boden herausragen.

6.1.1.2 Stangenzäune

Stangenzäune werden wie Bretterzäune nach Abschnitt 6.1.1.1 hergestellt. Anstelle der Bretter werden Stangen nach Abschnitt 2.2.1.4.5 verwendet.

6.1.1.3 Kunststoffzäune

Zur Herstellung von Kunststoffzäunen sind Pflöcke oder Stahlstäbe wie im Abschnitt 6.1.1.1 einzubringen.

An den Pflöcken bzw. Stahlstäben werden Matten, Netze, Bänder, Gitter o. ä. aus Kunststoff nach Abschnitt 2.2.12 befestigt.

Anwendungsbereich: Alle vorgenannten Zäune dienen in erster Linie zum Schutz gegen Abrutschungen von relativ dünn aufgetragenem Boden.

Zum Schutze gegen abrutschendes Lockergestein oder auch Schnee müssen derartige Zäune besonders dimensioniert sein. Ihre Wirkungsweise ist durch das gewählte Material bestimmt. Bretterzäune, zu denen Bretter billigster Sortierung verwendet werden, haben die geringste Lebensdauer und Anfangsstabilität; Stangenzäune aus einer oder mehreren Stangen übereinander, sind wesentlich stabiler und dauerhafter. Für die Oberbodensicherung mit sofort nachfolgender stabilisierender Begrünung reichen die billigeren Bretterzäune meist aus.

Kunststoff-Zäune, meist in Form von Matten, Gittermatten, Netzen, Bändern u. ä. lassen sich leicht verarbeiten, sind aber in der Regel nicht steif und hängen bauchartig durch. Die Hänge sind dann mit gebauchten Girlanden „geschmückt", die meist nicht verrotten.

Die Erdölpreisentwicklung hat zudem der Kunststoffverwendung einen Dämpfer aufgesetzt. Nicht zuletzt aus diesem Grund wird der Verwendung von natürlichen (verrottbaren) Baustoffen bzw. Bauteilen der Vorzug zu geben sein.

6.1.2 Hangrost
Zur Herstellung von Hangrosten sind Rundhölzer oder Schnitthölzer nach Abschnitt 2.2.1.4.7 oder 2.2.1.4.8 oder vorgefertigte Leitern aus gleichen Baustoffen senkrecht an den Hang zu lehnen. Der seitliche Abstand dieser senkrecht angeordneten Hölzer soll 200 cm betragen, wenn nicht die örtlichen Verhältnisse einen anderen Abstand erfordern. Im rechten Winkel zu diesen Vertikalelementen sind horizontal verlaufende Balken aus gleichen Baustoffen zu verlegen und an diesen dauerhaft zu befestigen.

Der Abstand der Querhölzer voneinander beträgt ebenfalls 200 cm. Alle Hölzer sind voll in den Boden einzubetten bzw. mit dem Boden zu hinterfüllen.

K 776 Anwendungsbereich: Die Festlegung bzw. Sicherung von Boden auf sehr steilen Hängen als alternative Bauweise zu Hangabflachungen oder zum Bau von Stützmauern.

Grundsätzlich sollte dabei die spätere Situation (nach Verrotten der Holzbauteile) bedacht werden. Eine entsprechend leistungsfähige Vegetation (Rasen oder Gehölze) muß dann mit ihren Wurzeln in der Lage sein, die Bodenstützung bzw. -sicherung zu übernehmen.

So darf kein zu guter Oberboden wegen dadurch bedingter flacher Wurzelausbildung von Gräsern und/oder Gehölzen aufgebracht werden.

Eine gut tiefreichende und nachhaltige Befestigung wird erreicht, wenn der Hangrost mit lebenden Pflöcken am Hang fixiert wird. Die daraus entstehenden Büsche übernehmen dann die Sicherungsleistung.

Wenn auch nicht in der Norm genannt, können insbesondere kleinere Hangroste aus lebenden Stangen gebaut werden, die dann auf ihrer ganzen Länge anwachsen und als dauerhafter Schutz fortwirken.

K 777 Zeitpunkt: Bei Mitverwendung von lebenden Bauteilen nur in der Vegetationsruhe, sonst ganzjährig.

6.1.3 Krainerwand
Krainerwände bestehen aus übereinandergelegten Bauteilen aus Rundhölzern, Kanthölzern, Betonbalken oder Profilstählen. Die Wände sind mit zangenartig angeordneten, gleichartigen Bauteilen zu versehen und hangseitig einzubinden.

Die Hohlräume der Krainerwände sind nach Fertigstellung mit wasserdurchlässigem Material auszufüllen.

Hangrost, Krainerwand

6.1.3.1 Einwandige Krainerwand aus Holz
Zur Herstellung einwandiger Krainerwände aus Holz ist auf eine vorbereitete Auflagefläche ein Rund- oder Schnittholz nach Abschnitt 2.2.1.4.7 oder 2.2.1.4.8 in der erforderlichen Länge zu betten. Auf dieses Längsholz sind annähernd rechtwinklig zu diesen Querhölzern (Zangen) waagerecht aufzulegen. Die Querhölzer sind im Abstand von 100 cm voneinander anzuordnen und durch Nagelung mit dem darunterliegenden Längsholz zu verbinden. Sie müssen mit ihrem zugespitzten dünneren Ende bis in den gewachsenen Boden reichen. Ihr Vorkopf soll nicht mehr als 20 cm über die Außenflucht der Krainerwand vorragen.

Der zweite und jeder weitere Längsbaum wird durch Holzverbindung und/oder Nagelung mit den darunterliegenden Zangen verbunden. Die Zangen sind von Reihe zu Reihe versetzt anzuordnen. Die einwandige Krainerwand soll an ihrer Außenseite eine Neigung von 1:0,1 haben, wenn nicht die örtlichen Verhältnisse eine andere Neigung erfordern.

Bei einwandigen Krainerwänden, die länger als die Längshölzer sind, müssen die Stöße der Längshölzer versetzt angeordnet und an den dünnen Enden überlappt werden.

6.1.3.2 Doppelwandige Krainerwand aus Holz
Zur Herstellung von doppelwandigen Krainerwänden aus Holz sind auf eine vorbereitete Auflagefläche zwei Rund- oder Schnitthölzer nach Abschnitt 2.2.1.4.7 oder 2.2.1.4.8 in einem Abstand von 100 cm in der erforderlichen Länge zu betten. Diese Längshölzer sind durch Querhölzer (Zangen) mittels Holzverbindung und/oder Nagelung zu verbinden. Jede höhere Lage von Längs- oder Querhölzern ist ebenso mit der darunterliegenden fest zu verbinden, so daß ein in allen Richtungen steifer Stützkörper entsteht. Die Abstände der Zangen und die Stückelung der einzelnen Längshölzer sind nach denselben Festlegungen wie in Abschnitt 6.1.3.1 anzuordnen.

6.1.3.3 Krainerwände aus Fertigteilen
Zur Herstellung von Krainerwänden aus Fertigteilen sind vorgefertigte Werkstücke aus Stahlbeton oder Stahl auf vorbereitete Auflageflächen zu betten und die weiteren Fertigteile in Baukastenbauweise zu einem stabilen Stützkörper zusammenzufügen.

Anwendungsbereich: Krainerwände, auch „Grünschwellen" genannt, werden für die punktartige Sicherung verwendet, vorbeugend gegen Rutschungen oder zu deren Sanierung, zur Befestigung von Hangfüßen anstelle von Mauern.

Sie werden wegen ihrer kurzfristigen Herstellbarkeit und sofortigen Wirkung besonders im Katastrophenfall bevorzugt.

Wenn auch im Text der Norm der Schwerpunkt auf Holzbauteilen liegt, so ist die Praxis zum Einsatz der wesentlich dauerhafteren Betonfertigteile übergegangen.

Fast alle der heute auf dem Markt befindlichen Bausysteme für „grüne Wände" aus Betonelementen beruhen auf dem Prinzip der Krainer Wand, der Kammerbauweise aus starren Bauelementen mit Verfüllung der Kammern mit Boden aller Art als durchwurzelbarer Raum.

Zeitpunkt: Grundsätzlich zu jeder Jahreszeit anwendbar, es sollen jedoch Äste/Zweige oder bewurzelte Pflanzen mit eingelegt werden (insbes. bei

Krainerwänden aus Holz, bei denen die Gehölze nach Vermorschen der Holzbauteile die Stütz- und Sicherungsfunktion übernehmen sollen), dann aber nur in der Vegetationsruhe.

Andererseits können alle Krainerwände auch später mit Steckhölzern besteckt und die meisten Fertigteil-Krainerwände auch später mit bewurzelten Gehölzen bepflanzt werden.

6.1.4 Drahtschotterkästen

Die vorgefertigten Drahtschotterkästen sind auf eine vorbereitete Auflagefläche zu stellen und mit möglichst lagerhaften verwitterungsbeständigen Steinen auszufüllen. Die Steine müssen größer als die Maschen der Gitter sein. An den Wänden sind die Steine so zu schichten, daß die Wände im unbelasteten Zustand auch ohne Drahtgitter stehen könnten.

K 780 Für diese Bauweise gibt es eine große Zahl von Synonymen, von denen das gebräuchlichste die „Gabione" ist (ital.: „gabbione", engl.: „gabion") im deutschsprachigen Raum findet sich noch der (begrünte) „Drahtschotterkörper", der „Drahtschotterbehälter" (mit Asteinlage) und die „Drahtschotter-Grünschwelle".

Alle deutschen Namen, auch der in der Norm genannte, bergen in sich die Gefahr einer falschen Bauart.

Da der Draht der Kästen (oder Körbe) nicht unbegrenzt haltbar ist, kann es früher oder später zunächst zum Platzen einzelner Kästen kommen und dann zum Zusammenbruch ganzer Wandteile, wenn der Inhalt der Kästen tatsächlich nur aus Schotter besteht, wie es der Name vermuten läßt. Zumindest an Standorten, die eine dauerhafte Sicherung verlangen, so z. B. an Verkehrswegen, müssen mind. die Wände des Kasteninhalts aus lagerhaften Steinen so ausgebildet sein, daß auch nach Verlust des Zusammenhaltes durch Verrosten des Drahtgitters der Inhaltskörper stehen bleibt. Dies setzt ein trockenmauerartiges Aufsetzen der Wände voraus. Darüberhinaus wird diesem Körper ein zusätzlicher Zusammenhalt durch eine in der Regel erforderliche Durchwurzelung verliehen, z. B. durch Einlegen von lebenden Ästen/Zweigen/Ruten.

K 781 Die Drahtschotterkasten-Bauweise steht in der Norm eigentlich falsch unter den Bauweisen mit nicht lebenden Baustoffen. Sie gehört richtiger unter die kombinierten Bauweisen, auch wenn tote Baustoffe im Vordergrund stehen. An sich ist die Drahtschotterbauweise als mehr landschaftsgerechter Ersatz für Mauern aus Beton gedacht. Nicht begrünte „Steinpakete" sind ebenfalls als Fremdkörper in der Landschaft anzusehen. Nur eine grüne Wand erfüllt den heute gestellten Anspruch auf landschaftsgerechtes Bauen und schließlich erfüllt die Begrünung hier noch den Zweck einer unerläßlichen zusätzlichen Dauersicherung.

K 782 Anwendungsbereich: Drahtschotterkästen sind geeignet zur punktartigen, aber auch linearen Verbauung von rutschgefährdeten Hangpartien, insbes.

Drahtschotterkästen, Mauerwerk

zur Sicherung von durchnäßten Hangfüßen und wegen ihrer Flexibilität auch auf unsicherem Baugrund. Sie sollten nach Möglichkeit an die zu sichernden Hänge angelehnt werden, dies schon wegen der dann besseren Durchfeuchtung zugunsten der Begrünung.

So sollten eingelegte Pflanzenteile auch stets durch die Kästen bis in das dahinterliegende (gegebenenfalls einzubauende) Erdreich reichen.

Die oft zu sehenden, turmartigen oder stadtmauerartigen freistehenden Drahtschottergebilde ohne Begrünung werden diese Bauweise bei ihrem Zusammenbrechen nur unbegründet in Verruf bringen.

Zeitpunkt: Bei mit Begrünung kombinierter Bauweise nur in der Vegetationsruhe.   **K 783**

Ein nachträgliches Einbringen von Pflanzen oder Pflanzenteilen ist bei richtiger Ausbildung der Kastenwände nicht mehr möglich.

6.1.5 Blockschlichtungen

Blockschlichtungen sind aus lagerhaften Gesteinsblöcken von mindestens 0,3 m³ Rauminhalt zu errichten. Dabei sind die Blöcke in der Regel binderartig anzuordnen. Gegebenenfalls sind zur Wasserableitung an der Rückseite der Blockschlichtung Dräne anzulegen.

Anwendungsbereich: Blockschlichtungen sind dem Wesen nach grobe Trockenmauern aus besonders großen Steinen. Sie werden also dort eingesetzt, wo punktartig oder linear mauerartig verbaut werden soll und entsprechendes Gesteinsmaterial zur Verfügung steht.   **K 784**

Besonders wirkungsvoll im Sicherungserfolg ist aber auch diese Bauweise durch einen Zusammenhalt durch Begrünung (Einlegen von Ästen/Zweigen/Ruten, aber auch von bewurzelten Gehölzen), und sie ist darüberhinaus besser in die Landschaft eingebunden.

Dies kann, allerdings weniger wirksam in Bezug auf den späteren Zusammenhalt, auch durch eingelegte Rasensoden oder durch eine Naß- oder Trocken-Saat erfolgen.

Zeitpunkt: In Verbindung mit Gehölzen oder Gehölzteilen nur in der Vegetationsruhe, bei Berasung auch in der Vegetationszeit.   **K 785**

6.1.6 Mauerwerk

Mauern aus natürlichen oder künstlichen Steinen sind nach DIN 1053 auszuführen. Für Bauwerke aus Beton und Stahlbeton gilt DIN 1045.

Werden Mauern aus Naturstein — trocken oder mit Mörtel —, aus künstlichen Steinen oder aus Beton oder Stahlbeton gebaut, gelten für diese ganz ausdrücklich die einschlägigen Normen des Mauer- oder Betonbaues.

Sonderregelungen für „landschaftsgärtnerische Mauern" gibt es spätestens seit dem Erscheinen der Neufassung der ATV DIN 18 920 (VOB Teil C) im August 1974 nicht mehr.

6.2 Ausgrassungen

Zum Schließen von Runsen, sowie zur Vernichtung der Fließenergie des Oberflächenwassers in den Runsen sind diese mit dichtgepackten toten Ästen nach Abschnitt 2.2.1.4.1 auszufüllen (auszugrassen). Die Äste sind mit Draht an Rundhölzern nach Abschnitt 2.2.1.4.7 zu befestigen, die quer zum Runsenverlauf in die Seitenwände der Runse standfest einzubinden sind. Der Abstand der Hölzer voneinander soll in der Regel 200 cm betragen.

K 786 Anwendungsbereich: Bei reichlichem Vorhandensein von totem Reisig ist die Ausgrassung eine besonders kostengünstige und sofort wirksame Bauweise zur Ausfüllung von tiefen, steileren Runsen.

Durch die Grasslage ensteht ein Grobfilter, in dem Fließwasser zur Ruhe kommt, aber stark verlangsamt doch abfließen kann. Mitgeführte Bodenteile werden zurückgehalten.

Gegen ein Abschwemmen des Grasses ist ein billiges, unverzinktes Drahtgeflecht aufzulegen und an quer gelegten Rundhölzern o. ä. zu befestigen.

Grass aus Nadelholz ist am besten geeignet.

K 787 Zeitpunkt: Von der Vegetationszeit unabhängig.

6.3 Entwässerungsbauten

Alle Entwässerungsbauten sind an die Vorflut anzuschließen.

K 788 Die Forderung nach einem Vorflutanschluß für alle Entwässerungsbauten setzt das Vorhandensein einer Vorflut voraus und zwar einer entsprechend leistungsfähigen Vorflut.

So sind die vorhandenen Vorfluter, z. B. Gräben, Bachläufe o. ä. schon in der Planungsphase zu überprüfen, ob sie in der Lage sind, ohne Überlastung zusätzliche Wassermengen aus den beabsichtigten Entwässerungsbauten aufzunehmen.

Gegebenenfalls sind sie zu erweitern und erst zu schaffen. Dies ist jedoch keine Nebenleistung.

6.3.1 Faschinendräne

Zum Bau von Faschinenwalzen bettet man tote Faschinen nach Abschnitt 2.2.1.4.3 in Gräben ein, die in der Regel in der Fallinie verlaufen. Im übrigen gelten die Festlegungen nach Abschnitt 5.1.

K 789 Hier ist ein begrifflicher Fehler unterlaufen. Der Begriff „Faschinenwalze" ist überflüssig und unklar. Man könnte z. B. darunter fälschlich einen runden Körper verstehen, der aus einem Bündel von Faschinen besteht (die wiederum selbst ein Bündel aus Ruten/Zweigen/Ästen sind). Gemeint ist tatsächlich nur eine tote Faschine.

K 790 In der Norm ist nur der Faschinendrän als Sickerrinne genannt. In der Praxis sind aber noch andere Bauweisen üblich, so z. B. der Buschdrän (mit

Entwässerungsbauten K 791–792

toten Ästen/Zweigen gefüllter Sickergraben, der mit Kies oder Kiessand verfüllt wird), der Stangendrän (hier wird in den Sickergraben ein Bündel von toten Holzstangen eingelegt und mit Kiessand bedeckt), der Steindrän (die untere Hälfte des Sickergrabens wird mit Kies oder Schotter gefüllt und dann mit Kiessand bedeckt), der Drahtschotterdrän (in dem Sickergraben wird die untere Kies- oder Schotterpackung mit Maschendraht umhüllt oder es werden vorgefertigte zylindrische Drahtschotterkörper eingelegt, mit oder ohne anschließende Bedeckung mit Kiessand) und schließlich der „normale" Rohrdrän (gelochte oder geschlitzte Rohre werden auf die Grabensohle gelegt und mit filtergeeignetem Material abgedeckt, bei Rohrdränen in Nachbarschaft von Weiden u. ä. besteht jedoch die Gefahr der Verstopfung durch eindringende Wurzeln.

Anwendungsbereich: Ableitung von in geringerem Umfang andringendem Oberflächen- oder Hangwasser und zur Flächenentwässerung, auch nachträglich einbaubar. K 791

Die Sohle der Dränbauwerke muß undurchlässig sein, da sonst Ausspülungen u. a. auftreten können.

Das Gefälle sollte nicht weniger als 2 % betragen (bei Rohrdränen $\geq 0{,}5\,\%$) und nach unten nicht abnehmen, um Stauungen mit der Folge seitlicher Austritte zu vermeiden.

6.3.2 Wasserrinnen

6.3.2.1 Wasserrinne aus Folie

Wasserrinnen aus Folien sind nur zur vorübergehenden Wasserableitung zu verwenden. Die Folien sind auf die geebnete, gegebenenfalls verdichtete und geglättete Oberfläche von Gräben mit muldenförmigem Querschnitt bis 30 cm Tiefe und 70 cm Breite aufzulegen. Sie müssen mindestens nach jeder Seite 15 cm breiter sein als die in der Abwicklung gemessene Grabensohle. Die Seitenstreifen sind rechtwinklig zur Muldenfläche in seitliche Schlitze im Boden einzulegen und anzudrücken, gegebenenfalls sind sie an einzulegende Stangen zu befestigen, z. B. bei lockeren Böden. Stöße in der Folienbahn dürfen nur quer zur Fließrichtung eingebaut werden und sind in mindestens 20 cm Breite zu überlappen.

Wegen der Empfindlichkeit von Folien gegen Verletzungen und Verlagerungen dürfen derartige Rinnen nur zur kurzfristigen Wasserableitung eingesetzt werden, so z. B. nur während des Baubetriebes bis zur Herstellung der endgültigen Entwässerungsbauten. K 792

Meist werden aber zur temporären Wasserableitung flexible Rohre eingesetzt, die später ohne besonderen Aufwand wieder aufgenommen und so mehrmals verwendet werden können.

6.3.2.2 Wasserrinne aus Brettern

Die Bretter der Rinnwände und -sohlen werden an senkrechten Pflöcken und waagerechten Querhölzern (Riegeln) angenagelt.

Die senkrechten Pflöcke und waagerechten Riegel, die auf der Außen- bzw. Unterseite der Bretterwände anzuordnen sind, dürfen einen Abstand von 200 cm haben, sofern nicht die Standfestigkeit des Bauwerkes einen geringeren Abstand erfordert. Die Länge der senkrechten Pflöcke soll das Doppelte der Höhe der Rinnenwand betragen, jedoch nicht weniger als 70 cm.

K 793 Wasserrinnen aus Brettern werden häufig zur vorübergehenden Aufnahme und Abführung von Oberflächenwasser von Fahrbahnen bis zur endgültigen Etablierung der Ansaaten auf Banketten und Böschungen benutzt.

Aus Gründen der Verkehrssicherheit ist auf eine sorgfältige Fixierung am Boden zu achten.

6.3.2.3 Wasserrinne aus Fertigteilen

Wasserrinnen aus Fertigteilen sind auf verdichtetem Untergrund aufzulegen. Die Form der Bauteile und ihre Verbindung untereinander muß die Funktionsfähigkeit der Rinne auch bei Setzungen des Untergrundes gewährleisten.

6.3.2.4 Wasserrinne aus Mauerwerk

Wasserrinnen aus Mauerwerk sind nach den Festlegungen von DIN 1053 — Mauerwerk; Berechnung und Ausführung — herzustellen.

Zur Verminderung der Fließgeschwindigkeit sind erforderlichenfalls in die Sohle Stufen oder Kaskaden einzubauen.

K 794 Beide Bauarten (auch wäre eine gepflasterte Rinne hier noch zuzurechnen) erfordern einen gut verdichteten Baugrund, um Verlagerungen oder Brüche zu vermeiden. Fertigteile sollten aus diesem Grunde auch mit einer ausreichenden Überlappung versehen werden. Steile Rinnen und/oder sehr lange Rinnen sollten in jedem Falle (das gilt nicht nur für Rinnen aus Mauerwerk) Stufen oder Kaskaden zur Brechung der Fließgeschwindigkeit erhalten.

6.3.3 Rauhbettrinne

Rauhbettrinnen dürfen nicht schmaler als 80 cm sein. Sie sind muldenartig auszubilden. Ihre Tiefe soll in der Mitte nicht mehr als ein Drittel ihrer Breite betragen. In die Mulde ist als Filter eine mindestens 15 cm dicke Kies-Sand-Schicht einzubringen, die gleichzeitig zur Bettung der Bruchsteine dient.

Bruchsteine, die am Fuß eine Kantenlänge von 15 bis 25 cm und eine Höhe von 20 bis 25 cm haben sollen, sind aufrecht in dichter Packung einzubauen.

Bei durchlässigem Boden kann diese Bauweise auch dann angewendet werden, wenn das Gefälle der Rinne weniger als 1:3 beträgt; doch ist dann unter die Filterschicht eine Dichtung aus Folie, Tonschlag o. ä. einzulegen. Die Ränder der Rinne sind durch lebende Faschinen, lebendes Flechtwerk, Steckhölzer, Fertigrasen o. ä. zu sichern.

K 795 Nach *Schiechtl* sollten zur Sicherung gegen Abrutschen der Steinpackung in Abständen von 2 bis 4 m Pflöcke aus wasserbeständigen Harthölzern kammerartig eingeschlagen werden.

An gleicher Stelle (*Schiechtl* „Sicherungsarbeiten im Landschaftsbau") ist eine vom Autobahnamt Nürnberg stammende Tabelle abgedruckt, aus der die Bemessungswerte für Rauhbettrinnen zu entnehmen sind.

Anwendungsbereich: Diese Bauweise ermöglicht die Herstellung von leistungsfähigen und dauerhaften Rinnen auch ohne besondere Bodenverdichtung oder in weniger gut verdichtbaren Böden. Sie paßt sich darüber hinaus wesentlich besser in die Landschaft ein als Rinnen aus Fertigteilen oder Mauerwerk.

Leider sieht man häufig „Pseudo-Rauhbettrinnen", d. h. Ortbetonmulden, in die, wie Rosinen im Kuchen, vereinzelte Steine eingebettet sind. Diese Machart ist weder landschaftlich befriedigend, noch berücksichtigt sie den Vorteil der Flexibilität der richtigen Rauhbettrinne.

6.4 Steinschlagschutzbauten

6.4.1 Steinschlagschutznetz

Steinschlagschutznetze sind Bauwerke zum Abfangen und Abführen von Steinschlag. Sie werden über die gesamte zu sichernde Hangfläche geführt und bestehen aus Drahtgeflechten, die von Stahlseilen auf Ankern getragen werden. Bei der Bemessung der Schutznetzkonstruktion sind die angreifenden Kräfte wie z. B. Aufprallbelastungen, Schnee- und Eisauflagen, Eigengewicht sowie die Hangneigung und die Standfestigkeit des Untergrundes zu berücksichtigen.

Alle Konstruktionsteile sind gegen Korrosion zu schützen. Der Abstand der Anker sollte in waagerechter Richtung nicht mehr als 2,5 m, in vertikaler Richtung nicht mehr als 6 m betragen. Sie sind mindestens 80 cm tief im festen Fels zu verankern.

Die Drahtseile sind an den Ösen der Außenanker (Zuganker) zu befestigen und durch die Ösen der innenstehenden Anker zu führen.

Die Drahtseile sind an jedem Anker mit Seilklemmen zu sichern und an den Außenankern über Seilkauschen zu führen. Das auf das Seil-Gitternetz aufzulegende, viereckige Maschendrahtgeflecht muß DIN 1199 entsprechen und eine Drahtdicke von mindestens 3 mm haben.

Die Bahnen des Drahtgeflechts sind an den Stößen untereinander und am Seilgitter im Abstand von nicht mehr als 40 cm sowie am oberen und unteren Ende des Geflechtes an jeder Masche zu verbinden.

Die Geflechtbahnen müssen sich um etwa 10 % ihrer Bahnbreite, jedoch nicht weniger als 20 cm, überlappen.

Die Schutznetze sollen eine Bodenfreiheit von mindestens 2 cm und nicht mehr als 30 cm haben.

Bei weniger gefährdeten Hängen können ggf. auch einfachere Konstruktionen Anwendung finden; jedoch sind die geologischen Verhältnisse zu beachten.

Schutznetze können bei Gefahr von überspringenden Steinen am oberen Rand mit einem Fangzaun ausgerüstet werden. Ist am Fuß des Schutznetzes der Raum zum Ausrollen von abgehenden Steinen begrenzt, ist am Unterrand des Netzes eine Schürze anzubringen.

Frei hängende Steinschlagschutznetze sind oberhalb der zu sichernden Felsflächen an Ankern zu befestigen. Die nebeneinander frei hängenden Geflechtbahnen sind miteinander zu verbinden. Am unteren Ende ist das Netz zu beschweren und so auszubilden, daß angesammelte Steine entfernt werden können.

K 797 Kritiker können behaupten, daß die vorbeschriebene Bauart für Schutznetze zu aufwendig sei und daß es auch billiger ginge. So findet man z. B. an den französischen Autobahnen in Richtung Spanien kilometerlange Schutznetze einfachster Bauart, rostig, lose herabhängend, aber stets in respektablem Abstand von der Fahrbahn.

In Deutschland liegen die zu sichernden Hänge meist unmittelbar neben den zu schützenden Verkehrswegen oder Bauwerken, auch ist das hiesige Klima in der Regel feuchter und somit rostfördernd. So wird hier jeder Schritt in Richtung geringerer Dimensionierung (Drahtdicken, Maschenweite, Korrosionsschutz, Ankeranzahl, Verankerungstiefe usw.) auch in Richtung geringerer Sicherheit und Lebensdauer gehen.

Beide Faktoren sind sorgfältig abzuwägen. Neben der Lebensdauer sollte der relativ hohe Aufwand und die meist auch gefahrgeneigte Arbeit dieser Bauweise berücksichtigt werden.

6.4.2 Bohlenwände

Zur Herstellung von Bohlenwänden sind I-Profilträger standfest im Boden zu verankern. Die Profilträger sind in einer Neigung aufzustellen, welche der Halbierenden des Winkels zwischen der Senkrechten zur Hangneigung und Lotrechten entspricht. Der Abstand der I-Profilträger in der Waagerechten soll nicht mehr als 400 cm betragen. In die I-Profilträger werden horizontalliegende Rund- oder Kanthölzer eingefügt, so daß eine geschlossene Holzwand entsteht. Die Höhe der Bohlenwand richtet sich nach den örtlichen Verhältnissen.

K 798 Neben den Bohlenwänden mit I-Profilträgern als senkrechte Stützen — wie hier beschrieben — sind auch einfachere Konstruktionen denkbar, z. B. einfache oder zangenartig doppelt angeordnete Holzstützen. I-Profilträger haben jedoch den Vorteil der längeren Haltbarkeit. Sie lassen insbesondere ein leichtes Auswechseln von beschädigten Bohlen (auch Rund- oder Kanthölzer) und ein leichtes Herausnehmen der Bohlen zur Entfernung von angelagerten Steinen zu.

6.5 Sicherungsbauweisen für windgefährdete Flächen

6.5.1 Bestecke

Bestecke dienen als Reihenbestecke (Anordnung in Reihen) der Ablagerung von Flugsand oder als Netzbestecke (Anordnung in quadratischen Feldern) der Ablagerung von Flugsand oder der Vermeidung von Sandabtragung und Sandschliff.

Es ist 60 bis 80 cm langes Reisig in Reihen 20 bis 30 cm tief zu stecken, so daß 30 bis 50 cm aus dem Sand herausragen. Der Abstand in der Reihe ist so zu wählen, daß ein etwa 50 %iger Füllungsgrad des Besteckes erreicht wird. Die Anordnung der Bestecke ist den örtlichen Verhältnissen und der jeweiligen Zielsetzung der Baumaßnahme anzupassen.

Bodenabdeckung als Erosionsschutz K 799 – 801

Die Entscheidung, ob Reihen- oder Netzbestecke eingesetzt werden, hängt von der vorherrschenden Windrichtung ab. K 799

Reihenbestecke werden quer zur Hauptwindrichtung gesetzt, bei häufig wechselnder Windrichtung werden Netzbestecke angewendet.

6.5.2 Verwehungszäune
Zum Bau von Verwehungszäunen sind Pflöcke, Profilstähle o. ä. lotrecht in den Boden einzubauen. Der seitliche Abstand und die Höhe dieser Stützen soll nicht mehr als 200 cm betragen. Die lotrechten Stützen werden mindestens in ihrem oberen und unteren Bereich durch Holzriegel, Drahtseile o. ä. miteinander verbunden. An dieser Querverbindung ist eine Ausfüllung anzubringen. Die Ausfüllung der Felder kann aus Holzlatten, Drahtgitter, Drahtgitter mit eingeflochtenen Kunststoffstreifen, Kunststoffmatten oder -gittern bestehen. Ihr Füllungsgrad richtet sich nach den örtlichen Verhältnissen, z. B. dem Abstand von dem zu sichernden Objekt.

Die vorbeschriebene Art von Verwehungszäunen dient in erster Linie zur gezielten Schneeablagerung, aber auch als temporärer Windschutz. K 800

Die Anwendung von Schneezäunen erfordert Erfahrung und genaue Kenntnis der örtlichen Situation.

6.6 Bodenabdeckung als Erosionsschutz

6.6.1 Bodenabdeckung mit Mulchstoffen
Mulchstoffe zur Bodenabdeckung gegen Erosion sollten langfaserig sein. Die Mulchstoffe sind gleichmäßig aufzubringen und gegen Verlagerung zu schützen.

Dies können Bauflächen sein, die bis zu ihrem endgültigen Ausbau vor Erosionen (Wind, Wasser) geschützt werden, aber z. B. auch Pflanzflächen in exponierten Lagen oder auf gefährdeten Flächen. Dachte man bei der Erstellung dieser Norm noch in erster Linie an Stoffe wie Stroh, Kartoffelkraut, Rasenschnittgut u. ä., so wird heute in zunehmendem Maße auch Rindenmulch verwendet. Dieser ist aber in Abhängigkeit von der Größenzusammensetzung verlagerungsempfindlich (Abschwemmen), während z. B. Strohmulch besonders empfindlich gegen Wind ist. K 801

So wird in der Regel jeder Mulchstoff abhängig von der Böschungsneigung eine Sicherung gegen Verlagerung erhalten müssen, z. B. durch Festlegen mittels Kleberspritzung.

Die bei Mulchungen auftretende Begünstigung von Mäusen sollte beachtet werden. Sie ist wohl am geringsten bei Rindenmulch.

6.6.2 Bodenabdeckung mit Folien und Matten
Werden Folien oder Matten als Erosionsschutz verlegt, so sind sie gegen Verlagerung insbesondere an den Rändern und Stößen zu sichern. Gegebenenfalls sind Vorkehrungen zur Ableitung des Tagwassers zu treffen.

K 802 Die Abdeckung von größeren Flächen wird mit Folien oder Matten wegen der hohen Stoff- und Lohnkosten kaum in Frage kommen. Sie ist hier nur der Vollständigkeit wegen genannt worden.

6.6.3 Bodenabdeckung mit Steinen

Zur dauerhaften Sicherung gegen Erosion können Beläge aus Gittersteinen, Lochsteinen, Pflastersteinen, Platten, Bruchsteinen o. ä. verwendet werden.
Die Fugen und Kammern sind zu verfüllen.

Der Neigungsgrad der zu sichernden Flächen ist bei der Auswahl der Steine, insbesondere hinsichtlich ihrer Empfindlichkeit gegen Verlagerung zu berücksichtigen.

K 803 Die Sicherung von Böschungen, Böschungsköpfen, Flächen unter Brücken, die besonderer Erosionsgefahr ausgesetzt sind, mit Pflaster aller Art, ist zu einer häufig angewendeten Bauweise geworden. Leider wird dabei oft in falsch verstandener „Rustikalität" mit sehr viel Mörtel zwischen den Fugen gearbeitet, insbesondere bei Verwendung von Natursteinen (Pflaster, Bruchsteine, Krustenplatten u. ä.).

Dies gilt vor allem für Beläge in der Trocken- und Schattenzone unter Brücken.

K 804 Im freien Bereich hat sich die Begrünung der Fugen und Kammern (bei Loch-, Gittersteinen u. ä.) durchgesetzt. Mißerfolge sind dort nur aufgetreten, wo man zu bindigen Boden zur Füllung verwendete. Man erreichte dann eine nur sehr flache Bewurzelung, die Begrünung brannte dann aus. Auch hier muß der Grundsatz der Sicherungsbauweisen befolgt werden, daß nur möglichst sandreiche bzw. kiessandreiche Böden mit geringerem Gehalt an organischer Substanz die Voraussetzung einer tiefreichenden, sichernden Bewurzelung sind. Ist der vorhandene Oberboden zu bindig (mehr als 20 Massen-% an Teilen d $\leq$ 0,025 mm) muß er mit feinteilefreiem Sand 0/2 verbessert werden (keine Nebenleistung!).

Bewährt hat sich ein Gemisch aus Sand 0/2 oder Kiessand 0/8 mit Torf im Vol.-Verhältnis 3:1 bis 4:1 für die Füllung von Pflasterfugen und Lochsteinkammern.

Sollen die Fugen und Kammern berast werden, empfiehlt es sich, das Saatgut vor dem Einbau in das Substrat einzumischen.

K 805 Steckhölzer und andere lebende Pflanzenteile müssen mind. 20 cm tief in den Boden unter den Belägen reichen.

Nachteilige Pflasterhebungen durch zunehmendes Wachstum (Wurzeln und Dickenwachstum der Triebe) sind entgegen häufig vorgebrachter Befürchtungen bisher nicht beobachtet worden, zumindest dann nicht, wenn Steckhölzer von strauchartigen Gehölzen verwendet wurden.

Sicherungen durch kombinierte Bauweisen,
Fertigstellungspflege — Sicherungsbauweisen   K 806

7 Sicherungen durch kombinierte Bauweisen

Einige Sicherungsbauweisen mit nichtlebenden Stoffen und Bauteilen sind dann mit Pflanzen und lebenden Pflanzenteilen sowie Saatgut zu kombinieren, wenn an die Lebensdauer dieser Bauwerke erhöhte Anforderungen gestellt und ihre Einbindung in die Landschaft gefordert wird. So können unter Beachtung der Festlegungen in den Abschnitten 2, 4, 5 und 6 dieser Norm, DIN 18 916 und DIN 18 917 folgende Sicherungsbauweisen kombiniert werden:

Krainerwände mit eingelegten Ästen, Ruten, Pflanzen sowie Steckhölzern.

Hangroste mit eingelegten Ästen, Ruten oder Steckhölzern.

Wenn ausreichend vegetationsfähiger Boden vorhanden ist, können auch Ansaaten aufgebracht, Fertigrasen verlegt sowie Gehölze und Stauden gepflanzt werden.

Drahtschotterkästen mit eingelegten Ästen oder Ruten.

Blockschlichtungen mit eingelegten Ästen, Ruten oder Steckhölzern. Wenn die Blockschlichtungen mit vegetationsfähigem Boden beschüttet werden, können auch Ansaaten aufgebracht, Fertigrasen gelegt und Gehölze sowie Stauden gepflanzt werden.

Trockenmauerwerk mit eingelegten Steckhölzern, Ruten, Junggehölzen und Stauden; bei Mauerwerk aus großen Steinen mit Ästen sowie Ansaat oder Ausfüllung der Fugen mit Fertigrasen.

Bodenabdeckung mit Steinen mit Einbau von Steckhölzern, Pflanzen von Gehölzen oder Stauden, Ansaat und Verlegen von Fertigrasen.

Fast jede der im vorigen Abschnitt 6 genannten Bauweisen mit nicht lebenden (toten) Baustoffen, kann und sollte bei der Wahl der richtigen Ausführungszeit mit lebenden Bauteilen oder Ansaaten kombiniert werden. Bei Bauwerken aus Holz kann der Sicherungszweck durch die Wurzeln der Gehölze (weniger durch Gräser und Kräuter) auch über das Vermorschen der Holzbauteile erhalten bleiben.

K 806

Die Wurzeln der Gehölze verbessern hier und auch bei Bauweisen mit Steinen, Beton, Stahl, Kunststoffen schon von Beginn an die Stabilität und die Festlegung der Oberflächen.

Schließlich ist auch die mit Hilfe von Grün weitaus bessere Einbindung von Bauwerken aus toten Bauteilen in die Landschaft ein sehr gewichtiges Argument.

Aus den vorgenannten Gründen wurde schon bei den Anmerkungen zu den Unterabschnitten des Abschnittes 6 auf die jeweils mögliche Mitverwendung von lebenden Bauteilen und Baustoffen eingegangen.

8 Fertigstellungspflege

8.1 Allgemeines

Die Fertigstellungspflege umfaßt alle Leistungen nach der Saatarbeit nach Abschnitt 4 und nach dem Einbauen von Pflanzen und lebenden Pflanzenteilen nach Abschnitt 5 und 7, die zur Erzielung eines abnahmefähigen Zustandes der Ansaaten, der Pflanzungen oder Sicherungsbauwerke erforderlich sind.

Die Anzahl der erforderlichen Maßnahmen zur Fertigstellung ist abhängig von den Standortverhältnissen, vom Herstellungstermin und dem anschließenden Witterungsverlauf sowie von dem Saatverfahren bzw. der Bauweise.

Als abnahmefähiger Zustand gilt:

a) Durch Ansaat nach Abschnitt 4 hergestellter Landschaftsrasen muß einen gleichmäßigen Bestand an Pflanzen der geforderten Saatgutmischung haben, der einer Bodendeckung von 50 % entspricht, wenn die Besonderheiten des Standortes nicht andere Festlegungen in bezug auf Gleichmäßigkeit und Bodenbedeckung bedingen.

b) Bei nach den Abschnitten 5 und 7 hergestellten Sicherungsbauwerken müssen die eingebauten Pflanzen und lebenden Pflanzenteile ausgetrieben haben bzw. voll im Saft stehen. Trockene und beschädigte Pflanzenteile müssen von den Pflanzen entfernt sein.

K 807 Die Grundsätze für die Fertigstellungspflege, ihre vertragliche Stellung und Wirkung, sind bereits im Band I /Rdn 311 ff. ausführlich besprochen worden (siehe dort). Sie gelten auch für diesen Bereich des Landschaftsbaues.

Für Ansaaten (die sogen. „Normalsaaten", die Naß- und Trocken-Saaten) gilt als abnahmefähiger Zustand in der Regel eine projektive Bodendeckung von mind. 50 %. Aus Gründen der Funktion der Rasenfläche und/oder der Standortbedingungen kann von dieser Mindestregel nach oben oder unten abgewichen werden.

Zu einer derartigen Abweichung ist jedoch eine eindeutige und rechtzeitige vertragliche Regelung erforderlich, die schon in der Leistungsbeschreibung oder in den den Verdingungsunterlagen beigefügten „Zusätzlichen Technischen Vorschriften" enthalten sein muß.

K 808 Für Gehölze und lebende Pflanzenteile wird gesagt, daß sie ausgetrieben haben bzw. voll im Saft stehen müssen, um abnahmefähig zu sein. Beide Kriterien haben in der Praxis zu Meinungsverschiedenheiten geführt.

Unter „ausgetrieben" wird ein gesicherter Austrieb, nicht ein kurzer Nottrieb ohne Dauer verstanden, wie er von manchen nicht ausreichend lebensfähigen Pflanzen häufig hervorgebracht wird. Um mit Sicherheit erkennen zu können, ob es sich um einen Nottrieb oder einen vollen und andauernden Austrieb handelt, sollte der Zeitpunkt der Abnahme recht spät gelegt werden, z. B. auf Ende Juli eines Jahres, besser noch auf Ende August. Pflanzen, die die sommerliche Hitzeperiode ohne erkennbare wesentliche Schäden im Austrieb überstanden haben, kann man getrost als ausgetrieben abnehmen.

K 809 Der Begriff „voll im Saft stehen" bereitet in der Praxis leider viele Auslegungsschwierigkeiten.

Der Ausschuß dachte bei der Aufnahme dieses Begriffes an bestimmte grünrindige Gehölze, wie z. B. Laburnum, Crataegus-Arten, Euonymus-Arten u. ä. Diese können, nur über ihre grüne Rinde assimilierend, ein oder mehrere Jahre überdauern und dann erst zu einem Austrieb kommen. Davon steht aber in der Norm nichts und häufig will man das „voll im Saft

Fertigstellungspflege — Sicherungsbauweisen K 810–812

stehen" für alle bei der Abnahme noch nicht ausgetriebenen Gehölze angewendet wissen, bei denen noch Leben unter der Rinde festzustellen ist. Obwohl es durchaus der Fall sein kann, daß diese Gehölze mit Verzögerung noch austreiben, muß in solchen Fällen das Vorliegen einer Schädigung angenommen werden, die sich mind. ebenso oft verstärkt (z. B. ungünstiger Witterungslage) und zum Absterben führt, wie sie sich auch unter günstigen Wachstumsbedingungen beheben kann.

Sehr häufig kommt es aber auch zum Zurücktrocknen der Haupttriebe, so daß z. B. von Hochstämmen oder Heistern nur ein Austrieb kurz über dem Erdboden übrig bleibt. **K 810**

Der Abnahmepraxis kann nur folgende Regelung empfohlen werden:

a) Für alle nicht ausgetriebenen Gehölze ist die Abnahme zurückzustellen und eine Nachfrist (bis zum Herbst oder nächsten Frühsommer) zu setzen, nach der dann die Zustandsfeststellung und gegebenenfalls die Abnahme dieser Gehölze erfolgt.

Dem Auftragnehmer wird anheim gestellt, ob er in dieser Zeit die Pflanzen versorgt (auf seine Kosten), oder ob er den Anwachserfolg in die Hände dessen legt, der die Unterhaltungspflege ausführt.

b) Die Entscheidung, ob zurückgetrocknete Pflanzen, die nun nicht mehr den vertraglichen Größenangaben entsprechen, vom Auftragnehmer zu entfernen und durch vertragsgerechte zu ersetzen sind oder ob sie verbleiben können, bleibt dem Auftraggeber vorbehalten.

Im letzteren Falle ist jedoch ein entsprechender Preisabschlag gerechtfertigt.

Die zur Fertigstellungspflege erforderlichen Leistungen sind keine Nebenleistungen. Sie sind in der Regel in Einzel-Positionen auszuschreiben (siehe auch Rdn 313 in Band I). **K 811**

8.2 Leistungen bei Ansaaten

8.2.1 Beregnen

Wenn keine natürlichen Niederschläge mit entsprechender Ergiebigkeit fallen, sollen bis zum Auflaufen des Rasens pro Woche mindestens 2 Wassergaben zu je 10 l je m^2 verabreicht werden, nach dem Auflaufen bis zur geforderten Bodenbedeckung mit Rasenpflanzen wöchentlich etwa 20 l je m^2.

Bei der Bemessung der geforderten Anzahl der Beregnungen und der jeweiligen Wassermenge sind die Standortverhältnisse, die Zugänglichkeit der Flächen, die Entfernung zu den Wasserentnahmestellen, Verfügbarkeit von ausreichenden Wassermengen, der wirtschaftliche Aufwand, die Verkehrsbelastung von Straßen u. a. zu berücksichtigen.

Die Beregnungsmöglichkeit von Sicherungsflächen stößt in der Praxis auf technische und meist auch auf wirtschaftliche Grenzen. **K 812**

Oft ist Wasser in nennenswerten Mengen wegen Unwegsamkeit des Geländes nicht zur Einsatzstelle transportierbar, sehr häufig muß es mit Tankfahrzeugen über relativ große Entfernungen herangebracht werden.

Da man aber bei der Abnahme keine Abstriche an der Bodendeckung machen kann, muß schon bei der Wahl des Saatverfahrens auf die Möglichkeiten bzw. die evtl. Unmöglichkeit der Bewässerung geachtet werden. So kann z. B. durch entsprechenden Einsatz von Mulchstoffen und Klebern das bodenfeuchteabhängige Keimungsergebnis heraufgesetzt werden. Auch ist die Zeitwahl der Ansaat von erheblicher Bedeutung.

8.2.2 Düngen

Nach dem Auflaufen bei Herbstansaaten im folgenden Frühjahr ist in der Regel mit mindestens 5 g Stickstoff (Rein-N) je m^2 zu düngen. Eine Verätzung ist durch die Auswahl des Düngers oder durch die Art der Anwendung zu vermeiden.

Bei extrem schwierigen bzw. gefährdeten Standorten sollte im nachfolgenden Herbst eine weitere Düngung mit 5 bis 6 g Stickstoff (Rein-N) je m^2 als Volldünger verabreicht werden.

K 813   Die hier genannten Situationen für eine Düngung (Frühjahrsdüngung nach Herbstansaaten, Folgedüngung bei schwierigen Flächen) stellen das unterste Minimum für die Düngung dar. Wenn man in der Praxis erfahren hat, wie wichtig die Düngung nach dem Auflaufen für die Anfangsentwicklung von Rasen ist, und dies besonders auf ärmeren Böden, wird man diese stets zum Einsatz bringen. Schließlich wird dabei auch gleichzeitig eine Beregnung vorgenommen, da das Ausbringen des Düngers in der Regel mittels Wasser erfolgt.

8.2.3 Mähen

Gegebenenfalls erforderliche Schnitte sind im Einzelfall zu regeln, wobei insbesondere die Zusammensetzung des Gräserbestandes und die Flächenneigung zu berücksichtigen sind.

K 814   In den Fällen, wo Naß- oder Trocken-Saaten eingesetzt werden, wird man wegen der Geländeform meist von vornherein auf Mähen verzichten und dies auch schon bei der Wahl der Saatgutmischung berücksichtigen.

Soll im Rahmen der Fertigstellungspflege gemäht werden, ist dies wie bei allen Leistungen zur Fertigstellungspflege zuvor nach Art, Anzahl und Zeitpunkt ausdrücklich zu vereinbaren (z. B. im Leistungsverzeichnis).

8.3 Leistungen bei Bauwerken mit Pflanzen und lebenden Pflanzenteilen

Wenn keine natürliche Niederschläge mit entsprechender Ergiebigkeit fallen, ist in der Wachstumszeit, das ist in der Regel die Zeit von Mitte März bis Ende September, zu wässern, zumindestens bis das Anwachsen der Pflanzen oder Pflanzenteile als gesichert anzusehen ist. Bei der Bemessung der vorzusehenden Bewässerungsmaßnahmen in bezug auf Art, Menge und Häufigkeit sind die hierzu im Abschnitt 8.2.1 genannten Gesichtspunkte zu berücksichtigen.

Fertigstellungspflege — Sicherungsbauweisen K 815

Hier sind Bewässerungen bzw. Beregnungen nur für den Bedarfsfall vorgesehen. Aber auch dafür sind in der Leistungsbeschreibung entsprechende Positionen vorzusehen und gegebenenfalls als sogen. „Bedarfspositionen" zu kennzeichen (Ausführung nur im Bedarfsfalle, über den der Auftraggeber auf Antrag des Auftragnehmers entscheidet). K 815

Einleitung K 18 919

	Landschaftsbau **Unterhaltungsarbeiten bei Vegetationsflächen** Stoffe, Verfahren	<u>DIN</u> 18 919

Einleitung

In dieser Norm werden die Maßnahmen behandelt, die bei der Unterhaltung von Vegetationsflächen teilweise laufend, teilweise aber auch nie oder nur gelegentlich erforderlich sind. Die Vielfalt der Vegetationsflächen wie z. B. Stauden, Rosen, sommergrüne Gehölze, immergrüne Gehölze oder waldartige Pflanzungen, das Alter dieser Pflanzungen, die unterschiedlichen Boden- und Klimaverhältnisse sowie die unterschiedlichen Zielvorstellungen des Auftraggebers über den erwarteten Zustand der Flächen insbesondere unter ökologischen Gesichtspunkten machen es erforderlich, alle Leistungen im Leistungsverzeichnis eindeutig in Umfang und erwarteter Qualität zu definieren, die ausgeführt werden sollen. Deshalb ist es ein Verstoß gegen die Grundregeln der VOB/A, wenn lediglich ausgeschrieben wird: „Gehölzflächen (Rasenflächen) nach DIN 18 919 unterhalten." Derartige Formulierungen geben keine klaren Angaben zur Leistung. Alle Zweifel an der Notwendigkeit von Maßnahmen, daraus resultierende Mehrkosten oder vegetationstechnische Konsequenzen muß sich der Auslober solcher Leistungen anrechnen lassen, weil alle Unklarheiten, die sich aus unzureichender Leistungsbeschreibung ergeben, zu seinen Lasten gehen.

Andererseits ist es auch unverständlich, wenn ein Unternehmen, das fachkundig ist, auf derartige Ausschreibungen ein Angebot abgibt. Da kein eindeutiger Leistungsrahmen gegeben ist, beruht sein Angebot auch nur auf einer Spekulation und der Erwartung, daß bei späteren Meinungsverschiedenheiten eine Preisänderung erreicht werden kann. Insofern trifft den Bieter auf derartige Pauschal-Ausschreibungen eine Mitschuld.

In dieser Norm sind nicht behandelt die Leistungen der Baumpflege- und Baumsanierungsarbeiten. Zum Zeitpunkt der Aufstellung dieser Norm lagen hierüber noch nicht genügend Erfahrungen vor. Inzwischen hat sich eine Arbeitsgruppe von Fachleuten mit dieser Materie eingehend beschäftigt und einen Entwurf zu „Zusätzlichen Technischen Vorschriften für Baumpflege- und Baumsanierungsarbeiten" erarbeitet (Stand Mai 1982). In Zweifelsfällen kann diese Ausarbeitung herangezogen werden.

Geltungsbereich, Begriffe K 820–821

1 Geltungsbereich
Diese Norm gilt für Unterhaltungsarbeiten bei Vegetationsflächen im Rahmen des Landschaftsbaues.

2 Begriffe

2.1 Unterhaltungsarbeiten
Die Unterhaltungsarbeiten umfassen die Leistungen an Vegetationsflächen, die zur Entwicklung und zur Erhaltung der Funktionsfähigkeit der Vegetation, z. B. Trittfestigkeit bei Spielrasen, Erosionssicherung in der Landschaft, Windschutz und ähnlichem, erforderlich sind.

Die Bauleistungen zur Ausführung eines Bauvorhabens, die in der Finanzierung als Herstellungskosten bezeichnet sind, enden mit dem Erreichen des abnahmefähigen Zustandes und der Abnahme durch den Auftraggeber. Die bis dahin erforderlichen Pflegeleistungen sind als Leistungen der Fertigstellungspflege Teil der Herstellungsleistungen und als solche in das Leistungsprogramm für die Herstellung der Baumaßnahme aufzunehmen (siehe DIN 18 916, K 561 ff./DIN 18 917, K 643 ff./DIN 18 918, K 807 ff.). K 820

In der Regel ist eine Abnahme von Pflanzleistungen frühestens zu Ende Juni, meist erst im Spätsommer möglich, bei Rasenarbeiten ist der Abnahmetermin abhängig von der Einsaatzeit. Es kann davon ausgegangen werden, daß bei Frühjahrssaat die Abnahme im Juni, bei Sommersaat u. U. noch im Oktober, sonst etwa im Mai erfolgen kann.

Der Witterungsverlauf spielt dabei eine große Rolle.

Mit dem Erreichen des abnahmefähigen Zustandes ist jedoch nur ein Zwischenstadium eingetreten. Wird bei Verarbeitung von toten Materialien zum Zeitpunkt der Abnahme der gewünschte Endzustand erreicht, so bedarf es bei Vegetation noch weiterer Unterhaltungs-Pflegemaßnahmen, bis der gewünschte Zustand erreicht und die Funktion erfüllt wird.

Da es sich bei jeder Vegetation um ein dynamisches System handelt, das sich in Abhängigkeit von der Pflege verändert, sollte der Auftraggeber oder Nutzer im eigenen Interesse dafür sorgen, daß die Unterhaltungspflege sofort an die Fertigstellungspflege anschließt. Da der Übergang von der Fertigstellungspflege auf die Unterhaltungspflege häufig haushaltsrechtliche Schwierigkeiten bereitet, weil er im Verlaufe eines Haushaltsjahres stattfindet, kann es sinnvoll sein, die Unterhaltungspflege für die restlichen Vegetations-Monate in den Bauvertrag einzubauen und den Wechsel erst in der Vegetationsruhe und mit Beginn des neuen Haushaltsjahres durchzuführen.

Die Maßnahmen der Unterhaltungspflege haben zwei Zielrichtungen, die sowohl in der Art der Leistungen als auch in ihrem Umfang sehr unterschiedlich sind. In diesem Sinne sind dann auch die Leistungen differenziert auszuschreiben. K 821

1. Unterhaltungspflege zur Entwicklung der Vegetation

Hierunter sind alle Pflegeleistungen zu verstehen, die geeignet sind, folgende Ziele zu erreichen:

a) volle Bodendeckung
b) geschlossene Pflanzung
c) Freistand von Bäumen ohne Sicherung
d) gewünschte Heckenhöhe
e) gewünschte Kronenhöhe
f) Sichtschutz
g) Windschutz

Als Maßnahmen für dieses Pflegeziel sind erforderlich

bei Gehölzen

— Düngen mit hohem N-Gehalt
— Wässern
— Lockern der Vegetationsflächen
— Unkrautvernichtung
— Krankheitsbekämpfung
— Erziehungsschnitt

bei Rasen

— Düngen mit hohem N-Gehalt
— Wässern
— Mähen
— Unkrautbekämpfung
— Krankheitsbekämpfung

Der Zeitraum, über den sich diese Maßnahmen erstrecken, ist sehr unterschiedlich. Bei Rasen ist er in der Regel nach der ersten Vegetationsperiode abgeschlossen, bei bodendeckenden Gehölzen und flächenhaften Staudenpflanzungen ist das Ziel in der Regel nach 2 Vegetationsperioden erreicht, bei hohen Gehölzgruppen, Gehölzstreifen, Sichtschutzpflanzungen und Hecken hängt die Dauer dieser Pflegeperiode von der Gehölzzusammensetzung ab. Das gleiche gilt für Bäume.

K 822   Die Leistungen zur Unterhaltungspflege zur Entwicklung der Vegetation erfordern in der Regel den Einsatz von geschultem Fachpersonal. Dies gilt nicht nur für die Art der Ausführung, sondern vor allem für die Bestimmung von Umfang, Zeitpunkt und Art der Einzelleistungen, die wiederum aus den Beobachtungen über den Entwicklungszustand gegenüber dem Entwicklungsziel resultieren. Diese Beobachtungen kann nur ein geschultes Fachpersonal anstellen.

Aus diesem Grunde ist es verständlich und zu bejahen, wenn eine Reihe von verantwortungsbewußten Auftraggebern dazu übergegangen ist, an die

Unterhaltungspflege, Entwicklung, Erhaltung K 823

Fertigstellungspflege (also nach der Abnahme der eigentlichen Bauleistung) eine besondere Phase mit dem Titel „Entwicklungspflege" anschließen zu lassen.

Die in dieser Phase erforderlichen Leistungen werden entweder schon mit dem Gesamtprojekt ausgeschrieben oder auch gesondert, aber stets an Fachunternehmen.

Da die Herstellung von Rasen und Pflanzungen aus vegetationstechnischen Gründen noch nicht mit dem Erreichen des abnahmefähigen Zustandes abgeschlossen ist — der abnahmefähige Zustand ist nur als Maßstab für die Abnahme selbst zu werten — ist ebenso verständlich und vertretbar, wenn die Leistungen zur „Entwicklungspflege" finanztechnisch noch als Teil der Bauleistung angesehen werden.

Da bereits viele Auftraggeber zu diesem Verfahren übergegangen sind, hat auch das Standardleistungsbuch für das Bauwesen (GAEB) im Leistungsbereich 003 „Landschaftsbauarbeiten" diese Entwicklungspflege berücksichtigt.

2. Unterhaltungspflege zur Erhaltung der Funktion

Alle Maßnahmen zur Erhaltung eines bestimmten Zustandes aus optischen, biologischen, statischen oder funktionellen Gründen sind zu diesem Bereich de Unterhaltungspflege zu rechnen.

Als Maßnahmen für dieses Pflegeziel sind z. B. erforderlich

bei Gehölzen

— Erhaltungsdüngung vorwiegend mit Kali und Phosphor und Spurenelementen, sofern der Zuwachs in Grenzen gehalten werden soll
— ausgeglichene Volldüngung bei Gehölzen, vor allem Rosen, die zurückgeschnitten werden und am einjährigen Holz blühen
— Rodung einzelner Sträucher und Bäume bei zu engem Stand
— „Auf Stock setzen" von Pioniergehölzen bzw. vorwüchsigen Gehölzen
— Auslichtungsschnitt
— Verjüngungsschnitt
— Bodenlockerung
— Unkrautbekämpfung
— Krankheitsbekämpfung

bei Stauden

— Erhaltungsdüngung zur Förderung der Blühfähigkeit und Standfestigkeit
— Bodenlockerung
— Unkrautbekämpfung
— Verjüngung, Teilen, Umsetzen

— Rückschnitt (Ausschneiden abgeblühter und abgestorbener Pflanzenteile
— Abdeckung frostgefährdeter Pflanzen
— Stäben
— Pflanzenschutz
— Wässern

bei Rosen
— Erhaltungsdüngung
— Herbstschnitt
— An- und Abhäufeln
— Frühjahrsrückschnitt
— Blütenschnitt
— Unkrautbekämpfung
— Bodenlockerung
— Pflanzenschutz

bei Rasen
— Erhaltungsdüngung
— Wässern
— Mähen
— Unkrautbekämpfung
— Krankheitsbekämpfung
— Regenerieren (Senkrechtschneiden, Löchern, Schlitzen, Sanden)
— Ausbessern.

K 824 Im Gegensatz zur „Entwicklungspflege" werden bei der „Funktionserhaltungspflege" für eine Reihe von Leistungen leider häufig auch ungeschulte Kräfte wie z. B. Hausmeister, Heizer o. ä. eingesetzt.

Dies gilt insbesondere für die Unkrautbekämpfung, Bodenlockerung und das Wässern von Gehölz-, Rasen- und Staudenflächen, und das Wässern und Mähen von Rasenflächen.

Damit wird versucht, d. h. bei dann besserer Auslastung ohnehin vorhandenen Personals, eine Verringerung der Unterhaltungskosten zu erreichen.

Grundsätzlich ist jedoch die Leistungsfähigkeit von ungeschultem Personal zu bezweifeln, insbes. wenn es die Unterhaltung der Grünflächen „so nebenbei" erledigen soll.

Nur dem geschulten Fachmann, ausgerüstet mit jeweils geeigneten und modernen, leistungsfähigen Maschinen wird es möglich sein, wirtschaftlich zu arbeiten und dabei gleichzeitig den Bestand und die Funktionsfähigkeit der Grünflächen zu sichern.

Nur beide Faktoren, d. h. die Kosten und die Sicherung des Bestandes, bestimmen letztlich die Wirtschaftlichkeit.

Wiederkehrende Leistungen, Einmalige Leistungen K 825–826

2.2 Wiederkehrende Leistungen

Hierzu rechnen alle Leistungen, die im Laufe eines Jahres in Abständen wiederholt werden müssen, z. B. Hacken, Rasenschnitt, oder einmalig auszuführen sind, z. B. Winterschnitt von Gehölzen, Winterschutz von Pflanzungen.

Der Begriff „wiederkehrende Leistung" soll darauf hinweisen, daß alle darunter zusammengefaßten Leistungen in jedem Falle im Laufe des Jahres ein- oder mehrere Male ausgeführt werden müssen und somit zu einer ordnungsgemäßen Unterhaltungspflege gehören. Diese Leistungen sollten bei der Aufstellung eines Leistungsverzeichnisses für die Unterhaltungspflege unter dem Oberbegriff „wiederkehrende Leistungen" als Einzelposition aufgeführt werden. Fehlen in einer Leistungsbeschreibung einzelne dieser „wiederkehrenden Leistungen", so sollte der Auftragnehmer der Ordnung halber Bedenken gegen den Umfang der geforderten Unterhaltungs-Pflegeleistungen anmelden, um sich nicht dem Vorwurf ausgesetzt zu sehen, seinen Auftraggeber nicht auf die Notwendigkeit einer vollständigen Leistung hingewiesen zu haben. **K 825**

Diese Leistungen sind bei größerem Umfang nur mit entsprechend großen leistungsfähigen Maschinen wirtschaftlich durchzuführen. Um den dadurch zu erreichenden Rationalisierungseffekt voll ausnutzen zu können, sollten Pflegeverträge mit Laufzeiten über mehrere Jahre abgeschlossen werden.

Statt einer Beschreibung der Leistung in jeweils gesonderten Positionen mit genau angegebener Anzahl an Pflegegängen, kann beim Mähen von Rasenflächen auch in Form einer funktionalen Leistungsangabe der zu gewährleistende Zustand beschrieben werden, die Schnitthäufigkeit bestimmt dann also der Auftragnehmer. Ein solches Verfahren läßt sich jedoch schlecht auch auf die Düngung und Wässerung ausdehnen.

Die Einzelleistungen sind in Abschn. 4 jeweils gesondert beschrieben.

2.3 Einmalige Leistungen

Hierzu rechnen alle Leistungen, die nicht an den Ablauf eines Jahres gebunden sind, sondern je nach Notwendigkeit zur Erhaltung der Funktionsfähigkeit der Vegetation, z. B. Regenerieren von Rasenflächen, Verjüngungsschnitt von Gehölzen, Rückschnitt des Austriebes von Faschinen, Flechtwerken, Spreitlagen, oder zur Zustandssicherung von Anlageteilen, z. B. Wundenbehandlung an Gehölzen, Pflanzenschutz, auszuführen sind.

Im Gegensatz zu „wiederkehrenden Leistungen" sind „einmalige Leistungen" nur von Fall zu Fall notwendig. Es obliegt dem Auftraggeber, diese Leistungen anzuordnen und durch entsprechende Ausschreibungen eine Basis für die Abrechnung zu schaffen. Weil sie nicht zu den jährlich auszuführenden Pflegeleistungen gehören, kann ein Auftragnehmer auch keine Bedenken geltend machen, wenn sie in einer Ausschreibung fehlen. Im Rahmen seiner Sorgfaltspflicht ist er jedoch verpflichtet, seinen Auftragge- **K 826** ber auf Gefahrenquellen z. B. durch morsche oder trockene Bäume hinzuweisen, wenn ihm das im Rahmen seiner sonstigen Pflegeleistungen erkennbar wird.

3 Stoffe

3.1 Dünger und Bodenverbesserungsstoffe

Dünger und Bodenverbesserungsstoffe müssen DIN 18 915 Blatt 2 — Landschaftsbau; Bodenarbeiten für vegetationstechnische Zwecke; Boden, Bodenverbesserungsstoffe, Dünger — entsprechen.

3.2 Saatgut zur Zwischenbegrünung

Saatgut zur Zwischenbegrünung muß DIN 18 917 — Landschaftsbau; Rasen; Saatgut, Fertigrasen. Anforderungen, Herstellen von Rasenflächen — entsprechen.

3.3 Pflanzenschutzmittel

Pflanzenschutzmittel zur Bekämpfung von Schädlingen und Krankheiten müssen von der Biologischen Bundesanstalt für Land- und Forstwirtschaft anerkannt sein.

3.4 Unkrautbekämpfungsmittel

Unkrautbekämpfungsmittel müssen eine örtlich begrenzte Anwendung und Wirkung ermöglichen. Auswaschungen oder ähnliche Ausbreitungen und damit verbundene Schädigungen an den benachbarten Pflanzen dürfen bei sachgemäßer Anwendung nicht möglich sein. Es sind nur von der Biologischen Bundesanstalt für Land- und Forstwirtschaft anerkannte Mittel zu verwenden.

3.5 Wundbehandlungsstoffe

Wundbehandlungsstoffe müssen von der Biologischen Bundesanstalt für Land- und Forstwirtschaft anerkannt sein. Sie müssen durch ihre Beschaffenheit eine über mindestens ein Jahr anhaltende volle Wirksamkeit gewährleisten.

3.6 Sonstige Stoffe

Baumpfähle, Bindegut, Draht, Schutzmittel gegen Wildverbiß müssen DIN 18 916 — Landschaftsbau; Pflanzen und Pflanzarbeiten; Beschaffenheit von Pflanzen, Pflanzverfahren — entsprechen.

K 827 In diesem Kapitel wird entweder auf die anderen Fachnormen des Landschaftsbaues verwiesen oder auf die Zulassung durch die Biologische Bundesanstalt Bezug genommen. Damit wird der laufenden Entwicklung Rechnung getragen und verhindert, daß durch die Verwendung ungeeigneter Mittel Schäden an der Umwelt (Boden, Luft, Wasser) oder an dem zu pflegenden Objekt selbst auftreten. Der Auftragnehmer ist ohne weitere Hinweise auf diese Festlegungen zu ihrer Beachtung verpflichtet und muß Bedenken anmelden, wenn von ihm die Anwendung nicht anerkannter Mittel oder eine falsche Anwendung verlangt wird. Geht die Anerkennung durch die Biologische Bundesanstalt aus der Mittelbeschreibung oder der Packung nicht eindeutig hervor, muß sich der Auftragnehmer vor der Anwendung darüber vergewissern. Der Nachweis der Anerkennung durch die Biologische Bundesanstalt ist vom Auftragnehmer zu erbringen, wenn ihm die Wahl der Mittel freigestellt wurde.

Lockern und Säubern von Pflanzflächen

4 Leistungen bei Pflanzflächen

Alle unter 4 aufgeführten Unterhaltungspflegegänge werden in der Regel in bestimmten Abständen durchgeführt. Um dem Auftraggeber eine Kontrolle der Notwendigkeit und der fachgerechten Ausführung einer Leistung zu ermöglichen, sollte im Leistungsverzeichnis festgelegt werden, daß die Bearbeitungstermine mit dem Auftraggeber abzustimmen und die ausgeführten Leistungen zu bestätigen sind. Über den vorgesehenen Rahmen hinaus notwendige Leistungen sind in jedem Falle erst nach Zustimmung des Auftraggebers durchzuführen.

4.1 Wiederkehrende Leistungen

4.1.1 Lockern und Säubern von Pflanzflächen

Die Pflanzflächen und Baumscheiben sind unter Schonung des Wurzelwerkes und vorhandener Stauden, Blumenzwiebeln und Knollen nach der Pflanzung in der Regel 6mal in einer Vegetationsperiode zu lockern. In der freien Landschaft ist jedoch in der Regel nur 2mal in der Vegetationsperiode zu lockern.

Die Lockerungstiefe bei Gehölzflächen soll 3 cm, bei Staudenflächen 2 cm betragen. Eventuelle Besonderheiten der betreffenden Pflanzenarten und Böden sind zu beachten.

Bei der Lockerung der Pflanzfläche sind die oberirdischen Teile von Unkräutern abzutrennen und zu entfernen, wenn im Einzelfalle nichts anderes vorgeschrieben ist, z. B. Verbleiben des abgetrennten Unkrautes auf der Pflanzfläche als Mulchdecke.

Ziel der Lockerung einer Pflanzfläche ist es, die verdichtete Oberfläche (Tropfenfall, Setzung) aufzubrechen, Kapillare zu brechen, um die schnelle Verdunstung des Bodenwassers zu verhindern, Sauerstoffzufuhr und Luftaustausch und damit alle biologischen Prozesse im Boden und in der Pflanzenwurzel zu fördern und zuletzt auch, um Unkraut zu beseitigen.

In der Anzahl der Lockerungsgänge kann es durchaus Abweichungen geben. Diese Tatsache drückt sich in der Formulierung „in der Regel" aus. Als solche Abhängigkeiten stellen sich dar:

— Alter der Flächen. Mit zunehmendem Alter kann die Zahl der Lockerungsgänge abnehmen, da die Beschattung der Fläche die Bodengare fördert und damit die Lockerung teilweise oder im Laufe der Zeit ganz entfallen kann. Junge Pflanzflächen können also dementsprechend mehr als 6 Lockerungsgänge benötigen.

— Grad der Verunkrautung. Fand vor der Pflanzung eine Dämpfung des Bodens mit der Vernichtung des Unkrautsamens statt oder wurden samenfreie Substrate verwendet, dann ist der Pflegeaufwand durch Lockern natürlich erheblich geringer als bei Flächen, die mit Oberboden angedeckt wurden, der Wurzelunkräuter und Samen enthält.

— Art der Pflanzung. Hier müssen anspruchsvolle Pflanzungen mit Stauden, Rosen und wertvollen Kleingehölzen wie z. B. Azaleen u. a. von Pflanzungen mit robusten einfachen Ziergehölzen unterschieden werden.

— Bodenart. Häufig müssen degradierte, entkalkte bindige Böden (Ober- und Unterböden) für vegetationstechnische Zwecke wiederverwendet werden, bei denen die Lockerung nur geringe Zeit vorhält. Oberflächenverdichtungen nach stärkeren Regenfällen und strukturloses Zusammensacken dieser Böden machen häufigere Lockerungen erforderlich, um Sauerstoff in den Boden zu bringen, den Luftaustausch zu ermöglichen und Bodenverbesserungen mit dem Ziel der Strukturverbesserung zu unterstützen. Bei nichtbindigen oder schwachbindigen Böden herrschen nicht die Strukturprobleme vor, sondern hier spielt die Unkrautbeseitigung eine größere Rolle. Allerdings kann bei diesen Böden zusätzlich noch der Humusgehalt und hier vor allem die Art der organischen Substanz bedeutsam sein. Feinkörnige organische Substanz kann vor allem dann, wenn sie quellfähig ist, die Poren verschließen und dadurch die Wasserdurchlässigkeit mindern. Lockern des Bodens schafft Abhilfe.

— Witterungsverlauf. Nasse Jahre fördern den Unkrautwuchs in besonderem Maße, während in trockenen Jahren hier erheblich geringere Schwierigkeiten auftreten.

— Anspruch des Auftraggebers. Eine Lockerung im Umfang von 6 Lockerungsgängen geht davon aus, daß etwa alle 5 Wochen gelockert wird. In der Zwischenzeit wächst erneut Unkraut heran und läßt die Flächen bei feucht-warmer Witterung bisweilen recht ungepflegt aussehen. Wenn eine weitgehend unkrautfreie Fläche z. B. bei Repräsentationsgrün gewünscht wird, werden erheblich mehr Lockerungsgänge erforderlich. Andererseits kann ein Auftraggeber durchaus auch mit weniger Lockerungsgängen zufrieden sein, einmal weil ihm die nötigen Mittel fehlen und zum anderen, weil die betreffenden Flächen eine untergeordnete Rolle spielen und schon in die Nähe von Pflanzungen in der freien Landschaft rücken, die in der Regel nur zweimal gelockert werden.

Jede Verringerung der Anzahl der Lockerungsgänge macht jedoch den einzelnen Arbeitsgang arbeitsaufwendiger, teurer.

Bei dieser Sachlage ist es notwendig, daß der Auftraggeber den Umfang der Lockerung genau bestimmt und dabei festlegt, wie zu verfahren ist, wenn aus vom Auftragnehmer nicht zu vertretenden Gründen mehr Lockerungsgänge erforderlich sind. Als Schema für eine solche Art der Ausschreibung könnte die nachstehende Position dienen.

Pos. ...

Pflanzflächen lockern und die Flächen von Unkraut, Steinen und sonstigem Unrat ab 5 cm ∅ säubern.

Der anfallende Unrat wird Eigentum des Auftragnehmers und ist zu beseitigen.

Die Tiefe der Bearbeitung ist der jeweiligen Pflanzenart anzupassen.

Anzahl der Lockerungsgänge 6

Schneiden von Gehölzen und Stauden K 831–834

Zeitpunkt ab Anfang April im Abstand von 4 Wochen.
Art der Pflanzfläche: Mischpflanzung, vorwiegend höhere Blütensträucher.
Mit zusätzlicher Angabe des EP je Arbeitsgang und m² . . . .
20 000 m² . . . .
Unterläßt der Ausschreibende die Festlegung der Anzahl der Pflegegänge und überläßt das dem Bieter, entsteht ein ungleicher Wettbewerb mit der Unmöglichkeit, die Leistung zu prüfen und zu messen.

Wegen des unterschiedlichen Schwierigkeitsgrades der Lockerung in Abhängigkeit von der Art der Pflanzung (Bodendecker, Rosen, Stauden, Sommerblumen oder Gehölze) ist es zweckmäßig, die Lockerungsleistung für jede Kategorie jeweils gesondert in einer Position zusammenzufassen, da jede Mischkalkulation Unsicherheiten für beide Teile mit sich bringt. K 831

Die Festlegungen zur Lockerungstiefe sind lediglich Hinweise auf übliche Maße. Vorrang hat in jedem Falle die Besonderheit der einzelnen Pflanze, also z. B. flachwurzelnde Gehölze und Stauden o. ä. K 832

Unter dem in der Kapitelüberschrift genannten „Säubern von Pflanzflächen" ist das hier festgelegte Abtrennen und Entfernen von Unkräutern zu verstehen. Eine weitergehende Säuberung ist hierbei nicht gemeint. Sie muß vielmehr gesondert ausgeschrieben werden (siehe Beispiel unter K 830). Das Abtrennen muß in der Weise geschehen, daß ein Wiederaustrieb nicht erfolgen kann, gegebenenfalls kann ein Ausgraben erforderlich werden, z. B. bei Quecke u. ä.. K 833

4.1.2 Entfernen von Steinen und Unrat
Wenn Steine und Unrat aus gelockerten Flächen entfernt werden sollen, sind hierfür im Einzelfall die Anzahl der Säuberungen und die Mindestgröße und die Art der zu entfernenden Stoffe anzugeben.

Wie unter K 833 schon erwähnt, fällt das Entfernen von Steinen und Unrat nicht unter den Begriff „Säubern von Pflanzflächen", vielmehr muß im Leistungsverzeichnis dazu eine klare Aussage gemacht werden über Art der zu entfernden Stoffe und deren Größe. Häufig wird diese Leistung mit dem Lockern der Pflanzflächen gekoppelt, wie es im Beispiel unter K 830 geschehen ist. Als Unrat ist alles aufzufassen, was artfremd im Bezug zur Pflanzung ist, also Papier, Glas, Kunststoffe, Bauabfälle o. ä. K 834

4.1.3 Schneiden von Gehölzen und Stauden
Trockene oder beschädigte Pflanzenteile sind glatt abzuschneiden. Garten- und Polyantharosen sind im Frühjahr zurückzuschneiden.
Geschnittene Hecken sind mit gleichmäßiger Verjüngung nach oben um mindestens 15 % zu schneiden. Das Schnittgut ist zu entfernen. Bäume dürfen nicht mit Steigeisen bestiegen werden.

K 835 Als wiederkehrende Schnittleistungen sind aufzufassen:
— Abschneiden von trockenen oder beschädigten Pflanzenteilen
— Rückschnitt von Garten- und Polyantharosen im Frühjahr
— Rückschnitt abgeblühter Rosen während der Vegetationsperiode
— Teilrückschnitt der Rosen im Spätherbst
— Rückschnitt abgeblühter Stauden
— Heckenschnitte
— Blütenschnitt an sommerblühenden Gehölzen

K 836 Das Abschneiden von trockenen oder beschädigten Pflanzenteilen ist Teilleistung der Hauptleistung „Lockern und Säubern von Pflanzflächen", sofern es sich dabei um die Pflanzenteile handelt, die im Zuge der Arbeitsleistung beschädigt wurden und als Folge der Beschädigung eintrockneten.

Es handelt sich also um eine vergleichsweise geringfügige Leistung, die kein besonderes Kalkulationsrisiko auf den Auftragnehmer abwälzt.

Von einer Teilleistung einer anderen Hauptleistung kann man nicht mehr sprechen, wenn aus einer älteren Pflanzung totes oder beschädigtes Holz entfernt werden muß.

Das ist eine einmalige Leistung, die gesondert ausgeschrieben werden muß.

Der Rückschnitt von Rosen im Frühjahr ist eine Hauptleistung, die nicht mit anderen Leistungen kombiniert werden sollte. Der Rückschnitt muß fachgerecht auf 2–3 Augen durchgeführt werden, wobei durch Schnitt auf ein außenstehendes Auge eine buschige Wuchsform der Rosen gefördert werden soll. Sogenannte „Bürstenschnitte", die keine Rücksicht auf Augen und Wuchsform nehmen, sich z. T. dafür sogar der Heckenschere bedienen, sind nicht fachgerecht.

K 837 Der Rückschnitt abgeblühter Rosen während der Vegetationsperiode wird zweckmäßig mit den Lockerungsgängen verbunden, wenn nicht ein häufigeres Durchschneiden, z. B. im Abstand von zwei Wochen vorgesehen ist. Der Arbeitsaufwand kann dabei sehr erheblich sein.

Läuft der Rückschnitt abgeblühter Rosen nicht parallel mit dem Lockern und Säubern der Pflanzflächen, muß aus Gründen der einwandfreien Kalkulation eine gesonderte Position gebildet werden. Die Kombination beider Leistungen muß im Leistungsverzeichnis eindeutig beschrieben sein. Der Teilrückschnitt der Rosen im Spätherbst, bei dem die abgeblühten Blütenstände entfernt und die Rosensträucher bis etwa $1/3$ der Wuchshöhe zurückgeschnitten werden, ist eine Hauptleistung, die einer besonderen Position bedarf.

K 838 Der Rückschnitt abgeblühter Stauden ist eine gärtnerisch gesehen sehr individuelle Leistung, die sich in der Art der Ausführung und in den Terminen jeweils nur am Einzelobjekt festlegen läßt. Bei sehr artenreichen Pflanzungen kann sie u. U. nur im Stundenlohn vergeben werden. Je einheitlicher die Fläche bepflanzt ist, desto eher ist eine flächenbezogene Schnittleistung auszuschreiben.

Fachgerechter Heckenschnitt muß gewährleisten, daß die Hecke von unten an auf Dauer grün bleibt. Dazu müssen Hecken mit 15 %iger Verjüngung geschnitten werden. Senkrechter Heckenschnitt ist nach dieser Festlegung ein Fehler und führt zur Reklamation der Leistung, da die Gefahr der Verkahlung von unten besteht. **K 839**

Findet ein Auftragnehmer senkrecht geschnittene Hecken vor, so kann er davon ausgehen, daß der Auftraggeber die Hecken auch senkrecht geschnitten haben will. Er sollte jedoch den Auftraggeber über die Nachteile dieser Schnittweise aufklären.

Eine neue Formgebung fällt dann nicht unter den Begriff der „wiederkehrenden Leistung", sondern muß als einmalige Leistung, in diesem Falle als Form- und Verjüngungsschnitt, gesondert vergütet werden.

Unter Heckenschnitt sind auch regelmäßige Form-Schnittmaßnahmen bei Bäumen zu rechnen. Inwieweit hier die Forderung nach 15 %iger Verjüngung angewandt werden soll, muß der Auftraggeber in der Ausschreibung angeben, wie die Art der Formierung überhaupt. **K 840**

Der Blütenschnitt von sommerblühenden Gehölzen ist in diesem Abschnitt nicht besonders erwähnt, weil er aus arbeitstechnischen und wirtschaftlichen Gründen selten durchgeführt wird. **K 841**

An besonderen Stellen kann es jedoch sinnvoll sein, Gehölze, die am einjährigen Holz blühen wie z. B. Buddleia, Freilandhortensien, Hibiscus u. a. oder Gehölze, die am vorjährigen Holze blühen wie z. B. Forsythia, Spiraea, Syringa, Prunus triloba u. a. zur Förderung einer vollen Blüte regelmäßig zu schneiden. Da hier individuelle Schnitte durchgeführt werden, sollte die zweckmäßigste Abrechnungsbasis (Stück oder m^2) jeweils geprüft werden.

4.1.4 Unterhalten von Verankerungen
Verankerungen sind zu überprüfen, insbesondere auf eventuelle Einschnürungen der Rinde der Pflanze, und gegebenenfalls nachzurichten.

Während der ersten beiden Vegetationsperioden bleiben die Verankerungen an den Gehölzen. In dieser Zeit muß besonders auf Einschnürungen der Befestigungsbänder geachtet und die Funktionstüchtigkeit der Verankerungen überprüft werden. Es handelt sich hier lediglich um Überprüfungen und Nachrichtungen einfacher Art, die im Rahmen der Hauptleistung „Lockern und Säubern der Pflanzflächen" als Teilleistung durchgeführt werden muß. Einer besonderen Erwähnung im Leistungsverzeichnis bedarf es nicht. **K 842**

K 843 Zur Leistung gehört nicht das Nachrichten großen Umfanges wie z. B. bei Großbäumen nach Stürmen sowie der Ersatz zerstörter oder funktionsuntüchtiger Befestigungen (Baumpfähle, Bänder, Drähte u. a.).

Treten derartige Schäden jedoch innerhalb der Gewährleistungsfrist auf und sind sie eindeutig auf Material- oder Leistungsmängel zurückzuführen, sind sie von dem betr. Auftragnehmer im Rahmen seiner Gewährleistungs-Verpflichtung zu beseitigen.

K 844 Wurden die Schäden durch Dritte verursacht oder ist eine Schadensursache nicht erkennbar, gehen die Kosten der Schadenbehebung zu Lasten des Auftraggebers. Vor Ausführung von Leistungen sind in diesem Falle Preise zu vereinbaren.

4.1.5 Düngen

Pflanzflächen sollen mit Volldünger in 1 bis 2 Gaben je Vegetationsperiode gleichmäßig gedüngt werden. Art und Form des Düngers und seine Menge, sowie Art und Zeitpunkt der Ausbringung sind jeweils anzugeben.

K 845 Hierbei handelt es sich um eine „Soll-Vorschrift". Es ist Aufgabe des Auftraggebers, bei der Düngung Zielvorstellungen zu entwickeln, da mit der Düngung das Wachstum gesteuert und der Gesundheitszustand gefestigt werden kann. In der Entwicklungsphase einer Pflanzung bis zum Bodenschluß wird in der Regel jährlich mit zwei Düngergaben eines stickstoffreichen Volldüngers gearbeitet. Die Frage, ob organische oder anorganische, ob physiologisch saure oder alkalische Dünger gegeben werden sollen und welche Düngermengen erforderlich sind, hängt vom Boden, der Art der Pflanzung und den Zielvorstellungen des Auftraggebers ab, die im Leistungsverzeichnis anzugeben sind.

Ältere Pflanzungen bleiben häufig ohne Dünger, um das Wachstum zu begrenzen. Hier sind u. U. Erhaltungsdüngungen in mehrjährigem Abstand nötig.

4.1.6 Wässern

Das Wässern von Pflanzflächen ist auf den Wasserbedarf der jeweiligen Pflanzenarten unter Berücksichtigung der natürlichen Niederschläge abzustimmen.

K 846 Der Umfang der notwendigen Wässerung ist nicht vorherbestimmbar und von den verschiedensten Faktoren wie Witterungsverlauf, Temperatur, Pflanzenart, Boden u. a. abhängig. Das Wässern kann deshalb in keinem Falle als Teilleistung einer anderen Hauptleistung, z. B. Lockern und Säubern von Pflanzflächen oder als Nebenleistung aufgefaßt werden. Es ist vielmehr als Hauptleistung in einer besonderen Position auszuschreiben.

K 847 Der Erfolg einer Wässerungsleistung ist von verschiedenen Faktoren abhängig. Grundsätzlich ist das Ziel einer durchdringenden Wässerung zu verfolgen. Durchdringend bedeutet bei Pflanzflächen, daß mindestens

Düngen, Wässern, Winterschutzmaßnahmen

30 l/m² = 30 mm Wasser aufzubringen sind. Geringere Wassermengen sind in der Regel wenig wirksam. Der Erfolg der Leistung wird bestimmt von der Benetzbarkeit des Bodens, seiner Wasserdurchlässigkeit, der Neigung des Geländes und der Art der Aufbringung.

Wirkungsvoll sind vor allem Regner, die das Wasser mit feinen Tropfen aufbringen. Weitregner mit großem Tropfenfall verschlämmen bei bindigen Böden die Oberfläche. Bei größeren Flächenneigungen und gleichzeitig bindigen Böden kann es bei unsachgemäßer Beregnung zu Erosionen kommen. Bei Böschungen ist deshalb die Punktbewässerung der Flächenbewässerung vorzuziehen. Das gleiche gilt auch für die Bewässerung von Einzelbäumen und Solitärs, die nach der Pflanzung mit einem Gießrand versehen werden. Als Richtzahl für die Punktbewässerung können für die ersten zwei Jahre die Werte gelten, die für das Anwässern in DIN 18 916 Absatz 5.12. aufgestellt wurden.

Als Abrechnungseinheit für die Unterhaltspflege, bei der das Wasser vom Auftraggeber gestellt wird, kann nach DIN 18 320 genommen werden:

a) Raummaß nach m³, gemessen an der Wasseruhr über einen Zwischenzähler, wobei die Art der Aufbringung und die aufzubringende Wassermenge je m² oder je Stck festzulegen sind. Die Gleichmäßigkeit der Aufbringung ist dann zu prüfen.

b) Flächenmaß nach m². Hier ist die Kontrolle der Wirksamkeit, d. h. der wirklich aufgebrachten Wassermenge schwierig. Spatenproben sind kein sicheres Mittel der Kontrolle, da die Eindringtiefe bodenabhängig ist und der Feuchtezustand mit Baustellenmitteln nur schwer und nicht exakt ermittelt werden kann.

c) Stück. Hierbei verhält es sich wie bereits unter b) festgestellt.

4.1.7 Winterschutzmaßnahmen

Im Winter sind empfindliche Pflanzen, insbesondere immergrüne Arten, durch geeignete Maßnahmen, wie z. B. Bedecken oder Einbinden mit Fichtenreisig gegen Frost, Sonneneinstrahlung und Wind zu schützen. Der Winterschutz ist zu Beginn des Frühjahres zu entfernen. Außerdem sind immergrüne Gehölze vor Eintritt der Frostperiode durchdringend zu wässern.

Rosen sind im Herbst auf mindestens 3 Augen anzuhäufeln und zu Beginn des Austriebes wieder abzuhäufeln.

Frostempfindliche Knollen und Zwiebeln sind im Herbst herauszunehmen und in einem geeigneten Raum sachgemäß zu lagern.

Winterschutzmaßnahmen sind keine Nebenleistungen, sondern sehr individuelle, punktweise bei Einzelstauden oder -sträuchern oder flächenhaft bei Rosen durchzuführende Leistungen.

Es werden hierbei unterschieden:

— Abdecken oder Einbinden frostgefährdeter Pflanzen. Als Abdeckmaterial wird in der Regel Fichten- oder Tannenreisig verwendet. Im Frühjahr muß das Reisig rechtzeitig entfernt werden, um eine Verweichlichung des Holzes unter der Abdeckung und dadurch verursachte Spätfrostschäden zu vermeiden.

— Wässern immergrüner Gehölze vor Frosteintritt. Da diese Pflanzen wegen ihrer Blätter auch bei gefrorenem Boden weiter verdunsten, besteht die Gefahr, daß sie im Winter verdursten. Dem kann durch eine gute Wasserversorgung vor Frosteintritt begegnet werden.

— An- und Abhäufeln von Rosen, wo es aus Witterungsgründen erforderlich ist.

— Einlagern von frostempfindlichen Knollen und Zwiebeln. Geeignet sind durchlüftbare, kühle, dunkle Räume, in denen die Pflanzen in Regalen luftig gelagert werden. Fäulnisschäden werden dadurch ausgeschlossen.

4.2 Einmalige Leistungen

4.2.1 Maßnahmen gegen Krankheiten, Schädlinge und Wildverbiß

Vorbeugende und bekämpfende Pflanzenschutzmaßnahmen mit chemischen Mitteln gegen Krankheiten, Schädlinge und Wildverbiß sind nach den Vorschriften der Hersteller auszuführen.

Sonstige Maßnahmen gegen Wildverbiß und Schäden durch Weidevieh sind entsprechend den Festlegungen nach DIN 18 916 auszuführen.

K 850 Pflanzenschutzmaßnahmen mit chemischen Mitteln sollten aus Gründen des Umweltschutzes in älteren Gehölzflächen nur durchgeführt werden, wenn natürliche Mittel nicht mehr ausreichen.

Bei der Anwendung der Mittel gilt die Beachtung der Vorschriften der Hersteller in weitem Sinne, d. h. bei der Wahl der Mittel ist zu bedenken, inwieweit neben der eigentlichen Bekämpfung der Krankheiten und Schädlinge andere Schäden entstehen können. Für den menschlichen Bereich sind Schädigungen Dritter durch Einatmen oder Kontakt mit den Mitteln oder behandelten Pflanzenteilen auszuschließen. Für den tierischen Bereich ist zu verhindern, daß Nutzinsekten oder -tiere durch die chemischen Mittel, durch die Art oder den Zeitpunkt der Anwendung, in Mitleidenschaft gezogen werden. In besonderem Maße gilt das für Bienen und Singvögel.

4.2.2 Verjüngen und Auslichten von Gehölzen

Das Verjüngen und Auslichten von Gehölzen hat so zu erfolgen, daß die natürliche Wuchsform der Pflanzen dabei erhalten bleibt. Bäume dürfen dabei nicht mit Steigeisen bestiegen werden.

K 851 Das Verjüngen und Auslichten von Gehölzen setzt in der Regel erhebliche Fachkenntnisse voraus. Der Auftraggeber muß bei Ausschreibung genaue Angaben über das Ziel der geforderten Leistung machen. Im einzelnen sind bei diesen Schnitt- und Verjüngungsarbeiten zu unterscheiden:

Verjüngen und Auslichten von Gehölzen K 852–854

1 Gehölze

1.1 Verjüngungsschnitt

1.1.1 Auf den Stock setzen K 852

Hierunter versteht man den vollen Rückschnitt der Gehölze bis kurz über den Erdboden. Diese Maßnahmen kann bei überalterten, ungepflegten Beständen und bei flächenhaft deckenden Pflanzungen mit nur einer Gehölzart, wie z. B. Cotoneaster oder Lonicera, als Radikalkur oder einzig mögliche Verjüngungskur angewendet werden. Auf den Wuchscharakter der Pflanzen kann dabei keine Rücksicht genommen werden.

Bei Mischpflanzungen werden dagegen im Rahmen der Anzucht des Gesamtbestandes bei „Durchforstungen" die Pioniergehölze auf Stock gesetzt, um den zukünftigen Hauptholzarten Raum zur Entwicklung zu geben. In einer Ausschreibung sind die „auf Stock zu setzenden" Gehölzarten zu benennen und jeweils nach Höhe, Breite und/oder Stammumfang zu gliedern. Die Abrechnung erfolgt nach Stück, sofern nicht nach Stundenaufwand vergütet werden soll. Bei geschlossenem Zurücksetzen eines Bestandes kann auch nach Flächenmaß ausgeschrieben und abgerechnet werden.

1.1.2 Selektiver Verjüngungsschnitt K 853

Hierbei wird das alte Holz ganz oder bis auf einzelne Hauptstämme entfernt. Der Schnitt muß so erfolgen, daß das junge Holz den Strauch neu bildet oder aus dem verbleibenden Altholz dieser Neubildungsprozeß beginnt. Bei diesem Verjüngungsschnitt müssen die Gehölze individuell behandelt werden, da sie sich im Regenerierungsverhalten sehr voneinander unterscheiden.

Daneben bestehen arbeitstechnisch große Unterschiede zwischen den einzelnen Gehölzarten. Besondere Schwierigkeiten bereiten:

a) stachelige Gehölze wie z. B. Chaenomeles, Pyracantha, Rosen u. a.

b) hartholzige Gehölze

c) Ausläufer treibende und vieltriebige Gehölze mit großer Flächenausdehnung wie z. B. Syringa oder Rosa rugosa.

Bei der Ausschreibung muß deshalb auf die besonderen Schwierigkeiten hingewiesen werden. Sofern nicht nach Stundenaufwand vergütet werden soll, sind genaue Angaben über Höhe, Breite, Stammumfang und Gehölzart notwendig.

1.2 Auslichtungsschnitt K 854

Dieser Schnitt dient, wie der Name sagt, zur Auslichtung von Gehölzen, häufig in der Absicht, einen lockeren Charakter oder eine höhere Lichtdurchlässigkeit zu erreichen. Dabei werden ganze Triebe vom Grunde aus oder ganze Äste von einem Hauptstamm aus entfernt. Es handelt sich also nicht um einen Rückschnitt einzelner Triebe.

Diese Schnittart muß in der Regel sehr individuell nach den speziellen Vorstellungen des Auftraggebers durchgeführt werden. Diese Leistung ist deshalb kaum vorher abschätzbar und kalkulierbar. In der Regel wird man deshalb diese Leistung im Stundenlohn unter Anweisung des Auftraggebers vergeben müssen. Eine Ausschreibung nach Stück ist nur dann sinnvoll, wenn durch langjährige Zusammenarbeit zwischen Auftraggeber und Auftragnehmer Ziel und Umfang der Leistung genau bekannt sind.

K 855 1.3 Pflege- und Blütenschnitt

Hierunter fallen Schnittmaßnahmen an Blütengehölzen, die zur Förderung einer vollen Blüte notwendig oder erwünscht sind.

Werden diese Schnittmaßnahmen jedes Jahr durchgeführt, dann handelt es sich um wiederkehrende Leistungen, zu denen bereits Aussagen unter K 841 enthalten sind. Sollen diese Blütenschnitte jedoch nur gelegentlich durchgeführt werden, dann sind sie als einmalige Maßnahmen unter klarer Definition des Schnittzieles und der Pflanzenart auszuschreiben.

In der Praxis werden sich vor allem selektiver Verjüngungsschnitt, Auslichtungsschnitt und gelegentlicher Pflege- und Blütenschnitt überschneiden. Je klarer deshalb das Leistungsziel in einer Ausschreibung definiert ist, desto geringer ist die Gefahr von Meinungsverschiedenheiten während der Ausführung. Sofern eine solche Definition nicht möglich oder zu umständlich ist, kann es zweckmäßig sein, einen Beispielschnitt auf einer ausreichend großen und für die ausgelobte Arbeit repräsentativen Fläche durchführen zu lassen, um Arbeitsumfang, Leistungsziel und Leistungserfolg daran messen zu können.

K 856 **2 Bäume**

2.1 Erziehungsschnitt

Hierunter ist eine Schnittfolge zu verstehen, die so lange notwendig ist, bis der Baum die gewünschte Stammhöhe und/oder Kronenform erreicht hat. Diese Leistung fällt, trotz einer jährlichen Folge in den Anfangsjahren, unter den Bereich „einmalige Leistungen", weil durch fortschreitendes Wachstum eine jeweils andere, in der Regel umfangreichere, Maßnahme erforderlich wird. Es handelt sich also nicht um eine jeweils vergleichbare wiederkehrende Leistung. Bei der Durchführung der Schnittmaßnahme ist der individuelle Wuchszustand des Baumes zu berücksichtigen. In den Jahren bis zum Erreichen der gewünschten Baumform kann es zweckmäßig sein, am Stamm Verstärkungsholz zu belassen, um eine Kräftigung des Stammes zu bewirken.

K 857 2.2 Verjüngungsschnitt

2.2.1 Absetzen auf Aststumpen

Diese Maßnahme ist ein rigoroser Eingriff in den Baum, der nur bei in Formschnitt gehaltenen Bäumen zur Entfernung von Astknollen und zum

Behandeln von Wundstellen an Bäumen K 858–859

Neuaufbau einer Formkrone seine Berechtigung hat. An das Absetzen schließt sich in den folgenden Jahren eine Folge von Erziehungsschnitten an. Das Absetzen frei gewachsener Bäume auf Aststumpen an Straßen ist nicht als naturgemäße und fachgerechte Maßnahme anzusprechen, weil damit der individuelle Charakter des Baumes verlorengeht. Die Ursache dieser sich wiederholenden Maßnahmen ist in der Regel zu enger Stand in der Reihe oder zu starke Benachbarung zu Häusern. Statt der naturwidrigen Einkürzung sollten hier größerer Abstände durch Rodungen oder das Auswechseln gegen kleinkronigere Bäume in Betracht gezogen werden.

2.2.2 Verjüngungs- und Auslichtungsschnitt K 858

Diese Maßnahme dient der Auflockerung der Krone, dem Entfernen kranker oder abgestorbener Äste und dem Verjüngen einer Krone. Fachgerechte Arbeit beim Schneiden von Bäumen bedeutet, daß

a) durch herabfallende Äste keine anderen Kulturen geschädigt werden. Unter Umständen sind deshalb die Äste abzuseilen,

b) einwandfreie Aststumpen verbleiben, die nicht ausgerissen und dem Saftstrom entsprechend angelegt sind,

c) die Statik der Bäume nicht beeinträchtig wird.

Ob eine Vergabe im Stundenlohn als Stückleistung sinnvoll ist, kann nur am Einzelfall beurteilt werden.

4.2.3 **Behandeln von Wundstellen an Bäumen**
Bei der Behandlung von Wundstellen an Bäumen müssen abgestorbene Holzteile aus den Wundräumen entfernt werden. Die Schnittflächen am gesunden Holz, an Kambium und Rinde sind zu glätten, zu desinfizieren und mit einem dauerhaften Schutzmittel zu verstreichen.

Bei Schnittmaßnahmen an Bäumen entstehen in der Regel größere Wunden. Bei der Behandlung von Wundstellen an Bäumen ist nach der Art der Wunden zu unterscheiden.: K 859

a) Frische Wunden mit gesundem Holz auf der ganzen Schnittfläche. Hier sind die Schnittflächen, Kambium und Rinde zu glätten und mit einem Schutzmittel zu verstreichen:

b) frische Wunden mit Faulstellen im Kernholz oder an anderen Stellen. Hier ist es ein Baufehler, wenn wie unter a) verfahren wird. Faulstellen dürfen nicht überdeckt werden.

In solchen Fällen muß der Auftraggeber benachrichtigt werden, um die erforderlichen Einzelmaßnahmen festzulegen.

Diese Meldung gehört zur Sorgfaltspflicht des Auftragnehmers, da aus falsch behandelten oder unbehandelten Faulstellen weitreichende Schäden am Baum und bei Beeinträchtigung der Statik des Baumes auch Gefährdungen an Menschen durch fallende Äste oder umstürzende Bäume entstehen können.

Bei Sträuchern ist eine Wundbehandlung in der Regel nicht vorzunehmen. Soll das bei wertvollen Groß- und Solitärsträuchern doch geschehen, dann ist das besonders zu verlangen.

Das Behandeln der Wundstellen ist Teilleistung der Hauptleistung Baumschnitt und gehört auch ohne Erwähnung zur Leistung, soweit es sich um Schnittstellen handelt, die beim Baumschnitt entstehen. Sollen auch andere Wundstellen behandelt werden, ist das im LV gesondert auszuschreiben.

4.2.4 Bekämpfen von Unkraut mit chemischen Mitteln

Eine Verkrautung von Pflanzflächen durch Unkräuter und/oder Ungräser kann mit chemischen Mitteln verhindert oder bekämpft werden. Bei der Anwendung solcher Mittel sind die Vorschriften der Hersteller einzuhalten.

Aus Gründen des Umweltschutzes ist jedoch einer mechanischen Unkrautbekämpfung der Vorzug zu geben.

Das Einordnen der Bekämpfung von Unkraut mit chemischen Mitteln unter den Bereich „einmalige Leistungen" ist deshalb erfolgt, weil aus Gründen des Umweltschutzes die Anwendung von chemischen Mitteln soweit wie möglich eingeschränkt und dafür vor allem naturnahe Maßnahmen, wie z. B. die Abdeckung der Pflanzflächen mit Kompost, Müllkompost o. ä., oder mechanischen Maßnahmen der Vorzug gegeben werden sollte. Die Anwendung chemischer Mittel ist jedoch insgesamt gesehen wirtschaftlicher als mechanische Methoden. Schäden an Nachbarbeständen oder am Bestand selbst sowie an Boden und Wasser und der Tierwelt müssen durch die Wahl und die richtige Anwendung des Mittels verhindert werden.

Es ist Aufgabe des Auftragnehmers, vor Anwendung eines vorgeschriebenen Mittels dessen Wirkungsbereich zu beachten und Bedenken geltend zu machen, wenn das Präparat für den Verwendungszweck offensichtlich nicht geeignet ist.

4.2.5 Kompostarbeiten

Kompostarbeiten sind nach DIN 18 915 Blatt 3 — Landschaftsbau; Bodenarbeiten für vegetationstechnische Zwecke; Bodenbearbeitungs-Verfahren — auszuführen.

Wiederkehrende Leistungen bei Rasenflächen, Mähen

5 Leistungen bei Rasenflächen
5.1 Wiederkehrende Leistungen
5.1.1 Mähen

Beim Mähen sind die nachstehenden Festlegungen zu beachten:

Rasentyp nach DIN 18 917	Schnittzeitpunkt		Schnitthöhe
	minimale Wuchshöhe cm	maximale Wuchshöhe cm	cm
Gebrauchsrasen	6	10	3
Spielrasen	6	10	3
Parkplatzrasen	6	12	4
	bzw. bei periodisch genützten Parkplätzen jeweils vor der Benutzung		
Zierrasen	4	7	1 bis 2

Bei Zierrasen ist das Schnittgut nach jedem Schnitt zu entfernen, bei Rasen der übrigen Rasentypen darf das Schnittgut nur auf der Fläche verbleiben, wenn durch die Art der verwendeten Mäher und durch die Beschaffenheit des Schnittgutes ein Verklumpen ausgeschlossen ist. Wenn Landschaftsrasen gemäht wird, sollte die Schnitthöhe nicht unter 5 cm liegen. Das Mähgut ist zu entfernen.

Die Festlegung der Schnittzeitpunkte bezweckt einmal eine Eingrenzung der Leistung des Auftragnehmers, denn ein Rasenschnitt ist erst erforderlich, wenn die Mindestwuchshöhe erreicht ist. Wird früher gemäht, entsteht daraus kein Schaden am Rasen, da dafür aber ein Entgelt bezahlt wird, bedeutet zu schnelle Schnittfolge eine über das vorgesehene Maß hinausgehende finanzielle Belastung des Auftraggebers.

Wünscht der Auftragnehmer von sich aus aus technischen Gründen, wie z. B. leichteres Arbeiten oder Kontinuität, eine höhere Schnittfolge als notwendig aufgrund der vorstehenden Angaben, dann muß vor Durchführung des veränderten Leistungsumfanges die Form der Vergütung geklärt werden.

Die Festlegung der Schnittzeitpunkte soll zum anderen Schäden am Rasen verhindern. Wird der Rasen nämlich erst gemäht, wenn die maximale Wuchshöhe überschritten ist, findet eine Beeinträchtigung der Bestockung, d. h. der Blattbildung und eine nicht rasentypgemäße Änderung der Konkurrenzverhältnisse statt. Feine Gräser, die in der Regel weniger trittverträglich sind, werden bei dieser, einer extensiven Rasenpflege ähnelnden Situationen, besonders gefördert. Bei Trockenheit bzw. in Trockengebieten kann die Schnitthöhe zur Erhöhung der Trockenheitsresistenz jedoch gegenüber den angegebenen Maßen angehoben werden.

K 863 Werden zwei Mähgänge mit unterschiedlichen Schnitthöhen erforderlich, weil der Auftragnehmer das Gras hat zu lang werden lassen, geht dieser Doppelaufwand zu seinen Lasten. Niederschläge, mit denen normalerweise zu rechnen ist, muß der Auftragnehmer in seine Zeitplanung einrechnen.

Das Entfernen von Schnittgut empfiehlt sich außer bei Zierrasen auch bei anderen Rasentypen in Trockengebieten, um die Rasenfilzbildung zu reduzieren. Ist das aus wirtschaftlichen Gründen nicht zu vertreten, sollte dafür häufiger gemäht werden.

K 864 Grundsätzlich darf gemähtes Gras nicht in Klumpen liegenbleiben, weil das dadurch abgedeckte Gras vergilbt und abstirbt. Entscheidend für die Qualität des Rasenschnittes ist die Wahl des jeweils geeigneten Gerätes. In der Regel werden bei größeren Flächen Spindelmäher die geeigneten Geräte sein, die bei guter Konstruktion eine gute Verteilung des Schnittgutes bewirken. Sichelmäher neigen zu klumpigem Auswurf vor allem bei zu hohem und zu nassem Gras. Deshalb werden sie in der Regel nur für kleinere Flächen und für das Mähen von Reststücken eingesetzt.

K 865 Die Schnittgutentfernung bei Landschaftsrasen richtet sich nach der Funktion dieses Rasentyps und der Menge des Schnittgutanfalles. Bei Rasen an Straßen und Autobahnen ist die Schnittgutentfernung in der Regel notwendig, bei Rekultivierungsflächen kann durchaus eine Ausnahme von der Regel gemacht werden. Dieses muß jedoch besonders in der Ausschreibung erwähnt werden.

Auf keinen Fall darf die Funktion des Rasens durch Verbleiben des Schnittgutes beeinträchtigt werden.

5.1.2 Düngen

Rasenflächen sind je nach Rasentyp wie folgt zu düngen:

Rasentyp nach DIN 18 917	Stickstoff (Rein-N) in g je Jahr und m^2
Gebrauchsrasen	5 bis 20
Spielrasen	15 bis 25
Parkplatzrasen	5 bis 15
Zierrasen	20 bis 30

Die Zahl der Düngergaben richtet sich nach der Form der zu verwendenden Dünger (schnellwirkend, langsamwirkend). Die Einzelgabe an Stickstoff (Rein-N) sollte nicht unter 4 g je m^2 liegen. Bei Verabreichung von Jahresgaben in Höhe von etwa 5 g je m^2 sollte diese Menge als Herbstdüngung gegeben werden. Jahresgaben von etwa 10 g je m^2 sind auf eine Herbst- (ab Mitte Oktober bis Mitte November) und auf eine Sommerdüngung (etwa Juni, Juli) zu verteilen. Das Nährstoffverhältnis (N : P_2O_5 : K_2O) soll im Jahresdurchschnitt bei etwa 1 : 0,3 : 0,4 liegen.

Düngen

Stark abgebaute Rasen in der Landschaft, die ihre Funktion vorwiegend als Erosionsschutz nicht mehr erfüllen, sind durch 1 bis 2 Nährstoffgaben von je 5 bis 6 g Stickstoff (Rein-N) je m^2 zu regenerieren.

K 866 Rasen im Sinne dieser Norm benötigen in jedem Fall regelmäßige Düngergaben. Die Menge der aufzubringenden Dünger richtet sich nach der Intensität der Nutzung. Das in der Norm angegebene Nährstoffverhältnis gilt für normalversorgte Böden. Bei der Wahl der Dünger ist die Bodenreaktion zu beachten, da ein pH-Wert zwischen 5,5 und 6,5 eingehalten werden soll.

Die Erhaltungsdüngung für Landschaftsrasen soll bei Winterausgang und bei ausreichender Feuchtigkeit gegeben werden.

K 867 Da in der Norm nur grundsätzliche Angaben über die Düngermengen und ihr Nährstoffverhältnis gemacht werden, müssen in der Ausschreibung eindeutige Angaben zur Düngermenge, zur Zusammensetzung des Düngers und seiner Reaktion enthalten sein.

Außerdem sind die Düngezeitpunkte festzulegen, weil sie von der Form der vorgeschriebenen Dünger abhängen. Es reicht nicht aus, wenn in einer Ausschreibung gefordert wird: „Rasenflächen nach DIN 18 919 düngen." Aus der Natur der Sache heraus können die Festlegungen der Norm nur grundsätzlicher Art und damit nicht allgemeingültig sein.

K 868 In der Regel ist nach Gewicht (kg) auszuschreiben mit der Angabe, welche Mengen je m^2 aufzubringen sind. Die Reinnährstoffmengen, die in der Norm genannt werden, sind auf Handelsdünger umzurechnen. Dazu nachstehendes Beispiel:

Vorgesehene Versorgung 15 g Rein-Stickstoff (N) je Jahr und m^2-Nährstoffbedarf also:

N $\quad$ = 15 g

P_2O_5 $\quad$ = 15/3 = 5 g

K_2O $\quad$ = 15/2.5 = 6 g

Berechnung zur Versorgung mit P_2O_5 durch einen Volldünger mit dem Nährstoffverhältnis 12 : 12 : 20 (N : P : K)

X : 5 = 100 : 12 = 41 g/m^2

Damit sind erfüllt die Versorgung mit

5 g N

5 g P_2O_5

8,2 g K_2O

Der Rest der Stickstoffversorgung soll mit einem reinen Stickstoffdünger mit 21 % Rein-N erfolgen. Rest 10 g Rein-N

X : 10 = 100 : 21 = 47 g dieses Stickstoffdüngers.

5.1.3 Wässern

Zierrasen und stärker belastete Rasenflächen sollten in der Wachstumsperiode in der Regel im Abstand von 10 Tagen mit etwa 20 bis 30 Liter Wasser je m² gleichmäßig versorgt werden, wenn natürliche Niederschläge nicht in entsprechender Menge und wirksamer Verteilung eintreten.

In der freien Landschaft sind die örtlichen Verhältnisse wie Boden, Exposition, Zugänglichkeit, Entfernung zu Wasserentnahmestellen, wirtschaftlicher Aufwand, Verkehrsbelastung von Straßen u. a. zu berücksichtigen.

K 869 Bei der Bewässerung von Rasenflächen ist darauf zu achten, daß grundsätzlich durchdringend gewässert wird. Kleine Wassergaben oder geringe Niederschläge werden bei vorhandener Verfilzung, die sich besonders in Trockenlagen einstellt, vom Narbenfilz der Rasendecke zurückgehalten und verlieren dadurch an Effektivität. Falsche Wässerung reduziert das Wurzelvolumen und vermindert die Bespielbarkeit, d. h. Rasenteile lösen sich beim Bespielen, und Ungräser mit flacher Bewurzelung (Poa annua) werden stark gefördert. Die Bewässerung sollte jeweils bei Welkebeginn einsetzten und die genannten Wassermengen der Fläche gleichmäßig zuführen.

Die verwendeten Regner sind auf ihre Wirksamkeit hin zu überprüfen.

Bei Abrechnung der Bewässerung sollten die grundsätzlichen Ausführungen unter K 848 sinngemäß beachtet werden. Als Abrechnungsmöglichkeiten können hier gelten:

a) Abrechnung nach Rauminhalt (m³), die zu bevorzugen ist

b) Abrechnung nach Flächenmaß, die zusätzliche Angaben über Menge je m² benötigt und nicht genau geprüft werden kann.

5.2 Einmalige Leistungen

5.2.1 Regenerieren von Rasenflächen

Das Regenerieren von Rasenflächen erfolgt durch Entfilzen der Rasennarbe und durch Maßnahmen zur Verbesserung des physikalischen Zustandes des Bodens, insbesondere seines Wasser- und Lufthaushaltes. Sie können einzeln oder auch kombiniert durchgeführt werden.

5.2.1.1 Senkrechtschneiden (Verticutieren)

Das Ausdünnen von verfilzten Rasennarben durch Senkrechtschneiden soll nach Eintritt des Frühjahrswachstums in der ersten Hälfte der Vegetationsperiode ausgeführt werden. Das Senkrechtschneiden ist bei abgetrockneter Rasennarbe auszuführen. Die Messer dürfen höchstens 3 mm senkrecht in die Tragschicht eindringen. Der herausgearbeitete Narbenfilz ist sofort zu entfernen.

K 870 Rasenfilz, der jährlich Dicken bis zu 2 cm annehmen kann, hält Wasser und Nährstoffe zurück und beeinträchtigt die Wasserdurchlässigkeit der Rasennarbe sehr stark. Deshalb sollten verfilzte Rasenflächen verticutiert werden. Bei belasteten Rasenflächen muß neben der Frühjahrsmaßnahme eine weitere Entfilzung im Herbst durchgeführt werden.

Regenerieren von Rasenflächen

Ein Absanden nach dem Verticutieren ist vor allem bei belasteten Rasenflächen erforderlich, um die Mineralisierung des verbleibenden Filzes zu beschleunigen, insbesondere, wenn nur ein- bis zweimal verticutiert wird.

5.2.1.2 Lüften (Aerifizieren)

5.2.1.2.1 Schlitzen

Vegetationsschichten mit Oberflächenverdichtungen sind im Abstand von etwa 15 cm und einer Tiefe von etwa 10 cm zu schlitzen.

Ziel des Schlitzens ist es, den Rasenfilz und die durch Tritt verdichtete Oberfläche zu durchstoßen und dadurch einmal die Wasserdurchlässigkeit der Rasendecke zu erhöhen und durch Sauerstoffzufuhr zum anderen die Bodenaktivität zu fördern.   **K 871**

Die Tiefe der Schlitze ist abhängig von dem Gewicht des Gerätes und dem Feuchtezustand des Bodens.

Bei zu trockenem Boden dringen die Stachel nicht tief genug in den Boden, so daß das Leistungsziel nicht erreicht wird. Werden bindige Böden bei zu hoher Bodenfeuchte geschlitzt, kommt es zu Wandverschmierungen und Verdichtungen, da die Stachel den benachbarten Boden verdrängen. Die gewollte Lüftungswirkung wird dadurch wieder aufgehoben, die Leistung ist ohne Effekt. Bindige Böden dürfen daher nur bei einem Feuchtezustand unterhalb der Ausrollgrenze geschlitzt werden.

Schlitzen ist eine Leistung, die gesondert auszuschreiben ist.   **K 872**

Die Anzahl der Schlitze je m^2, Tiefe und Abstand sollten dabei angegeben werden.

5.2.1.2.2 Löchern

Vegetationsschichten mit tiefer reichender Verdichtung sind zu löchern. Die Löcher sind durch Bodenausstiche von etwa 1 cm Durchmesser bei mindestens 5 cm Tiefe herzustellen. Die Anzahl der Löcher je m^2 und Arbeitsgang soll 50 nicht unterschreiten. Der ausgeworfene Boden ist zu entfernen. Die Löcher sind in der Regel mit Kiessand der Korngruppe 0 bis 4 mm zu füllen.

Löchern unterscheidet sich von Schlitzen dadurch, daß der Boden ausgestanzt und ausgeworfen wird. Im übrigen gilt das unter K 871 Gesagte sinngemäß.   **K 873**

Soll in Verbindung mit dem Löchern gesandet werden, ist das unter Angabe der Körnung und der aufzubringenden Menge auszuschreiben.

5.2.1.3 Begleitende Maßnahmen

5.2.1.3.1 Düngen

Um ein rasches Regenerationswachstum zu erreichen, sind die durch Senkrechtschneiden, Schlitzen oder Löchern bearbeiteten Flächen zu düngen. Die Nährstoffgabe sollte dabei 5 Gramm Stickstoff (Rein-N) je m^2 nicht unterschreiten.

K 874 Die hier aufgeführte Düngung ist eine zusätzliche Maßnahme als „begleitende Maßnahme" zum Schlitzen, Senkrechtschneiden und Löchern. Düngerart und Düngermenge sind jeweils anzugeben.

Zweckmäßigerweise wird nach Gewicht (kg) ausgeschrieben mit der Angabe, welche Düngermenge je m^2 aufzubringen ist.

Die Düngung ist so rechtzeitig auszuführen, daß die Düngewirkung bereits zum Zeitpunkt der Regenerierungsleistung einsetzt und somit die Regenerierung optimal beeinflußt wird.

5.2.1.3.2 Unkrautbekämpfen
Eine gegebenenfalls erforderliche Unkrautbekämpfung ist nach Abschnitt 5.2.2 auszuführen.

5.2.1.3.3 Besanden
Sind Rasenflächen aufgrund der Beschaffenheit ihrer Vegetationsschicht (zu hoher Anteil an Teilen $\leq$ 0,02 mm) nicht ausreichend belastbar, z. B. Neigung zum Verschmieren oder Schwammigwerden bei Bodenfeuchte, ist eine Sandschicht aufzubauen.
Hierzu sind 2 bis 3 Sandschichten von jeweils etwa 5 bis 6 mm Dicke im Verlauf einer Vegetationsperiode aufzubauen. Dabei ist Kiessand der Korngruppe 0 bis 4 mm zu verwenden. Dem Aufbau der Sandschicht muß ein Löchern mit etwa 100 Einstichen je m^2 vorausgehen.

K 875 Vorausgehendes Löchern und/oder Verticutieren ist erforderlich, damit ein vorhandener Rasenfilz durchstoßen und eine Verbindung zwischen Sandschicht und Vegetationsschicht hergestellt wird.

Die Besandung in Verbindung mit dem Verticutieren soll die Mineralisierung des Rasenfilzes einleiten. Erfolgt die Besandung ohne vorbereitende Maßnahmen, bildet der Rasenfilz zum einen eine Trennschicht und zum anderen zusammen mit der Sandschicht eine neue Vegetationsschicht, in der Rasen nur flach wurzelt. Die Folgen sind flache Verwurzelung und geminderte Trockenheitsverträglichkeit.

Ebenso nachteilig wirken sich größere Besandungsdicken oder zu rasch aufeinanderfolgende Besandungsgänge aus.

K 876 Die geforderte Sandabstufung von 0 – 4 mm ist in der idealen Abstufung sehr schwer zu erhalten. Deshalb ist es vor allem bei Vorliegen bindiger Böden im Zweifelsfall richtiger, gut abgestufte Sande 0 – 2 mm zu verwenden.

Der Sand muß lehmfrei und in der Körnung so aufgebaut sein, daß ein kapillarer Anschluß an den vorhandenen Boden hergestellt wird. Zu grobes Korn und einkörnige Grobsande werden schnell von den bindigen Bodenteilchen eingemantelt und bleiben dadurch wirkungslos. Es wird daher dringend zu Sand- und Bodenuntersuchungen vor dem Besanden geraten.

K 877 Das Ausschreiben und Abrechnen erfolgt zweckmäßig nach Gewicht (t) oder nach Raummaß (m^3), wobei der zuerst genannten Ausschreibungsein-

Bekämpfen von Unkraut

heit der Vorzug gegeben werden muß, weil bei der Bestimmung des Raummaßes nur das Kastenaufmaß bei Anlieferung zugrundegelegt werden kann. Eine Ausschreibung nach Flächenmaß (m^2) läßt eine prüfbare Abrechnung nicht zu, da sich die Schichtdicke nicht genau ermitteln läßt.

5.2.2 Bekämpfen von Unkraut mit chemischen Mitteln
Unkräuter in Rasenflächen, wie Kleearten, Löwenzahn, Gänseblümchen, Hornkraut, Hahnenfuß, Wegerich, Knöterich, Ehrenpreis und andere, können durch eine Behandlung mit selektiven Unkrautbekämpfungsmitteln bekämpft werden, wenn eine Beseitigung nicht durch Schnitt und Düngung erreicht werden kann.
Bei der Anwendung solcher Mittel sind die Vorschriften der Hersteller einzuhalten.

Chemische Mittel sollten nur eingesetzt werden, wenn andere Mittel keinen Erfolg bringen. Häufige Ursache der Verunkrautung sind mangelnde oder falsche Pflege. Vor der chemischen Unkrautbekämpfung sollten deshalb die anderen Pflegemaßnahmen überprüft werden.

K 878

5.2.3 Bekämpfen von Moos
Moos im Rasen kann durch Ausrechen, Senkrechtschneiden oder durch den Einsatz geeigneter chemischer Mittel bekämpft werden. Mit diesen Maßnahmen sind in der Regel eine Düngung zu verbinden sowie gegebenenfalls eine Nachsaat.

Moosbekämpfung ist erst erforderlich, wenn mehr als 10–20 % Moos im Bestand enthalten sind. Diese Maßnahmen müssen zwingend mit einer Stickstoff-Düngung ergänzt werden.

K 879

K 890   DIN 18 920

| Landschaftsbau
Schutz von Bäumen, Pflanzenbeständen und Vegetationsflächen bei Baumaßnahmen | DIN
18 920 |

1 Zweck

Zweck dieser Norm ist es, den Schutz von vorhandenen Bäumen, Pflanzenbeständen wie Sträuchern und Vegetationsflächen wie Rasen, Bodendecken aus Kräutern, Kleingehölzen u. ä. bei der Durchführung von Baumaßnahmen innerhalb des Siedlungsbereiches und in der freien Landschaft zu sichern.

Bäume sind von hohem Wert für das Orts- und Landschaftsbild, das Kleinklima (Schatten, Erhöhung der Luftfeuchtigkeit) und für die Erholung der Bevölkerung.

Dieser Wert ist auch durch Neupflanzungen auf längere Zeit nicht ersetzbar.

Eine geschlossene Bodendecke ist der beste Schutz des Bodens vor Abtrag durch Wasser und Wind.

K 890   Als Baumaßnahmen im Sinne dieser Norm sind alle Bauleistungen zu verstehen, die Veränderungen hervorrufen durch Hoch- oder Tiefbauten (Hausbau, Straßenbau, Leitungsbau, Erdbau), Landschafts-, Sportplatz- und Kulturbau oder in vorhandene Situationen durch Aufgrabungen gleich welcher Art eingreifen. Dabei ist es gleich, an welchem Ort diese Leistungen durchgeführt werden. Es wird also kein Unterschied zwischen Leistungen in der freien Landschaft und Leistungen im Siedlungsbereich gemacht. Die zu schützenden Pflanzen haben auf jedem Standort und in jeder Lage einen gleich hohen Wert.

Als schützenswerte Objekte aus dem Vegetationsbereich sind sowohl Einzelbäume als auch geschlossene Vegetationsflächen bezeichnet. Das bedeutet, daß sich Schutzmaßnahmen nicht nur auf Einzelbäume oder eine Baumallee beschränken, sondern auch wertvolle Einzelgehölze, Strauchgruppen und geschlossene Vegetationsflächen unterschiedlichster Bestockung (Kleingehölze, bodendeckende Gehölze, Stauden, Rasen und Kräuter) einschließen.

Besonders schützenswert sind dabei natürlich Bäume oder baumartige Großgehölze, die wegen ihrer großen Blattmasse von hohem Wert für das Kleinklima (Schatten, Erhöhung der Luftfeuchtigkeit, Sauerstoffanreicherung, Staubbindung) sind und damit einen erheblichen Einfluß auf die Erhaltung oder Verbesserung der Umwelt- und Lebensbedingungen ausüben.

Wesentlich ist auch ihr Wert für die Gestaltung des Landschaft- und Ortsbildes sowie für den Freizeitwert eines Siedlungs- oder Landschaftsteiles.

Schutzmaßnahmen im Rahmen der Planung

Da sich Bäume und baumartige Großgehölze nur sehr langsam entwickeln und in der Regel erst nach frühestens 10, bei den meisten Holzarten jedoch erst nach 20 bis 30 Jahren einen ersten Funktionswert besitzen, kann eine Alternative für den Aufwand einer Schutzmaßnahme nicht die Rodung des Altbestandes und eine Neupflanzung auch größerer Exemplare sein, auch wenn dieses aus ökonomischen Gründen zunächst sinnvoller erscheint. Ein Eingriff in die Umwelt und die daraus resultierenden Maßnahmen dürfen aus den vorgenannten Gründen nicht ausschließlich unter ökonomischen Gesichtspunkten entschieden werden.

Einer Rodung nahe kommen Bauleistungen, bei denen z. B. durch Abgrabungen bis an den Stamm heran, tiefe Eingriffe in die Substanz eines Gehölzes vorgenommen werden. Diese Eingriffe verursachen in der Regel irreversible Schäden, die sich im Absterben ganzer Astpartien, Zurücktrocknen der Trieb- und Astspitzen und insbesondere in einer starken Anfälligkeit für Schädlinge tierischer und pilzlicher Art zeigen. Derart geschwächte und befallene Bäume sind dann wieder ein Infektionsherd für benachbarte, zunächst gesunde Bäume. **K 891**

Der Schutz geschlossener Vegetationsflächen aus Gehölzen, Stauden, Rasen oder Kräutern ist entweder notwendig wegen der besonderen Qualität dieses Bestandes oder weil in geneigtem Gelände diese geschlossenen Flächen Erosionen durch Wasser oder Wind verhindern. Diese Flächen sind in der Regel mit noch vertretbarem Aufwand innerhalb von ein bis drei Jahren wieder durch Neuanlage herzustellen, sofern nicht besondere Gehölze zum Bestand gehörten. Bei empfindlichen Böden können bis dahin jedoch erhebliche Schäden durch Wasser- und Windabtrag eintreten. Deshalb sollen geschlossene Bodendecken nicht bedenkenlos entfernt werden, nur weil dadurch eine Baumaßnahme vielleicht einfacher wird. **K 892**

Auf den Schutz von Bäumen, Pflanzenbeständen und Vegetationsflächen kann im Rahmen des normalen Baugeschehens auf verschiedenen Ebenen Einfluß genommen werden. **K 893**

1 Schutzmaßnahmen im Rahmen der Planung

Hier sind die frühesten, entscheidensten und umfangreichsten Möglichkeiten gegeben. Unter anderem lassen sich Schäden oder Beeinträchtigungen überhaupt oder weitgehend vermeiden durch sinnvolle Beachtung nachstehender Punkte.

1.1 Möglichst genaue Geländeaufnahme mit lage- und höhenmäßiger Bestimmung der zu erhaltenden Vegetation

1.2 Formgebung, Standort und Höhenlage von Bauwerken ausrichten auf die zu erhaltende Vegetation

1.3 Wahl der Trasse von Straßen, Wegen, Plätzen, Gräben und Leitungen unter Beachtung von Lage und Standorthöhe zu schützender Vegetation

1.4 Erdmodellierungen durch Auf- und Abtrag unter genauester Beachtung der Höhenlage von zu erhaltender Vegetation

1.5 Anordnung von Mauern, Treppen, Becken und anderen Bauwerken im Rahmen der Freiraumgestaltung unter genauester Beachtung von Höhe und Lage zu schützender Vegetation und insbesondere unter Einhaltung der notwendigen Abstände

2 Schutzmaßnahmen auf der Verfahrensebene und im Organisationsbereich

Hier bietet sich die nächste und im Detail größte Möglichkeit der Einflußnahme auf den Schutz der Vegetation. Folgende Bereiche spielen eine besondere Rolle:

2.1 Wahl geeigneter Bau- und Arbeitsverfahren, z. B. durch Entscheidung für eine Unterfahrung statt einer Aufgrabung, wenn eine Trasse nahe des Baumes nicht zu vermeiden ist, oder Ausbildung von Punktfundamenten statt eines durchlaufenden Fundamentbalkens. Weiter gehören dazu z. B. die Festlegung der notwendigen Schutzmaßnahmen und die Aufnahme dieser Leistungen in das Leistungsverzeichnis, weil diese **Schutzmaßnahmen keine Nebenleistungen** sind.

2.2 Planung der Baustelleneinrichtung (Stellung der Bauwagen, Auswahl der Lagerplätze für Material und Kraftstoffe, Planung von Baustraßen) unter genauer Beachtung der zu erhaltenden Vegetation

2.3 Planung und Festlegung von Bodenlagern z. B. außerhalb des Wurzelbereiches zu schützender Bäume und Großgehölze

2.4 Festlegung von Bodenbelägen, die eine Befeuchtung und Belüftung des Wurzelraumes von Bäumen innerhalb von Wege- und Platzflächen zulassen

2.5 Planung und Festlegung sonstiger vegetationstechnischer Maßnahmen zur Verbesserung der Lebensbedingungen und Überlebenschancen nach stärkeren Eingriffen in die Substanz der Vegetation

3 Schutzmaßnahmen auf der Ausführungsebene

Hier geht es um die Sorgfalt, mit der unumgängliche Maßnahmen durchgeführt werden. Die Einzelmaßnahmen sind im folgenden näher erläutert. Grundsätzlich muß hier darauf hingewiesen werden, daß die sorgfältige Durchführung der Maßnahmen immer billiger ist als nachträgliche Versuche, eingetretene Schäden zu beheben, zumal z. B. durch unsorgfältige Leistungen Triebe und Äste zurückgenommen werden müssen und der Habitus eines Gehölzes dadurch auf Dauer beeinträchtigt werden kann.

Schutz von Vegetationsflächen　　　　　　　　　　　　　　K 894–899

2　Schutzmaßnahmen

2.1　Schutz von Vegetationsflächen

Zur Verhinderung von Schäden durch Baueinwirkungen sind zu erhaltende Pflanzungen, Rasenflächen, Flächen mit pflanzlicher Bodendecke (z. B. in Wäldern) mit einem mindestens 1,8 m hohen, standfesten Maschendrahtzaun zu umgeben.

Im Bereich von zu erhaltender Vegetation und auf künftige Vegetationsflächen dürfen keine Mineralöle, Säuren, Laugen, Farben und sonstige Chemikalien sowie bodenverfestigende Stoffe wie z. B. Zementmilch ausgegossen werden. Baustellenheizung darf nur in mindestens 5 m Entfernung von der Krone von Bäumen und Sträuchern unterhalten werden. Offene Feuer dürfen nur in einem Abstand von mindestens 20 m von der Krone von Bäumen und Sträuchern entfacht werden.

Die Qualität des geforderten Maschendrahtzaunes ist abhängig vom Umfang der Baumaßnahme und der daraus abzuleitenden Gefahr einer Beeinträchtigung der Vegetationsflächen. In der Regel reichen Zäune mit Holzpfosten und Wildgattergeflecht oder Maschendraht an drei Spanndrähten. Ziehen sich Baumaßnahmen über einen längeren Zeitraum hin und ist mit einer schweren Beeinträchtigung der Flächen zu rechnen, muß eine stärkere Sicherung z. B. mit einem Bohlenzaun oder Baustahlgeweben vorgesehen werden. 　K 894

Die Erstellung des Schutzzaunes ist als Leistung auszuschreiben. Sie ist keine Nebenleistung. 　K 895

Mineralöle, Säuren, Farben und Chemikalien wirken toxisch auf Pflanzen, d. h. sie bringen die zu erhaltenden Pflanzenbestände zum Absterben. Gleichzeitig verunreinigen sie den Boden so, daß er auch in Zukunft nicht mehr geeignet für die Aufnahme von Vegetation ist. Der verunreinigte Boden muß entfernt werden. 　K 896

Bodenverfestigende Stoffe können sehr unterschiedlicher Art sein. Ihr Einfluß reicht von toxischer Wirkung auf Pflanzen (Bitumen und Kunststoffe) bis zur Beeinträchtigung des Bodens durch Veränderung der Struktur, Beeinträchtigung des Luft- und Wasseraustausches und Veränderung der Acidität (Säuregehalt) des Bodens (Zement- und Kalkmilch). 　K 897

Die Gefahr des Ausfließens solcher Stoffe ist insbesondere in der Nähe von Mischplätzen gegeben, von denen diese Stoffe bei der Reinigung der Mischgeräte in die Vegetationsflächen fließen. Aber auch von Mörtellagerungen in der Nähe von zu schützenden Vegetationsflächen kann bei Starkregen Kalkmilch abfließen.

Als Baustellenheizung im Sinne dieser Norm sind alle Baustellenwagen und Baubuden zu verstehen, die mit Kohle oder Öl geheizt werden und die Abgase mit hohen Temperaturen über Kaminrohre nach außen abgeben. 　K 898

Beim Entfachen offener Feuer ist neben dem vorgeschriebenem **Mindestabstand** insbesondere auch auf die Windrichtung und die Menge des zu verbrennenden Materials zu achten. Bei größeren Feuern und Windrichtung 　K 899 zur Vegetation hin sind erheblich höhere Abstände notwendig. Ist das aus Platzgründen nicht möglich, muß das Material abgefahren werden. Grundsätzlich sollte eigentlich, wie die Erfahrung zeigt, auf das Verbrennen von Abfallstoffen verzichtet werden, weil die Gefahr der Nichteinhaltung dieser Vorschrift sehr groß ist. Der kluge Bauleiter wird deshalb jedes Verbrennen verbieten.

2.2 Schutz der oberirdischen Teile von Bäumen gegen mechanische Schäden

Zum Schutz gegen mechanische Schäden wie z. B. Quetschungen und Aufreißen der Rinde und des Holzes durch Fahrzeuge, Baumaschinen und sonstige Bauvorgänge ist für alle Bäume im Baubereich eine standfeste Sicherung zu errichten. Sie soll den gesamten Wurzelbereich umschließen.

Als Wurzelbereich gilt die Bodenfläche unter der Krone von Bäumen zuzüglich 1,5 m nach allen Seiten.

Ist aus Raumgründen die Sicherung der gesamten Baumfläche nicht möglich, ist der Stamm des zu schützenden Baumes mit einer gegen den Stamm abgepolsterten (z. B. mittels zweier Ringe aus Autoreifen) mindestens 2 m hohen Bohlenummantelung zu versehen. Die Schutzvorrichtung ist ohne Beschädigung der Bäume anzubringen, insbesondere dürfen keine Bauklammern, Nägel o. ä. in die Bäume geschlagen werden. Die Schutzvorrichtung darf nicht unmittelbar auf die Wurzelanläufe aufgesetzt werden. Untere, tiefhängende Äste sind nach Möglichkeit hochzubinden. Die Bindestellen sind ebenfalls abzupolstern.

K 900 Als standfeste Sicherung im Rahmen dieser Maßnahme gelten Holzbohlenzäune oder Zäune aus Baustahlgewebe. Eine Höhe von 1,8 m kann auch hier als angemessen gelten. Der zu schützende Wurzelbereich ist anders als in DIN 18 300 über die unmittelbar unter der Krone liegende Fläche hinaus festgelegt worden. Das hat seinen Grund darin, daß der Hauptfaserwurzelbereich von Bäumen außerhalb des Kronenraumes liegt und diese Zone eines besonderen Schutzes bedarf. Der Radius ist deshalb um 1,50 m erweitert worden (siehe Abb. 1).

K 901 Unter beengten Baustellenbedingungen kann der Schutz des gesamten Wurzelbereiches in der vorbeschriebenen Art unmöglich werden. In diesen Fällen besteht die Schutzmaßnahme aus einer Abpolsterung des Baumstammes nach Abb. 2 und in der Regel zusätzlich aus einer Abdeckung des Wurzelraumes nach Abschn. 2.10 (siehe Abb. 2), weil in solchen Fällen der Wurzelraum häufig als Transportfläche benutzt wird.

K 902 Die Sicherungsmaßnahmen sind als Leistungen im Leistungsverzeichnis vorzusehen. Sie sind keine Nebenleistungen.

**Schutz der oberirdischen Teile von
Bäumen gegen mechanische Schäden** K 902

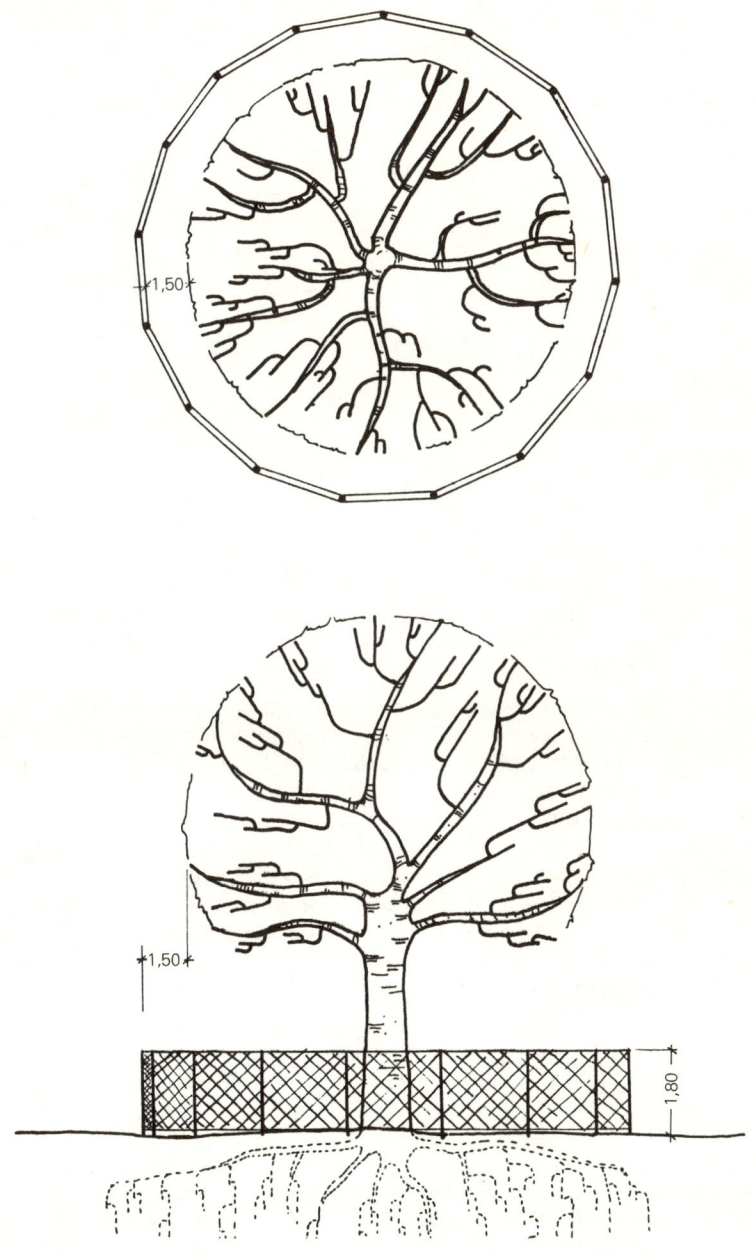

Abbildung 1

Abbildung 2

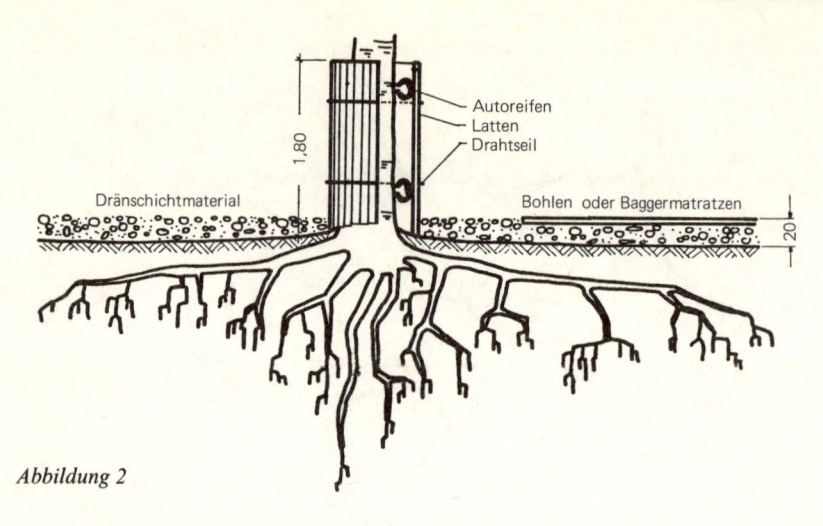

2.3 Schutz der oberirdischen Teile von Bäumen gegen Rindenbrand

Bei Rodungsarbeiten freigestellte Bäume an Waldrändern und im Einzelstand sind, wenn es die Pflanzenart erfordert, gegen Rindenbrand z. B. durch Jute-Lehm-Bandagen am Stamm und an den Hauptästen zu schützen.

Besonders empfindlich gegen das Freistellen sind Buchen. Bei plötzlicher Freistellung erleiden sie durch die dadurch eintretende Besonnung einen Rindenbrand. Die Rinde platzt bis auf das Altholz auf, und die Schädigung kann bis zum Absterben der Bäume oder großer Astpartien führen. Aus diesen Gründen soll das Freistellen von Bäumen über einen längeren Zeitraum (mindestens 3 Jahre) durch stückweises Roden der schattenspendenden Nachbargehölze und damit zunehmendes Auslichten geschehen. Die Gefahr von Rindenbrand ist dann erheblich geringer. Ist ein schnelles Freistellen nicht zu vermeiden, sind in jedem Falle zum Schutz des Baumstammes Maßnahmen zu ergreifen, die direkten Sonneneinfall verhindern. Lehm-Jutebandagen sind eine der möglichen Maßnahmen.

Unempfindlich Gehölze wie Eichen bedürfen keines besonderen Schutzes. Sie besitzen sogar die Eigenschaft, sich von unten wieder neu durch Stammausschlag zu begrünen.

2.4 Schutz der Wurzelbereiche von Bäumen bei Überfüllungen

Überfüllungen dürfen nur vorgenommen werden, wenn eine artspezifische Verträglichkeit der Gehölze besteht und die Ausbildung des Wurzelsystems diese zuläßt. Vor einer Überfüllung sind von der Oberfläche des Wurzelbereiches alle Pflanzendecken, Laub und sonstige organische Stoffe, die zur Fäulnisbildung neigen, in Handarbeit zu entfernen.

Schutz der Wurzelbereiche von Bäumen bei Überfüllungen   K 904

Bei tiefwurzelnden Baumarten ist mindestens ⅓ des Wurzelbereiches bis zur künftigen Oberfläche mit einem für Dränschichten geeigneten Stoff zu bedecken, bei flachwurzelnden Baumarten mindestens die Hälfte des Wurzelbereiches.
Die restliche Fläche ist mit einem Boden aufzufüllen, der den Anforderungen für belastbare Vegetationsschichten entsprechen muß. Die Auffüllung der Dränschichten- und Vegetationsschichtenstoffe muß in Sektoren erfolgen, die vom Stamm bis zum Rand des Wurzelbereiches reichen müssen. Bei der Auffüllung darf der Wurzelbereich nicht befahren werden.

Die Überfüllung der Wurzelbereiche von Bäumen sollte nach Möglichkeit grundsätzlich vermieden werden. Wenn sie trotzdem nicht zu vermeiden ist, müssen einige wesentliche Punkte beachtet werden.   K 904

Nur bestimmte Gehölze vertragen eine Überfüllung ohne wesentliche Beeinträchtigung. Man spricht hier von einer artspezifischen Verträglichkeit, die insbesondere dann anzunehmen ist, wenn diese Gehölze aus Steckholz in der Baumschule vermehrt werden. Das sind z. B. Pappeln, Weiden, Forsythien, Cornus und Ribes. Diese Gehölze sind in der Lage, aus dem Altholz heraus neue Wurzeln zu bilden. Diese artspezifische Verträglichkeit für Überfüllungen geht jedoch nicht so weit, daß bedenkenlos in jeder Höhe und mit jedem Boden überfüllt werden darf. Ein plötzlicher Luftabschluß des Wurzelbereiches kann auch bei diesen Gehölzen zum Tod der Pflanze führen.

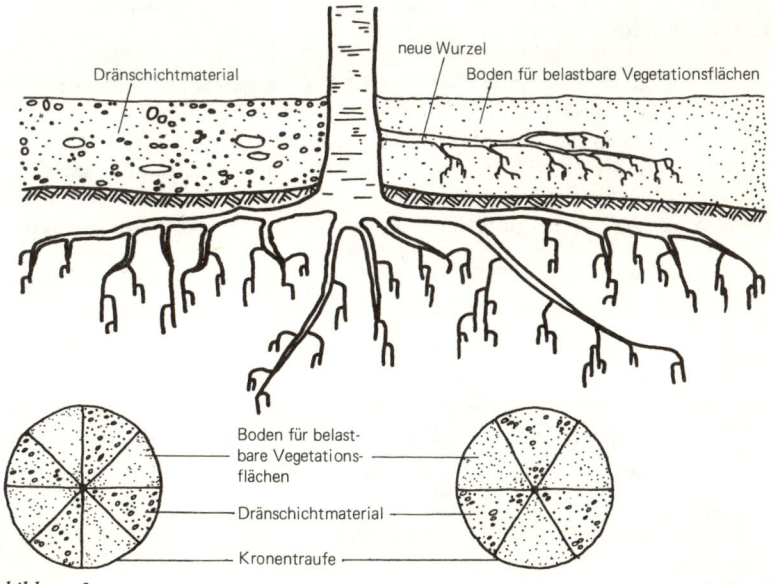

Abbildung 3

K 905 – 907 DIN 18 920

Ausgesprochen empfindlich gegen Überschüttungen sind alle Flachwurzler wie z. B. Birke und Buche. Hier kann schon eine wenige Zentimeter dicke bindige Bodenschicht über dem ursprünglichen Wurzelhorizont toxisch wirken, wenn sie den Luft- und Gasaustausch verhindert.

K 905 Durch die Art der Überfüllung und die Wahl des Überfüllungsmaterials muß dafür gesorgt werden, daß die Luft- und Wasserzirkulation bis in den Wurzelbereich weitgehend ungestört bleibt und andere Schädigungen vermieden werden wie z. B. die Bildung von toxischen Faulgasen (Zersetzung organischer Substanz unter Luftabschluß). Als vorbereitende Maßnahme ist deshalb zunächst die Entfernung aller organischen Stoffe auf der Oberfläche des Wurzelbereiches notwendig (noch vorhandene Pflanzendecken, Laub und totes Holz). Danach erfolgt die Überschüttung nach den Vorschriften der Norm, die in Abb. 3 verdeutlicht werden.

K 906 Für die Wahl des Dränschichtmaterials kann als Richtschnur die in DIN 18 035 Teil 4 getroffene Festlegung für Dränschichtbaustoffe gelten. Oberboden, der den Anforderungen für belastbare Vegetationsschichten entspricht, ist in DIN 18 915 Teil 1 Landschaftsbau — Bodenarbeiten für vegetationstechnische Maßnahmen beschrieben. Er zeichnet sich durch einen geringen Gehalt an bindigen Bestandteilen aus.

2.5 Schutz der Wurzelbereiche gegen Abträge
Zur Sicherung der lebensnotwendigen Faserwurzeln darf Boden im Wurzelbereich nicht abgetragen werden.

K 907 Die Folgen einer Abgrabung sind in Abb. 4 dargestellt. Durch die Abtragung wird ein wesentlicher Teil des Wurzelwerkes freigelegt und steht damit nicht mehr zur Ernährung des Baumes zur Verfügung. Besonders betroffen sind die an der Oberfläche und Peripherie des Baumes gelegenen Faserwurzeln, die die Hauptlast der Versorgung tragen. Neben der Einschränkung der Versorgungsleistung ist durch die Abtragung auch die

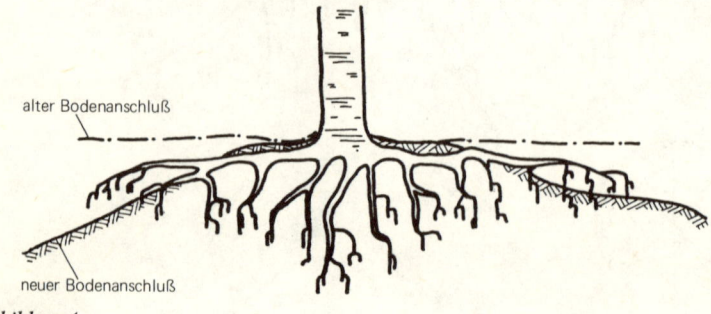

Abbildung 4

Schutz der Wurzelbereiche bei kurzfristigen Aufgrabungen

Standfestigkeit des Baumes gefährdet. Mit Windwurf muß gerechnet werden. Besondere Gefahr besteht dafür bei Flachwurzlern.

Aus diesen Gründen legt die Norm kurz und bündig fest, daß Boden im Wurzelbereich nicht abgetragen werden darf.

2.6 Schutz der Wurzelbereiche bei kurzfristigen Aufgrabungen

Grundsätzlich dürfen Aufgrabungen wegen der Gefahr des Wurzelbruches nur in Handarbeit erfolgen und nicht dichter als 2,5 m vom Stamm ausgeführt werden; im Einzelfall kann bei tiefwurzelnden Bäumen der Abstand auf 1,5 m, bei flachwurzelnden auf 2 m verringert werden. Die Wurzeln sind dabei schneidend zu durchtrennen und die Schnittstellen mit scharfem Messer zu glätten. Abschließend sind die Schnittstellen mit einem Wundverschlußmittel zu behandeln. Die Wurzeln sind gegen Austrocknung und Frosteinwirkung zu schützen.

Aufgrabungen im Wurzelbereich sollten nur erfolgen, wenn sie nach Prüfung aller planerischen Vorüberlegungen und technischen Möglichkeiten unvermeidbar sind. Die Forderung, daß diese Aufgrabungen wegen der Gefahr des Wurzelbruches nur in Handarbeit erfolgen dürfen, hat ihre Ursache darin, daß von Baggern erfaßte Wurzeln bis tief in den noch verbleibenden und auf jeden Fall zu schützenden Wurzelbereich losgerissen und durch Risse und Spalten der Hauptwurzeln weiter geschädigt werden. Ein weiterer Grund für diese Festlegung liegt darin, daß durch die Arbeitsarme des Baggers in den meisten Fällen Teile der Krone beschädigt werden. Schon die Verwendung von Kreuzhacken kann für bestimmte Bäume ebenso gefährlich sein. Deshalb soll in der Regel angeordnet werden, daß nur mit Spaten und Axt gearbeitet werden darf und die durchtrennten Wurzel mit Messern nachgeschnitten und einem Wundverschlußmittel behandelt werden. K 908

Die Differenzierung des geringstmöglichen Abstandes vom Stamm bei flach- oder tiefwurzelnden Bäumen ist in der unterschiedlichen Struktur des Wurzelwerkes und damit des unterschiedlichen Umfanges der Schädigung begründet. K 909

Kurzfristige Aufgrabungen entbinden nicht von der Notwendigkeit, die freigelegten oder freiliegenden Wurzeln vor Austrocknung und Frosteinwirkung zu schützen. Das kann in der Regel durch einfaches Überhängen von Tüchern oder Strohmatten geschehen. K 910

Die Schädigung durch Aufgrabung kann für einen Baum u. U. sehr wesentlich sein, so daß es sinnvoll ist, durch Zusatzmaßnahmen eine Hilfe zur Regenerierung des Wurzelwerkes zu geben. Dabei ist insbesondere an ein Verfüllen des Grabens mit gut luftdurchlässigem und mit organischer Substanz und Düngern angereichertem Boden zu denken. Eine weitere Maßnahme kann eine beschränkte Auslichtung der Krone sein. K 911

2.7 Schutz der Wurzelbereiche bei langfristigen Aufgrabungen

Möglichst eine Vegetationsperiode vor Baubeginn sollte ein Wurzelvorhang erstellt werden. Dazu wird in Handarbeit in etwa 0,5 m Abstand von der zukünftigen Baugrube der Boden mindestens 0,3 m tiefer als die zukünftige Unterkante der Baugrube ausgehoben, jedoch nicht tiefer als 2,5 m. Der Graben darf höchstens 1,5 m an den Stamm heranreichen. An der dem Baum zugewandten Seite des Grabens werden alle größeren Wurzeln abgeschnitten, der Schnitt mit einem scharfen Messer geglättet. Die Wunden sind mit einem Wundverschlußmittel zu behandeln.

An der Grabenseite zur späteren Baugrube wird eine standfeste Schalung (z. B. aus Pfählen, Maschendraht und Sackleinwand) errichtet. Anschließend wird der Graben mit einem Substrat gefüllt, das dem für belastbare Vegetations-Tragschichten entsprechen muß.

Bis zum Baubeginn und während der Bauzeit ist dieser Wurzelvorhang ständig feucht zu halten und der Baum erforderlichenfalls zu verankern.

K 912 Langfristige Aufgrabungen sind nicht zu umgehen, wenn zur Errichtung von Bauwerken Baugruben ausgehoben werden müssen. Die dafür erforderlichen Leistungen sind in diesem Abschnitt eindeutig beschrieben und werden durch Abb. 5 noch näher erläutert. Ein besonderes Augenmerk ist auf den Boden zu werfen, der zur Verfüllung verwendet wird. Er muß gut durchlüftbar sein und Luft und Wasser auch in tiefere Wurzelbereiche bringen. Geeignet sind dazu insbesondere feinsandreiche Dränschichtbaustoffe, die mit organischer Substanz in geringem Umfang und mit Düngern (Vorsicht!) angereichert worden sind. Organische Substanzen dürfen nicht in tiefere Bodenschichten (tiefer als 50 cm!) eingebracht werden, weil sie dort im Verlauf eines Fäulnisprozesses Faulgase bilden können, die toxisch für die Pflanze wirken. Besondere Vorsicht ist geboten bei der Verwendung von Schwarztorf und Kompost.

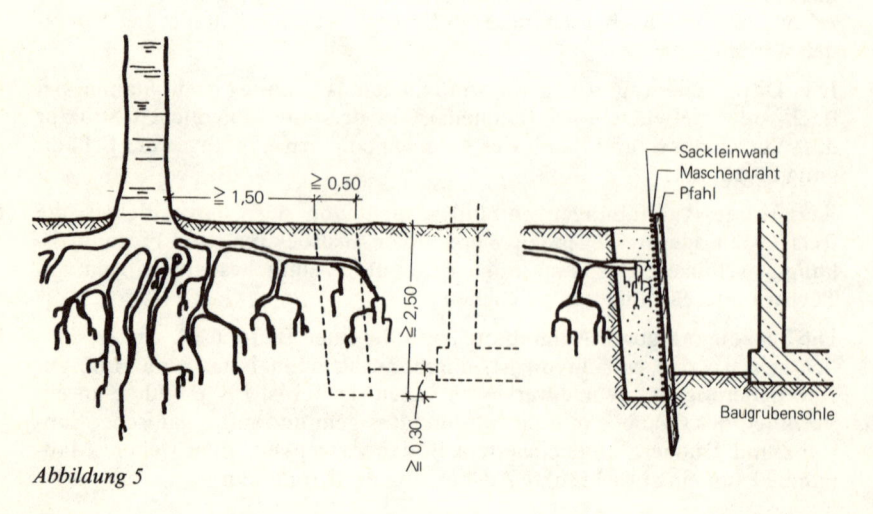

Abbildung 5

2.8 Schutz der Wurzelbereiche bei Leitungsverlegungen

Bei Leitungsverlegungen sollten die Wurzelbereiche möglichst nur unterfahren bzw. durchbohrt werden. Dabei sollten nach Möglichkeit, um ein längeres Offenbleiben (Austrocknung) der Unterfahrungen zu vermeiden, Leerrohre eingeführt und die Hohlräume im Wurzelbereich umgehend verfüllt werden.

Sind Unterfahrung oder Durchbohrung nicht möglich und Aufgrabungen erforderlich, sind die Festlegungen nach den Abschnitten 2.6 und 2.7 einzuhalten.

Die Unterfahrung des Wurzelwerkes stellt in jedem Falle die schonendste Maßnahme bei Leitungsverlegungen dar. Abb. 6 soll die Situation verdeutlichen.

Abbildung 6

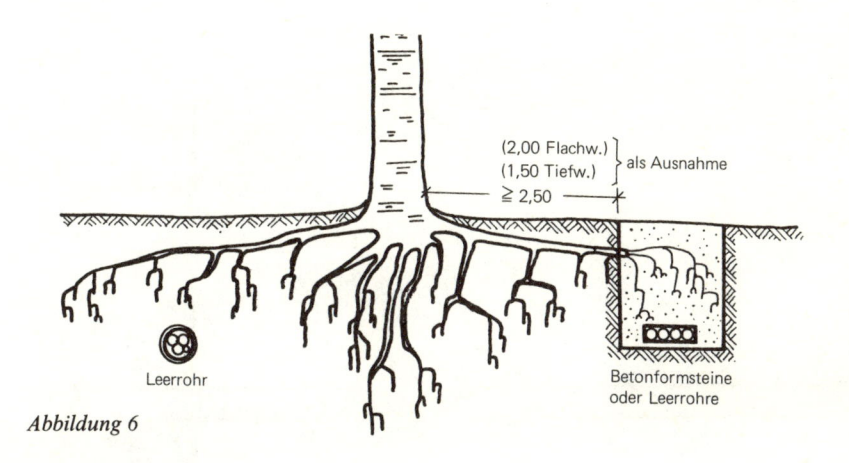

2.9 Schutz der Wurzelbereiche beim Bau von freistehenden Mauern

Müssen in einem Abstand vom Stamm, der geringer als 1,5 m ist, Mauern erstellt werden, so sind statt durchgehender Fundamente nur Punktfundamente zu errichten, die nicht enger als im Abstand von 1,5 m voneinander stehen dürfen. Die Unterkante des Mauerwerkes darf nicht in das ursprüngliche Erdreich hineinragen.

Bei den Grabungsarbeiten sind die Festlegungen zu den Abschnitten 2.6 und 2.7 zu beachten.

Die Problemlösung für eine solche Situation ist in Abb. 7 dargestellt. Durch die Punktfundamente werden die Wurzeln am wenigsten geschädigt. Wenn außerdem die Unterkante des Mauerwerkes, hier in Form eines Stahlbetonbalkens, über dem ursprünglichen Erdreich liegt, kann auch in diesen Überbrückungsbereichen eine Beeinträchtigung des Wurzelwerkes nicht eintreten.

K 914 **DIN 18 920**

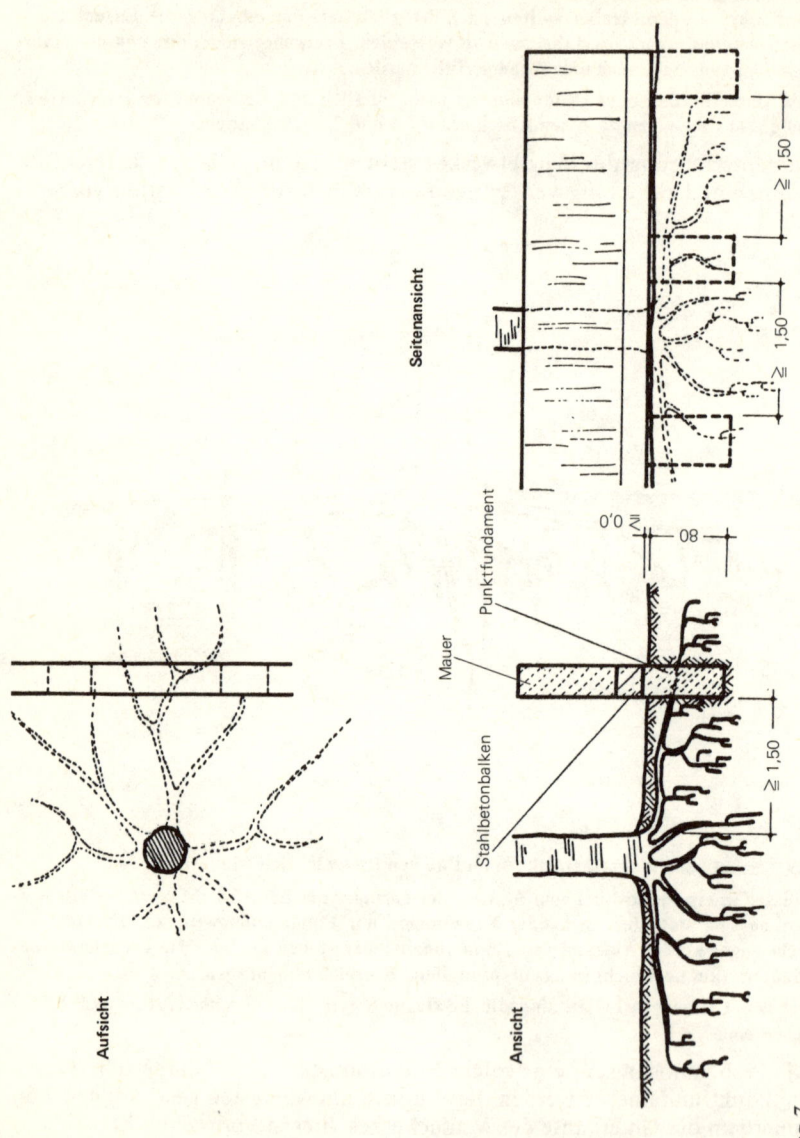

Aufsicht

Seitenansicht

Punktfundament
Mauer
Stahlbetonbalken
Ansicht

≥ 1,50
≥ 1,50
≥ 0,0
80
≥ 1,50

Abbildung 7

410

Schutz von Bäumen bei Grundwasserabsenkungen K 915 – 916

2.10 Schutz der Wurzelbereiche beim Überfahren

Ist ein Befahren der Wurzelbereiche nicht zu umgehen, sind sie mit einer mindestens 20 cm dicken Schicht aus für Dränschichten geeigneten Stoffen abzudecken, auf die eine verschiebfeste Auflage aus Bohlen oder ähnlichem zu legen ist. Nach dem Entfernen der Abdeckung ist der Boden unter Schonung der Wurzeln in Handarbeit flach zu lockern.

Die Situation im Wurzelbereich von Bäumen, die für den Fahrverkehr freigegeben werden müssen, ist in Abb. 2 dargestellt. Die 20 cm dicke Tragschicht aus Dränschichtmaterial und die verschiebfeste Deckschicht aus Bohlen oder ähnlichen Bauteilen wie z. B. Baggermatratzen verteilen die Druck- und Scherkräfte des rollenden Verkehrs auf größere Flächen und bauen sie bis zum Wurzelhorizont weitgehend ab. Bei Schwerstlasten ist u. U. eine Verstärkung der Tragschicht erforderlich. K 915

Durch die Verwendung von Dränschichtmaterial bleibt die Durchlüftung und Durchfeuchtung des Bodens gesichert.

2.11 Schutz von Bäumen bei Grundwasserabsenkungen

Bei baubedingten Grundwasserabsenkungen, die während der Vegetationsperiode länger als 3 Wochen dauern, sind Bäume in wöchentlichen Abständen, je nach natürlichen Niederschlägen, mit mindesten 25 l je m² zu wässern. Außerdem sollten Düngungen und die Ausbringung von Verdunstungsschutzmitteln zur Erhöhung der Widerstandskraft der Pflanzen vorgenommen werden.

Die Absenkung des Grundwassers über einen längeren Zeitraum stellt eine sehr gefährende Maßnahme für einen Baum dar. Viele Bäume insbesondere Tiefwurzler, reagieren darauf relativ schnell durch Absterben von K 916

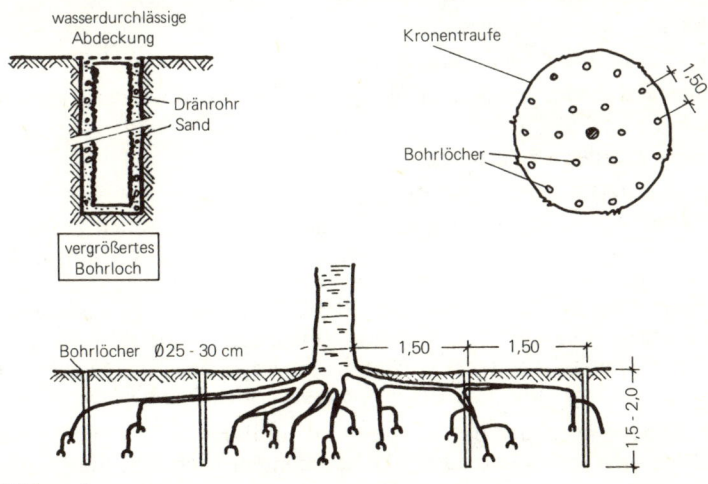

Abbildung 8

Trieb- und Astspitzen. Diese Schäden sind irreversibel. Deshalb sind die hier vorgeschriebenen Maßnahmen sehr sorgfältig durchzuführen. Bei der Bewässerung ist insbesondere dafür zu sorgen, daß die tieferen Wurzelhorizonte, denen ja das Grundwasser und damit die ständige Wasserzufuhr entzogen ist, laufend versorgt werden. Dazu genügt es in der Regel nicht mehr, nur von oben her zu wässern, sondern es ist ratsam, Bewässerungsrohre (in Sand eingemantelte Dränrohre) einzulassen und damit das Wasser in größere Tiefen einzubringen.

K 917 Mit der Wässerung soll gleichzeitig eine Düngung verbunden werden in Form einer Flüssigdüngung insbesondere mit Stickstoff, da feststeht, daß Stickstoff zum Teil Wasser ersetzen kann. Die Schäden lassen sich dadurch in Grenzen halten. Abb. 8 verdeutlicht die Zusammenhänge und die Verfahrensweise.

3. Ausbildung von Wegebelägen im Wurzelbereich

Sollen Bäume in Flächen mit wasserundurchlässigen Belägen wie z. B. Asphalt oder Beton gepflanzt werden oder werden um bereits stehende Bäume wasserundurchlässige Beläge eingebaut, ist bei Tiefwurzlern mindestens die Hälfte des Wurzelbereiches offen zu halten, bzw. mit einem wasser- und luftdurchlässigen Belag zu versehen, bei Flachwurzlern der ganze Wurzelbereich. Bei der Bemessung der offen zu haltenden Fläche ist das Ausmaß des Wurzelbereiches eines vollentwickelten Baumes zugrunde zu legen. Die Festlegungen zu Abschnitt 2.5 sind zu beachten.

K 918 Als wasser- und luftdurchlässige Beläge können angesprochen werden:

1. Natur- und Betonsteinspflaster in Sandbettung
2. Beton-Grassteine und Hochlochklinker
3. Klinkerpflaster in Sandbettung
4. Holzpflaster (ohne Teerölimprägnierung)
5. Natur- und Betonsteinplatten mit geringer Dimensionierung in Sandbettung
6. Wassergebundene Wegebeläge

Unter diesen Belagsstoffen sind Bäume in der Lage, sich noch ausreichend mit Luft und Wasser zu versorgen. Asphalt und Beton stellen einen fast hundertprozentigen Luft- und Wasserabschluß dar. Derart eingemauerte Bäume vergreisen schon in jungen Jahren und sind besonders stark krankheitsanfällig, dies gilt für vorhandene Bäume wie für Neupflanzungen in gleichem Maße. Die von der Industrie entwickelten Spezialplatten zum Schutz des Wurzelhalsbereiches reichen in der Regel von der Flächengröße nicht zur Versorgung eines vollentwickelten gesunden Baumes aus.

K 919 Für die Bemessungen der mit wasser- und luftdurchlässigen Belägen zu versehenden oder freizuhaltenden Flächen können nachfolgende Kronendurchmesser angenommen werden. Die darin enthaltene Spannweite in der

Ausbildung von Wegebelägen im Wurzelbereich K 920

Angabe beruht auf den unterschiedlichen Standort- und Klimabedingungen, unter denen diese Bäume verwendet werden.

Die nachstehende Tabelle gibt einen Überblick über die Größe und den Zuschnitt von freizuhaltenden oder mit wasser- und luftdurchlässigen Belägen auszustattenden Flächen einmal bei freizuhaltender Gesamtfläche (Flachwurzler), zum anderen bei halber freizuhaltender Fläche. Die Flächenzuschnitte sind als Beispiele aufzufassen.

K 920

Baumart	Kronendurchmesser m
Acer campestre	6 – 8
Acer platanoides	20
Acer pseudoplatanus	15 – 20
Aesculus hippocastanum	15 – 20
Alnus glutinosa	8
Betula pendula	8 – 10
Carpinus betulus	15
Corylus colurna	8 – 12
Crataegus x lavallei	5 – 6
Fraxinus excelsior	10 – 15
Fraxinus ornus	6
Ginkgo biloba	6 – 12
Gleditsia triacanthos	12 – 15
Liriodendron tulipifera	10 – 12
Platanus acerifolia	15 – 20
Populus alba nivea	15 – 20
Populus tremula	6 – 10
Pterocarya fraxinifolia	15 – 20
Quercus palustris	12 – 15
Quercus petraea	12 – 18
Quercus robur	11 – 16
Quercus rubra	10 – 18
Robinia pseudoacacia	8 – 16
Robinia pseudoacacia „Bessoniana"	8 – 10
Robinia pseudoacacia „Umbraculifera"	6 – 7
Salix alba	8 – 10
Sorbus aucuparia	6 – 8
Sorbus intermedia	5 – 7
Tilia americana	15 – 20
Tilia x euchlora	6
Tilia tomentosa	10 – 12
Tilia vulgaris „Pallida"	10 – 15
Ulmus x hollandica „Groeneveld"	7

K 920

DIN 18 920

Abb. 9 soll deutlich machen, daß eine Anpassung an verschiedene Situationen durchaus möglich ist, also nicht nur quadratische Flächen freizuhalten sind, sondern in bestimmten Fällen auch Rechteckflächen möglich sein können.

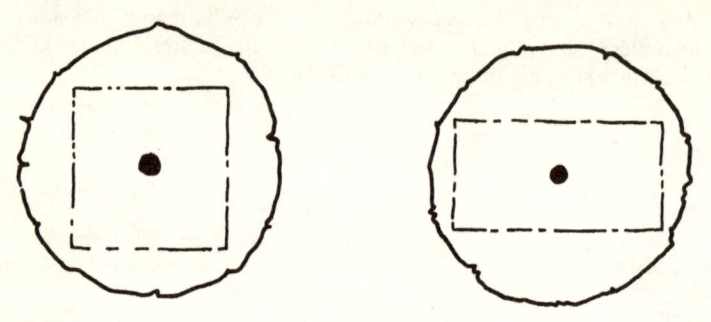

Bei Tiefwurzlern ist 1/2 der Kronenprojektionsfläche von Belägen freizuhalten

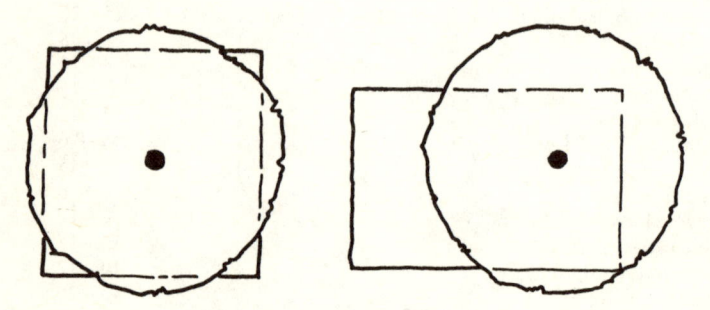

Bei Flachwurzlern ist die gesammte Kronenprojektionsfläche von Belägen freizuhalten

Kronen Ø	Gesamte Fläche			½ Fläche		
	m^2	□	□	m^2	□	□
2	3,0	1,8/ 1,8	1,5/ 2,0	1,5	1,2/ 1,2	1,0/ 1,5
3	7,0	2,6/ 2,6	2,4/ 3,0	3,5	1,8/ 1,8	1,8/ 2,0
4	13,0	3,6/ 3,6	3,2/ 4,0	6,5	2,5/ 2,5	2,1/ 3,0
5	20,0	4,5/ 4,5	4,0/ 5,0	10,0	3,2/ 3,2	2,5/ 4,0
6	28,0	5,3/ 5,3	4,6/ 6,0	14,0	3,7/ 3,7	2,8/ 5,0
7	39,0	6,2/ 6,2	5,6/ 7,0	19,5	4,4/ 4,4	3,2/ 6,0
8	50,0	7,0/ 7,0	6,2/ 8,0	25,0	5,0/ 5,0	3,6/ 7,0
9	64,0	8,0/ 8,0	7,2/ 9,0	32,0	5,6/ 5,6	4,0/ 8,0
10	79,0	8,9/ 8,9	7,9/10,0	39,5	6,3/ 6,3	4,4/ 9,0
12	114,0	10,7/10,7	9,5/12,0	57,0	7,5/ 7,5	5,7/ 5,7
14	154,0	12,4/12,4	11,0/14,0	77,0	8,8/ 8,8	6,4/12,0
16	200,0	14,2/14,2	12,5/16,0	100,0	10,0/10,0	7,2/14,0

Erläuterungen K 920

Erläuterungen

Der FNBau-Arbeitsausschuß „Landschaftsbau" betrachtet aus dem heutigen Umweltverständnis heraus den Schutz von Bäumen, Pflanzenbeständen und Vegetationsflächen bei Baumaßnahmen als einen wichtigen Beitrag zur Gesunderhaltung der Landschaft, insbesondere der Stadtlandschaft. Er sah im Abschnitt 2 des Entwurfes zu DIN 18 915 Blatt 3, Ausgabe August 1971 — Landschaftsbau; Bodenarbeiten, Bodenbearbeitungs-Verfahren — entsprechende Festlegungen vor. Zu diesem Abschnitt ging eine große Anzahl von Verbesserungsvorschlägen ein. Der Arbeitsausschuß kam bei deren Beratung verstärkt zu der Auffassung, daß diesem Bereich eine ganz besondere Bedeutung zukommt. Diese Auffassung wurde durch entsprechende Arbeiten der „Forschungsgesellschaft für das Straßenwesen e. V." bekräftigt, die für diesen Bereich eine eigene Richtlinie herausgeben wird.

Aus diesen Gründen wurde die Herausstellung dieser Schutzvorschriften in einer eigenen Norm beschlossen. Die Beschränkung dieser Norm auf die Schutzmaßnahmen bzw. die Abtrennung dieser Schutzmaßnahmen von den anderen Bodenarbeiten des Landschaftsbaues ermöglicht eine einfachere Anwendung dieser Norm als Vertragsgrundlage bei Baumaßnahmen aller Gewerke. Die in dieser Norm getroffenen Festlegungen bzw. Forderungen sind an alle gerichtet, die Baumaßnahmen ausführen. Dies gilt in erster Linie für Erdarbeiten, aber auch für den Fahrverkehr auf Baustellen, Baustofflagerungen, das Beheizen von Baustellenunterkünften, das Verbrennen von Baurückständen und Verpackungsstoffen, sowie letztlich, aber besonders wichtig, für die Art der Ausbildung von Wege- und Straßenbelägen im Wurzelbereich von Bäumen.

Unter Berücksichtigung des z. Z. noch gefählichen Ausmaßes von Bausünden gegen Bäume, Pflanzenbestände und Vegetationsflächen fordert der FNBau Arbeitsausschuß „Landschaftsbau" im Interesse eines aktiven Umweltschutzes zu einer konsequenten Beachtung der Festlegungen dieser Norm auf.

Die im Jahre 1973 aufgestellte Norm brachte Festlegungen, die dem Fachmann des Landschaftsbaues heute in der Regel schon voll geläufig sind. K 921

Wenn sie den Bauleuten aus anderen Gewerken auch heute noch nicht ausreichend bekannt ist, besteht doch die berechtigte Hoffnung, daß sich mit zunehmendem Umweltbewußtsein auch diese Norm nicht nur in diesen Kreisen, sondern in der breiten Öffentlichkeit durchsetzen wird.

Prüfungen

K 922 Aus den in diesem Kommentarteil behandelten Normen ist nicht immer ablesbar, ob und in welchem Umfang die dort genannten Festlegungen im Rahmen von Voruntersuchungen erkundet oder untersucht, durch Eignungsprüfungen nachgewiesen oder im Rahmen von Kontrollprüfungen überprüft werden müssen. Die Erfahrungen der vergangenen Jahre haben sehr deutlich gemacht, daß fast alle Baufehler nur dadurch entstanden, daß überhaupt keine oder nur oberflächliche Voruntersuchungen durchgeführt, daß ungeeignete Baustoffe verwendet und daß Kontrollen der ausgeführten Leistungen gar nicht oder nur unzureichend vorgenommen wurden.

Das Kapitel „Prüfungen" will deshalb einen Beitrag zu den Fragen leisten,

1. welche Arten von Prüfungen es überhaupt gibt,
2. wer für diese Prüfungen verantwortlich ist und sie demnach auch bezahlt,
3. welche Festlegungen der Normen zwingend einer Voruntersuchung, Eignungs- und Kontrollprüfung unterliegen sollten,
4. welche Festlegungen der Normen nur bei Bedarf einer Voruntersuchung, Eignungs- und Kontrollprüfung unterliegen sollten.

Die Begriffsbestimmungen für diese Untersuchungen und Prüfungen stützen sich weitgehend auf Festlegungen anderer Gewerke und entsprechen dem allgemeinen Gebrauch. Sie sind außerdem von einer interdisziplinären Arbeitsgruppe der „Forschungsgesellschaft Landschaftsentwicklung-Landschaftsbau (FLL)" eingehend behandelt und auf den Bereich des Landschafts- und Sportplatzbaues abgestimmt worden.

Diese Arbeitsgruppe hat auch die Auflistung der einzelnen Prüfungen eingehend beraten und als zutreffenden Rahmen bezeichnet. Sie vertrat dabei die Auffassung, daß visuelle Prüfungen und Kontrollen sowie repräsentative Dimensionsüberprüfungen in vielen Fällen ausreichen, gravierende Fehler beim Bau zu verhindern. Sie setzte dabei eine sichere Fachkunde der Beteiligten voraus. Der qualifizierte Fachmann muß allerdings auch erkennen, wann im jeweiligen Einzelfall die visuelle Prüfung und Kontrolle nicht mehr ausreicht und weitergehende Untersuchungen, Prüfungen und Kontrollen erforderlich werden.

Da konkrete Angaben in allen hier behandelten Normen fehlen, kann die nachstehende Auflistung nur den Rahmen darstellen, den Fachleute ausfüllen sollten, wenn sie sich nicht dem Vorwurf fahrlässigen Handelns ausgesetzt sehen wollen. Dabei sollten Vorbemerkungen jeweils beachtet werden. Insbesondere gilt dies für alle Hinweise darauf, daß Festlegungen im Leistungsverzeichnis erforderlich sind.

Begriffe K 923–924

I. DEFINITIONEN UND ERLÄUTERUNGEN K 923

1. Begriffe

Die Prüfungen werden unterschieden nach:
- Voruntersuchungen
- Eignungsprüfungen
- Eigenüberwachungsprüfungen
- Kontrollprüfungen
- Zusätzliche Kontrollprüfungen
- Schiedsuntersuchungen

Die Prüfungen umfassen, soweit erforderlich:
- die Probenahme;
- das versandfertige Verpacken der Probe;
- den Transport der Probe von der Entnahmestelle zur Prüfstelle;
- die Durchführung der Prüfung (an Proben in der Prüfstelle, bei Baustellenprüfungen auf der Baustelle);
- den Prüfbericht.

2. Begriffsbestimmungen und deren Erläuterungen K 924

2.1 Voruntersuchungen

Voruntersuchungen sind Untersuchungen des Auftraggebers im Rahmen seiner Planung.

Die Ergebnisse der Voruntersuchungen sollen Aufschluß über die optimale Problemlösung hinsichtlich der Konstruktion und der Wirtschaftlichkeit der zu wählenden Bauweisen und der Bauabwicklung geben. Sie bilden die Voraussetzung für vollständige, auf die örtlichen Verhältnisse abgestimmte Leistungsbeschreibungen und somit für einen geregelten Wettbewerb.

Die Kosten der Voruntersuchungen trägt der Auftraggeber.

Erläuterung:

Voruntersuchungen sind zwingender Bestandteil der Planungsphase. Da sie somit eindeutig vor der Ausführungsphase liegen, sind sie keine Nebenleistung bei der Ausführung.

Auftraggeber, die ganz oder teilweise auf die Voruntersuchungen verzichten, handeln fahrlässig gegen ihre eigenen Interessen.

Alle Nachteile aus dem Verzicht auf Voruntersuchungen wie z. B. Kostenmehrungen durch nachträglich aus den örtlichen Verhältnissen heraus notwendig werdenden Änderungen der Bauweisen oder der Baustoffe, nachträglich aus ungünstigen Untergrundverhältnissen bewirkte Schäden, Verlängerung der Ausführungsfristen u. ä. gehen dann voll zu Lasten des Auftraggebers.

Andererseits ist jeder Auftragnehmer infolge der bei ihm vorausgesetzten besonderen Fachkenntnisse zur Überprüfung der Ergebnisse der Voruntersuchungen mit der vorgesehenen Art der Ausführung verpflichtet.

K 925 Prüfungen

Er muß bei festgestellten Abweichungen von den anerkannten Regeln der Technik Bedenken anmelden.

Zur Erfüllung dieser ihm in der VOB auferlegten vertraglichen Nebenpflicht ist er aber nur bei Vorliegen von lückenlosen Ergebnissen der Voruntersuchungen in der Lage.

K 925   **2.2   Eignungsprüfungen**

Eignungsprüfungen sind Prüfungen des Auftragnehmers zum Nachweis der Eignung der verwendeten Baustoffe, Baustoffgemische und Bauteile nach dem Maßstab des Vertrages und der Anforderungen der jeweiligen DIN-Norm. Dabei sind evtl. Besonderheiten des Einbauverfahrens zu berücksichtigen.

Der Nachweis ist auf Verlangen durch Vorlage eines Prüfzeugnisses eines vom Hersteller unabhängigen Dritten zu erbringen. Bei Produkten, die einer laufenden Überwachung nach DIN 18 200 unterliegen, gelten als Nachweis die Prüfzeugnisse nach DIN 18 200. Bei Produkten, die einer Überwachung nach einer anderen DIN-Norm unterliegen, dürfen die Prüfzeugnisse nicht älter als die hierfür jeweils vorgesehene Zeitspanne sein.

Ändern sich Art und Eigenschaften der Baustoffe, Baustoffgemische und Bauteile und/oder deren Einbauverfahren, ist die Eignung erneut nachzuweisen.

Die Kosten für die Eignungsprüfungen werden in der Regel nicht gesondert vergütet. Art und Umfang der geforderten Nachweise sind im Leistungsverzeichnis festzulegen.

Die Kosten für Eignungsprüfungen für Baustoffe, Baustoffgemische und Bauteile, die der Bauherr bestellt oder vorschreibt, trägt der Auftraggeber.

Erläuterung:
Liefert der Auftragnehmer die Baustoffe und Bauteile unter eigener Verantwortung, d. h. wenn ihm die Auswahl überlassen bleibt, was nach VOB/A + B die Regel ist, hat er den Nachweis zu erbringen, daß diese Stoffe den vertraglichen Bedingungen und den Regeln der Technik entsprechen.

Unberührt hiervon bleibt die Verpflichtung des Auftragnehmers zur Überprüfung der vorgesehenen Art der Ausführung (einschl. der dazu zu liefernden Stoffe und Bauteile), die ihm nach VOB/B ohnehin obliegt.

Liefert dagegen der Auftraggeber die Baustoffe oder Bauteile oder schreibt er dem Auftragnehmer die Verwendung bestimmter Stoffe oder Bauteile nach Art und Herkunft zwingend vor, hat er die Eignungsprüfungen selbst zu veranlassen und trägt die Verantwortung für die Eignung der Stoffe nach dem Vertrag und für deren Eignung für den vorgesehenen Verwendungszweck.

Durch Verwendung von Baustoffen, Baustoffgemischen oder Bauteilen, die einer Güteüberwachung nach DIN 18 200, einer anderen DIN-Norm oder einer gleichwertigen Vereinbarung unterliegen, verringern sich die Kosten für Eignungsprüfungen erheblich.

2.3 Eigenüberwachungsprüfungen

Eigenüberwachungsprüfungen sind die laufenden Prüfungen des Auftragnehmers um festzustellen, ob die Beschaffenheit der Baustoffe, der Baustoffgemische, der Bauteile und der fertigen Leistung den vertraglichen Anforderungen entspricht. Der Auftragnehmer hat die Eigenüberwachungsprüfungen während der Ausführung mit der erforderlichen Sorgfalt und in erforderlichem Umfang durchzuführen.

Die Kosten der Eigenüberwachungsprüfungen werden nicht gesondert vergütet.

Erläuterung:
Die Eigenüberwachungsprüfungen fallen in den Bereich der Eigenverantwortung des Auftragnehmers bei der Ausführung seiner Leistungen (VOB/B § 4 Nr. 2, 1: „Der Auftragnehmer hat die Leistung unter eigener Verantwortung nach dem Vertrag auszuführen. Dabei hat er die anerkannten Regeln der Technik ... zu beachten ...").
Es ist daher nicht möglich und auch nicht erforderlich, die Art und den Umfang der für die Einzelleistungen notwendigen Eigenüberwachungsprüfungen festzulegen.

2.4 Kontrollprüfungen

Kontrollprüfungen sind Prüfungen des Auftraggebers zur Feststellung der vertraglichen Beschaffenheit der Baustoffe, Baustoffgemische, Bauteile und der fertigen Leistungen.

Die zu einer Kontrollprüfung vom Auftraggeber vorgesehenen Baustoffe, Baustoffgemische, Bauteile und Leistungen sind vor Beginn der Ausführung dem Auftragnehmer mitzuteilen. Der Auftragnehmer ist verpflichtet, den Zeitpunkt der Lieferung oder Fertigstellung der Leistung und den sich daraus ergebenden möglichen Termin zur Kontrollprüfung dem Auftraggeber rechtzeitig anzumelden.

Der Auftraggeber ist gehalten, die Kontrollprüfung nach deren Anforderung in angemessener Frist auszuführen oder den Verzicht auf diese dem Auftragnehmer mitzuteilen.

Die Probenahmen sowie die Prüfungen, die auf der Baustelle erfolgen, führt der Auftraggeber oder eine neutrale Prüfstelle, die der Auftraggeber bestimmt, in Anwesenheit des Auftragnehmers nach entsprechender Terminvereinbarung durch. Sie findet auch in Abwesenheit des Auftragnehmers statt, wenn dieser den angegebenen Termin nicht wahrnimmt.

Sollen Probenahmen und die versandfertige Verpackung von Proben hilfsweise vom Auftragnehmer durchgeführt werden, so sind diese Leistungen gesondert zu vergüten. Den Versand von Proben hat in der Regel der Auftraggeber auszuführen.

Kontrollprüfungen ersetzen die Eigenüberwachungsprüfungen des Auftragnehmers nicht.

Die Kosten der Kontrollprüfungen trägt der Auftraggeber. Werden jedoch aus Gründen, die der Auftragnehmer zu vertreten hat, Wiederholungen von Kontrollprüfungen erforderlich, trägt hierfür der Auftragnehmer die Kosten.

Kontrollprüfungen können in bestimmten Fällen durch Eigenüberwachungsprüfungen ersetzt werden, wenn dem Auftraggeber nach gegenseitiger Absprache Gelegenheit gegeben wird, an diesen Prüfungen teilzunehmen.

Erläuterung:
Die Durchführung der Kontrollprüfungen obliegt dem Auftraggeber. Sie sind keine Nebenleistung des Auftragnehmers im Sinne des Abschnittes 4.1.1, sie sind „besondere Prüfungen" nach Abschnitt 4.3.7 der DIN 18 320.
Von dieser Festlegung unberührt bleibt jedoch das Recht des Auftraggebers, auch diese Kontrollprüfungen dem Auftragnehmer durch besondere Ansätze im Leistungsverzeichnis zu übertragen.
Dies muß jedoch in geeigneter deutlicher Form erfolgen, um eine zweifelsfreie Preisermittlung zu ermöglichen.
Es müssen also nicht nur die Art der vorzunehmenden Kontrollprüfungen genannt werden, sondern auch deren Anzahl, sowie gegebenenfalls auch deren Zeitpunkt.
Hat sich der Auftraggeber von der Vollständigkeit und Korrektheit der Eigenüberwachungsprüfungen des Auftragnehmers überzeugt und dabei das Nichtvorliegen von Mängeln festgestellt, kann er diese Prüfungen als Ersatz für Kontrollprüfungen betrachten. Dem Auftragnehmer erwächst jedoch daraus kein Vergütungsanspruch.
Will der Auftragnehmer z. B. aus Gründen der Beschleunigung oder Nichtunterbrechung des Bauablaufes seine Eigenüberwachungsprüfungen an die Stelle von Kontrollprüfungen treten lassen, muß er hierzu das Einverständnis des Auftraggebers einholen.
Die Kontrollprüfungen sollen in der Regel bis zur Abnahme erfolgt sein, sofern deren Durchführung und/oder Auswertung nicht einen längeren Zeitraum in Anspruch nimmt. In solchen Fällen rechnen die Ergebnisse dieser Kontrollprüfungen noch zu den Abnahmefeststellungen.

K 928 2.5 Zusätzliche Kontrollprüfungen

Wenn der Auftragnehmer annimmt, daß das Ergebnis einer Kontrollprüfung nicht kennzeichnend für die ganze zugeordnete Leistung ist, ist er berechtigt, die Durchführung zusätzlicher Kontrollprüfungen zu verlangen. Die Orte der Prüfungen und/oder Probenahmen bestimmen Auftraggeber und Auftragnehmer gemeinsam. Das Recht des Auftraggebers, nach seinem Ermessen weitere Kontrollprüfungen durchzuführen, bleibt unberührt.

Die Ergebnisse der zusätzlichen Kontrollprüfungen treten für die ihnen zugeordneten Leistungsteile anstelle der betreffenden Kontrollprüfungen.

Die Kosten für die vom Auftragnehmer beantragten zusätzlichen Kontrollprüfungen trägt der Auftragnehmer. Das Prüfinstitut bestimmen Auftragnehmer und Auftraggeber gemeinsam.

Schiedsuntersuchungen K 929

Erläuterung:
Schon aus dem Verlangen nach diesen Prüfungen durch den Auftragnehmer geht hervor, daß dieser auch für die Kosten einzutreten hat.
Zusätzliche Kontrollprüfungen können im Streitfalle geeignet sein, Schiedsfallprüfungen oder weitergehende Gutachten, Beweissicherungsverfahren usw. zu vermeiden.
Ein Vorteil der zusätzlichen Kontrollprüfungen liegt auch in der Kostenbegrenzung für den Auftragnehmer, d. h. er muß nur die bezahlen, die er wünscht. Bei einer Schiedsfallprüfung muß er dagegen im Falle seines Unterliegens deren Gesamtkosten übernehmen.

2.6 Schiedsuntersuchungen K 929

Eine Schiedsuntersuchung ist die Wiederholung einer Kontrollprüfung, an deren sachgerechter Durchführung begründete Zweifel des Auftraggebers oder des Auftragnehmers bestehen.

Sie ist auf Antrag eines Vertragspartners durch eine unabhängige Prüfstelle, die die Zustimmung beider Vertragspartner findet und die nicht die Kontrollprüfungen durchgeführt hat, vorzunehmen.

Ihr Ergebnis tritt an die Stelle des ursprünglichen Prüfungsergebnisses. Die Kosten der Schiedsuntersuchung zuzüglich aller Nebenkosten trägt derjenige, zu dessen Ungunsten das Ergebnis ausfällt.

Erläuterung:
Die Schiedsuntersuchungen sind keine Nebenleistungen nach DIN 18 320 Abschnitt 4.1.1, aber auch keine Leistungen nach deren Abschnitt 4.3.7.
Sie sind vertragsrechtlich in den Bereich der VOB/B § 18 „Streitigkeiten" einzuordnen und zwar sinngemäß in dessen Nr. 3.
Dort wird zwar die Vornahme der Untersuchungen bei Streitfällen durch eine staatliche oder staatlich anerkannte Materialprüfstelle vorgeschrieben. Da jedoch für den Bereich des Landschafts- und Sportplatzbaues noch keine staatlichen Regelungen für die Anerkennung von Prüfstellen aufgestellt wurden, und somit dieser Bereich auch nicht staatlich oder staatlich anerkannten Prüfstellen vorbehalten sein kann, können hier auch andere unabhängige, entsprechend qualifizierte Prüfstellen eingesetzt werden.
Dieses gilt auch für alle anderen Arten von Prüfungen.

K 930 **PRÜFUNGEN für den Bereich**

DIN 18 915　Landschaftsbau; Bodenarbeiten für vegetationstechnische Zwecke

Blatt 1　Bewertung von Böden und Einordnung der Böden in Bodengruppen

Blatt 2　Boden, Bodenverbesserungsstoffe, Dünger; Anforderungen

Blatt 3　Bodenbearbeitungsverfahren

K 931 **DIN 18 915 Landschaftsbau Blatt 1**

Bewertung von Böden und Einordnung der Böden in Bodengruppen

Erklärung von Kurzzeichen und Abkürzungen in den nachfolgenden Tabellen:

Unterbd. = Unterboden
unbel. = unbelastet
belastb. = belastbar
F = Felduntersuchung
L = Laboruntersuchung
PZ = Prüfzeugnis
Z = Zertifikat

Prüfungen DIN 18 915 — DIN 18 917 K 932

VORUNTERSUCHUNGEN für den Bereich DIN 18 915 Blatt 1
A ZWINGEND erforderliche Prüfungen

Nr.	Zweck	Art der Prüfung		Mindestanzahl[1]		
				Unterbd. Baugrund	Oberboden	
					unbel.	belastb.
1.1	Korngrößenverteilung und Einteilung in Bodengruppen	Feldansprache	F	x		x
		Naßsiebung oder vereinigte Siebung und Sedimentation	L			x
1.2	Bearbeitbarkeit in feuchtem Zustand	Feldversuch	F	x	x	x
1.3	Grundwasserstand	Erkundung	F	x		
1.4	Gehalt an organischer Substanz	Feldansprache	F			x
1.5	Schichtdicken	Messung	F		x	x
1.6	Bodenreaktion	Feldansprache	F		x	x
1.7	Wasserdurchlässigkeit	Bestimmung des Wasserschluckwertes	L			x

[1]) DIN 18 915 Blatt 1 schreibt keine Mindestanzahl für die durchzuführenden Prüfungen vor. Die Prüfungen sind deshalb in Abhängigkeit von der Unterschiedlichkeit des anstehenden Bodens in repräsentativer Anzahl auszuführen

K 933   **Prüfungen**

B   Bei BEDARF durchzuführende Prüfungen

Nr.	Zweck	Art der Prüfung		Mindestanzahl[1])		
				Unterbd. Baugrund	Oberboden	
					unbel.	belastb.
1.8	Korngrößenverteilung und Einteilung in Bodengruppen	Naßsiebung oder vereinigte Siebung und Sedimentation	L	x	x	x
1.9	Bearbeitbarkeit in feuchtem Zustand	Bestimmung der Konsistenzgrenze, Wassergehalt u. Korndichte	L	x	x	x
1.10	Grundwasserstand	Messung in Schürfe oder Bohrung	F	x		
1.11	Gehalt an organischer Substanz	Nasse Verbrennung oder Glühverlust	L			x
1.12	Bodenreaktion	Messung in $CaCl_2$ Aufschwemmung	L	x	x	x
1.13	Nährstoffgehalt	div. Methoden	L		x	x
1.14	Pflanzenschädl. Stoffe (Stoffe im Boden)	div. Methoden (nur bei Verdacht)	L	x	x	x
1.15	Wichte des feuchten Bodens (i. d. R. nur bei Dachgärten)	Wägung an ungest. Probe bei Wassersättigung	L		x	x

[1]) DIN 18 915 Blatt 1 schreibt keine Mindestanzahl für die durchzuführenden Prüfungen vor. Die Prüfungen sind deshalb in Abhängigkeit von der Unterschiedlichkeit des anstehenden Bodens in repräsentativer Anzahl auszuführen

DIN 18 915 Landschaftsbau Blatt 2   K 934

DIN 18 915 Landschaftsbau Blatt 2   K 934
Boden, Bodenverbesserungsstoffe, Dünger; Anforderungen

In diesen Tabellen sind die in dieser Norm und den angezogenen Normen genannten Prüfungen genannt. Die Notwendigkeit ihrer Durchführung richtet sich nach den Erfordernissen der jeweiligen Baustelle. Die vom Auftragnehmer zu erbringenden Prüfungen bzw. Prüfzeugnisse sind in den Ausschreibungsunterlagen deutlich zu bezeichnen.

Eignungs- und Kontrollprüfungen sind nur an Stoffen durchzuführen, die der Auftragnehmer zu liefern hat. An Stoffen, die auf der Baustelle vorhanden sind, hat der Auftraggeber zuvor entsprechende Voruntersuchungen auszuführen (Siehe Blatt 1).

EIGNUNGSPRÜFUNGEN für den Bereich DIN 18 915 Blatt 2
B Nur bei Bedarf auszuführende Prüfungen

Nr.	Zweck	Art der Prüfung		zu untersuchende Stoffe
2.20	Korngrößenverteilung, Einordnung in Bodengruppen	Naßsiebung oder vereinigte Siebung und Sedimentation	L	angelieferter Oberboden angelieferter Unterboden Müllkompost offenporige Kunststoffe geschlossenporige Kunststoffe nicht porige Sande, Kiese und Splitte porige Sande, Kiese (Bims, Lava) Ton, Lehm
2.21	Schädliche Beimengungen (Öle, Fette, Glas, Schlacken usw.)	Siebung	L	angelieferter Oberboden angelieferter Unterboden Klärschlamm Müllkompost
2.22	Dauerunkräuter oder Teile davon	Keimversuch	L	angelieferter Oberboden angelieferter Unterboden Erdkompost Torf- und sonstige Komposte

Eignungsprüfungen DIN 18 915 Blatt 2   noch K 935

2.23	Bodenreaktion	Bestimmung in CaCl₂ Aufschwemmung	L	angelieferter Oberboden angelieferter Unterboden Torf Erdkompost Torf- und sostige Komposte Klärschlamm Müllkompost geschlossenporige Kunststoffe nicht porige Sande, Kiese und Splitte porige Sande oder Kiese (Bims, Lava) Ton, Lehm
2.24	Gehalt an organischer Substanz	Nasse Verbrennung oder Glühverlust	L	angelieferter Oberboden Torf Erdkompost Torf- und sonstige Komposte Klärschlamm Müllkompost Dünger
2.25	Wasserspeicherfähigkeit	Wasserkapazitätsmessung	L	angelieferter Oberboden angelieferter Unterboden Torf Erdkompost Torf- und sonstige Komposte Klärschlamm Müllkompost offenporige Kunststoffe porige Sande oder Kiese (Bims, Lava)

Nr.	Zweck	Art der Prüfung		zu untersuchende Stoffe
2.26	Wasserdurchlässigkeit ¹) ²)	Bestimmung des K*mod.-Wertes	L	angelieferter Oberboden angelieferter Unterboden nicht porige Sande, Kiese oder Splitte porige Sande oder Kiese (Bims, Lava)
2.27	Porenvolumen ¹) ²)	Messung	L	nicht porige Sande, Kiese oder Splitte porige Sande oder Kiese (Bims, Lava)
2.28	Wichte des feuchten Bodens	Wägung der ungestörten Proben oder von gestörten Proben nach k*mod.-Verdichtung, jeweils nach Wassersättigung	L	angelieferter Oberboden angelieferter Unterboden Torf Erdkompost Torf- und sonstige Komposte Klärschlamm Müllkompost offenporige Kunststoffe geschlossenporige Kunststoffe nicht porige Sande, Kiese oder Splitte porige Sande oder Kiese (Bims, Lava) Ton, Lehm, Dünger

Eignungsprüfungen DIN 18 915 Blatt 2   **noch K 935**

2.29	Geruch	Riechtest	F	Klärschlamm Müllkompost
2.30	Trockendichte	Dichtebestimmung	PZ	Torf
2.31	Porenvolumen	Bestimmung mit Pyknometer/ Tauchwägung	PZ	Torf offenporige Kunststoffe
2.32	Luftkapazität	Berechnung	PZ	Torf
2.33	Gebrauchsvolumen	Berechnung	PZ	Torf
2.34	Zersetzungsgrad	Ermittlung des r-Wertes	PZ	Torf
2.35	Salzgehalt	Bestimmung der el. Leitfähigkeit.	PZ	Torf
2.36	Entnahmemenge	Messung mit Meßkiste	F	
2.37	Pflanzenverträglichkeit	Kressetest, Poa pratensis-Test	PZ	angelieferter Oberboden angelieferter Unterboden Erdkompost Torf- und sonstige Komposte offenporige Kunststoffe geschlossenporige Kunststoffe Kleber
2.38	Frostbeständigkeit	Frost-Tauwechsel-Versuch	PZ	nicht porige Sande, Kiese und Splitte porige Sande oder Kiese (Bims, Lava)

[1]) Bei Verwendung der Stoffe für belastbare Vegetationsschichten, Pflanztröge u. a.
[2]) Bei Verwendung der Stoffe bei Dachbegrünungen oder vergleichbaren Flächen

EIGNUNGSPRÜFUNGEN für den Bereich DIN 18 915 Blatt 2

A ZWINGEND erforderliche Prüfungen

Nr.	Zweck	Art der Prüfung		zu untersuchende Stoffe
2.1	Korngrößenverteilung Einordnung in Bodengruppen	Feldansprache	F	angelieferter Oberboden angelieferter Unterboden Müllkompost offenporige Kunststoffe geschlossenporige Kunststoffe nicht porige Sande, Kiese und Splitte porige Sande oder Kiese (Bims, Lava) Ton, Lehm
2.2	Schädliche Beimengungen (Öle, Fette, Glas, Schlacken usw.)	Visuelle Kontrolle	F	angelieferter Oberboden angelieferter Unterboden Klärschlamm Müllkompost
2.3	Dauerunkräuter oder Teile davon	Visuelle Kontrolle	F	angelieferter Oberboden angelieferter Unterboden Erdkompost Torf- und sonstige Komposte
2.4	Bodenreaktion	Feldansprache	F	angelieferter Oberboden angelieferter Unterboden Torf Erdkompost Torf- und sonstige Komposte Klärschlamm Müllkompost Dünger

Eignungsprüfungen DIN 18 915 Blatt 2   **noch K 936**

2.5	Gebrauchsvolumen	Visuelle Kontrolle	F	Torf
2.6	Salzgehalt	Bestimmung der el. Leitfähigkeit	PZ	Klärschlamm Müllkompost
2.7	Geruch	Riechtest	F	Dünger
2.8	Hygienische Eigenschaften		PZ	Klärschlamm Müllkompost
2.9	Pflanzenverträglichkeit	Kressetest Poa pratensis-Test	PZ	Klärschlamm Müllkompost
2.10	Reinheit Keimfähigkeit Fremdartenbesatz Sortenidentität	Zertifikat nach Saatgutverkehrsgesetz	Z	Saatgut für Voranbau und Zwischenbegrünung

KONTROLLPRÜFUNGEN für den Bereich DIN 18 915 Blatt 2

A ZWINGEND erforderliche Prüfungen

Nr.	Zweck	Art der Prüfung		zu untersuchende Stoffe
4.1	Korngrößenverteilung Einordnung in Bodengruppen	Feldansprache	F	angelieferter Oberboden angelieferter Unterboden Müllkompost offenporige Kunststoffe geschlossenporige Kunststoffe nicht porige Sande, Kiese oder Splitte porige Sande und Kiese (Bims, Lava) Ton, Lehm
4.2	Schädliche Beimengungen (Öle, Fette, Glas, Schlacken)	Visuelle Kontrolle	F	angelieferter Oberboden angelieferter Unterboden Klärschlamm Müllkompost
4.3	Dauerunkräuter oder Teile davon	Visuelle Kontrolle	F	angelieferter Oberboden angelieferter Unterboden Erdkompost Torf- und sonstige Komposte
4.4	Gehalt an organischer Substanz	Feldansprache	F	angelieferter Oberboden Torf Erdkompost Torf- und sonstige Komposte Klärschlamm Müllkompost
4.5	Zersetzungsgrad	Visuelle Kontrolle	F	Torf
4.6	Inhalt	Visuelle Kontrolle von Verpakkung, Verschluß, Kennzeichnung	F	Torf offenporige Kunststoffe geschlossenporige Kunststoffe Kleber Saatgut für Voranbau und Zwischenbegrünung Dünger

Kontrollprüfungen DIN 18 915 Blatt 2   K 938

B Nur bei BEDARF auszuführende Prüfungen

Nr.	Zweck	Art der Prüfung		zu untersuchende Stoffe
4.20	Korngrößenverteilung Einordnung in Bodengruppen	Naßsiebung oder vereinigte Siebung und Sedimentation	L	angelieferter Oberboden angelieferter Unterboden Müllkompost offenporige Kunststoffe nicht porige Sande, Kiese und Splitte porige Sande oder Kiese (Bims, Lava) Ton, Lehm
4.21	Schädliche Beimengungen (Öle, Fette, Glas, Schlacken)	Siebung	F L	angelieferter Oberboden angelieferter Unterboden Klärschlamm Müllkompost
4.22	Dauerunkräuter oder Teile davon	Keimversuch	L	angelieferter Oberboden angelieferter Unterboden Erdkompost Müllkompost
4.23	Gehalt an organischer Substanz	Nasse Verbrennung/Glühverlust	L	angelieferter Oberboden Torf Erdkompost Torf- und sonstige Komposte Klärschlamm Müllkompost
4.24	Geruch	Riechtest	F	Klärschlamm Müllkompost
4.25	Zersetzungsgrad	r-Wert-Bestimmung	L	Torf
4.26	Entnahmemenge	Messung mit Meßkiste	F	Torf

433

K 939 DIN 18 915 Landschaftsbau Blatt 3

Bodenbearbeitungsverfahren

DIN 18 915 Blatt 3 nennt keine Mindestzahl für den Umfang der vorzunehmenden Voruntersuchungen und die erforderlichen Kontrollprüfungen. Diese sind jedoch in ausreichender Anzahl auszuführen. Die Anzahl ist abhängig von den zu bearbeitenden Flächen bzw. Mengen sowie abhängig von der vorgesehenen Nutzung.

Die Prüfungen, die für die Feststellung der Eignung der zur Verwendung vorgesehenen Stoffe (Boden, Bodenverbesserungsstoffe, Dünger und Saatgut) erforderlich sind, sind unter DIN 18 915 Blatt 2 genannt.

Voruntersuchungen DIN 18 915 Blatt 3 K 940

VORUNTERSUCHUNGEN für den Bereich DIN 18 915 Blatt 3
A ZWINGEND erforderliche Prüfungen

Nr.	Zweck/Gegenstand	Art der Prüfung		Umfang
1.1	Vorhandener Aufwuchs	Prüfung auf Verwendbarkeit und Verpflanzbarkeit sowie Notwendigkeit von Schutzmaßnahmen	F	umfassend
1.2	vorhandene pflanzliche Bodendecke	Prüfung auf Erhaltungsmöglichkeit und Notwendigkeit von Schutzmaßnahmen	F	umfassend
1.3	Vorhandener Rasen	Prüfung auf Verwendbarkeit, Zusammensetzung, Techn. Eignung	F	repräsentativ
1.4	Bodenarten	Klassifizierung nach DIN 18 915 Blatt 1, Notwendigkeit von Schutzmaßnahmen	F	repräsentativ
1.5	Störende Stoffe	Feststellung von Art und Umfang	F	repräsentativ
1.6	Vorhandene Bauwerksreste	Feststellung von Art und Umfang	F	repräsentativ
1.7	Lagerflächen für Oberboden	Ermittlung des Flächenbedarfs und der möglichen Lage		umfassend
1.8	Tragfähigkeit von Bauwerksdecken	Erkundung der maximalen Auflast		umfassend
1.9	Vorflutanschluß	Erkundung der Lage und Abflußleistung		umfassend
1.10	Bodenverbesserung und Düngung	Feststellung der Erfordernisse in Bezug auf Standort und vorgesehene Vegetation		repräsentativ

KONTROLLPRÜFUNGEN für den Bereich DIN 18 915 Blatt 3

A ZWINGEND erforderliche Prüfungen

Nr.	Zweck	Art der Prüfung		Anwendungsbereich
4.1	Bearbeitbarkeitsgrenzen	Befahrungsversuch Rollversuch	F	Bodenlager Oberbodenlager Unterbodenlager Baugrund Vegetationsschicht
4.2	Beobachtungen von Wurzelbereichen	Visuelle Kontrolle	F	Oberbodenlager Unterbodenlager Baugrund Vegetationsschicht
4.3	Freihalten von störenden Stoffen	Visuelle Kontrolle	F	Bodenlager Oberbodenlager Unterbodenlager Vegetationsschicht
4.4	Nichtbefahren von Lagern	Visuelle Kontrolle	F	Bodenlager Oberbodenlager Unterbodenlager
4.5	Korngrößenverteilung[1]	Feldversuche	F	Oberbodenlager Unterbodenlager Filterschicht Dränschicht Vegetationsschicht Schotter-Boden-Tragschicht
4.6	Ablesen von Unkraut	Visuelle Kontrolle	F	Vegetationsschicht Schotter-Boden-Tragschicht

Kontrollprüfungen DIN 18 915 Blatt 3   **noch K 941**

4.7	Ebenflächigkeit[4])	Visuelle Kontrolle	F	Baugrund Dränschicht Vegetationsschicht Schotter-Boden-Tragschicht
4.8	Schichtvermischung	Visuelle Kontrolle	F	Filterschicht Dränschicht Vegetationsschicht Schotter-Boden-Tragschicht
4.9	Schichtdicke	Messung in Schürfen oder Sondierung	F	Filterschicht Dränschicht Vegetationsschicht Schotter-Boden-Tragschicht
4.10	Lockerungstiefe	Sondierung	F	Baugrund Vegetationsschicht
4.11	Lockerungszeitpunkt	Beobachtung	F	Baugrund Vegetationsschicht
4.12	Auflast auf Bauwerken	Berechnung aus Dicke und Wichte		Drän- und Vegetationsschichten auf Decken
4.13	Vorflutanschluß	Visuelle Kontrolle	F	Dränschicht Drän- und Vegetationsschichten auf Decken
4.14	Kennzeichnung	Visuelle Kontrolle	F	Voranbau, Zwischensaat

B Nur bei BEDARF auszuführende Prüfungen

Nr.	Zweck	Art der Prüfung		Anwendungsbereich
4.20	Bearbeitbarkeitsgrenzen	Wassergehaltsbestimmung	L	Bodenlager Oberbodenlager Unterbodenlager Vegetationsschicht
4.21	Korngrößenverteilung[1]	Naßsiebung	L	Oberbodenlager Unterbodenlager Filterschicht Dränschicht Vegetationsschicht Schotter-Boden-Tragschicht
4.22	Porenvolumen[1]	Messung	L	Dränschicht Vegetationsschicht[2]
4.23	Wasserdurchlässigkeit	k*mod. Bestimmung	L	Baugrund[2] Dränschicht Vegetationsschicht[2] Schotter-Boden-Tragschicht
4.24	Wichte des feuchten[1] Bodens	Wägung von ungestörten Proben nach k*mod. Verdichtung jeweils nach Wassersättigung	L	Drän- und Vegetationsschichten auf Decken
4.25	Gehalt an organischer[1] Substanz	Nasse Verbrennung, Glühverlust	L	Oberbodenlager Vegetationsschicht Schotter-Boden-Tragschicht

Kontrollprüfungen DIN 18 915 Blatt 3 **noch K 942**

4.26	Bodenreaktion[1])	Messung in $CaCl_2$ — Aufschwemmung	L	Oberbodenlager Unterbodenlager Baugrund Filterschicht Dränschicht Vegetationsschicht Schotter-Boden-Tragschicht
4.27	Tragfähigkeit	Fahrversuch	F	Baugrund[3]) Dränschicht[3]) Schotter-Boden-Tragschicht
4.28	Ebenflächigkeit[4])	Messung mit 4 m-Latte	F	Baugrund Dränschicht Vegetationsschicht Schotter-Boden-Tragschicht
4.29	Höhenlage[4])	Nivellement	F	Baugrund Dränschicht Vegetationsschicht Schotter-Boden-Tragschicht

[1]) Diese Prüfungen sind im Zusammenhang mit den Kontrollprüfungen zu DIN 18 915 Blatt 2 zu sehen, sie sind z. T. auch dort erfaßt.
[2]) Nur bei belastbaren Vegetationsflächen
[3]) Nur bei Parkplatzrasenflächen
[4]) Nur bei entsprechenden Anforderungen im Bauvertrag

K 943   PRÜFUNGEN für den Bereich

        DIN 18 916   Landschaftsbau;
                           Pflanzen und Pflanzarbeiten;
                           Beschaffenheit von Pflanzen, Pflanzverfahren

Vorbemerkung:

In dieser Norm ist der Umfang der vorzunehmenden Voruntersuchungen, Eignungsprüfungen und Kontrollprüfungen nicht festgelegt. Die nachstehenden Angaben sind jedoch als dringende Empfehlung für die Voruntersuchung zu betrachten. Der Umfang der Eignungsprüfungen ist vertraglich zu vereinbaren. Die Kontrollprüfungen sollen repräsentativ sein. Die Anzahl ist abhängig von der Größe der zu bearbeitenden Fläche und der Menge der Pflanzen, von der vorgesehenen Funktion der Pflanzung, von Art und Umfang der vorgesehenen Fertigstellungspflege und von den Standortverhältnissen.

Voruntersuchungen DIN 18 916 K 944

VORUNTERSUCHUNGEN für den Bereich DIN 18 916
A ZWINGEND erforderliche Prüfungen

Nr.	Zweck	Art der Prüfung/Feststellungen	Umfang der Feststellungen
1.1	Übereinstimmung von Standort und vorgesehener Vegetation	Überprüfung unter Wertung der Voruntersuchungsergebnisse nach DIN 18 915, Teil 1 und 3	umfassend
1.2	Vorhandener Aufwuchs	entsprechend DIN 18 915, Teil 3, Abs. 1.1 und 1.2	umfassend
1.3	Erforderliche Fertigstellungspflege	Feststellung der Erfordernisse (Art und Umfang) in bezug auf Standortverhältnisse und Funktion der Vegetation	umfassend

441

EIGNUNGSPRÜFUNGEN für den Bereich DIN 18 916
B Bei BEDARF erforderliche Prüfungen

Nr.	Zweck	Art der Prüfung	zu untersuchende Pflanzen und Stoffe
2.1	Bewurzelung/Ballen	Visuelle Prüfung[1]	Gehölze, Stauden, Ein- und Zweijahrsblumen
2.2	Ausbildung von Krone und/oder Trieben	Visuelle Prüfung, Zählung, Messung[1]	Gehölze, Stauden, Ein- und Zweijahrsblumen, Blumenzwiebel
2.3	Gesundheitszustand	Visuelle Prüfung[1]	
2.4	Reifezustand	Visuelle Prüfung[1]	
2.5	Anzuchtbedingungen	Visuelle Prüfung, Messung[2]	Gehölze, Stauden
2.6	Unkrautbesatz	Visuelle Prüfung[1]	Gehölze, Stauden, Ein-, Zweijahrsbl.
2.7	Sonstige Eignung[3]	Visuelle Prüfung, Vorlage von Prüfzeugnissen	Hilfsstoffe

[1]) Diese Prüfungen sollten zumindest bei größeren Mengeneinheiten an Musterpflanzen vorgenommen werden, sofern keine Besichtigung der Anzuchtbestände erfolgt.
[2]) Bei einem Bezug aus anerkannten Anzuchtbetrieben (BdB, BdS) kann die Einhaltung der vorgeschriebenen Anzuchtbedingungen in der Regel als gegeben vorausgesetzt werden.
[3]) Hierunter sind Prüfungen der Hilfsstoffe zu verstehen, die bei Pflanzarbeiten verwendet werden, wie z. B. Baumpfähle (Schälung, Holzschutz), Bindegut (dauerhaft elastisch), Draht (Verzinkung), Drahtgeflecht (Entsprechung zu DIN 11 99 bzw. DIN 12 00), Wildverbißmittel (Anerkennung der Biol. Bundesanstalt).

Die Eignungsprüfungen können in geeigneten Fällen, z. B. bei Pflanzen, Baumpfählen und Bindegut durch die Vorlage von Mustern ersetzt werden. Die Anerkennung des vorgelegten Musters durch den Auftraggeber steht dann für die Eignungsprüfung.

Kontrollprüfungen DIN 18 916 K 946

KONTROLLPRÜFUNGEN für den Bereich DIN 18 916
A ZWINGEND erforderliche Prüfungen

Nr.	Zweck	Art der Prüfung	zu untersuchende Pflanzen, Stoffe und Flächen
4.1	Bewurzelung/Ballen	Visuelle Prüfung	Gehölze, Stauden, Ein- und Zweijahrsblumen
4.2	Ausbildung von Krone und/oder Trieben	Visuelle Prüfung	
4.3	Gesundheitszustand	Visuelle Prüfung	Gehölze, Stauden, Ein-, Zweijahrsbl., Blumenzwiebel
4.4	Reifezustand	Visuelle Prüfung	
4.5	Sortierung	Zählen, Messen	
4.6	Unkrautbesatz	Visuelle Prüfung	Gehölze, Stauden, Ein-, Zweijahrsbl., Blumenzwiebel, Pflanzflächen
4.7	Ebnen, Lockern und Säubern nach der Pflanzung	Visuelle Prüfung	Pflanzflächen
4.8	Fertigstellungspflege (Lockern, Säubern, Düngen, Wässern)	Visuelle Prüfung	Pflanzflächen
4.9	Abnahmezustand der Pflanzen	Visuelle Prüfung	Gehölze, Stauden, Ein-, Zweijahrsbl., Blumenzwiebel
4.10	Abnahmezustand der Pflanzflächen	Visuelle Prüfung	Pflanzflächen
4.11	Abnahmezustand der Schutzvorrichtungen	Visuelle und manuelle Prüfung	Schutzvorrichtungen

B   Bei BEDARF erforderliche Prüfungen

Nr.	Zweck	Art der Prüfung	zu untersuchende Pflanzen und Stoffe
4.12	Verpackung	Visuelle Prüfung	Gehölze, Stauden, Ein-, Zweijahrsbl. Blumenzwiebel
4.13	Fertigstellungspflege (Schnitt, Pflanzenschutz)	Visuelle Prüfung	
4.14	Fertigstellungspflege Standfestigkeit u. a.	Visuelle und manuelle Prüfung	Schutzvorrichtungen

Prüfungen DIN 18 917 K 948

PRÜFUNGEN für den Bereich   K 948
DIN 18 917   **Landschaftsbau;**
              Rasen;
              Saatgut, Fertigrasen, Herstellen von Rasenflächen

Vorbemerkung:

In dieser Norm ist der Umfang der vorzunehmenden Voruntersuchungen, Eignungsprüfungen und Kontrollprüfungen nicht festgelegt. Die nachstehenden Angaben sind jedoch für die Voruntersuchung als dringende Empfehlung zu betrachten. Der Umfang der Kontrollprüfungen muß so ausreichend repräsentativ sein, daß eine zweifelsfreie Beurteilung der Vertragsmäßigkeit der Leistungen gesichert ist.

VORUNTERSUCHUNGEN für den Bereich DIN 18 917
A ZWINGEND erforderliche Prüfungen

Nr.	Zweck	Art der Prüfung	Umfang
1.1	Übereinstimmung von Standort und vorgesehenem Rasentyp	Überprüfung unter Wertung der Voruntersuchungsergebnisse nach DIN 18 915, Teil 1 und 3	umfassend
1.2	Vorhandener Rasen	siehe DIN 18 915, Teil 3, Ziffer 1.2	repräsentativ
1.3	Erforderliche Fertigstellungspflege	Feststellung der Erfordernisse (Art und Umfang) in bezug auf Standortverhältnisse und Funktion des Rasentyps	umfassend

Eignungsprüfungen DIN 18 917   **K 950**

EIGNUNGSPRÜFUNGEN für den Bereich DIN 18 917
A   ZWINGEND erforderliche Prüfungen

Nr.	Zweck	Art der Prüfungen		Anwendungsbereich und Mindestanzahl
2.1	Reinheit	Kennzeichnung entsprechend Saatgutverkehrsgesetz		Für jede Saatgutpartie einzeln
2.2	Keimfähigkeit			
2.3	Fremdartenbesatz			
2.4	Sortenidentität			
2.5	Bestandsdichte[1]	Feststellung der projektiven Bodendeckung	F	Repräsentative Prüfung für jede Herkunft (Anzuchtfläche)[2]
2.6	Botanische Zusammensetzung	Auszählung der Arten	F	
2.7	Gesundheitszustand	Visuelle Prüfung	F	
2.8	Wüchsigkeit	Visuelle Prüfung	F	
2.9	Eignung des Anzuchtbodens	Prüfung nach DIN 18 915 Teil 3 und Teil 2 Abschn. 2	F	

Prüfungen

B. Bei BEDARF erforderliche Prüfungen

Nr.	Zweck	Art der Prüfungen	Anwendungsbereich und Mindestanzahl Repräsentative Prüfung für jede Herkunft (Anzuchtfläche[2])
2.10	Eignung des Anzuchtbodens	Prüfung nach DIN 18 915 Teil 3 und Teil 2 Abschn. 2	L
2.11	Filzbesatz[1]	Visuelle Prüfung, Messung	F
2.12	Zusammenhalt	Hängeversuch	F
2.13	Dicke	Messung	F

[1] Diese Anforderungen sind in der Norm nicht genannt, jedoch dringend zu empfehlen
[2] Anstelle der Einzelnachweise kann bei Herkünften aus güteüberwachten Anzuchtbetrieben ein Eignungszertifikat vorgelegt werden.

Kontrollprüfungen DIN 18 917   **K 952**

KONTROLLPRÜFUNGEN für den Bereich DIN 18 917
A ZWINGEND erforderliche Prüfungen

Nr.	Zweck	Art der Prüfungen	Anwendungsbereich
4.1	Reinheit, Keimfähigkeit, Fremdartenbesatz, Sortenidentität	Kontrolle von Verschluß und Kennzeichnung nach Saatgutverkehrsgesetz	Saatgut
4.2	Botanische Zusammensetzung	Auszählung, Vergleich mit Muster	Fertigrasen
4.3	Gesundheitszustand, Wüchsigkeit,	Visuelle Prüfung	
4.4	Bodenbeschaffenheit (Korngröße, Wasserdurchlässigkeit, Wasserspeicherverm., Gehalt an org. Substanz, Bodenreaktion	Fingerprobe der Korngrößenverteilung, visuelle Prüfung	
4.5	Sonstige Beschaffenheit (Scherfestigkeit, Zusammenhalt, Abmess.)	Messungen	
4.6	Fertigstellungspflege (Wässern, Mähen, Düngen und Begrenzen)	Kontrolle von Zeitpunkt und Menge bzw. Anzahl	Ansaatflächen, Andeckungsflächen
4.7	Abnahme bei Ansaaten (Gleichmäßigkeit in Wuchs und Verteilung, Bestandsdichte, Lagerungsdichte d. Bodens)	Visuelle Prüfung, Feststellung der projektiven Bodendeckung, Trittprobe	Ansaatflächen
4.8	Abnahme bei Andeckung (Gleichmäßigkeit in Wuchs und Verteilung, Bestandsdichte, Bodenhaftung, Lagerungsdichte des Bodens)	Visuelle Prüfung, Feststellung der projektiven Bodendeckung, Abhebprobe, Trittprobe	Andeckungsflächen

K 953   **Prüfungen**

B Bei BEDARF erforderliche Prüfungen

Nr.	Zweck	Art der Prüfung	Anwendungsbereich
4.9	Reinheit, Keimfähigkeit, Fremdartenbesatz, Sortenidentität	Entnahme von Rückstellproben	Saatgut
4.10	Bodenbeschaffenheit (Korngrößen etc. siehe 4.4)	Laborproben nach DIN 18 915 Teil 1	Fertigrasen

Anmerkung: Bei Fertigrasen ist in der Norm keine projektive Bodendeckung vorgeschrieben. Eine 90%ige projektive Bodendeckung sollte deshalb in jedem Falle ausgeschrieben werden.

PRÜFUNGEN für den Bereich

DIN 18 918 Landschaftsbau;
Sicherungsbauweisen;
Sicherung durch Ansaaten, Bauweisen mit lebenden und nichtlebenden Stoffen und Bauteilen, kombinierte Bauweisen.

Vorbemerkung:

In dieser Norm sind keine Festlegungen über den erforderlichen Umfang der Voruntersuchungen genannt. Art und Umfang der Voruntersuchungen muß deshalb auf die jeweilige Situation abgestimmt werden und die erforderliche Sicherheit in der Auswahl der Maßnahmen gewährleisten.

Ebenso ist der Umfang der Eignungsprüfungen nicht festgelegt. Deshalb ist in jedem Einzelfall der Umfang der Eignungsprüfungen in der Ausschreibung festzulegen. Eignungsprüfungen sind insbesondere bei unbekannten Materialien vorzusehen.

Der Umfang der Kontrollprüfungen, der ebenfalls nicht festgelegt ist, muß so umfassend sein, daß eine zweifelsfreie Beurteilung der Vertragsmäßigkeit der Leistungen gesichert ist.

VORUNTERSUCHUNGEN für den Bereich DIN 18 918
A ZWINGEND erforderliche Prüfungen

Nr.	Zweck	Art der Prüfung	Umfang
1.1	Bodenverhältnisse im Profil	Prüfung entsprechend DIN 18 915 Teil 1 und 3	umfassend
1.2	Vorgesehene Ausführungszeit	Abwägung	
1.3	Klimaverhältnisse (Höhenlage, Lage zum Meer, Niederschlagsmenge, -verteilung, -häufigkeit und -intensität, Luftfeuchte, Länge und Häufigkeit von Trockenperioden, Temperaturmittel und -schwankungen), Expositionseinflüsse (Neigungsrichtung), Inklinationseinflüsse (Neigungsgrad), Lichtverhältnisse, Wind, Besonnung, Häufigkeit des Frostwechsels, Schneedeckendauer, Lawinengefährdung	Beobachtung, Erkundung (Wetterämter), Kartenstudium	
1.4	Fassung von Oberflächen- und Schichtwasser, Vorflutverhältnisse	Ermittlung von Lage und Menge	
1.5	Rutschgefährdung durch Wasser	Erkundung auf der Baustelle und Bewertung der Ergebnisse nach 1.1	
1.6	Erosionsgefährdung durch Wind und Wasser		

Voruntersuchungen DIN 18 918　　　　　　　　　　　　　　　　　**K 956**

B　Bei BEDARF erforderliche Prüfungen

Nr.	Zweck	Art der Prüfung	Umfang
1.7	Mögliche Veränderungen des Lagerungszustandes durch Witterungseinflüsse	Erkundung in Schürfen, Bohrungen und Bewertung der Ergebnisse nach 1.1	repräsentativ
1.8	Ungünstiger Lagerungszustand	Erkundung in Schürfen u. Sondierungen	

EIGNUNGSPRÜFUNGEN für den Bereich DIN 18 918
A ZWINGEND erforderliche Prüfungen

Nr.	Zweck	Art der Prüfung	zu untersuchende Gegenstände
2.1	Reinheit, Keimfähigkeit, Fremdartenbesatz, Sortenidentität	Kennzeichnung entspr. Saatgutverkehrsgesetz	Saatgut für Rasen
2.2	Reinheit, Keimfähigkeit, Sortenidentität für Gehölzsaatgut	nach dem Forstsaatgutgesetz	Saatgut für Gehölze
2.3	Beschaffenheit, Anzuchtbedingungen	nach DIN 18 916	Gehölze, Stauden etc.
2.4	Abmessungen	Messung am Muster	Pflanzen, leb. Pflanzenteile, Holzbauteile
2.5	Zustand der Rasendecke und des Anzuchtbodens	nach DIN 18 917	Fertigrasen
2.6	Zusammenhalt	manuelle Kontrolle an Mustern	Faschinen, Geflechte
2.7	Freiheit von unzulässigen Eigenschaften bzw. Fehlern	nach DIN 68 365, Tabellen 8 u. 9	Holzbaustoffe
2.8	Verwendete Holzschutzmittel	Vorlage der Zulassung des Mittels, Behandlungsnachweis	Holzbaustoffe
2.9	Witterungsbeständigkeit	Frost-Tauwechselvers.	Natursteine
2.10	Klassifizierung	nach DIN 18 196	Boden für bautechn. Zwecke
2.11	Gruppeneinordnung und Eignung für Verwendungszweck	nach DIN 18 915	Boden für vegetationstechnische Zwecke
2.12	Allgemeine Beschaffenheit	nach DIN 177, 1199 und 15 48	Draht, Drahtgeflecht
2.13	Allgemeine Beschaffenheit	nach DIN 3051 Teil 4, 3060 und 3066	Drahtseile
2.14	Allgemeine Beschaffenheit	nach DIN 1024, 1026, 1028 und 1029	Anker

Kontrollprüfungen DIN 18 918   **K 958, 959**

B Bei BEDARF erforderliche Prüfungen

Nr.	Zweck	Art der Prüfung	zu untersuchende Gegenstände
2.15	Verholzung, Saftzustand, Gesundheit	Visuelle Prüfung	lebende Pflanzenteile und Bauteile
2.16	Herkunft	Nachweis	Mulchstoffe, Natursteine
2.17	Pflanzenverträglichkeit	Kresse- oder Poa prat. Test	Mulchstoffe, Kleber
2.18	Abmessungen	Messung der Faserlänge	Mulchstoffe
2.19	Zug- und Druckfestigkeit, Langzeitfestigkeit, Dehnbarkeit usw.	entsprechende Nachweise	Folien

KONTROLLPRÜFUNGEN für den Bereich DIN 18 918
A ZWINGEND erforderliche Prüfungen

Nr.	Zweck	Art der Prüfung	zu prüfender Gegenstand
4.1	Quergefälle in Bermen und Wegen	Messung	Ansaaten, Fertigrasen
4.2	Verlegeweise	Visuelle Prüfung	Fertigrasen
4.3	Neigung auf der Böschung	Visuelle Prüfung, Messung	Faschinen, Flechtwerk, Busch- und Heckenlagen
4.4	Abstände und Abmessungen	Messung	a. Faschinen, Flechtwerk, Spreitlagen, Palisaden, Zäune, Hangroste, Krainerwände, Drahtschotterk., Ausgrasungen, Wasserrinnen, Abdeckungen b. Busch- und Heckenlagen, Steckholz-Setzstangen, Steinschlagschutzbauten, Windsicherungen

noch K 959 — Prüfungen

4.5	Befestigung im Boden und untereinander	manuelle Prüfung	a. wie 4.4 a. b. Fertigrasen, Steinschlagschutzbauten
4.6	Verfüllung/Einbettung	Visuelle Prüfung, Messung	a. wie 4.4 a. b. Busch- und Heckenlagen, Steckholz-Setzstangen
4.7	Wand- und Sohlausbildung	Messung, visuelle Prüfung	Wasserrinnen
4.8	Deckungsgrad/Abstand/Füllungsgrad	Messung, visuelle Prüfung	Busch- und Heckenlagen, Spreitlagen, Windsicherungen
4.9	Einbindetiefe	Messung	Faschinen, Flechtwerke, Busch- und Heckenlagen, Palisaden, Steckh.-Setzstangen, Zäune, Steinschlagschutzb., Windsicherungen
4.10	Packweise/Lagerung	visuelle und manuelle Prüfung	Drahtschotterkästen
4.11	Fertigstellungspflege (Beregnung, Düngen, Mähen)	Visuelle Prüfung, Messung	Ansaaten, Fertigrasen, Faschinen, Flechtwerk, Busch- und Heckenlagen, Spreitlagen, Steckh.-Setzstangen,
4.12	Bodendeckung	Visuelle Prüfung	Ansaaten, Fertigrasen
4.13	Bodenhaftung	manuelle Prüfung	Fertigrasen
4.14	Anwuchszustand	visuelle Prüfung	Faschinen, Flechtwerk, Busch- und Heckenlagen, Spreitlagen, Steckh.-Setzstangen

Kontrollprüfungen DIN 18 918 K 960

B Bei BEDARF erforderliche Prüfungen

Nr.	Zweck	Art der Prüfung	zu prüfender Gegenstand
4.15	Ausrundung der Böschung	visuelle Prüfung, Messung	Ansaaten, Fertigrasen
4.16	Entfernen von Wurzelstöcken und losen Gehölzen	visuelle Prüfung	Ansaaten, Fertigrasen
4.17	Gefälle	Messung	Wasserrinnen
4.18	Überlappungen	Messungen, visuelle Prüfung	Abdeckungen

K 961 PRÜFUNGEN für den Bereich
DIN 18 919 Landschaftsbau;
Unterhaltungsarbeiten bei Vegetationsflächen;
Stoffe und Verfahren

Vorbemerkung:

In dieser Norm ist der Umfang der vorzunehmenden Prüfungen nicht festgelegt.

Art und Umfang der Voruntersuchungen müssen deshalb auf die jeweilige Situation abgestimmt werden und die erforderliche Sicherheit in der Auswahl der Maßnahmen gewährleisten.

Art und Umfang von Eignungsprüfungen sind in den Ausschreibungsunterlagen festzulegen, insbes. bei weniger bekannten Baustoffen bzw. Bauteilen.

Der Umfang der Kontrollprüfungen muß so umfassend sein, daß eine zweifelsfreie Beurteilung der Vertragsmäßigkeit der Leistungen gesichert ist.

Vorprüfungen DIN 18 919 K 962

VORPRÜFUNGEN für den Bereich DIN 18 919
B Bei BEDARF erforderliche Prüfungen

Nr.	Zweck	Art der Prüfungen	zu prüfender Gegenstand
1.1	Nährstoffbedarf	Festellung der vorhandenen Nährstoffe insbes. N.P.K	Pflanzflächen, Rasenflächen
1.2	Bodenreaktion	pH-Bestimmung in KNaCl-Aufschwemmung	
1.3	Vorhandensein von unerwünschten Kräutern und Gräsern	Visuelle Feststellung	
1.4	Vorhandensein von Krankheiten und Schädlingen	Visuelle Feststellung	
1.5	Wuchszustand	Visuelle Feststellung	
1.6	Wasserdurchlässigkeit von belasteten Spiel- und Sportrasen	Wasserdurchflußmessung	Rasenflächen
1.7	Vorhandensein von Moos	Visuelle Feststellung	
1.8	Vorhandensein von Wundstellen	Visuelle Feststellung	Pflanzen

EIGNUNGSPRÜFUNGEN für den Bereich DIN 18 919

A ZWINGEND erforderliche Prüfungen

Nr.	Zweck	Art der Prüfung	zu prüfender Gegenstand
2.1	Korngrößenverteilung	Naßsiebung oder vereinigte Siebung und Sedimentation	Besandungsstoff

B Bei Bedarf erforderliche Prüfungen

Nr.	Zweck	Art der Prüfung	zu prüfender Gegenstand
2.2	Pflanzenverträglichkeit	Nachweis, z. B. Zulassung der Biologischen Bundesanstalt, Düngemittelverordnung bei unbekannten Mitteln	Dünger, Schädlings- und Unkrautbekämpfungs- Wundbehandlungs- Wildverbissmittel
2.3	Sonstige Eignung wie Wirkungsdauer u. ä.	Entsprechende Nachweise	Wundbehandlungs- Wildverbißmittel

Kontrollprüfungen DIN 18 919   **K 965**

KONTROLLPRÜFUNGEN für den Bereich DIN 18 919
A ZWINGEND erforderliche Prüfungen

Nr.	Zweck	Art der Prüfung	zu prüfender Gegenstand
4.1	Lockern und Säubern, Schnitt von trockenen und beschädigten Teilen	Visuelle Kontrolle und Feststellung von Zeitpunkt, Zeitabständen, Lockerungsgleichmäßigkeit, Säuberungszustand	Pflanzflächen
4.2	Entfernen von Steinen und Unrat	Visuelle Kontrolle und Feststellung von Zeitpunkt, Zeitabständen, Säuberungszustand	
4.3	Schnitt; Verjüngen, Auslichten	Visuelle Kontrolle und Feststellung von Zeitpunkt, Schnittweise und Vollständigkeit	
4.4	Schnitt; Hecken	Visuelle Kontrolle und Feststellung von Zeitpunkt, Schnittweise und Seitenneigung	
4.5	Schnitt; Rosen	Visuelle Kontrolle und Feststellung von Zeitpunkt und Schnitthöhe	
4.6	Düngen	Visuelle Kontrolle und Feststellung von Zeitpunkt und Zeitabstand, Menge, Art und Ausbringung des Düngers	
4.7	Wässern	Feststellung des Zeitpunktes	
4.8	Winterschutz, Anhäufeln, Abhäufeln	Feststellung des Zeitpunktes	
4.9	Winterschutz, Herausnehmen frostempf. Pflanzen	Feststellung des Zeitpunktes	
4.10	Pflanzenschutz	Feststellung von Zeitpunkt und Wirksamkeit	
4.11	Unkrautbekämpfung mit chemischen Mitteln	Feststellung von Zeitpunkt und Wirksamkeit	

noch K 965   **Prüfungen**

Nr.	Zweck	Art der Prüfung	zu prüfender Gegenstand
4.12	Mähen	Visuelle Kontrolle und Feststellung von Zeitpunkt und Schnitthöhe	Rasenflächen
4.13	Düngen	Visuelle Kontrolle und Feststellung von Zeitpunkt sowie Menge und Art des Düngers und Ausbringung	
4.14	Wässern	Feststellung von Zeitpunkt	
4.15	Senkrechtschneiden	Visuelle Kontrolle und Feststellung von Zeitpunkt und Wirksamkeit der Filzentfernung, repräs. Messung von Schnittabstand und -Tiefe	
4.16	Schlitzen	Feststellung von Zeitpunkt, repräs. Messung von Schlitzabstand und -Tiefe	
4.17	Löchern	Visuelle Kontrolle und Feststellung von Zeitpunkt, Entfernen des Auswurfes, Sandfüllung der Löcher, Kornverteilung des Sandes, repräs. Messung von Lochtiefe und -anzahl/m^2	
4.18	Besanden	Visuelle Kontrolle und Feststellung von Zeitpunkt, Gleichmäßigkeit und Korngrößenverteilung, repräs. Messung der Schichtdicke (mm), Menge/m^3/t)	
4.19	Bekämpfung von Unkräutern und Moos mit chemischen Mitteln	Feststellung des Zeitpunktes und der Wirksamkeit	
4.20	Bekämpfung von Unkräutern und Moos mit mechanischen Mitteln	Visuelle Kontrolle und Feststellung von Zeitpunkt, Art und Gleichmäßigkeit der Behandlg.	

Kontrollprüfungen DIN 18 919 K 966

B Bei BEDARF erforderliche Prüfungen

Nr.	Zweck	Art der Prüfung	zu prüfender Gegenstand
4.21	Lockern und Säubern	repräs. Messung der Lockerungstiefe	Pflanzflächen
4.22	Schnitt; Hecken	repräs. Messung der Seitenneigung	
4.23	Verankerungen nachprüfen	Visuelle Kontrolle von Sitz und evtl. Einschnürungen	
4.24	Wässern	Kontrolle der ausgebrachten Menge (Stückzahl, m³)	
4.25	Winterschutz, Abdeckung	Visuelle Kontrolle des Deckungsgrades	
4.26	Anhäufeln	repräs. Messung der Höhe	
4.27	Wundbehandlung	Visuelle Kontrolle von Ausschneiden, Ausräumen, Verschließen	
4.28	Kompostbehandlung	Visuelle Kontrolle von Aufsetzen, Umsetzen, Sieben und Kalken	
4.29	Mähen	Visuelle Kontrolle von Gleichmäßigkeit und Entfernen von Mähgut, soweit vereinbart, repräs. Messung der Schnitthöhe	Rasenflächen
4.30	Wässern	Kontrolle der ausgebrachten Wassermenge (m³)	
4.31	Besanden	Kontrolle der ausgebrachten Menge (m³, t)	

K 967 PRÜFUNGEN für den Bereich

DIN 18 920 Landschaftsbau;
Schutz von Bäumen, Pflanzenbeständen und Vegetationsflächen bei Baumaßnahmen

Vorbemerkung:

In dieser Norm ist der Umfang der vorzunehmenden Prüfungen nicht festgelegt.

Art und Umfang der Voruntersuchungen muß deshalb auf die jeweilige Situation abgestimmt werden und die erforderliche Sicherheit in der Auswahl der Maßnahmen gewährleisten.

Eignungsprüfungen sind insbesondere bei unbekannten Materialien erforderlich. Der Umfang ist im Leistungsverzeichnis festzulegen.

Der Umfang der Kontrollprüfungen muß so umfassend sein, daß eine zweifelsfreie Beurteilung der Vertragsmäßigkeit der Leistungen gesichert ist.

Voruntersuchungen DIN 18 920 K 968

VORUNTERSUCHUNGEN für den Bereich DIN 18 920
A ZWINGEND erforderliche Prüfungen

Nr.	Zweck	Art der Prüfung	zu prüfender Gegenstand
1.1	Art der Gehölze bzw. Flächen	Bestimmung der botanischen Art und Wurzelausbildung (flach-tief)	Bäume, Sträucher, Bodendecker
1.2	Größe der zu schützenden Flächen	Flächenermittlung (Lage, Grenzen)	Bodendecker
1.3	Größe der zu schützenden Gehölze	Stammdurchmesser, Wurzelbereichsdurchmesser, Höhe	Bäume, Sträucher
1.4	Grad der Gefährdung durch den Standort	Gefährdung durch Verkehr, Leitungsverlegungen, Aufgrabungen	Bäume, Sträucher, Bodendecker
		Gefährdung durch Freistellen, Baustellenheizung, Überfüllung	Bäume, Sträucher
		Gefährdung durch Überbauung und Überfahren	Bäume
1.5	Grundwasserverhalten	Feststellung von möglichen Veränderungen des Grundwasserspiegels	Bäume
1.6	Bodenverunreinigungen	Feststellung von vorhandenen oder durch den Baubetrieb möglichen Verunreinigungen	Bäume, Sträucher, Bodendecker
1.7	Ausbildung von Verkehrsflächen	Größenbestimmung von Baumscheiben, Auswahl von wasserdurchlässigen Belägen im Wurzelbereich	Bäume, Sträucher
1.8	Korngrößenverteilung	Naßsiebung oder vereinigte Siebung und Sedimentation	Auffüllstoffe

465

EIGNUNGSPRÜFUNGEN für den Bereich DIN 18 920
A ZWINGEND erforderliche Prüfungen

Nr.	Zweck	Art der Prüfung	zu prüfender Gegenstand
2.1	Korngrößenverteilung	Naßsiebung oder vereinigte Siebung und Sedimentation	Auffüllstoffe
2.2	Pflanzenverträglichkeit	Nachweis bei in der Praxis nicht erprobten Stoffen	Rindenbrand-Schutzstoffe

KONTROLLPRÜFUNGEN für den Bereich DIN 18 920
A ZWINGEND erforderliche Prüfungen

Nr.	Zweck	Art der Prüfung	zu prüfender Gegenstand
4.1	Schutz von Vegetationsflächen	Feststellung und Messung von Standsicherheit und Höhe	Zäune
		visuelle Kontrolle von Sicherheitsabständen	Baustellenheizung
		visuelle Kontrolle, daß Mineralöle, Chemikalien und bodenverfestigende Stoffe nicht ausgegossen sind	Vegetationsflächen

Kontrollprüfungen DIN 18 920   **noch K 970**

4.2	Schutz der oberirdischen Teile von Bäumen gegen mechanische Schäden	Feststellung der Wirksamkeit der Schutzvorrichtungen	Wurzelbereich, Stammabpolst., Sicherung der Wurzelanläufe
		Feststellung von Höhe und Standfestigkeit	Schutzvorrichtungen
		Feststellung der Nichtbeschädigung z. B. Nägel	Stämme
		visuelle Kontrolle des Hochbindens	Äste
4.3	Schutz gegen Rindenbrand bei Bäumen	Feststellung der Vollständigkeit, visuelle Kontrolle der Wirksamkeit	Stämme
4.4	Schutz der Wurzelbereiche bei Überfüllung	Feststellung der Vollständigkeit, visuelle Kontrolle auf Abräumen von zu Fäulnis neigenden Stoffen und Verwendung geeigneter Stoffe	Wurzelbereiche
4.5	Schutz der Wurzelbereiche gegen Abträge	Kontrolle der Einhaltung des Verbotes	Wurzelbereiche
4.6	Schutz der Wurzelbereiche bei kurzfristigen Aufgrabungen	Kontrolle der Einhaltung des Handarbeitsgebotes und Einhaltung der Mindestabstände, visuelle Kontrolle der Wurzelbehandlung	
4.7	Schutz der Wurzelbereiche bei langfristigen Aufgrabungen	Feststellung der Abmessungen und Standfestigkeit, Wurzelbehandlung, Verwendung geeigneter Stoffe, Feuchthaltung	Wurzelvorhang
4.8	Schutz des Wurzelbereiches bei Leitungsverlegungen	Visuelle Kontrolle des Schutzes gegen Austrocknung und Verfüllens von Hohlräumen bei und nach Unterfahrungen sowie der Wurzelbehandlung	Wurzelbereich

noch K 970 Prüfungen

Nr.	Zweck	Art der Prüfung	zu prüfender Gegenstand
4.9	Schutz der Wurzelbereiche beim Bau von freistehenden Mauern	Feststellung und Messung der Einhaltung des Mindestabstandes von Punktfundamenten sowie der Mauerunterkante zum ursprünglichen Erdreich, visuelle Kontrolle der Wurzelbehandlung	Wurzelbereich
4.10	Schutz der Wurzelbereiche gegen Überfahren	Feststellung und Messung der Dicke der Sicherheits-Bodenschicht, visuelle Kontrolle der Eignung der Sicherheits- Bodenschicht, der Stabilität der Abdeckung und Auflockerung nach Entfernen der Überfahrsicherung	Wurzelbereich
4.11	Schutz der Bäume bei Grundwasserabsenkungen	Visuelle Kontrolle, Feststellung und Messung von Art und Menge sowie Ausbringung von Wasser, Dünger und Verdunstungsschutz	Bäume
4.12	Ausbildung von Wegebelägen in Wurzelbereichen	Feststellung der Einhaltung des von undurchlässigen Belägen freizuhaltenden Wurzelbereiches	Wurzelbereich

468

Stichwortverzeichnis

Die Zahlen verweisen auf die K-Nummern, bei der die Erläuterung zu finden ist.

A

Abnahmefähiger Zustand
— Pflanzungen 561
— Fertigrasen 654
— Rasen 645 ff.
— bei Sicherungsbauweisen 807 ff.

Abräumen des Baufeldes 380

Adhäsionskraft 152

Aerifizieren 871

Äste und Zweige
— lebende 692
— tote 701

Ansaat
— Ausbringen des Saatgutes 635
— Einarbeiten des Saatgutes 636
— Saatgutmenge 634
— Sicherungsbauweise 721
— Zeitpunkt 633

Anzuchtbedingungen
— Gehölze 517

Anzuchtgefäße 531

Aufschulen 541

Aufwuchs
— nicht verwendbar 385
— wieder verwendbar 380

Ausgrassungen 786

Auslichten 851 ff.

Ausrollgrenze 98, 132

Ausrollversuch 119

Austrocknungsschutz 558

Azaleen
— Beschaffenheit 512

B

Ballenpflanzen 501

Ballentuch 530

Ballierung
— Gehölze 522

Ballonverfahren 243

Basissaatgut 600

Baugrund 27
— Erkundungen durch Schürfe 39
— Planum 429
— Vegetationstechnische Bedeutung 253

Baugrund und Grundwasser 39

Baumpfähle
— Beschaffenheit 528

Baumpflege 824

Baumsanierung 824

Baurundholz 703

Bauschnittholz 703

Bauteile
— lebende 693

Bauwerksreste 394

Bearbeitbarkeit
— Konsistenz 89 ff.
— Überschlägige Ermittlung 331 ff.

Bearbeitungsflächen
— Sicherungsbauweise 721

Bearbeitbarkeitsgrenzen 111 ff., 435 ff.

Beimengungen in Böden 58

Bekämpfung
— von Unkraut 878
— von Moos 879

Belastbare Flächen
— Korngrößenverteilung 60

Beregnen
— bei Sicherungsbauweisen 812

Bestecke 799

Bewurzelung
— Gehölze 501

469

Stichwortverzeichnis

Bindegut 530

Bindiger Boden
— Bodengruppe 6   289 ff.

Bindiger, steiniger Boden
— Bodengruppe 7   299 ff.

Blockschlichtungen   784

Blumenzwiebel- und Knollengewächse
— Begriff   527
— Beschaffenheit   527

Bohlenwände   798

Bohrprobe   40

Boden   711, 712
— grundwasservernäßt   479
— haftnaß   479
— staunaß   479

Boden- und Geländeuntersuchungen
— Sicherungsbauweisen   717

Bodenabdeckung
— Erosionsschutz   801

Bodenabtrag   395 ff.

Bodenarten
— einheitliche Bezeichnung/Darstellung   55
— reine   58
— ungeeignete   34, 388
— zusammengesetze   58

Bodendecken
— pflanzliche   382

Bodendecker
— Beschaffenheit   509

Bodendeckung
— projektive   645 ff.

Bodenentseuchung
— Bodenpflege   460

Bodenerkundungen
— im Straßenbau   39

Bodenfestlegung
— Bodenpflege   460

Bodengruppen (siehe auch Bodengruppen 1-10)   260 ff.
— für vegetationstechnische Zwecke   250

— Einordnung der Böden   250
— Kurzzeichen   250

Bodengruppe 1
— Organischer Boden   260 ff.

Bodengruppe 2
— Nichtbindiger Boden   270

Bodengruppe 3
— Nichtbindiger, steiniger Boden   275 ff.

Bodengruppe 4
— Schwach bindiger Boden   278 ff.

Bodengruppe 5
— Schwach bindiger, steiniger Boden   285 ff.

Bodengruppe 6
— Bindiger Boden   289 ff.

Bodengruppe 7
— Bindiger, steiniger Boden   299 ff.

Bodengruppe 8
— Stark bindiger Boden   304 ff.

Bodengruppe 10
— leichter Fels   321 ff.
— schwerer Fels   321 ff.
— stark steinige Böden   321 ff.
— überschlägige Ermittlung   331 ff.

Bodenhauptart   58

Bodenklassifikation
— für bautechnische Zwecke   39

Bodenlagerung   405 ff.

Bodenlockerung
— Bearbeitbarkeitsgrenzen   435 ff.
— Form   435 ff.
— Tiefe   435 ff.

Bodenpflege
— Bodenentseuchung   460
— Bodenfestlegung   460
— Oberflächenschutz   455

Bodenproben
— Anzahl   47
— Bezeichnung   40
— DIN 19 680   38
— DIN 19 681   38
— Güteklassen   41

— Kennzeichnung 44
— Versand und Lagerung 45

Bodenreaktion (pH-Wert)
— Anforderungen 215 ff.
— Begriff 213
— Felduntersuchung 218
— Kenngröße 214
— Laboruntersuchung 220
— Prüfung 218
— Verbesserungsmöglichkeit 221 ff.

Bodenschichten-Einbau 415

Bodenuntersuchungen
— bautechnische 39
— Erkundungen durch Schürfe 39
— landwirtschaftliche 38

Bodenverbesserung 84 ff.
— Einarbeiten von Stoffen 468 ff.
— mit Kalk 146
— Voranbau 472

Bodenverbesserungsstoffe 356
— bei Sicherungsbauweisen 705
— bei Unterhaltungsarbeiten 827

Bodenvorbereitung
— besondere Standorte 446
— Dachgärten 451
— Parkplatzrasen-Flächen 446
— Rasenpflaster 449
— Vegetationsflächen auf Bauwerken 451

Bodenwirkstoffe 375

Bohlenwände 798

Bohrprobe 40

Bretterzäune 775

Buschrigolenbau 746

C

Containerpflanzen
— Beschaffenheit 502, 514

Cordonbau 755

D

Dachgärten
— Bodenvorbereitung 451

Dauerunkräuter
— schwer verrottbare 431 ff.

Densitometer 243

Dichtebestimmungen 240

Dichte des feuchten Bodens 240

Dicke der Schichten 426

DIN 18 196
— Bodenklassifikation für bautechnische Zwecke 59

DIN 18 300 (Erdarbeiten) 3, 5, 351
— Beachtung von DIN 18 320 5
— Bodenklasse 250
— Oberboden 350

DIN 18 320 (Landschaftbauarbeiten) 4, 5, 351
— Oberboden 350

DIN 18 915
— Geltungsbereich 1

DIN 18 916
— Geltungsbereich 500

DIN 18 917
— Begriff 582
— Geltungsbereich 581

DIN 18 918
— Geltungsbereich 680

DIN 19 919
— Geltungsbereich 820 ff.

DIN 18 920
— Erläuterungen 921
— Zweck 890

Dräne
— Abstand 481
— Tiefe 481

Dränfaschinenbau 746

Dränschicht 22
— allgemeine Anforderung 417
— Dicke 427
— Planum 430

Dränschicht 22

Dränung 473 ff.
— rohrlose 477

Draht, Drahtgeflecht 530

Stichwortverzeichnis

Drahtseile 713

Drahtschotter
— Grünschwelle 780
— Kästen 780

Druckversuch 346 ff.

Düngemittel
— mit Spurenelementen 375
— organische 375
— organisch-mineralische 375
— verordnung 374
— verzeichnis 374

Düngen
— bei Sicherungsbauweisen 705
— bei Unterhaltungsarbeiten 845
— von Rasen bei Unterhaltungsarbeiten 866 ff.

Dünger
— Aufbringung 464
— Ausbringung 460
— Beschaffenheit 374
— Einarbeitung 467
— Menge 461
— bei Unterhaltungsarbeiten 827
— bei Sicherungsbauweisen 705

Düngetorf 360

E

Eigenüberwachungsprüfungen 926

Eignungsprüfungen 925

Einbauverfahren
— allgemeine Anforderungen 421

Einjahres- und Zweijahresblumen
— Begriff 527
— Beschaffenheit 527

Einnährstoffdünger
— mineralisch 375

Einschlag von Pflanzen 539

Einschlagplatz 540

Einzelprobe 40

Entblätterungsmittel 533

Entladung von Pflanzen 526

Entwässerungsbauten 788

Entwicklungspflege 822

Erdarbeiten
— DIN 18 300 3

Erdkompost 362

Erosionsgefahr und Rutschungsgefahr 732

Erosionsschutz
— Bodenabdeckung 801

Etiketten 535

F

Faschinen
— kombinierte 695
— lebende 695
— tote 702

Faschinendräne 789

Faschinenwalzen 789

Feinteile des Bodens
— Ermittlung 341 ff.

Fertigrasen
— abnahmefähiger Zustand 654
— Beschaffenheit 628
— Gewinnung 629
— Lagerung auf der Baustelle 639
— Sicherung 641
— Sicherungsbauweisen 693 und 771
— Transport 631
— Verlegen 640 und 771
— Verlege-Zeitpunkt 638

Fertigstellungspflege
— Gehölze 565 ff.
— Leistungen bei Rasenflächen 655 ff., 643 ff.
— Pflanzarbeiten 561
— Sicherungsbauweisen 807 ff.

Filtermatten, Filtervliese 24

Filterregeln 26

Filterschicht
— allgemeine Anforderung 420
— Dicke 428
— Planum 430

Flechtwerkbau 750

Fließgrenze 98, 132

Frostempfindlichkeit
— des Baugrundes 28
Frostkriterien 28
Funktionserhaltungspflege 824

G

Gabione 780

Gebrauchsrasen 584, 616

Geflechte
— lebende 697

Gehalt an organischer Substanz
— Begriff 200
— Kenngröße 205

Gehölze
— Anzuchtbedingungen 517
— Ballierung 522
— Begriff 501
— Beschaffenheit 501
— Bewurzelung 501
— Bündelung 521
— Gesundheitszustand 515
— Kennzeichnung 119
— Krankheiten 516
— Reifezustand 516
— Schneiden von Gehölzen 567
— Schutz gegen Wind und Weidevieh 559
— Schutz vor Austrocknung 558
— Sortierung 517
— Tierische Schädiger 516
— Transport 525
— Verankerungen 557, 571
— Verladung 524
— Verpackung 521

Geltungsbereich
— DIN 18 915 Blatt 1 1
— DIN 18 916 500
— DIN 18 917 581
— DIN 18 918 680
— DIN 18 919 820 ff.

Gesundheitszustand
— Gehölze 515

Gipsersatz 243

Glühverlust 209

Graß 701

Grenzwassergehalte 97

Gründüngung 212

Grünschwellen 778

Grundwasserabsenkung 195 ff.

Grundwasserspiegel
— Anforderungen 189
— Kenngröße 187

Grundwasserstand 182, 184, 193
— Prüfungen 193
— Verbesserungsmöglichkeiten 195 ff.

H

Halbstämme
— Beschaffenheit 504

Handelssaatgut 600

Hangfaschinenbau 742

Hangrost 776

Hartholzbretter 703

Heckenbuschlagenbau 757

Heckenlagenbau 759

Heckenpflanzen
— Beschaffenheit 507
— Laubholz 507

Heister
— Beschaffenheit 506

Heister, leichte
— Beschaffenheit 506

Hilfsstoffe
— für Pflanzarbeiten 528

Hochmoortorf 361

Hochstämme
— Beschaffenheit 504

Holz
— Arten 698
— Beschaffenheit 698

Holzschutz 699

Huminstoffe 201

Humus 200

Stichwortverzeichnis

J

Jungpflanzen
— Beschaffenheit 515

K

Kalkgehalt
— Ermittlung 209

Kapillare 152

Kenngrößen, allgemein 10

Kennzeichnung
— von Gehölzen 519
— von Stauden 524

Klärschlamm 363 ff.

Klärschlammprodukte 211

Kleber 708

Kletterpflanzen
— Beschaffenheit 510

Klima 732

Knetversuch 71

Knollengewächse
— Begriff 527
— Beschaffenheit 527

Kohäsion 107

Kombinierte Analyse 72

Kompost 414

Kompostarbeiten 861

Kontrollprüfungen 927

Konsistenz 88 ff.
— Prüfungen 119
— überschlägige Ermittlung 331 ff.

Konsistenzbereich 91 ff.
— Verbesserung 142 ff.

Konsistenzgrenzen
— Felduntersuchungen 119
— Kenngrößen 96 ff.
— Laboruntersuchungen 132 ff.

Konsistenzzahl 105

Korngrößenansprache 71

Korngrößenverteilung 49
— Felduntersuchungen 66 ff.

— Laboruntersuchungen 72
— Verbesserungsmöglichkeiten 83 ff.

Kornverteilungsdiagramm 58

Kräuter und Leguminosen
— Saatgut 596

Krainerwand 778

Krankheiten
— bei Gehölzen 516
— bei Unterhaltungsarbeiten 850

Krümmungszahl 78 ff.

Kunstballen 502

Kunststoffe zur Bodenverbesserung 367

Kunststoffzäune 775

Kurzzeichen
— Gehölze/Reihenfolge 520

L

Laborprobe 40

Lagerung
— von Pflanzen 538

Landschaftsbau 2

Landschaftsrasen 586, 620

Lebende Pflanzenteile
— Sicherungsbauweisen 689

Leichter Fels
— Bodengruppe 10 321 ff.

Leistungen bei Ansaaten
— bei Sicherungsbauweisen 812

Lockerung
— Zeitpunkt 445

Lockerungstiefe
— Vegetationsschicht 442 ff.
— Baugrund 442 ff.

Löchern 873

Lüften 871

M

Mähen
— bei Sicherungsbauweisen 814
— bei Unterhaltungsarbeiten 861

Maßbezeichnungen
— Gehölze/Schreibweise 520

Mauerwerk
— Sicherungsbauweisen 785

Mehrnährstoffdünger
— mineralische 375

Mineralisierung 201

Mischprobe 40

Müllkomposte 211, 366

Mulchstoffe 706

Mutterboden (Allgemeines)
— Oberboden 350

N

Nadelgehölze
— Beschaffenheit 511

Nährstoffgehalt
— Anforderungen 229
— Begriff 226
— Bestimmung 232
— Felduntersuchungen 231
— Kenngröße 228
— Laboruntersuchungen 232
— Prüfungen 231
— Verbesserungsmöglichkeiten 234

Naß-Saaten 728

Naßsiebung 72

Natursteine
— Sicherungsbauweisen 709

Neue Landschaft
— Arbeitsblätter 39

Nichtbindiger Boden
— Bodengruppe 2 270 ff.

Nichtbindiger, steiniger Boden
— Bodengruppe 3 275 ff.

Niedermoortorf 361

O

Oberboden
— Abtrag 395 ff.
— Bearbeitbarkeitsgrenzen 405 ff.
— Begriffe 29
— DIN 18 300 (Erdarbeiten) 350
— DIN 18 320 350
— Einstufung in Bodengruppen 258
— Lagerung 405 ff.
— Mutterboden (allgemeines) 350
— nicht zulässige Bestandteile 351 ff.

Oberflächenfestlegung 708

Oberflächenneigungen 160

Oberflächenschutz
— Bodenpflege 455

Organischer Boden
— Bodengruppe 1 260 ff.

Organische Stoffe
— grobfaserige 63
— feinverteilte 63

Organische Substanz
— Anforderungen 206
— Art 51
— Felduntersuchungen 208
— Gehalt an ... 205
— Laboruntersuchungen 209
— Prüfungen 208
— Verbesserungsmöglichkeiten 210
— Zersetzungsgrad von Torf 208

Oxydation
— nasse 209

P

Palisadenbau 763

Parkplätze 18

Parkplatzrasen 587, 623
— Bodenvorbereitung 446

Pfähle, sonstige
— Beschaffenheit 528

Pflanzarbeiten 536

Pflanzen
— Einschlag 539
— Lagerung 538
— Sicherungsbauweisen 687
— Transport 537, 545

Pflanzenschädliche Stoffe im Boden
— Bestimmung 232

Stichwortverzeichnis

Pflanzenschutz
— Pflanzungen 570

Pflanzenschutzmittel
— Unterhaltungsarbeiten 827

Pflanzenteile
— Beschaffenheit 528
— schwer verrottbare 431

Pflanzflächen
— Beschaffenheit 542
— Düngen 568
— Ebnen, Lockern und Säubern 556, 565 ff., 829 ff.
— Leistungen bei Unterhaltungsarbeiten 828
— Lockern und Säubern 565 ff., 829 ff.
— Unterhaltungsarbeiten 829 ff.
— Wässern 569

Pflanzgruben-Aushub 546

Pflanztiefe 547

Pflanzungen
— abnahmefähiger Zustand 561
— Pflanzenschutz 570

Pflanzvorgang
— bei Blumenzwiebeln und Knollen 554
— bei Gehölzen 548
— bei Röhricht, Gräsern und Kräutern 555
— bei Stauden, Einjahres- und Zweijahresblumen 551

Pflanzzeit 544

Pflöcke
— lebende 692
— tote 703

pH-Wert (Bodenreaktion) 214

Planum
— Anforderungen 429

Plastische Eigenschaften 88 ff.

Plastizitätszahl 99 ff.

Porengrößenbereiche 149

Probe
— repräsentativ 37

Probemenge 46

Probenahme 37
— neutral 43
— repräsentativ 37

Prüfungen
— Begriffe 922 ff.
— DIN 18 915 923 ff.
— DIN 18 915 Blatt 1 931
— DIN 18 915 Blatt 2 934
— DIN 18 915 Blatt 3 939
— DIN 18 916 943
— DIN 18 917 948
— DIN 18 918 954
— DIN 18 919 961
— DIN 18 920 967

Q

Quellhorizont 184

R

Rankpflanzen
— Beschaffenheit 510

Rasen
— abnahmefähiger Zustand 645 ff.
— Begriff 582
— Fertigstellungspflege 643 ff.

Rasenflächen
— Begrenzen 667
— Beregnen 658 ff.
— Bodenvorbereitung 632
— Düngen 658 ff.
— Leistungen bei Unterhaltungsarbeiten 861
— Mähen 665
— Regenerieren 870

Rasenpflaster
— Bodenvorbereitung 446

Rasen-Saatgut
— Vetragsbedingungen 608

Rasensoden-Gewinnung 384

Rasentypen 583
— Regel-Saatgut-Mischungen 612

Rauhbettrinne 795

Regel-Saatgut-Mischungen
— Rasengräser 590
— Rasentypen 612

Regenerieren von Rasenflächen 870

Reibe- und Schneideversuche 71, 341 ff.

Reifezustand
— Gehölze 516

Rhododendron
— Beschaffenheit 512

Rindenkomposte 211

Rodung 536

Rohholz
— Langholz 703
— Stangen 703

Rohrdränung 477

Rohrlose Dränung 477

Roll- und Druckversuch 343 ff.

Rosen, veredelte
— Beschaffenheit 510

Rückschnitt
— von Gehölzen 550
— von Stauden 553

Rückstellprobe 40
— Schiedsuntersuchungen 43

Ruten
— lebende 692
— tote 702

S

Saatgut
— Handelsanforderungen 598
— Kategorien 600
— Kennzeichnung 600
— Kleinpackungen 603
— Kontrollen 605
— Lieferung in Mischungen 604
— Rasen 589
— Sicherungsbauweisen 686
— Verschließung 602
— von Kräutern und Leguminosen 596

— Voranbau und Zwischenbegrünung 373, 557
— Zwischenbegrünung 557, 827

Saatmatten 694
— Verlegen von 772

Saatverfahren
— Art 727 ff.
— Auswahl der 736 ff.
— Kurzzeichen 727 ff.
— Verfahrensgruppen 727 ff.

Sammelprobe 40

Sandersatz 243

Saugspannung 152

Sedimentation (Schlämmanalyse) 72, 75

Senkrechtschneiden 870

Setzstangen 691, 768

Sicherung durch Ansaat 721

Sicherungen
— Bauweisen mit lebenden Stoffen und Bauteilen 741 ff.
— Bauweisen mit nichtlebenden Stoffen und Bauteilen 773 ff.
— durch kombinierte Bauweisen 806

Sicherungsbauweisen 680
— für windgefährdete Flächen 799
— lebende Stoffe und daraus hergestellte Bauteile 686
— sonstige Stoffe und Bauteile 683, 698

Sickerschicht 22

Siebe
— Maschenweiten 74

Siebung 72

Solitärpflanzen
— Beschaffenheit 513

Sonderuntersuchung 42

Sonderprobe 40

Sortierung (Gehölze) 517

Sortierungsvorschriften (Gehölze) 518

Spielrasen 585, 618

Spreitlagenbau (Zweiglagenbau) 761

Stichwortverzeichnis

Sch

Schädlinge
— bei Unterhaltungsarbeiten 850

Schiedsgutachten 929

Schlingpflanzen
— Beschaffenheit 510

Schlitzen 871

Schneiden von Gehölzen und Stauden
— bei Unterhaltungsarbeiten 835 ff.

Schneideversuch 71

Schrumpfgrenze 98, 132

Schrumpfneigung 108

Schrumpfung 108

Schüttelversuch 71

Schürfe 42

Schürfprobe 40

Schutz von
— Pflanzen 557
— Pflanzenbeständen 890 ff.
— Vegetationsflächen 890 ff., 894
— vorhandenen Bäumen 890 ff.

Schutz von Bäumen
— gegen mechanische Schäden 900
— gegen Rindenbrand 903

Schutz der Wurzelbereiche von Bäumen
— bei Überfüllungen 904
— bei kurzfristigen Aufgrabungen 908
— bei langfristigen Aufgrabungen 912
— bei Leitungsverlegungen 913
— beim Bau von freistehenden Mauern 914
— beim Überfahren 915
— bei Grundwasserabsenkungen 916
— gegen Abträge 907

Schwach bindiger Boden
— Bodengruppe 4 278 ff.

Schwach bindiger, steiniger Boden
— Bodengruppe 5 285 ff.

Schwarztorf 361

Schwerer Fels
— Bodengruppe 10 321 ff.

St

Stammbüsche
— Beschaffenheit 505

Standfestigkeit 6, 7
— belastete Vegetationsschicht 65

Standorte, besondere
— Bodenvorbereitung 446

Standortverhältnisse
— Einschätzung bei Sicherungsbauweisen 731

Standsicherheit 7

Stangenzäune 775

Stark bindiger Boden
— Bodengruppe 8 304 ff.

Stark bindiger, steiniger Boden
— Bodengruppe 9 315 ff.

Stark steiniger Boden
— Bodengruppe 10 321 ff.

Stauden
— Allgem. Beschaffenheit 523
— Begriff 523
— Herkunft 523
— Kennzeichnung 524
— Transport 525
— Verladung 524
— Verpackung 524
— Versand 524
— Wuchscharakter 523

Stauhorizont 183

Stauwasser 183

Steckholz 690, 765

Steckhölzer und Jungpflanzen
— Schutz von ... 560 ff.

Steine und Unrat
— Entfernen von 566, 834

Steinschlagschutzbauten 797

Steinschlagschutznetz 797

Stoffe
— mit organischer Substanz 356
— pflanzenschädlich 391
— sonstige 827
— störende 391

— bei Unterhaltungsarbeiten 827
— zur Bodenbefestigung (Kleber) 372
— zur Bodenverbesserung 368

Sträucher
— Beschaffenheit 507

Stützbauten 774

Stufung (Kornzusammensetzung) 61

T

Tauchwägung 243

Tierische Schädiger
— Gehölze 516

Topfballen 502

Topfpflanzen
— Stauden 523

Torf 356
— Entnahmemenge 359
— Ersatzstoffe 211
— Kultursubstrate 360
— Kompost 363 ff.
— Mischdünger 360

Tragfähigkeit
— belastete Vegetationsschicht 65

Transport
— von Gehölzen 525
— von Pflanzen 537, 545
— von Stauden 525

Trockenfestigkeitsversuch 71

Trocken-Saaten 729

U

Übergangsmoortorf 361

Ungleichförmigkeitsgrad 77

Ungleichförmigkeitszahl 52, 76 ff.
— Maßstab 81

Unkrautbekämpfung 875, 878
— bei Unterhaltungsarbeiten 860

Unkrautbekämpfungsmittel
— bei Unterhaltungsarbeiten 827

Unterboden
— Abtrag 402 ff.

— Anforderungen 355
— Begriffe 29
— Lagerung 413
— Melioration 477

Untergrund 28

Unterhaltungsarbeiten
— Begriffe 820 ff.

Unterhaltungsleistungen
— einmalige 826
— wiederkehrende 825

Unterhaltungspflege 823

Untersuchungsergebnisse
— frühere 35

Untersuchungsprobe 40

V

Vegetationsflächen
— auf Bauwerken 451
— unbelastet 20

Vegetationsschicht 16
— allgem. Anforderungen 415
— belastet 17
— Dicke 426
— Ebenflächigkeit 431 ff.
— Erosions- und Rutschungsgefahr 732
— Höhengenauigkeit 431 ff.
— Klima 732
— Planum 431 ff.
— Sicherungsbauweisen 732

Vegetationstechnik 13

Verankerungen 557
— Gehölze 571
— bei Unterhaltungsarbeiten 842

Verdichtung 116

Verdunstungshemmung 532

Verjüngen 851 ff.

Verladung
— von Gehölzen 524
— von Stauden 524

Verpackung
— von Gehölzen 521
— von Stauden 524

Stichwortverzeichnis

Versand
— von Gehölzen 524
— von Stauden 524

Verticutieren 870

Verwehungszäune 800

Voranbau 212, 472
— Saatgut 557

Voruntersuchungen 924
— Allgemeines 1
— Bodenverhältnisse 31
— Keine Nebenleistungen 36

V-Runsen 763

W

Wässern bei Unterhaltungsarbeiten 846, 869

Walzversuch 336

Wasseraufnahmevermögen 256

Wasserbewegung
— gesättigt 152
— ungesättigt 152

Wasserdurchlässigkeit
— Anforderungen 158 ff.
— Begriff 149
— Bodendurchlüftung 163
— dränende Poren 149
— Felduntersuchungen 166
— Kenngröße 155
— Laboruntersuchungen 171
— mod k*-Wert 155
— Prüfungen 166
— Verbesserungsmöglichkeiten 174

Wassergehalt 104
— Carbidmethode 128
— Ermittlung 119
— Kornwichte 139
— Luftpyknometermethode 129
— Ofentrocknung 136
— radiometrische Meßverfahren 131

Wasserleitfähigkeit 176

Wasser-Luft-Haushalt 257

Wasserrinnen 792

Wasserspeicherfähigkeit
— pflanzenverfügbares Wasser 256

Weidevieh
— Schutz gegen 559

Weißtorf 361

Wichte des feuchten Bodens
— Anforderungen 237
— Begriff 236
— Kenngröße 237
— Prüfungen 239
— Verbesserungsmöglichkeiten 244 ff.

Wildverbiß
— bei Unterhaltungsarbeiten 850
— Mittel gegen 534

Windschutz 559

Windschutzmaßnahmen
— bei Unterhaltungsarbeiten 849

Winterschutzmaßnahmen
— bei Unterhaltungsarbeiten 849

Wundstellen-Behandlung 859

Wundbehandlungsstoffe
— Unterhaltungsarbeiten 827

Wurzelbehandlung
— bei Gehölzen 548
— bei Stauden, Einjahrs- und Zweijahrsblumen 551

Wurzelbereich
— Ausbildung von Wegebelägen 918 ff.

Z

Zäune 774

Zeigerpflanzen 166
— Bodenreaktion 219

Zertifiziertes Saatgut 600

Zierrasen 588, 625

Zusätzliche Kontrollprüfungen 928

Zweiglagenbau 761

Zwischenbegrünung 212
— Saatgut 557

Zylinderentnahmeverfahren 243